专利文献研究

2016

主　编◎甘绍宁

副主编◎张　鹏

知识产权出版社

全国百佳图书出版单位

图书在版编目（CIP）数据

专利文献研究．2016/甘绍宁主编．—北京：知识产权出版社，2016.9

ISBN 978－7－5130－4427－1

Ⅰ.①专… Ⅱ.①甘… Ⅲ.①专利—文集 Ⅳ.①G306－53

中国版本图书馆 CIP 数据核字（2016）第 209901 号

内容提要

本书从文献基础研究和产业促进服务两个维度筛选、梳理了五十余篇文章编纂形成《专利文献研究（2016）》。

责任编辑：龚　卫　　**责任校对：**董志英

装帧设计：张　冀　　**责任出版：**刘译文

专利文献研究（2016）

Zhuanli Wenxian Yanjiu（2016）

甘绍宁　主　编

张　鹏　副主编

出版发行：知识产权出版社有限责任公司　　**网　　址：**http：//www.ipph.cn

社　　址：北京市海淀区西外太平庄 55 号　　**邮　　编：**100081

责编电话：010－82000860 转 8120　　**责编邮箱：**gongwei@cnipr.com

发行电话：010－82000860 转 8101/8102　　**发行传真：**010－82000893/82005070/82000270

印　　刷：北京科信印刷有限公司　　**经　　销：**各大网上书店、新华书店及相关专业书店

开　　本：787mm×1092mm　1/16　　**印　　张：**36

版　　次：2016 年 9 月第 1 版　　**印　　次：**2016 年 9 月第 1 次印刷

字　　数：780 千字　　**定　　价：**100.00 元

ISBN 978-7-5130-4427-1

《专利文献研究（2016）》编委会

《专利文献研究（2016）》编辑部

出版说明

《专利文献研究》系列丛书聚焦专利文献最新研究成果，深度挖掘专利文献的技术和经济价值，以期有效发挥专利文献在专利与产业之间的纽带作用。2015 年 12 月发布的《国务院关于新形势下加快知识产权强国建设的若干意见》明确提出，要“促进新技术、新产业、新业态蓬勃发展，提升产业国际化发展水平，保障和激励大众创业、万众创新”。毋庸置疑的是，专利文献中所承载的技术、法律、经济和战略信息，无论是在创新型小微企业的孵化培育、传统企业的产业转型，还是新兴产业和互联网等新型企业的发展壮大过程中，都正在并将愈加发挥重要的引导和支撑作用。

自 2010 年首刊，《专利文献研究》迄今已出版五期，所选近三百余篇文章均由业内人士撰写，在一定程度上及时呈现了该领域的最新研究动向和成果。本年度，编者延续了往年的选题角度，从文献基础研究和产业促进服务两个维度筛选、梳理了五十余篇文章编纂形成《专利文献研究（2016）》。为了突出专利文献对产业发展的引导和支撑作用，本书着重收集了基于专利文献展现产业创新现状和发展趋势的分析类文章，对新兴和热点技术领域的专利信息动态进行重点跟踪和研究，且所涉技术领域较往年更为多样化。同时，为了呈现近年来业界对专利文献基础研究的智力成果，本书围绕数据加工、分析方法、国外检索资源等收录了若干篇专业性高、指导性强的文章以供参鉴。再者，为了更好地显现专利文献所蕴含的战略价值，本书亦收录了基于专利文献的专利竞争情报分析类文章，从技术、申请者、专利布局等层面分析了相关热点技术领域的竞争动态。

衷心希望本书的出版能够促进专利文献研究成果的传播和利用，更好地引导公众基于专利文献挖掘所需信息，同时也鞭策专利文献工作者在专利对经济社会发展的促进作用日益显现、社会公众对专利信息的需求日渐增长的新形势下，更好地履行汇聚智慧、传播信息、支撑创新的历史责任。

《专利文献研究（2016）》编辑部

2016 年 9 月

目　录

基础研究

产业服务

JICHU
YANJIU

基础研究

基于语义的专利文本数据加工*

王亚利　侯金霞**　张正阳　翟佳雯　姜春涛

摘　要　本研究借助自然语言处理、本体工程和机器学习等技术从专利文本数据中自动或半自动地挖掘有用的专利语义信息。本研究通过不同的维度对专利文本进行了针对性的标注，标注包含了词法和句法标注、特征标注及功能标注三个维度。其中词法和句法标注借助现有的自然语言处理工具来实现；特征标注则通过术语和术语之间的关系来提取；功能标注是对前两层标注结果与其他技术耦合后进行的更高层级的标注。研究中利用了开源工具对中文专利文本进行分词、词性标注和句法关系标注；通过机器学习和依存关系树等方法设计了多种算法原型；利用本体编辑工具建立了本体，同时利用该本体对该领域的文本进行了语义标注，并进行了实证研究。

关键词　语义　本体　专利　数据加工

一、数据挖掘和本体论在专利分析中的应用原理

（一）文本挖掘

文本挖掘是指利用数据挖掘技术从大量无结构的文本信息中发现潜在的和可能的数据模式、内在联系、规律、发展趋势等，抽取有效、新颖、有用、可理解、散布在文本中的有价值的知识，并利用这些知识更好地组织信息的过程。

因为专利数量的巨大，以及不同创新主体对同一技术描述的差异，大量专利文档中普遍存在内容与已知的技术和表述存在很大差异。所以对于专利文献而言，传统的信息检索技术已不适应其日益增加的大量文本数据处理的需要。若不清楚专利文献中描述的真实内容，很难从专利文献的文摘、权利要求项或说明书全文中找到合适的专利文献，更难得到正确的分析结论并获取有价值的信息。借助文本挖掘工具对不同专利文本进行对比整理，按专利文献重要性和相关性组合排列，可为创新主体检索并利用专利信息提

---

* 本文改编自国家知识产权局专利局专利文献部2015年专利信息人才专项研究课题“大数据下专利数据库建设的理论、方法及实践研究”，课题负责人：吕阳红，统稿人：张正阳，主要执笔人：王亚利、龚跃鹏、翟佳雯、姜春涛、张正阳、左勇刚、徐琦，其他参与人员：顾东蕾、高劼、王勇、陆敏、黄俊。

** 等同第一作者。

供有益的帮助。

（二）专利文本标注框架简介

为构建有效的专利文本挖掘系统，帮助用户在专利检索时获得更精确的结果，对获取的专利进行自动分类和排序、技术趋势预测。本研究选取了中文专利，在专利数据层和专利内容挖掘层之间，增加专利数据标注层，方便从专利文本中自动或半自动地提取有用的专利语义信息。利用这些语义信息可以建立专利关键词库、构建专利相似性矩阵、专利自动分类或聚类、专利可视化研究等一系列专利内容挖掘任务的语义特征。本研究设计的专利数据标注分为：（1）词法和句法标注，（2）特征标注，（3）功能标注，其结构如图 1 所示。

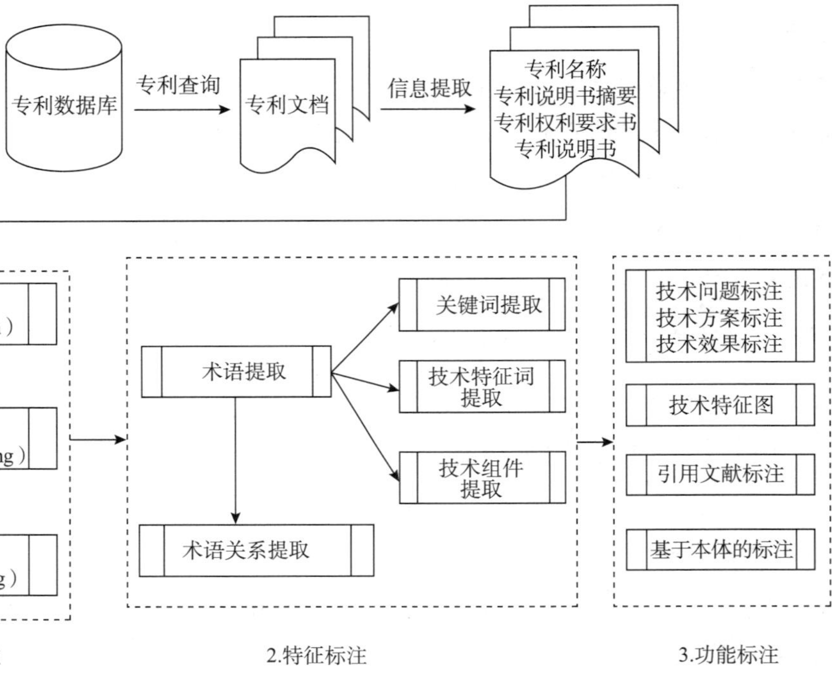

图 1　专利数据标注

图 1 三个标注子层从左至右、由低到高地说明了其标注层级的递进，即功能标注依赖于特征标注的结果，而词法和句法标注则是实现特征标注的先决条件。

（三）本体

本体是由一个正式的概念（类）和属性的描述、关系、约束和行为组成的。本体为每个特定的领域提供了一个通用的词汇表，使得自动搜索相同的概念成为可能。使用本体可以映射不同的“词语”到相同的“概念”，从而解决一词多义（polysemy）和同音异义（homonymy）的问题。

1. 本体的表达——语义网络

本体通常被显示为互相关联的概念结点的语义网络。如图 2 所示的有关交通工具和其部件的概念模型的片段网络。

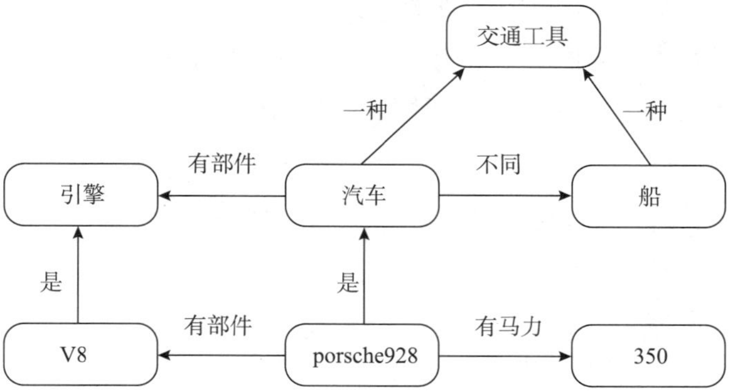

图2　语义网络实例

2. 本体学习

本体学习特指从各种类型的数据源中自动或半自动生成本体，或者说从无结构的自然语言文本中获取本体知识，其实质是由词法或语言学所激发的本体学习与基于逻辑的方法。本体学习包含获取、概念化、评价和形式化领域依存的知识。

3. 本体语言

（1）RDF（Resource Description Framework）。作为致力于元数据的标准化的 RDF 和本体语言 RDFS（RDF Schema）出现在 W3C 所倡议的语义网的背景下。RDF（S）作为一种本体语言，通过在资源类和属性上建立层次结构，已经成为具有完善体系和被广泛认可的适用于元数据和 Web 基础本体的编码标准。

（2）OWL（Web Ontology Language）。OWL 建立在 RDF 语义基础之上，用来提供更高表述水平的语言。除了从 RDF（S）继承的类和包含关系，OWL 还提供通过逻辑表达式的方式从简单类关系构建复杂类关系。

4. 本体编辑工具

（1）Protégé。Protégé 是一个开放源码的本体编辑器，具有可扩展的知识模型、可输出为多种格式、支持本体查询和可视化和支持数据库存储等多个特性。

（2）KAON。KAON 是一个支持增强型的 RDF 本体，它拥有图形化的本体编辑工具 OIModele 和基于 KAON 的 KAON Server，以及从自由文本中获取本体的学习工具。

5. 本体填充

本体填充是对现存本体加入概念和关系实例的过程，它被认为是一个概念或概念之间的关系以及它们的实例集合。本体填充需要填入的是最初本体和一个实例提取引擎，实例提取引擎负责定位文本集中的概念和关系的实例。

（四）基于领域本体的文本语义标注原理

领域文本是含有特定领域知识的文本集合，包括领域专业术语，在领域本体的帮助下，领域文本中的概念、属性和实例可以被准确地识别出来。语义标注可被认为是在文本中标注所有提及领域本体的概念，即类、实例、属性及关系。应用经过语义标注的领域文档就是基于领域本体的语义检索模型，图 3 和图 4 介绍了一种基于领域本体的语义标注流程和经过语义标注的基于领域本体的语义检索系统。

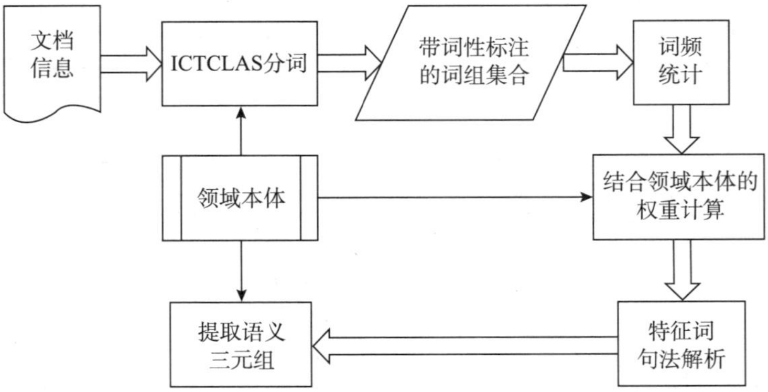

图 3　基于领域本体的语义标注流程

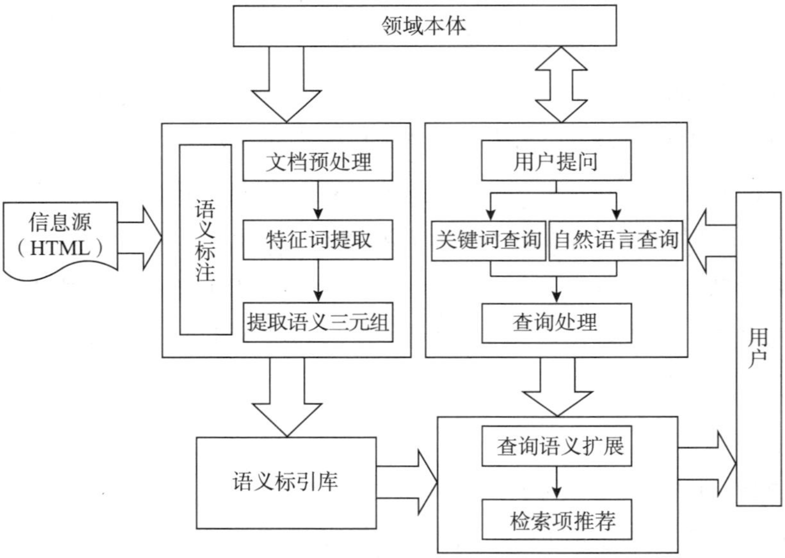

图 4　基于领域本体的语义检索系统

语义标注系统根据需要既可以标注文本还可以填充实施本体，语义标注有人工、自动或半自动等不同的模式。所谓半自动执行，即首先借助自动系统完成一些标注，这些标注可由人工标注者进行后续编辑和改正。绝大多数情况下，人工标注是用于检测自动标注方法的质量和估计半自动标注方法所需消耗的人力和财力。

1. 信息提取——自动或半自动语义标注

信息提取（Information Extraction，IE）是执行自动或半自动语义标注的通用技术之一。IE 执行的主要任务包括识别文本中出现的不同类型实体名称的命名实体识别、判断论述中的两个语言表达式是否指代同一个实体的指代消解和识别文本中出现的实体之间关系的关系提取。IE 使用的主要自然语言处理工具如词性标注、构词分析（morphological analyzer）、命名实体识别、句法分析器等。信息提取的方法主要是基于规则和基于机器学习两类。基于规则的方法是直接利用人类的直觉和领域知识，由语言学工程师设计的用于提取词典信息的规则。基于规则的方法不需要训练数据集，但需要语言处理技能。基于机器学习的方法是由经过人工标注的训练语料库训练而得到的机器学习模型（也称为有监督的机器学习），或不使用训练语料库的方法（也称作无监督的机器学习）进行相关信息的提取任务。不同信息提取方法的选择取决于目标领域的应用、语义标注的复杂性、人力资源的可获得性等因素。

2. 语义相似度计算

语义相似度计算主要分为基于 WordNet 的相似度的计算、基于非 WordNet 的相似度的计算及基于维基语义相似度的三种方式。其中，基于 WordNet 的相似度计算是使用共享信息量的方法对命名实体进行标注，而基于非 WordNet 的相似度计算是使用 Google 距离的方法或编辑距离的方法，基于维基语义相似度的计算使用词汇间的语义相关度来比较领域文档中词汇和领域本体中概念属性的相似程度，并对识别出的实例进行标注。基于非 WordNet 的相似度计算使用了英语相似度的计算来作语义相似度的计算，基于维基语义相似度的计算对英文的标注是利用编辑距离和维基语义相似度来进行的，而对中文的标注则是利用维基语义相似度和百度距离来实行的。

二、专利数据加工与挖掘模型研究

（一）词法、句法标注

1. 专利文本的预处理

专利数据的存储形式多种多样。有存储在 Oracle SQL Database，并以 XML 文件格式输出的，也有从 Microsoft Excel 文件中读取专利数据的。在进行专利文本内容分析时，用户通常希望浏览专利文件特定部分的文本，这样使得自动从多种格式的专利数据中提取特定部分的文本成为必要。此外，为了利用自然语言处理工具对中文专利文本进行语义分析，所提取的专利文本数据还需要进行清洗、分词、词性标注、关键词识别等预处理，以提高语义分析的精确度。课题研究团队将在下面分别介绍这几部分的处理过程。

（1）提取专利文本。

专利文件的文本主要包括以下四项：①专利名称，②说明书摘要，③权利要求书，④说明书。为了便于进行专利文本标注，本研究设计一专利文本提取工具，自动提取这四项文本（包括其中一项或任意几项的组合）。此外根据专利法要求，说明书必须包括：①技术领域，②背景技术，③发明内容，④附图说明，⑤具体实施方式五部分（附图说明部分是和图有关的，与本研究的文本处理不相关，故忽略此部分内容）。因为对说明书各部分的文本进行独立的标注分析，要更具有针对性，本研究编写了一说明书文本分解处理工具，能够自动批量提取技术领域、背景技术、发明内容、及具体实施方式这四部分任意组合的文本内容。

课题研究团队使用 Apache POI 开源工具读取以 Microsoft Excel 格式存储的专利数据，使用 JavaStax API（内存需求量小）和 Java DOM API（内存需求量大）读取以 XML 格式存储的专利数据。

（2）分词。

经过特定部分专利文本的提取后，要利用自然语言词法/句法分析工具，分词是必不可少的一步，分词结果的精确度决定了后续语义分析的可靠性。经过对一系列中文分词工具的比较与分析，本研究选用 Stanford Segmenter，对中文文本进行分词处理。例如，对于从发明专利 CN200910031044. X 中提取的句子："本发明目的是提供一种安装和拆卸方便，能够提高自动扶梯承载能力的自动扶梯支架组件"经过分词处理的结果为："本发明目的是提供一种安装和拆卸方便，能够提高自动扶梯承载能力的自动扶梯支架组件。"

（3）词性标注。

词性标注是对经过分词处理的文本中每个词进行词性的标记，课题研究团队应用 Stanford Part - of - Speach Tagger，对中文文本进行词性标注。如继续上节的例子，对经过分词处理的文本，进行词性标注的结果为："本［DT］发明［NN］目的［NN］是［VC］提供［VV］一［CD］种［M］安装［NN］和［CC］拆卸［NN］方便［VA］，［PU］能够［VV］提高［VV］自动［JJ］扶梯［NN］承载［VV］能力［NN］的［DEC］自动［JJ］扶梯［NN］支架［NN］组件［NN］。"其中，每个词相邻的括号中的标记为该词的词性。这些标记由 Chinese Penn Treebank Standard 标记集所定义。

（4）关键词自动提取。

运用"TextRank"算法使用图的结构来表达文本，其中词汇单元作为图的结点、两边则由词汇单元之间的关系来决定。这样，通过对所构建的文本表达图、实施图的结点排序算法（经过改进的 PageRank 算法）来选择结点值高的结点作为关键词。课题研究团队使用 Java，通过修改复旦开源自然语言处理工具的源代码，实现了 TextRank 算法的代码，并用该算法实现从经过词性标注的专利文本中自动提取关键词。该算法的一个重要特性是它不需要深层次的语言知识，也不需要特定的经过标注的语料库，因此从理论上可以适用任何领域、任何语言。

（二）特征标注

1. 自动标注专利的技术特征词

专利的技术特征词是指具有特定领域含义的技术术语，用来描述专利的技术特征和技术方案。传统的基于文本的关键词的挖掘算法主要利用 Vector Space Model（特征向量模型），该模型首先计算词语在文档集中发生的频率，然后选择频率大于特定阈值的词语作为关键词。采用关键词的方法所面临的主要缺陷是许多高频词实际上并不是技术特征词，因而忽略了一部分实际上是技术特征词的低频词。为了弥补上述缺陷，本研究提出以下两种方法：①依存关系树方法，②机器学习的方法，从不同角度进行技术特征词的标注。

（1）依存关系树方法。

① 依存关系树。在计算语言学中，所谓依存关系树（dependency tree）是由依存关系语法（dependency grammar）生成的语法树。依存关系语法则是一种基于依存关系的现代句法理论。依存关系可以这样阐述：语言单位如词语，是通过有向边连接的，动词被认为是子句中的结构中心，所有其他词语都是通过有向边直接或间接地与动词相连。依存关系的结构即由一个头词（head）和它的依存者（dependent）的关系所决定。经过分析研究课题研究团队采用开源句法依存关系树工具 Stanford Parser 提取中文句子中的语法关系，并生成中文句法依存关系树。在依存关系树的表达中，所有句子中的语法关系都由语义三元组来表示，即两个词语以及它们之间的关系。例如："驱动电机的电源可以是有线的车载电源，也可以是自带的高能蓄电池"，这句选自专利 CN200310106427.1 的文本描述，经过 Stanford Parse 的处理，其语义三元组如图 5 所示。

assmod（电源 -3，驱动电机 -1）

assm（驱动电机 -1，的 -2）

nsubj（是 -5，电源 -3）

mmod（是 -5，可以 -4）

root（ROOT -0，是 -5）

assmod（电源 -9，有线 -6）

assm（有线 -6，的 -7）

nn（电源 -9，车载 -8）

attr（是 -5，电源 -9）

top（是 -12，也可以 -11）

conj（是 -5，是 -12）

rcmod（蓄电池 -16，自带 -13）

cpm（自带 -13，的 -14）

amod（蓄电池 -16，高能 -15）

attr（是 -12，蓄电池 -16）

图 5　依存关系

其中，每一行代表一个三元组，如第一行的三元组“assmod（电源 -3，驱动电机 -1）”assmod 为语义关系名称，电源与驱动电机则分别为此语义关系的“head”和“dependent”。由上所述的语义三元组可以直接映射为一依存关系树由图 6 来表示，其中句子中的词语作为树的结点，语义关系则作为树的边。

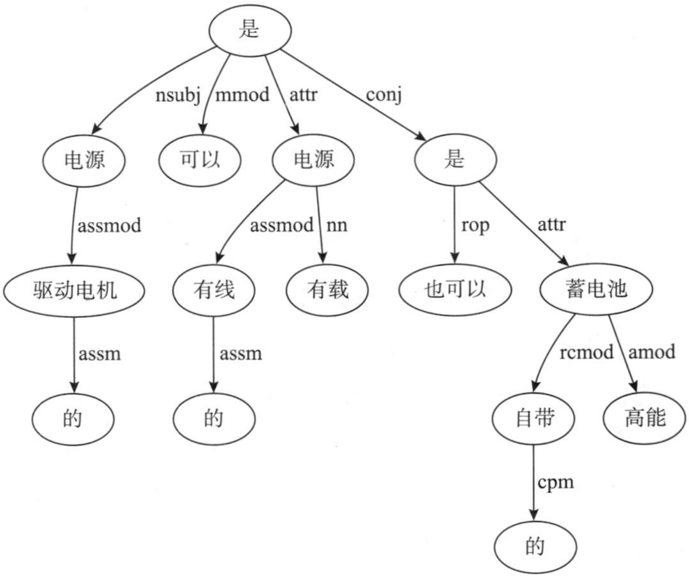

图 6　依存关系树

② 利用语义三元组挖掘技术特征词。结合之前研究所定义的 46 种中文依存关系树中的语义关系，以及各种语义关系在汉语语料库出现的比率，选取了 6 种对提取技术特征词有益的语义关系，如表 1 所示。其中名词性技术特征词可由 nn，nsubj，dobj 的各种组合而成。课题研究团队经过分析大量的专利文本，得出名词性技术特征词通常由“nn + nn + …”“nsubj + dobj”，“nn + nsubj”三种模式构成，而属性特征词则由“amod”和“top + attr”两种模式构成。

表 1　语义解释

语义关系	中文描述	语义关系	中文描述
nn	复合名词修饰词	nsubj	名词性主语
dobj	直接宾语	amod	形容词修饰语
top	主题词	a．ttr	属性修饰语

（2）机器学习的方法。

① 技术方案。机器学习标注方法的思路如下：如果把每个中文句子看作一个字符序列，那么从句中自动标注相应的特征词的过程则可被视为使用序列标注算法对字符序列进行自动标注的过程，而所标注的内容即为所要标注的技术特征词。定义下列标签集用

以标记所要提取的特征词：{B－TM，I－TM，O}，其中，B－TM 表示特征词的开始，I－TM 表示特征词之中，O 则表示不属于特征词。这 3 种标签被用以人工标记一定的训练数据，进而训练序列标注算法模型。表 2 列出了为了训练序列标注模型所使用的特征模板，该模板包含 20 个特征，F1－F20，其中两个或两个以上的特征组合由'/'来连接。

表 2　训练标注模板

F1	目标词	F11	F3/F1
F2	目标词的词性	F12	F1/F7
F3	目标词之前一个词	F13	F6/F4
F4	目标词之前一个词的词性	F14	F4/F2
F5	目标词之前二个词	F15	F2/F8
F6	目标词之前二个词的词性	F16	F8/F10
F7	目标词之后一个词	F17	F6/F4/F2
F8	目标词之后一个词的词性	F18	F4/F2/F8
F9	目标词之后二个词	F19	F2/F8/F10
F10	目标词之后二个词的词性	F20	目标词之前一个词的输出标签

② 专利数据标注评价指标。从 IPC 分类号 F21（照明）领域随机选取 200 件专利，并自动提取其权利要求书。然后，对这些权利要求书的文本进行降噪、分词、词性标注等步骤，生成 520 条待标注的权利要求项。之后应用 CRF 软件 CRFsuite 于上述专利数据；同时从这些句子中人工标记相应的特征词，作为实验对比检测数据。使用 precision（精确度）和 recall（查全度）作为评测的度量标准，其定义如下：

$$precision = \frac{\text{正确标注的技术特征词的数目}}{\text{序列标注模型所标注的技术特征词的数目}}$$

$$recall = \frac{\text{正确标注的技术特征词的数目}}{\text{人工标记含有技术特征词的数目}}$$

由检测结果可知，采用 CRF 模型自动标注技术特征词的平均精确度和查全度达到 92% 以上。当缺乏可靠性高的句法依存关系工具时，使用机器学习模型 CRF 不失为一种好的选择。此外，这种机器学习的方法，不仅适用于处理权利要求书，它还可以扩展到处理其他部分的专利文本，只要标注的内容可以用用户所定义的标签集来人工标记。

（三）功能标注

1. 基于语义规则的自动标注

（1）自动标注专利的权利要求书。

专利的权利要求书关乎专利权的范围，撰写要求句法精确，并遵循一定的语义规则，使得采用语义分析的方法对其进行分析和标注成为可能。

① 权利要求书的文本预处理。专利的权利要求书包含一个或多个独立权利要求项，用以描述一项发明的基本特性，同时也可能包含从属权利要求项，用以进一步对其他独立或从属权利要求项进行限定。每个权利要求项必须由一句话来表达。经过实例分析，权利要求项包含许多冗余的信息和在文字扫描和录入中的内在错误，此外，许多权利要求项是以如“1.”或“2.”的顺序开头的，并包含各种列举的模式如“(a)”，“a.”等，这些不相关的信息会对自然语言处理工具进行干扰。因此，对所获得的权利要求书文本进行数据清洗，只保留有意义的文本数据是非常有必要的。如上所述，独立权利要求项要比从属权利要求项更加重要，在语义分析时，将这两者分别处理也更有针对性。经过分析与比较，独立权利要求项通常都是权利要求书开始的第一句，而从属权利要求项则包括“权利要求”字样。

通过进一步分析从属权利要求项的用语组成，并结合前期研究的规则，如表3所示，我们归纳出2种规则并由正规表达式表达，进行从属权利要求项的分解处理，过滤重复的信息。

表3 从属权利要求正规表达式

字符串	模式
DE	“的“
COM	“(所述|所限定)?”
RANGE	“(中|之一|其中之一)?”
NUMBER	“([0-9]|或|至|和|~|-)+”
ADV	“(前述|前面|上述|以上|在前|至少|从属于)”
DEFINE	“(任一项|任何一项|任一个|至少一个|任一|任意一项|任意一个|任何)?”
PREP	“(根据|依据|按照|如|如在|使用依照|如前项|依照|如在前|在根据|采用|在|使用广)”
INCLUDE	“(包含|包括|包括步骤|包括如下步骤|包括下列步骤|包括以下步骤|该方法包括|该|+“该方法还包括|该方法还包括以下步骤|该系统还包括|该装置还包括|还包含|还包括|还包括,|还包括步骤|+“还包括下列步骤|进一步包含|进一步包括|进一步包括以下步骤|其特征是|其特征在于“其特征在于,|其特征在于所述|其特征在于所述的|其中所采用的|其中在于所述|所述方法包括|其中包括”+“)”
类型	**正规表达式**
C1	“.*+PREP+“权利要求”+NUMBER+COM+DE+“?”+“(.*),”+INCLUDE+“(:)?”+“(.*)”
C2	“.*”+“(根据|使用)?”+“权利要求”+NUMBER+RANGE+DEFINE+“(权利要求)?”+COM+“?”+“(的)?”+“(.*),”+INCLUDE+“(:)?”+“(,)”

② 标注内容。

A. 标注发明的功能。

经过研究得出，权利要求书的独立权利要求项首句通常以特定的句型模式描述此项发明的功能，其模式大体可归纳为 S1 和 S2，由表 4 所示。通过使用 S1/S2 模式，匹配相应的文本，提取在“(方法)?”之前的“(. *)”即可获取功能的文本描述。

表 4　句型模式

INC	“(其特征（在于)？｜包括｜是｜该方法包括)”
S1	“. *一种（. *）(方法)?,” +INC+“(，｜:)?” +“(. *)”
S2	“［0－9.］{2}（. *）(方法)?,” +INC+“(，｜:)?” +“(. *)”

B. 标注包含关系。

权利要求书文本中的“包含关系”模式可由表 5 来表示。根据撰写权利要求书使用的语义规则，独立权利要求项和从属权利要求项所含“包含关系”前后的句法模式不同，因此，我们分别从独立权利要求项和从属权利要求项提取包含关系。

表 5　句型模式

containedA	“(分为｜包括｜主要有｜主要包括)”
containedB	“(是由｜是)（. +（、｜和）. +）(组成｜构成)”

a. 独立权利要求项。

由实例分析，我们在表 6 中总结了 7 种提取模式，用于标注独立权利要求项中出现的包含关系。

表 6　句型模式

R1	“. *，其特征在于（:)？所述（的)？(. *)” +“包括” +“(. *)”
R2	“. *一种（. *)，包括（. *)，其特征在于. *”
R3	“. *一种. *，所述（. *）包括（. *)”，其特征在于. *”
R4	“. *所述（的)？(. *）包括（. *)”
R5	“［0－9］\.（. *)，包括（. *)；”
R6	“. *广所述的（. *)” +containedA+“. *”
R7	“. *一种（. *)，其特征在于它“ +containedB+“. *”

b. 从属权利要求项。

同样，我们在表 7 总结了 2 种提取模式，用于标注从属权利要求项中出现的包含关系。

表7　句型模式

R8	“. *（所述 | 其特征在于所述）（的）?（. *）（还）?” + containedA + “（:）?” + “（. *）”
R9	“. *根据权利要求 . *（所述 | 其特征在于所述 | 其特征在于）（的）?（. *）” + containedB + “. *”

（2）自动标注专利的发明内容。

发明专利的说明书由技术领域、背景技术、发明内容、附图说明以及具体实施方式五部分组成。其中，发明内容部分主要说明所要解决的技术问题，解决技术问题的技术方案以及发明所取得的有益技术效果。我们通过选取不同领域发明专利说明书的［发明内容］部分的文本，并分析包含技术问题、技术方案、技术效果的句子前后出现的词语用法模式，提出使用字符串模式匹配的方法自动标注这三种类型的内容。

① 标注专利所要解决的技术问题。

发明内容中，发明专利所要解决的技术问题，通常是在首句即提出，并且所使用的词语具有一定的规则可循，课题研究团队在表8中总结出6条以正规表达式表达的模式。通过使用这6条模式并结合其他线索词，含有要解决技术问题的句子可以被标注。

表8　正规表达式

TP1	“本发明（所）? 要解决的（技术）? 问题广提供（. *）”
TP2	“（. *）本发明（专利）? 的（主要 | 首要 | 发明 | 另一个）?（目的 | 目标）（是 | 在于）?（. *）（提供）?（. *）”
TP3	“. *本发明 . *（提供 | 公开 | 涉及 | 提出）（了）?（. *）”
TP4	“. *提供（. *）为目的（. *）”
TP5	“本发明（要 | 为）? 解决 . *技术问题 . *（提供 | 是）（. *）”
TP6	“本发明 . *目的 . *提供产 . *”

② 标注专利的技术方案。

A. 标注技术方案。

申请者在提出本专利所要解决的技术问题之后，会叙述针对技术问题的技术方案。通过大量的专利发明内容的文本分析，我们从中构建17种规则，并在表9中用正规表达式描述相应的规则。

表 9 句型模式

TS1	“. * （的）? 技术（解决）? 方案. *”
TS2	“. * 本发明提供一种. *”
TS3	“. * 实现. * 目的. *”
TS4	“. * 本发明的一种. *”
TS5	“. * 本发明. * 采用. * 技术方案. *”
TS6	“. * 目的. * 实现. *”
TS7	“. * 本发明. * 提供 | 涉及 | 一种）. * （方法 | 装置）. *”
TS8	“. * “为（了）? 解决（上述 | 该 | 这一 | 以上）（技术）?（问题 | 课题），（根据）?（本发明. *”
TS9	“. * 达（成 | 到）?（上述）?（技术 | 发明）? 目的，本发明. *”
TS10	“. * 本发明. * （这样 | 措施 | 方式 | 技术原理）（来）? 实现的. *”
TS11	“. * （方案 | 手段）. *”
TS12	“本发明. * 包括产. *”
TS13	“一种. * （装置 | 方法. *”
TS14	“本发明. *，特征. *”
TS15	“一种. *，（其）包括. *”
TS16	“（根据 | 依据 | 在）（本发明 | 本公开）的. * （方面 | 实施例）（中）?. *”
TS17	“本发明. * （工艺 | 制备方法）（流程）?. *”

B. 构建针对技术方案的技术特征图。

采用上述方法所提取的技术方案实际上是由多个步骤组成的一段文本描述，这对于专利信息用户来说还不够简练、清晰。我们首先将描述技术方案的文本分割为句子集合，然后利用语义分析工具 Stanford Parser，为每个句子构建句法依存关系树，最后，通过合并相似的结点和边，把所有句子对应的句法依存关系树合并成为一个有向图，作为该技术方案的图表达，其构建进程可由图 7 说明。

这样由图处理的技术方案，从视觉上来讲，一目了然，并且便于不同技术方案的比对。例如由发明专利 CN200710077005.4 说明书中［发明内容］部分文本所提取的技术方案为：“为实现上述目的，本发明采用的技术方案如下：一种具有散热功能的 LED 条形灯，包括铝制外壳、PCB 板和焊接在 PCB 板上的大功率 LED，所述铝制外壳为一整体，由散热片、导热基板和罩体三部分组成，其中散热片沿轴向分布于导热基板上表面，且相邻的散热片之间设有空气通道：罩体轴向位于导热基板下端两侧，并在罩体正下方处形成开口，且该开口处通过钢化玻璃板封闭。”根据此技术方案所建立的技术特征图如图 8 所示。

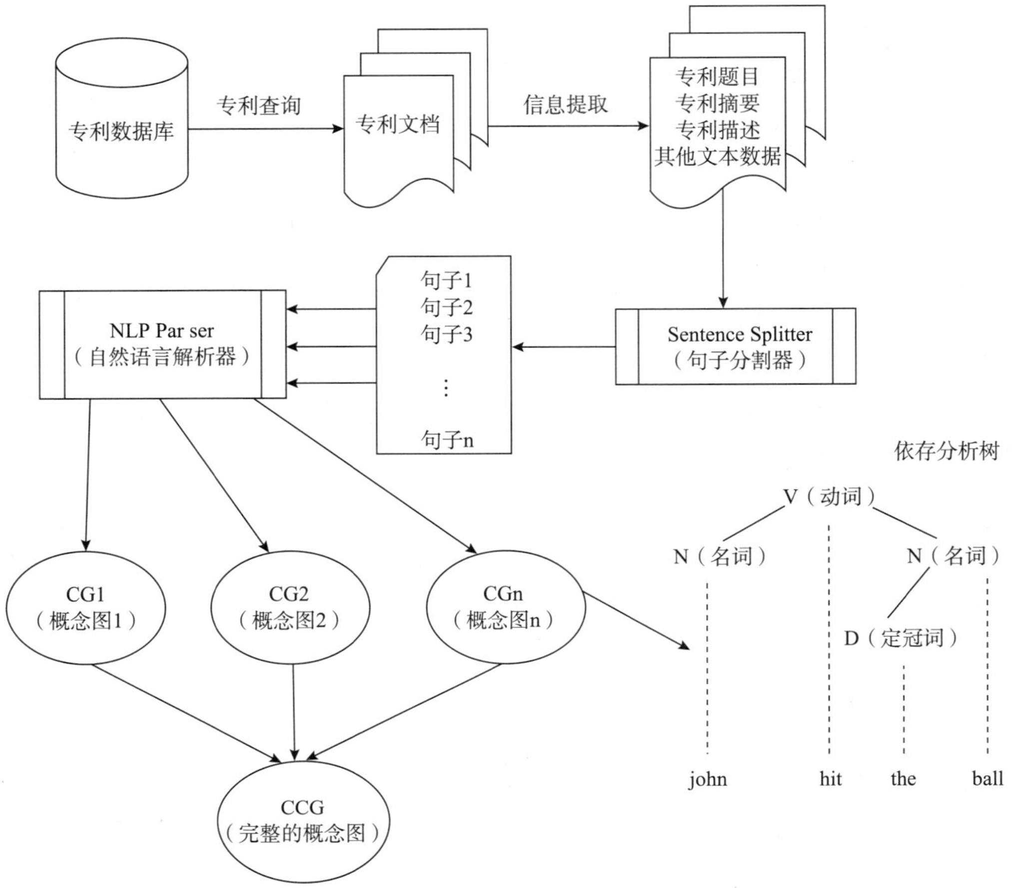

图7　技术特征图的构建

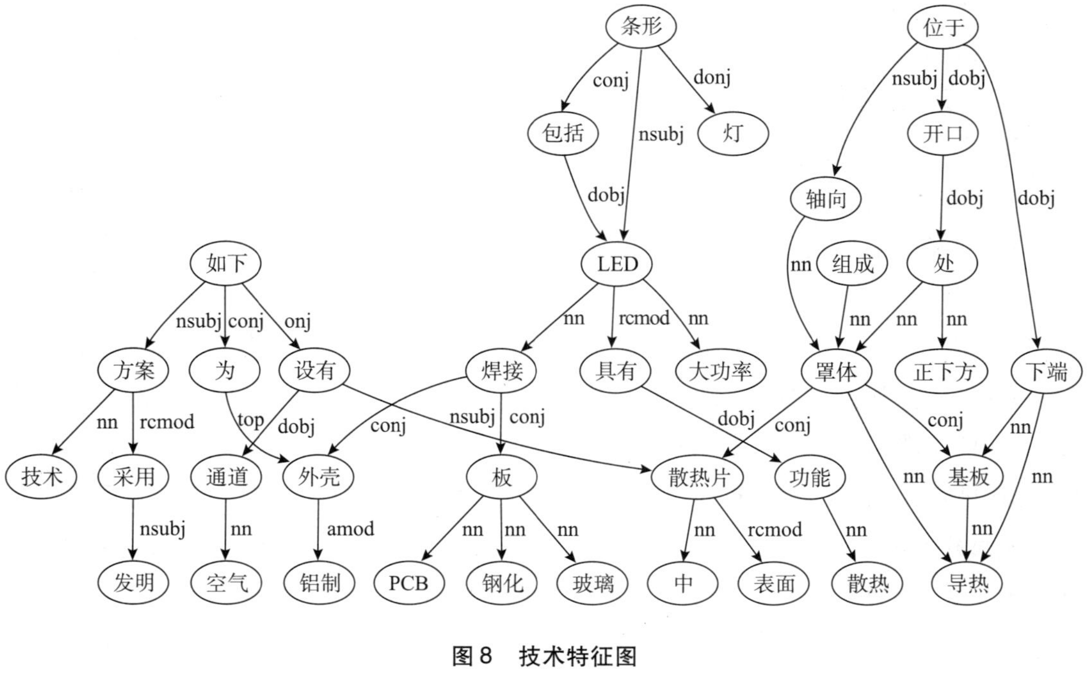

图8　技术特征图

③ 标注专利的技术效果/优点。

对发明专利所实现的技术效果的说明通常是在［发明内容］部分的末尾出现，并且伴有一些线索词。同样，我们在表 10 列出 4 条模式，用以提取含有技术效果说明的句子。

表 10　正规表达式

E1	"本发明的（技术 ǀ 有益 ǀ 主要）（效果 ǀ 功效）. *"
E2	". *具有. *（效果 ǀ 优点）. *"
E3	". *本发明的（优点 ǀ 有益之处）. *"
E4	". *本发明揭示. *"

此外，我们发现，如果上述 4 条模式没有匹配到相应的句子，且在［发明内容］部分的文本结尾 1 ~2 个句子中含有下列线索词："减少/缩短/填补/改变/简化/保护/减轻/促进/减小/降低/提高/保障/保持/应用/避免"，则这 1 ~2 个句子通常是对发明专利的技术效果的说明，因此也需要进行相应的标注。

（四）基于领域本体的专利文本标注

基于领域本体的专利文本标注主要是从特定领域的专利文本中自动构建针对该领域的领域本体，再利用所构建的领域本体对该领域的相关专利文本进行标注的总体过程。针对领域本体的构建，本研究先从领域文本中自动提取术语和术语之间的关系，然后利用第三方的本体编辑工具，根据所提取的术语集合和术语关系集合，建立领域本体。一旦领域本体建立完成，本研究利用所建的领域本体，充当知识库，对该领域的专利文本进行语义标注。

1. 构建基于领域全文本的领域本体

构建领域本体是对专利数据进行有效语义标注的基础，而有效的语义标注才能使面向语义的专利数据挖掘成为可能。本研究在查阅和分析了国内外大量有关本体构建的技术文献的基础上，提出了在基于领域全文本构建领域本体的方法，构建流程如图 9 所示。

因为专利文本所覆盖领域的多样性和易变性，术语提取模块和关系提取模块是构建领域本体的关键部件，也是重点。因此，我们确定了如下提取原则：

- 对于特定领域的领域本体构建，需要根据领域文本的特性和所能利用的资源来决定使用几种方法，并不需要使用所有的方法。
- 使用一种方法所产生的提取结果是不全面的，因此需要同时使用多种方法进行互相补充。
- 在实际应用中，使用某些方法，特别是术语之间的关系提取方法，提取结果不理想时，还需要领域专家的知识来辅助关系提取的任务。

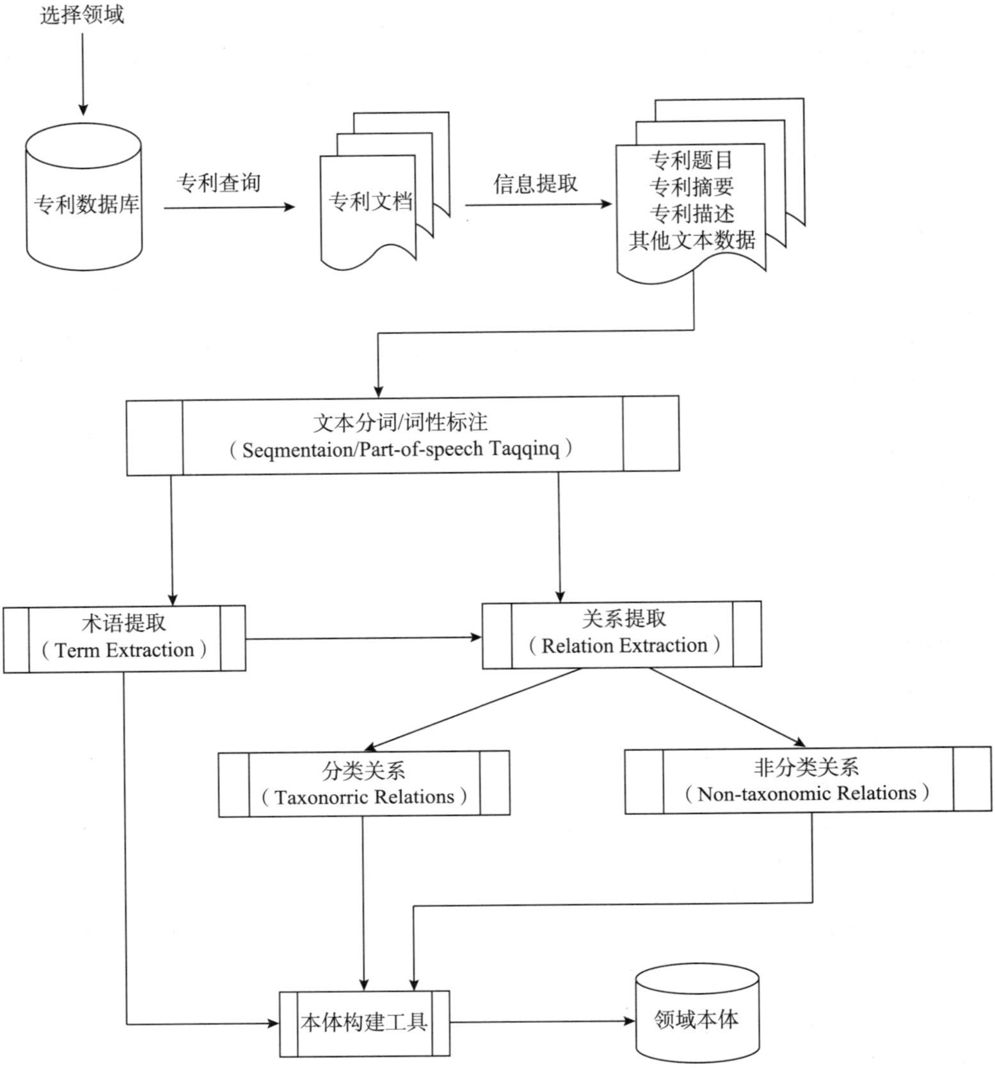

图 9　构建流程

① 自动提取术语。从专利文本中自动提取术语，其难点在于如何处理由多个词语组成的术语（简称为多词术语）。我们通过 Java 程序所实现的多词术语提取方法为：

T1. C – value 的方法。

T2. NC – value 的方法。

T3. Log – likelihood ratio + C – value 的方法。

T4. 机器学习 – CRF 的方法。

T5. LocalMaxs + SCP 的方法。

T6. LocalMaxs + Mutual Information 的方法。

T7. LocalMaxs + Chi – squared 的方法。

其中，方法 Tl – T3 为语言学规则和统计学相结合的方法，方法 T4 的具体实现可以参看之前的研究；而方法 T5 – T7 的实现原理则与具体的语言学规则无关，它实际上是从信息搜索的角度提取多词单元演变而来，并可以应用于任何语言中。课题研究团队将此方法的原理应用于提取中文专利文本中出现的多词术语，方法 T5 – T7 对应于此方法的三个变体，即适用三种不同的词关联方法（SCP，Mutual Inforamtion，Chi – squared）。

② 自动提取术语之间的关系。参照之前的论述，我们使用 Java 程序对下列术语关系的提取方法进行了代码实现。

TRl. 上下位关系提取。

TR2. 同义关系提取。此类关系，通过 Java Regex API，使用表 11 所示规则进行提取。

表 11　规则

Svn1	“. * ? ((NN) + (PU)?)” + “例如” + “(((AD | VV | NN) +PU)” + “(AD | VV | NN) +) . * ”
Svn2	“. * ? ((NN | DEC) +)” + “是一种具有” + “((NN | JJ | CC) +)” + “(DEG | DEC) ((NN | JJ) +) . * ”
Svn3	“. * ? ((NN | NR | JJ) +)” + “(是 | 选自 | 为) ((NN | JJ | CD | M | ” + + “NR | CC | PU | LC | VV | DEC) +) . * ”

TR3. 部分/整体关系提取。此类关系，通过 Java Regex API，使用表 12 所示规则进行提取。

表 12　规则

PW1	“. * ? PU ((NN | JJ | CD | VV | M | DEC | DEG) +) (PU)? 由” + “(((NN | VV | JJ | AV) + (PU | CC)?) +)” + “组成”
PW2	“. * ? ((NN | JJ | VV) +) (分为 | 包括 | 主要有 | ” + “主要包括) ((PU | OD | AD)? (NN | JJ | CD | M | NR | PU | VV | LC” + “ | P | CC | AD | OD | SB) +). * ”

TR4. 层次关系提取（K – means 聚类）。

TR5. 层次关系提取（Markov Graph Clustering） – Markov Graph Clustering，即 Markov 图聚类，是基于图的聚类算法。本研究将所提取的术语集中的每一个术语看作图中的结点，而图的边则由术语之间的关系来表示，这样通过构建术语之间的关系矩阵，再应用 Markov 图聚类算法，可以得到从属于不同簇（即 Cluster）的术语集。

2. 基于领域本体的专利文本标注

经过领域本体的建立，由领域本体支持的专利文本模型则可以由图 10 来说明。由图 10 所示，由经过领域本体标注的专利文本数据中提取关键项，建立索引，即可生成基于领域本体的专利文本矩阵，而该矩阵则是实现各种专利文本内容挖掘与分析技术的基础。

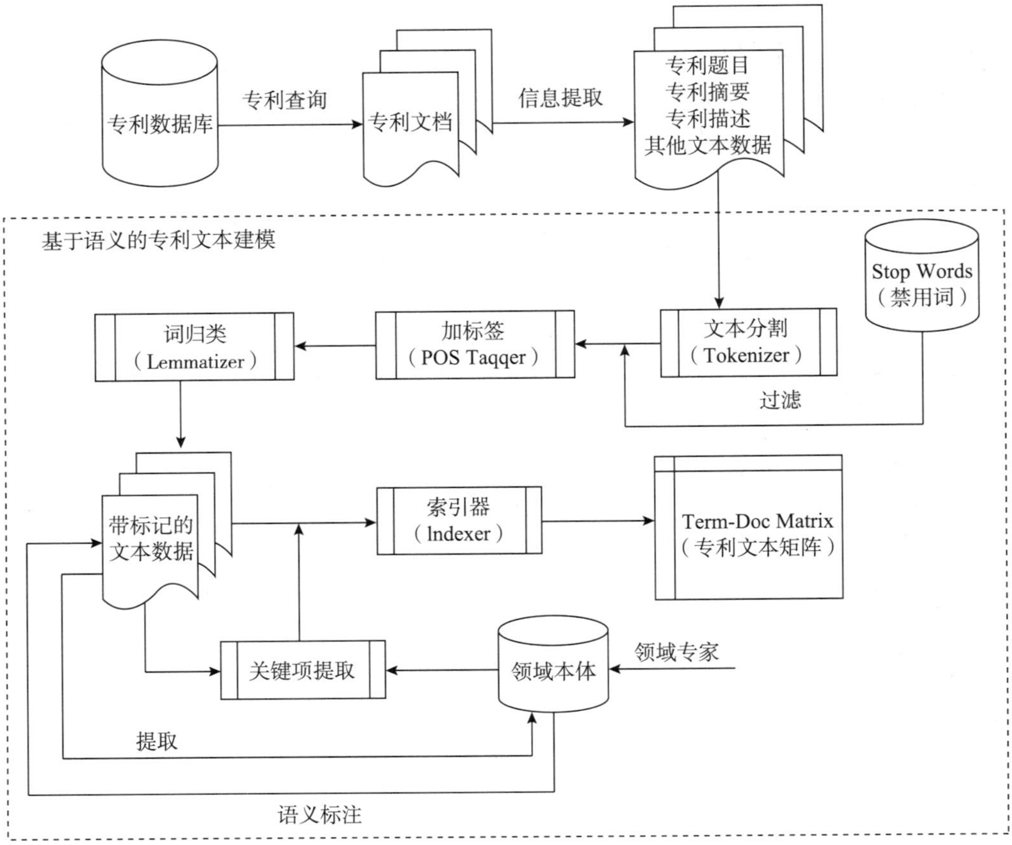

图 10　基于领域本体的专利文本标注

三、照明技术实例研究

（一）建立领域本体

选取照明领域（IPC 分类：F21）的专利文本，作为实例来说明如何由照明领域的全文本专利建立照明本体。参照之前分析的流程，先从国家区域（南京）中心专利数据库检索 2010～2014 年的 IPC 分类号为 F21 的发明专利，共 3865 件；然后，自动提取这批专利的发明内容文本，作为所要处理的中文专利文本。这些发明内容文本再进行预处理、分词、词性标注步骤，成为术语和术语关系提取的输入文本。在此过程中，为了提高术语提取的精确度，通常需要补充针对特定领域的分词词典和停用词表，其说明如图 11 所示：

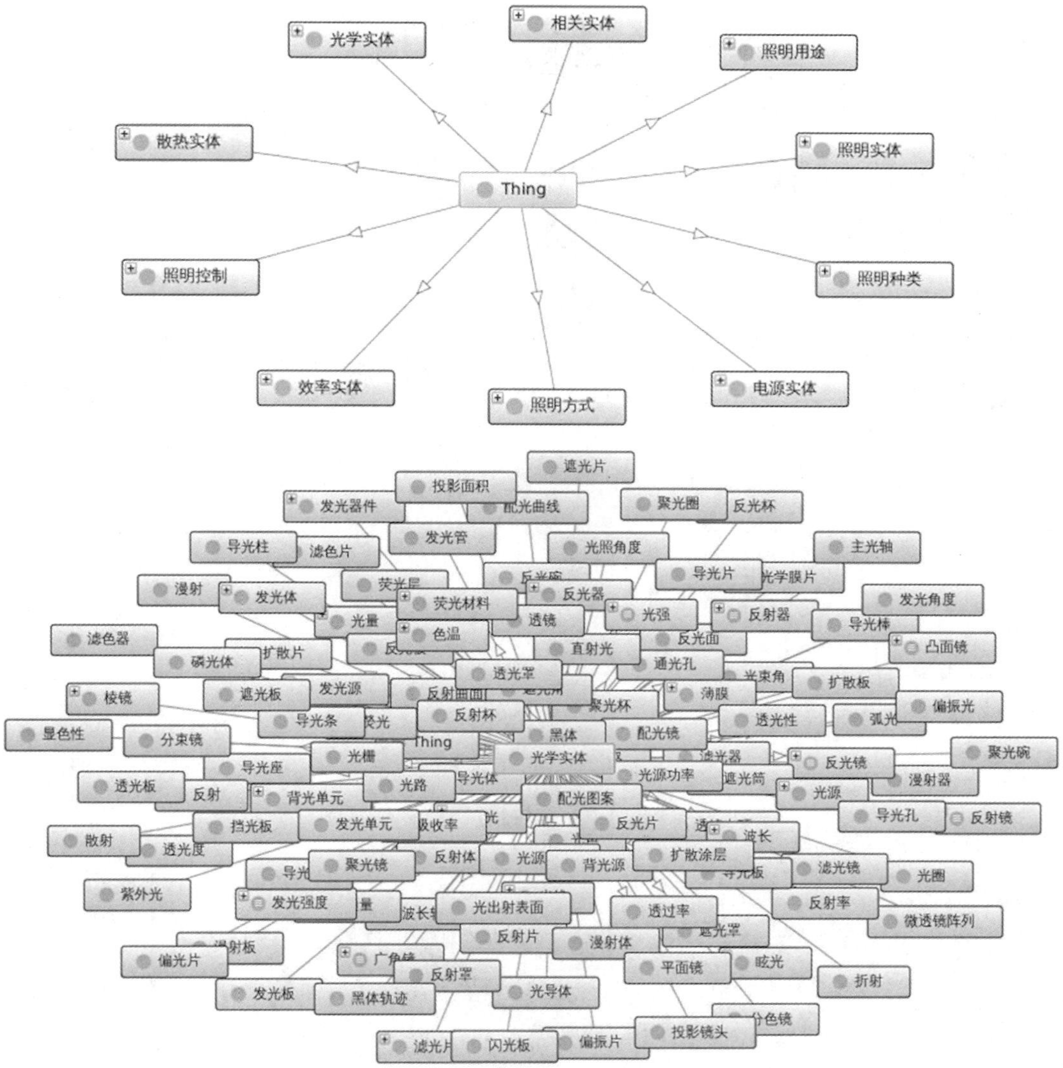

图 11 本体实例

分词词典：通用的分词工具对专业术语的识别不是很好，经常将领域中的术语切分为子串。为提高分词效果，分词系统可应用自定义词典，该词典可由从语料库中抽取文档中的关键词构成。

停用词表（Stop word List）：所谓停用词即在语料库中反复出现的高频词，但它们的存在会干扰应用自然语言处理工具的结果，因而需要预先清除。

经过术语提取，获取从 3865 件发明内容中提取的术语候选者列表，通过与来自网络的有关照明领域的主题词表比较，经过人工鉴别、增删，获取最终的术语集合。通过术语关系提取，由所获取的术语集，进一步得到术语间的上下位关系、同义关系、部分/整体关系图 12。

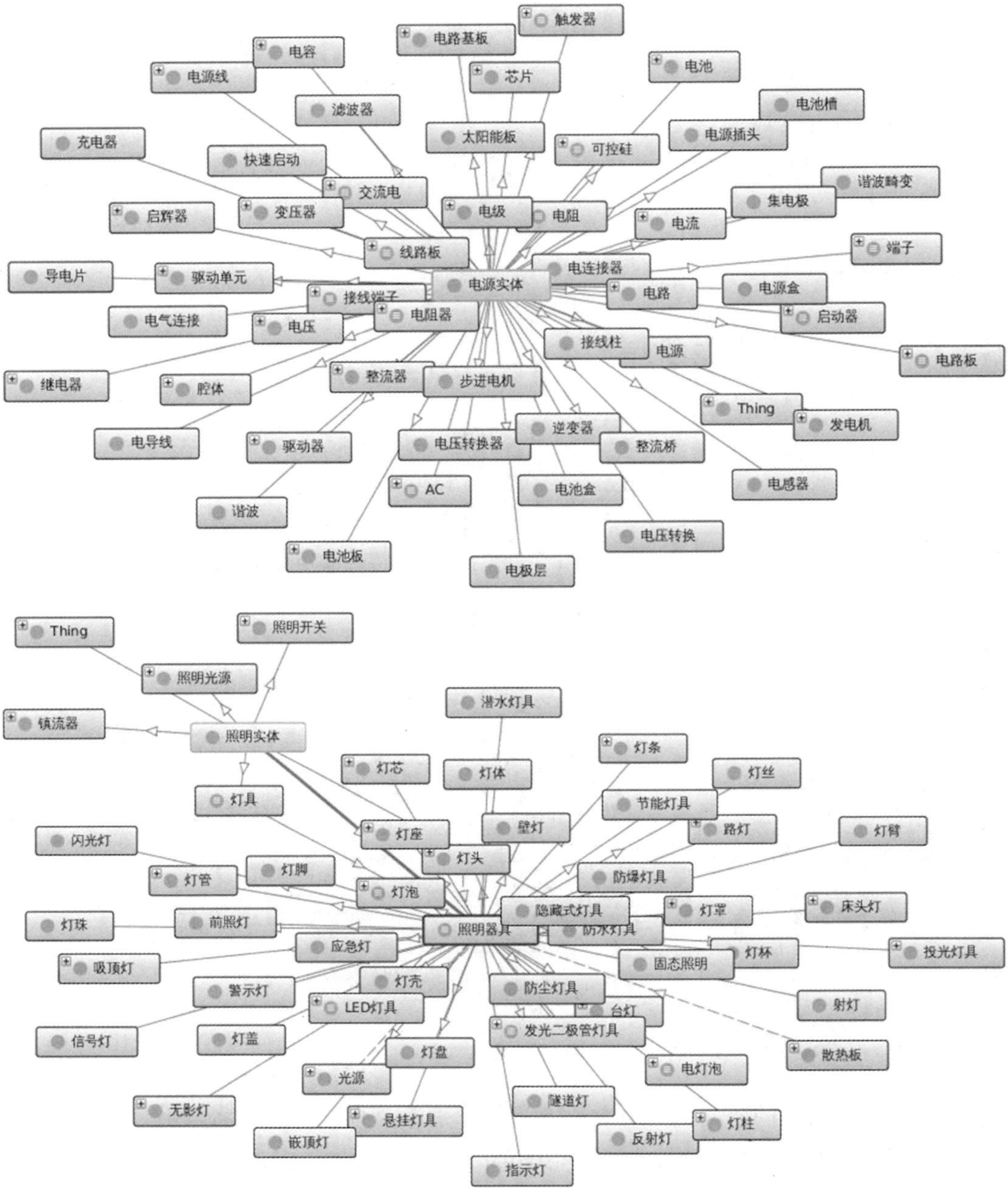

图 12　本体级别

继续遵循之前的流程，本研究使用 Protege 本体编辑器，利用所获取的术语以及术语之间的关系，进行照明本体的编辑。该本体由 617 个概念（术语）725 个术语关系、30 个属性、51 个实例组成，其总的层次结构由图 12 所示，其中每个矩形实体左上角带“＋”号，表示其可以继续扩展。图 11 显示光学实体的扩展，同样带有“＋”号的实体还可以继续扩展，限于篇幅，不再继续下一层的扩展，可以使用 Protege 工具进行下一步扩展。图 12 分别显示电源实体和照明实体的下一层扩展。

（二）基于照明领域本体的专利文本标注

下面将利用之前的研究所构建的照明领域本体，把它所包含的概念、属性（即概念间的关系）作为现有的知识点，用这些点作为标签，用来标记它们实际在所要标记的文本中出现的地方，即称作基于领域本体的标注，从本体工程学的角度来讲，又可称为本体填充（ontology population）。因为所建的照明本体是以“owl”格式存储的，为了读取本体的概念及实例，需要利用 OWL 文件分析器。本研究使用开源工具 OWL API24 自动提取照明本体的概念及实例，然后采用字符串匹配的方法（直接匹配和模糊匹配）在所要标注的文本中标记本体概念及实例出现的地方。

我们首先从国家区域中心专利数据库中选取 2009 年 IPC 分类号为 F21 的发明专利 2248 件，并提取发明内容中部分文本作为所要标注的专利文本。为了展示标注的过程，图 13 列出由 Java 程序编写的“基于领域本体的标注平台”。本平台需要先导入本体，然后再读取所要标注的专利集，该专利集合的专利文本需要经过分词预处理，最后通过选择不同标注方法或批量标注，对专利文本进行标注。图 13 显示了该平台针对单个专利 CN200710077005. 4 的发明内容文本进行标注的例子。在图 13 中，标注结果是按句子划分的，每一个标注项占有一行，如“sen－2：81－85 导热基板”标注结果项表示照明本体中的“导热基板”概念在所示发明内容文本中的第二个句子中字符位置索引号 81－85 处出现。

图 13　标注示例

由所建立的标注模型的测试结果可知，在实验室范围内，所构建的模型基本达到了预想的应用水平。

四、结论与建议

如前所述，对专利文本进行挖掘与标注可以促进专利文献价值的充分挖掘，有利于各具特色的优质应用产品的开发，真正发挥专利大数据的活力。但由于数据加工投入、专业人员限制，基于专利文本数据加工标引基本处于无序状态，缺乏组织与协调，很多是低水平重复开发。本研究设计了序列标注模型、基于关键词的文本图模型及其依存关系树等文本加工模型，借助自然语言处理、本体工程和机器学习等技术对专利文本数据进行自动或半自动的词法和句法标注、特征标注及功能标注，并对期刊和标准等非专利文献进行了数据标注和偶联。多个技术领域中文专利数据测试结果表明，通过构建领域本体从中文专利文本中提取的隐含的语义信息及专利引用等信息，标注后的专利文本数据在分类特性和使用特性上要远远优于传统的专利文本数据，专利和标准的精确度和精确度达到92%，一定程度弥补了以往数据加工的低效率和大投入的缺陷。

但由于各方资源限制，本研究设计的标注模型还有不足之处：(1) 数据规模较大时依存关系计算时间长的缺陷；(2) 不同技术领域专利文本的边关系函数阈值定义；(3) 人工标注数据集规模较小；(4) 标注数据质量监控与人工修正欠缺。建议政府相关部门加强数据加工标引的宏观管理和政策支持，选取具有一定基础的信息服务机构打造数据加工标注合作平台，引导并扶持他们深入开展专利文本标注工作。引导行业内外部跨界融合，将商业信息、科技情报信息资源与专利文本数据进行融合，开发移动应用平台、创新支撑平台等应用工具。开发完善数据加工标准质量管理工具，优化故障树分析、鱼骨图、过程决策程序图等工具，提高数据标注工作的效率和有效性。

专利信息分析方法科学性的理论探索*

陈仁松　毛晓宇**　叶俊

摘　要　本文以“专利信息分析方法科学性的理论探索”课题为基础，提炼其研究成果。在获得相关启示的同时，对如何进一步推进专利信息分析方法的研究和应用，从研究深化、信息协同两方面提出具体工作建议，以期促进专利信息分析工作的合理高效和价值提升，充分发挥专利信息工作对经济发展和科技创新的推动作用。

关键词　专利信息　分析方法　专利运用

引　言

随着知识经济时代的全面到来，全球经济深度融合，技术创新的步伐日益加快，科技要素正逐渐取代传统要素成为企业财富创造及价值增长的主要驱动因素。与此同时，专利领域成为全球高新企业展开竞争的重要战场，专利壁垒高筑、专利地雷密布、贸易纠纷频发。为应对上述挑战，政府部门、科研机构、高新企业迫切需要实时掌握技术分布态势，促进技术创新，调整专利布局，打造专利壁垒，降低侵权风险。

专利信息蕴含大量的技术、经济、法律等重要信息，是企业等市场主体和创新主体了解竞争对手与竞争环境，制订和实施有效竞争策略的有力武器。然而，我国专利信息分析方法的应用目前还处于起步阶段，对各种分析方法科学性和合理性的研究不足，利用的广度和深度不够，针对不同应用方向如何合理选择专利分析方法的标准尚需明确，一定程度上制约了专利信息在专利预警、专利运营、专利导航等专利运用典型领域的作用发挥。

为进一步推进专利信息分析方法的研究和应用，对各类专利信息分析方法进行系统分类和科学评价，明确不同应用方向专利分析方法的选择标准，从而提升专利信息工作质量，促进经济发展和科技创新，我们开展了“专利信息分析方法科学性的理论探索”课题研究。

---

* 本文摘编自国家知识产权局专利局专利文献部2015年度专利信息人才专项课题《专利信息分析方法科学性的理论探索》，课题负责人：陈仁松，主要研究人员：文家春、叶俊、卢炳克、邓亚君等。

** 等同第一作者。

一、课题主要研究内容

本课题主要研究：(1) 国内专利信息分析方法研究现状、分类情况以及常用专利信息分析方法的科学界定。(2) 基于专利信息分析方法的功能，系统性地评价常用专利信息分析方法应用的科学性和合理性。(3) 基于对专利信息分析方法应用的评价，系统性地提出面向专利预警、专利运营、专利导航领域的专利信息分析方法组合应用。(4) 以上述研究为基础，从加大专利信息分析方法研究力度和扩展专利信息分析方法利用视角两个角度，对如何推进专利信息分析方法的研究和应用提出建议。

(一) 国内专利信息分析方法研究现状及分类情况

经过文献分析发现，我国专利信息分析报告中专利信息分析方法的应用还处于起步阶段，科学性及合理性的研究不足，利用的广度和深度不够，针对不同应用方向如何合理选择专利信息分析方法的标准尚待明确。针对上述问题，本课题进行了多方面研究，首先是对专利信息分析方法进行了科学分类。

专利信息分析方法根据数据的利用特点，可按定量分析、定性分析、拟定量分析体系进行分类。定量分析包括时间序列分析、IPC 分类分析、集中度分析、技术生命周期分析等；定性分析包括 TEMPEST 分析、技术流动分析、权利要求分析、矩阵功效分析等；拟定量分析包括专利地图、专利文本挖掘、专利引文分析等。

专利信息分析方法根据应用领域的不同，也可按宏观应用和微观应用的分类体系进行分类。宏观应用分为战略制定和政策完善；微观应用包括技术分析、经济分析、法律分析。

根据以上分类标准，对专利信息分析方法按两种分类体系进行复合分类，得到专利信息分析功能—方法表（见表 1）。举例说明如下：

针对宏观战略制定应用领域，可采用的定量分析方法有技术生命周期法、时间序列分析、IPC 分类分析、集中度分析、分面分析、矢量动态模型法。例如，技术生命周期法理论上建立了四个阶段：技术起步期、技术发展期、技术成熟期、技术衰退期，通过判断周期，有助于产品相关战略制定；时间序列分析方法运用于镁行业过程中，通过对镁行业已公开的专利申请总量按时间分布情况的分析，发现镁行业专利年申请量呈现逐年递增的趋势，我国镁行业的技术开始成熟，对其的战略应由之前的发展期战略转变为与之相适应的成熟期战略；在应用 IPC 分类分析方法识别竞争对手的过程中，通过分析竞争对手专利的 IPC 分类号的变化趋势和特点，可以在一定程度上揭示竞争对手的技术演变趋势、技术研发方向和热点，针对各个时期的不同研发重点和研发趋势进行考察，以发现其技术研发路线和最新研发方向，最终对自身企业战略作出相应调整。

表 1　专利信息分析功能—方法表

功能 \ 方法			定量	定性	拟定量
宏观	战略制定		技术生命周期法、时间序列分析、IPC 分类分析、集中度分析、分面分析、矢量动态模型法	技术流动分析、TEMPEST 分析	专利投资组合、专利地图
宏观	政策完善		时间序列分析	波及分析、TEMPEST 分析	专利引文分析
微观	技术分析	技术分布分析	IPC 分类分析、集中度分析	布拉福德文献离散定律分析方法	专利地图
微观	技术分析	核心技术分析	IPC 分类分析、文档聚类分析	布拉福德文献离散定律分析方法、权利要求分析	专利引文分析、专利地图
微观	技术分析	技术预测分析	时间序列分析、分面分析、技术生命周期法、矢量动态模型法	技术流动分析、波及分析权利要求分析	专利地图
微观	技术分析	技术生命周期分析	新技术系数分析、三角分析、技术生命周期法		专利地图
微观	技术分析	技术空白点分析		矩阵功效分析、TEMPEST 分析	专利文本挖掘
微观	技术分析	技术改进分析	新技术系数分析	技术流动分析、矩阵功效分析、TEMPEST 分析、技术原理分析	
微观	技术分析	专利质量分析		同族专利分析	专利引文分析、专利文本挖掘
微观	技术分析	研发风险分析	文档聚类分析	技术原理分析	专利引文分析、专利投资组合、专利地图
微观	经济分析	专利交易分析	空间序列分析、新技术系数分析	波及分析、同族专利分析	专利地图
微观	经济分析	经济价值分析	空间序列分析、新技术系数分析	波及分析 同族专利分析	专利引文分析、专利地图
微观	经济分析	市场分析	新技术系数分析	波及分析 同族专利分析	
微观	经济分析	竞争对手分析	空间序列分析、集中度分析	技术流动分析 专利引文分析	专利投资组合
微观	经济分析	合作伙伴分析	空间序列分析	技术流动分析	专利投资组合

续表

方法 功能			定量	定性	拟定量
微观	经济分析	发明人分析		专利引文分析、集中度分析	专利地图
		交易风险分析			专利地图、指标体系法
	法律分析	侵权分析	文档聚类分析	技术流动分析、矩阵功效分析、TEMPEST 分析、规避设计分析	专利文本挖掘
		无效分析		矩阵功效分析 TEMPEST 分析	专利文本挖掘
		法律状态分析			专利文本挖掘、专利地图

针对宏观战略制定应用领域，可采用的定性分析方法有技术流动分析、TEMPEST 分析。例如，技术流动分析方法是按时间序列测知重要专利的流动情况，据此可以把握过去的技术流动、各企业的开发方向和专利权网，以及该技术对关联产业的影响，从而为企业专利战略的制定提供指导。

针对宏观战略制定应用领域，可采用的拟定量分析方法有专利投资组合、专利地图。例如，专利地图它可以帮助专利分析者发现技术进程中的盲点、整理专利权相关信息、掌握技术动向、了解与竞争对手或潜在竞争对手间的技术差异、推测竞争对手的研发策略、协助新进入市场的企业了解领域技术、了解技术研发部门的质量管理力度；专利投资组合分析方法在实际应用过程中具有确定有价值的专利、技术产品潜在消费者的作用，具备增加专利的回报（许可、出售、开发）、早期确定潜在的新替代品市场的价值。

因此，根据表 1，专利信息工作者可根据实际的应用，选择对应的专利信息分析方法进行专利分析。

（二）常用专利信息分析方法的科学界定和分析评价

通过阅读大量现有文献，分析总结各类专利信息分析方法在实证研究中的使用情况，发现表 1 中只有部分方法实际应用较频繁，因此可以将这部分较为常用的方法作为重点研究对象。本课题对常用专利信息分析方法的含义进行科学界定，并详细分析和评价了各专利信息分析方法的适用条件、使用的优势及局限，整理出常用专利信息分析方法—功能表（见表 2），方便使用人员对各分析方法优劣势进行直观比较，根据特定应用需求，科学选择有效的分析方法，提高专利信息工作效率。对表 2 的使用举例说明如下。

表 2　专利信息分析方法—功能表

分析方法		方法界定	适用范围	适用要点	优势	局限
定量分析法	时间序列分析	利用某对象在过去时间中的一系列已知数据来预测该对象在未来时间中的变化情况的分析方法	① 专利申请趋势的预测； ② 专利信息指标和其他经济科技指标之间的关系研究	适用前提为两项原则：专利数据具有持续性、时间序列具有趋势性。主要变动趋势有：水平变动趋势、长期变动趋势、随机变动趋势等	应用范围广泛，尤其是在研究专利信息指标和其他经济科技指标之间的关系方面具有很大的优势，例如，通过 R&D 投入研究识别技术领域的演变，研究专利产出与经济增长的关系等	方法的局限为所用的时间序列具有平稳性，可能导致“伪回归”问题，需要对数据进行差分处理
	空间序列分析	通过不同公司、企业间的专利数量对比，来反映他们的技术水平与实力	① 收集竞争对手的技术领域投入、专利活动、技术水平情报； ② 判断技术研发的商业价值	适用条件为数据具有空间或不同技术领域的属性	该分析方法的主要分析内容为特征点的分析，分析申请地域的排序特点，结合商业、技术、政策以及其他专利统计信息等共同剖析特征点出现的原因	局限主要存在于方法功能单一，仅针对技术领域的布局情况有定性了解，不能为具体分析贡献信息量
	IPC 分类分析	以 IPC 分类体系为横轴，以专利申请量（或授权量）为纵轴，统计分析不同技术领域专利申请情况的情报，从而获知该领域的技术构成情况	① 判断技术领域研究热点； ② 把握某一技术领域的研究动态； ③ 预测某一技术领域法的未来发展前沿	适用时应注意随时更新《国际专利分类表》中的名目，减少或缩小国内外专利分类的差别，避免此差异造成分析结果的不准确	依据相关技术领域的专利文件在不同 IPC 类别中分布的数量多少可判断该技术领域当前的技术研究热点；依据捕捉专利文件在 IPC 分类体系中数量分布随时间的动态变化，可分析技术领域的研究前沿	不能深入到专利文本内容，是宏观和表面的；很难通过这种分析方法了解详细、深入的技术发展演化过程以及趋势

续表

分析方法		方法界定	适用范围	适用要点	优势	局限
定量分析法	技术生命周期法	统计一段时间内某项技术相关专利的申请数量和专利申请人数量的变化，绘制技术生命周期	适用于行业发展阶段的定位和预测	专利指标法需要计算技术生长率、技术成熟系数、技术衰老系数和新技术特征系数4个指标的历年值，生成图表并观察数据变化趋势；相对增长率法需要计算技术的相对增长率（RGR）和增长潜力率（DGR），然后利用二维矩阵判断技术生命周期	为专利的技术生命周期图还可反映行业的变化情况，确定哪些技术属于主流技术，哪些技术属于接近淘汰的技术。具有清晰、直观的特点	在应用于技术引进时，分析不够全面，还需要配合其他方法对各备选技术的优点和缺点进行分析，从而确定具体要引进哪种技术
	专利集中度分析法	按不同的聚合角度通常可分为技术集中度、地域集中度和行业集中度，分别反映分析对象在技术、空间地域和申请人方面的聚类情况	① 技术：了解对象的活跃技术分支和未来发展趋势； ② 地域：了解对象的专利布局地域扩张趋势； ③ 行业：了解对象的专利规模和技术垄断趋势	专利集中度趋势分析的关键点是计算集中度指数。CRn指数对数据要求低，计算渐变，使用率较高。专利集中度全分析图的坐标横轴为时间，纵轴为集中度指数。分析内容主要有数据拐点分析和不同趋势线比较分析	可了解分析对象的活跃技术分支、技术的未来发展趋势；对象的专利布局地域扩张趋势；预测行业的专利申请整体发展趋势。此外，集中度趋势分析图可以分析技术拐点出现的原因以及不同趋势线出现差异的原因	该方法主要用于微观层面的分析，在宏观政策层面还需要其他专利分析方法的配合；集中度指数的选择和计算困难
	文本聚类分析法	文本聚类分析是对专利的文本信息（标题、摘要、权利要求书、说明书等）进行聚类分析的方法	① 技术主题挖掘； ② 专利组合分析，了解专利技术布局； ③ 技术发展路线分析，掌握专利技术的发展态势； ④ 技术空白点分析，指导技术的路线规划	聚类分析法的流程：①分词；②停用词过滤；③词性标注；④特征选择；⑤构造特征空间；⑥构造相似度矩阵；⑦聚类处理；⑧聚类分析结果描述及可视化	应用广泛，分析结果更具有现实性。在专利组合分析，了解专利技术布局；技术发展路线分析，掌握专利技术的发展态势；技术空白点分析，指导技术的路线规划等方面具有独特的优势	第一，操作复杂，需要收集文档、文档预处理、文档建模、聚类处理、聚类结果分析等步骤；第二，经典的聚类分析算法往往不能直接适用，需要进行调整改进

续表

分析方法		方法界定	适用范围	适用要点	优势	局限
定量分析法	矢量动态模型法	把统计到的动态数据进行矢量模型化，然后对科学发展动向加以预测和评价	① 观测科学技术的量变关系； ② 预测着科技发展的方向	把统计到的动态数据进行矢量模型化，然后对科学发展动向加以预测和评价	不仅反映科学技术的量变关系，还隐含着科技发展的方向	样本量大，统计困难；模型构建复杂
定性分析法	技术功效矩阵	通过对专利文献反映的技术主题内容和主要技术功能效果之间的特征研究，揭示他们之间的关系	① 寻找技术领域内的瓶颈问题； ② 区分技术密集区、地雷禁区和尚未开发以及有利可图的区域	在进行矩阵分析之前，应对相关专利文献进行解读，以专利说明书、权利要求书等反映的专利技术内容来识别专利，并按各技术信息因素来归并有关专利使其有序化。进行技术矩阵分析最重要的一点是可以通过空格中专利数量的对比来寻找技术空白点	总体上操作简便，直观清晰。有利于找出技术领域内的瓶颈问题。研究技术/功效矩阵中的各区域密度分布状况，能够区分技术密集区、地雷禁区和尚未开发以及有利可图的区域，企业可找出这些区域的所在位置，进行技术创新或是技术挖掘	一是定性的方法，难以用实证数据说明问题；二是适用于个别专利及其相关专利的专利信息分析，在整体专利战略布局方面的应用方面存在缺陷
	重点专利分析法	对具有技术突破性、重大改进的关键技术节点、涉及技术标准及诉讼的专利建立衡量指标体系，并进行筛选和分析的方法	① 厘清核心专利的保护范围； ② 发现侵权产品； ③ 找出专利保护度增加的限制条件	重点专利分析法第一步是确定重点专利衡量指标，包括专利内部衡量指标和专利外部衡量指标；第二步是重点专利的筛选；第三步是重点专利的分析	优势在于可以对某项重要的专利从技术特征，专利保护范围及其对技术的贡献度等方面对某项专利进行深入的研究。有利于厘清核心专利的保护范围；发现侵权产品；找出专利保护度增加的限制条件	该方法的侧重点是对个别专利的研究和个专利发明点之间的横向比较，但是在技术的发展趋势、技术的生命周期、技术的空白点等方面应用有限

续表

分析方法		方法界定	适用范围	适用要点	优势	局限
定性分析法	专利技术路线分析法	技术路线分析是基于专利文献信息分析描述某技术领域的主要技术发展路径和关键技术节点的方法	① 展现技术发展路径； ② 发现关键技术节点； ③ 制定“技术—产品—市场”规划	该方法适用的关键点是绘制专利技术路线图。绘制思路有三种：第一种绘制思路是利用专利引证关系表现出专利技术之间的关联。第二种绘制思路是利用技术发展中需要解决的功能或效果作为修正专利引证关系的工具。第三种绘制思路是以技术发展需求为主线，专利引证关系、主要申请人为分线，筛选代表关键技术节点的重要专利	方法一研究对象具体，可以围绕具体的产品或某项核心专利技术展开；方法三以技术需求作为主线，通过多种因素筛选关键技术节点，避免了单纯适用专利引证关系带来的缺陷，使得技术路线更为接近现实	技术的发展不是线性的演进，而是跳跃性的发展时，专利引证关系可能出现“断开”；技术功效的测量是一个较为复杂的问题
	权利要求分析法	根据不同的需要对专利的权利要求进行保护范围分析、侵权对比分析、撰写缺陷分析、稳定性分析等分析方法的总称	① 保护范围分析； ② 侵权对比分析； ③ 撰写缺陷分析； ④ 稳定性分析等	权利要求保护范围分析主要单件专利的保护范围分析和多件专利的保护范围分析。单件专利保护范围分析首先要分析权利要求结构，其次要借助图表展示权利要求结构。多件专利保护范围分析可以通过检索的手段找出相同或相近的申请，综合考量。 侵权对比分析，第一应确定对比双方的实际范围；第二划分对比双方的技术特征；第三比对双方的技术特征，得出分析结论	权利要求书通常作为确定专利权保护范围的主要依据，是专利申请文件中最核心的部分。因此，权利要求分析法更客观，更能准确地寻找撰写缺陷，更能准确地探究专利的保护范围	该方法主要适用于对某个专利的分析，在整体的专利布局中处于补充地位

续表

分析方法		方法界定	适用范围	适用要点	优势	局限
定性分析法	技术规避设计分析	面对竞争对手专利壁垒，分析并发现其在保护地域、保护内容等方面的漏洞，平移或改造技术方案，实现不侵权的技术“借用”的方法	① 制订技术规避方案； ② 规避侵权诉讼	该方法适用的两个关键内容是：制定专利技术规避流程和专利技术规避策略。成功的专利规避设计至少满足两个条件：一是在专利侵权判定中不会被判侵权，这是专利规避设计最下限的要求；二是确保规避设计的成果具有商业竞争力、满足活力要求。专利规避设计在思路和方法上，还应当充分考虑技术领域的不同	规避设计是专利技术发掘的重要手段之一，也是专利侵权诉讼或者预防专利侵权实践中极为重要的应对手段	此方法主要是用来规避专利侵权，规避竞争对手的专利壁垒，其侧重点是考虑如何与一种现有技术方案差异化，而不是实质性的创新，因此在发现核心专利、寻找技术空白点和创新点方面难以发挥作用
拟定量分析法	数据挖掘法	采用数学、统计、人工智能等领域的科学方法从大量的、随机的专利数据中，提取隐含的、预先未知的并具有潜在应用价值的专利情报的过程	① 隐含信息挖掘； ② 技术空白点挖掘； ③ 技术未来发展趋势的评价和预测	专利数据挖掘的适用主要包括以下四个程序：数据获取与预处理；数据处理挖掘，结合分析需求，依据特定的数据挖掘算法，在数据中提取数据模式；数据可视化，运用一定的方法将提取出的数据模式表达成某种易于理解的模式，并对数据进行初步分析；最后是情报的分析和整合	相比于传统的报表处理和查询得到的只有事件发生的最终结果，没有研究事件发生的深入原因的情况，数据挖掘更多的通过了解事件发生原因，并且预测未来，因此能够提供对决策者有利的帮助与支持，发现不易察觉的、隐含的模式及规律	涉及数学、统计、人工智能等领域，技术性强；单纯的定量分析容易与现实脱轨，需要与定性的分析法相配合

续表

分析方法		方法界定	适用范围	适用要点	优势	局限
拟定量分析法	专利引文分析	专利引文分析即是利用各种数学与统计学的方法及比较、归纳、抽象、概括等逻辑方法，对专利文献引用参考文献的现象进行分析研究，从而揭示其数量特征和内在规律，并据此进行技术发展趋势的评价及预测	① 技术评估； ② 关键的技术进展、创新机构以及核心发明者的识别； ③ 知识流动和技术转移分析	专利引文分析主要包括：引用频次分析、引证树分析、引文指标组合分析、引文聚类地图分析、专利权人分析、高被引分析等。专利引文分析的关键是确定分析指标：指标主要分为定量和定性两个类型。定量分析的有：被引频次、自引率、扩散指数、论文引证指标等；定性的指标：技术来源地域和质量的指标，审查员引证指标	不仅可以应用于微观层面的专利分析，也可以用于宏观层面的专利分析。微观层面：在技术，它可以对关键的技术进展、创新机构以及核心发明者进行识别；专利引文蕴含着知识流动和技术转移，对专利引文网络展开时序分析。宏观层面：将专利引文信息与国家、机构信息相结合，可以识别国家技术主体所处的位置及其相互依赖关系	专利引文层次性多，引文之间的关系复杂，数据统计的工作量大
	专利地图	专利地图是把技术信息、经济信息、法律信息等各类专利信息以统计分析的方法，综合整理制作成简单、形象、可视性强的专利分析图，便于企业决策者进行理解	① 企业专利技术分布的总结分析； ② 技术发展方向的预测； ③ 竞争对手的监测	专利地图一般包括专利管理图和专利技术图，制作专利地图步骤：首先应明确制作专利地图目的。其次要确定专利检索的主题、地区及数据库。第三是输入关键字和国际分类号等检索主题进行检索。第四是筛选，剔除无关的部分，得到与研究内容相关的专利文献，利用筛选后的专利文献进行专利管理图的制作	专利地图在专利信息利用中起到承上起下的重要作用，承上是指将检索到的专利信息，以数据的形式归入一张图表中，可供定量分析和定性分析之用；启下是指通过对专利地图的分析得到可以利用的技术水平、动态、发展趋势等情报，为专利战略服务	由于专利地图所涉及的信息量非常大，整理起来异常烦琐。如果企业自身的实力不够，一般很难完成专利信息的搜集整理工作

时间序列分析法：适用于专利申请趋势的预测、专利信息指标和其他经济科技指标之间的关系研究。该方法的优势主要在于应用范围广泛，尤其是在研究专利信息指标和其他经济科技指标之间的关系方面具有很大的优势，例如，通过 R&D 投入研究识别技术领域的演变，研究专利产出与经济增长的关系，研究专利申请量与专利授权量的关系等。该方法的局限为所用的时间序列具有平稳性，可能导致“伪回归”问题，需要对数据进行差分处理。

技术生命周期法：适用于行业发展阶段的定位和预测，具有清晰、直观的特点。但用于技术引进时，其分析不够全面，还需要配合其他方法对各备选技术的优点和缺点进行分析，从而确定具体要引进哪种技术。

文本聚类分析法：适用于技术主题挖掘、专利技术布局分析、技术发展路线分析、技术空白点分析，应用广泛，分析结果更具有现实性。在掌握专利技术的发展态势、指导技术的路线规划等方面具有独特的优势。但也有很多局限：第一，操作复杂，需要收集文档、文档预处理、文档建模、聚类处理、聚类结果分析等步骤；第二，经典的聚类分析算法往往不能直接适用，需要进行调整和改进。

（三）专利信息分析方法组合应用

由于各专利信息分析方法具有不同的适用范围、优势和局限，在实际应用时常常相互组合运用。本课题在对现有各单一分析方法深入研究的基础上，将具有不同属性及特点的分析方法组合起来，应用于专利预警、专利运营、专利导航中。

例如对于专利预警，可采用的专利信息分析方法组合如图 1 所示。

图 1 中，专利预警的专利信息分析体系分为行业技术分布、重点企业技术分布、核心技术深度挖掘、行业内专利实施四个模块。以企业技术分布模块为例，行业技术分布模块需要实现的功能主要有揭示专利申请趋势、专利类型分布及趋势，以预测分析行业内专利发展情况；显示国别分布、申请人分布、IPC 分布与趋势等，对本国专利地理空间布局进行分析，对本国专利申请远少于国外的情况提供预警；获得行业的主要技术分布格局，为预测技术发展提供参考；采用专利信息分类的方法，揭露行业热点技术的分布地图，了解技术现况，避开专利雷区。

相应采用的专利信息分析方法有：基于内外部特征项的统计分析，即针对专利文献内外部特征项，进行时间序列分析、空间序列分析、IPC 专利号的分类分析，用于揭示专利申请、三种专利类型分布、国别分布、申请人分布、IPC 分布的趋势发展；基于文本相似度计算，采用技术功效矩阵和主题分类分析方法，进行行业技术分布分析；基于词语相似度计算，采用共现/聚类/引用分析，制作热点技术地形图。

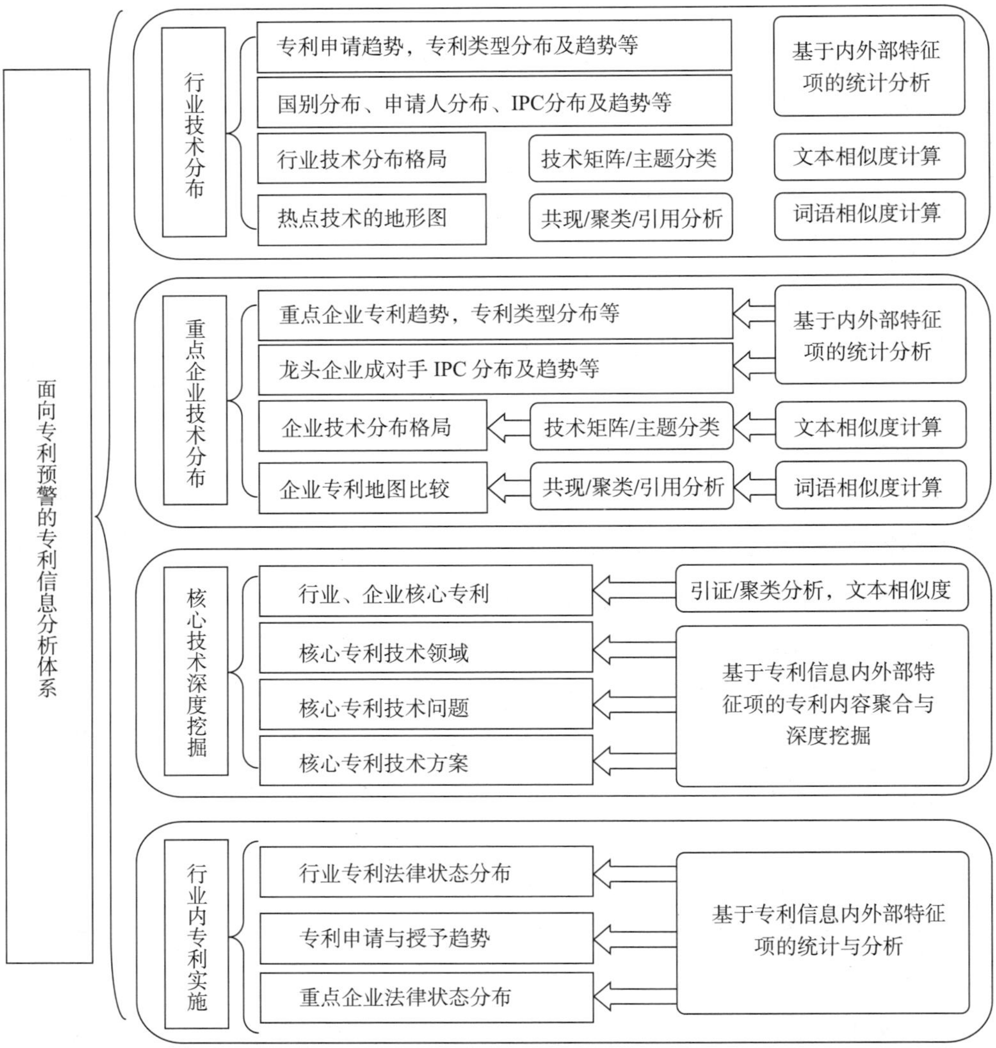

图 1　面向专利预警的专利信息方法组合

（四）推进专利信息分析方法研究和应用的建议

本课题还针对专利信息分析方法的研究和应用，提出以下建议。

1. 加大对专利信息分析方法的研究力度，提高专利信息的利用率

通过加大对现有专利信息分析方法的研究，并开拓新的分析方法，提高专利信息利用程度。在已有研究基础上，通过建立各分析方法的科学选择标准，更有效服务专利信息工作。

2. 扩展专利信息分析方法的利用视角，促进分析方法的使用效率

改进当前只针对单一分析方法进行研究、选择和利用的情况，将不同属性的分析方法进行组合使用，在进一步的研究工作中针对其他应用需求，分析总结完整的组合分析方法，使现有专利信息分析方法从新的角度更高效地服务专利信息工作。

二、课题研究带来的启示

2015 年 12 月，国务院发布了《国务院关于新形势下加快知识产权强国建设的若干意见》，指出有效促进知识产权创造运用，优化知识产权公共服务，加强重点产业知识产权海外布局和风险防控，促进新技术、新产业、新业态蓬勃发展，提升产业国际化发展水平，保障和激励大众创业、万众创新。在经济新常态下，专利信息工作在促进经济发展和科技进步中的作用得到了各方的充分重视，被寄予了较高期望，专利信息分析方法应更加注重实用性，力求有所创新，因此在借鉴本课题研究成果基础上，提出以下专利信息分析方法的研究和应用建议。

（一）深化课题研究成果，加强常用专利信息分析方法背后的模式和规律挖掘

一是要加强各种专利分析方法背后隐藏的模式规律的研究。这种模式规律和国家、社会、经济条件相关，具有动态稳定性，是专利信息分析方法研究需要重点把握的内容。例如，2014 年我国授权发明专利平均投入达 3.66 人次，具有较高的平均研究密集程度，居美国、日本、俄罗斯等九国之首，但综合考虑中国专利质量、专利价值、专利产出效益，中国专利并未表现出与高研究密集程度相对应的高质量和高价值，中国较高的平均研究密集程度可能更多得益于国内人力资源丰富且相对人力成本较低的优势；再如，技术生命周期的经典曲线是拉长的 S 形，但实际分析得到的曲线可能呈现多种形状，对于这些曲线，需要通过大量实例进行分析、判断、验证，才能揭示不同曲线背后暗含的规律，从而在阶段划分、拐点确定等关键内容上给出实用的判断方法。

二是要将理论研究和指导实践相结合，针对特定问题进行国内常用方法和国外常用方法的对比，结合国外企业实践，对专利权价值评估等缺少成熟分析方法的问题给出推荐方法，进一步提高研究对实践的指导作用。

（二）专利信息和其他多种信息相结合，将单一维度分析扩展为多维度分析，以得到更客观、更丰富、更贴近实际需要的信息分析结果

一是专利信息和政策、经济、科技、法律等多种信息相结合，有利于提高分析结果的科学性和准确性。例如，某省光伏技术的专利申请量在几年时间里迅速增加，并不能说明该省光伏产业发展势头良好，因为光伏技术专利申请量的迅速增加可能是政府对专利申请采取了高额补贴政策或高校申请量急剧增加等原因造成，因此还需要结合当地产业政策、申请人结构、专利的转化许可情况、企业 R&D 投入、产业投资等情况综合确定。

二是专利信息和政策、经济、科技、法律等多种信息相结合，有利于形成相对完善的一揽子解决方案。尽管专利信息非常重要，但企业要做出正确的生产经营决策，却不能完全局限于专利信息，而应在多种信息基础上综合判断。例如，除了专利申请和授权量能预示一项技术或产品的市场前景，企业研发、风险投资等真金白银的投入也能体现各方主体对某一项技术的看好程度。反之，如果一项技术从专利信息技术生命周期来看处于上升期，但申请人主要是高校，而企业、风险投资基本没有投入资金进行开发，那么该技术可能离实际应用还具有一段距离，那么就需要结合技术信息分析、企业调研等多种手段，发现该技术目前发展的瓶颈所在，根据企业在产业中是领导者还是跟随者的战略定位，做出全面介入还是技术跟踪的经营决策。此外，充分利用多种信息也有利于企业寻求政策支持和资金支持、寻找合作伙伴等。

综上所述，专利信息分析方法一方面要继续深化现有研究成果，深入挖掘方法背后隐藏的模式规律，才能做到各种方法的灵活运用；另一方面要创新专利信息分析方式，将各种信息有机结合，提供一揽子解决方案，增加专利信息分析工作的附加值，使专利信息分析工作更加合理和高效，充分发挥专利信息工作对经济发展和科技创新的促进作用。

外国在华发明专利引证研究

李珊霞　王志云　王媛　高建业　马潇

摘　要　本文基于各国在中国申请的发明专利，以 2008～2012 年公开的各国在华发明专利申请为统计对象，分别从专利被引次数、专利平均被引次数、专利引文量和专利平均引文量这四个方面进行了统计和分析。同时，为了考察外国专利对中国专利的影响，从发明专利的引文国别分布角度进行了统计和分析，来反映九国两组织中除中国外的其他 8 个国家在我国申请公开的发明专利的状况及其对我国的影响。

关键词　专利引证　专利被引　专利引用　被引次数　引文量

一、引　言

近年来，随着中国科技实力的不断增长，世界各国在中国申请公开的发明专利量也不断增加，尤其是以美国和日本为代表的发达国家。据统计在 2008 年，美国、日本、德国、韩国、瑞士、法国、英国和俄罗斯这 8 个国家在中国申请的发明专利公开量达到了 79 483 件，而这一数字在 2012 年达到了 107 607 件。外国在华发明专利公开量的不断增长，表明了世界各国越来越重视在中国的技术扩张和占领。当前，我国对自主创新的需求和标准越来越高，因此深入研究外国在华发明专利引证情况，对于进一步提高自主创新能力具有突出的意义和作用。

以往国内外研究证明，专利的被引用情况与专利的影响力和专利技术质量存在相关性。通常，一项基本专利技术被后续专利引用的次数，可以揭示专利影响力和评价专利的质量，专利被引次数越多则专利的影响力越高、专利的技术质量越高。一个国家/地区的专利被其他国家/地区引用的情况，可以衡量该国家/地区在该技术领域内的实力与地位。其次，一项专利引用其他专利，是一个知识输入和积累的过程，一项专利被其他专利引用则是一个知识输出的过程。不同国家/地区的技术知识流向也可通过专利引文信息来反映，因此利用专利引文分析能准确地评价在先专利技术对技术创新的影响。通过对国家间专利文献的相互引证关系的分析，可以了解区域的知识流动趋势，某一技术的发展过程及其地理分布状况，判断技术发展的动向、预测技术发展趋势、评估专利技术等。

本文以2008～2012年外国在华公开的发明专利申请为统计对象，分别从专利引用和被引用两个角度，对专利被引次数、平均被引次数、引文量和平均引文量4个指标进行了统计和分析。同时，为了考察外国专利对中国专利的影响，从发明专利的引文国别分布角度进行了统计和分析，来反映九国两组织中的8个国家在我国申请的发明专利的状况及其对我国的影响。

二、外国在华发明专利被引用情况统计分析

将外国在华发明专利申请被引次数，按2008～2012年进行数据统计，列于表1和表2，同时将2008～2012年的累积被引次数用图1和图2进行展示。如表1和表2所示，不管是发明人专利引文（以下简称“发专”）还是审查员专利引文，日本和美国的发明专利被引次数均相对较高。同时由图1可知，2008～2012年外国在华发明专利累积被引次数（发专）排名依次为日本、美国、德国、韩国、瑞士、法国、英国和俄罗斯，日本和美国发明专利累积被引次数分别为2240次和2189次，日本和美国的发明专利被引次数（发专）较高。而由图2可知，2008～2012年外国在华发明专利累积被引次数（审查员专利引文）排名依次为日本、美国、韩国、德国、法国、瑞士、英国和俄罗斯，其中日本和美国发明专利被引次数分别为37 708次和24 598次，较其他国家高出很多，这种情况与发明人专利引文被引次数变化趋势基本一致。

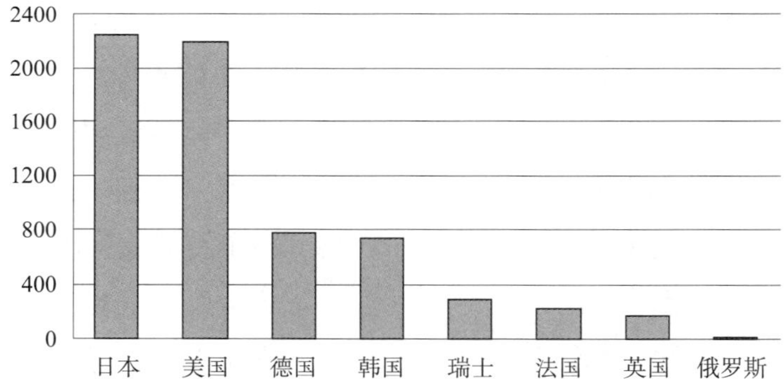

图1　2008～2012年外国在华发明专利累积被引次数（发明人专利引文）（单位：次）

表1　2008～2012年外国在华发明专利被引次数（发明人专利引文）　（单位：次）

国　家	2008年	2009年	2010年	2011年	2012年	累积被引次数
日　本	1051	741	302	133	13	2240
美　国	942	755	313	167	12	2189
德　国	371	213	138	43	4	769

续表

国　家	2008 年	2009 年	2010 年	2011 年	2012 年	累积被引次数
韩　国	337	255	104	39	2	737
瑞　士	140	94	44	12	1	291
法　国	65	94	38	24	1	222
英　国	55	88	28	5	0	176
俄罗斯	2	3	2	0	0	7

表 2　2008～2012 年外国在华发明专利被引次数（审查员专利引文）　　（单位：次）

国　家	2008 年	2009 年	2010 年	2011 年	2012 年	累积被引次数
日　本	19 636	11 385	4455	1911	321	37 708
美　国	11 466	8074	3302	1494	262	24 598
韩　国	5731	2945	1277	672	100	10 725
德　国	3949	2391	1106	605	97	8148
法　国	1211	853	408	206	27	2705
瑞　士	1124	690	316	165	21	2316
英　国	758	457	217	107	20	1559
俄罗斯	28	28	12	7	3	78

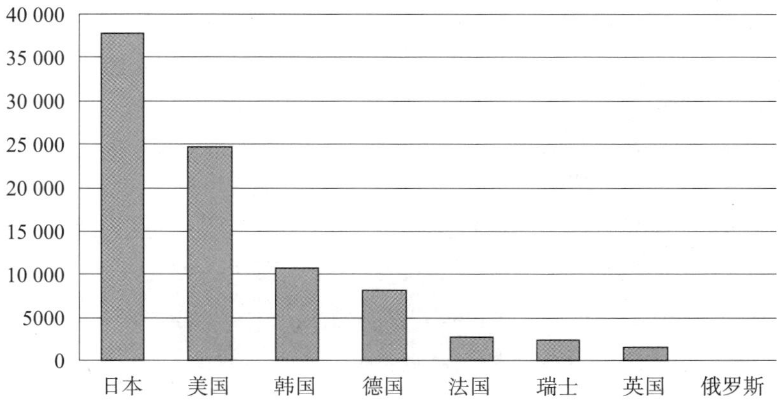

图 2　2008～2012 年外国在华发明专利累积被引次数（审查员专利引文）（单位：次）

三、外国在华发明专利引用情况统计分析

（一）外国在华发明专利引文量

将 2008～2012 年外国在华发明专利引文量，分别按发明人专利引文和审查员专利引

文进行数据统计，列于表3和表4，同时将2008～2012年的累积引文量用图3和图4进行展示。如图3所示，在发明人专利引文中，美国和日本的发明专利累积引文量均较高，较其他国家遥遥领先，而俄罗斯的发明专利累积引文量则最低。这主要是由于美国和日本在本国相关法律中规定：专利申请说明书中需要就在先技术进行参考文献说明。如图4所示，在审查员专利引文中，日本和美国的发明专利累积引文量均较高，而俄罗斯、英国的发明专利累积引文量则相对较低，这种情况与发明人专利引文的变化趋势一致。同时由发明人专利引文和审查员专利引文数据对比可知，审查员专利引文量远高于发明人专利引文量。

表3　2008～2012年外国在华发明专利引文量（发明人专利引文）　（单位：条）

国　家	2008年	2009年	2010年	2011年	2012年	累积引文量
美　国	106 674	84 480	63 464	64 437	39 499	358 554
日　本	83 431	78 224	66 334	70 364	50 654	349 007
德　国	37 328	42 134	37 037	49 634	30 136	196 269
瑞　士	17 165	20 781	12 338	12 687	8428	71 399
法　国	11 864	12 345	11 405	9803	6896	52 313
英　国	7429	7023	6188	6095	3703	30 438
韩　国	5223	5728	4704	4530	1962	22 147
俄罗斯	215	254	338	474	377	1658

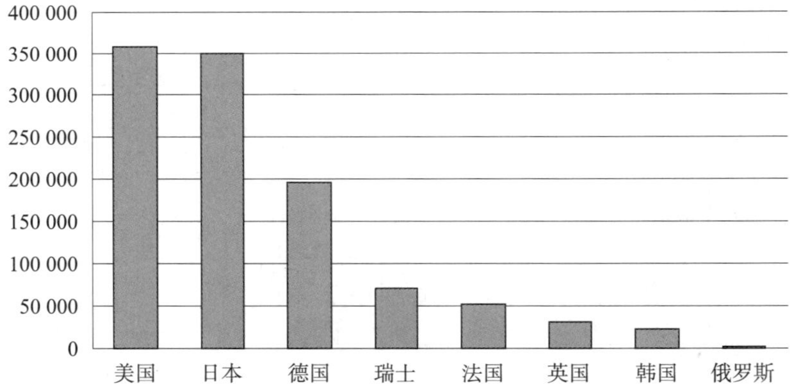

图3　2008～2012年外国在华发明专利累积引文量（发明人专利引文）（单位：条）

表4　2008～2012年外国在华发明专利引文量（审查员专利引文）　（单位：条）

国　家	2008年	2009年	2010年	2011年	2012年	累积引文量
日　本	133 429	140 948	122 151	124 393	67 581	588 502
美　国	82 207	101 584	85 107	89 248	48 875	407 021

续表

国家	2008年	2009年	2010年	2011年	2012年	累积引文量
德国	33 478	39 548	36 275	38 623	23 890	171 814
韩国	32 171	27 941	24 411	23 322	10 346	118 191
法国	11 653	13 213	12 468	13 304	7896	58 534
瑞士	8916	10 484	9366	9467	7013	45 246
英国	6104	6978	5827	6303	3673	28 885
俄罗斯	259	404	456	463	371	1953

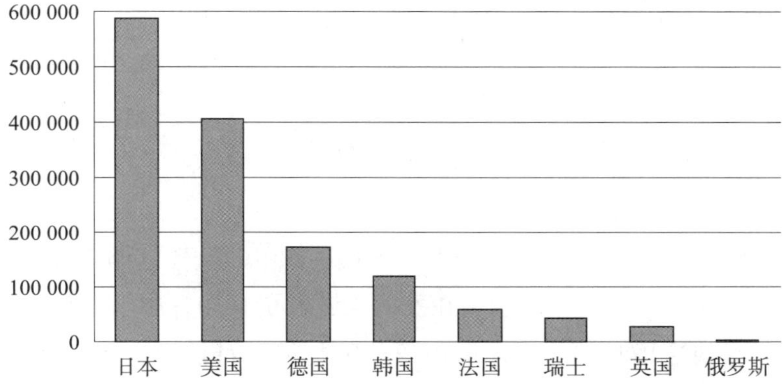

图4　2008～2012年外国在华发明专利累积引文量（审查员专利引文）（单位：条）

（二）外国在华发明专利平均引文量

将2008～2012年外国在华发明专利平均引文量按发明人专利引文和审查员专利引文进行数据统计，列于表5。就发明人专利引文来看，瑞士的发明专利平均引文量在2009年最高，达到7.80条/件；瑞士、德国、英国、俄罗斯、法国和美国的在华发明专利五年平均引文量均高于2.50条/件，五年平均引文量相对较高。就审查员专利引文来看，各国在华发明专利平均引文量均相对较高，其中俄罗斯的发明专利平均引文量（审查员专利引文）在2010年最高，达到5.3条/件；且各国在华发明专利五年平均引文量均高于3条/件；同时各国之间的平均引文量变化较小，均在3.1～3.8条/件之间变化。

表5　2008～2012年外国在华发明专利平均引文量　（单位：条/件）

国家	发明人专利引文（发明人专利引文）						审查员专利引文（审专）					
	2008	2009	2010	2011	2012	五年平均	2008	2009	2010	2011	2012	五年平均
俄罗斯	3.03	2.37	3.93	3.98	2.81	3.21	3.65	3.78	5.30	3.89	2.77	3.78
法国	3.93	3.66	3.60	2.66	1.52	2.94	3.87	3.92	3.93	3.61	1.74	3.29
韩国	0.62	0.79	0.75	0.63	0.23	0.59	3.82	3.87	3.89	3.22	1.19	3.12

续表

国家	发明人专利引文（发明人专利引文）						审查员专利引文（审专）					
	2008	2009	2010	2011	2012	五年平均	2008	2009	2010	2011	2012	五年平均
德国	4.47	4.49	4.37	4.79	2.27	3.94	4.01	4.21	4.28	3.73	1.80	3.45
美国	4.70	3.08	2.80	2.45	1.27	2.75	3.62	3.70	3.76	3.40	1.57	3.13
日本	2.54	2.24	2.19	2.01	1.13	1.96	4.06	4.04	4.03	3.55	1.51	3.31
瑞士	7.30	7.80	5.27	4.77	2.73	5.45	3.79	3.93	4.00	3.56	2.27	3.45
英国	4.38	3.72	3.95	3.49	1.78	3.39	3.60	3.70	3.72	3.61	1.76	3.22
中国	0.48	0.45	0.44	0.40	0.34	0.41	3.07	3.02	3.01	2.83	2.33	2.76

四、中国申请人发明专利引文国别分布

将2008～2012年中国申请人发明专利引文的国别分布，按发明人专利引文和审查员专利引文进行数据统计，如表6所示，在发明人专利引文中，中国申请人引用的本国专利文献均随年份呈快速增长趋势，而引用的外国文献相对较稳定，且呈逐年下降趋势。这说明随着中国本国专利技术水平的逐年提升，中国申请人开始更多的借鉴本国专利技术进行发明再创新。同时，由图5中国申请人发明专利引文国别排名（发专）排名可以看出，中国申请人在大量引用本国专利的基础上，还引用了较多的美国和日本专利。说明相对于其他国家，中国借鉴美国和日本专利技术较多，对美国和日本的专利技术利用较好。由图6中国申请人发明专利引文国别排名（审专）可以看出，审查员在进行发明专利的新颖性和创造性评价中，也主要引用了本国专利，其次是美国专利和日本专利，这与发明人专利引文统计结果一致。这在一定程度上也说明，不论是我国申请人还是审查员，对在先专利技术进行检索时，都优先选用本国专利进行再创新或进行专利新颖性和创造性的评价，同时也说明美国和日本专利对中国专利技术的影响相对较大。

表6　2008～2012年中国申请人发明专利引文国别分布　（单位：条）

国家	发明人专利引文						审查员专利引文					
	2008	2009	2010	2011	2012	5年累积	2008	2009	2010	2011	2012	5年累积
瑞士	16	10	20	20	10	76	93	130	169	135	213	740
德国	402	495	519	416	345	2177	4211	5593	7367	7482	8927	33 580
法国	69	97	77	81	71	395	1215	1408	1750	1688	2070	8131
英国	376	365	398	296	274	1709	3529	4511	5462	5743	7047	26 292

续表

国家	发明人专利引文						审查员专利引文					
	2008	2009	2010	2011	2012	5年累积	2008	2009	2010	2011	2012	5年累积
日本	3137	3418	3539	3376	2327	15 797	51 218	54 784	63 460	61 584	72 846	303 892
韩国	190	261	197	192	148	988	2539	3372	7379	8777	14 742	36 809
俄罗斯	57	86	71	53	68	335	452	596	1072	1241	1701	5062
美国	16 349	16 459	17 584	17 485	13 650	81 527	77 397	81 470	90 194	90 116	89 529	428 706
中国	47 724	54 549	72 972	81 078	105 678	362 001	300 181	367 924	480 330	544 270	618 526	2 311 231

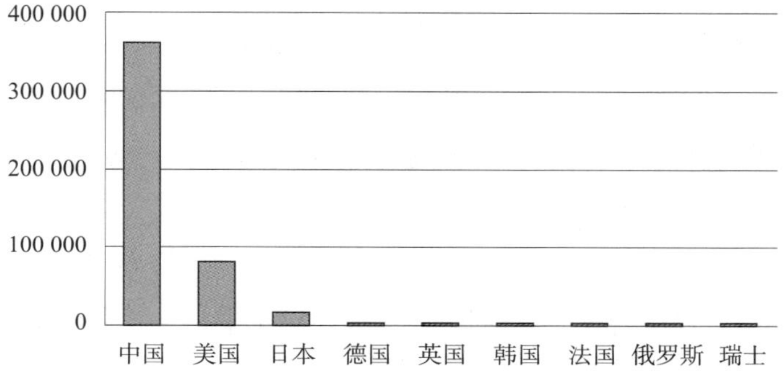

图5　2008~2012年中国申请人发明专利引文国别排名（发专）（单位：条）

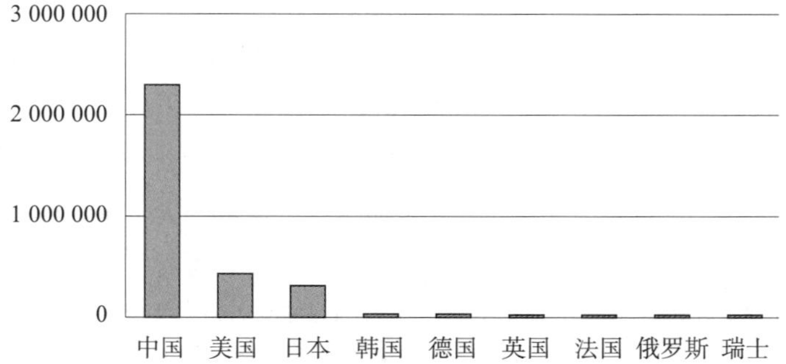

图6　2008~2012年中国申请人发明专利的专利引文国别排名（审专）（单位：条）

总体而言，不论发明人专利引文还是审查员专利引文，累积被引次数相对较高的国家均为日本和美国，而五年平均被引次数均低于0.3次/件，平均被引次数相对较低、累积引文量相对较高的国家同样均为日本和美国。而五年平均引文量除韩国的发明人专利引文较低外，其他国家都相对较高，在1.96~5.45条/件，且审查员的五年平均引文量相对较均衡。总体而言，中国受美、日、欧的影响仍然较大，中国仍然是美、日、欧的主要技术输出国。同时，从中国申请人的引用习惯可以看出，近5年中国申请人在专利利用水平上不断提高。

五、结　论

本文对外国在华公开的发明专利申请从发明人专利引文和审查员专利引文这两个角度出发，运用专利被引次数、专利平均被引次数、专利引文量和专利平均引文量等指标进行了统计分析，同时为了更清楚的反映各国对中国专利的技术影响，研究了中国专利引文的国别分布情况。研究发现：

（1）日本和美国在中国公开的发明专利申请的专利被引用次数均高于其他国家，其累积被引次数分别达到2240次和2189次，说明相对于其他国家，美国和日本的专利技术较强，专利技术影响较大。

（2）美国和日本的发明专利引文量较高，说明美国和日本对在先专利技术的利用较好，专利继承性较强。同时中国的发明专利引文量相对较低，在先专利技术利用有待加强。

（3）中国申请人引用的本国专利文献随年份呈快速增长趋势，而引用的外国文献相对较稳定，且呈逐年下降趋势，说明随着中国专利技术水平的逐年提升，中国申请人开始更多的借鉴本国专利技术进行发明再创新。同时，中国申请人引用了较多的美国专利和日本专利，说明美国专利和日本专利对中国的技术影响较大。

参考文献

[1] JaffeA B, Trajtenberg M. International Knowledge Flows: Evidence from Patent Citations [J]. Economics of Inno - vation and New Technology, 1999, 8 (2).

[2] A H Seidel. Citation System for Patent OffiCe [J]. Journal of the Patent offiee Soeiety, 1949, 31, 554 - 567.

[3] Manuel Trajtenberg. A Penny for Your Quote S: Patent Citations and the Value of Innovations [J]. The RAND Journal of Eeonomies, 1990, 21 (1).

[4] F. NARIN. PATENT BIBLIOMETRICS [J]. Scientometrics, 1994, 30 (1).

[5] Francis Narin, Tech - Line? BACKGROUND PAPER. "Measuring Strategic Competence" Imperial College Press Technology Management Series, 1999 - 08 - 19.

[6] MARTIN S. MEYER. Patent citation analysis in a novel field of technology: An exploration of nano - science and nano - technology [J]. Scientometrics, 2001, 51 (1).

[7] WOLFGANG GLÄNZEL, MARTIN MEYER. Patents cited in the scientific literature: An exploratory study of 'reverse' citation relations [J]. Scientometrics, 2003, 58 (2).

[8] 孙艳玲. 专利引文在技术评价及预测中的作用 [J]. 情报学报, 1991, 10 (4).

[9] 段异兵, 孔妍. 高影响力中国海外发明专利的引文分析 [J]. 科学学研究, 2009, 27 (5).

[10] 王兴旺. 专利审查员引文及引文分析新观察 [J]. 科技情报开发与经济, 2011, 21 (25).

[11] 鲁超, 刘清. 结合地理信息的引文分析研究现状 [J]. 情报科学, 2011, 29 (2).

数据加工质量评价指标体系的构建

费凌云　费一楠　罗韫宝

摘　要　数据加工是国家知识产权局专利局（以下简称“我局”）信息资源建设中关键性和基础性工作，对其进行质量评价工作的目的在于促进加工方通过提高质量管理和综合管理，优化内部工作流程，实现数据产品质量和整体质量管理水平的逐步提高。如何获得客观准确的评价结果，进而分析找到引起质量缺陷的关键性问题是质量评价工作的重点和难点。本文介绍了参考影响数据加工质量的关键因素，设计构建的一套一般性、框架性和通用性的数据加工质量评价指标体系，同时对定性评价指标定量化工作做出展望，以期为解决数据加工质量评价工作的核心问题提供有益思路。

关键词　数据加工　质量　质量评价　评价指标

一、引　言

数据加工是我局信息资源建设中关键性和基础性工作，数据加工质量对我局信息化进程乃至国家知识产权战略的顺利实施具有重要影响。对数据加工质量进行评价可以收集掌握第一手质量信息，鉴别加工数据是否符合质量标准，督促加工方重视加工质量，促进我局数据产品质量和整体质量管理水平的逐步提高。

数据加工质量评价工作是需要经过充分调研、多方联动的复杂过程，若想取得客观准确的评价结果，我们所面临的最重大的挑战就是“言之有据”。换言之，构建全方位多角度的数据加工质量评价指标体系，是质量评价工作顺利开展并取得实效的基础和保证。

二、数据加工质量要素分析

数据加工质量要素分析是数据加工质量评价研究的基础，只有明确影响数据加工质量的要素，才能有针对性地制定评价指标，继而进一步扩展细化形成评价指标体系。接下来简要介绍影响数据加工质量的两个关键因素：组织支撑质量和用户感知质量。

（一）组织支撑质量

组织支撑质量代表数据加工方在现有人员、组织氛围和管理过程等条件下所固有的加工质量水平，是一种客观决定的过程质量。

（二）用户感知质量

由于加工数据具有不同于有形产品的显著特征，这就决定了数据加工质量有着不同于实体产品的质量内涵。用户对于数据加工质量的评价往往没有有形产品的依托，是一种主观感受，这种主观感受的好坏决定了用户对于数据加工质量优劣的评价。服务管理学科创始人格罗鲁斯把这种“主观的质量”定义为“感知质量”，即用户对数据质量有一个预期，如果实际感知的质量高于预期的质量，则“感知质量”是高的，反之是低的。

三、数据加工质量评价指标体系建立的基本原则

对数据加工质量的评价依赖于一定的指标，每个评价指标都应当从不同的侧面反映评价主体的某种特征。指标选择的优劣影响到整个评价工作的质量。为了确保评价结果的科学性、准确性、客观性及实用性，在建立评价指标体系时，应遵循以下基本原则。

（一）独立性原则

评价指标体系需全面反映系统的总体特征，避免指标之间相互重叠。同一层级指标设置遵循独立性原则，整合后构成层次分明的整体，使评价结论准确反映评价意图。

（二）全面性原则

评价指标应围绕评价目的尽可能地反映影响数据加工质量的各方面因素，尽量覆盖数据加工工作的主要环节，从而全面客观地评价我局数据加工质量现状。

（三）目标导向性原则

评价的出发点和落脚点并不在于评出我局各数据加工项目质量的优劣和排名，而是引导和鼓励数据加工向正确的方向和更高层次的目标发展，不断提升数据加工的产品质量和综合管理水平。因此指标体系的建立应针对评价任务的需要，与评价目的保持一致，对加工方持续改进质量起到引导作用。

（四）实用性和可操作性原则

评价指标体系要繁简适中，切忌繁琐，在保证评价结果客观全面的基础上，指标体系要尽可能简化，去除对评价结果影响甚微的指标。在质量评价及评价结果应用的过程中，涉及人员众多，如评价者、咨询专家、管理者以及决策者等，这就要求评价指标应易于理解和把握，既便于评价者评价判断，又有利于评价者与加工方针对结果深入交流，促进产品质量和质量管理水平的提高。

四、数据加工质量评价指标体系的构建

数据加工质量评价研究，根据数据加工质量评价指标体系建设的基本原则并结合影响数据加工质量的关键因素，设计构建一套一般性、框架性和通用性的三级数据加工质量评价指标体系（如图 1 所示）。其中一级指标包括反映数据加工过程质量的组织支撑质量评价指标和反映数据产品结果质量的用户感知质量评价指标两部分，下面分设二级和三级指标。

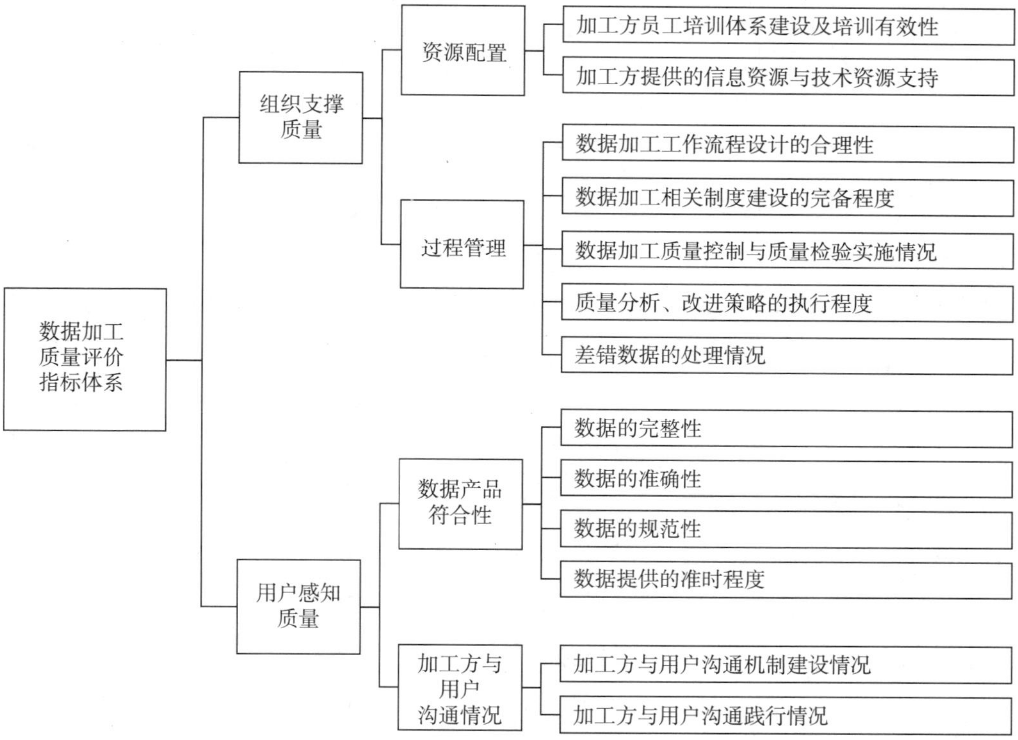

图 1　数据加工质量评价指标体系

（一）组织支撑质量评价指标

组织支撑质量评价指标反映加工方固有的加工能力和管理水平，包括如下两个二级指标：资源配置评价指标和过程管理评价指标。

1. 资源配置评价指标

质量管理活动必须投入资源，资源的确定及提供是质量管理体系实现增值、达到预期结果的必要条件。资源配置评价指标反映的是组织为满足加工需要提供的资源支持，包括人力资源支持和信息技术资源支持。

为了协助实现数据加工资源配置信息的有效获取，在资源配置二级指标下设置两个

三级指标，分别为加工方员工培训体系建设及培训有效性评价指标和加工方提供的信息资源与技术资源支持评价指标。加工方员工培训体系建设及培训有效性评价指标，考察的是加工方人员是否拥有获取能力和证实能力的途径；加工方提供的信息资源与技术资源支持评价指标，考察的是加工方提供的信息资源与技术资源能否满足数据加工质量目标的实现。

2. 过程管理评价指标

过程管理是指使用一组实践方法、技术和工具来策划、控制和改进过程的效果、效率和适应性，其包括如下环节：在识别过程的基础上确定对过程的要求，依据过程要求进行过程设计，有效和高效地实施过程以及对过程进行持续改进。过程管理评价指标，反映的是加工方是否按照上述原则进行过程设计以及其执行力度。

在综合考虑过程管理理论与实施方法的基础上，对于过程管理二级指标下设置五个三级指标：数据加工工作流程设计的合理性评价指标、数据加工相关制度建设的完备程度评价指标、数据加工质量控制与质量检验实施情况评价指标、质量分析改进策略的执行程度评价指标以及差错数据的处理情况评价指标。

数据加工工作流程设计的合理性评价指标，考察的是数据加工工作流程的设计是否合理，是否便于操作，从而确保加工质量；数据加工相关制度建设的完备程度评价指标，考察的是数据加工业务制度及其管理制度建设是否配套且完备；数据加工质量控制与质量检验实施情况评价指标，考察的是加工方是否严格按照数据加工流程每个环节的质量控制要求对整个流程进行控制，是否按要求做好质量检验及结果发布工作；质量分析改进策略的执行程度评价指标，考察的是加工方是否收集和分析了反映加工质量情况的质量信息，以及是否制定纠正和预防质量问题的适宜措施并严格加以执行；差错数据的处理情况评价指标，考察的是加工方是否及时修改差错数据，查找相同或相似的差错并进行修改，以及是否确保与差错数据处理相关的改进措施的实施。

（二）用户感知质量评价指标

用户感知质量评价指标反映用户对数据产品质量的感知程度，是建立在用户的需求、向往和期望之上的，是用户主观上对产品或服务的感知质量，它包括如下两个二级指标：数据产品符合性评价指标和加工方与用户沟通情况评价指标。

1. 数据产品符合性评价指标

数据产品符合性评价指标反映的是数据产品符合用户使用预期的程度。为了全面客观地反映数据产品的质量情况及其是否符合使用要求，对于数据产品符合性二级指标下设置四个三级指标，分别为数据的完整性评价指标、数据的准确性评价指标、数据的规范性评价指标以及数据提供的准时程度评价指标。数据的完整性，是指加工类目的完整性及完成加工数据占总文献量的比例；数据的准确性，是指数据能够客观、准确地反映要加工的内容；数据的规范性，是指加工数据符合中文的表述习惯及表述方式，且使用所属领域通用的、规范的技术术语；数据提供的准时程度，是指加工方按时向检测方和管理方提交加工数据。

2. 加工方与用户沟通情况评价指标

满足用户需求的产品才是高质量的产品。加工方与用户沟通情况评价指标反映的是加工方是否以满足用户需求为终极质量目标，与用户建立了积极有效的沟通渠道并采取相应的质量改进措施。

为了能够准确体现加工方与用户间沟通机制建设情况及执行效果，于加工方与用户沟通情况二级指标下设置两个三级指标，分别为加工方与用户沟通机制建设情况评价指标和加工方与用户沟通践行情况评价指标。加工方与用户沟通机制建设情况评价指标，考察的是加工方与用户间是否具有畅通的沟通渠道和健全的沟通机制；加工方与用户沟通践行情况评价指标，考察的是加工方与用户间是否按照沟通机制进行沟通并采取质量改进方法，以及是否取得预期的沟通效果。

五、工作展望

如同数据加工质量管理工作有一个发展和完善的过程，数据加工质量评价也是伴随着数据加工质量管理实践本身产生和逐步完善的。在数据加工质量评价指标体系建立的基础上，为推进定性评价指标定量化，最终实现数据加工项目质量的定性与定量评价相结合，我们将联合数据管理方、加工方以及数据资源专家学者共同研究探讨各评价指标在评价指标体系中所占的权重，采用适当的数学算法构建数据加工质量评价模型。同时广泛征求数据资源的使用者，包括局内审查员和各审协中心的审查员，提出对数据加工质量评价指标体系以及评价模型的意见和建议，以保证评价工作能够更准确、更直观、更全面地对我局数据加工项目做出鉴定和评价。

参考文献

[1] 詹姆斯·R. 埃文斯，威廉·M. 林赛. 质量管理与质量控制 [M]. 7版. 焦叔斌，译. 北京：中国人民大学出版社，2010. 5.

[2] 王强，等. 数据加工项目质量评价方案研究 [R]. 国家知识产权局学术委员会2013年度自主研究项目. 2013. 12.

[3] 费凌云，等. 数据加工项目质量评价标准化研究 [R]. 国家知识产权局学术委员会2014年度自主研究项目，2014. 12.

质量保证理论在专利文献资源管理中的应用

董小灵

摘　要　专利文献资源是开展专利文献资源管理工作的核心对象，如何有效确保专利文献资源这一核心对象的质量，成为专利文献资源管理工作中亟须解决的关键问题。而质量保证理论所提出的专利文献资源管理过程，对于文献资源质量能够产生不可替代的作用。因此，有必要基于专利文献资源管理过程这一全新视角，来深入探讨专利文献资源管理中的专利文献资源质量问题。全面审视现行专利文献资源管理过程，找准影响专利文献资源管理过程的关键因素，抓住专利文献资源管理现行实践的薄弱环节。通过质量保证理论对专利文献资源管理过程的科学引导，重新构建契合质量目标要求的专利文献资源管理过程，从而能够前瞻性地从管理过程角度最大限度保障专利文献资源的质量目标实现。

关键词　专利文献资源　质量保证　管理过程

一、引　言

专利文献资源管理是专利文献资源建设工作的重要组成部分之一，在专利文献资源建设流程中起到承上启下的中转作用。具体而言，一方面，专利文献资源管理是专利文献资源配置的后续环节，通过对引入专利文献资源的合理整序，发挥着“整流”作用；另一方面，专利文献资源管理是专利文献资源应用的前续环节，通过对有序专利文献资源的稳定分发，发挥着“分流”作用。由此可知，专利文献资源是开展专利文献资源管理工作的核心对象，因此如何有效确保专利文献资源这一核心对象的质量，成为专利文献资源管理工作中亟须解决的关键问题。

在专利文献资源管理现行实践做法中，通常以结果为导向，注重事后检验，强调要遵循质量标准或者规范严格验证专利文献资源是否满足质量要求，却往往忽略或者忽视管理过程对于专利文献资源质量的潜在影响，理所当然地认为管理过程不是左右专利文献资源质量的直接诱因。因此，有必要基于专利文献资源管理过程这一全新视角来深入探讨专利文献资源管理中的专利文献资源质量问题。

二、质量保证理论与专利文献资源管理

质量保证就是为了使人们确信某一产品、过程的质量所必须的全部有计划、有组织的活动。质量保证是提供客观证据证实已经达到规定的质量要求的各项活动，并取得用户和其他相关方信任。质量保证不仅要对组织的最终结果负责，而且要对整个管理过程承担质量责任。究其实质，质量保证是监督做事，致力于按照正确方法、在正确的时间做正确的事情，从做事方法上按照既定流程来保障产品质量，控制具体工作而不是解决具体存在的问题。更贴切地说，质量保证并非“保证质量”而是“过程管理”。

专利文献资源管理，其实是管理机构根据专利文献资源的特点而实施的一系列管理活动。具体而言，就是根据专利文献资源的特点对专利文献资源内容进行组织、规划、协调和控制等活动，实现专利文献资源的合理配置和有效共享。通过对相关管理活动及其相互关系进行归纳分析，系统性地组合与构建管理活动，形成专利文献资源管理过程。

专利文献资源管理过程是由一系列专利文献资源管理活动构成，各个管理活动之间无缝衔接，推动专利文献资源在各个管理活动之间从分散和无序向有序状态的转变，实现专利文献资源管理的基本目标，满足专利文献资源的质量要求。因此，要从整体角度系统化设计构建专利文献资源管理过程，科学合理调配专利文献资源管理活动，确保专利文献资源管理过程能够有效满足专利文献资源质量的要求。

在专利文献资源管理中运用质量保证理论，就是要在专利文献资源质量目标要求下控制专利文献资源管理过程，确保专利文献资源管理工作能够以成熟高效的管理活动开展和实施，从而能够具有前瞻性地从管理过程角度保障专利文献资源的质量。

在专利文献资源管理中运用质量保证理论要着重解决三个方面的问题：

一是专利文献资源质量目标。运用质量保证理论，调整专利文献资源管理活动和规范专利文献资源管理过程，其最终目标是为实现专利文献资源质量目标，确保专利文献资源的可靠、可信与可用。

二是专利文献资源类型特点。准确把握专利文献资源类型特点，是在专利文献资源管理中运用质量保证理论的现实基础，也是质量保证理论构建专利文献资源管理过程的基本依据。

三是专利文献资源管理理念。“编目化—标准化—整序化—增值化—智能化”的专利文献资源管理理念，是对专利文献资源管理过程认识的科学反映，是在专利文献资源管理中运用质量保证理论的关键指引，是对专利文献资源管理工作实践活动的引导。

三、基于质量保证理论实证构建专利文献资源管理过程

深入理解质量保证理论的基本精髓，全面把握专利文献资源管理过程的关键，找准质量保证理论与专利文献资源管理实践的对接口，重新梳理构建专利文献资源管理过程，最大限度地保障专利文献资源质量，实现质量保证理论对专利文献资源管理过程的科学引导。

（一）专利文献资源管理过程的整体重构

一般而言，专利文献资源管理过程包括专利文献资源的采集、专利文献资源的组织处理、专利文献资源的存储保存、专利文献资源的提供分发和专利文献资源评价五个方面的具体管理活动，具体可参见图 1。

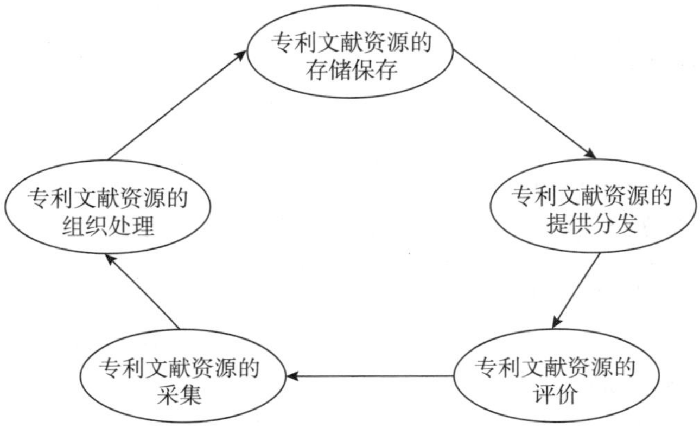

图 1　专利文献资源管理过程的组成

专利文献资源的采集是从文献资源自身入手，探究专利文献资源内外在特征，明晰专利文献资源内在规律，辨别专利文献资源的优劣，从而全面了解专利文献资源的状况，消除认知专利文献资源的障碍。需要关注采集何种专利文献资源以及如何检测专利文献资源的问题。采集何种专利文献资源涉及专利文献资源采集的标准与原则；而如何检测专利文献资源涉及专利文献资源检测的方式、方法与工具等。

专利文献资源的组织处理是把无序的、分散的文献资源，通过对信息外在特征和内容特征的排序和关联，实现无序信息向有序信息的转换，使信息集合达到科学组合，从而实现专利文献资源的有效管理。一方面需要将外在或内容特征相同或相关的专利文献资源集中在一起，与无关的专利文献资源区别开来，并按照一定标识呈现特定的秩序，使其系统化、条理化；另一方面则要利用专利文献资源内容单元的内在联系，明确不同种类专利文献资源之间的关系，产生特定关联，形成信息合力。

专利文献资源的存储保存，要根据专利文献资源的特性，坚持科学的原则，采取合

适的技术和措施做好相应的存储工作，预防专利文献资源的破坏或丢失，确保专利文献资源的安全，进而为专利文献资源便捷地访问奠定物质基础。专利文献资源存储保存的核心是，如何在物理介质上实现专利文献资源的装载和保存。

专利文献资源的提供分发要以用户为中心，突出用户的信息需求，构建顺畅便捷的渠道，发挥专利文献资源的最大使用价值，实现文献资源管理的最终目标。这一方面要根据专利文献资源自身价值，并充分考虑用户类型的基础上，因地制宜地制订专利文献资源提供策略；另一方面从专利文献资源提供内容与渠道两个方面，提高专利文献资源的可获取性与可获知性，使专利文献资源更好地被用户获取。

专利文献资源的评价是对专利文献资源管理的动态反馈，通过建立相应的评价优化机制，对专利文献资源管理活动进行控制、调整与完善，使得专利文献资源管理过程达到最优。专利文献资源的评价角度更加多元化、评价内容更加复杂化，主要包括用户利用评价和资源评价两个方面：用户利用评价包括使用统计分析和用户满意度调查等；资源评价除了评价资源的内容外，还包括评价资源利用所需具备的条件等。

（二）专利文献资源管理过程的实施环节

科学运用质量保证理论来构建专利文献资源管理过程，应当以实施环节为基本着眼点，深入挖掘专利文献资源管理过程各个环节之间的逻辑关系，合理设计专利文献资源管理过程各个环节的业务活动，从而有力推动文献资源专利管理过程各个环节的业务实践，充分发挥专利文献资源管理过程各个环节的各自作用。

1. 全面化建立专利文献资源编目体系

构建专利文献资源编目体系是专利文献资源管理的基础任务，完备的专利文献资源编目体系是专利文献资源管理工作开展的基石。一是要根据专利文献资源对象的外部属性和特征，确定专利文献资源编目的内容范围，在此基础上，选择编制形成专利文献资源编目款目集。二是依据专利文献资源编目集，对相关专利文献资源进行实际编目，形成专利文献资源编目体系。三是深入专利文献资源编目工作，以专利文献资源内容特征为基础，研究专利文献资源编目新款目，不断改进完善专利文献资源编目体系。四是以专利文献资源编目体系为基础，研究制定专利文献资源统计指标体系，构建专利文献资源统计报表。五是制定专利文献资源编目各种规范文档，促进专利文献资源编目的标准化，推动专利文献资源编目信息的共享利用。

2. 多维化开展专利文献资源的互通关联

专利文献资源互通关联是利用专利文献资源内容单元的内在联系，明确不同种类专利文献资源之间的关系，产生特定关联关系，形成信息合力。一是探索制定专利族关联规则，使得相似的专利文献著录项目资源、专利文献全文资源分别整合在一起，分别形成特定的专利文献资源子集。二是利用专利文献资源实体或基本属性间的关系，将不同类型的专利文献资源子集进行关联，实现专利文献资源间多种复杂关系的衔接，使分散异构的专利文献资源，在管理过程中形成一个有机关联的整体，实现专利文献资源的互联互通。

3. 集中化建设专利文献资源仓储库

要根据专利文献资源载体特征和内容特征，制定合理的存储规则，拟订合适的存储方案，充分利用存储空间，集中存储专利文献资源，提高存储效率，最大限度满足存储的需求。一是依据纸质、光盘、磁载体等载体性质区别，并结合专利文献资源内容类型的不同，改进完善现有存储方式和规则，分门别类地集中存储专利文献资源，逐步形成数字化的书架式线性排列专利文献资源仓储库。二是以专利全文图像数据为突破口，探索专利文献资源以数据库形式进行存储的规则，规范专利文献数据存储内容与表现形式，有重点、有条件地实现专利文献数据资源仓储库的数据库化。

4. 多元化构建专利文献资源提供渠道

专利文献资源提供要以用户为中心，突出用户的信息需求，构建顺畅便捷的渠道，发挥文献资源的最大使用价值，实现专利文献资源管理的最终目标。从专利文献资源提供内容与渠道两个方面，提高专利文献资源的可获取性与可获知性，使专利文献资源更好地被用户获取。一是要注意专利文献资源自身变化与信息技术变革，依据用户需求，以不同数据格式提供专利文献资源内容。二是注意分析用户使用习惯与规律，并考察用户的实际使用效果，在现有提供渠道的基础上，逐步分层构建多元化提供渠道分发专利文献资源。

5. 有序化推动专利文献资源发展更新

专利文献资源有序更新，是专利文献资源持续发展的关键点，既要保证专利文献资源不断补充和持续积累，实现专利文献资源的自我更新；也要优胜劣汰控制专利文献资源的规模，确保专利文献资源稳定的向前发展。一是增加新的专利文献资源，要依据专利文献资源更新性质，选择适用的专利文献资源更新方法和工具，使其加入整个专利文献资源集合中，形成合理的专利馆藏文献资源。二是剔除旧的专利文献资源，要准确细致地依据专利文献资源老化规律进行量化统计，制订各类专利文献资源的剔除原则和标准进行专利文献资源评估，对所管理的部分内容老化、失去使用价值的专利文献资源进行淘汰，保证专利文献资源管理的效率与效益。

四、结　语

质量保证理论在专利文献资源管理中的应用研究，是对专利文献资源管理中专利文献资源质量问题的全新解读，既为探讨专利文献资源管理中的专利文献资源质量问题提供了新的理论注脚，也为解决专利文献资源管理中的专利文献资源质量问题提供了新的实践抓手。

首先，质量保证理论在专利文献资源管理中的应用研究，突破了专利文献资源管理中专利文献资源质量问题的理论局限。专利文献资源管理中专利文献资源质量问题的传统观点认为，高质量的专利文献资源是严格的质量标准与科学的检验方法共同作用；而质量保证理论却提出，文献资源管理过程同样对于专利文献资源质量能够产生不可替代的作用。这极大拓展了专利文献资源管理中专利文献资源质量问题的理论研究空间。

其次，质量保证理论在专利文献资源管理中的应用研究，丰富了专利文献资源管理中专利文献资源质量的实践活动。专利文献资源管理中专利文献资源质量的现行实践活动，强调通过对专利文献资源产品质量的事后控制实现专利文献资源质量目标；而质量保证理论却注重通过对专利文献资源管理过程的事先规范，来保障专利文献资源质量。

俄罗斯联邦专利文献及公共检索资源介绍

张旻

摘　要　本文对俄罗斯联邦的专利制度沿革和专利文献种类进行了简介，对俄罗斯联邦知识产权专利商标局官方网站上基本的公共检索资源进行了收集整理，并详细介绍了利用信息检索系统进行专利信息查询的使用方法。希望对了解俄罗斯联邦的专利文献和利用公共检索资源进行检索提供帮助。

关键词　俄罗斯　专利制度　专利文献　公共检索资源

一、专利制度

苏联于1965年加入《保护工业产权巴黎公约》，1978年3月29日加入《专利合作条约》（PCT）。俄罗斯联邦1991年12月25日接替苏联成为以上公约成员国。

俄罗斯联邦对发明、实用新型与工业品外观设计统一立法予以保护，俄罗斯联邦知识产权专利商标局（俄语官方全称为 Федеральная служба по интеллектуальной собственности，缩写为 Роспатент）是其权力执行机构，依法负责专利、商标、服务标志、商品原产地名称等工业产权事务及知识产权领域法律及标准的完善等职能。

《俄罗斯联邦专利法》于1992年10月14日生效。之后对专利法进行修改与补充，列入《俄罗斯联邦民法典》第四部分，经2006年12月18日第230－ФЗ号联邦法通过，自2008年1月1日起生效。它替代了此前在该领域中有效的6部俄罗斯联邦法律：《俄罗斯联邦专利法》《俄罗斯联邦商标、服务标志和原产地名称法》《俄罗斯联邦计算机软件和数据库法律保护法》《俄罗斯联邦集成电路布图设计法律保护法》《俄罗斯联邦著作权与邻接权法》和《俄罗斯联邦育种成就法》。

《俄罗斯联邦民法典》第四部分最新版于2014年修改，经2014年3月12日第35－ФЗ号联邦法通过，自2015年1月1日起生效。

（一）发　明

发明（Изобретение）是指对任何一个领域的产品（特别是装置、物质、微生物菌株、植物或动物的细胞培养物）或方法（借助于物质手段作用于物体所实现的过程）所提出的具有新颖性、创造性和工业实用性的技术方案。

《俄罗斯联邦民法典》第四部分对发明予以法律保护，实行延迟审查制。发明专利保护期限自申请日起 20 年，针对药物、农用化学品或农药的发明专利保护期最多延期 5 年。

（二）实用新型

实用新型（Полезная модель）是指对装置提出的具有新颖性和工业实用性的技术方案。

《俄罗斯联邦民法典》第四部分对实用新型予以法律保护，实行登记制，实用新型保护期限自申请日起 10 年，经专利权人申请最多延期 3 年。

（三）工业品外观设计

工业品外观设计（Промышленный образец）是指对工业品或工艺品的产品外观所提出的具有新颖性和独创性的艺术设计方案。

《俄罗斯联邦民法典》第四部分对工业品外观设计予以法律保护，实行实质审查制，工业品外观设计保护期限自申请日起 15 年，经专利权人申请最多延期 10 年。

二、专利文献

俄罗斯联邦知识产权专利商标局通过其官方网站及联邦工业产权研究院（俄语官方全称为 Федеральный институт промышленной собственности，缩写为 ФИПС）官方网站，向社会公众公布发明专利申请，以及发明、实用新型和工业品外观设计授权和年度报告等信息。

（一）官方公报

俄罗斯联邦知识产权专利商标局通过其官方公报发布各项知识产权事务，社会公众在联邦工业产权研究院官方网站上可进行查询浏览。

1. 官方公报《发明、实用新型》

《发明、实用新型》官方公报（ISSN 2313—7436）包括如下内容：

（1）官方信息通报；

（2）俄罗斯联邦发明专利申请信息：公布著录项目信息和权利要求；

（3）俄罗斯联邦发明专利信息：公布著录项目信息、摘要和说明书全文，以及英文著录项目和摘要；

（4）以前未公布的苏联发明专利及专利证书；

（5）以前未公布的俄罗斯联邦发明专利；

（6）俄罗斯联邦实用新型专利信息：公布著录项目信息、权利要求和附图；

（7）通告：包括各种事务通告，如专利转让、专利无效等信息；

（8）以前版本的替换（再版）：公布发明及实用新型的再版专利；

（9）关于侵权的裁决。

《发明、实用新型》官方公报的发布周期为每年 36 期，每月 3 期，分别于每月的 10 号、20 号和 27 号发布。

自 1924～2005 年，公报以纸质形式出版；自 2005～2013 年，公报以 CD/DVD 形式出版；自 2014 年至今，公报在俄罗斯联邦知识产权专利商标局官方网站发布，可在网络上进行在线查询。

2. 官方公报《工业品外观设计》

《工业品外观设计》官方公报（ISSN 2313—7452）包括如下内容：

（1）官方信息通报；

（2）俄罗斯联邦工业品外观设计专利信息：包括著录项目信息、视图和摘要全文信息；

（3）通告：包括各种事务通告，如地址变更、保护期延长等信息；

（4）关于侵权的裁决。

《工业品外观设计》官方公报为月刊，每年 12 期，每月 16 号发布。

自 1994～2006 年，公报以纸质形式出版；自 2006～2013 年，公报以 CD/DVD 形式出版；自 2014 年至今，公报在俄罗斯联邦知识产权专利商标局官方网站发布，可在网络上进行在线查询。

（二）文献种类

俄罗斯联邦知识产权专利商标局公开出版的文献种类代码如下表所示。

种类代码	具体含义
A	俄罗斯联邦发明专利申请公布说明书（1992 年 10 月 14 日至 1995 年 5 月及 1997 年 7 月 10 日至今）
A1	俄罗斯联邦发明专利申请公布说明书（1995 年 6 月 1 日至 1997 年 7 月 10 日）
A8	俄罗斯联邦发明专利申请公布说明书扉页更正
C	俄罗斯联邦发明专利说明书（1993 年 2 月 15 日以前）
C1	俄罗斯联邦发明专利说明书（首次公布）（1993 年 2 月 15 日以后）
C2	俄罗斯联邦发明专利说明书（二次公布）（1993 年 2 月 15 日以后）
C8	俄罗斯联邦发明专利说明书扉页更正
C9	俄罗斯联邦发明专利说明书再版
U1	俄罗斯联邦实用新型证书
U8	俄罗斯联邦实用新型说明书扉页更正
U9	俄罗斯联邦实用新型说明书再版
S	俄罗斯联邦工业品外观设计信息

（三）文献编号

俄罗斯联邦知识产权专利商标局现行的文献编号方式如下表所示。

类　型	编号说明	样例
专利申请号（1992 年 12 月 8 日至 1995 年 1 月 1 日）	2 位数序号（提交年代后两位）+6 位数序号（当年申请序号）	93101301
发明和实用新型专利申请号（1995 年 1 月 1 日至今）	2 位数序号（提交年代后两位）+1 位数序号（1－4）+5 位数序号（当年申请序号）	95100001
工业品外观设计专利申请号（1995 年 1 月 1 日至今）	2 位数序号（提交年代后两位）+1 位数序号（5－6）+5 位数序号（当年申请序号）	95500001
备用序列号	2 位数序号（提交年代后两位）+1 位数序号（0）+5 位数序号（当年申请序号）	95000001
发明专利说明书文献号	RU +7 位数字 + 文献类型代码（C，C1，C2）	RU2000001C1

三、公共检索资源

俄罗斯联邦知识产权专利商标局（Роспатент）官方网站：

http：//www. rupto. ru/rupto/portal/start？lang = ru（俄语）

http：//www. rupto. ru/rupto/portal/start？lang = en（英语）

联邦工业产权研究院官方网站：

http：//www1. fips. ru/wps/wcm/connect/content_ ru/ru/main/article_ empty（俄语）

http：//www1. fips. ru/wps/wcm/connect/content_ en/en/main +（英语）

俄罗斯联邦知识产权专利商标局在其官方网站上对所有的专利信息进行公布，社会公众在网站的信息化服务窗口可以通过信息查询检索系统对各个数据库内的专利信息进行检索。

（一）检索资源地址

“联邦工业产权研究院”信息查询检索系统：

http：//www1. fips. ru/wps/wcm/connect/content_ ru/ru/inform_ resources/inform_ retrieval_ system/；

《发明、实用新型》（《Изобретения. Полезные модели》）官方公报（2014 年至今）；

http：//www1. fips. ru/wps/wcm/connect/content_ ru/ru/ofic_ pub/ofic_ bul/iz_ pm

《工业品外观设计》（《Промышленные образцы》）官方公报（2014 年至今）；

http：//www1. fips. ru/wps/wcm/connect/content_ ru/ru/ofic_ pub/ofic_ bul/prom_ obr

“俄罗斯联邦知识产权专利商标局”年度报告：

http：//www. rupto. ru/rupto/portal/8e8e73e5 – fbf3 – 11e0 – d400 – 8e000200001f。

（二）检索资源语种

“联邦工业产权研究院”信息查询检索系统目前只提供俄语界面查询。

（三）资源收录范围及文献量

截至2015年4月30日，数据库中的文献量为：发明1 990 098件，工业品外观设计56 621件，实用新型152 068件。（注：俄罗斯联邦知识产权专利商标局官方网站的文献量持续更新）

各数据库信息如下表所示：

类　型	起止时间	文献量（单位：件）
发明		
RUPAT（RUPAT_ NEW）： 俄罗斯发明专利全文数据库，每月更新3次，语种为俄语	1994～2015. 04	558 003
RUPAT – OLD： 俄罗斯专利文件回顾数据库，语种为俄语	1924～1993	1 432 095
RUPATABRU： 俄罗斯发明专利摘要数据库，每月更新3次，语种为俄语	–2015. 04	573 857
RUPATAP： 俄罗斯发明申请权利要求	–2015. 04	459 817
RUPATABEN： 英文版俄罗斯发明专利摘要数据库，每月更新3次	1994～2015. 04	581 042
IMPIN： “优秀发明”全文数据库	–2015. 03	1530
MPK： 国际专利分类数据库，语种为俄语		8099&778
实用新型		
RUPM（RUPM_ NEW）： 俄罗斯实用新型全文数据库，每月更新3次，语种为俄语	1994～2015. 04	152 068
RUPMAB： 俄罗斯实用新型文摘数据库，每月更新3次，语种为俄语	1994～2015. 04	152 068
外观设计		
RUDE（RUDE_ NEW）： 工业品外观设计数据库，每月更新1次，语种为俄语	1993～2015. 04	56 621
MKPO： 国际工业品外观设计分类数据库，语种为俄语	—	251

“联邦工业产权研究院”信息查询检索系统的查询方式分为付费和免费两种，两者可查询的数据库范围不同。

需付费使用的数据库：俄罗斯发明专利全文数据库（RUPAT）；1924～1993年俄罗斯专利文献回顾数据库（RUPAT－OLD）；实用新型全文数据库（RUPM）；工业品外观设计数据库（RUDE）等。

可免费使用的数据库：“优秀发明”全文数据库（IMPIN）；俄罗斯发明专利摘要数据库俄语版（RUPATABRU）和英语版（RUPATABEN）；俄罗斯实用新型文摘数据库（RUPMAB）；国际专利分类数据库、国际工业品外观设计分类数据库等。

（四）检索资源主要功能

1. 文献检索

“联邦工业产权研究院”信息查询检索系统的登录页面如图1所示。付费用户和免费用户在同一页面进行登录。

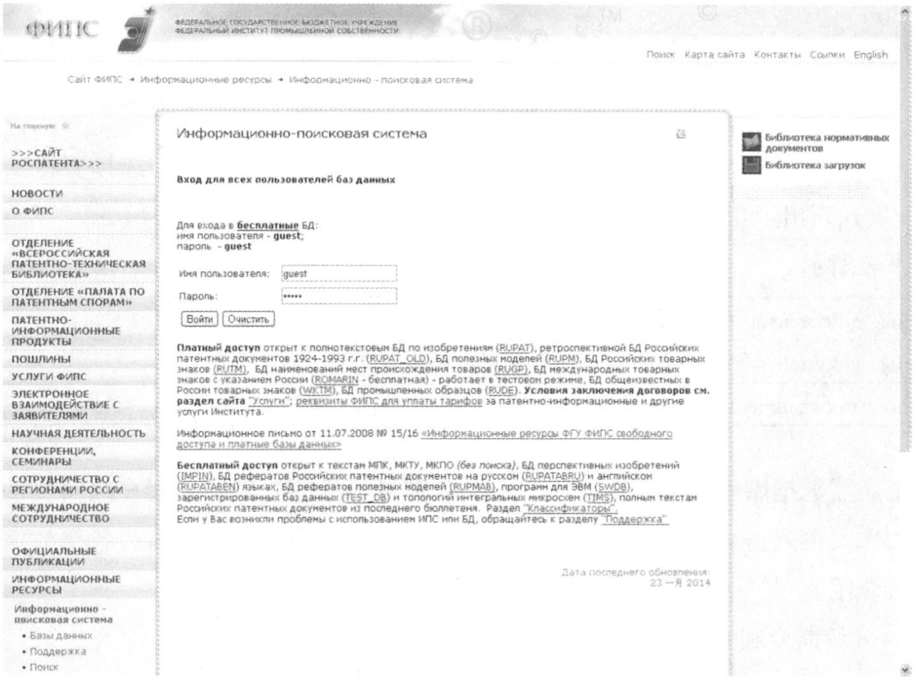

图1　“联邦工业产权研究院”信息查询检索系统登录页面

登录方式为：付费用户在“Имя пользователя”中输入用户名，在“Пароль”中输入密码，点击“Войти”，进入付费查询检索系统；免费用户在“Имя пользователя”和“Пароль”中分别输入“guest”，点击“Войти”，进入免费查询检索系统（见图2）。以下介绍免费查询检索系统及其使用方法。

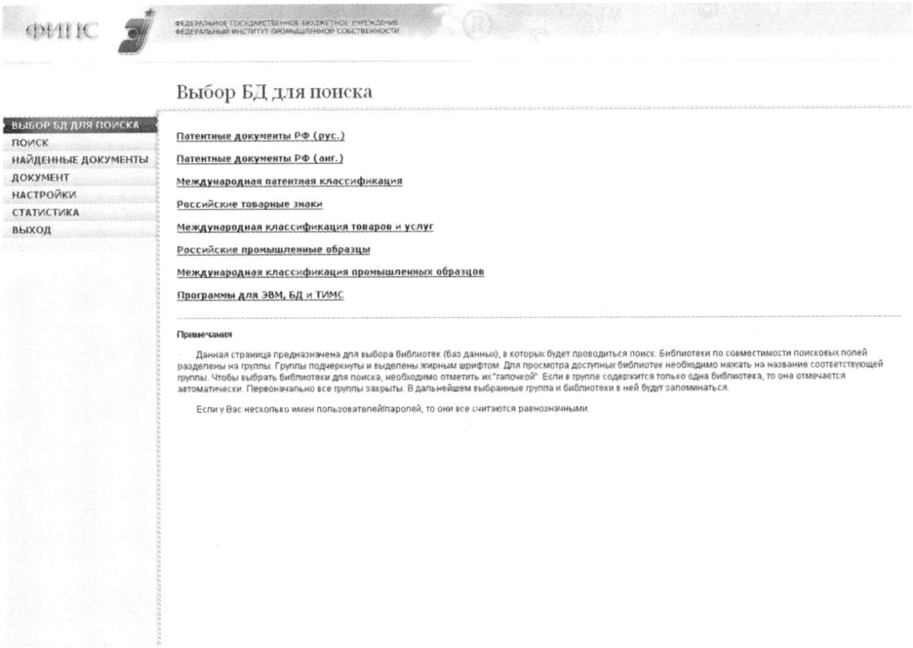

图2　免费查询检索系统页面

进入如图2所示的检索页面，在“ВЫБОР БД ДЛЯ ПОИСКА（选择要检索的数据库）”下展开列出了8个数据库，其中与专利检索相关的数据库为第1、第2和第6共3个，如下表所示。

Патентные документы РФ（рус. ）	俄罗斯专利文献（俄文版）
Патентные документы РФ（анг. ）	俄罗斯专利文献（英文版）
Российские промышленные образцы	俄罗斯工业品外观设计

单击所需数据库后，数据库名称下会出现数量不等的检索项，用户在需要的检索项前进行勾选，再点击左侧栏的“ПОИСК”进行条件检索。下面分别对各个数据库的检索项进行介绍。

（1）俄罗斯专利文件（俄文版）。

俄文版俄罗斯专利文件检索（见图3）的检索项如下表所示：

Рефераты российских изобретений（РИ）	俄罗斯发明专利摘要
Заявки на российские изобретения（ЗИ）	俄罗斯发明专利申请
Полные тексты российских изобретений из трех последних бюллетеней（НИ）	最近三期公报中的俄罗斯发明专利全文
Формулы российских полезных моделей（РПМ）	俄罗斯实用新型权利要求
Формулы российских полезных моделей из трех последних бюллетеней（НПМ）	最近三期公报中的俄罗斯实用新型权利要求
Перспективные российские изобретения（ПИ）	俄罗斯优秀发明专利

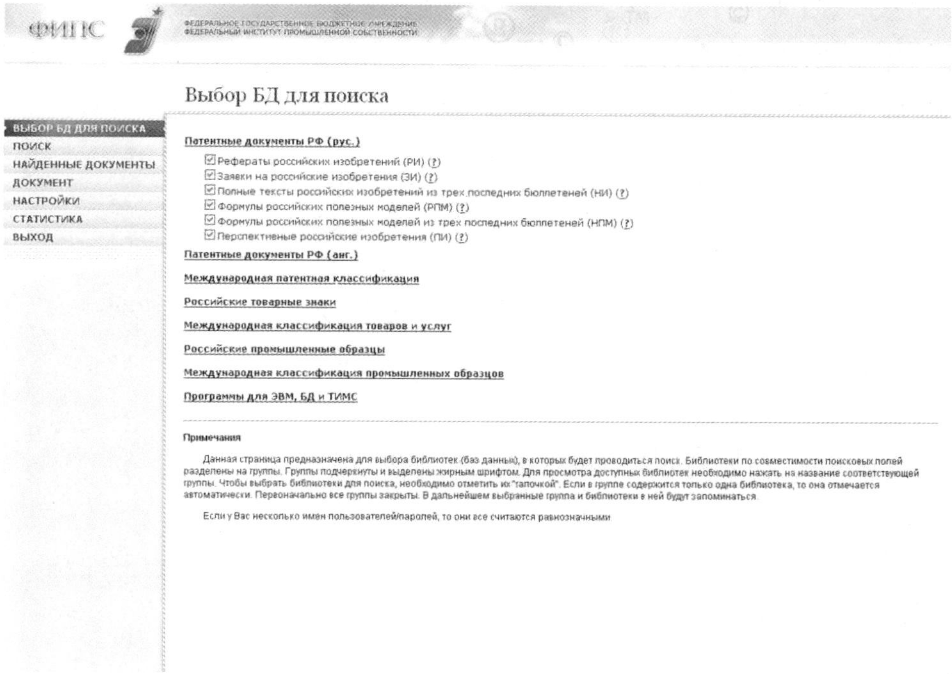

图 3　俄文版俄罗斯专利文件检索

（2）俄罗斯专利文件（英文版）。

英文版俄罗斯专利文件检索（见图 4）只能检索“Рефераты российских изобретений на английском языке（РИА）”，即“英文版俄罗斯发明专利摘要”。

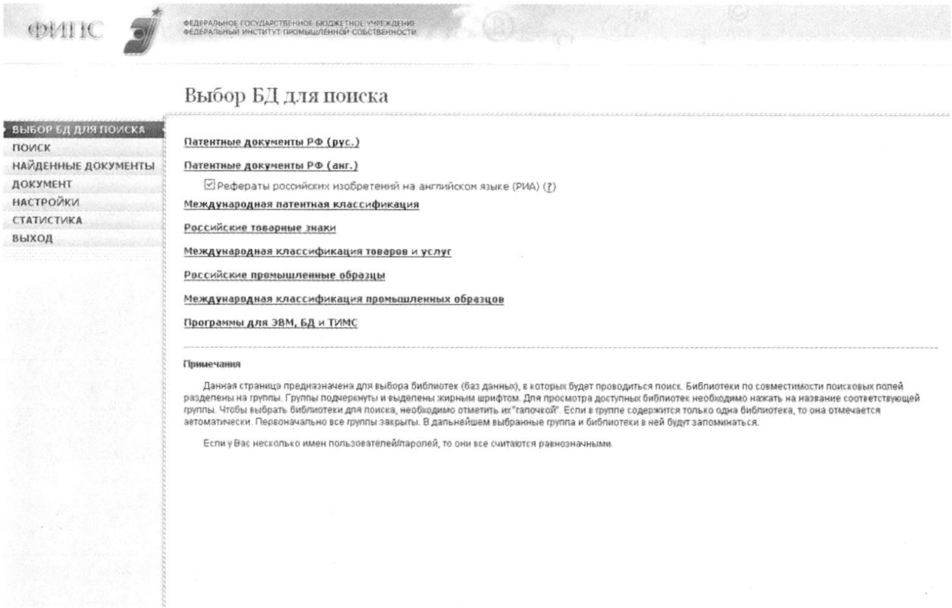

图 4　英文版俄罗斯专利文件检索

（3）俄罗斯工业品外观设计。

俄罗斯工业品外观设计检索（见图 5）只能检索“Российские промышленные образцы из последнего бюллетеня（НПО）”，即“最新公报中的俄罗斯工业品外观设计专利”。

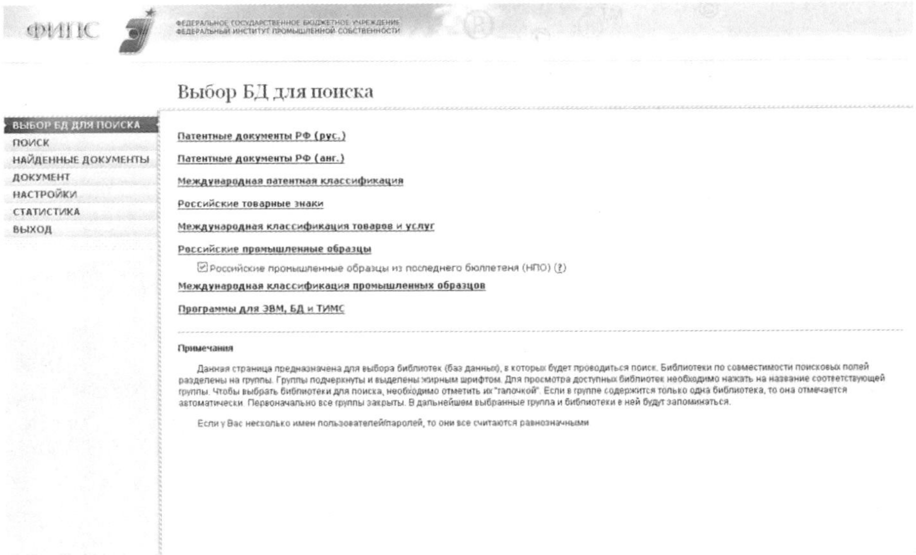

图 5　俄罗斯工业品外观设计检索

对数据库进行选择后，点击左侧栏的“ПОИСК”进入如图 6 所示界面进行条件检索。在主页面左上角的检索方式“Вид поиска”中可以选择逻辑检索“логический”、模糊检索“Нечеткий”和词汇检索“Словарный”三种检索方式，下方的“Операторы”中可以选择“and”“within”“or”等逻辑式进行组合检索。主页面的各检索条件见下表。

Основная область запроса	所需查询的基本领域
（54）Название	发明名称
（11）Номер документа	专利文献号
（45）Опубликовано	公布日
（21）Заявка	申请号
（51）МПК	国际专利分类号
（71）Заявитель（и）	申请人
（72）Автор（ы）	发明人
（73）Патентообладатель（и）	专利权人
（43）Дата публикации заявки	申请公布日
（85）Дата перевода заявки PCT на национальную фазу	PCT 申请进入国家阶段的日期
（86）Заявка PCT	PCT 申请

续表

Основная область запроса	所需查询的基本领域
(87) Публикация PCT	PCT 公布
(98) Адрес для переписки	地址
(74) Патентный поверенный	代理人
(56) Список документов, цитированных в отчете о поиске	检索报告中所列的专利文献
(30) Конвенционный приоритет	优先权信息
(13) Код вида документа	文献种类代码

输入检索条件后，点击输入界面上方或下方的“Поиск”开始对数据库进行检索。

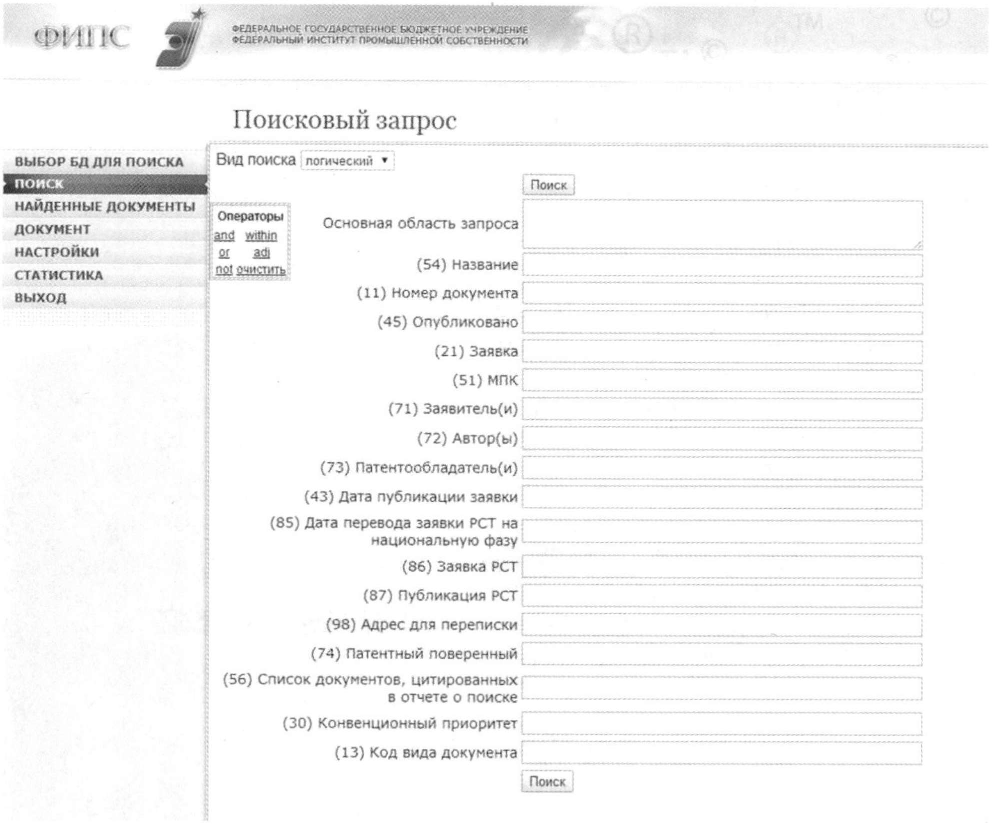

图 6　进行条件检索

2. 检索结果

检索结果如图 7 所示。检索结果列表中表头加粗部分显示的信息为公告号（Номер публикации）、公告日（Дата публикации）、名称（Название）和数据库（БД）。

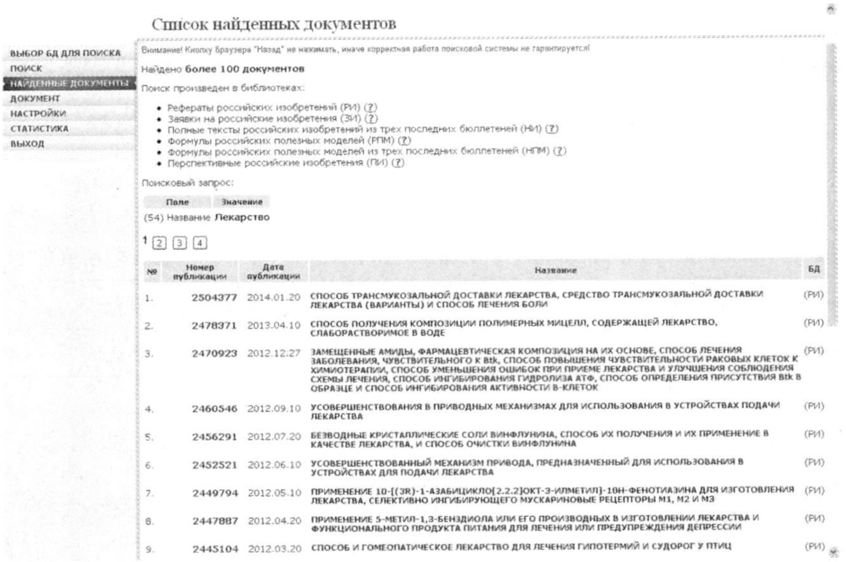

图 7　检索结果

用户可直接点击列表中的文字部分，对选定结果进行图像信息查看，图像内容包括法律状态、著录项目信息、摘要和附图等（见图 8）。

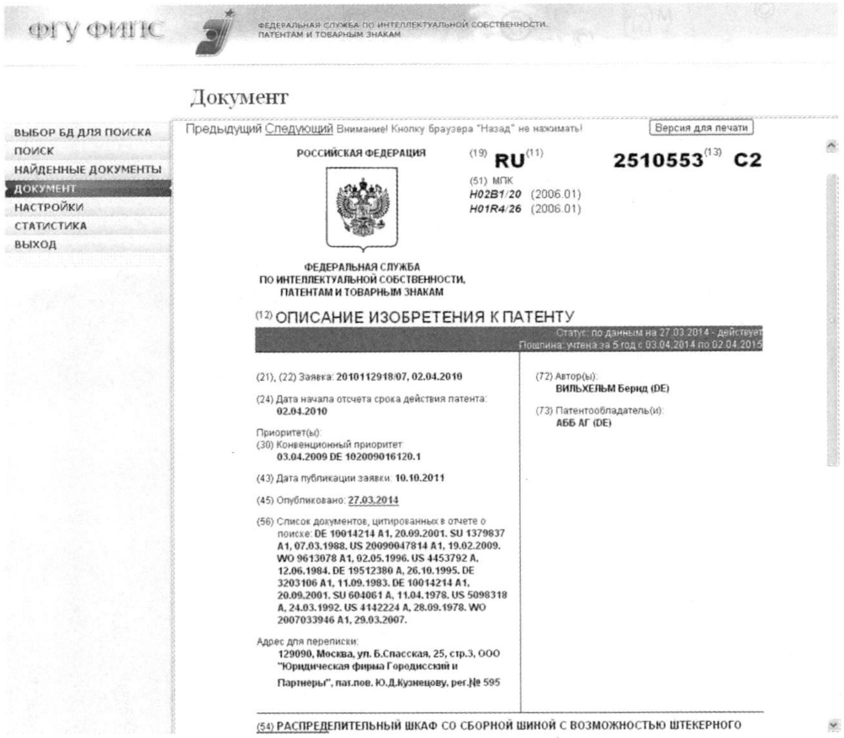

图 8　图像信息—绿色状态条

法律状态信息见检索结果页面中“（12）ОПИСАНИЕ ИЗОБРЕТЕНИЯ К ПАТЕНТУ”

下方带颜色的状态条，分为以下几种情况：

（1）绿色状态条（见图8）。

“Статус：по данным на 27. 03. 2014” 表示 “2014 年 3 月 27 日数据库内所示的本专利的状态”，“действует” 表示 “有效”。“Пошлина” 表示 “费用”，“учтена за 5 год с 03. 04. 2014 по 02. 04. 2015” 表示 “包括第五年自 2014 年 4 月 3 日至 2015 年 4 月 2 日”。

（2）红色状态条（见图9）。

“Статус：по данным на 27. 03. 2014” 表示 “2014 年 3 月 27 日数据库内所示的本专利的状态”，“прекратил действие，но может быть восстановлен” 表示 “专利权终止，但可恢复”。“Пошлина” 表示 “费用”，“учтена за 5 год с 29. 03. 2011 по 28. 03. 2012” 表示 “包括第五年自 2011 年 3 月 29 日至 2012 年 3 月 28 日”。

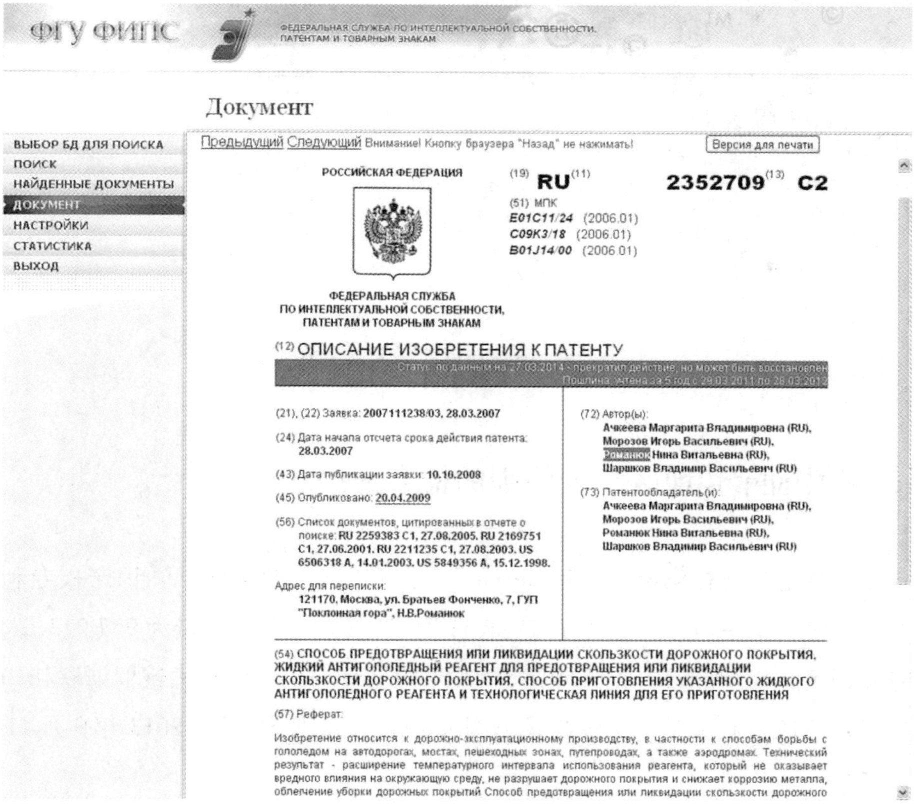

ФГУ ФИПС

ФЕДЕРАЛЬНАЯ СЛУЖБА ПО ИНТЕЛЛЕКТУАЛЬНОЙ СОБСТВЕННОСТИ, ПАТЕНТАМ И ТОВАРНЫМ ЗНАКАМ

Документ

ВЫБОР БД ДЛЯ ПОИСКА
ПОИСК
НАЙДЕННЫЕ ДОКУМЕНТЫ
ДОКУМЕНТ
НАСТРОЙКИ
СТАТИСТИКА
ВЫХОД

Предыдущий Следующий Внимание! Кнопку браузера "Назад" не нажимать! Версия для печати

РОССИЙСКАЯ ФЕДЕРАЦИЯ

(19) RU (11) 2352709 (13) C2

(51) МПК
E01C11/24 (2006.01)
C09K3/18 (2006.01)
B01J14/00 (2006.01)

ФЕДЕРАЛЬНАЯ СЛУЖБА ПО ИНТЕЛЛЕКТУАЛЬНОЙ СОБСТВЕННОСТИ, ПАТЕНТАМ И ТОВАРНЫМ ЗНАКАМ

(12) ОПИСАНИЕ ИЗОБРЕТЕНИЯ К ПАТЕНТУ

Статус: по данным на 27.03.2014 - прекратил действие, но может быть восстановлен
Пошлина: учтена за 5 год с 29.03.2011 по 28.03.2012

(21), (22) Заявка: 2007111238/03, 28.03.2007

(24) Дата начала отсчета срока действия патента: 28.03.2007

(43) Дата публикации заявки: 10.10.2008

(45) Опубликовано: 20.04.2009

(56) Список документов, цитированных в отчете о поиске: RU 2259383 C1, 27.08.2005. RU 2169751 C1, 27.06.2001. RU 2211235 C1, 27.08.2003. US 6506318 A, 14.01.2003. US 5849356 A, 15.12.1998.

Адрес для переписки: 121170, Москва, ул. Братьев Фонченко, 7, ГУП "Поклонная гора", Н.В.Романюк

(72) Автор(ы):
Ачкеева Маргарита Владимировна (RU),
Морозов Игорь Васильевич (RU),
Романюк Нина Витальевна (RU),
Шаршков Владимир Васильевич (RU)

(73) Патентообладатель(и):
Ачкеева Маргарита Владимировна (RU),
Морозов Игорь Васильевич (RU),
Романюк Нина Витальевна (RU),
Шаршков Владимир Васильевич (RU)

(54) СПОСОБ ПРЕДОТВРАЩЕНИЯ ИЛИ ЛИКВИДАЦИИ СКОЛЬЗКОСТИ ДОРОЖНОГО ПОКРЫТИЯ, ЖИДКИЙ АНТИГОЛОЛЕДНЫЙ РЕАГЕНТ ДЛЯ ПРЕДОТВРАЩЕНИЯ ИЛИ ЛИКВИДАЦИИ СКОЛЬЗКОСТИ ДОРОЖНОГО ПОКРЫТИЯ, СПОСОБ ПРИГОТОВЛЕНИЯ УКАЗАННОГО ЖИДКОГО АНТИГОЛОЛЕДНОГО РЕАГЕНТА И ТЕХНОЛОГИЧЕСКАЯ ЛИНИЯ ДЛЯ ЕГО ПРИГОТОВЛЕНИЯ

(57) Реферат:

Изобретение относится к дорожно-эксплуатационному производству, в частности к способам борьбы с гололедом на автодорогах, мостах, пешеходных зонах, путепроводах, а также аэродромах. Технический результат - расширение температурного интервала использования реагента, который не оказывает вредного влияния на окружающую среду, не разрушает дорожного покрытия и снижает коррозию металла, облегчение уборки дорожных покрытий Способ предотвращения или ликвидации скользкости дорожного

图9　图像信息—红色状态条

（3）黑色状态条（见图10）。

“Статус：по данным на 27. 03. 2014” 表示 “2014 年 3 月 27 日数据库内所示的本专利的状态”，“прекратил действие” 表示 “专利权终止”。“Пошлина” 表示 “费用”。

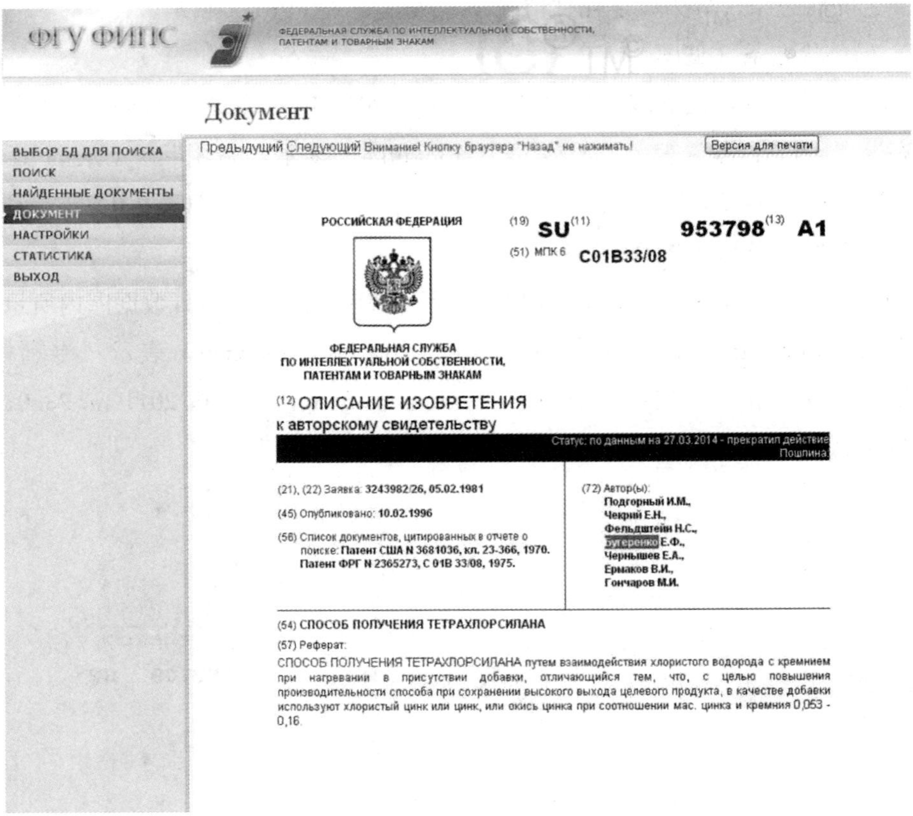

图 10　图像信息—黑色状态条

四、相关国际（地区）或组织的检索途径

欧洲专利局的官方检索网站（Espacenet）可以检索俄罗斯联邦知识产权专利商标局出版的专利文献，文献收录范围为 1995 年 11 月 10 日至今，文献量为 957 313 篇。

世界知识产权组织的官方检索网站（PATENTSCOPE）可以检索俄罗斯联邦知识产权专利商标局出版的专利文献，文献收录范围为 1993 年 2 月 16 日至 2013 年 9 月 11 日，文献量 745 113 篇。

新版日本专利审查案卷信息网站（AIPN）介绍

何欣

摘　要　本文介绍了新版日本专利审查案卷信息网站（AIPN）的检索界面、更新频率、收录信息以及主要的检索功能，并结合检索实例详细说明了案卷信息、专利族、法律状态和引用文献的获取方式。

关键词　日本　专利审查　案卷信息　法律状态　引用文献

一、概　述

日本专利审查案卷信息网站（Advanced Industrial Property Network，AIPN）向经其授权的专利局提供专利申请案卷信息的查询功能，内容包括专利族、法律状态、引用文献（日文）、英文权利要求和说明书（日文—英文机器翻译）、审查过程文件等信息；通过与日本局内部其他数据库的关联，用户还可以查阅引用文献的原文、英文专利文摘（PAJ）、日本文献的原文以及以英文机器翻译的全文。该网站于2015年3月24日升级到新版，新版网站的功能、内容与旧版网站相同，仅界面风格产生变化。下面简要介绍该系统的专利检索功能。

二、检索功能介绍

（一）检索界面及检索模式

1. 检索界面

AIPN网站的访问网址为https：//aipn. j－platpat. inpit. go. jp（外网），其首页如图1所示。

首页可以划分为三个区域。第一个区域介绍了网站的基本信息，同时提供消息和帮助菜单，位于首页右上方。在基本信息区域，用户点击首页右上角的导航按钮“News”，在弹出窗口中可以查看“消息”页面的内容，如数据库定期更新的日期等；点击导航按钮“Help”，在弹出窗口中可以查看“帮助”页面的内容，如数据库检索指南等。第二

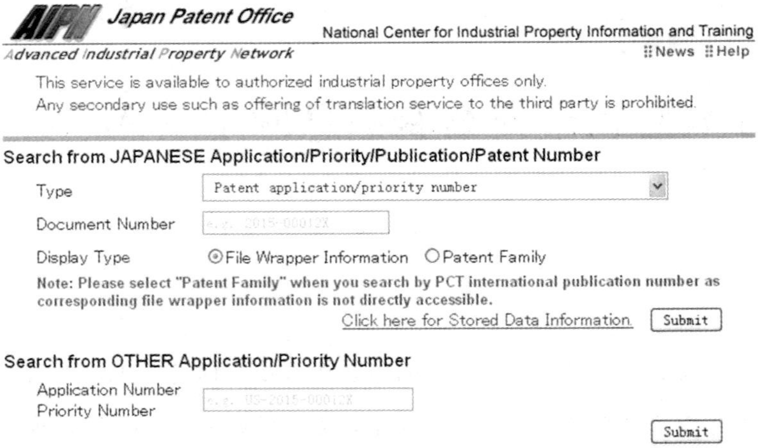

图1 AIPN网站首页

个区域是日本专利申请/优先权/公开/授权号码的检索区域（Search from JAPANESE Application/Priority/Publication/Patent Number），位于首页上方。第三个区域是其他国家或组织专利申请/优先权号码的检索区域（Search from OTHER Application/Priority Number），位于首页中部。

2. 更新频率及收录的文献信息

AIPN网站法律状态和引用文献信息的更新频率是每月两次。此外，当专利案卷的驳回决定被复审撤销时，或者当案卷的授权决定被异议或被复审无效时，AIPN网站的数据会随之变化。

3. 日本专利申请/优先权/公开/授权号码检索

在日本专利申请/优先权/公开/授权号码检索区域，每次只能查阅一件专利申请的审查案卷信息。该区域有三个检索字段，分别是文献种类（Type）、文献号（Document Number）和显示类型（Display Type）。

（1）文献种类的选择和文献号检索。

在“文献种类”下拉框中可以选择日本文献的种类，文献种类下拉框各选项，见图2。

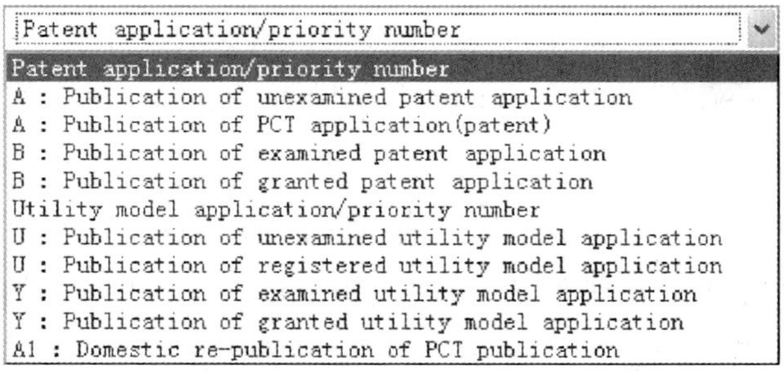

图2 文献种类

文献种类及其说明，以及需要输入的文献号格式，见表1。

表1　文献种类、文献种类说明和文献号格式表

文献种类	文献种类的说明	文献号格式
专利申请号/优先权号 (Patent application/priority number)	日本专利申请的申请号	YYYY－nnnnnn Gyy－nnnnnn 其中， YYYY：4位公元纪年 Gyy：日本纪年 G代表日本纪年的字母，如S表示昭和、H表示平成 nnnnnn：流水号（最大6位），流水号前面如为“0”，输入时可以省略“0”
实用新型申请号/优先权号 (Utility model application/priority number)	日本实用新型申请的申请号	
A：未经审查的专利申请公开 (A：Publication of unexamined patent application)	申请后18个月公开的专利申请（自1971年起）	
B：经审查的专利申请公开 (B：Publication of examined patent application)	审查后处于授权前异议阶段的专利申请公开（1922～1995年）	
U：未经审查的实用新型公开 (U：Publication of unexamined utility model application)	申请后18个月公开的实用新型申请（自1971年起）。 1992年之前公开的未经审查的实用新型，包括著录项目、权利要求、附图但不包括说明书。这期间实用新型申请的说明书参见未经审查的实用新型说明书。1993年之后的公开包括说明书	
Y：经审查的实用新型公开 (Publication of examined utility model application)	审查后处于授权前异议阶段的实用新型申请公开（1922～1995年）	
A：PCT进入国家阶段后未审查的专利申请公开 (A：Publication of PCT application (patent))	以外国语公布的PCT申请进入国家阶段之后作为专利申请公开的日文译文	

续表

<table>
<tr><th>文献种类</th><th>文献种类的说明</th><th>文献号格式</th></tr>
<tr><td>B：授权专利
（B：Publication of granted patent application）</td><td>专利权注册后处于授权前异议阶段的专利申请公开（自1996年起）</td><td rowspan="3">nnnnnnn：流水号（最大7位）
流水号前面如为“0”，输入时可以省略“0”</td></tr>
<tr><td>U：注册的实用新型公开
（U：Publication of registered utility model application）</td><td>实用新型权利注册后处于授权前异议阶段的实用新型申请公开（自1994年起）</td></tr>
<tr><td>Y：授权的实用新型公开
（Y：Publication of granted utility model application）</td><td>实用新型权利注册后处于授权前异议阶段的实用新型申请公开（自1996年起）</td></tr>
<tr><td>A1：PCT公开的国内再公表
（A1：Domestic re－publication of PCT publication）</td><td>PCT申请的日文国内再公开</td><td>WOYYYY－nnnnnn
或
WOyy－nnnnnn
YYYY：4位公元纪年
yy：2位公元纪年
nnnnnn：流水号（最大6位）
流水号前面如为“0”，输入时可以省略“0”</td></tr>
</table>

（2）显示类型。

显示类型字段提供了审查案卷信息（File Wrapper Information）和专利族（Patent Family）两个单选项，即只能勾选其中的一项。需要注意的是，检索PCT公开的国内再公表文献（A1）时，需要单击“专利族”选项进行查阅；如单击“审查案卷信息”项，则无法直接获取审查案卷信息文档。

4. 其他国家或组织专利申请号/优先权号码检索

在其他国家或组织专利申请号/优先权号码检索区域，可以检索日本、美国、欧洲和世界知识产权组织等公布的专利文献。八国两组织专利申请号/优先权号的输入格式及说明见表2。

表2 八国两组织专利申请号/优先权号的输入格式及说明表

<table>
<tr><th>国别代码</th><th>输入格式</th><th>专利申请号/优先权号
格式说明</th></tr>
<tr><td>CH（瑞士）</td><td>CC－nnnnnyy（1999年之后）</td><td rowspan="3">CC：2位国别代码
yy：2位公元纪年
nnnnn/nnnnnn：流水号（流水号前面如为“0”，输入时可以省略“0”）
例如：CH－6382000、DE－19921744</td></tr>
<tr><td>CN（中国）</td><td>CC－yynnnnnn</td></tr>
<tr><td rowspan="5">DE（德国）</td><td>CC－1yynnnnn（A1，A8，A9，B1，B2，B3，C1，C2，C5，D2，R2，R3，T0文献）</td></tr>
<tr><td>CC－xxyynnnnnn（A1，A8，A9，B1，B2，B3，C1，C2，C5，D2，R2，R3，T0文献）（2004年之后）</td><td>xx：知识产权类型
10 ＝ 德国专利申请
11 ＝ PCT进入国家阶段的专利申请
12 ＝ 药品补充保护证书申请
20 ＝ 实用新型
21 ＝ 源自PCT的实用新型
22 ＝ 拓扑图
50 ＝ 以德语申请的欧洲专利局授权的专利
60 ＝ 以英语或法语申请的欧洲专利局授权的专利
yy：2位公元纪年
例如，DE－1107003722</td></tr>
<tr><td>CC－5yynnnnn（D1文献）</td><td rowspan="10">CC：2位国别代码
yy：2位公元纪年
YYYY：4位公元纪年
nnnnn/nnnnnn/nnnnnnn/nnnnnnnn：流水号（流水号前面如为“0”，输入时可以省略“0”）
CCnnnnnn：2位国别代码＋流水号（流水号前面如为“0”，输入时可以省略“0”）
例如，EP－2012－749414、GB－0710097、JP－1971－000927、US－2012－745254、WO－2012－CN71105</td></tr>
<tr><td>CC－yynnnnnn（T1文献）</td></tr>
<tr><td>CC－6yynnnnn（T2文献）</td></tr>
<tr><td>EP（欧洲专利局）</td><td>CC－YYYY－nnnnnn</td></tr>
<tr><td>FR（法国）</td><td>CC－yynnnnn</td></tr>
<tr><td>GB（英国）</td><td>CC－yynnnnn</td></tr>
<tr><td>JP（日本）</td><td>CC－YYYY－nnnnnn</td></tr>
<tr><td>KR（韩国）</td><td>CC－YYYYnnnnnn（2000年之后）</td></tr>
<tr><td>US（美国）</td><td>CC－YYYY－nnnnnnn</td></tr>
<tr><td>WO
（世界知识产权组织）</td><td>WO－YYYY－CCnnnnnn</td></tr>
</table>

（二）检索结果获取

1. 审查案卷信息

审查案卷信息（File Wrapper Information）可以通过勾选首页“显示类型”字段以检索的方式获取，也可以通过专利族检索结果页面的“File Wrapper Information”按钮以链接的方式获取，见图3。

图3　审查案卷信息的链接按钮

审查案卷信息页面下设四个栏目，分别是英文（ENGLISH）、日文（JAPANESE）、翻译错误报告（MISTRANSLATION）和反馈（FEEDBACK），见图4。

图4　审查案卷信息的四个栏目

英文栏目提供由机器翻译的英文审查案卷信息，日文栏目提供日文审查案卷信息，翻译错误报告供用户对检索结果中认为有误的文字内容进行报告，反馈供用户提交使用意见或建议。

以日本专利申请公开2009－131152（日本专利申请2007－307559）为例，查看日文审查案卷信息，见图5。

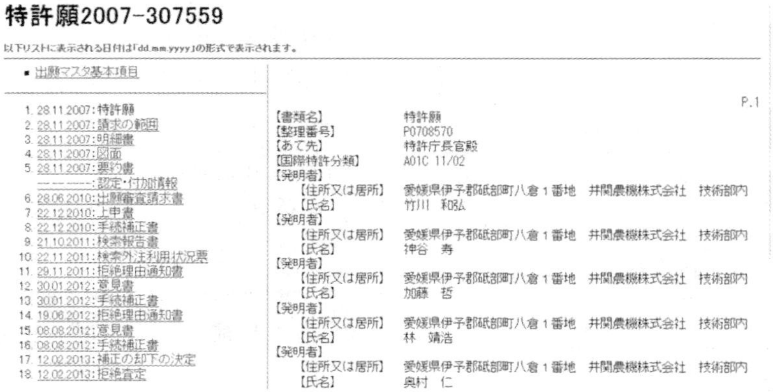

图5　JP 2009－131152的审查案卷信息

新版网站在审查案卷信息的界面风格上比旧版网站有较大变化。审查案卷的文件信息分左右两栏展示，左栏是审查文件的日期和文件名称，右栏是与左栏对应的信息，右栏默认显示申请的基本信息（出願マスタ基本項目）。

常见的审查案卷文件主要包括专利申请（特許願）、权利要求书（請求の範囲）、说明书（明細書）、附图（図面）、实质审查请求书（出願審査請求書）、检索报告（検索報告書）、意见书（意見書）、补正驳回的决定（補正の却下の決定）、授予专利权的决定（特許査定）、驳回决定（拒絶査定）等。

另外，如果是PCT申请进入日本国家阶段的公开文献，AIPN网站不仅提供国家阶段的审查案卷信息，还提供国际阶段的相关文件（国际阶段的文件是 TIFF 图片格式，需要安装 TIFF 插件才能在正常浏览和下载）。

需要注意的是，AIPN 网站仅提供实审阶段的案卷信息，不提供复审阶段的案卷信息。

2. 专利族

专利族（Patent Falimy）可以通过勾选首页“显示类型”字段以检索的方式获取，网站以表格形式展示专利族信息，见表 3。

表 3　专利族的信息内容表

显示项目	内　　容
种类代码	与 WIPO ST. 16 一致
公开号	CC nnnnnnnn 其中，CC：国别代码； nnnnnnnn：流水号，例如 CH694688 如果号码有超链接，在弹出窗口中显示以下信息： 日本未审查专利公开：日本专利文摘（PAJ） 其他日本公报：权利要求（机器翻译） 他国的说明书原文：说明书图像
公开日	公开日格式 DD. MM. YYYY
申请号	CC YYYY – nnnnnnn 其中，CC：国别代码；YYYY：年； nnnnnnn：流水号
申请日	申请日格式 DD. MM. YYYY
相关信息	（仅显示日本文献） 点击按钮“Legal status，Cited documents”，在页面下方显示相关信息。

AIPN 网站专利族的含义与欧洲专利局定义的专利族含义相同。以 JP 2001 –3171 为例，其专利族的信息见图 6。

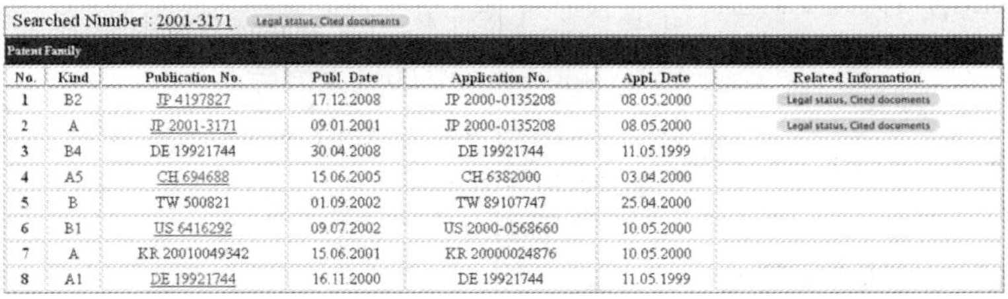

Searched Number : 2001-3171　Legal status, Cited documents

Patent Family

No.	Kind	Publication No.	Publ. Date	Application No.	Appl. Date	Related Information.
1	B2	JP 4197827	17.12.2008	JP 2000-0135208	08.05.2000	Legal status, Cited documents
2	A	JP 2001-3171	09.01.2001	JP 2000-0135208	08.05.2000	Legal status, Cited documents
3	B4	DE 19921744	30.04.2008	DE 19921744	11.05.1999	
4	A5	CH 694688	15.06.2005	CH 6382000	03.04.2000	
5	B	TW 500821	01.09.2002	TW 89107747	25.04.2000	
6	B1	US 6416292	09.07.2002	US 2000-0568660	10.05.2000	
7	A	KR 20010049342	15.06.2001	KR 20000024876	10.05.2000	
8	A1	DE 19921744	16.11.2000	DE 19921744	11.05.1999	

图 6　JP 2001 –3171 的专利族

图 6 所示专利族按照日本专利文献、其他国家/组织专利文献的顺序排列。其中，日

本专利申请或授权专利可以查阅法律状态及引文信息；带有蓝色链接的文献号可以浏览、下载相应的 PDF 格式全文图像。

3. 法律状态

AIPN 网站的法律状态（Legal Status）栏有 14 项法律状态信息，见表 4。

表 4　AIPN 网站提供的法律状态信息内容表

显示项目	输入格式或内容
公开号 (Publication number)	YYYY - nnnnnn 其中，YYYY：4 位公元年；nnnnnn：流水号
实审请求日 (Date of request for examination)	DD. MM. YYYY 例如：22. 01. 1999
审查员发出驳回决定的日期 (Date of sending the examiner's decision of rejection)	DD. MM. YYYY 例如：15. 05. 2001
由审查员之外的人做出的最终决定 (Kind of final disposal of application other than the examiner's)	专利申请法律状态的信息项如以下之一： 无效（Invalidation） 驳回（Dismissal） 撤销（Withdrawal） 放弃（Abandonment） 申请转换（Application converted） 拒绝补正（Declining of amendment）
最终决定日期 (Date of final disposal for application)	DD. MM. YYYY
专利号 (Patent number)	nnnnnnn：流水号 点击号码，可以显示权利要求（机器翻译）
注册日期 (Date of registration)	DD. MM. YYYY
对于审查员发出的驳回决定的上诉号 (Number of appeal against examiner's decision of rejection)	yy - nnnnnn：1999 年及之前 其中，yy：2 位日本纪年；nnnnnn：流水号 YYYY - nnnnnn：2000 年及之后 其中，YYYY：4 位公元年；nnnnnn：流水号 例如：2001 - 010001
对于审查员发出的驳回决定的上诉申请日 (Date of requesting appeal against examiner's decision of rejection)	DD. MM. YYYY 例如：14. 06. 2001

续表

显示项目	输入格式或内容
权利到期日 (Date of extinction of right)	DD. MM. YYYY
审判或异议日 (Trial or opposition number)	yy - nnnnnn：1999 年及之后 其中，yy：2 位日本纪年；nnnnnn：流水号 YYYY - nnnnnn：2000 年及之后 其中，YYYY：4 位公元年；nnnnnn：流水号
审判或异议的申请日 (Date of demand for trial or opposition)	DD. MM. YYYY
审判或异议的最终决定类型 (Kind of final disposal of trial or opposition)	如果申请的法律状态存在，则以下列之一项目显示：
	审查请求 (Remand to Examination)
	审判或异议请求成立 (Approval for Demand for Trial or Opposition)
	审判或异议请求不成立 (Disapproval for Demand for Trial or Opposition)
	审判或异议请求部分成立 (Partial Approval for Demand for Trial or Opposition)
	因申请人撤销致审判或异议终止 (Termination of Trial or Opposition by Withdrawal of Application)
	因申请人放弃致审判或异议终止 (Termination of Trial or Opposition by Abdication of Application)
	因申请人转换致审判或异议终止 (Termination of Trial or Opposition by Conversion of Application)
	复审预审的授权决定 (Decision to Grant a Patent in Pretrial Reexamination)
	补正驳回决定后因新申请产生的审判或异议终止 (Termination of Trial or Opposition by New Application after Decision to Decline Amendment)
	审判或异议请求的撤销 (Withdrawal of Demand for Trial or Opposition)
	审判或异议请求的无效 (Invalidation of Demand for Trial of Opposition)

续表

显示项目	输入格式或内容
审判或异议的最终决定类型 (Kind of final disposal of trial or opposition)	因审判或异议决定产生的驳回 (Dismissal by Trial or Opposition Decision)
	审判或异议请求的驳回 (Dismissal of Demand for Trial or Opposition)
	缺号（因投递错误产生的审判或异议终止） (Missing Number (Termination of Trial of Opposition by Wrong Delivery etc.))
	异议终止（Termination of Opposition）
审判或异议的最后决定日 (Date of final disposal of trial or opposition)	DD. MM. YYYY
更新日 (Renewal date)	DD. MM. YYYY 例如：04. 10. 2002

需要注意的是，法律状态栏目的数据更新要滞后一个半月，如果希望获得最新法律状态，需要在首页的显示类型字段勾选“审查案卷信息”。

以日本专利申请公开 JP 1994 - 012774 为例，其法律状态见图 7。

Legal Status　Click "File Wrapper Information" for the latest status.	
[Publication number]	1994-012774
[Date of request for examination]	22.01.1999
[Date of sending the examiner's decision of rejection]	15.05.2001
[Kind of final disposal of application other than the examiner's]	
[Date of final disposal for application]	
[Patent number]	
[Date of registration]	
[Number of appeal against examiner's decision of rejection]	2001-010001
[Date of requesting appeal against examiner's decision of rejection]	14.06.2001
[Date of extinction of right]	
[Trial or opposition number]	
[Date of demand for trial or opposition]	
[Kind of final disposal of trial or opposition]	
[Date of final disposal of trial or opposition]	
[Renewal date]	04.10.2002

图 7　JP 1994 - 012774 的法律状态

从图 7 可以看出，该专利申请于 2001 年 5 月 15 日被审查员驳回。由于申请人不服驳回决定，于 2001 年 6 月 14 日提出复审上诉申请。AIPN 网站非常重视审查后流程中出现的法律状态变更信息，能够完整地展示审判或异议阶段的号码、日期等信息，为用户进一步查询相关文件给予了丰富的提示。

4. 引用文献

专利申请中审查员引用文献（Cited Documents）以表格形式展示，具体包括文献种类代码和文献号，见表5。

表5　引用文献的信息内容

显示项目	显示信息及内容
文献种类代码	引用文献的种类代码
文献号	如果号码本身有超链接，系统根据文献的类型在弹出窗口中显示以下信息： 日本未审查专利公开：日本专利文摘（PAJ） 其他日本公报：权利要求（机器翻译） 他国的说明书原文：说明书图像
专利族	点击任意号码的链接，系统在弹出窗口中显示其专利族

（1）引用文献中的专利文献实例。

以JP 2009－131152为例，其引用文献见图8。

Cited Documents

No.	Kind	Document No.	Patent Family
1	A	JP 2007-236256	Patent Family
2	A	JP 2007-159425	Patent Family
3	U	JP 06-17420	Patent Family
4	A	JP 2005-73515	Patent Family
5	A	JP 2007-236256	Patent Family
6	A	JP 2007-159425	Patent Family
7	U	JP 06-17420	Patent Family
8	A	JP 2003-88217	Patent Family
9	A	JP 2007-236256	Patent Family
10	A	JP 2003-88217	Patent Family

图8　JP 2009－131152的引用文献

通过比对可以看出，图8所列的引用文献存在重复出现的情况，如：JP 2007－236256出现了3次，JP 2007－159425和JP 06－17420分别出现了2次。通过查阅该申请的审查案卷信息，可以获知JP 2007－236256首次出现于检索报告书中，之后在拒绝理由通知书以及拒绝补正的决定中被引用；JP 2007－159425和JP 06－17420都是首次出现于检索报告书中，之后在拒绝理由通知书中被引用。该申请的检索报告书中除以上列举的3篇文献之外，还有一篇実願昭54－135309号，并未被列在引文文献栏中。此外，需要说明的是文献种类（Kind）中标识的“A”和“U”是文献本身的种类代码，而不是标识对比文件与该申请的相关程度的“X”或“Y”或“A”等。

引用文献重复出现的原因：引用文献栏所列的引文是以其被拒绝理由通知书、拒绝补正的决定、授予专利权的决定、最终驳回等文本中引用的文献为依据，而不是仅以检索报告书中引用的文献为依据。即重复次数也是该文献在不同时期/不同位置被引用的次数。同时，引用文献是按照时间顺序排列的，如 JP 2003－88217 出现于补正拒绝的决定，其引用时间最晚，因此被列于最后一篇。

（2）引用文献中的非专利文献实例。

以 JP 2009－131174 为例，其引用文献见图 9。

Cited Documents

No.	Kind	Document No.	Patent Family
1	N6	JP 12053170	Patent Family
2	N6	JP 12053171	Patent Family
3	N6	JP 12053172	Patent Family
4	N6	JP 12053170	Patent Family
5	N6	JP 12053171	Patent Family
6	N6	JP 12053172	Patent Family
7	N6	JP 12053170	Patent Family
8	N6	JP 12053171	Patent Family
9	N6	JP 12053172	Patent Family

图 9　JP 2009－131174 的引用文献

与上例相同之处是图 9 所列的引用文献也是重复出现的，不同之处是文献种类中标识的字符为"N6"。通过查阅 JP2009－131174 的"拒絶理由通知書"，获知"N6"标识的是非专利引用文献。

再以 JP 2009－523021 为例，其引用文献见图 10。

Cited Documents

No.	Kind	Document No.	Patent Family
1	N7	JP 11001614	Patent Family
2	N7	JP 11001615	Patent Family
3	A	WO 96024667	
4	A	US 50160496	
5	N7	JP 11001614	Patent Family
6	N7	JP 11001615	Patent Family
7	A	WO 96024667	
8	A	US 50160496	

图 10　JP 2009－523021 的引用文献

与图 9 所列引用文献的不同之处是文献种类标识的字符是"N7"。为确定 N7 的准确含义，进一步查阅 JP2009－523021 拒絶理由通知書中描述的引文信息，见图 11。

引 用 文 献 等 一 覧

1.Plant Molecular Biology(1998),Vol.37,p.287-296

2.Annals of Botany(1999),Vol.83,p.347-354

3.国際公開第９６／２４６６７号

4.米国特許出願公開第２００５／０１６０４９６号明細書

图 11　JP 2009－523021 的引用文献

由图 11 可知，字符“N7”代表非专利文献。

值得注意的是，虽然 AIPN 网站对于非专利文献不提供全文图像的链接，但在“拒絶理由通知書”中，审查员会标明非专利引用文献的出处，见图 12。因此，用户可以通过数据库出处以及引文具体信息进一步查证原文。

DB名
CA/BIOSIS/MEDLINE/WPIDS(STN)
UniProt/GeneSeq
Genbank/EMBL/DDBJ/GeneSeq

图 12　JP 2009 －523021 非专利引用文献的出处

为弄清 N6 与 N7 两者的异同，笔者通过进一步查阅资料，发现“N6”标识的是日本局审查员引用的非专利文献，“N7”标识的是他国审查员引用的非专利文献。

三、借鉴意义

日本专利审查案卷信息网站（AIPN）提供丰富的审查过程文件信息、专利族信息、法律状态以及审查员引文信息，同时可以链接到英文专利文摘数据库查阅日本专利文摘信息，以进一步获取专利全文图像；还可以浏览部分其他国家或组织的专利全文图像。对于我局专利审查工作而言，审查员通过获取日本专利局（JPO）审查员对申请做出的有关驳回决定的理由、书面意见及授权的权利要求等审查案卷信息（File Wrapper Information），能够为审查工作提供重要参考。因此，该网站可以作为审查员及时获取日本同族专利的引文及相关审查信息的重要数据库资源。

参考文献

[1] 徐东. 如何利用互联网上的审查资源 [J]. 审查业务通讯，第 17 卷材料部专刊.
[2] 郭建强，周霞. 赴日本特许厅培训总结报告 [R]. 审查业务通讯，第 11 卷第 5 期.
[3] 袁红霞. 世界主要专利局/组织的检索信息的获取和利用 [J]. 审查业务通讯，第 15 卷第 11 期.
[4] 张军. 2005 年 JICA 培训总结，审查业务通讯 [J]. 第 12 卷第 11 期.

数据挖掘在专利文献分析中的应用

郝荣荣　李军*　刘怀涛　张旭

摘　要　为了提升专利文献对开展科研项目的促进作用，本文将数据挖掘应用于专利地图分析和引证树分析，并结合案例进行分析得出相应结论。

关键词　数据挖掘　专利文献　科研项目　技术评估

一、引　言

专利文献在科研项目开展、技术创新、生产经营中扮演着十分重要的角色，对专利文献进行统计分析后所得到的结果，能帮助人们获得更敏锐的洞察力和更深远的前瞻力。

随着我国科教兴国战略的实施和知识经济的快速发展，知识产权尤其是专利保护的重要性被各科研单位及科研人员广泛接受。2014 年，国家知识产权局共受理发明、实用新型、外观设计专利申请达 236.1 万件。其中，发明专利申请 92.8 万件，同比增长 12.5%，居世界第一位。而发明专利申请中，国内发明专利申请 80.1 万件，占总量的 86.3%；国外来华发明专利申请 12.7 万件，占总量的 13.7%。实用新型专利申请 86.8 万件，外观设计专利申请56.5 万件。共受理 PCT 申请2.6 万件，同比增长 14.2%。每万人口发明专利拥有量达到 4.9 件，同比增长 22.5%。❶ 2014 年，我国共授权发明专利 23.3 万件，同比增长 12.3%。其中，国内发明专利 16.3 万件，占总量的 70.0%；国外来华发明专利 7.0 万件，占总量的 30.0%。❷

通过以上数据可以看出，我国专利申请的数量和质量均呈现良好增长的态势。但毋庸置疑，目前我国各有关部门对专利文献的统计分析水平还较为低下，专利文献对科研项目开展的促进作用亟须提高。

本文针对目前专利文献统计分析水平低下的形势，将数据挖掘引入到专利文献统计分析中，从促进科研项目开展的角度出发，研究了数据挖掘在专利文献统计分析中的应

---

* 等同第一作者。

❶ 吴辉，王宇．申长雨在全国知识产权局局长会议上的工作报告［N］．知识产权报，2015.

❷ 李凤新．2014 年我国发明专利申请受理量达 92.8 万件［N］．知识产权报，2015.

用，并结合具体案例进行了分析论述。

二、数据挖掘概述

（一）数据挖掘的含义

从技术角度而言，数据挖掘是指从大量的、不完全的、有噪声的、模糊的、随机的实际应用数据中，提取隐含在其中的、人们事先不知道的，但又是有用的信息和知识的过程。

从商业角度而言，数据挖掘是指对商业数据库中的大量业务数据进行抽取、转换、分析和其他模型化处理，并从中提取辅助商业决策关键性数据的商业信息处理技术。

简而言之，数据挖掘其实是更为深层次的数据分析方法。

（二）数据挖掘与传统分析方法的区别

数据挖掘与传统分析方法的本质区别在于：数据挖掘是在没有明确假设的前提下去挖掘信息、发现知识，数据挖掘所得到的信息具有先前未知、有效性和实用性三个特征。

（三）数据挖掘的任务、流程和算法

数据挖掘的任务主要是关联分析、聚类分析、分类、预测、时序模式和偏差分析等。

数据挖掘的基本流程为：定义问题，即确定数据挖掘的目的；数据准备，包括数据选择和数据预处理；数据挖掘，即选择相应的算法进行数据挖掘；结果分析，对数据挖掘的结果进行解释和评估，并转换成为能够最终被用户理解的知识；知识的运用，即将分析所得到的知识，集成到业务信息系统的组织结构中去。

数据挖掘的常用算法包括：神经网络方法、遗传算法、决策树方法、粗集方法、覆盖正例排斥反例方法、统计分析方法和模糊集方法等。

三、数据挖掘在专利文献分析中的应用概述

专利文献分析的基础建立在情报专家对专利文献的全面性、准确性和动态性检索之上，技术专家将专利文献的分析要素，利用分析工具进行专业化的对比、统计、分析等数据挖掘，并获得企事业单位科研或经营活动中有价值的信息。

专利文献的分析要素包括：专利申请人、发明人、专利权人、申请日（号）、公开日（号）、公告日（号）、优先权日（号）、申请国、指定国、专利分类号、专利产品、专利技术、权利要求、引用专利、同族专利和相关专利等信息内容。简单地说就是："谁""何时""何地""为什么"，就什么产品或何种技术做了何种专利保护。

数据挖掘就是要通过对大量专利文献的解读、统计与分析，按时间、空间、地域和技术内容等动态变化发展趋势，采用定量和定性方法来分析研究，从而获得相关技术领域中专利申请量、核心技术分布、技术发展态势、竞争对手实力、潜在专利陷阱、专利雷区和技术发展空白点等有价值的信息。通过数据挖掘，可了解技术现状和未来发展趋势，明确基础专利和核心专利，还可了解到包括技术领域内主要权利人是谁，来自哪些国家或地区，所掌握的权利主要集中在哪些具体技术上。

四、数据挖掘在专利文献分析中的应用实例

（一）专利地图的分析和利用

专利地图作为一种利用专利情报、优化专利战略的专利管理手段，被称为科技与经济竞争“作战地图”。可以分析技术分布态势、指明技术发展方向，通过它可以掌握竞争对手的技术实力和进展情况，在自主创新活动中科学合理地定位。

专利地图是一种专利分析研究方法和表现形式，通过对专利文献中包含的技术信息、经济信息、法律信息的深度挖掘与缜密剖析，将蕴涵在专利数据内的大量错综复杂信息，以各种视觉直观的图表形式反映出来，具有类似地图的指向功能。

专利地图可根据分析的重点与目的可分为以下三类：第一，专利管理地图，主要服务于经营管理，反映业界或某一领域整体经营的趋势状况；第二，专利技术地图，主要服务于技术研发，为研发中的回避设计、技术地雷、技术挖洞等战略提供重要信息依据和参考；第三，专利权利地图，主要服务于权利范围的界定，一方面为规避已有技术保护，另一方面评估自身技术的可专利性和产业利益。

采用数据挖掘技术绘制的燃料电池便携式设备相关的专利技术，其研发重点和近期热点领域分布图如图 1 所示。从图 1 中可以看到，该领域国际上技术研发的重点是质子交换膜燃料电池、储氢、便携式设备、催化剂、直接甲醇燃料电池等技术。

在图 1 的基础上，进一步研究技术研发热点。该领域专利从 2000 年左右开始快速发展起来，且近几年发展很快。据此，将专利申请年份进行了时间段划分：2005 ~ 2007 年、1984 ~ 2004 年，并分别考察了 2005 ~ 2007 年内和早期时间段的技术热点情况。可以看出：2005 ~ 2007 年和早期在各技术领域发展较为均衡，暗示了该领域整体技术方案未出现重大的转变。2005 ~ 2007 年的发展热点集中在催化剂、电极、燃料容器等技术领域；早期则对储氢、便携式设备、包装密封技术比较关注。

（二）引证树的分析和利用

引证树以树状的形式对专利文献向前引证和向后引证的情况进行统计分析，可以有多级层次。

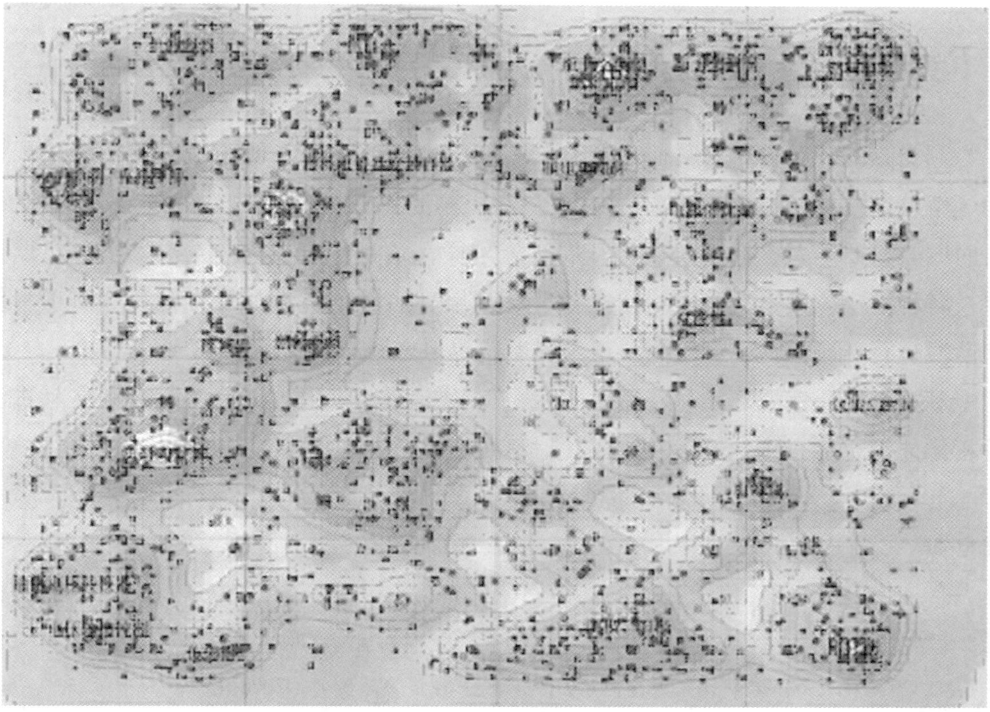

图 1　燃料电池的专利地图

通过引证树分析可以发现技术的发展历程、最新走向和最新应用；了解重要专利的外围专利，寻找技术空间，确定研发策略；识别并发现潜在的竞争对手；了解竞争对手的专利布局，识别竞争对手的专利战略；评估竞争对手研发周期等。

如图 2 所示，将引证树上的信息以 IPC 分类显示：E04C 代表结构构件、建筑材料；A47 主要是家具相关的专利。由图 2 不难发现：目标专利目前在家具领域获得广泛应用。

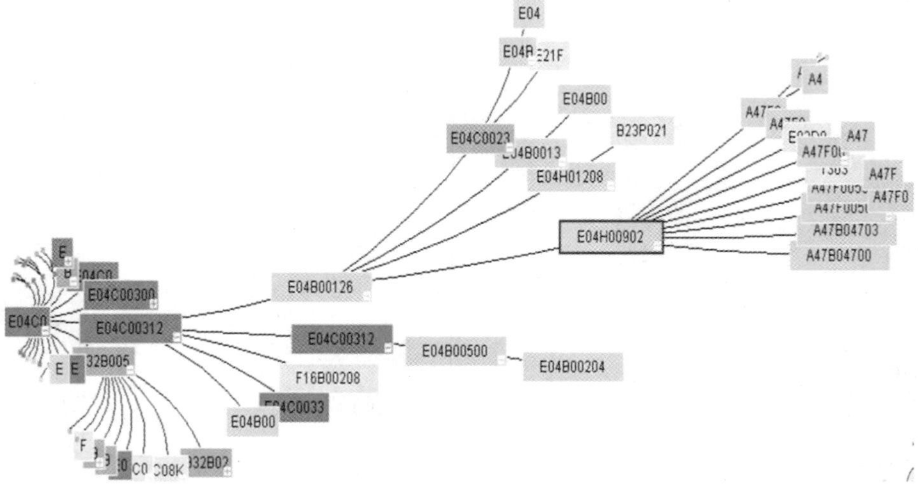

图 2　引证树分析图

五、结论与展望

专利文献的统计分析对科研项目开展具有重大意义：在科研项目立项论证阶段，可全面了解特定技术领域的现有技术水平，选择高起点和新领域，避免重复劳动和投入，节省时间及科研经费；在科研项目开展实施阶段，了解科研项目的发展历史、已取得的成果及各种解决方案，有利于科研人员开拓思路，启发创造性的思维；在科研项目结题评估阶段进行新颖性检索，可为科研项目鉴定提供较科学的尺度。

专利文献是一座取之不尽、用之不竭的知识宝库，应用数据挖掘对专利文献进行统计分析，能够更加合理地开发和利用，对科研项目开展和技术创新具有十分重要的意义。

参考文献

[1] 郑重，张旭廷．专利地图就是“作战”地图［J］．互联网周刊，2004（38）．
[2] 张帆，肖国华，等．专利地图典型应用研究［J］．科技管理研究，2008（2）．
[3] 骆云中，等．专利情报分析与利用［M］．上海：华东理工大学出版社，2007．
[4] 王兴旺，孙济庆．国内外专利地图技术应用比较研究［J］．情报杂志，2007（8）．
[5] 刘平，张静．专利技术图在企业专利战略中的具体应用［J］．电子知识产权，2005（7）．

CHANYE
FUWU

产业服务

造纸领域压光机专利技术综述

李琦

摘 要 利用以S系统检索得到的造纸领域压光机的相关专利文献为基础，从专利申请年度、申请人、申请人国别等方面，进行统计分析，并论述了压光机的发展脉络和发展方向，为进一步研究提供了相关参考资料。

关键词 压光机 造纸 专利分析 技术发展

一、造纸术和压光机

作为四大发明之一造纸术的发明国，自从汉代蔡伦发明了造纸术之后的1700多年的时间里，我国的造纸业一直停留在手工造纸阶段。直到1881年（清光绪七年），在上海成立了由美商出面经营的华章造纸厂，1884年试车投产，中国才有了机制纸。

18世纪的欧洲工业革命为从手工业向大机器生产过渡创造了必要的条件，造纸机的演变史也是一部浓缩的工业革命史。造纸术发明1600多年之后，第一台造纸机出现于法国，从此改变了传统的造纸方式。

造纸机主要包括送浆部、成形部、压榨部、烘干部、压光部、卷纸部等，压光基本上是造纸的最后一道工序。压光机是纸张或纸板的整饰设备，其作用是提高纸幅的平滑度、光泽度、厚度的均匀性及纸幅的平整性，为后续加工操作提供良好的条件。

在压光机出现之前，纸张一般通过抛光铁锤或铁片进行平整与压制。1809年，英国人迪克音逊（Dickinson）发明了圆网造纸机，最初用于生产纸板；到1817年，经不断改进，增加了蒸汽加热的回转型烘缸；1836年又增设了二辊压光机，成为压光机的前身。在压光机的发展进程中，经历了传统压光机、超级压光机、软辊压光机、超级软辊压光机几个阶段，近几年还出现了金属带式压光机等宽压区压光技术。本文将从专利的角度分析压光机的技术发展历程。

二、压光机相关专利的申请情况

在国际专利分类表（IPC）中，压光机相关的分类号比较集中，主要包含在D21G这一大类中，该大类下包含 D21G1/00（压光机，平滑装置）、D21G1/02（压光辊，压光辊轴承）、D21G3/00（刮刀）、D21G3/02（为压光机用的）；有时也会分到 B30B3/00（以使用旋转压力构件如辊、环、盘为特征的压力机）大组中，这些分类号基本涵盖了压光机方面的所有专利。

本文使用 VEN 数据库，以 D21G1/00、D21G1/02、D21G3/00、D21G3/02、B30B3/00 等 IPC 分类号，以及压光机等关键词进行限定，得到样本数据。截至 2014 年 6 月 9 日，关于压光机的专利申请数量达到 9826 件。

1. 专利申请量年度分布

将 1900 ~ 2010 年的专利申请量，以 10 年为一个统计节点，得到压光机领域专利申请量随年代的分布情况（见图 1）。

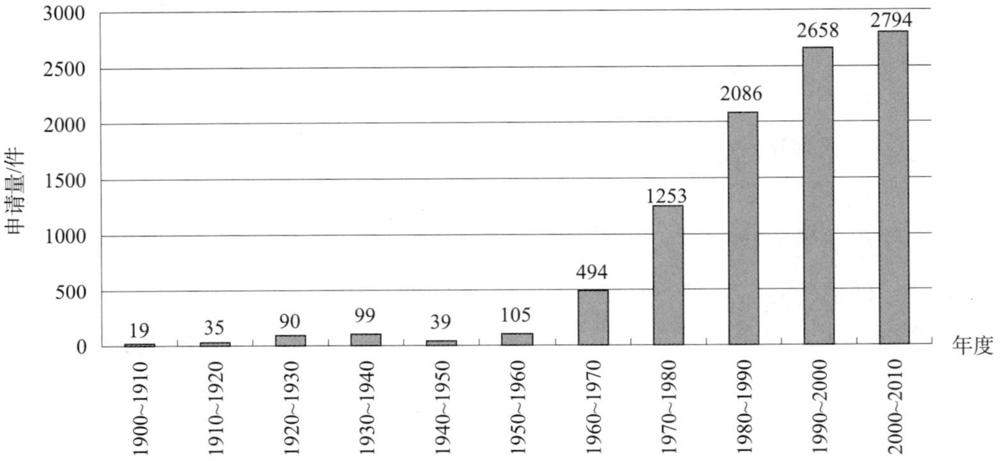

图 1　专利申请量年度分布

可以看出，1900 ~ 2010 年，压光机领域的全球专利申请量基本上呈逐年增加的趋势。其中，20 世纪前 50 年，申请量的增长较为缓慢，基本上处于停滞的态势。这主要是因为造纸工业发达国家受第一次和第二次世界大战的影响，造纸工业的发展受到限制。进入 20 世纪后半叶，在市场需求和工业自动化高速发展的双重刺激下，包括造纸业在内的整个轻工业得到爆发式增长，压光机领域的专利申请量也有了飞一般的跨越。但最近 10 年，受全球经济衰退的影响，压光机专利申请量的增长率又有所放缓。

2. 专利申请量的来源国家分布

图 2 显示了按国别进行统计后的结果，从统计中可以看出，相关专利申请主要集中在北欧、北美、日本等造纸工业发达国家，这些国家森林资源丰富，工业基础雄厚，为造纸工业的发展提供了强有力的支撑，其中德国、芬兰、日本的申请量占据了全部申请量的一半以上。而我国专利的申请量仅占 4% 左右，这从一个角度上体现出我国造纸工业与发达国家之间还有很大的差距。据有关统计显示，从 2008 年起，中国造纸行业的产

能已达到8500万吨，超越美国，成为世界第一。但中国造纸行业大而不强，核心技术匮乏、知识产权意识淡漠、附加值低、绝大部分利润被国外厂商赚取，行业发展受到严重的影响。

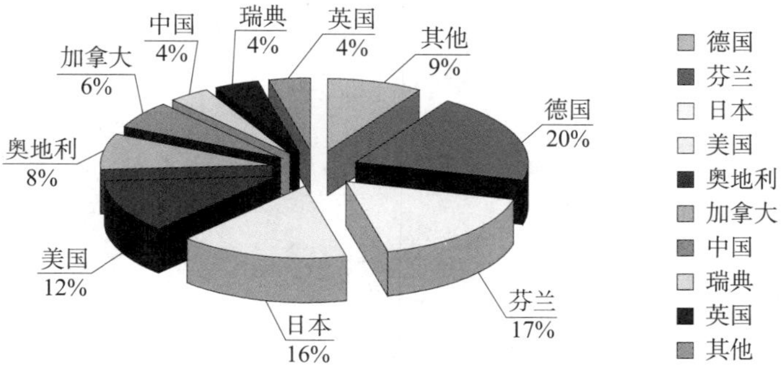

图2　专利申请量来源国家分布

3. 主要申请人的统计情况

压光机领域专利申请量排名前十名的申请人见图3，造纸领域的跨国巨头福伊特造纸、美卓造纸、维美德造纸的申请量占据了总申请量的前三位，这也与造纸设备企业在世界500强中的排名相对应。前十名中出现了三家德国企业，两家芬兰、瑞士企业，日本、美国、奥地利企业各一家，这也与总体的申请量来源国的排名基本一致。前十名中并未出现中国企业，这也反映了我国造纸机械领域尚处于探索和模仿的阶段，自主创新的意识不够。通过对我国各大造纸厂的调查也发现，造纸成套设备这个大蛋糕基本上被国外设备商所瓜分，鲜有中国企业的身影。

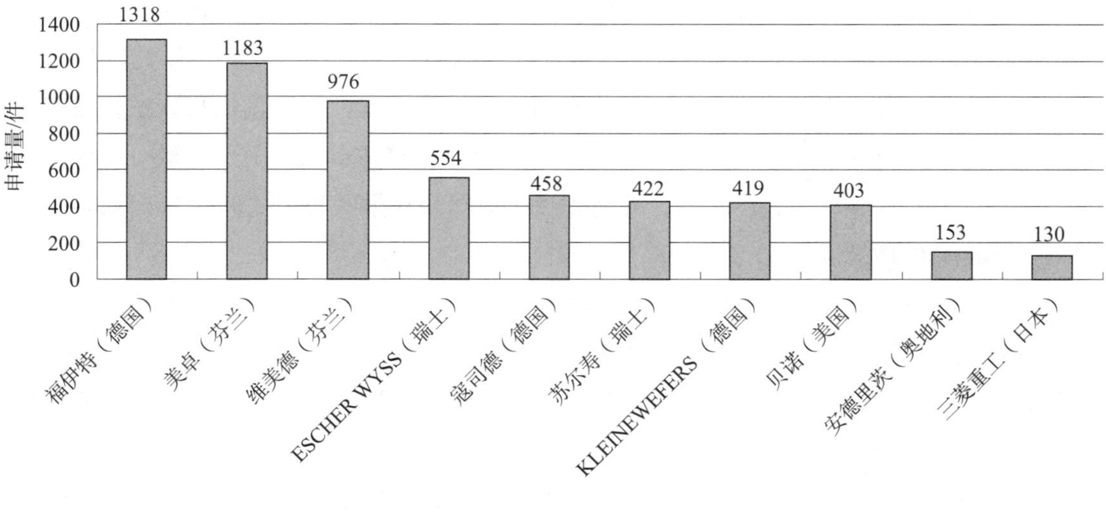

图3　主要申请人统计情况

4. 主要研究热点分布

压光机领域的主要研究热点分布如图4所示。可以看出，压光机领域的专利申请主要集中在压光辊的改进、机架的设计和布局、加压机构和释压机构三个方向。其中压光辊作为压光机的核心部件，毫无疑问成为压光机研究的重中之重。

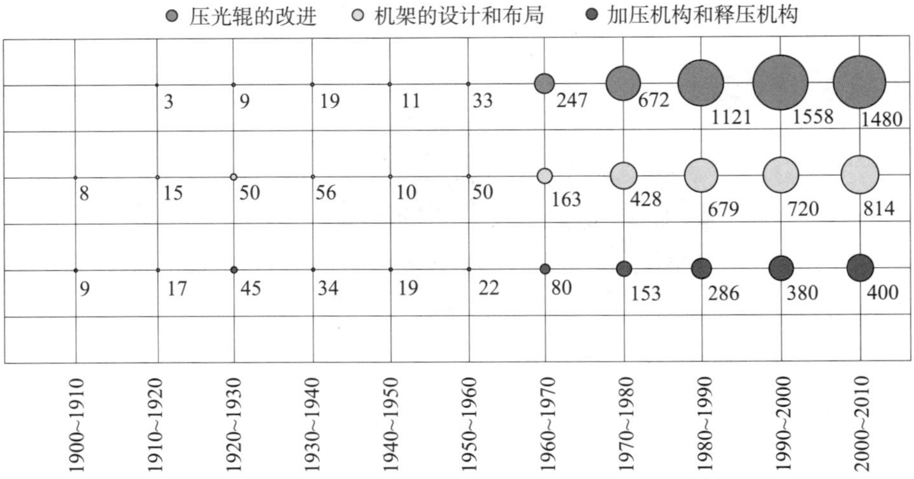

图 4　压光机各研究热点专利申请量的时间分布

三、压光机的技术发展脉络

下面结合重点专利对压光辊的改进、机架的设计和布局、加压机构和释压机构这三个方向进行详细论述。

1. 压光辊的改进

压光辊是压光机的核心部件，不同类型的压光机辊数差别较大，单压区压光机只有 2 根压光辊，而超级压光机则是由多个辊组成。在硬辊压光机中，所有的压光辊都是冷铸辊。在软辊压光机中，一般具有一根热辊和一根软辊，或者 2 根热辊和 2 根软辊。在超级压光机和超级软辊压光机中，棍子类型和数量均有较多增加。压光辊辊面要求非常光滑，抗拉和抗压强度大，耐摩擦，抗腐蚀性好，两相接触的辊面之间应保持均匀紧密接触，不能有细微缝隙。

早期的传统压光机都是由硬辊组成，硬辊为冷铸辊，主要以铁—碳合金为主，还可能含有镁、磷、硫、硅等元素。根据需要可以添加铬或镍等，以提高材料性能。由于硬辊压光机在传送薄纸幅的时候经常发生断头，后来研发改进了金属辊和包胶辊（或纸粕辊及聚合物辊）交替排列的压光机。

1914 年 9 月 18 日，来自瑞士的 ESCHER WYSS 公司提交了一份申请号为 DE290156 的专利申请，第一次记载了使用金属辊和纸粕辊交替排列的压光机（见图 5）。说明书中记载，在压区中，纸粕辊具有和纸张相近的硬度，其作用是使压区中纸幅的突出与凹下部分所受的压力更为均一，并生产出密度更为恒定、表面性能更为均衡的纸产品。

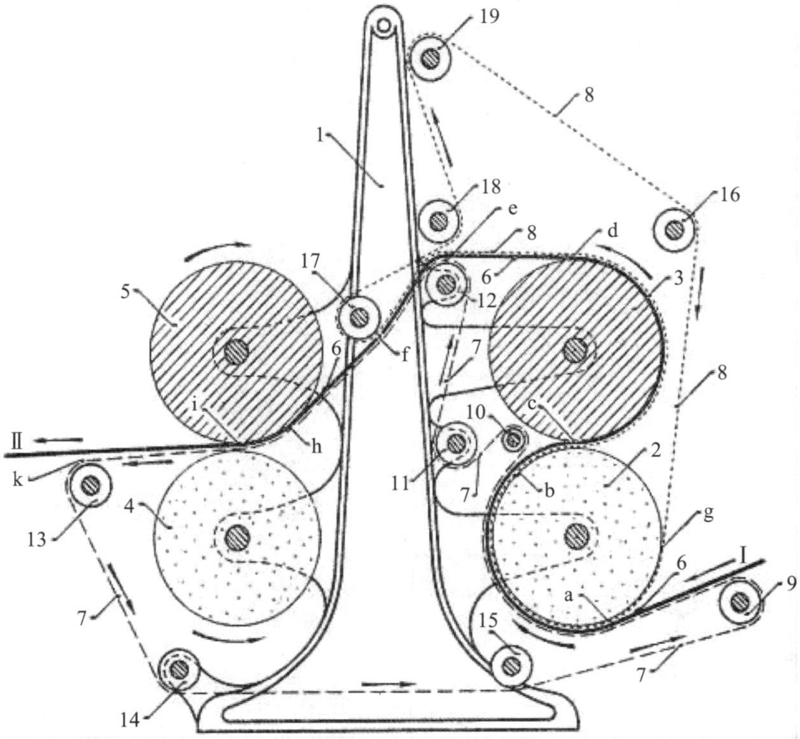

图5　金属棍和纸粕辊交替压光机

在压光设备中，当加压机构对压光辊两端轴承加压时，压光辊的辊筒受到自重和外部压力的影响，其纵轴线会产生较大的弯曲挠度。中部的最大挠度值可达到数百微米至数千微米，为一般纸张厚度的数十倍。这是造成辊间线压力分布不均和纸张横向压光整饰指标大幅度变动的主要原因。为抵消上述挠度，1956年3月13日美国的贝诺钢铁公司（BELOIT）提交了一份申请号为US1172958XA专利申请，记载了一种中高压光辊（见图6）。据该申请说明书中记载，根据底辊的变形情况，其中部直径制作的要比两端大，中部增大部分的直径增量，称为棍子的中高。这样底辊在实际运行中，其中高可以抵消一部分挠度带来的误差，避免线压力的不均。

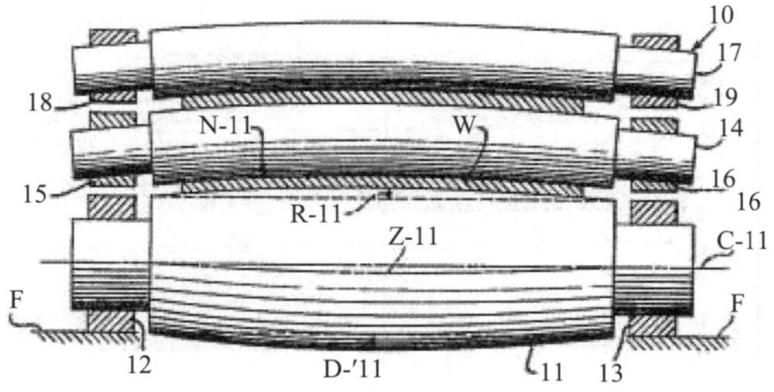

图6　中高压光辊

19 世纪 80 年代，压光机获得了突破性进展，德国 Kusters 公司首先研制推出软辊压光机，压光机跨入软辊时代。1980 年 4 月 17 日，德国 Kusters 公司提交了一件申请号为 DE2844051 的专利申请，记载了一种具有聚亚氨酯涂层并可内部冷却的压光辊（见图 7）。聚亚氨酯是一种经久耐用的软辊敷面材料，抗水印性、抗磨损性以及耐高温性较好。当纸张通过硬辊和软辊之间的压区时，由于软辊辊面接触区的局部挤压变形大、压区宽、纸张承受的压应力较小；纸张表面和辊面间的摩擦滑移大，纸的厚度、紧度、表面粗糙度变化较小；表面平滑度、光泽度改善明显。

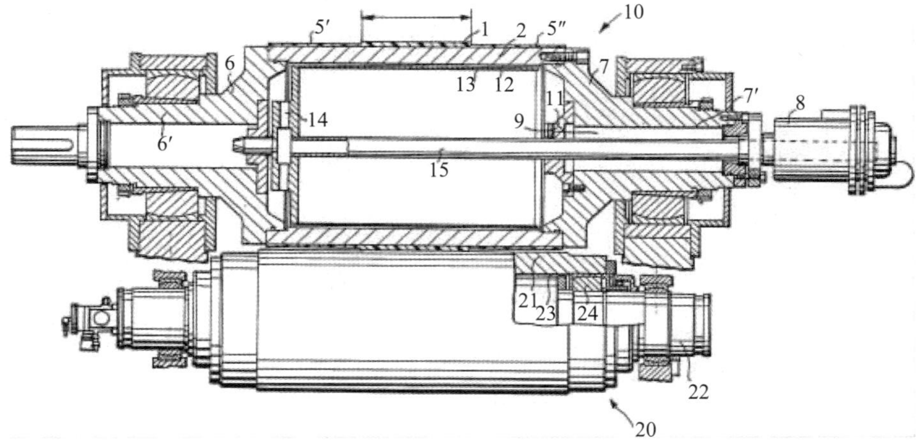

图 7　带聚亚氨酯涂层的压光辊

紧接着，德国 Kusters 公司又在 1984 年 2 月 16 日提交了一份申请号为 DE3020669 的专利申请，首先提出了由一对大直径包塑胶可控挠度辊和大直径高温热辊组成的软辊压光机（见图 8）。传统中高辊的中高量是固定的，而该申请中采用了分区可控的中高辊。加压元件在液压的作用下伸缩，以改变与其接触外壳的形变，用此形变来获得理想的线压力分布。通过调节压力油和回流油的压差来改变辊壳的挠度，用以精确抵消两辊间的线压力和辊筒自重造成的辊壳的挠曲变形。

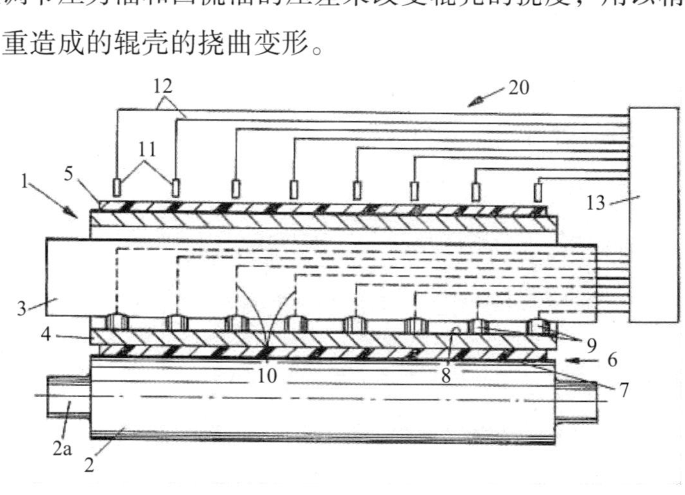

图 8　德国 Kusters 软辊压光机

到 1995 年年底，世界上已有德国 Kusters、Voith－Sulzer、芬兰 Valmet、美国 Beloit、英国 Hunt Mosgop 5 家公司制造的 400 余台软辊压光机投入运行，取代了传统压光机，取得了较好的效果。但由于软辊压光机压区数量过少，其整饰品质与超级压光机相比仍有一定的差距。

20 世纪 90 年代，德国福伊特公司又开发出超级软辊压光机 JanusConcept（见图 9）。据 1996 年 9 月 12 日提交的申请号为 DE19508349 的专利中记载，超级软辊压光机采用冷铸铁热辊和包塑胶软辊或软带装置交替垂直排列方式。其底辊和顶辊为可控挠度辊，辊数只有 8 辊，中间辊的直径较小。热辊用高压蒸气加热，温度较低（100℃～150℃），其能耗比 4 辊软辊压光机节省一半，整饰效果优于 12 辊超级压光机，而且可直接装设在造纸机或涂布机内使用。大大提高了运转效率，减少损纸，节约能耗，降低了运转维护费用。

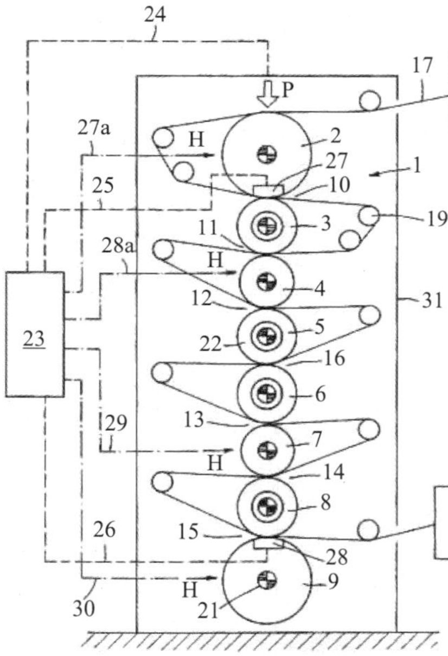

图 9 福伊特公司的超级压光机 Janus

自 1996 年以来，美卓造纸公司一直在开发一种对称的压光技术，其可以提供非常长的停留时间，停留时间的延长和压区的高热能使纸幅表面有效塑化。由于纸幅的这种热塑化效应，压光时仅需要轻微的压力。因此，相比传统的压光方式，金属带压光技术能有效地减少纸幅厚度的损失。

金属带压光技术的原理是在加热金属带和加热热辊之间形成一个 1m 长的压光区。金属带压光机的压光停留时间比传统辊式压区的约延长 100 倍。美卓造纸公司对这种新的压光技术共申请了 50 多项专利，最早记录出现于 1997 年。从 2000 年以来，为了研究带式压光技术，美卓造纸公司进行了大量的模拟试验，其中最具代表性的是 2002 年 1 月 29

日提交的申请号为FI20020159A专利申请，其说明书中记载了一种带有钢带的导辊（见图10），导辊采用了常规的热辊技术，传统的压光区被一个纵向约1m长的宽压光区所取代。由于压光区的滞留时间长、温度高、压区压力低、纸张中的水分含量少，使得纸张的表面具有了可塑性，降低了纸张的粗糙度并改善了印刷性能。同时还达到了非常高的挺度和松厚度，节约了原料并提高了产量。

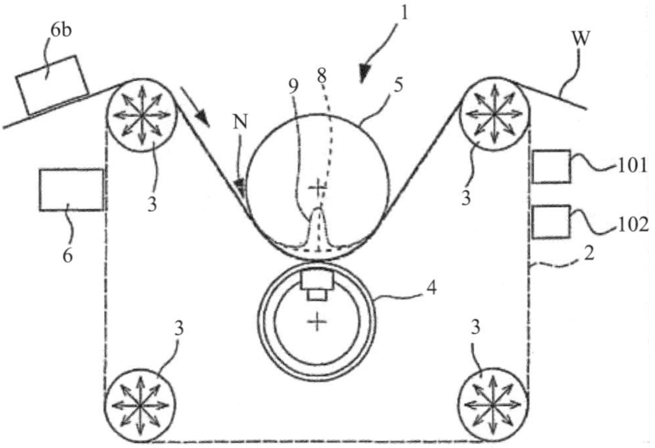

图10　美卓公司最新研制的金属带式压光机

从压光机的发展趋势来看，金属带式压光机将是未来发展的重点；硬辊压光机的使用范围将日渐缩小，仅局限于压光平滑度、光泽度要求不高的纸张和对厚度、表面粗糙度要求不严格的新闻纸、涂布原纸等产品；软辊压光机将成为一种过渡产品；超级软辊压光机将取代部分硬辊压光机、全部软辊压光机和纸粕辊超级压光机，在造纸机和涂布机内得到广泛的应用。

2. 机架的设计和布局

传统压光机主要有双侧机架（封闭机架）和单侧机架两种形式。双侧机架中，机架设置在压光辊两侧，各中间辊与顶辊的轴承壳装在机架的导轨之间，这种机架的刚度较大。具有代表意义的是法国人盖宾·珀西·哈波特与罗维·威廉联合设计的压光机（见图11），并在1908年6月22日提交了申请号为FR386761的专利申请，据说明书中记载，两个压光辊固定在双侧机架上，受上部加压装置的控制可以上下移动。

单侧机架中，机架设置在压光辊的一侧，各中间辊和顶辊的轴承装在轴承臂上，轴承臂与机架铰接，或者各中间辊和顶辊的轴承壳带有滑槽可以在机架的滑轨间作上下滑动。这以德国ESCHER WYSS公司1910年12月12日提交的专利申请IT437277中设计的压光机为代表（见图12），双侧机架压光机在更换拆装压光辊时，要从机架的中间抽出，而且通常要自顶辊起往下逐一抽出。而单侧机架则可以从辊组一侧沿出纸方向抽出任一压光辊。单侧机架维护工作比较方便，所以采用较多。

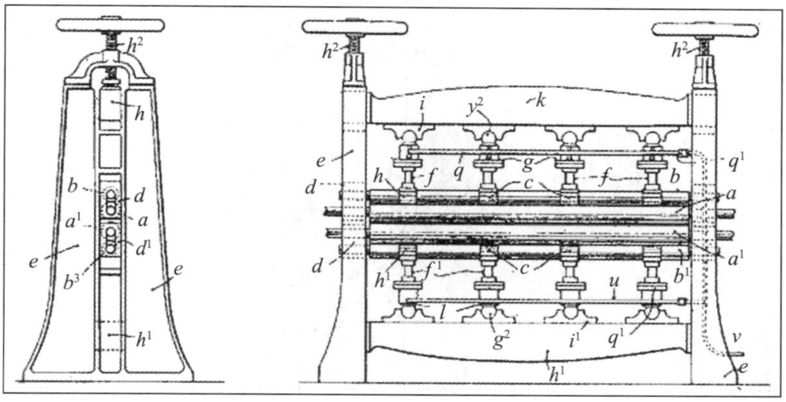

图 11　双侧机架

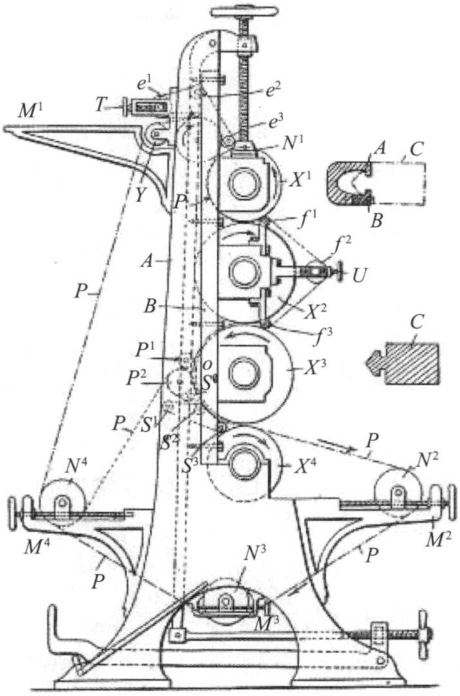

图 12　单侧机架

除了上述两种机架结构形式外，随着压光技术的不断发展，福伊特公司斜式超级压光机和美卓公司直立式超级压光机已经投入使用。

福伊特公司于 1998 年 7 月 16 日提交的申请号为 DE1998100032065 的专利申请记载了一种斜式超级压光机，其压光辊与地面呈大约 45°布置，因而压光机的整体高度大大降低，机架刚度和稳定性都有所增强，压光机操作方便，压光辊更换较为便捷（见图 13）。

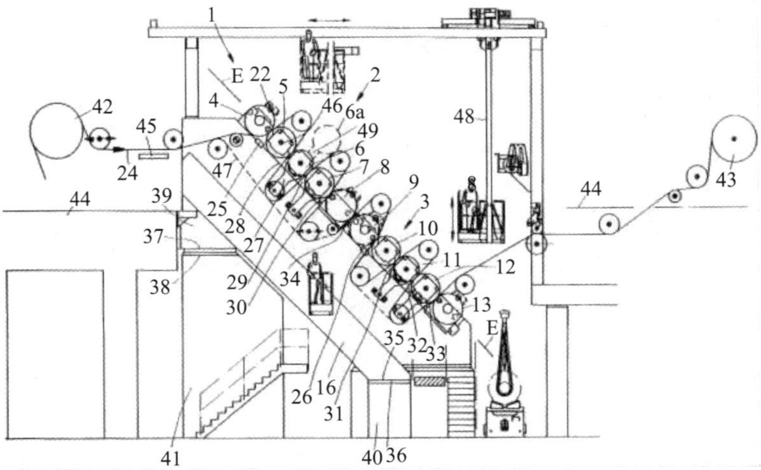

图 13　斜式超级压光机

美卓公司于 2002 年 11 月 29 日提交了一份关于直立式超级压光机的专利申请（见图 14），申请号为 FI20020481U。其两列压光辊均匀布置在机架两侧，整体高度较传统压光机降低，机架两侧载荷均匀稳定，压光辊更换也较为方便。

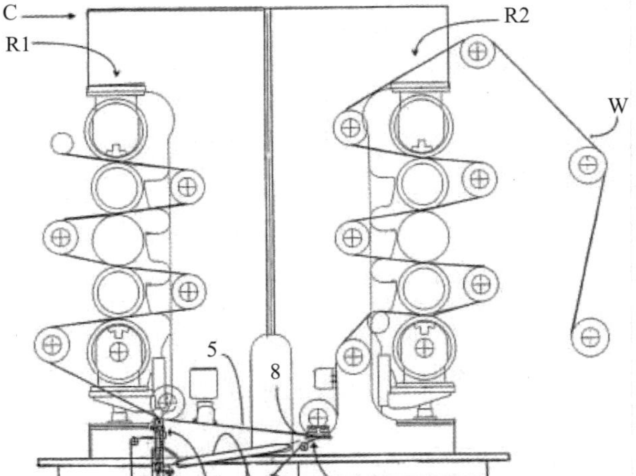

图 14　直立式超级压光机

关于机架的设计，发展趋势是小型化、紧凑化，尽量少的占用空间，而且力求在最大工作载荷和最高工作车速时机架也不会产生振动。为此，有的钢结构机架中还充入混凝土，不过这种结构形式目前已经很少见到。

3. 加压机构和释压机构

压光辊间的线压力反映了压光机对纸幅所施加压力的大小，是决定纸幅紧度、平滑度和光泽度的主要因素。线压力的大小与加压机构施加的压力、压光辊辊径、压光辊材质和压区宽度、工作速度等参数都有关。过低的线压力很难满足纸幅的质量要求，过高的线压力则容易出现压黑和光斑等不良影响。加压机构和释压机构是控制线压力的关键设备，其经历了手工加压式、重锤杠杆式、气动杠杆式和液压杠杆式的发展历程。

法国人卡尔·舒曼于1902年4月12提交了一篇申请号为FR320370的专利申请，最早记录了一种通过手动控制的压光机加压机构（见图15），其是通过在机架的顶部设置一个螺杆，通过人工的操作来实现压力的调节。

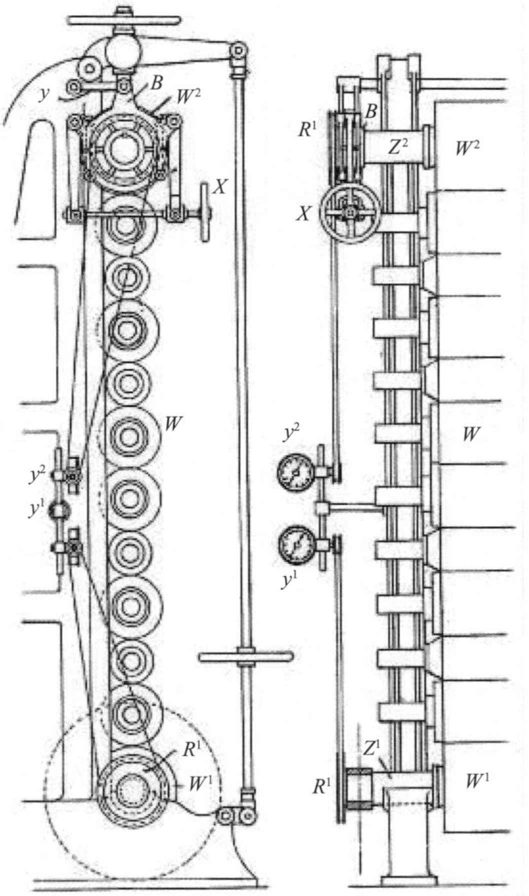

图15　手动加压装置

1914年12月3日，英国人米恩·萨缪尔申请了一项压光机专利（见图16），申请号为GB191423473，最早使用了可调重锤杠杆式的加压装置。通过顶辊和底辊上设置加压杠杆，在杠杆上设置不同重量的砝码，便可以实现不同的线压力，这种方式相比手工调节的方式方便可靠，压力调节方便。

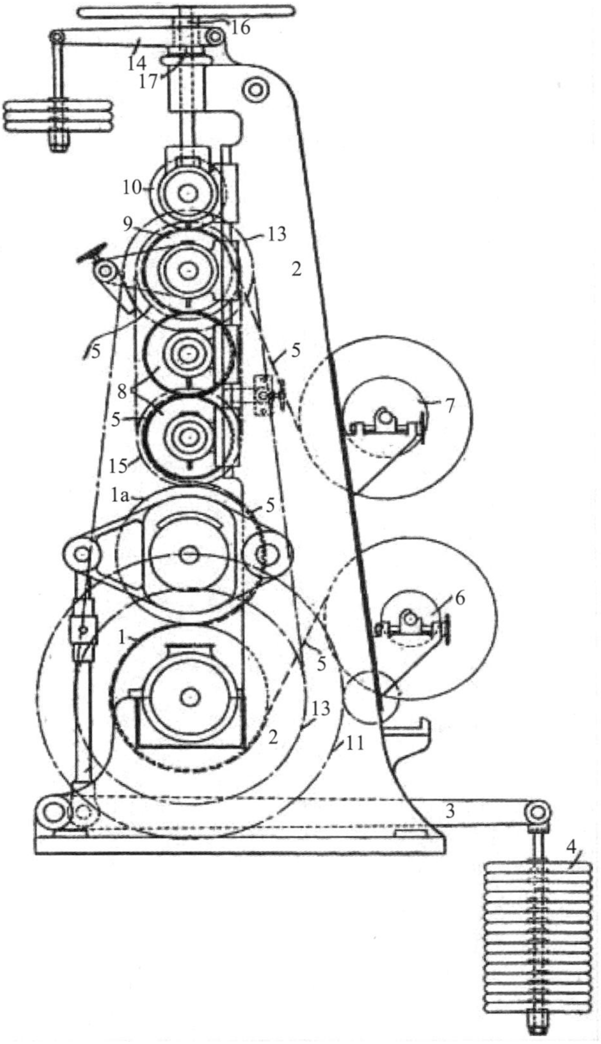

图 16　重锤式加压装置

1933 年 6 月 6 日公开了一篇美国专利，公开号为 US1912709，记载了美国织物整理机械公司的工程师凯恩·托马斯设计的一种压光机（见图 17）。其最早使用了液压的方式对压光辊进行加压，并配有压力表，通过液压系统配合电控系统，对压光辊进行压力调整，相对于手工调节的方式，线压力的调节更加准确和方便，压光的效果也有了较大的提升。

英国人威廉·米克尔·科克伦于 1952 年 12 月 23 日提交了一篇申请号为 GB3263752 的专利申请，记载了通过气动控制的方式调整压光辊压力的方法（见图 18）。其方法是在上压光辊上设置有气压力泵，在气压力泵的空腔中通入压力气体便可以实现上压力辊的加压，由于气压控制的方式较为简单，得到了广泛的推广。

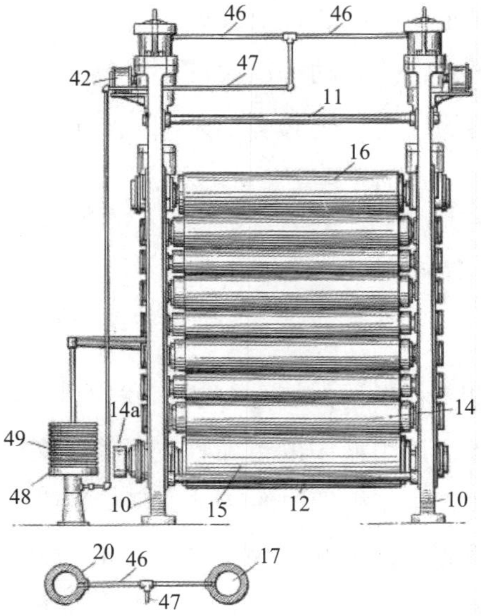

图 17　液压式加压装置

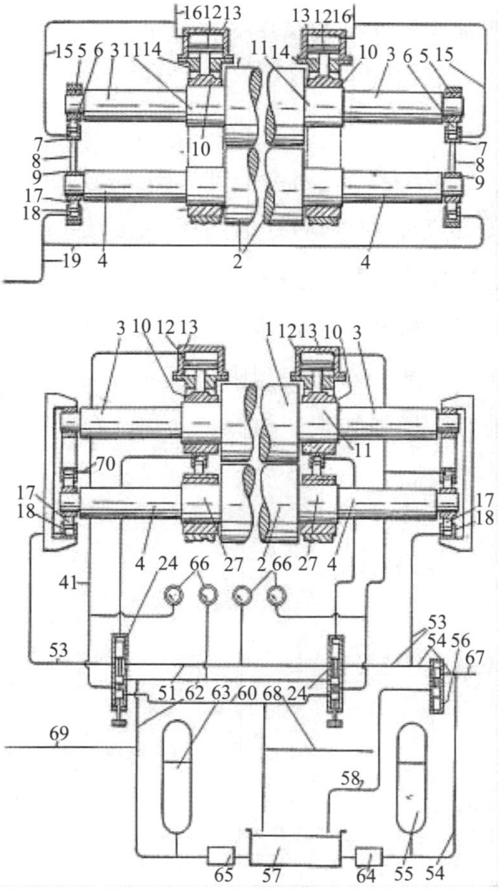

图 18　气压式加压装置

最近几十年，各国在加压和释压装置上又做了一些研究和改进，使得线压力的调节更加精确，同时也减少了压光辊的震动和压力的不平衡。但是在加压原理上并没有实现新的突破，窄幅或低线压力的压光机仍较多的采用气动杠杆式加压装置，宽幅或高线压力的压光机依旧采用液压杠杆式加压装置。

四、总结与展望

通过对造纸领域压光机专利申请的统计分析，我们可以看到，近十年来，全球对压光机的研究有了放缓的态势，该领域中的革命性创新有所减少，这与整个造纸行业的产能过剩与经济环境衰退有关。压光机领域的先进国家，如德国、芬兰、日本等优势明显，我国仍旧处于跟随和模仿阶段。目前我国国内造纸厂的成套设备，基本已被国外进口产品垄断，固定资产的高投入大大降低了造纸行业的盈利能力。从大量的国内外专利文献中也可以看出：在国外申请中，以大公司申请居多，且多集中在原理性的创新；在国内申请中，个人申请居多，且多细节上的优化。目前该领域的核心技术被福伊特、美卓、维美德等少数几个大公司掌握，这对我国压光机领域的发展和国际化形成了巨大的专利压力。国内厂商仅在一些产品细节上有所改进，掌握核心技术的不多，短期内落后的局面难以改变。

2010 年国家出台的“十二五”规划中提到，十二五期间造纸行业要淘汰落后产能 1500 万吨，同时又将高端装备制造产业列为七个重点发展产业，这为国内造纸行业的更新换代提供了机遇。随着金属带式压光技术、立式超级软辊压光机的普及，压光机将摆脱传统压光机笨重、高耗能的弊病。下一步，压光机领域将朝着小型化、节能化、高效化的方向发展，希望中国的企业能够认识到未来压光机的发展方向，摆脱跟随模仿的思维定式，加强自主创新能力，增强知识产权保护意识，在新一轮技术变革中站在创新的最前沿。

LED产业联盟与专利布局简析

姚希　旭昀*　孙瑞丰　易方

摘　要　本文分析了LED全球产业联盟的形成过程，研究了日亚化学、科锐公司、首尔半导体的专利布局情况及其与产业联盟的相互影响，对LED产业更好的认识形势和把握方向有一定的参考作用，并对我国LED产业的发展提出了建议。

关键词　LED　产业联盟　专利布局

LED产业经过近30年的发展，已经成为21世纪具有重大意义的高新技术产业。随着近日蓝光LED荣膺诺贝尔物理学奖，LED产业更加受到世人瞩目，专利在其发展过程、发展模式中起到了关键的作用。日本的日亚化学（Nichia）、美国的科锐公司（Cree）、德国的欧司朗公司（Osram）、日本的丰田合成株式会社（Toyoda Gosei）、美国的拉米尔德公司（Lamierade），并称全球LED五大巨头❶，这些巨头在发展过程中不仅注重市场开发、营销等策略，更加利用其手中的技术优势，凭借专利壁垒提升市场竞争力。从2002年起五大巨头开始了专利间的交叉授权，不仅从专利诉讼的泥潭中抽身，更建立起了专利联盟，垄断了上游的关键技术。近几年兴起的首尔半导体（Seoul Semiconductor）增长速度迅猛，也已荣升世界顶级LED芯片制造商之列，其拥有的专利量也在5000件以上，分别于2007年、2009年、2011年与欧司朗、日亚、飞利浦签署了专利交叉许可，也进入了LED巨头的专利联盟中。国家知识产权局在2014年专门做了关于LED照明的产业专利分析报告❷，比较全面地研究了LED产业的申请趋势、重点技术，还研究了日亚、科锐、三星的专利布局情况。与其不同的是，本文更加侧重对LED产业内公司间的专利策略演化过程，并对LED产业新贵首尔半导体的专利策略进行分析，以期有助于指导我国LED企业发展，更对其他高新技术产业的专利策略的制定具有借鉴意义。

---

* 等同第一作者。

❶ 潘小明，腾牧，等. 全球企业LED专利申请分析［J］. 电视技术，2013，37（S2）.

❷ 杨小军. 产业专利分析报告——LED照明［M］. 北京：知识产权出版社，2014.

一、LED 专利联盟的发展历程

世界 LED 几大巨头的专利联盟的成立、发展主要经过了日亚一家独大、群雄逐鹿、强强联合几个阶段❶。下面对这些阶段进行逐一分析。

（一）日亚一家独大

20 世纪 90 年代之前，LED 处于起步阶段。1993 年，日亚发明了震惊世界的蓝光 LED，并于 1994 年正式投产。凭借着蓝光 LED 基础专利，日亚完全控制着蓝光 LED 市场。在这一阶段，日亚利用其技术优势，坚守专利壁垒，拒绝许可和出售专利，并采取种种手段防止其技术外泄，独霸蓝光 LED 市场，垄断市场价格。

面对这一情况，有研发和生产实力的其他企业，如丰田合成、欧司朗等，也利用其手中资源开始了对蓝光 LED 的研发。相对日亚闭关锁国的策略，这些企业联合一些研究机构和公司，充分整合和利用资源，很快就在技术上取得了突破，也为日后 LED 产业的专利纷争埋下了伏笔。

（二）群雄逐鹿

为了维持各自在地区、产业上的优势，各大公司开始利用手中的专利打击对手。手段主要集中在侵权诉讼和无效对方专利，以阻碍对方进入市场，稳固自己的地位。1996 年起，LED 产业进入了群雄逐鹿的时代。

下面选取几个比较典型、有代表意义的专利战进行分析。

1. 日亚 VS 丰田❷

1995 年，丰田合成利用赤崎勇教授的技术实现了蓝光 LED 的产业化。1996 年 8 月，日亚以侵犯该公司拥有的专利为由，向东京地方法院起诉了丰田合成，这也拉开了日亚与丰田合成的专利拉据战的序幕。1997 年 8 月，丰田合成反过来又以侵犯该公司拥有的专利为由，起诉了日亚。两家公司包括侵犯专利的诉讼及撤销专利厅判决的诉讼合计 40 件。到 2002 年 8 月止，日亚共向丰田合成提出了 8 件侵权诉讼，丰田合成也向日亚提出了 5 件专利侵权诉讼。另外双方还开展了无效对方专利的运动，所提起的专利无效案件有 27 件之多。诉讼所涉及的专利技术主要包括 GaN 晶体生长、控制方法以及芯片结构三个方面。

日亚在 2000 年 8 月及同年 11 月胜诉，而丰田合成则在 2001 年夏季之后取得了一系列胜诉，如东京高级法院分别于 2001 年 6 月（专利第 2780691 号）、2001 年 10 月（专利第 2778405 号）、2001 年（专利第 2751963 号）宣告取消日亚的蓝光 LED 专利。

日亚在专利战的前期凭借绝对优势试图阻碍丰田合成进入市场，处于主导地位。而

---

❶ 孟海燕. LED 跨国公司的专利策略及台湾 LED 产业的应对策略［J］. 电子知识产权，2005（9）.

❷（作者不详）. 诺奖得主发动的专利战争［J］. 金融界，2014（10）.

丰田合成也凭借手中的专利，灵活地采用专利无效和专利侵权反诉战术，最终实现了与日亚的势均力敌。

双方最终于2002年9月达成了全面和解，撤销了一切诉讼，并就必要情况下相互支付授权费达成了共识。

2. 日亚VS科锐[1]

日亚与科锐的诉讼源于对美日两个LED市场的争夺。1999年12月，日亚控告住友商事，指控其销售科锐的氮化镓蓝光LED侵犯专利，此案由东京地方法院于2001年5月作出驳回请求的判决。接踵而至的是2001年5月科锐的全资公司Cree Lighting状告日亚和日亚美国公司侵犯其专利，随后加入这一诉讼的还有波士顿大学以及和科锐有专利授权的Romh公司。此后3年，两个公司共牵扯进9件诉讼案，涉及13件专利。许多案件并未审结就以庭外和解（专利许可）的形式终结。

在双方你来我往的专利诉讼当中，有一个判决具有深远的意义。2001年5月，科锐联盟中的住友商事在东京地方法院做出的判决中大获全胜。判决结果表明在蓝光LED的制造方法上，日亚的专利并不是唯一的，科锐独辟蹊径的结构得到承认，这给日亚凭借蓝光LED基础专利无往不利、一统天下的局面画上了句号。

与日亚采用蓝宝石衬底不同，科锐采用炭化硅（SiC）作为衬底，在此基础上生长氮化镓外延片。由于炭化硅导电，而日亚采用的蓝宝石衬底不导电，因此制作LED二极管的结构就有了不同。日亚想通过扩大衬底的定义来模糊两者的差别，没有得到法院的支持，这样蓝光LED结构就不再为日亚一家所垄断。

3. 中村之殇

日亚在中村修二的推动下，在蓝色LED量产技术研发方面走在前面，于1993年宣布量产成功。由于待遇问题及被调离研究一线，在1999年，中村离开日亚，在美国的大学继续开展研究活动。2000年日亚以“泄露商业秘密”的嫌疑起诉中村，这一起诉大大激怒了中村，其于2001年提起了反诉，要求获得蓝光LED的发明对价。2004年1月东京法院判决日亚向中村支付200亿日元的发明对价，这一判决震惊了日本的产业界。这场诉讼的结局是2005年1月中村在东京高等法院与日亚达成和解，包括“延迟损害金”在内，日亚共偿付中村8亿多日元。在诉讼过程中，中村主张蓝色发光二极管专利（404专利）是蓝色LED的基本专利，并且由于是自己的非职务发明，与日亚争夺404专利的归属。日亚为了避免让出该专利后，中村会以同样理由要求获得其他自己发明或参与发明的专利，而使这些专利流向与中村有协议的科锐公司，故在2006年，日亚决定放弃404专利的专利权，并表示即使不使用该专利，日亚仍可生产相关优质产品，并且省下了高额的专利年费[1]。

---

[1] （作者不详）. 日亚化学放弃404专利的深层处理绩效比差的专利［EB/OL］. 日经技术在线，2006（3）.

此外，2000 年前后日亚与欧司朗、拉米尔德之间也产生了专利诉讼官司。几家公司虽然在技术上各有优势，但是由于从 1996 年纷纷陷入专利纠纷的泥潭，各个公司都疲于应付，制约了新技术的研发和市场的拓展。特别是日亚腹背受敌，到 2002 年日亚终于意识到仅凭自身力量垄断世界 LED 市场是不可能的，必须通过专利交叉许可等方式来共谋发展。

（三）强强联合

受挫的日亚在 2002 年改变了策略，先后与丰田合成达成了和解合约，与科锐和拉米尔德签署了相互进出口许可合同。从 2002 年开始，在日亚、丰田合成和科锐以及拉米尔德公司之间达成了一系列的专利交叉许可协议。巨头之间的竞争开始走向合作的一面。

二、专利布局与联盟的相互影响

LED 产业联盟如何依托专利建立，联盟的成立又对各大巨头的技术研发、专利布局有何影响，下面选取了日亚、科锐、首尔半导体作为典型样本来进行分析。本文在德温特专利数据库中，以申请人公司代码为检索入口，检索到最早收录日到目前（2014 年 10 月初）的全部专利文献为分析样本。需要说明的是，由于发明专利申请通常是自申请日起 18 个月后被公开，所以笔者检索时还有部分 2013 年、2014 年的专利申请尚未公开而没有被统计在内，因此，2013 年和 2014 年的统计数据存在较大偏差，故在分析过程中未采用 2013 年和 2014 年的数据。

（一）整体申请趋势

为了研究三家企业的研发情况，对于整体趋势，采用优先权年和专利族进行统计。

从整体情况来看，尽管其中有一些小波折，但是三家公司整体上均呈上升趋势，说明 LED 产业仍在蓬勃的发展当中。在日亚深陷专利纠纷的几年中，即 1997 ~ 2000 年，日亚的申请量明显下降，疲于应付专利纠纷，大大制约了其在技术上的进步，在专利申请方面也有所放缓。科锐也是如此，在 1996 年出现申请峰值后，1997 ~ 2000 年的申请量出现了短暂的下滑，从 2001 年之后则开始了稳步的发展阶段。日亚和科锐在 2006 年的申请出现了高峰，说明其技术上有了一定的突破。由于专利审查需要一定时间，大概在 2008 年、2009 年这些申请才陆续取得专利权，而在 2008 ~ 2009 年，日亚和科锐凭借这一批授权专利又开始了大规模的专利交叉许可。在 2011 年、2012 年日亚和科锐的申请也出现了申请峰值，相应的，在 2014 年又刮起了一阵合作的风暴。可见每一次在技术上的突破都会促进联盟的进一步的合作。

从申请的绝对数量来看，日亚在 2001 年之前占有明显的优势。科锐随着其商业并购的进行，以及与美国很多科研机构的合作❶，专利申请量逐年上升，最近几年大有赶超日亚之势。技术上的优势让科锐在联盟中的地位也逐步上升，不仅获得对手的交叉许可，还将专利作为商品，赚取知识产权利润。

首尔半导体的起步较晚，但是从其开始有相关专利申请的2002年起，就保持着比较高的增加速度，并在申请总量上丝毫不逊色于老牌的日亚和科锐。首尔半导体来势汹汹，很快就引起了老牌LED企业的关注，他们企图通过专利诉讼阻挡其前进的脚步。日亚在2007~2008年就针对首尔半导体提出了专利侵权、专利权无效等诉讼十余件，对此，首尔半导体积极应诉，并对日亚提出反诉，最终首尔半导体几乎大获全胜❷，并凭借其手中的专利权进入到了专利联盟当中，见图1。

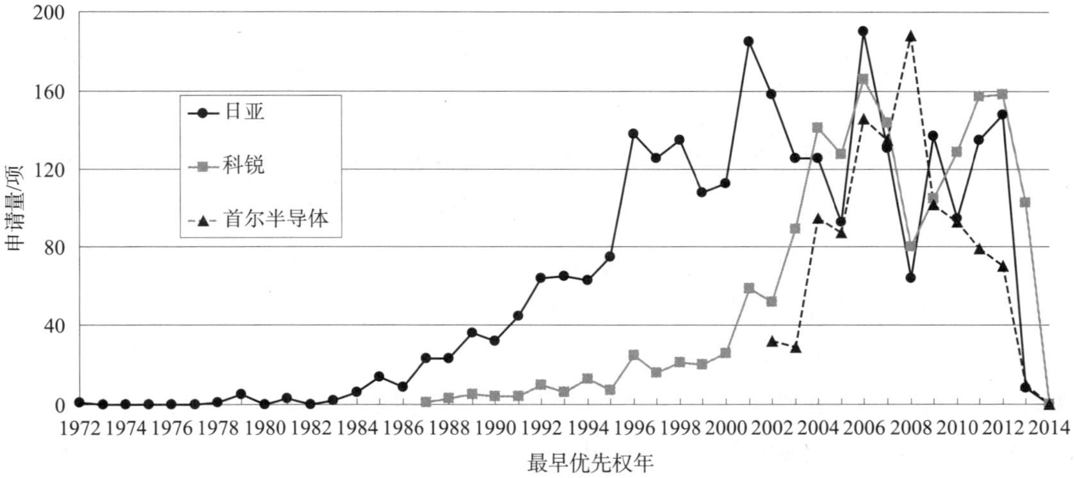

图1 日亚、科锐、首尔半导体全球申请量的年度分布

（二）在各国的专利布局情况

对日亚的在主要技术目标国的申请情况进行分析，数据表明（见图2）日亚在欧洲、美国的专利布局从1986年就开始了，而从1994年才进入中国。这主要是由于欧洲、美国的LED市场起步较早，中国市场一方面起步较晚，另一方面与中国专利制度实施地较晚也有关。

2002年后在美国、欧洲和中国的申请量迅速增加，此时，正值世界各国半导体照明政策陆续出台之际（美国2000年，欧盟2000年，中国2003年），可见各主要国家/地区半导体照明计划的相继制定，推动了日亚在全球的LED专利布局。影响该布局的另一重要因素是各大巨头之间联盟的制定。经历了一系列的专利诉讼，日亚终于意识到了在各国专利布局的重要性，在通过交叉授权结束专利诉讼的2002年之后，日亚也加速了在各

❶ 罗佳秀. Nichia和Cree半导体照明领域美国专利状况分析［J］. 中国集成电路，2011（11）.

❷ 首尔半导体与日亚在官司纠纷得到共识，签订交叉共享协议［EB/OL］. 电子创新网，2009.

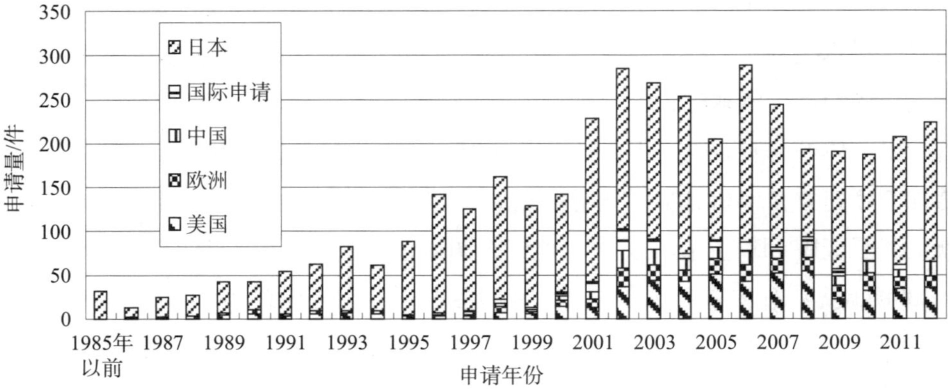

图 2　日亚在美国、欧洲、中国的专利申请量

国的专利申请，特别是在以美国、欧洲和中国为代表的竞争对手的大本营和 LED 主要市场。

另外，日亚在海外市场中在美国的专利申请量最大。首先美国是全球第一大经济体，是兵家必争之地，同时美国也是其主要竞争对手的大本营。2002 年后日亚在欧洲和中国的申请量相对比较稳定，而在美国的申请量波动比较大，这与美国的竞争比较激烈，美国本土的竞争对手在本国的布局比较完善有关。

作为一个美国企业，除在本国外，科锐也很注重在 LED 重要市场的欧洲、日本和中国的专利布局。科锐的情形与日亚类似，其在除本国外的主要 LED 市场日本、欧洲、中国均有专利布局，在各国的专利申请量也是从 2002 年前后有了突飞猛进的增长，如图 3 所示。

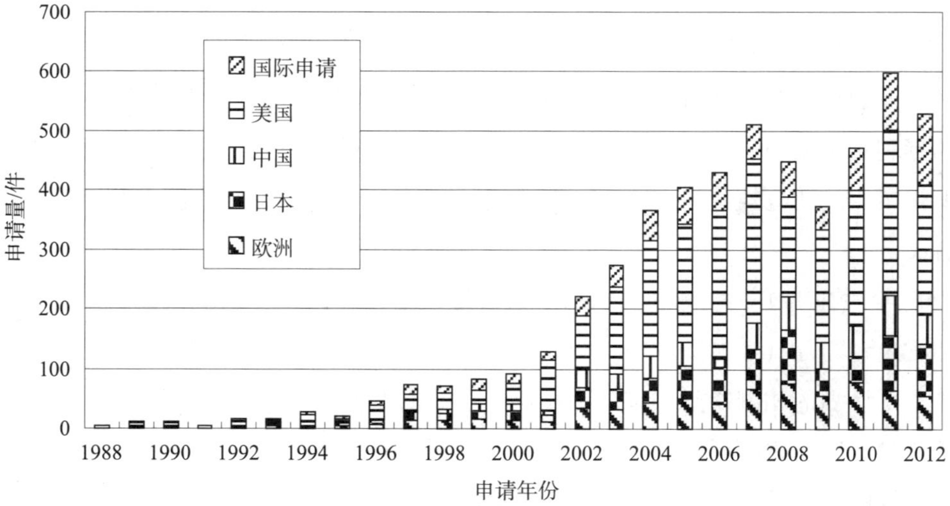

图 3　科锐在欧洲、日本、中国的专利申请量

相对于日亚和科锐，首尔半导体算是 LED 产业中的新兵，2002 年才开始有 LED 相关的专利申请，但是其很快就在LED市场中占有了一席之地，并加入了五巨头的专利联盟。在2009年的全球LED供应商排名中，首尔半导体已经跃升至第四位，这与其在技术上的优势分不开，但是其比较先进的专利策略也起到了非常重要的作用。图4显示了其在各国的专利布局情况。在2002年，首尔半导体除了在本国申请了第一件LED专利，还在邻国也是LED强国的日本申请了数量相当的专利；此外，还有一定的国际申请，为日后进入其他国家做好了准备。在其他主要LED市场的专利申请也从2003年就开始了，并且在各国的申请量都是比较可观的，占据各国市场的意识都比较强烈。此外，除在本国的申请之外，PCT申请成为了首尔半导体专利申请的主要形式，可以看出首尔半导体倾向于通过PCT申请的模式进一步选择目标国，相较于巴黎公约，更为灵活的专利合作条约模式可以满足其在世界各国的布局需求。正是由于首尔半导体未雨绸缪，有着良好的专利策略，在LED产业全球重要国家都有技术输出，在专利布局中抢占了有力位置，在强手如云的LED市场中分得一杯羹。

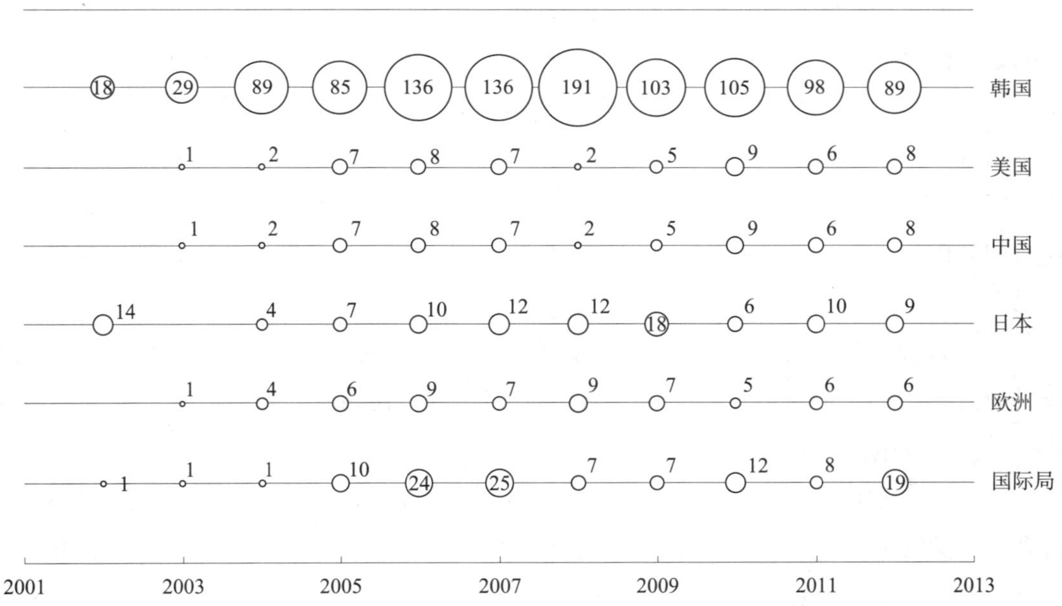

图4　首尔半导体在各国的专利申请量

三、对我国企业发展的建议

经过多年的发展，LED六大巨头在世界各国已经形成了基本完整的专利布局，并且现在已经通过交叉许可成立了联盟。而我国LED产业刚刚起步，同时又有庞大的LED消费市场，成为各大LED企业的众矢之的。各巨头不仅在我国进行了大量的专利申请，日亚等企业还在我国国内成立了生产基地❶。

我国 LED 专利申请主要集中在产业中游和下游的封装和应用方面，核心争竞力并不强，并且产学研结合也比较松散。我国 LED 专利很大一部分集中在科研院所，比如中科院半导体所、中科院物理所、北京工业大学，而企业申请的实用新型专利较多❶。

在上游技术、基础专利已经被六大巨头垄断的情况下，我国企业怎样才能在竞争激烈的 LED 产业中占领一席之地呢？从六大巨头的发展历程我们可以从中汲取一些经验和教训：

（1）加大技术投入，提高自主创新能力，只有占据了技术上的优势才能与之分庭抗礼，甚至进入六大巨头的专利联盟。科锐正是凭借在蓝光 LED 上的技术突破才打破了日亚一家独大的局面，首尔半导体也是凭借其技术上的优势才得以冲出了五巨头的围剿，在 LED 产业中异军突起。

（2）注重对研发成果的挖掘工作，提高专利撰写水平和质量，将核心技术及时进行专利申请；注意在核心技术周围进行适当的技术扩展研究和专利保护，提高专利保护的范围，在世界各国进行合理布局。首尔半导体就是专利策略成功的榜样，其专利申请几乎是在同一时间在世界几个主要的 LED 市场铺开，也正是由于其成功的专利布局，争取了主动权。

（3）重视国外 LED 的研发动向，尤其是国外重点申请人的专利技术发展动向，及时获取和分析相关专利资料，为自身研发工作提供借鉴，选择专利布局较少的方向进行研究以求突破。

（4）加强产学研的结合，提高核心竞争力。科锐不仅重视自身研发，还一直与实力较强的高校保持合作关系，签署了技术合作开发协议，比如波士顿大学和北卡州立大学，才得以保持技术竞争力。

LED 产业方兴未艾，几大国际巨头通过专利建立起联盟，牢牢掌控着上游技术。面对来势汹汹的围剿，处于产业链下游的我国企业面临了巨大的挑战，但是我国市场具有巨大的潜力，又给带来了非常大的机遇。我国企业应该依此为契机，抓住机遇，正视挑战，利用自身优势，借鉴前人经验，争取后发制人。

---

❶ 易杨，李皓．我国 LED 产业专利态势分析与对策研究［J］．中南林业科技大学学报：社会科学版，2013（2）．

立体车库的国外专利技术现状及发展趋势研究

宋永杰　蔡健　赵胥英　张献兵

摘　要　本文以专利分析为切入点，分析了立体车库的五大技术来源国的专利申请态势、国外重要申请人以及技术发展脉络等信息，以期使国内立体车库行业的相关企业对国外立体车库的发展有一个较为全面、客观的认识，以便更好地运用专利信息进行自主创新，从而在技术发展中实现高效突破，并对技术成果实施更加有效的保护，为企业带来更多更直接的收益。

关键词　立体车库　专利分析　技术发展脉络

一、前　言

立体车库行业技术含量较高，具有一定的准入门槛。经分析发现，国内企业在立体车库的研发中，也投入了较大的研发力量，但是技术含金量较高的专利产出较少，无论是车库整体结构，还是零部件设计都与国外企业存在较大差距。技术创新是缩小这一差距的有效方式之一，无论是企业自身的技术创新，还是技术引进之后的消化吸收再创新，均能够从更基础的层面上提高国内立体车库行业的内在实力和市场竞争力。本文通过对立体车库的国外专利技术现状及发展趋势研究，以期使国内立体车库行业的相关企业对立体车库的发展有一个多角度的认识，使我国以仿创结合的立体车库行业在面对国际市场的激烈竞争和专利挑战时，能够站在专利战场的最前沿参与竞争。

二、五大技术来源国专利申请态势

经分析，在立体车库专利申请中，日本、中国、韩国、美国和德国 5 个国家是立体车库技术的主要技术来源国。其中，日本占 34%、中国占 34%、韩国占 8%，如图 1（a）所示。中国虽然专利申请量与日本大致相同，但中国的 545 件专利申请中，包括 328 件实用新型，占总申请量的 60.2%；在 217 件发明申请中，有效量为 125 件，占全部发明申请量的 57.6%，在全部专利申请量的占比仅为 23.2%。相反，日本的 525 件专利申请中，发明专利共计436件，占全部申请量的83.0%；在436件发明申请中，有效量为318件，占全部发明申请量的72.9%，在全部专利申请量的占比为60.6%。可见，中国申请的申请数量虽然占据优势，但是专利技术含量有待提高；而日本在该领域具有较高的技术发展水平和创新能力。

由图1（b）可知，对于五大技术来源国而言，水平或垂直运动的立体车库技术是各国专利申请的重点。水平或垂直运动的立体车库由于具有传动方式简单，能够进行全自动化操作，存取效率和空间利用率高的优势，被市场广泛关注。因此，各个国家对水平或垂直运动的立体车库专利技术的保护都较为重视。由此可见，市场的需求对专利技术的发展有着重要的导向作用。

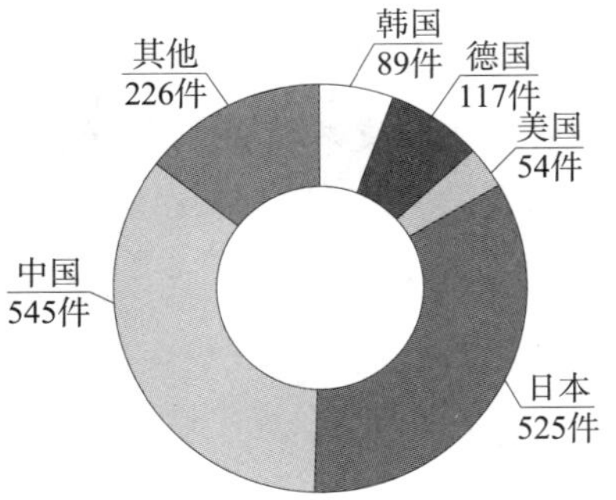

（a）全球申请来源国构成

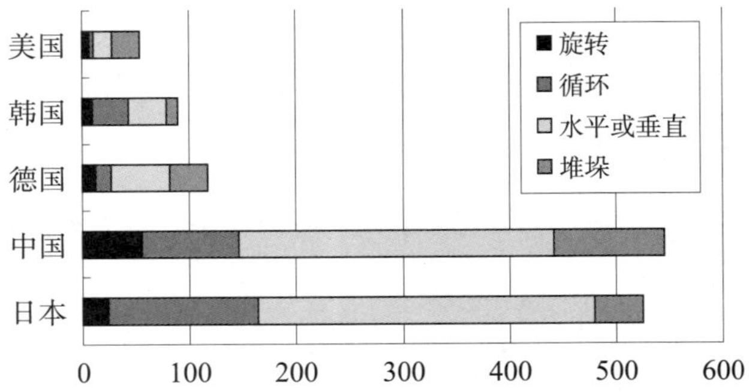

（b）全球申请来源国及技术构成

图1　立体车库五国专利申请构成

技术来源国及其技术构成，反映了不同国家在立体车库方面的技术实力和技术侧重点。国内相关企业和协会可以通过了解目标市场的专利布局的情况实施有效的专利策略，从而在专利布局强度较高的成熟市场中有效规避侵权风险，在专利布局强度较低的新兴市场中积极进行布局，抢占市场先机。

三、国外重要申请人

在全球申请中，除中国外，日本的申请量排名第一；同时，在申请量排名方面，排名前六的企业均为日本企业，可见日本企业在该领域的技术遥遥领先。排名一至六的企业依次为：（1）石川岛播磨重工业株式会社（简称“石川岛”）；（2）新明和工业株式会社（简称“新明和”）；（3）日精株式会社（简称“日精”）；（4）富士公司（简称“富士”）；（5）三菱重工业株式会社（简称“三菱”）；（6）日立制作所（简称“日立”）。

专利申请在不同时间阶段上的排名，可以反映企业与企业之间相对实力的变化历程，从而为评估企业技术实力，预测市场潜力提供参考，进而便于企业挑选技术跟随和技术合作对象，立体车库全球主要申请人排名变化和趋势如图 2 所示。

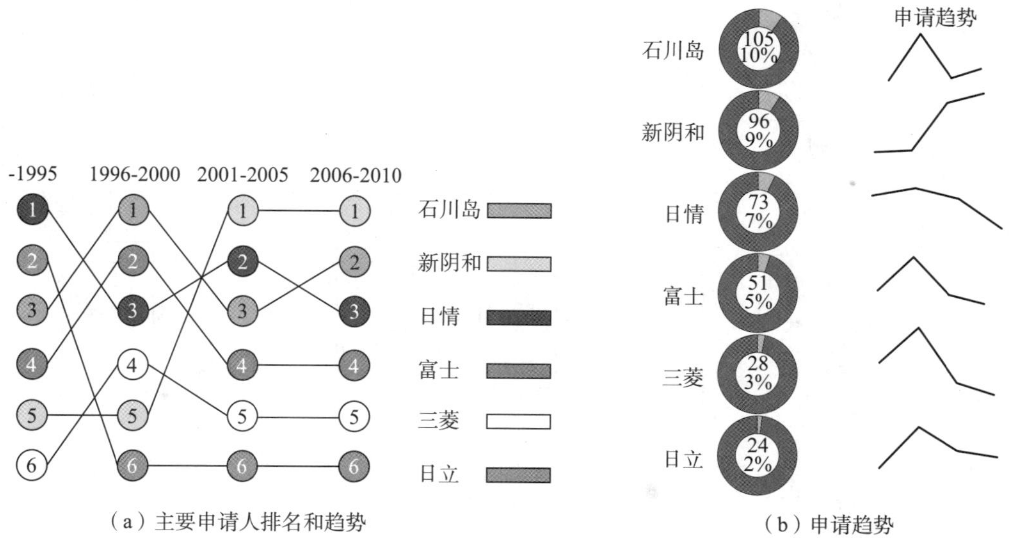

图 2　立体车库全球主要申请人排名变化和趋势

在立体车库专利申请量排名方面，申请量排名靠前的石川岛和新明和都是机械制作企业，其中新明和在 2000 年以前申请量位于第 5 位，2000 年以后升至第一位。日精 1995 年前申请量位于第一位，1995 年后申请量下降，申请量处于第三位。而在 2001 年之后，位于申请量排名的第四至第六位企业依次为富士、三菱和日立公司，上述三家企业均是升降机的生产企业，这是由于升降机械是立体车库的主要部件。因此，三家企业根据自身升降器械机械的性能和传动方式，投产相应结构形式的立体车库，可以拓宽其机械设备的市场和企业发展的方向。

四、水平或垂直式车库技术发展脉络

了解立体车库技术领域的技术发展状况，不论是对于了解该领域的重点发展专利技术，还是对于研究该领域中技术发展脉络，都具有积极的意义。本部分内容基于专利技术重要性构成影响的因素：被引频次、同族数量、法律状态以及申请人等情况，确定了目前国外主要进行研发的水平或垂直立体车库的技术发展脉络。

如图 3 所示，对于水平或垂直立体车库的发展过程，最早，德国申请人 KLEINDIENST 公司申请的专利申请（DE1684789A，申请日 1967 年）中首次提出了由升降机构和载车台构成的车库，该车库仅包含一套升降机构，并且载车台固定，从存取车效率来看该车库效率极为有限，属于比较基础的水平 + 升降式存取车结构。

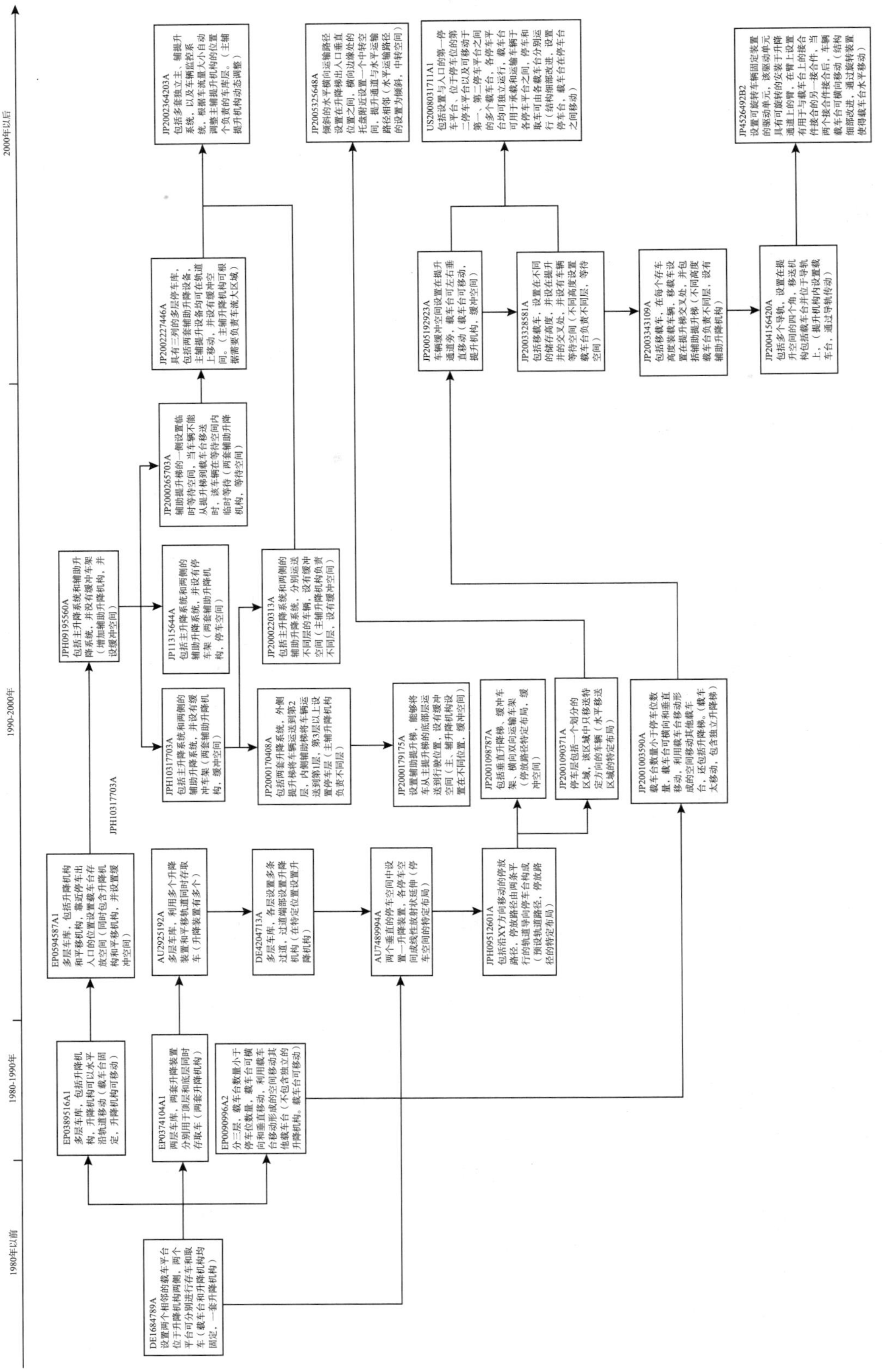

图 3　水平或垂直式车库技术发展脉络

进入 20 世纪 80 年代，从升降机构 + 固定载车台的模式发展成移动式升降机构 + 固定载车台（EP0389516A1，申请日 1987 年）、两套升降机构（EP0374104A1，申请日 1988 年）、载车台可左右上下移动（EP0090996A2，申请日 1982 年）三种结构，由于升降机构或载车台的可移动，可以进一步减少车辆的等待时间，而增加另外的升降机构则可以在同样的时间内存取更多车辆，进一步提高存取车效率。

进入 20 世纪 90 年代，汽车工业飞速发展，城市车辆急剧增多，车库以多元化方式开始发展，各种专利申请也层出不穷。在这一阶段早期，仍以欧洲专利申请为主，而在这一阶段后期，由于土地资源极其稀缺，则以日本专利申请为主导，并逐渐在 3 个方面形成车库技术发展路线。

其一，在 20 世纪 90 年代初期车库结构在升降机构的基础上进行进一步改进。例如：增设车辆移动的缓冲空间（EP0594587A1，申请日 1990 年）、设置两个以上的升降机构（AU2925192A，申请日 1991 年）以及在特定位置设置升降机构（DE4204713A，申请日 1992 年），逐渐发展到 90 年代后期日本专利申请中的各种形式多样的车库结构。该时期最大的特点在于车库中增加了辅助升降机构，同时设有车辆存取的缓冲空间（JPH09195560A，申请日 1996 年）。随后日本专利申请（JP2000170408A，申请日 1998 年；JP2000220313A，申请日 1999 年；JP2000179175A，申请日 1998 年）所披露的车库结构中，其中主辅升降机构负责不同层以及不同位置的车辆的运输，主辅升降机构以及车辆缓冲空间配合使用，使得车辆存取时不会堵塞，存取流畅提高效率。到 2000 年以后在上述技术的基础上，进一步动态优化主辅提升机构覆盖的区域，例如：日本专利申请 JP2002264203A（申请日 2001 年）所披露的可以根据进出车辆的状况进行调整主辅提升机构的位置和负责的楼层；还有日本专利申请 JP2002227446 A（申请日 2001 年）所披露的主辅提升机构可以在轨道上进行移动，根据实际需要负责车流大的区域，该技术可以实时调整存取车的位置，进一步增加存取车的效率。

其二，就是在车辆水平移动或停放的路径方面。1993 年澳大利亚专利申请（AU7489994A）提出了线性放射状延伸的停车空间结构，可以减少车辆存取时间；1995 年日本专利申请（JPH09512601A）披露了车辆的水平移动或停放路径为双向即车辆可以沿正交的两个方向移动，在此基础上还增加了车辆进出的缓冲空间进一步减少死角（JP2001098787A，申请日 1999 年），并发展成在指定的区域内水平移送某一特定行车方向的车辆（JP2001090371A，申请日 1999 年）以防止不同方向车辆堵塞，从而提高存取车效率。到 2000 年以后日本专利申请（JP2005325648A，申请日 2004 年）提出了将水平运输路径设置为倾斜的思想，即在升降机构繁忙时，可以通过该运输路径垂直运输车辆，缓解车辆存取压力提高其效率。

其三，在水平传输机构中载车台的改进方面。在 20 世纪 80 年代初期 EP0090996A

（申请日 1982 年）就提出了仅在车库中设置水平垂直移动的载车台，不设单独的升降机构，车辆在载车台上可以灵活移动。到 20 世纪 90 年代后期在此基础上增设了独立的升降机构与自由移动的载车台配合使用。发展到 2000 年，在此基础上又增加了便于车辆等待的缓冲空间，并且还更加细化至多个载车台负责不同区域，设有缓冲空间（JP2003328581A，申请日 2002 年）并增加了辅助升降机构（JP2003343109A，申请日 2002 年），在专利申请 JP2004156420A（申请日 2002 年）中还提出了将载车台设置在提升机构内，在提升机构到达停车层时，载车台直接将车辆移送至停车位置，节省存取时间，提高存取效率。随后，2005 ~ 2006 年载车台的改进日趋细化，美国专利申请 US2008031711A1（申请日 2007 年）提出在多个停车台间设置载车台，便于停车的快捷；而日本专利申请 JP2007211397A（申请日 2006 年）则对载车台与升降机构的对接进行了改进，可以节省车辆从升降机构运送到载车台的时间，从而提高存取车效率。

从专利申请地域看，在 20 世纪 90 年代早期之前以欧洲专利申请为主，在 90 年代后期至 2000 年之后以日本专利申请为主；从技术发展角度看，随着时间推移，立体车库结构从简单到复杂，从总体结构改进到细部变化，而且立体车库各构件分工明确、互相协调配合工作并逐步趋于智能化、动态化已是大势所趋。

五、结论及建议

通过对五大技术来源国的申请态势的分析可知，虽然立体车库专利申请中涉及的车库类型众多，但是水平或垂直运动的立体车库由于具有传动方式简单，能够进行全自动化操作提高存取效率并且空间利用率高的优势，已成为各主要技术来源国专利申请的重点。而根据该类型车库的技术发展脉络可以看出，由于其涉及结构、动力、智能控制等众多领域，因此立体车库领域的专利集中度并不高。

仅从专利申请量上看，立体车库领域并不存在一家公司垄断行业的情况。通过国外重要申请人、重要专利等分析，可以看出立体车库领域专利申请的改进点，基本分布在如何“节约存取车的时间、提高存取效率”上，因此“高效化”“智能化”“人性化”的立体车库，是未来一段时间的研发重点。

因此，国内相关企业在今后专利研发过程中可以通过研究、借鉴和利用国外重要专利，在引进、模仿的基础上消化和吸收国外先进技术；加强与国内高校的技术合作，加强自主创新，并结合现有的专利技术对研发方向有针对性的侧重。

参考文献

[1] 丑洋．机械式立体车库应用及发展前景［J］．西安文理学院学报：自然科学版，2012（3）．

[2] 宋秋红，等．城市立体车库的现状及展望［J］．城市公用事业，2012（5）．
[3] 刘海．垂直升降式立体车库机械传动系统的设计［J］．才智，2012（16）．
[4] 胡增荣．立体车库的种类及其应用［J］．科技经济市场，2011（4）．
[5] 贺拥军，等．立体车库的结构形式及应用与发展［J］．建筑科学与工程学报，2009（4）．
[6] 毛金生，等．专利分析与预警操作实务［M］．北京：清华大学出版社，2010．
[7] 杨铁军．产业专利分析报告—汽车碰撞安全［M］．北京：知识产权出版社，2013．

生物传感器的发展历程、技术原理与研究重点

胡晓佳

摘　要　生物传感器是一类以生物活性单元为敏感元件的传感器，是现代生物技术与分析化学、物理学和信息科学等多学科交叉结合的产物，在医疗卫生、食品安全、环境监测等领域都具有广阔的应用前景。本文概述了生物传感器从诞生直至正式确立学科地位的发展历程，从生物传感器的定义、组成、工作原理和分类等方面对生物传感器的技术原理进行了阐明，并以几个典型的专利申请为例展示了近年来不同类型生物传感器的研究重点，最后展望了生物传感器未来的发展趋势。

关键词　生物传感器　发展历程　技术原理　研究重点　展望

一、引　言

生物传感器（biosensor）是以生物活性单元（如酶、抗体、核酸、细胞等）作为敏感元件、对目标被测物具有高度选择性的检测器，其选择性好、灵敏度高、分析速度快、成本低，能在复杂的体系中进行在线连续监测，同时还具有高度自动化、微型化与集成化的特点。生物传感器是分析技术中的一个重要领域，是多门学科交叉的产物，结合了生命科学、分析化学、物理学和信息科学及其相关技术。生物传感器的出现，是科学家的兴趣和科学技术发展及社会需求多方面驱动的结果，经过50多年的发展，已经成为一个涉及内容广泛、多学科介入和交叉、充满创新活力的领域。

二、发展历程

1962年，美国Leland C. Clark Jr教授在纽约科学院学术会议上发表了里程碑式的演讲，首次描述了酶传感器❶，此标志着生物传感器的诞生。酶传感器的概念由Clark本人和Lyons用实验方式具体阐述，他们用透析膜将葡萄糖氧化酶包埋在氧电极表面，氧浓

❶ Leland C. Clark Jr., Champ Lyons. Electrode systems for continuous monitoring in cardiovascular surgery [J]. Annals of the New York Academy of Sciences, 1962, 102.

度下降与溶液中的葡萄糖浓度相关，输出信号为电流。在该论文中，他们创造了酶电极（enzyme electrode）这个术语。由于其开创性的成就，1992 年在瑞士日内瓦召开的第二届世界传感器大会 BIOSENSORS'92 上，生物传感器的创始人 Clark 教授被誉为“生物传感器之父”。

由于医疗监护领域对葡萄糖监测的需求，酶电极的市场潜力很快被产业界注意到。美国 Ohio 州的 YSI（Yellow Springs Instrument）公司于 1975 年推出第一个基于酶电极的葡萄糖测定仪，从而将 Clark 的想法商品化。如今，该公司的系列酶电极产品已经成为发酵和食品分析实验室的常用仪器。

然而，由于在当时绝大多数酶类的纯化十分困难，限制了酶电极研究的发展。在这种技术背景下，1975 年 C. Divis 另辟蹊径，提出用完整活细胞取代纯酶制作传感器。1977 年，美国 G. A. Rechnitz 用链球菌完整活细胞与氨敏电极组合成测定精氨酸的微生物电极。几乎在同一个时期，日本东京大学的 Iso Karube 和美国 Georgia 技术学院的 J. Janata 分别报道了测定 BOD（Biochemical Oxygen Demand，生物化学需氧量）的微生物传感器和测抗原的免疫传感器。随后，又相继出现了细胞器传感器、细胞传感器和组织切片传感器。这一研究阶段主要是对生物传感器的“生物”部分进行改进和扩展。

这些早期研究的意义在于证实了生物化学物质无试剂分析的可能性，因而备受生物分析学家们的关注，吸引了更多其他领域的学者和公司加入。

20 世纪 70 年代中期至 90 年代初，生物技术、生物电子学和微电子学不断渗透、融合，致使生物传感器不再局限于生物反应的电化学过程，而是根据生物学反应中产生的各种信息（如光效应、热效应、场效应和质量变化等）来设计各种精密的探测装置。1974 年，瑞典 Lund 大学学者 K. Mosbach 和 B. Danielsson 发明了热生物传感器，与之同期报道热生物传感器的还有 C. L. Cooney 等。同一时期，Janata 申请了酶场效应晶体管传感器专利；D. W. Lubbgers 和 N. Optiz 发明了酶光纤传感器；Giulbault 报道了压电晶体酶传感器；B. Liedberg 发明了利用表面等离子体共振（SPR）原理测定生物亲和反应的传感器。Miles 公司于 20 世纪 80 年代整合了酶传感器和人工器官技术，开发成生命稳定系统 Biostator，用于重症糖尿病人床边监护。瑞典 Pharmacia 公司在 1990 年推出基于 SPR 的商用仪器 BIAcore，成为研究生物分子之间相互作用最优秀的实验工具。这一阶段，生物传感器技术吸引了更多领域的学者加入，他们带来了各自领域的丰富理论和经验，使得生物传感器的“传感”部分得到蓬勃发展。

1984 年，在华盛顿召开的国际生物工程年会上将生物传感器列为当代生物工程的重要领域之一。1985 年，由 Elsevier 科学出版公司创刊出版了《生物传感器》国际学术期刊，1990 年更名为《生物传感器与生物电子学》（“Biosensors and Bioelectronics”），到目前为止其一直都是生物传感器领域的领军刊物。在各国科学家的推动下，1990年5月初，约300名来自世界各地的科学家汇聚新加坡，举行了生物传感器领域具有历史意义的“首界世界生物传感器学术大会”（The First World Congress on Biosensors）——BIOSENSORS'90。此次学术大会标志着生物传感器已形成一个独立的新兴科技领域。

三、技术原理

（一）生物传感器的定义

生物传感器从诞生至今也只有50余年，是一个新兴学科，生物传感器研究学者往往来自不同的领域，由于视角不同，他们对生物传感器的定义也不完全相同；另外，生物传感器的发展日新月异，昨天认为理所当然的理念，今天可能已经陈旧过时，因此，相关定义在世界范围内并未形成一个完全统一的认识。例如，传统的观点认为生物传感器必须包含生物元件和传感元件，然而新近的观点认为生物元件并非必须，因为一些拟生物材料可以起到同样的特异性识别作用，又有学者主张应建立广义的生物传感器概念，只要具有特异性识别和信号产生功能的系统都应该包含在内，例如一些微流控装置、lab on a chip，甚至免疫试条。

在此，本文采用生物传感器领域支柱性期刊“Biosensors & Bioelectronics”所作的定义，该刊网页对生物传感器的最新定义为：“生物传感器是一类分析器件，它将一种生物材料（如组织、微生物、细胞器、细胞受体、酶、抗体、核酸等），或生物衍生材料（如重组抗体、工程蛋白、适体等），或生物模拟材料（如合成受体、仿生催化剂、组合配体、印迹聚合物），与物理化学传感器（transducer）或传感微系统——其可以是光的、电化学的、测温的、压电的、磁的、微机械的——密切结合或联系起来，行使其分析功能。”

（二）生物传感器的组成和工作原理

生物传感器利用生物活性物质选择性的识别和测定实现测量，主要由两大部分组成：一是分子识别元件（也叫感受器、生物敏感膜），由其对被测物质进行特定识别；二是换能器（也叫转换器，如电、光信号转换装置），由其把被测物所产生的化学反应转换成便于传输的电信号或光信号。

分子识别元件是生物传感器的关键元件，直接决定传感器的功能与质量。分子识别元件特异性结合（或催化）目标物时，从本质上来说，就是发生了一次生物识别事件，进而产生反应信息，这样才能被换能器转变成可检测信号。依选用的生物活性材料不同，其组成可以是酶、免疫物质、核酸、组织、细胞、细胞器等，如表1所示。

表 1　生物传感器常用的分子识别元件

分子识别元件	生物活性材料	分子识别元件	生物活性材料
酶	各种酶类	组织	动植物组织切片
免疫物质	抗体、抗原	细胞	细菌、真菌、动植物细胞
核酸	寡聚核苷酸	细胞器	线粒体、叶绿体
具有亲和能力的物质	配体、受体	模拟酶	高分子聚合物、纳米材料

换能器的作用是将生物识别事件转变成可检测信号。生物反应过程产生的信息是多元化的，微电子和传感技术的现代成果为检测这些信息提供了丰富的手段，使得换能器的选择有足够的回旋余地。同一个生物识别事件（如抗原抗体结合）会产生多种信息（如电场变化、质量变化、热焓变化等），选择什么样的换能器是由拟捕获的生物识别事件的特定反应信息所决定的，如表 2 所示。

表 2　生物传感器常用的换能器

生物学反应信息	换能器选择	生物学反应信息	换能器选择
离子变化	离子选择性电极	光强度变化	光纤、光敏管
电阻、电导变化	阻抗计、电导仪	颜色变化	光纤、光敏管
质子变化	场效应晶体管	质量变化	压电晶体等
气体分压变化	气敏电极	力变化	微悬臂梁
热焓变化	热敏电阻、热电偶	折射率变化	表面等离子共振

生物传感器的工作原理一般要经历这样一个过程，如图 1 所示。被测物质经扩散作用进入固定生物膜敏感层，接触到分子识别元件，发生生物识别事件，产生生物反应信息，如电、光、热等，换能器捕获相应的生物反应信息，经信号转换变为可定量处理的信号，再经二次仪表放大并输出，从而换算出被测物质的量或浓度。总的来说，生物传感器测定系统存在如下信息传递链：被测物质浓度→生物传感器→可传递信号→数字量。

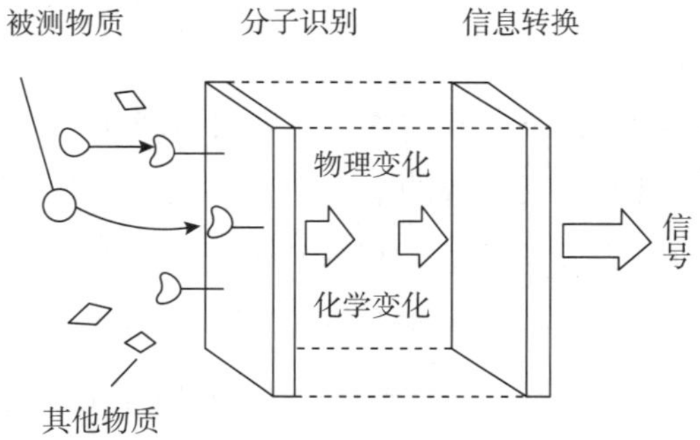

图 1　生物传感器工作原理

（三）生物传感器的分类

生物传感器的类型和命名方法比较多而且不尽统一，使用最多的主要有两种分类法，分别是按分子识别元件分类和按换能器类型分类，如图 2 所示：

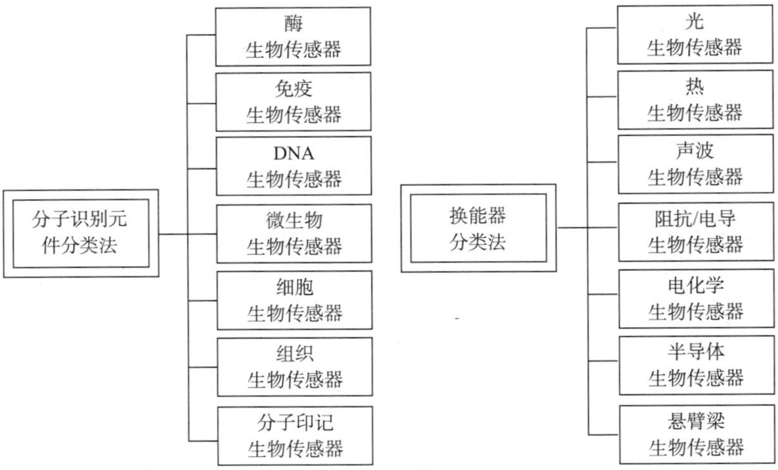

图 2　生物传感器的分类

四、研究重点

虽然生物传感器的诞生源于以 Clark 教授为代表的卓越科学家的“好奇心和探索欲”，然而其发展壮大却极大地源自社会需求的驱动，可以说生物传感器是科研和应用结合非常紧密的一个领域。新的构思能够迅速转化为实际的产品，并能够带来巨大的经济效益，因此，科研院所和产业界都非常重视生物传感器的研发和保护。本文以几个典型的中国专利申请为例来展示近年来不同类型生物传感器的研究重点。

【例 1】申请号为 200810239541.4 的专利申请要求保护一种集成光栅微悬臂梁生化传感器❶，申请人是清华大学。具体结构如图 3 所示，其中比较重要的几个附图标记为：1. 透明基底；3. 金属光栅；5. 微悬臂；6. 生物探针附着层；7. 激光二极管；8. 光电探测器；10. 生物探针。

该发明的原理为：激光二极管 7 发出的激光照射金属光栅，部分激光透过金属光栅 3 的间隙照射到微悬臂梁 5 具有光反射层的下表面，该光反射层反射的光再透过金属光栅，与金属光栅表面直接反射的光发生干涉，形成衍射光斑，所设置的光电探测器 8 接收衍射光斑；衍射光斑的强度与微悬臂梁下表面和金属光栅间的距离变化成一定的关系。当微悬臂梁上表面的特异性生化探针 10 结合一定的生化分子后，会在微悬臂梁上产生一定

❶ 清华大学. 集成光栅微悬臂梁生化传感器及其芯片制作方法：中国，103167894［P］. 2008－12－12.

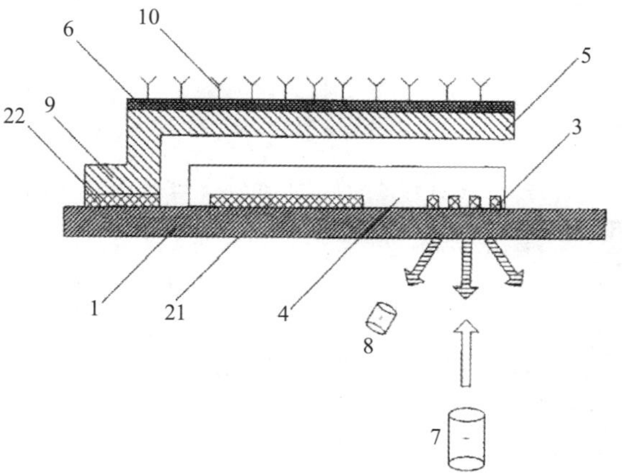

图 3　一种集成光栅微悬臂梁生化传感器

的结合应力，促使微悬臂梁向下弯曲变形，导致微悬臂梁下表面与金属光栅的距离发生变化，通过光电探测器检测衍射光的光强变化可以得出微悬臂梁与金属光栅的距离变化，从而得到结合应力的变化，通过换算得到结合的生化分子的数量，从而实现对生化样品的测量。

根据生物传感器的分类内容可知，该发明属于微悬臂梁生物传感器类型，其所捕获的生物反应信息是力的变化。该发明并未限定生物探针 10 的类型，而详细描述了微悬臂梁和光栅组合结构，由此可知发明点不在于分子识别元件而在于换能器部分，该换能器一体化进行如下信息转换：力的信息→形变度→距离变化→衍射图案变化→光强变化→电信号，构思十分精巧。

【例 2】申请号为 200880002220.0 的专利申请要求保护一种分析设备❶，申请人是瑞典艾罗克林（Aerocrine）公司。该分析设备是一种石英晶体微量天平生物传感器，用于测定气相中的分析物，具体结构如图 4 所示，其中比较重要的几个附图标记为：2. 具有微孔开口的膜（气液界面，齿形为微孔）；4. 电极；5. 固定抗原；6. 液体通道；8. 电路径（将电流传导到石英晶体以及从石英晶体传导电流）；9. 石英晶体微量天平（QCM）；11. 气相（含待测物）。

该发明的原理为：基于抗原抗体结合，采用竞争反应模式，抗原 5 固定在石英晶体微量天平 9 上，包含待测物的样品处于气相 11 中，通过气液界面 2 并扩散到抗原 5 处，选择特定抗体使得其对于待测物比固定抗原 5 的亲和力更高。当存在待测物时，结合至抗原 5 的抗体少；不存在待测物时，结合至抗原 5 的抗体多，由此结合至石英晶体表面的物质的质量发生变化。石英晶体是剪切模式机电振荡器，其谐振频率取决于结合至其表面的物质的质量，因此，质量的变化引起谐振频率变化，从而产生信号，简单地说，

---

❶ 艾罗克林有限公司. 分析设备：中国，200880002220.0［P］. 2008－01－18.

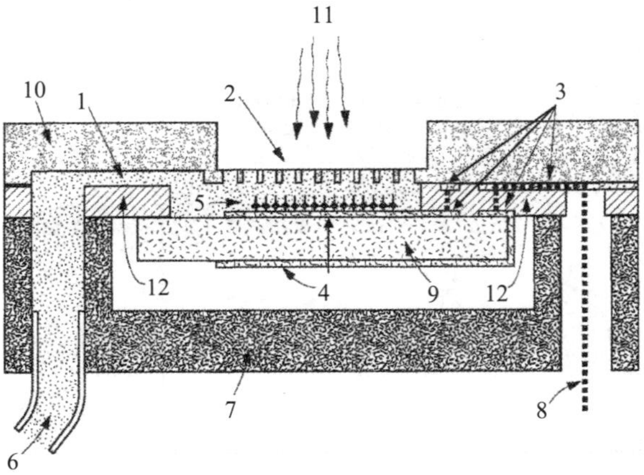

图 4　一种石英晶体微量天平生物传感器

该发明的换能器部分进行如下信息转换：质量变化→振动频率变化→电信号。该发明还实现了微型化，一方面降低了制造成本，另一方面使得在这一设备中毛细作用和表面张力比重力更占主导，因此该设备对于移动、倾抖、翻转均极不敏感。与市场上流通的既大又重且昂贵的系统形成对比，具有对于外界力学影响呈现高鲁棒性。

【例 3】申请号为 200780045976.9 的专利申请要求保护一种用于检测包含标记颗粒的目标组件的微电子传感器装置❶，申请人是荷兰飞利浦公司。该装置是一种基于全内反射的光生物传感器。具体结构如图 5 所示，其中比较重要的几个附图标记为：1. 标记颗粒；11. 载体（如玻璃）；12. 涂布结合物（如抗原或抗体）的结合表面；21. 激光光源；31. 光检测器；L1. 输入光束；L2. 输出光束。

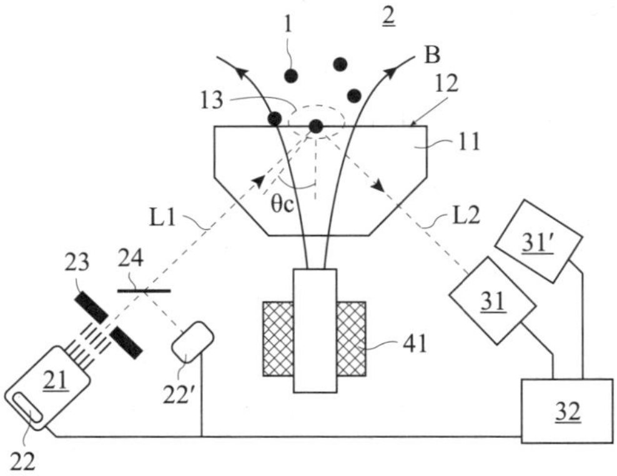

图 5　一种光生物传感器

该发明利用了全内反射的倏逝波的性质（见图 6a），全内反射在光学界面具有一种附近深入介质很短距离的波，称作倏逝波，深入深度仅为几百纳米，当倏逝波场内没有

❶ 皇家飞利浦电子股份有限公司. 用于检测标记颗粒的微电子传感器装置：中国，200780045976.9［P］. 2007－12－10.

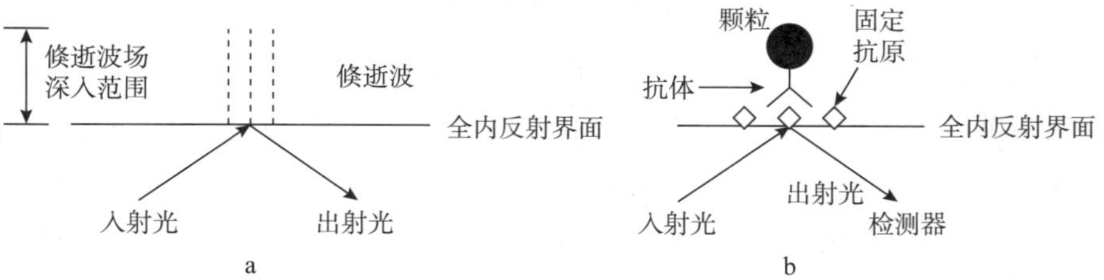

图6　全内反射的倏逝波与其消耗

能量消耗物质（如颗粒）时，全内反射的出射光与入射光光强相同，反之，如倏逝波场内有能量消耗物质时，出射光的光强将下降。将抗原（与待测物竞争）固定在界面12上，标记颗粒1连接有抗体。当存在待测物时，待测物与固定抗原竞争结合带抗体的标记颗粒，结合至界面12上的抗体少，位于倏逝波场内的颗粒少，倏逝波消耗小，出射光较强；当不存在待测物时，结合至界面12上的抗体多，位于倏逝波场内的颗粒多，倏逝波消耗大，出射光较弱（见图6b）。简单地说，该发明的换能器部分进行如下信息转换：距离变化→光强变化→电信号。

【例4】申请号为201410344987.9的专利申请要求保护一种夹心型肺癌肿瘤标志物免疫传感器的制备方法❶，申请人是济南大学。该免疫传感器包括：工作电极、参比电极和对电极，工作电极是在玻碳电极表面依次修饰还原石墨烯（rGO）、金纳米棒溶胶（Au NRs）、壳聚糖溶液（Chs）、肺癌肿瘤标志物一抗（Ab1）、牛血清蛋白（BSA）、肺癌肿瘤标志物抗原和金银核壳纳米棒溶胶孵化的肺癌肿瘤标志物二抗（AuAgNRs - Ab2）。

该发明属于最新一代的电化学生物传感器，其应用了多种新型材料包括复合纳米材料的不同性质。例如，还原石墨烯和金纳米棒溶胶都具有很大的表面积和优秀的电子传递能力，金纳米棒溶胶还具有良好的抗体结合能力，增大了抗体的吸附量，这些都显著提高了生物传感器的灵敏度和选择性。同时，该生物传感器采用金@银核壳纳米棒复合纳米材料作为标记物质，利用其作为生物模拟酶对 H_2O_2 的催化作用，从而产生电信号，克服了生物酶不稳定、易失活的缺点，提高了电化学免疫传感器的稳定性。即该发明主要进行了两方面的改进：一是通过使用还原石墨烯、金纳米棒溶胶、壳聚糖修饰电极，解决了优化电化学生物传感器中电子传递的技术问题；二是通过使用金@银核壳纳米棒，解决了改进分子识别元件的技术问题。

由以上这些例子可以看出，生物传感器的研究重点一般在两个方面：一是对分子识别元件的改进；二是对换能器的改进。

从近年发表的论文和专利申请来看，对分子识别元件的改进主要有以下方面：对天

❶ 济南大学. 一种夹心型肺癌肿瘤标志物免疫传感器的制备和应用：中国，201410344987.9［P］. 2014-07-21.

然酶基因工程改造以改进酶的催化特性和稳定性；以纳米材料等制备模拟酶以代替天然酶；制备特定结合特性的单克隆抗体；发展适体（aptamer）识别元件。

对换能器的改进是生物传感器领域的重要研究方向，多数论文和专利申请都出自换能器的创新和改进，这是因为生物识别事件所产生的信息是多样化的（电、光、热、力、质量……）。因此，换能器研究的切入点非常丰富，因此，无论是从总体架构上还是从细节组成上都有很多的工作可做。从总体架构上面来说，生物传感器的结构千差万别（例如上述例1~4结构彼此完全不同），这主要就源于换能器所依据的原理不同，换能器是将生物反应信息转换为可记录和分析的信号的装置，它要解决的问题归根结底是一个测量问题，根据可测量信息的丰富性以及测量理论和技术的发展，可以预见生物传感器在换能器方面将不断涌现根本性的新设计。从细节组成上来说，即使是成熟架构的换能器，仍然有不少部件有很大的改进空间，例如，在电化学生物传感器方面，电子传递媒介体的选择是经久不衰的课题，纳米材料的应用以及由其介导的直接电子传递更是近年来最大的研究热点。

五、结　语

生物传感器是极具有发展潜力的学科领域，未来的生物传感器将进一步涉及医疗护理、疾病诊断、食品检测、环境监测、公共安全、发酵工业等各个领域。可以预见，生物传感器将向着微型化、集成化、智能化、低成本的方向发展。

随着微加工技术和纳米技术的进步，生物传感器微型化是必然趋势，微型化会促使便携式、即用即抛设备的出现，这使得在家中进行疾病诊断、在市场终端进行食品检测成为可能；芯片技术和微流控技术将使得生物传感器实现采样、进样、分析一条龙，形成高度集成化的系统；未来的生物传感器将与云技术紧密结合，自动采集数据并上传至云端进行备份、统计和分析。上述成果一方面可为医疗卫生、食品安全、环境保护等领域提供有力的管理依据，另一方面也为大数据分析与应用提供更加精准和个性化的数据源；微型化和新技术的应用将使得生物传感器的生产成本降低，灵敏度和稳定性提高，从而加速其商品化，而其进入千家万户又会进一步降低批量生产成本。

我们完全可以期待，随着一些关键技术的进一步完善，随着相关学科的不断发展，在不久的将来，生物传感器将具有更加广阔的应用前景，为人类的健康、舒适、安全提供更大的帮助。

激光显示中激光激发荧光技术的区域申请及其策略分析

张帆　李慧*　彭燕*　袁波江*　刘燕梅*

摘　要　通过对中国、中国台湾地区和日本三地创新主体的激光激发荧光技术专利进行检索，并结合市场信息对三地的激光显示产品、市场情况、专利技术现状以及专利申请策略等方面进行了综合对比分析，以期为中国大陆企业今后的发展提供帮助和启示。

关键词　激光显示　激光激发荧光技术　荧光色轮　区域对比

激光显示（LDT）技术，顾名思义就是利用激光作为光源进行图像显示的技术，那么激光光源就成为激光显示技术中最重要的核心部件。在现有的激光显示技术中，通常直接采用激光作为显示光源。然而，由于激光的相干性强，散斑问题不可避免。散斑会大大影响显示效果，影响激光显示产品的实用化，而且绿光光源的成本和性能难以达到实用化的要求。为了解决上述问题，目前采用的激光激发荧光技术就是利用激光激发荧光色轮上的荧光粉，这样从原理上消除了散斑的存在。这种方法相对于传统的灯泡光源还可以大大降低光源的体积和成本，有利于激光显示产品的产业化。目前，激光激发荧光技术已应用在激光投影机、激光电视等激光显示产品中。

在对激光激发荧光技术专利进行检索后发现，中国、中国台湾地区和日本三地的专利数量占全球的90%，而且三地提出专利申请的创新主体数量众多。本文通过对三地创新主体在涉及激光激发荧光技术的激光显示产品、市场情况、专利技术现状以及专利申请策略等方面进行对比分析，希望能够较为全面地了解激光激发荧光技术的产业状况，为中国大陆企业今后在本领域中的发展方向提供帮助和启示。

一、三地主要创新主体发展状况

表1中列出了三地激光激发荧光技术主要的创新主体，可见三地均包括了多家创新主体。

---

* 等同第一作者。

表 1　三地主要创新主体

国家/地区	主要创新主体
中国	光峰光电、海信、威创视讯、中国华录、雅图、科汀光学、亿思达、南京欧帝
中国台湾地区	台达电子、中强光电、明基友达、宏碁、鸿海集团
日本	卡西欧、爱普生、NEC、理光、美蓓亚、松下、奥林巴斯、夏普、日立

1. 中国主要创新主体发展状况

中国的创新主体以光峰光电和海信为主。光峰光电于 2012 年 11 月与韩国 LG 合作研发出第一代 100 寸激光投影电视，并在 2013 年美国 CES 消费电子展上被评为“未来产品奖”，已通过美国 FDA 的安全性认证。光峰光电涉及激光激发荧光的专利为 109 项专利族，其中中国专利申请 106 件，美国专利申请 12 件，中国台湾地区专利申请 1 件，韩国专利申请 1 件，欧洲专利申请 2 件。中国专利申请中包括发明 83 件，实用新型 23 件，可见，光峰光电的中国专利申请中发明的占比接近 80%，技术含量较高。通过对光峰光电的专利的法律状态进行分析，光峰光电目前在激光激发荧光技术方面，拥有有效中国发明专利 15 件，有效美国专利 2 件，有效韩国专利 1 件。总的来说，有效专利的数量还不算多，还没有形成比较完善的专利保护体系。在审专利方面，光峰光电有 68 件中国发明专利、10 件美国专利、1 件中国台湾地区专利和 2 件欧洲专利在审，这表明光峰光电在专利申请方面已初具利用专利布局。

其次是海信公司。海信公司早在 2007 年就组建了激光显示技术和产品专业研发团队，但是直到 2011 年才开始提出自己的第一件激光激发荧光技术的专利，而且近几年持续在申请，可见，激光激发荧光技术已成为海信公司在激光显示光源技术上的重点研发技术。统计表明，海信公司涉及激光激发荧光技术的专利为 6 件，全部是中国发明专利申请，1 件为有效授权专利，5 件在审。其中，2011 年提出 2 件申请，2012 年提出 3 件申请，2013 年 1 件。

随后，中国有多家企业开始涉足激光显示领域，威创视讯、中国华录集团有限公司（以下简称“中国华录”）、深圳雅图数字视频技术有限公司、杭州科汀光学技术有限公司、亿思达集团、南京欧帝科技股份有限公司等多家企业纷纷提出了激光激发荧光技术领域的专利申请，有些还推出了相应的激光显示产品。

2. 中国台湾地区主要创新主体发展状况

中国台湾地区涉足激光激发荧光技术领域的企业有 5 家，分别是台达电子、中强光电、明基友达、宏碁集团和鸿海集团。其中台达电子申请的专利最多，专利布局的范围也最广，在中国、美国、中国台湾地区、日本、德国等国家和地区都有专利布局。中强光电、明基友达和宏碁集团则在专利申请的基础上，推出了相应的激光显示产品。

3. 日本主要创新主体发展状况

日本在激光激发荧光领域的主要创新主体多为传统老牌电子企业，例如卡西欧、爱普生、NEC 等。以申请量最多的卡西欧为例，卡西欧涉及激光激发荧光技术的专利为 82 件专利族，包括中国专利申请 28 件，美国专利申请 31 件。其中得到授权的有效专利 31 件，其中 18 件在美国得到授权。

申请量居第二的是爱普生公司。爱普生虽然在固态光源技术上也有着研发与实验，但爱普生尚未推出固态光源投影产品。第一，爱普生认为固态光源投影产品实际使用成本较高，除了用户的接受程度之外，市场规模基本上没有形成，整体销量很低；第二，爱普生觉得固态光源技术还不成熟，对于亮度衰减以及颜色变化的速度，很多厂商还不能找到很好的方法去控制，并还存在安全性的问题、显示色彩问题、价格问题等。而且，爱普生目前是全球投影市场的领导者，因此，该公司作为传统光源的既得利益者不会轻易改变现有技术路线，而推出激光光源的投影产品。爱普生涉及激光激发荧光技术的专利为 18 件专利族，于 2003 年就提出了第一件激光激发荧光技术的专利申请。

二、相关主营业务和产品比较

1. 主营业务比较

三地的企业中，日本企业都是传统的投影机厂商。而中国台湾地区的企业中，台达电子、中强光电、明基友达和宏碁也都是知名的投影机厂商，只有鸿海属于其他电子领域。中国的企业则来自各个行业，既有传统投影机制造的科汀光学和雅图，又有来自传统电视行业的海信，还有来自大屏幕拼接墙领域的威创视讯和南京欧帝，以及来自其他电子领域的光峰光电、亿思达和中国华录。

由此可见，中国台湾地区和日本的企业，更多地由传统投影机产品来实现光源由灯泡到激光的升级换代。而中国的企业可能比较看好激光激发荧光技术的未来前景，除了传统投影机企业之外，还有来自传统电视行业、大屏幕拼接墙和其他电子领域的企业投入研发。

2. 产品比较

三地的企业中，中国企业除科汀光学之外，其余企业都已有产品推出。中国台湾地区企业中，中强光电、明基友达和宏碁已有产品推出。日本企业中卡西欧、NEC、松下、日立也都已推出激光显示产品。由此可见，中国企业进军市场的步伐更大，对待激光激发荧光技术的前景最为乐观。

三地的企业中，中国企业不存在没有产品的自主品牌企业。而中国台湾地区企业中，台达电子没有产品；日本企业中爱普生、理光、奥林巴斯、夏普 4 家企业没有推出自己的产品。这表明，三地企业中，相当比例的日本企业对于市场前景仍持观望态势，只是进行技术储备。此外，还存在这样的因素，这几家企业如爱普生属于传统投影机的领先企业，身为传统光源的既得利益者，不会轻易改变现有技术路线而推出激光光源的投影产品，来冲击自己已有的传统投影机的市场。

三地的企业中，如表2所示，中国的科汀光学、中国台湾地区的鸿海和日本的美蓓亚都不具有自己的品牌。这些企业作为零部件和整机的代工厂家，其对激光激发荧光技术进行研发，有可能是提前进行技术储备，也有可能已经为其他企业制造出产品。

表2　三地企业产品比较

	中国企业	中国台湾地区企业	日本企业
已有产品的企业	光峰光电、海信、威创视讯、南京欧帝、雅图、亿思达、中国华录	中强光电、明基友达、宏碁	卡西欧、NEC、松下、日立
没有产品的自有品牌企业	—	台达电子	爱普生、理光、奥林巴斯、夏普
没有产品的代工企业	科汀光学	鸿海	美蓓亚

三地的企业所推出的激光显示产品也有所区别：日本企业和中国台湾地区企业的产品都是激光投影机，没有推出其他激光显示产品；而除了激光投影机之外，中国的企业还涉足激光电视和激光拼接墙。

中国企业中，光峰光电、海信、亿思达和中国华录等多家企业都推出激光电视产品。由此可见，中国大陆企业对待激光激发荧光技术在电视中的应用最为看好。

三、专利情况比较

1. 专利最早提出时间比较

通过比较三地企业最早提出专利的时间，由图1可以看出，日本企业2003年就提出相关技术的专利申请。中国的光峰光电2007年提出，比日本稍晚，但是中国企业发展较快，2013年有多家企业新提交专利申请并投入了研发。而且进一步从技术上看，日本较早的几项专利都属于技术雏形，也仅限在日本提出，对我国企业没有构成威胁。中国台湾地区企业中最早是由鸿海于2008年提出，提出时间最晚；但此后到2010年，又有台达电子、中强光电和明基友达三家企业进入；2011年，宏碁也提交了专利申请。可见，多数中国台湾地区企业投入研发的时间比光峰光电之外的多数中国企业要早。

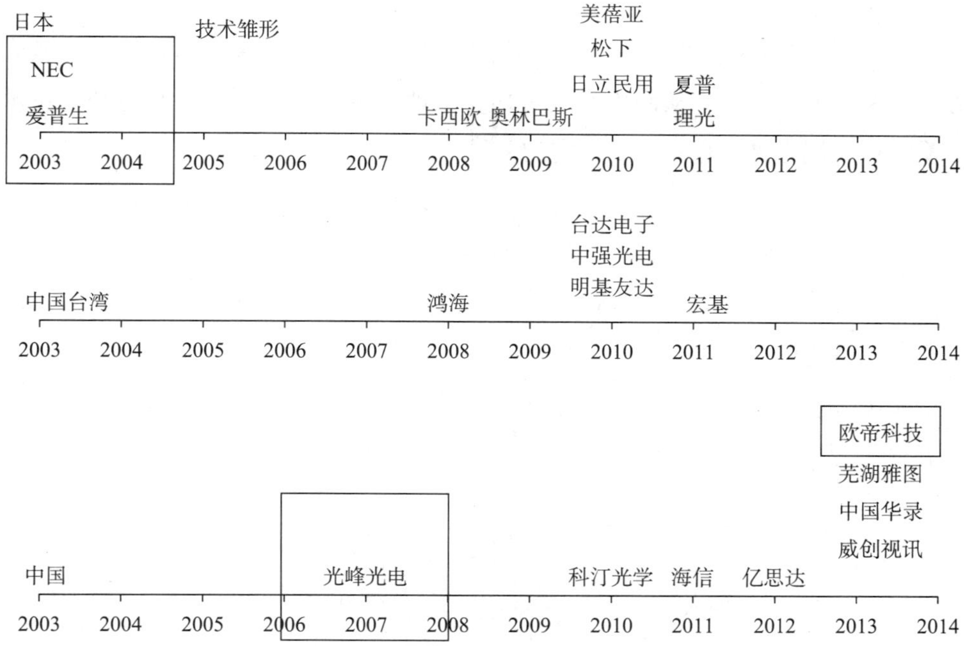

图 1　专利最早提出时间比较

2. 专利申请量比较

如表 3 所示，通过对三地的全球申请量进行比较，日本和中国的申请量相差不大，都有 100 多项申请；中国台湾地区的申请量相对少一点，只有 35 项。这一方面可能与中国台湾地区企业数量较少有关，另一方面也与中国台湾地区企业的专利布局策略有关。

表 3　三地全球专利申请及美国/中国申请量比较

	全球申请量（项）	美国/中国申请量（件）	美国/中国有效申请量（件）
中国	123	12/120	2/44
中国台湾地区	35	20/44	8/8
日本	145	60/44	23/13

三地在美国的申请量中，日本提出的美国专利申请最多，高达 60 件，远多于中国的 12 件和中国台湾地区的 20 件。从三地已授权的有效美国专利数量来看，日本企业持有 23 件有效美国专利，也远多于中国和中国台湾地区；中国只有光峰光电持有 2 件有效的美国专利。因此，中国企业的海外布局尚需加强。

三地在中国的申请量中，中国大陆最多，达 120 件，但是中国台湾地区和日本也具有一定数量的中国专利，均为 44 件。从有效的中国专利申请来看，中国拥有 44 件，日本和中国台湾地区各拥有 13 件和 8 件。三地的多数中国专利申请都处于在审阶段，这也表明激光激发荧光技术的迅速发展。

3. 专利技术比较

图 2（a）、图 2（b）、图 2（c）分别为中国、中国台湾地区和日本等三地激光激发荧光技术专利技术功效图。从图中可以看出，三地企业在采用的技术和达到的技术效果方面，有一些共同之处，也存在着一定的差异。

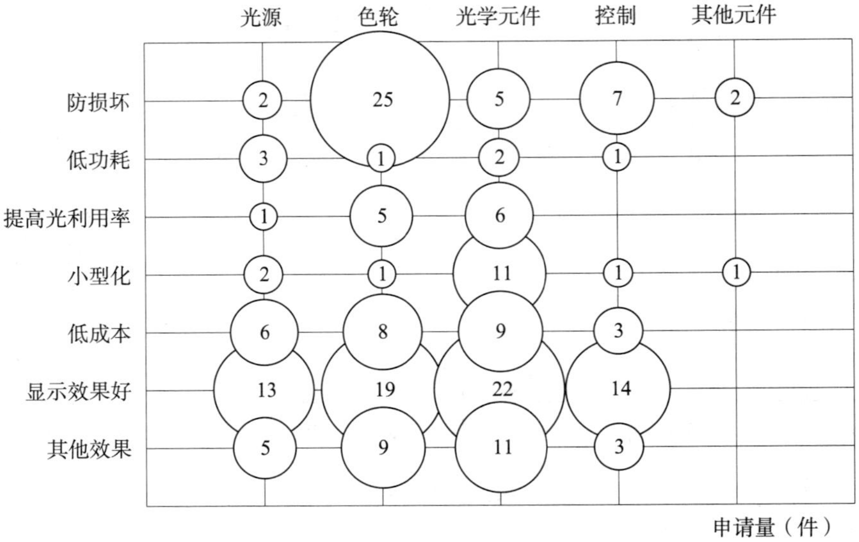

（a）中国企业技术功效图

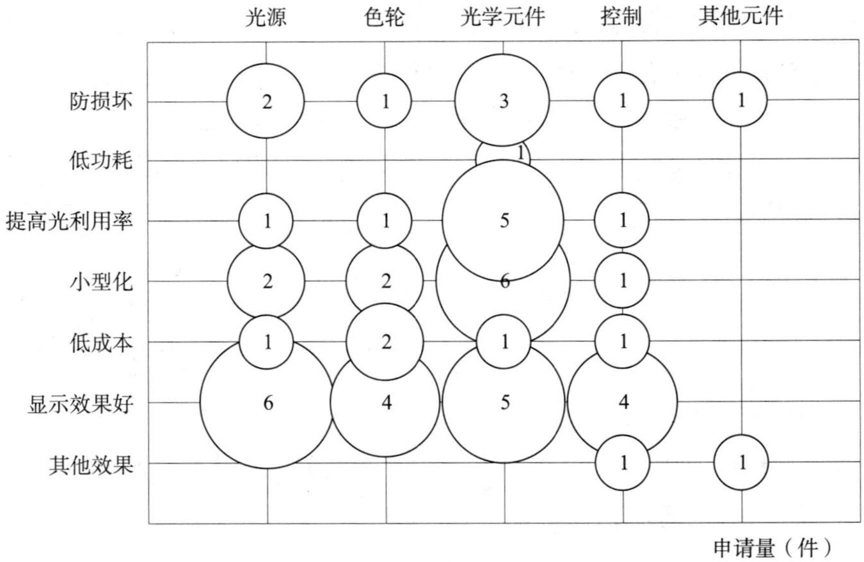

（b）中国台湾地区企业技术功效图

图 2

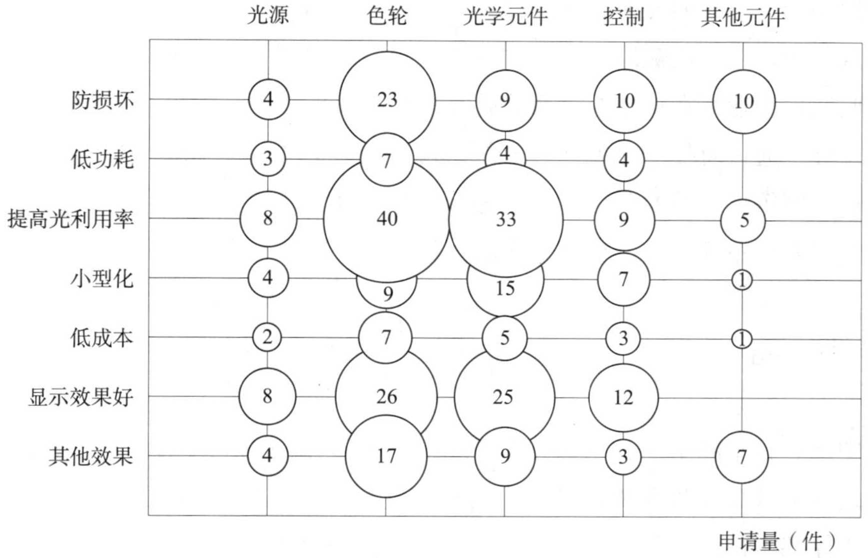

（c）日本企业技术功效图

图2（续）

可以明显看出，三地企业对提高显示效果都非常重视，这也是显示领域的专利技术所要达到的最基本的技术效果。提高显示效果包括提高显示亮度、色饱和度和色平衡等效果，其专利布局最为集中，而且光源、色轮、光学元件和控制各技术角度都分布有较大数量的专利技术。而上述技术角度中，又以采用色轮和光学元件的改进来提高显示效果的专利申请更为集中。三地企业在提高显示效果方面所采用的技术手段是相似的，都是通过以对色轮或光学元件的改进，或者两者相结合的方式为主要技术手段，再加上一些对光源的改进，或者对色轮等元件的控制的改进来达到提高显示效果的目的。三地的企业中，日本企业申请量最大，其采用的技术手段也最为多样化，在色轮和光学器件方面的改进的申请也最为基本。而中国和中国台湾地区采用每种技术手段的专利申请的数量比较平均，特别是中国台湾地区企业，利用改进光源的方式来提高显示效果的专利申请数量最多，说明该地区企业对光源的改进比较重视。

激光激发荧光技术的另一个需要解决的重要的技术问题是提高光利用率。从上述三地企业的技术功效图中可以看出，三地企业对这方面也非常重视，相关专利申请量也很大。其中，日本企业在提高光利用率方面的专利申请比较多，采用的技术手段相应地也最具多样性，但同时技术手段也较多地集中在色轮结构和光学元件两方面。中国台湾地区相关的申请量较少，但技术手段集中在光学元件的设置方面。相对而言，中国在提高光利用率的专利申请方面与其在提高显示效果等方面的专利申请相比，数量上相对较少，但中国大陆的重要企业光峰光电对这方面比较重视，其重要专利也多涉及这一方面。

从技术功效图中还可以看出，中国企业和日本企业还比较重视防止色轮元件损坏、延长设备使用寿命方面的专利技术。激光光源是单一波长、高功率的光源，其照射光的能量高而且集中，这就使被激发光照射的波长转换元件的使用寿命成为一个比较重要的问题，因此三地企业都在加强这方面的研发和专利布局。

除此之外，通过对技术功效图的分析，可以看出日本企业在对光源的设计和与色轮等元件进行控制等方面的专利申请相对较少，因此中国企业可以加大这两方面的研发力度并提前进行专利布局，从而提高企业的竞争力。

四、小 结

鉴于中国、日本和中国台湾地区是激光激发荧光技术发展最为先进的国家或地区，本文对上述三地区激光激发荧光技术发展状况进行了综合比较。根据三地激光激发荧光技术创新主体基本情况的分析，可得到这三地在激光激发荧光技术方面相关的研发方向和研发成果。通过对他们的主营业务及现有产品进行的比较，特别是通过对三地企业的包括申请量、法律状态、首次申请时间以及重点企业重要专利内容等专利情况的比较，使中国企业了解该行业的整体发展状况。中国企业在激光激发荧光技术领域具有显著的优势，专利申请量大，起步时间也较早。但中国企业同时也存在一些劣势，比如海外布局意识还不够强，除光峰光电以外的申请人还没有海外专利。希望中国企业能够通过本文的分析，洞悉自身的强项和存在的薄弱环节；更重要的是看到行业中哪些技术领域具有更大的方展前景，值得企业做进一步投入，以此提高企业竞争力。

聚合物分散液晶透明显示技术中国专利态势分析

钟焱鑫　马美娟*　朱艳艳*　崔双魁*

摘　要　显示技术的飞速发展，也带动了液晶显示技术的不断改革，聚合物分散液晶（PDLC）技术开拓了液晶显示技术的另一分支——透明显示技术。专利制度是科学技术发展的重要保障，本文通过对中国专利发展态势的研究，以聚合物分散液晶透明显示技术领域的中国专利文献为基础进行多维度分析，为中国企业在透明显示技术领域的发展提供指导建议。

关键词　聚合物分散液晶 PDLC　透明显示　中国专利

一、概　述

透明显示技术是新型显示技术的一个重要分支。透明显示技术是一种可显示画面后方背景的显示技术，其核心是透明显示面板。透明显示面板既能够显示图像又能够观看面板后方背景，显示面板就仿佛一块透明玻璃，在工作时，观看者不仅能够观看到在显示面板上显示的内容，同时还能透过显示面板观看到面板后的物体。因此透明显示技术能够实现显示面板上的图像信息与显示面板后的环境信息的交互，给用户带来前所未有的信息交流方式与视觉体验。

传统的 TFT - LCD 显示屏通过强化 TFT 面板周围的环境光，可以实现不错的穿透效果，但该显示屏无法自发光，通常还需要搭配背光灯来使用，利用特殊的导光板将光线导至面板区作为背光。由于 TFT - LCD 技术相对成熟，因此通过 TFT - LCD 实现透明显示，成本低廉。在 TFT - LCD 技术中，主要影响光源穿透的是彩色滤光片，因此针对这一点，可通过对彩色滤光片的结构进行调整，将彩色滤光片划分为空白区域与彩色区域，或者采用场色序法利用时序控制 RGB 子画面，从而不需要彩色滤光片，从而减小彩色滤光片对透光率的影响，可以很大程度提高透光率。

聚合物分散液晶（Polymer Dispersed Liquid Crystal）（下文简称“PDLC”）以微米量

---

* 等同第一作者。

级的小微滴分散在有机固态聚合物基体内，由于由液晶分子构成的小微滴的光轴处于自由取向，其折射率与聚合物基体的折射率不匹配，并且液晶微滴对入射光具有强烈的散射作用，因此当光通过聚合物分散液晶时呈不透明的乳白状态或半透明状态。在施加电场后，液晶微滴的光轴取向被调节，当液晶的折射率与聚合物基体的折射率相匹配时，散射作用相当弱，光通过聚合物分散液晶，呈现透明状态。除去电场时，由于液晶微滴与聚合物基体界面之间的锚定作用，液晶微滴的光轴重新处于自由取向，其折射率再次与聚合物基体的折射率失配，液晶微滴恢复最初的散光状态，聚合物液晶又恢复到不透明状态。

PDLC 透明显示技术基于液晶显示技术，只是将液晶显示器的不透明背板去除，将普通的液晶材料换成 PDLC 材料。由于 PDLC 是通过折射率实现显示，因此它不需要偏振片就能实现明暗显示，由此采用 PDLC 制作的透明液晶显示器透过率比传统普通液晶显示器要高得多。同时，PDLC 作为显示材料时，两基板间的距离不需要严格控制，基板内表面不需要进行取向处理，因此 PDLC 很有希望成为未来透明液晶显示器件的液晶材料。

二、专利申请趋势分析

本文以德温特世界专利索引数据库（WPI）为数据来源，检索数据的截止日期为 2014 年 2 月 17 日。

图 1 显示了 PDLC 显示领域的中国专利发展趋势。从图 1 中可以看出，中国专利发展过程主要经历了两个阶段。

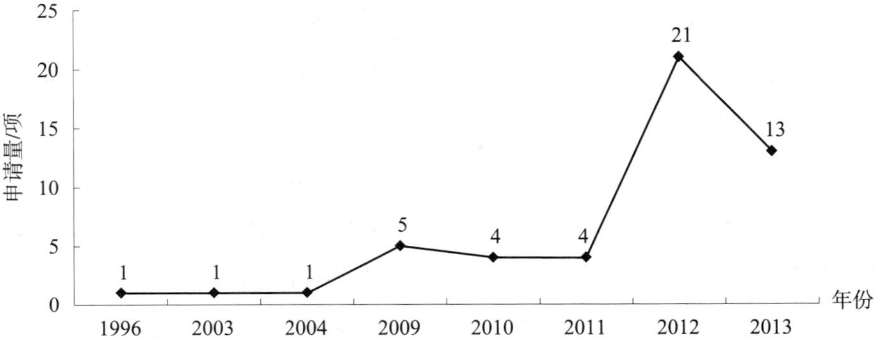

图 1　PDLC 透明显示中国专利申请量年度分布

1. 技术起步期（2009 年以前）

与全球专利发展趋势相同，中国专利发展趋势也是在 2009 年出现发展节点。在 2009 年以前，专利申请量比较少，只有几篇，发展比较平缓。这与当时中国企业的专利意识不强且研发能力较弱，以及显示技术的整体发展水平不足的状况有关。中国企业从仿造和学习别人的技术，发展到独立创造研发，并具备较强的科研实力经过了较长的过程。总体看来，虽然中国专利申请量在 2009 年以前只有 3 件，而且前两件申请相隔 7 年时间，但中国专利发展趋势与全球专利发展趋势仍然比较吻合。此期间中国专利申请量少的原因，主要是因为中国企业在显示技术方面整体技术发展相对迟缓，在 PDLC 透明显示技术方面起步也比较晚，因此专利申请量少也在情理之中。

2. 技术发展期（2009 年以后）

从 2009 年开始，中国专利申请量开始有较大的增长，这种状况与全球专利发展趋势一致，尤其从 2011 年到 2012 年的增幅最大。专利申请量的迅猛增加也表明了 PDLC 透明显示技术已经逐渐成为技术研究热点。同时这种情况也客观地表明在此时期中国企业在技术研发方面有了较大提升，并通过专利申请逐渐形成自己的专利保护网，同时积聚了与国外龙头企业进行竞争的实力。

三、国内主要省市分析

如图 2 所示，PDLC 透明显示领域在中国的专利申请中，各个省市的专利申请分布不均，申请量主要分布在北京，其次是在江苏。专利申请量的分布也表明了技术区域的分布，技术区域的这种分布不均，使得中国整体研发实力并没有得到快速有效的提升。

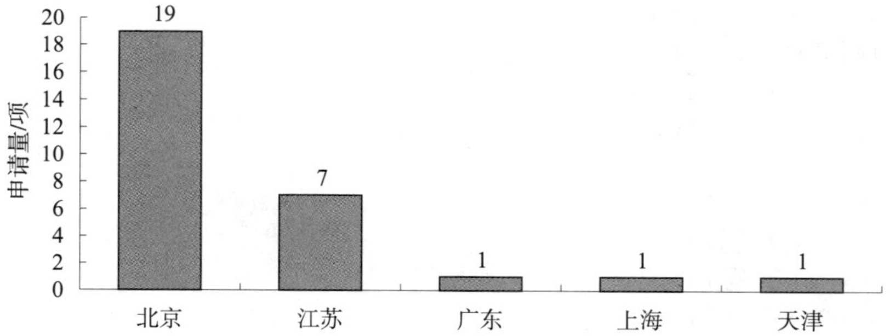

图 2　PDLC 透明显示专利申请中国地区分布

四、国内/国外申请人分析

图 3 示出了 PDLC 透明显示领域中国申请的国内外申请人分布情况。根据图 3，国内申请人的申请量占总申请量的 63%，而国外申请人的申请量仅占总申请量的 37%。可以看出，国外申请人尚未在中国市场形成完善布局，而国内申请人在国内专利申请量中占有较大的优势。这对我国企业在 PDLC 透明显示领域的技术发展起到了专利保护作用，同时也是我国企业在该技术领域获得发展的大好契机。

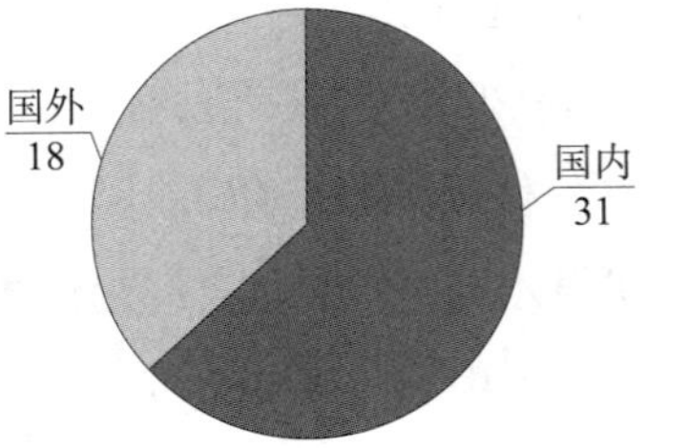

图3　PDLC透明显示中国国内外申请人分布情况

图4示出了国内、国外主要申请人在中国的专利申请量的具体情况。根据图4，京东方公司的申请量以绝对的数量优势位于领先地位，紧跟其后的是索尼，而旭硝子、飞利浦、夏普、三星等国外申请人也排在前十位中。此外，其他国内申请人，如上海天马微电子公司、胜华公司、苏州泛普纳米公司，以及一些台湾地区申请人，如友达公司、瀚宇彩晶公司，尽管其申请量比较少，但正是由于这些申请人在国内提交的专利申请，使得国内申请总量所占的份额比较大。

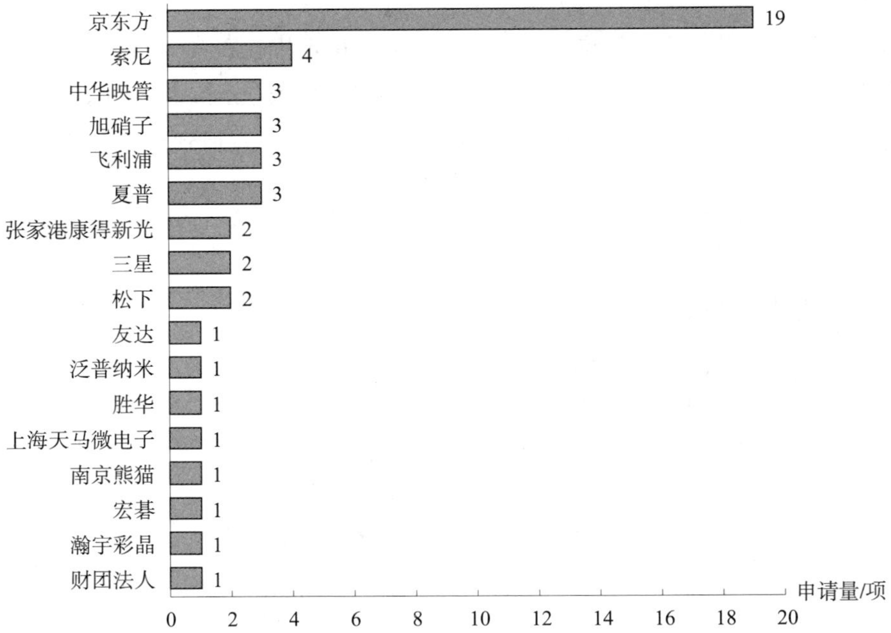

图4　PDLC透明显示中国专利主要申请人排名

同时，反观国外主要申请人，飞利浦公司、三星公司、索尼公司和夏普公司，相比其在全球的申请量，这些企业在我国的专利申请量都有缩减，尤其是索尼公司、旭硝子公司的申请量在我国都有比较明显的缩减。国外申请人在中国的专利申请量的减少，客观上减少了国外申请人在中国的专利申请量份额，但也促进了国内申请人在中国的申请总量占绝对优势的情况。然而，这种情况更突出表明国内申请人更关注于国内市场，国外申请人更重视国际市场，而这也是国内申请人需要不断改进的方面。国内申请人想要走出国门，在国际专利市场占有一席之地就要付出更多的努力。

五、申请类型及法律状态分析

科技的竞争也是专利的竞争，明确相关专利申请的法律状态，采取有效的应对措施才能在竞争中占据优势。图 5 示出了 PDLC 透明显示领域中国专利申请的法律状态。

根据图 5 可以看出，已经授权的占总申请量的 20%，正处于审查状态的占总量的 58%，而这部分处于审查状态的申请是国内申请人更需要关注的。明枪易躲，暗箭难防，已经授权的案子因专利保护范围比较确定而比较容易把控，可以避开其保护范围进行技术改进或专利申请。但对于未授权的申请案，由于专利保护范围尚未确定，只能采取多角度专利预防，以防其一旦被授予专利权后而处于被动。

图 6 示出了 PDLC 透明显示领域中国专利申请中发明和实用新型的比例关系。从图中可以看出，发明专利申请几乎占据总申请量的 4/5，这在一定程度上反映了 PDLC 透明显示领域中技术水平较高，当然，其一旦被授予专利权后的专利保护时间也会相对较长。因此，为了避免专利侵权纠纷，就需要根据已申请的专利申请进行专利预防和保护。

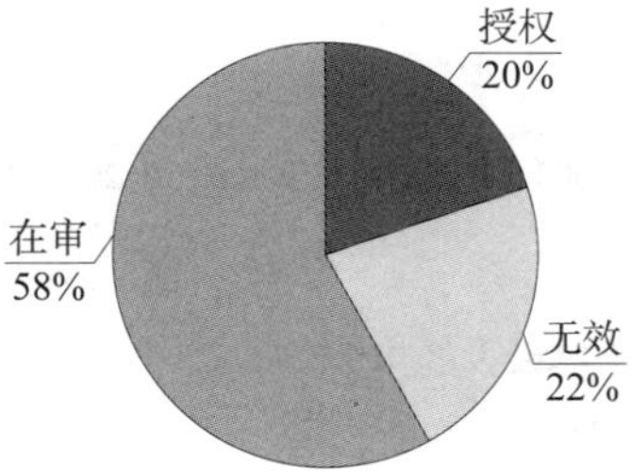

图 5　PDLC 透明显示领域中国申请法律状态图

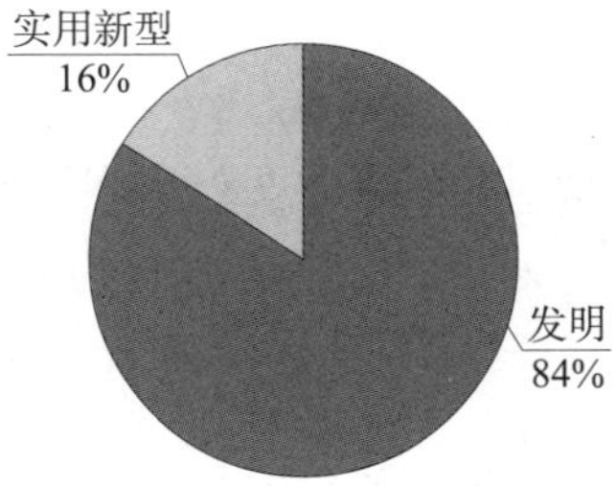

图 6　PDLC 透明显示领域中国申请类型图

六、主要申请人分析

申请人是专利申请的主体，也是技术发展的主要推动力量，为研究 PDLC 透明液晶显示中申请人的研发方向和技术关注点，本小节重点分析申请量前几位申请人的专利申请情况。在液晶显示领域中，日本和韩国掌握着主要的显示技术并且占领着大部分的国际市场。而在 PDLC 透明液晶显示领域，国外方面主要由日本掌握，主要企业有索尼公司、旭硝子公司、松下公司、夏普公司等；而国内方面申请量较多的有京东方公司、中华映管公司、张家港康得新光等企业。根据全球申请人的专利申请量的排名情况，并均衡考虑国内、国外申请人的情况，本小节选取国外申请人索尼公司和旭硝子公司，以及国内申请人京东方公司和中华映管公司作为主要申请人进行重点分析，通过专利技术发展和专利布局分析，以期为国内企业的发展提供借鉴。

（一）申请量趋势分析

图 7 示出了主要申请人在 PDLC 透明显示领域的申请量。从图 7 中可以看出，4 个申请人在申请量方面有着不同的趋势。

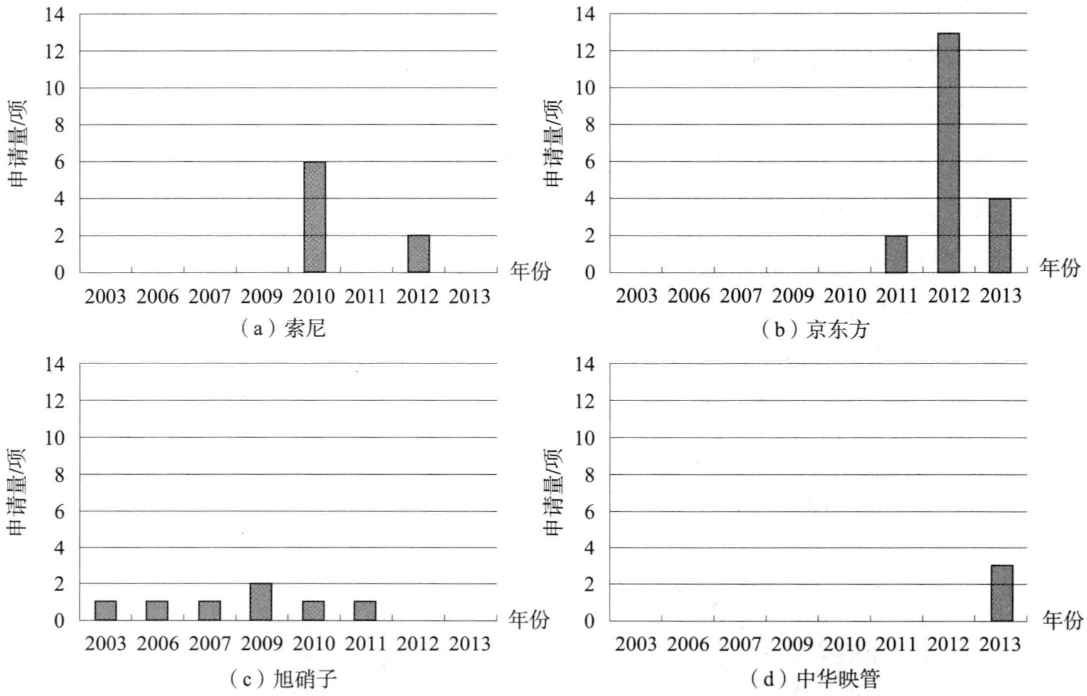

图 7　PDLC 透明显示领域主要申请人的申请量

旭硝子公司提交的申请时间比较早，在 2003 年就已经提交了相关申请，并且随后至 2011 年内一直在持续地递交相关申请，虽然总量不是最多，但开始的时间早，持续的时间长，这些申请限制了我国企业在相关技术方面的发展。

索尼公司虽然不如旭硝子公司提交的申请时间早，在 2009 年提交了申请，并且也早于国内申请人最早提交申请的时间。

京东方公司从 2009 年开始申请，且申请量从 2011 年到 2012 年增长迅速，申请总量超过索尼公司和旭硝子公司，这说明了京东方公司投入了较大的研发实力并对专利足够重视，使得在与国外申请人的竞争中具有一个良好的开端。

中华映管公司从 2012 年开始提交相关申请，申请时间最晚，且申请量不如其他 3 个申请人多，因此面临的困难也就最多。

总体来看，旭硝子公司申请的趋势比较平稳，而索尼公司和京东方公司的申请趋势比较迅猛，而中华映管公司则处于刚刚起步阶段。

（二）多边申请量分析

图 8 中示出了 PDLC 透明显示领域主要申请人申请总量、在中国的申请量与多边申请量的关系。

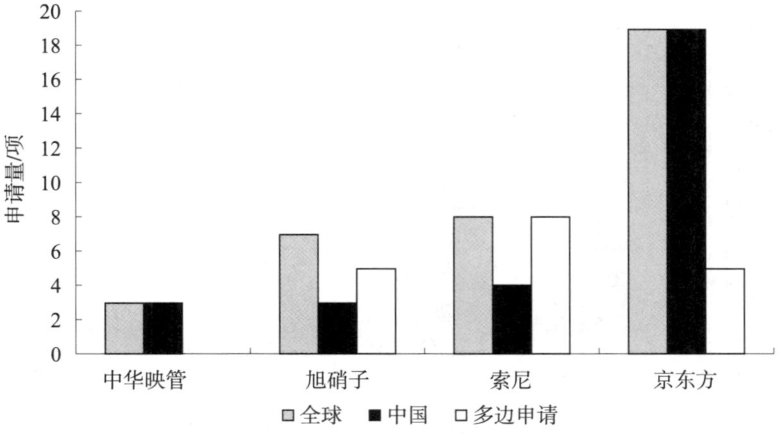

图 8　PDLC 透明显示领域主要申请人全球、中国与多边的专利申请量

从该图直观地看出索尼公司总共有 8 件专利申请，且 8 件专利申请都是多边申请，同时 8 件申请中有 4 件在中国递交了申请。旭硝子公司共有 7 件专利申请，其中有 5 件是多边申请，占总申请量的 71.4%，且有 3 件在中国递交了申请。索尼公司和旭硝子公司的专利申请中，多边申请占据较大的比例，其专利技术除本国外还涵盖中国、美国和欧洲等主要市场。

索尼公司和旭硝子公司的这种申请情况与日本企业重视专利和日本专利制度完善有较大的关联。日本的专利制度实行比较早，日本的企业能够认识到专利申请的重要性，注重每件专利申请的技术含金量，研发技术的同时依托专利申请来保障自己的技术发展以及拓展国内、国际市场。

反观国内申请，京东方公司的专利申请总量有 19 件，但多边申请量只有 5 件，只占总申请量的 26.3%。中华映管公司只有 3 件申请，而这 3 件申请都不是多边申请。相比之下，国内申请人的多边申请量比例少了很多，这也说明国内申请人目前的主要关注点在于国内市场，对国际市场涉猎较少，这种情况也侧面说明该领域国内企业与国外企业在技术实力方面还存在一定的差距。

国内主要申请人的多边申请量比较少，这一状况与我国专利制度发展较晚、对专利认识程度不高具有密切关联。因此，国内申请人需要提高专利意识，若想让自己的企业或技术走出国门，在国际市场有一席立足之地，多边专利申请是一条便捷之路。提高专利的技术含金量，加强多边申请，是保障我国申请人顺利走出国门且稳定拓展国际市场的利器。

（三）技术分支及技术效果对比分析

图 9 ~ 图 12 示出了 PDLC 透明显示领域主要申请人的技术分支和时间的关系图，该图直观地示出了主要申请人在各个技术分支方面提交专利申请的时间。

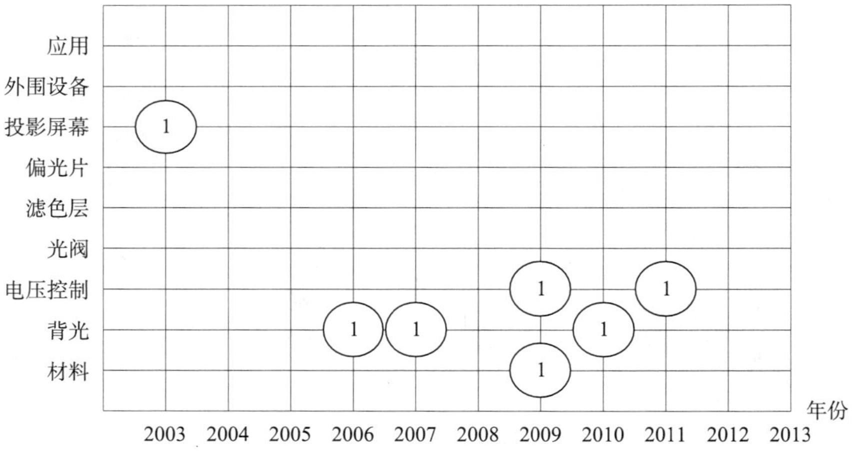

图 9 旭硝子公司各技术分支申请量年度分布图

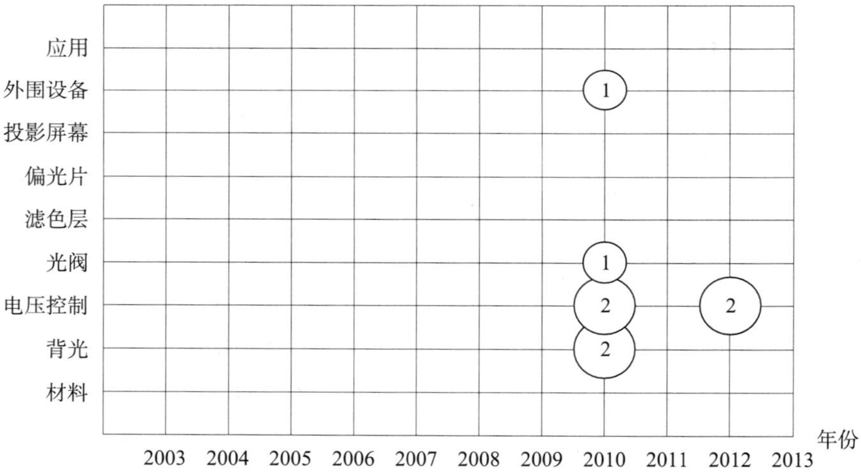

图 10 索尼公司各技术分支申请量年度分布图

在 PDLC 透明显示器用作投影屏幕方面，旭硝子公司投入研发的时间比较早，在 2003 年就拥有了相关申请，并在 2011 年又提交了相关申请；京东方公司在 2013 年递交了相关申请；索尼公司和中华映管公司未申请相关专利申请。由于 PDLC 透明显示器作为投影屏幕显著克服了户外、橱窗等显示屏在不显示图像时会遮挡显示屏后方的背景的问题，进而得到了广泛的应用。鉴于此，许多申请人意识到并关注这方面的技术研发，国内申请人也可以在此方面投入一些研发精力，拥有自己的专利技术，防止国外申请人对该技术的垄断，抑制国内申请人技术的发展。

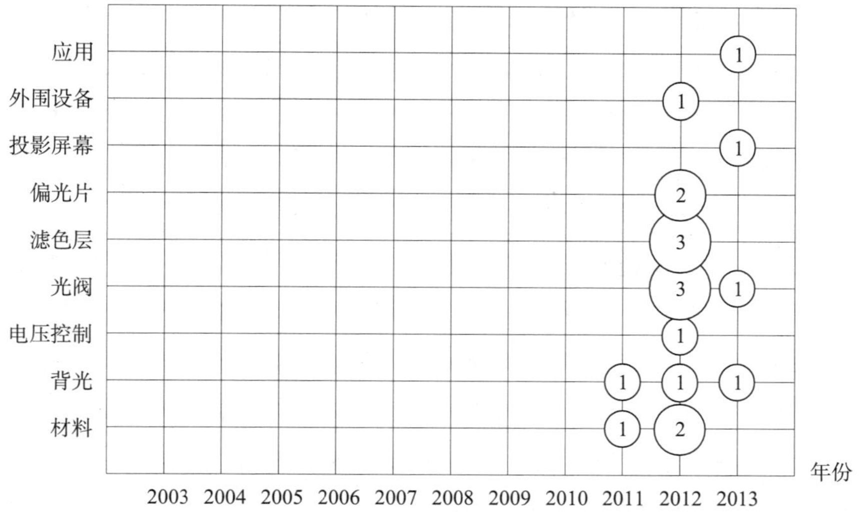

图 11　京东方公司各技术分支申请量年度分布图

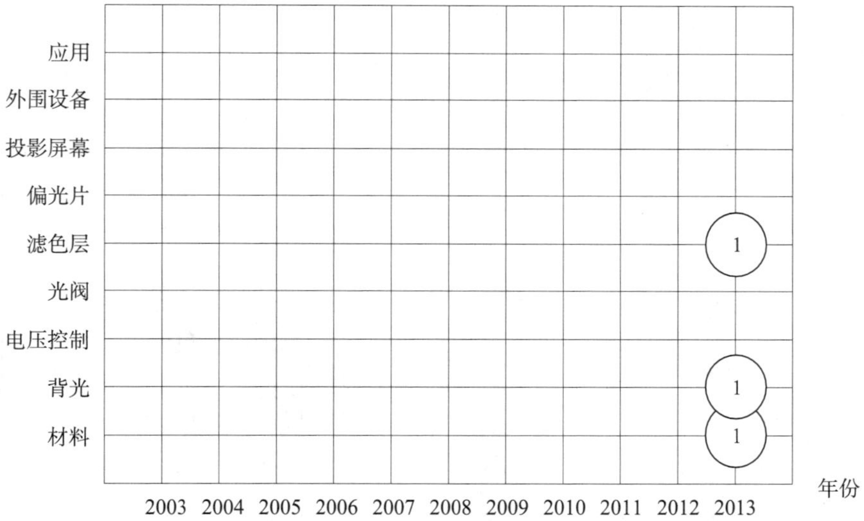

图 12　中华映管公司各技术分支申请量年度分布图

在电压控制方面，旭硝子公司有 1 件相关申请，索尼公司共有 4 件相关申请，京东方公司有 1 件相关申请，中华映管公司没有相关申请。索尼公司的申请量大也说明了索尼公司在该方面的技术优势。电压控制一直是液晶显示技术里的重要技术，现在液晶显示技术已经比较成熟，液晶材料方面的改进微乎其微，但在电压控制方面，通过细化控制的时间、控制的方式的改进，在显示屏的对比度、亮度等技术效果都能有所突破。因此，国内申请人可以加强此方面的技术研发，拥有自己的显示控制方法，打破国外企业独大的状况。

此外，相比索尼公司和旭硝子公司，京东方公司还在其他多个技术方面，如滤光层、背光、材料等方面进行了研发，从多个技术方面增强自己的实力，采取“曲线救国”的方式来提升竞争力，在避免与国外企业在某个技术正面冲突的同时，不断增加自己的竞争筹码。中华映管公司的3件申请分别涉及材料、背光和滤色层，由于申请日较晚，面临的阻力会比较大。中华映管公司也可采用多方面研发的方式，增加专利申请量，避免仅依赖少数的申请以及不确定的专利性而带来的风险。

根据图13所示，4个申请人在技术功效方面的关注点也有区别。索尼公司关注于对比度、亮度、透明度和3D透明显示；旭硝子公司关注于透明度、亮度、对比度和彩色；京东方公司主要关注于亮度、透明度、透明和普通显示以及双面显示；中华映管公司则关注于透明度、对比度和亮度。对比关注的技术功效，索尼公司在对比度方面的关注度更高，旭硝子公司在透明度方面关注度更高，京东方公司在彩色方面关注度更高。关注度的差异带来研发实力的差异，有利于促进透明显示技术的整体发展，并且对于我国企业的发展也是有利的，能够避免在国外企业研发实力较强的方面与其发生冲突，并且在国外企业研发实力较弱的方面寻求突破口，提升自身的竞争力。

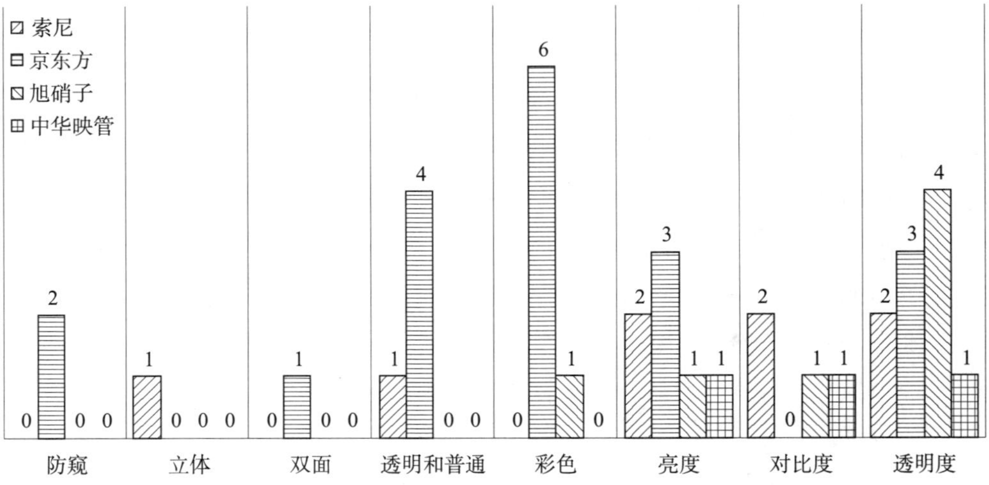

图13 PDLC透明显示领域主要申请人技术效果分布图

透明显示由于其自身的特点，在显示时，显示屏的两侧都能够看到图像，因此如何能够更好地实现双面显示也是一个重要的发展方向。在此方面京东方公司的关注度要高于其他3个申请人，如果能够加强研发，则能够提升自身竞争力。此外，现在3D显示越来越普遍，而且家用电视实现3D的需求也越来越多。尽管4个申请人中索尼公司对此进行了研发，但其关注度不高且只有1件申请，这方面的研发空间还很大，如果加强这方面的研发，尽早拥有技术含金量高的专利申请，则能进一步提高竞争力。

七、结　语

聚合物分散液晶（PDLC）是液晶显示技术的一项重要分支，其在透明显示技术中的优良表现促进了液晶在透明显示技术方面的快速发展。而随着人们对显示技术的要求越来越高，加之人们对显示内容与显示屏外事物互动性的强烈需求，透明显示逐步成为显示技术的发展热点。基于液晶显示技术的成熟技术，聚合物分散液晶在透明显示技术方面拥有良好的发展前景。总体看来，聚合物分散液晶透明显示技术的相关中国专利申请量呈加速上升趋势，国内相关企业想要加快技术发展，在提高专利布局的同时增强科技竞争力，笔者有如下建议：

1. 发挥优势，强化实力

中国企业在聚合物分散液晶透明显示技术方面具有较大的优势，拥有较多数量的专利技术储备，以京东方为代表的国内多家企业先后在此方面加大了技术投资和研发，并拥有了自己的专利技术。虽然相比于日本企业而言，国内企业的技术发展和专利申请发展起步都比较晚，但国内企业拥有较多的专利申请量，有了较好的技术发展基础，这是国内企业的优势。国内企业应当充分发挥并强化这种优势，以技术优势弥补时间上的不足。同时，在现有基础上，增强核心技术的研发，扩展技术研发方向，形成更为广泛的专利布局，巩固专利技术优势。

2. 技术共享，合作发展

从目前国内企业的发展情形来看，我国在 PDLC 透明显示技术方面具有较好的技术基础，国内多家企业纷纷关注这项技术并投入了技术研发。然而，国内企业的经济实力、技术实力以及研发实力，目前与显示领域中的一些国外知名显示企业，如索尼、三星等还具有一定的差距，同时国内企业专利布局起步较晚，使得一些核心专利技术掌握在国外的竞争对手中。在此情况下，国内企业应当通力合作并注重技术共享，以弥补技术和经济实力上的欠缺；同时加快技术研发和专利布局，从而能够有效地提升整体竞争力，在现有的技术优势上取得更大的主动权。

氟橡胶聚合领域专利申请状况分析

杨建勇　朱岩*

摘　要　本文分析了氟橡胶聚合领域专利在全球和中国的申请趋势，并通过对该领域专利申请的区域分布和申请人状况进行了统计和分析，旨在为该领域技术人员了解行业现状提供参考。

关键词　氟橡胶　申请　专利分析　区域分布　申请人

一、引　言

氟橡胶（fluororubber）也称含氟弹性体，是指主链或侧链的碳原子上接有氟原子的合成高分子弹性体，该橡胶最早由美国杜邦公司于1948年开发成功并商业化。氟橡胶号称“橡胶之王”，具有其他橡胶不可比拟的优异性能，如耐高温、耐油、耐溶剂、耐多种化学药品侵蚀、气密性好、耐候、耐强氧化剂等特性，同时还具有良好的物理机械性能、电绝缘性能和抗辐射性能等；且其气体透过率低，属于自熄性橡胶，在所有合成橡胶中综合性能最佳。氟橡胶主要用作制造各种要求的耐介质、耐高温的材料，如密封件、胶管、胶布和油箱等，因其不可替代性而广泛应用于现代航空、导弹、火箭、宇宙飞船、舰艇、原子能产业等尖端技术以及汽车、造船、化学、石油、电讯、仪器、机械等工业领域。

二、氟橡胶聚合领域专利申请趋势

氟橡胶自1948年诞生至今只有60多年的历史，然而由于氟橡胶在尖端科技、军事设备和重要工业领域的不可替代性，氟橡胶合成技术发展相当迅速，在专利申请方面表现尤为突出，本节就氟橡胶领域的专利申请在全球和中国的发展趋势进行分析。

（一）氟橡胶聚合领域专利全球申请趋势

截至2013年5月1日，氟橡胶聚合领域的全球专利申请量共6684项，从其发展趋

* 等同第一作者。

势看主要经历了萌芽期、平稳增长期和快速增长期 3 个阶段，全球专利申请趋势如图 1 所示。

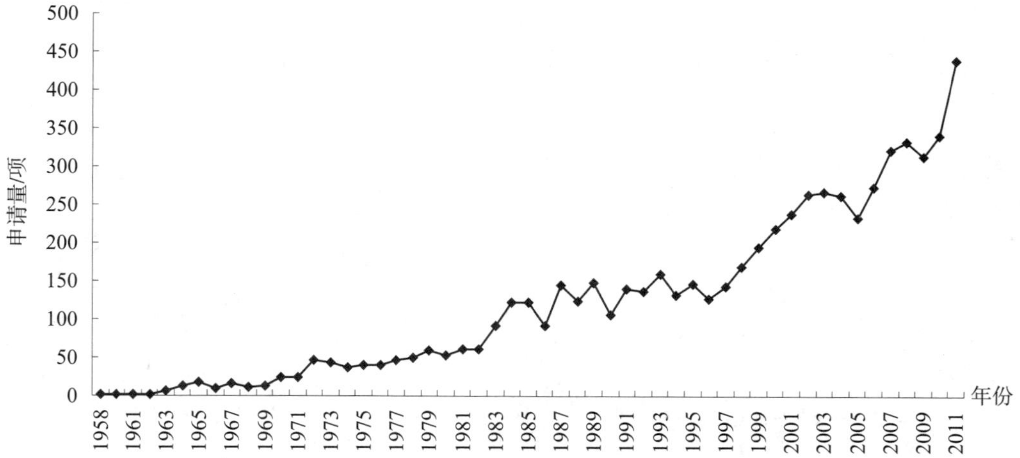

图 1　氟橡胶聚合领域全球专利申请趋势

1. 萌芽期（20 世纪 50 年代后期至 20 世纪 70 年代初）

这一时期，氟橡胶聚合领域的专利申请增长较为缓慢，其主要原因在于这一时期氟橡胶的初期研究，主要服务于航空航天、国防设备，如新型坦克等尖端领域，因此尽管氟橡胶的合成技术发展迅速，但技术上多处于保密状态。

2. 平稳增长期（20 世纪 80 年代初至 20 世纪 90 年代末）

这一时期，随着氟橡胶的应用从军工向民用拓展，制品种类大量增加，氟橡胶的专利申请量增长平稳。

3. 快速增长期（21 世纪初至今）

随着氟橡胶更广泛地应用于汽车、石油化工、航天航空等各工业领域，市场需求量迅速增加。在这一时期，氟橡胶新品种不断研发，新的合成方法、聚合原料、催化体系也不断出现，这些因素都导致了氟橡胶聚合领域专利申请量的迅猛增长，2000 年申请量突破 220 项，之后的 11 年基本上保持高速增长的势头。

（二）氟橡胶聚合领域专利中国申请趋势

氟橡胶聚合领域的中国专利申请量共计 1356 项，其中国外来华专利申请 804 项，占总量的 59.3%，国内申请人申请 552 项，占总申请量的 40.7%，国外来华申请量明显高于国内申请量。

从氟橡胶聚合领域的中国专利申请趋势看，专利申请量总体呈现上升趋势，而且该领域的专利申请同样展现出萌芽期、平稳增长期和快速增长期的分阶段增长态势（本节专利申请量统计日为 2013 年 5 月 1 日，由于中国专利申请自申请日起满 18 个月即行公布，还可以根据申请人的请求早日公布其申请，因此 2012 年统计数据可能不完整，2013

年统计数据未考虑）。中国专利申请趋势如图 2 所示。

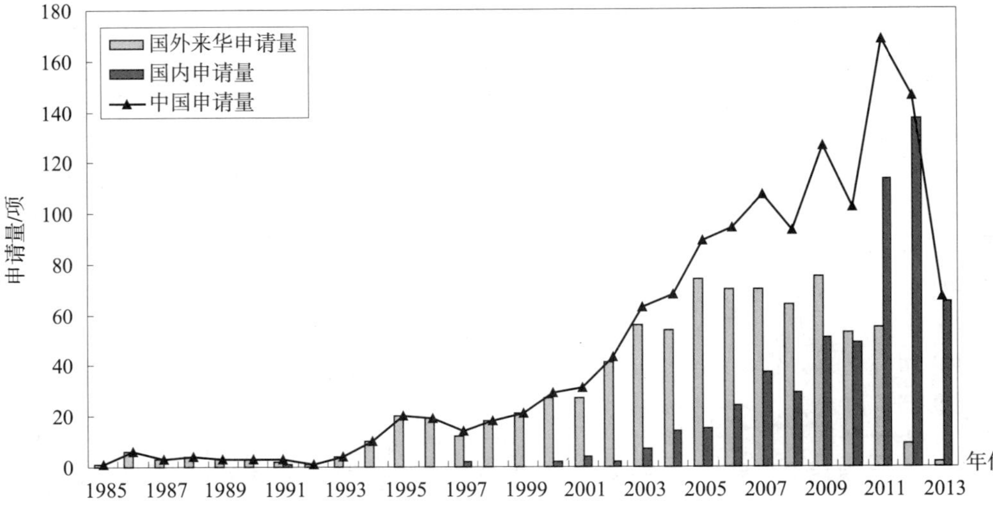

图 2　氟橡胶聚合领域中国专利申请量趋势图

1. 萌芽期（1985～1993 年）

这一阶段，氟橡胶聚合领域只有零星的专利申请，每年只有几项申请，除了 1991 年有一项中国申请人在该领域的申请之外，其余全部是国外企业在华申请。说明国外的氟橡胶生产企业开始注意到中国的氟橡胶市场，开始在中国进行专利布局，而由于我国专利制度起步较晚，研发技术人员对专利保护的重视度不够，中国本土的氟橡胶企业和科研院所还不具备专利意识。

2. 平稳增长期（1994～2001 年）

1994 年氟橡胶聚合领域的中国专利申请量突破 10 项，并始终保持平稳增长的态势。这一阶段申请的主力仍然是国外来华申请，国内申请人的申请量不高，除了 1997 年、2000 年和 2001 年有几项申请之外，其余年份没有该领域的申请，可见中国的氟橡胶研究生产机构仍然专利保护意识不强，而国外企业开始逐步加快在中国进行专利布局的步伐。

3. 快速增长期（2002～2011 年）

随着氟橡胶更广泛地应用，市场需求量迅速增加，氟橡胶聚合领域的中国专利申请量快速增长。这一阶段，国外来华的专利申请量始终保持在 50～70 项，在 2009 年达到顶峰；而国内申请人的申请量稳步上升，特别是 2011 年达到 113 项，超过国外来华专利申请量。可见国外氟橡胶生产企业在中国的专利布局始终保持在一定规模；同时，国内企业和科研院所在氟橡胶领域研发力量的不断投入，以及知识产权意识的提升，加之近年来国家政策的大力扶持，为我国氟橡胶产业的发展带来了新的机遇。从专利申请量的总体趋势也可以预见，中国在氟橡胶聚合领域的申请量仍然会保持快速增长态势。

三、氟橡胶领域专利申请区域分布

（一）氟橡胶领域专利申请全球区域分布

氟橡胶属于性能优异的特种橡胶，其研发、生产需要投入相当多的资金和人力，需要强大的经济实力和科技实力作为后盾，这一点通过全球申请量区域统计排名可直观地体现出来。图3数据显示，日本、美国、中国和德国在氟橡胶聚合领域的专利申请量分列全球前四位。

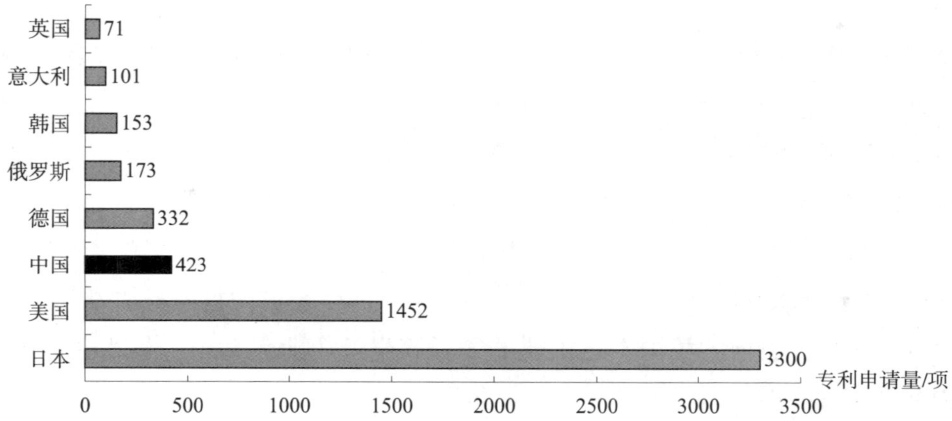

图3　氟橡胶聚合领域全球专利申请量区域分布图

日本在氟橡胶聚合领域的专利申请量遥遥领先，其在氟橡胶聚合领域的申请量达到3300项，占总申请量的49.4%，在该领域居于统治性地位，这与“二战”后日本在新材料领域的快速发展及专利保护策略有关。日本并不是最先研发出氟橡胶的国家，但是随着氟橡胶的广泛应用和消费量的迅速增长，日本涌现出大金公司、旭硝子、信越化学、旭化成、NOK、JSR等一大批全球著名的氟橡胶的研发、生产企业。这些公司不甘于做技术的追随者，开发出大量具有自主知识产权的新品种。如大金的DAI－EL® G系列氟橡胶、DAI－EL®热塑性氟橡胶、低温品种LT－302以及处于氟橡胶与丙烯酸树脂之间的新型材料DAI－EL Alloy。日本住友－3M公司推出3种耐甲醇、氨类高含氟聚合物—Fluorel三元聚合型氟橡胶：FT－2350、FT－2481和FT－2690，是偏氟乙烯、六氟丙烯和四氟乙烯的三元共聚物，具有良好的加工性能，耐老化性能优异，适于制作机械、化工设备的密封件。

美国是氟橡胶生产和研发的传统强国，全世界从事含氟聚合物研究的单位约有400家，其中美国有150家❶。位于第二位的美国在氟橡胶聚合领域的申请量为1452项，

❶ 徐兆瑜．我国氟化工材料的现状与展望［J］．杭州华工，2004，34（2）．

占总申请量的21.7%。“二战”之后，美国的经济、军事、科技实力一直处于世界第一的水平，由于氟橡胶主要用于航空、航天、新型坦克的密封件、油管，为了保持世界霸主地位，美国投入了大量的资金和人力资源开发氟橡胶，应用于国防等尖端领域。

从数据可以看出，日本、美国申请人非常重视在氟橡胶聚合技术方面的基础研究工作，研发和技术创新活跃，知识产权意识较强，氟橡胶聚合领域的全球专利申请主要由这两个国家的申请人提出，占全球总申请量的71.1%。全球最著名的氟橡胶生产企业大多在这两个国家，这也是日本、美国等国家长久能在氟橡胶研究领域保持优势地位的重要原因。

中国在氟橡胶领域的申请量为423项，占总申请量的6.3%，名次仅次于日本、美国，但是与日美相比申请量相差巨大。中国于20世纪五六十年代就开始研制氟橡胶，较早从事氟橡胶研制生产的单位有上海有机氟材料研究所和晨光化工研究院。2012年中国氟橡胶产能为1.67万吨/年，居世界第一，预计2017年中国氟橡胶产能将超过2.3万吨/年，占世界总产能的一半；2012年中国氟橡胶需求量为0.7万吨，预计2017年需求量超过1万吨，成为世界最大的氟橡胶消费国，中国已经成为世界各大氟橡胶生产商激烈争夺的市场。目前，我国本土主要的氟橡胶生产企业包括中昊晨光化工研究院，以四丙氟橡胶为主的上海三爱富新材料股份有限公司，以二元胶为主的江苏梅兰化工公司，但生产能力和产品质量还不能完全满足国内市场需求，因此许多领域不得不直接从国外进口氟橡胶，主要进口国为美国、意大利和俄罗斯等国家。目前我国氟橡胶不仅产能不能满足需求，而且品种比较单一，主要为26型氟橡胶，产品性能也不如国外产品。

排名第四的德国申请量为332项，占比5%；而氟橡胶生产和研发的传统强国俄罗斯的申请量仅为173项，占比2.6%，排名仅为世界第五。德国和俄罗斯专利申请量较少的原因可能在于该国的氟橡胶技术多用于航天军工等高科技领域，更倾向于通过技术秘密的形式进行保护从而避免先进技术的扩散。

（二）氟橡胶聚合领域专利申请中国区域分布

氟橡胶聚合领域的中国专利申请共1 356项，其中国外来华申请804项，占比59%，国内申请552项，占比41%。上述数据说明国外来华专利申请仍然占据了明显的优势地位，国外申请人已在我国进行了广泛的布局，将中国作为氟橡胶市场的转移地，国内申请人的技术水平还落后于国外同行的水平，处于技术跟随者的位置。

在氟橡胶聚合领域占据统治地位的日本和美国在中国的申请量同样也排名在最前列，美国的在华申请量为340项，日本的在华申请量为329项，这2个国家共占据了国外来华专利申请量的83%，远远超出其他国家的在华申请量，如图4所示。

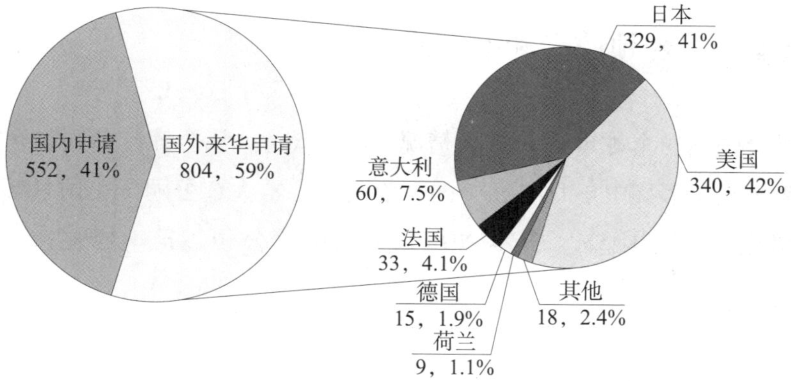

图 4　氟橡胶聚合领域中国专利申请的外国申请人国籍分布

美国和日本的在华申请量差距不大，但是值得注意的是美国在华申请量超过了世界第一的日本，可见美国和日本在中国的市场争夺非常激烈。美国的杜邦公司、3M 等公司，日本的大金公司等纷纷在中国成立合资或全资公司，力图在中国的氟橡胶市场份额中占据有力地位。

其他氟橡胶生产强国，如意大利、法国、德国等也没有忽视中国市场，也都在中国进行了专利布局。但是俄罗斯作为氟橡胶传统强国和中国氟橡胶的重要进口国，在中国几乎没有专利申请，并不重视在中国的专利布局，如图 5 所示。

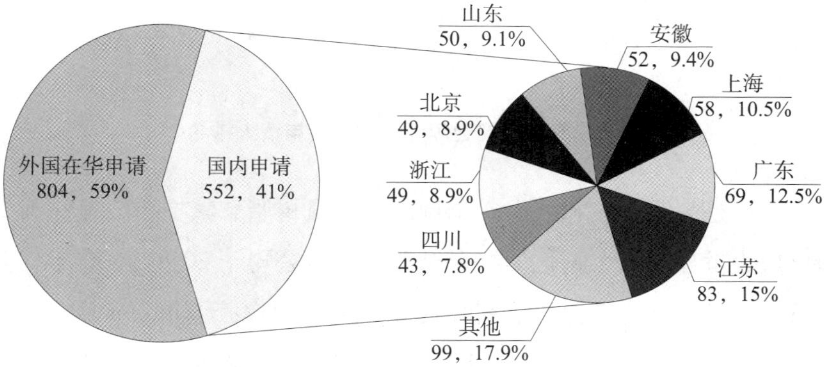

图 5　氟橡胶聚合领域中国专利申请的中国申请人地区分布

从图 5 上看，国内申请人按申请量排名的分布地区分别为江苏、广东、上海、安徽、山东、北京、浙江和四川。其中江苏 83 项，占比 15%，是国内申请量最多的省份。江苏省拥有国内较大的氟橡胶生产企业——江苏梅兰化工公司，该公司在常熟设立江苏高科技氟化学工业园，而且美国杜邦公司、日本大金公司、比利时苏威公司、法国阿科玛公司等世界著名氟化工巨头都在该园区投资设厂，这些都推动了江苏氟橡胶产业的快速发展。

四、氟橡胶聚合领域专利申请人分析

氟橡胶聚合领域的全球申请人排名情况，参见图6。从全球申请人排名来看，申请量前十位的申请人全部集中于日本和美国，依次为日本大金公司、美国杜邦公司、日本旭硝子、信越化学、美国3M、日本NOK、美国施乐公司、日本旭化成、JSR和佳能公司。

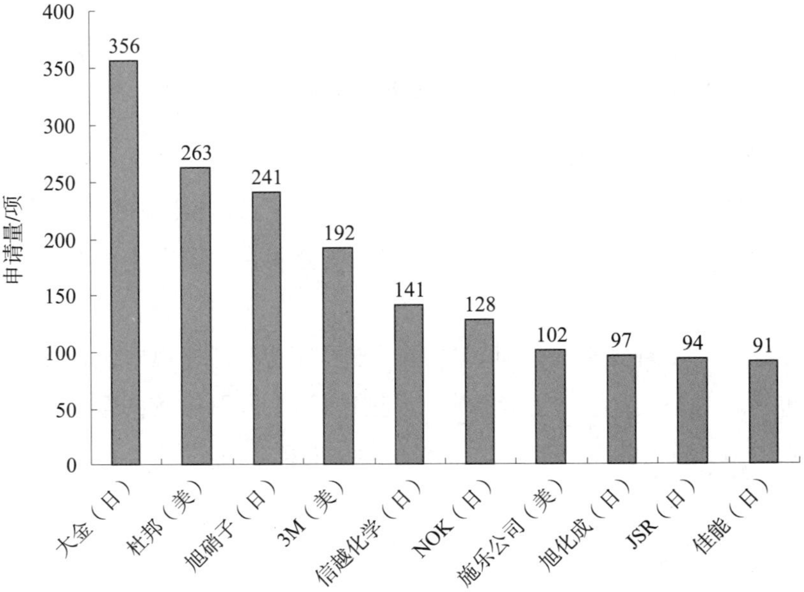

图6　氟橡胶聚合领域全球主要申请人排名

日本大金公司是一家研发和生产空调制冷剂、氟树脂、氟橡胶、氟涂料等氟制品的公司，目前已成为世界第二大氟化学综合企业。大金公司于20世纪70年代开始销售氟橡胶制品，可以用过氧化物硫化耐溶剂性良好的高含氟橡胶Dail－el G1001和耐含醇汽油性和低温特性综合平衡的氟橡胶G555。大金公司在全球专利申请中涉及氟橡胶聚合领域的申请为356项，居世界第一，相对于排名在后的其他申请人的申请量占有绝对优势，申请内容涉及氟橡胶生胶制备、硫化体系、混炼工艺、硫化工艺等众多领域。

美国杜邦公司目前是世界上最大的氟化工企业，氟橡胶产能8000吨/年[1]。杜邦公司在化学产品研发方面具有极强的实力，是最早开发出氟橡胶并成功将其商业化的公司。杜邦公司在氟橡胶的合成上作出了突出的贡献，开发出多种新品级的氟橡胶，全球共有五十多个牌号的氟橡胶，杜邦公司就拥有三十多个。例如为了满足航空工业对高性能密

---

❶ 氟橡胶的国内外发展分析［J］. 有机硅氟咨讯，2007（6）.

封要求的需要，杜邦公司于 1957 年开发出 Viton ® 氟橡胶，被广泛应用于垫片、O 形圈和油封上；于 1968 年开发出耐热、耐化学更优异的氟弹性体 Kalrez ® 全氟醚橡胶[1]。杜邦公司在全球专利申请中涉及氟橡胶聚合领域的申请为 263 项，居世界第二位。

日本旭硝子公司也是氟橡胶行业中的佼佼者，产能为 1500 吨/年。该公司氟橡胶产品的牌号为 Aflas ®，如高分子量品级 Aflas100H、100S 适用于模压密封制品；通用型 Aflas150P；低黏度品级 Aflas150E，适用于挤出、压延制品；最低黏度品级 Aflas150L，用作衬里。Aflas ® 氟橡胶是四氟乙烯与丙烯的交互共聚物，此种化合物赋予了 Aflas ® 氟橡胶超越常规 FKM 类橡胶的特有性能，如超高的耐碱性能，优越的电性能以及杰出的耐热、耐溶剂、耐臭氧和耐蒸汽等性能[1]。近年来，旭硝子与日本合成公司、美国埃克森公司合作开发了 Atlas ® 系列氟橡胶。旭硝子在氟橡胶聚合领域的申请量为 241 项，仅次于美国杜邦公司。

美国的 3M 公司也是最早开发出氟橡胶的企业之一，1958 年 3M 公司和杜邦公司几乎同时开发成功了六氟丙烯和偏氟乙烯的共聚弹性体，商品名为 Kel – F214。近年来，3M 公司不断深入开发氟橡胶新的产品，形成了二元氟橡胶、三元氟橡胶、耐胺碱氟橡胶、耐低温氟橡胶、全氟醚氟橡胶、过氧化物硫化氟橡胶等系列的产品。3M 的全资子公司丹尼昂公司的氟橡胶产能为 6000 吨/年，3M 公司在氟橡胶聚合领域的专利申请量为 192 项，处于世界第四位。

日本信越化学工业株式会社在氟橡胶领域则专注于氟硅橡胶，其开发的氟硅橡胶产品的牌号为 FE201U 系列和 FE301U 系列，申请量为 141 项，为世界第五，与前几位的申请人相比申请量差距较大。日本信越公司开发并已经商品化的液体氟弹性体（SHIN – ETSV – SIFEL 系列），是一种主链含有全氟醚结构，可在 150℃ 加工，并具有优良耐油、耐溶剂、耐低温性能的氟橡胶。

五、小结和建议

氟橡胶产业的快速发展，推动了氟橡胶聚合领域在全球及中国专利申请呈现快速增长态势；中国专利申请处于活跃状态，但申请主体仍为美日企业；全球专利来源国与布局区域都较为集中，美国、日本技术实力强大，美国和中国成为全球重点布局区域。

以大金公司、杜邦公司为代表的氟橡胶研发巨头，在氟橡胶聚合领域的研发热点集中在硫化体系和生胶制备等几个方面。

我国应结合实际国情，确定重点扶持的技术领域和企业，在提高生产技术水平和产品质量与应用上下功夫，以期在重点产业实现突破和飞跃。

[1] 氟橡胶中的佼佼者——旭硝子 Aflas ® [J]. 化工新型材料，2006，34（9）.

纯电动汽车专利态势分析

牛跃文

摘 要 本文对纯电动汽车专利态势进行了分析，研究了该领域全球以及中国专利申请状况，并从专利发展趋势、主要技术分支等角度进行了研究和分析。

关键词 纯电动汽车 专利发展趋势 技术分支

当今世界正在面临着严峻的能源现状和亟待改善的环境问题，世界各国都在积极地寻求相应的解决方案。近年来，随着国际能源供应的持续紧张、原油价格的持续上涨以及全球环境保护呼声的日益高涨，新能源汽车的技术研发和产业化发展受到了越来越多的重视。随着科技的进步，纯电动汽车作为新能源汽车的主要发展方向之一日益受到世界各国的关注，各国政府和相关企业纷纷将视线转移到纯电动汽车技术的研发与推广上来，随之也带来了相关专利申请的迅速增加，当前纯电动汽车的专利申请量正经历高速增长阶段。

一、全球专利状况分析

（一）发展趋势分析

本文从全球专利申请总体发展趋势以及中日美欧四方专利申请发展趋势 2 个方面，对纯电动汽车的全球专利申请状况进行分析。其中所有数据均以目前已公开的专利文献量为基础统计得到，不区分申请与授权。图 1 显示了纯电动汽车技术领域全球原创专利申请总量随年代的变化趋势。

由图 1 可以看出，全球纯电动汽车专利技术的发展大致经历了以下 3 个主要发展阶段，其中每个阶段均经历了萌芽期、发展期与衰退期。

第一阶段（1961～1986 年），1961 年开始出现纯电动汽车专利申请，但整个 60 年代，每年原创专利申请量基本都停留在 10 项之下；70 年代初期出现了一次大幅增长，短短几年时间内，每年的原创专利申请量提高到 100 项左右，并且于 1980 年达到第一次增长高峰；其后便进入衰退期，直至 1986 年，申请量降至低谷。

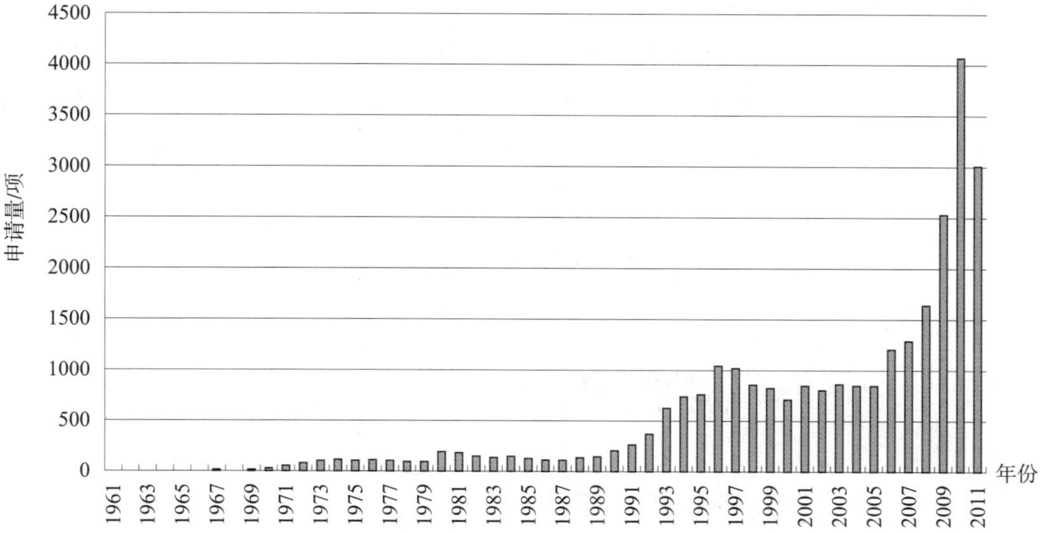

图 1　全球纯电动汽车技术领域专利申请趋势变化图

第二阶段（1987～2000 年），继前一阶段的衰退之后，纯电动汽车的专利申请量进入第二阶段的发展过程。自 1987 年开始，全球涉及纯电动汽车的年原创申请量又开始恢复增长，经过 10 年的稳步发展，到 1996 年时，迎来第二次增长高峰；其后再次转入衰退期，原创申请量逐年递减，但整体申请量仍高于第一阶段水平。

第三阶段（2001 年至今），2001～2005 年的 5 年间，纯电动汽车专利申请量维持在一个相对稳定的水平，年原创申请量在 800～900 项；2006 年开始形成快速突破，呈现高速增长趋势；在 2010 年专利申请公开存在滞后的情况下，但其年原创申请量仍达到历史最高峰，这也表明在今后的一段时期内，纯电动汽车的专利申请量仍将继续保持高速增长。

从上述纯电动汽车技术的专利申请发展轨迹来看，该领域的专利申请趋势的变化基本上与 20 世纪三次全球能源危机的发生相吻合。在能源危机出现时，纯电动汽车的专利申请量就呈现出明显增长趋势，反之则开始降低。这表明纯电动汽车技术的发展不仅取决于技术因素本身，而且在很大程度上还由全球能源状况所决定。也就是说，只有在迫不得已的情况下，纯电动汽车技术才有可能替代已经非常成熟的内燃机技术。

（二）主要技术分支分析

选取全球纯电动汽车技术领域的主要 3 个技术分支，即控制技术、电机技术和电池技术。从各技术分支申请量，近 20 年专利申请量随年代变化趋势，及近 3 年申请活跃度、在主要国家/区域的专利布局情况，以及重点申请人所持有专利的技术领域分布等方面，对纯电动汽车技术领域的全球重点专利申请技术分支的特点进行分析。

1. 主要技术分支申请量

结合图 2 与表 1 所示，本节选取的 3 个主要技术分支中，控制技术的申请量最多，其次是电池技术，最少的是电机技术，这也反映了目前全球纯电动汽车技术领域对于控制技术的关注。

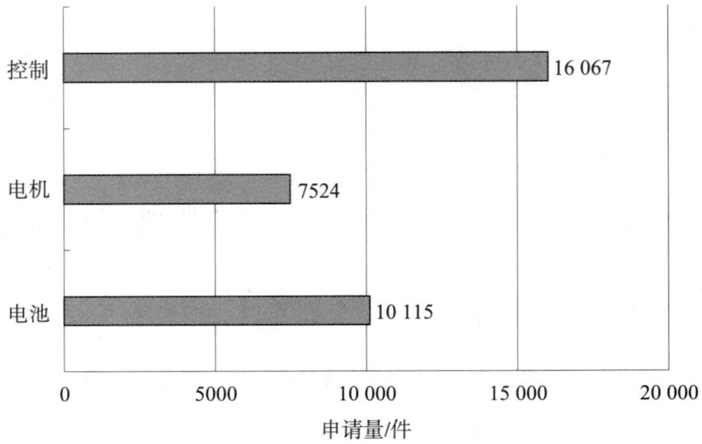

图 2　全球纯电动汽车技术领域主要技术分支申请量分布图

表 1　全球纯电动汽车技术领域主要技术分支及申请量

技术分支	技术主题	原创申请量
电池	电池电极、电解质、隔膜等材料及控制技术	10 115
电机	电机结构、冷却、电路及控制技术	7524
控制	整车控制、电池与电机控制及安全控制	16 067

2. 主要技术分支分析

图 3 反映出上述 3 个主要技术分支的申请量份额随年代的变化趋势。可以看出，3 个技术分支的申请量份额基本保持稳定，说明这 3 个技术分支一直都是全球纯电动汽车技术的研发重点，且这 3 个技术分支之间有很强的关联性。因此，纯电动汽车技术领域的这 3 个分支同时受到关注，共同均衡发展。

如图 4 所示，从上述 3 个技术分支近 3 年以来的申请活跃度来看，控制技术的活跃度最高，这反映了近些年纯电动汽车领域对于控制方面的关注。需要注意的是，上述 3 个技术分支之间的活跃度差异并不大，这反映了近些年针对上述 3 个技术分支的研发活动都非常活跃。结合其往年的平均申请量来看，由于往年平均申请量不高，表明前期完成的工作并不是很多；而近 3 年的活跃度较高，印证了目前正处于快速发展期。可以看出，上述 3 个主要技术分支仍将是未来一段时期内的发展重点。

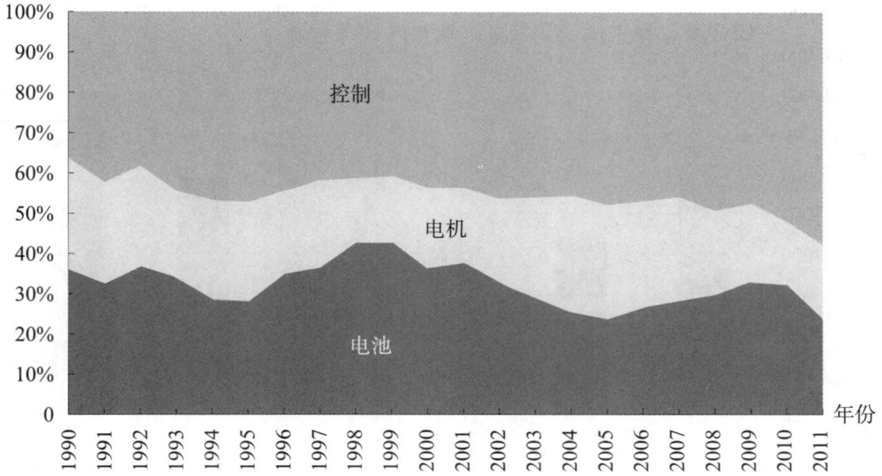

图 3　全球纯电动汽车技术领域申请量排名前十的主要技术分支近 20 年专利申请量份额趋势图

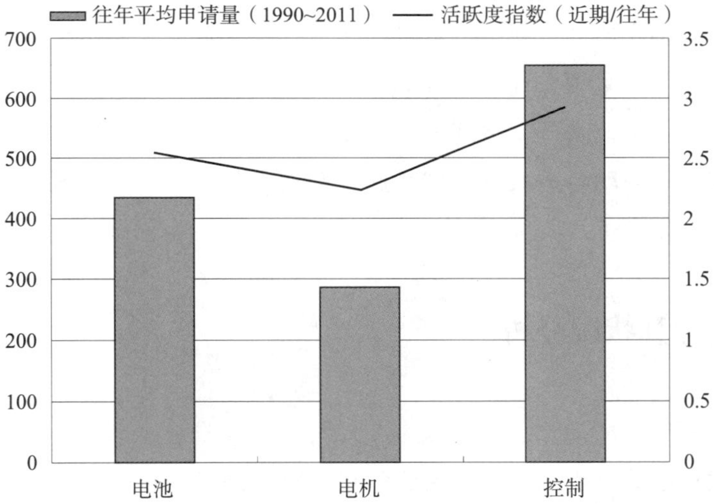

图 4　全球纯电动汽车技术领域主要技术分支近 3 年申请活跃度表图

3. 国家区域技术对比

图 5 反映了全球纯电动汽车技术领域的 3 个技术分支在主要国家/区域的申请分布情况，由此来分析相关国家/区域原创技术的分布情况以及各技术分支的整体布局状况。

如图 5 所示，各技术分支中无论是从原创还是从整体申请量上看，日本都有绝对的领先优势，中国次之，这一点结合此前对于主要申请区域与主要申请人的分析可以看到。此外，日本在各技术分支的原创申请量与整体申请量相差不大，表明较少有国外申请人就相关技术到日本开展专利布局，或者说其布局量并不能对日本本国原创技术产生冲击。

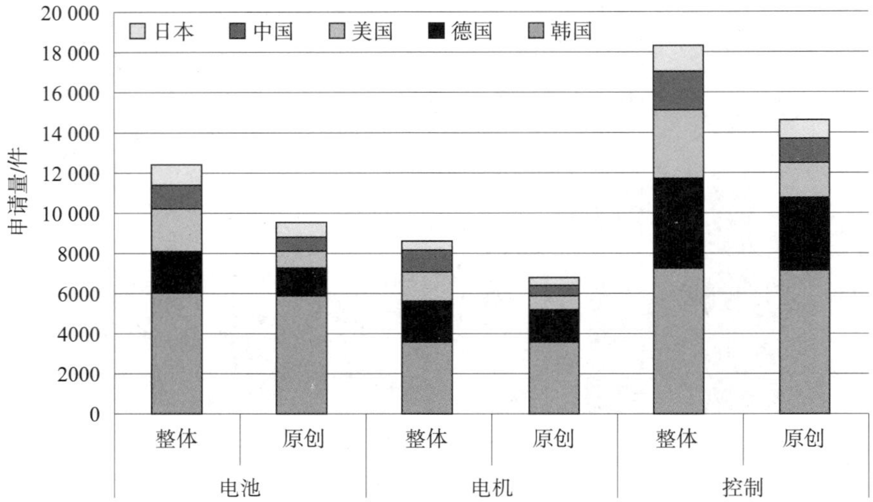

图 5　全球纯电动汽车技术领域主要技术分支在主要国家/区域的申请分布图

针对具体的技术分支的原创区域进行分析，可以发现日本在各技术分支中的原创专利申请量，在 5 个国家原创专利申请总量中所占比重都较大，显示出日本在纯电动汽车技术领域拥有较强的技术领先优势；各国家及区域在电池布局相对于电机比较多；但各国家及区域在上述 3 个技术分支之间的原创专利申请量的比例，基本与各技术分支申请总量的比例相当，这说明各国家及区域在这三个技术分支中没有表现出各自明显的优势和薄弱点。

二、中国专利状况分析

（一）发展趋势分析

专利申请发展趋势分析从总体发展趋势角度对中国专利申请总量、国内申请和国外来华申请进行分析。

图 6 显示了纯电动汽车技术领域在我国申请的专利总量、国内申请量以及国外来华申请量自 1985 年以来随时间变化的趋势。可以看出，专利申请量总体呈上升趋势，其中近几年发展迅速，国内与国外来华申请量大小和趋势基本保持一致。总体来看，纯电动汽车技术在中国总共经历了以下三个发展阶段。

第一阶段（1985 ~ 1998 年）为萌芽期。纯电动汽车技术研发还处于起步阶段，中国专利申请总量、国内和国外来华申请量均较小。中国专利申请总量最高为 48 件，国内最高申请量为 29 件，国外来华最高申请量为 19 件。

第二阶段（1999 ~ 2005 年）为稳定发展期。专利申请保持稳定增长，专利申请总量在 2005 年达到 283 件。此阶段国内专利申请量也有较大的增长，达到了 211 件；而国外来华申请增长相对缓慢，申请量在100件以下。

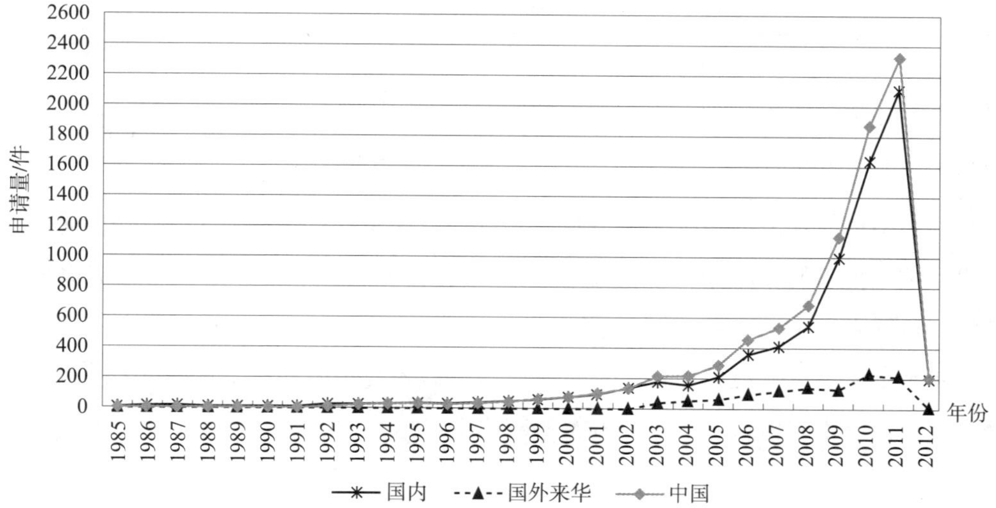

图6　中国纯电动汽车技术领域专利申请趋势变化图

第三阶段（2006年至今）为快速发展期。专利申请快速增长，国内申请从2006年的352件增长到2011年最高的2110件，国外来华申请从2006年的104件增长到2011年最高的220件。从近两年专利申请的数据看，国内专利申请量要明显高于国外来华申请量，这与我国不断出台扶持发展纯电动汽车的政策密切相关。由于数据存在公开滞后性的原因，2011～2012年的国外来华申请量有所下降，但从总体趋势上可以预见申请量仍然保持快速增长态势。

总体来看，国内申请的增幅明显大于国外来华的申请量，国外来华申请人重视在我国的专利布局，国内申请人近年来逐步加大专利申请。

（二）主要技术分支分析

选取中国纯电动汽车技术领域的主要3个技术分支，即控制技术、电机技术和电池技术，从各技术分支申请量、近20年专利申请量随年代变化趋势，及近3年申请活跃度、国外来华主要国家/区域以及国内省市的专利布局情况，以及重点申请人所持有专利的技术领域分布等方面，对纯电动汽车技术领域的中国重点专利申请技术分支的特点进行分析。

1. 主要技术分支申请量

通过对纯电动汽车技术的主要技术分类的排名分析，找出中国纯电动汽车主要技术领域。表2为中国纯电动汽车主要技术分支专利申请数量排名表。

表2　中国纯电动汽车技术领域主要技术分支专利申请数量排名表

排名	技术分支	数量
1	控制技术	4 507
2	电机技术	2 294
3	电池技术	2 089

从表2中可以看出，纯电动汽车技术领域中较为重要的3个技术分支电池技术、电机技术和控制技术的文献量都在千篇以上，由于这3个技术分支涉及车辆的储能装置、驱动源以及联系各个子系统之间的控制技术，所以在车辆的技术中占有相当大的比重。其中控制技术所占比率最大为51.2%，可见控制技术是纯电动汽车控制的重要技术之一；另外涉及电池技术和电机技术也占有相当的比重。

2. 主要技术分支分析

表3为中国纯电动汽车技术领域主要技术分支，往年平均申请量、近3年平均申请量和活跃指数综合表。图7为中国纯电动汽车技术领域主要技术分支的活跃度图。通过主要技术分支近年来申请的活跃度，来确定中国纯电动汽车技术领域的研究热点。

表3　中国纯电动汽车技术领域主要技术分支活跃度表

技术分支	往年平均申请量	近三年平均申请量	活跃指数（近期/往年）
电池技术	94.55	438.3	4.64
电机技术	103.91	423.7	4.08
控制技术	204.36	987	4.83

结合表3和图7可以看出，3个主要技术分支的往年的平均申请量并不是很多，但是随着近几年该领域的迅猛发展，3个主要技术分支的申请量迅速增加，特别是控制技术有了大幅度的增长，并且3者近年来的活跃指数也很高，基本上都保持在4以上。可见，这3个技术分支确实是纯电动汽车技术领域的主要技术和热点技术。

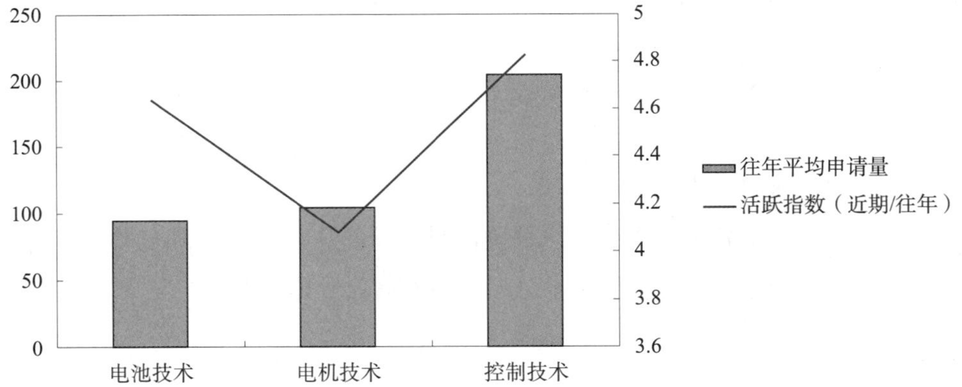

图7　中国纯电动汽车技术领域主要技术分支的活跃度图

3. 国家区域技术对比

通过中国与国外发达国家在技术主题上的对比分析以及对国内主要省市技术主题分布的不同进行分析，找出国内外在技术发展方向的差异，为我国以及国内省市技术发展路线提供参考。

表4为中国纯电动汽车技术领域在中国申请专利的主要国家，在主要技术分支上的分析表。

表4　中国纯电动汽车技术主要国家在3个主要技术分支上的分析表

技术分支	中国	日本	美国	韩国	德国
电池技术	1641	337	91	75	44
电机技术	2041	231	87	23	35
控制技术	4063	487	198	75	64

从表4中可以看出，在3个主要技术分支上，中国专利申请数量优势明显，分别有1 641、2 041、4 063件申请；排名第2的日本分别有337、231、487件申请。在3个主要技术分支中控制技术的申请量最大，电机技术的申请量紧随其后，日本、美国、德国与中国情况一致。从以上可以看出，中国专利申请数量较多，且与国外发达国家在技术主题上基本保持一致。

表5　中国纯电动汽车技术领域在3个主要技术分支上国内主要省市技术主题特征分析表

技术分支	广东	浙江	北京	江苏	上海	安徽	河南	山东	天津	湖北
电池技术	207	201	192	174	114	110	79	72	66	48
电机技术	184	303	138	283	177	86	61	131	68	81
控制技术	452	433	403	487	321	271	147	218	184	153

从表5中可以看出，排名前十省市专利申请量都基本上也都是按照控制技术、电机和电池技术的顺序排列，与国外发达国家的发展一致。广东专利申请在3个主要技术分类中所占的比重相对较多，分别有207件、184件和452件；浙江紧随其后在三个主要技术分类上的申请量分别为201件、303件和433件；排名在第9～10位的天津和湖北在控制技术方面也分别有184件和153件专利，申请量相对较少。

三、结　论

通过分别在全球专利数据库与中文专利数据库中的检索，以及对相关专利申请数据的统计与分析，得到以下主要结论。

（一）全球及中国原创专利目前均呈高速增长态势

从全球范围看，纯电动汽车专利申请量自1991年开始进入了稳步增长阶段，在2000年以后更是步入一个快速增长期。随着全球几大汽车公司的纯电动汽车产品陆续投放市场并开展商业化运营，相应的纯电动汽车技术领域的专利申请量也出现明显地快速增长，每年全球范围内的原创申请量以几百甚至上千项的速度递增。这一方面表明，纯电动汽车技术已经进入技术全面覆盖的良性发展趋势；另一方面也表明，随着各国政府对纯电动汽车的大力扶持和鼓励，纯电动汽车技术的完善必将达到新高度。

从中国范围看，国内申请人在该领域的申请力度要大于国外来华申请人，特别是近几年，国内主要申请人的申请增长率很快，活跃指数较高。这表明近年来我国政府在该领域实施的一系列政策与资金扶持取得了一定成效，并且国内一些主要汽车企业逐渐重视自主研发，从技术创新方面提升自身竞争力。

（二）全球未来重点关注电动车控制技术、电池以及电机技术

随着纯电动汽车结构技术的日益成熟，研发者将重心转移到了电动车的3大核心技术：控制技术、电池以及电机技术。

近3年控制技术在纯电动汽车的发展中越来越受关注，有关控制技术的申请非常活跃，其中控制技术中的微处理器系统的技术活跃度最高。

另外，在电池有效容量范围之内，高效协调电机与传动装置之间的工作，以确保纯电动汽车满足用户日常行驶里程需求，对于纯电动汽车技术的广泛应用有着重要意义。

电机技术往年的平均申请量相对较小，这是由于其在2000年之前的关注度不高，此前用于纯电动汽车的电机基本是直接取之于通用电机。但自2000年之后，电机技术在纯电动汽车技术领域的关注度逐渐提升，尤其是近3年，其活跃度指数相对于大部分技术领域而言偏高，表明研发适合纯电动汽车的专用电机成为该领域的发展趋势。

因此得出结论，上述几个技术领域，尤其是控制技术、电机技术是今后一段时期内该领域的发展重点。

对于中国申请人来说，在纯电动汽车技术领域专利申请很活跃，专利申请人研发投入力度大，这与我国大力扶持纯电动汽车的政策密切相关，同时也与整个纯电动汽车的发展休戚相关。

车辆碰撞测试技术领域的专利申请状况分析

魏晓薇

摘　要　通过对车辆碰撞测试技术领域的全球专利申请进行检索，从历年申请量、主要申请国家、主要申请人等方面分别进行统计分析，同时分析中国专利申请状况。本文结合行业标准的发展，分析车辆碰撞测试技术领域专利申请的主要研究分支，并分别针对各个研究分支对其技术发展路线进行总结。

关键词　车辆　碰撞测试　统计分析

一、车辆碰撞测试技术的发展

由德国人卡尔·本茨于1885年研制成功的第一辆内燃机汽车开始，至今，世界汽车工业经历了100多年的发展历史。在汽车的发展初期，人们主要致力于改善汽车性能，如动力性能、控制性能等，随着各部分性能的稳定，加之流水生产线技术在汽车产业的运用，汽车逐渐开始在欧美国家实现量产。随着第一次世界大战的爆发，装甲车及民用车的需求量大大增加，使得汽车类型逐渐完善，趋于多样化。第二次世界大战后，汽车技术进入全面发展时期，从20世纪50年代开始至70年代，是世界汽车发展的黄金时期，美国、欧洲汽车行业雄踞世界汽车市场。随着汽车生产技术的不断完善，汽车设计也逐渐向小型化、经济化的方向发展，汽车产业进入了大批量生产的时期。

随着汽车产量的与日俱增，以及车辆行驶速度的不断提升，车辆的安全性能在车辆设计和生产过程中越来越显示出其至关重要的地位。1979年，美国最早提出了NCAP（New Car Assessment Programme）体系，即新车评价规范。随后，欧洲、日本等汽车工业发达国家也相继建立了NCAP评价体系。该评价体系一般由政府或具有权威性的组织机构，按照比国家法规更严格的方法对在市场上销售的车型进行碰撞安全性能测试、评分和划分星级，向社会公开评价结果。随着我国汽车产业的逐渐兴起，在充分研究并借鉴其他国家NCAP发展经验的基础上，结合我国汽车标准、技术和经济发展水平，中国汽车技术研究中心也于2006年正式建立C－NCAP《中国新车评价规程》。并分别于2009年及2012年进行重新修订，不断地对其加以完善和补充。

在 NCAP 体系中，试验方法与法规认证试验基本相同，但测试项目更加全面，要求更加严格。更重要的是，NCAP 体系有一套成熟的安全评价方法，把一般性试验简单的“合格”和“不合格”判定变成更加直观并量化的星级评价。由于它影响广泛、标准严格、试验规范、权威公正，直接面向消费者公布试验结果，因而能够反映汽车的实际安全水平，因此各大汽车企业都非常重视 NCAP，把它作为汽车开发的重要评估依据。

目前我国现行的 2012 版 C－NCAP 中，其正式评价项目包括：碰撞试验和低速后碰撞颈部保护试验（鞭打试验）。其中碰撞试验又分为：正面 100% 重叠刚性壁障碰撞试验、正面 40% 重叠可变形壁障碰撞试验和可变形移动壁障侧面碰撞试验。通过上述试验后的假人受伤害情况进行车辆安全性能评价。而在欧盟新车认证程序/中心（Euro－NCAP）的评价体系中，还包括：儿童保护评价以及行人保护评价。相较而言，测试项目更加全面，对车辆性能的要求也更加严格。

二、车辆碰撞测试技术领域的专利申请分析

在国际专利分类表中，涉及车辆碰撞测试技术领域的分类号主要集中在 G01M 小类下，其中 G01M7/00 为结构部件的振动测试；结构部件的冲击测试，而 G01M7/08 为该大组下的一点组，主要包括冲击测试；G01M17/00 为车辆的测试。由于时间、篇幅的限制，本文统计数据仅以 G01M7/08、G01M17/00 及其下位组结合关键词在 DWPI 和 CNABS 数据库中进行检索，并通过人工筛选，共得到自 1973 年至今（统计日期为 2015 年 1 月 7 日）涉及车辆碰撞测试领域的全球专利申请共 1051 篇。

（一）主要国家专利申请情况

图 1 显示了车辆碰撞测试领域专利申请的国家分布情况，其中，中国的申请量居于首位，占全球专利申请量的 38% 左右，其次是日本，占全球申请量的 22% 左右，之后分别是韩国、德国、美国等国家。

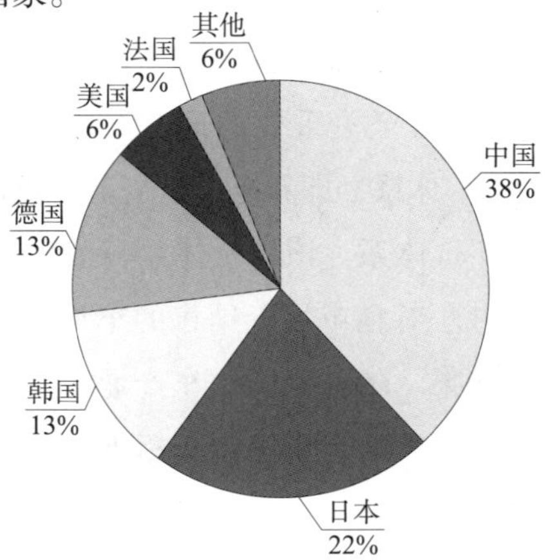

图 1　全球专利申请国家分布情况（以 PR 为统计字段）

图 2 显示了车辆碰撞测试领域主要国家申请量的年代分布情况，从图中可以看出，该领域专利申请起始于 20 世纪 70 年代，而其后的 20 年间，该领域的申请量一直较少，这与汽车工业的发展状况存在直接关联。虽然这一时期欧美地区汽车制造业已经呈现出快速发展的态势，且汽车制造技术也已逐步完善，然而由于汽车保有量的不足，使得人们对于汽车安全性能的关注远不及车辆本身的行驶性能。从 20 世纪 90 年代起，随着汽车制造及使用成本的降低，汽车产量大幅增加，随之而来的汽车安全问题开始逐渐引起车辆生产厂家及公众的注意。与此同时，有关车辆碰撞测试技术的专利申请量也在逐年上升。其中，德国作为汽车产业的发源地，自 1990 年起几乎每年都保持几件至十几件左右的申请量。日本的汽车行业凭借其质优价廉的特点，也在全球汽车领域中占据一席之地，从 1993 年起，日本在车辆碰撞测试技术领域的申请量基本保持每年 10 件至 20 件左右的申请量。韩国也从 1994 年起，每年保持几件至十几件的申请量。

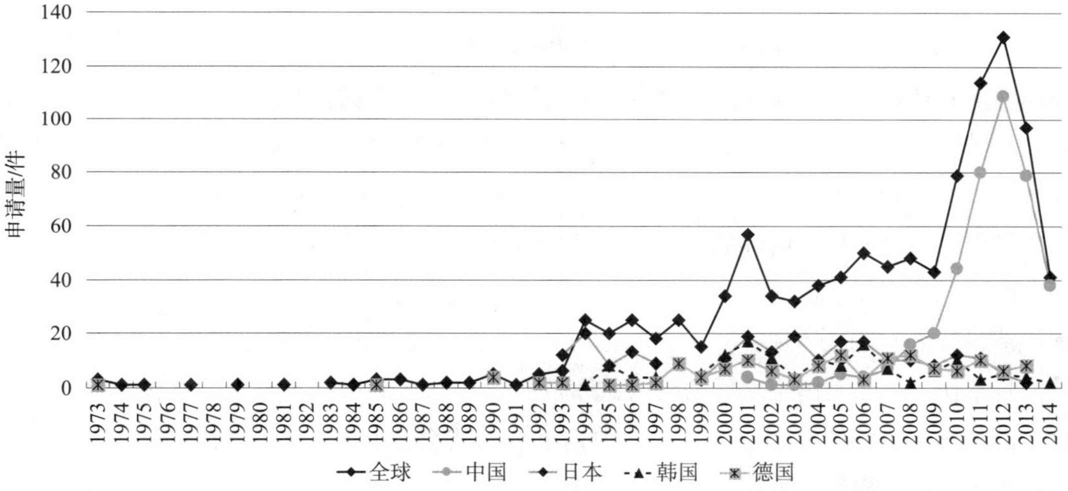

图 2　主要国家申请量年代分布情况

自 2001 年起，中国申请人开始在车辆碰撞测试技术领域提出专利申请，到 2007 年，每年申请量均仅为几件，而从 2008 年开始，中国申请人在车辆碰撞测试领域的专利申请量呈现大幅上升态势，并且在 2012 年达到 109 件，而在 2013～2014 年申请量逐渐回落（由于文献公开及数据库收录时间等因素限制，2014 年的相关数据尚不完整，以下涉及 2014 年的数据统计均存在上述问题）。

（二）主要申请人及其申请量

从图 3 可以看出，在车辆碰撞测试领域，申请量排名前十的申请人主要来自中国、韩国、日本、德国，其中，中国的浙江吉利汽车研究院有限公司的申请量排名第一，共 143 件；第二位的是韩国的起亚汽车集团 67 件，之后分别是日本的神钢电机株式会社 48 件、本田株式会社 25 件以及三菱集团 22 件。

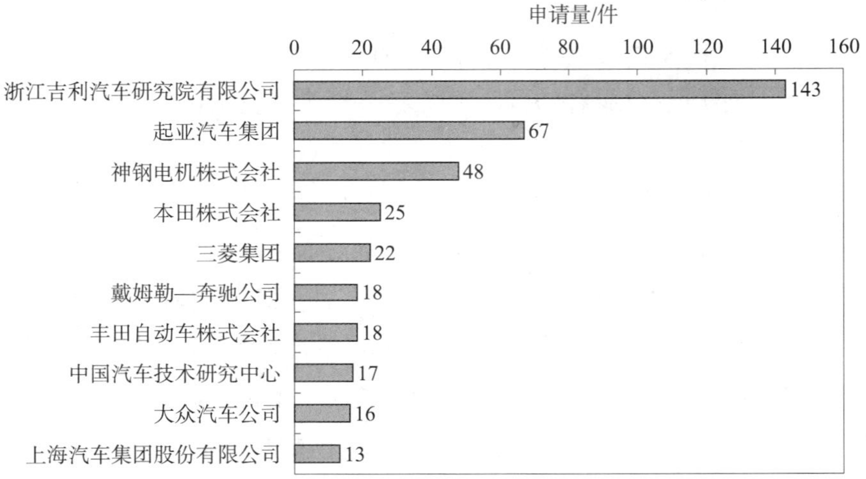

图3　申请量前十的申请人

在排名前十位的企业中，除德国的戴姆勒—奔驰公司和大众汽车公司外，其余均为亚洲企业，特别是中国企业的申请量占申请总量的45%，而这与汽车工业实际的发展分布状况似乎存在明显矛盾。究其原因，由于美国和欧洲等国从20世纪80年代起就开始陆续建立NCAP（新车评价规范）体系，其车辆碰撞测试均由官方或权威机构进行统一组织管理，而车辆厂家内部的碰撞测试实验室仅为研究车辆安全性能服务，而并不作为商业用途，因此在碰撞测试领域的专利申请方面积极性不高，而对于汽车产品相关的专利申请量巨大，这也体现了欧美国家的汽车企业对于专利布局的深刻理解和把握。

日本作为继欧美国家之后的又一汽车巨头，在汽车制造技术发展的几十年间迅速占据了国际汽车市场的一席之地。日本神钢电机株式会社是日本知名的特大型企业集团，其产品涵盖运动控制、输送、检测和控制系统等工业领域，并建立了专用的汽车测试系统，其车辆碰撞测试领域的专利申请量居于第三位，内容涉及车辆碰撞测试装置的整体结构以及对于各部件的设计，如牵引、导向、驱动机构的具体结构，且大部分申请年代较早；而本田、三菱、丰田等均为大型跨国汽车企业，其在车辆碰撞测试领域的专利申请含金量也较高。因此，对于车辆碰撞测试技术领域的检索，特别是涉及具体结构部件的改进，可针对日本专利申请进行全面检索。

中国企业，由于近年来国家对于企业创新的支持力度较大，中国企业在车辆碰撞测试领域的专利申请量也呈逐年增长态势。特别是浙江吉利控股集团，作为中国国内汽车行业十强中唯一一家民营汽车企业，在车辆碰撞测试领域的专利申请总量居于首位，其对于创新的积极性值得鼓励。对于中国企业在车辆碰撞测试领域的专利申请分析，将在下文中做详细介绍。

（三）车辆碰撞测试领域的中国专利申请分析

车辆碰撞测试领域的中国专利申请共414篇，占总申请量的38%。其中仅浙江吉利汽车研究院有限公司，申请量便达到了 143 篇。此外，中国汽车技术研究中心、上海汽车集团股份有限公司等也分别在车辆碰撞测试领域提出了多件专利申请。然而，上述 400 余篇中国专利申请中，全部是仅向中国国家知识产权局提出并在中国公开/公告，无一向国外专利局提出。而其中 66% 是实用新型专利申请，如图 4 所示，发明专利申请量仅占总量的 1/3，且大部分是近几年提出的申请，多数申请目前尚未获得授权。

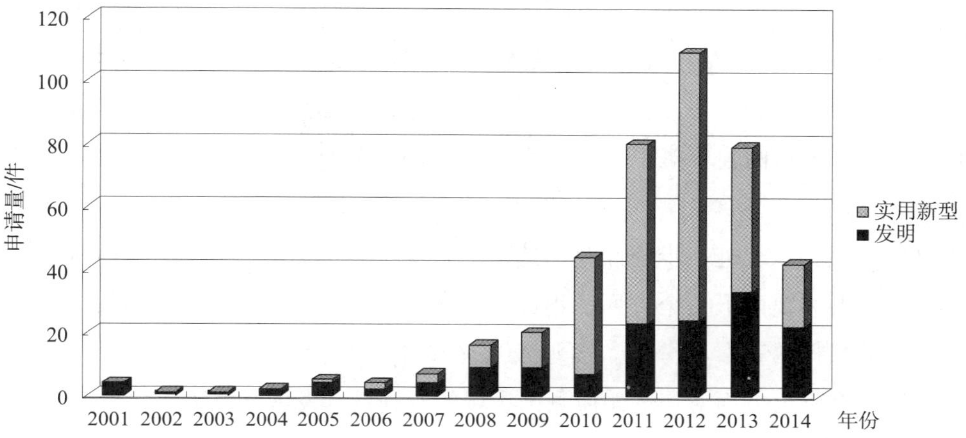

图 4　车辆碰撞测试领域的中国专利申请分布情况

从申请量的发展趋势可以看到，近几年中国汽车行业开始重视自主研发，并逐渐形成专利保护的意识。以浙江吉利汽车研究院有限公司为例，如图 5 所示，2009 年，该公司仅向中国国家知识产权局提出了一件实用新型专利申请；而至 2010 年，该数量上升为 16 件；在此后的 2 年间，其专利申请量逐渐攀升，且于 2011 年开始提出发明专利申请 6 件；而在 2013 年，其总体专利申请进度放缓，实用新型申请数量明显下降，而发明专利申请的比例则大幅上升。从上述发展趋势我们可喜地看到，该企业已经从之前的单纯追求申请数量逐渐成长为对申请质量的要求。

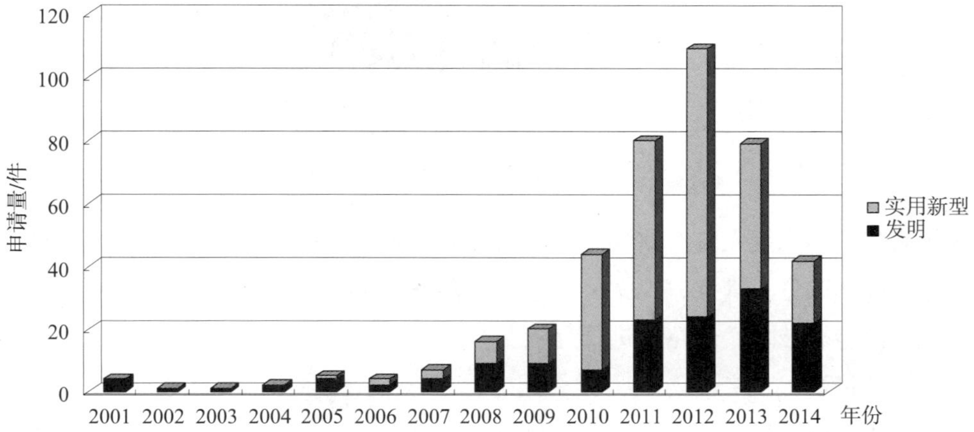

图 5　浙江吉利汽车研究院有限公司申请量分布情况

三、车辆碰撞测试技术发展

如前文所述，自美国最早建立 NCAP 体系以来，各国陆续建立适应本国国情的 NCAP 体系以对新车安全性能进行评价，虽然各国 NCAP 的测试项目以及具体试验条件不尽相同，但均包括下述基本测试项目：正面碰撞试验、侧面碰撞试验以及追尾试验（鞭打试验）。以上测试均采用实车进行测试，虽然测试准确性较高，但测试成本不菲。因此，车辆碰撞测试领域的专利申请，多采用白车身或模拟车辆框架进行模拟碰撞测试。该领域主要申请人的研究目的主要集中在如何真实、准确地对车辆碰撞事故进行模拟以期获得最有效的测试数据。

根据对上述文献的进一步统计及筛选，结合详细浏览，总结得到车辆碰撞测试领域的专利申请主要涉及以下几个方面：正面碰撞试验、侧面碰撞试验、车辆零部件检测试验，以及试验数据的获取和分析。而涉及追尾试验以及行人碰撞试验的专利申请较少。以下便从这几个主要方面对车辆碰撞测试领域的专利技术发展路线进行分析。

（一）正面碰撞试验

正面碰撞试验，即使被测车辆或部件以一预定速度正向撞击壁障，通过车辆损伤情况和/或特定位置的假人受伤情况判定测试结果。

涉及正面碰撞试验的专利申请主要包括以下几个方面的改进：驱动/牵引方式、导向/台车方式、壁障设置以及正面碰撞试验系统的整体布置。如图 6 所示，为上述主要研究方向的技术分布情况。可以看到，涉及导向/台车以及试验系统布置的专利申请量较大，二者共占据总量的 60%；而涉及壁障和驱动/牵引方式的专利申请量相对较少。

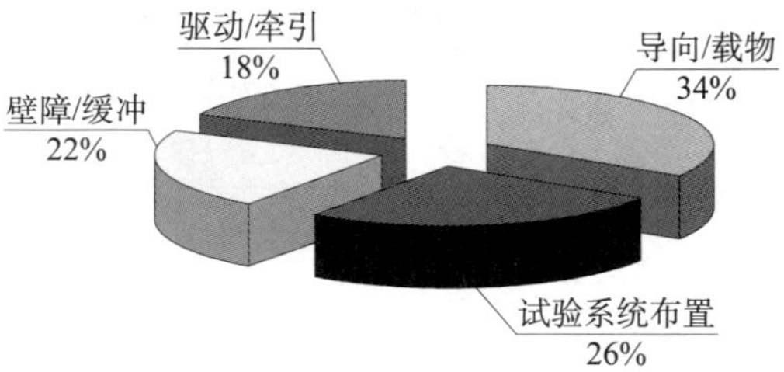

图 6　正面碰撞试验主要技术分布

由于其中试验系统整体布置的内容同时包括驱动/牵引方式、导向/台车方式、壁障设置等多方面的改进，因此，本文将结合各个阶段的典型申请从以上 3 个主要方面对正面碰撞试验的专利技术发展路线进行分析。

1. 驱动/牵引

在车辆正向碰撞试验中，驱动/牵引机构是试验系统的重要环节。驱动/牵引机构的主要作用是给被测车辆/框架提供动力，使其在碰撞前达到预定的测试速度。早期申请中，较为多见的是采用绳索配合滚轮对被测车辆进行牵引，例如 US4848134A（1987 年申请，如图 7 所示），是利用重力块配合转轮带动牵引绳索运动；而 JPH0854312A（1994 年申请）中，是采用电机控制转轮转速从而控制绳索运动速度，当被测车辆/框架到达预定速度后，利用脱钩装置将其与绳索脱离，继而实现碰撞测试；而其后的研究则主要集中在对上述驱动装置的改进，如 JPH10260106A（1998 年申请），是在其基础上进一步设置绳索张力调整单元，以便吸收绳索与转轮之间的松弛现象；而 JP2001108572A（1999 年申请），则是利用速度控制装置对牵引速度进行伺服控制。同时还出现了利用坡道使被测车辆或部件加速的技术方案，例如 US4545236A（1984 年申请，如图 8 所示）。

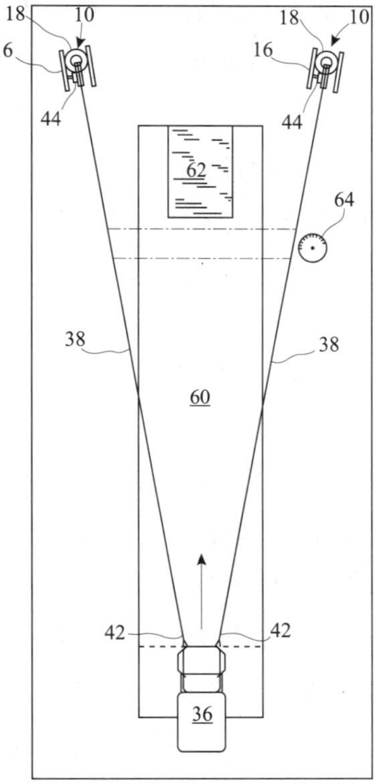

图 7　US4848134A　绳索滚轮驱动

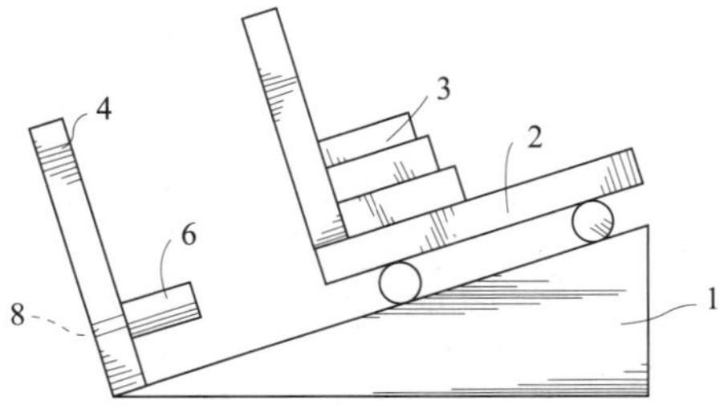

图 8　US4545236A　坡道加速

2000 年后，在对现有技术改进的同时，又出现了一些其他形式的驱动方式，例如：CN1420036A（2001 年申请），是利用卷扬机、滚轮以及牵引绳对牵引车进行拖拽，牵引车通过车钩连接被测车辆，当被测车辆到达坡道高点时，释放车钩使牵引车与被测车辆脱离，从而利用惯性使试验车辆加速；而 GB2410311A（2004 年申请），是利用弹性装置与销钉配合对被测车辆进行加速；JP2006208093A（2005 年申请），是利用液压缸带动活塞杆冲击被测车辆运动。

为了进一步提升碰撞模拟的真实性，DE102008030208A1（2008 年申请）采用耦合装置使测试车辆与碰撞物体相向运动，从而模拟车辆碰撞情况；CN101652648A（2008 年申请）利用液压缸结合气缸进行驱动，有效减少加载循环时间，提高加载效率。

多项申请涉及对斜面加速方式以及绳索滚轮加速方式的改进，而申请人的主要研究方向则在于对碰撞速度、角度的控制，以及装置结构的简便化、合理化。特别是近年来的申请，多数为涉及驱动装置的细节改进，例如：对斜面角度的控制、加载控制装置的改进，以使得碰撞试验装置能够更加真实地模拟碰撞事故。

2. 导向/台车

在车辆正向碰撞测试中，导向/台车装置同样是必不可少的。该装置的作用是对被测车辆/框架的行驶轨迹进行控制，使其能够沿预定路径行驶并与壁障的预定位置进行碰撞。

对于被测车辆/框架的导向主要通过牵引小车的方式或移动台车的方式。其中，牵引小车的方式是通过利用牵引小车与导轨配合，对被测车辆/框架进行牵引，使其自行运动至预定速度后，脱离牵引小车并与壁障发生碰撞。例如 JPH0854312A（1994 年申请）中公开了利用牵引小车与设置于被测车辆前端的车钩连接，并由牵引小车配合导轨，实现对被测车辆/框架的导向；而 KR98021408A（1996 年申请，如图 9 所示）中则采用与车宽相等的两条平行导轨对车辆进行导向，并在车辆底部设置牵引绳配合设置于导轨中心的另外两条导轨对车辆进行导向。

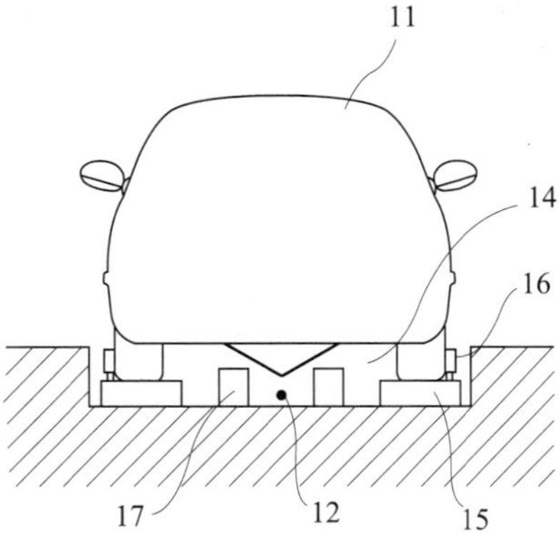

图 9　KR98021408A　导向装置

对于牵引小车而言，由于需要在车辆达到预定速度后迅速脱开，从而使其真实模拟碰撞事故，因此对于牵引/脱钩装置的设计一直是申请人重点关注的。例如 JPH08122200A（1994 年申请）中，利用释放凸轮结合拨杆的结构对绳索夹紧/释放装置进行控制；JPH09236517A（1996 年申请）中则是通过转动棘轮实现牵引绳的释放；JPH11118660A（1997 年申请）中，则是利用触发杠杆拨动咬合部件松脱以实现绳索的释放。而移动台车的方式则是利用移动台车承载被测车辆/框架运动，至预定位置后对移动台车进行制动从而使得被测车辆/框架与壁障发生碰撞。

对于移动台车的研究方向主要集中在台车结构设计，例如 JP2002062230A（2000 年申请，如图 10 所示）及 US7415903 B2（2006 年申请）中，利用台车载置白车身以及假人进行模拟碰撞试验，并设置脚踏板驱动装置，以模拟脚踏板冲击试验；CN102472688A（2010 年申请）中，通过在台车上设置附加质量体以代替测试假人进行试验，从而达到降低成本的目的；CN102564722A（2012 年申请）中，通过设置可相对于底座旋转的旋转机构，实现白车身的简便安装。

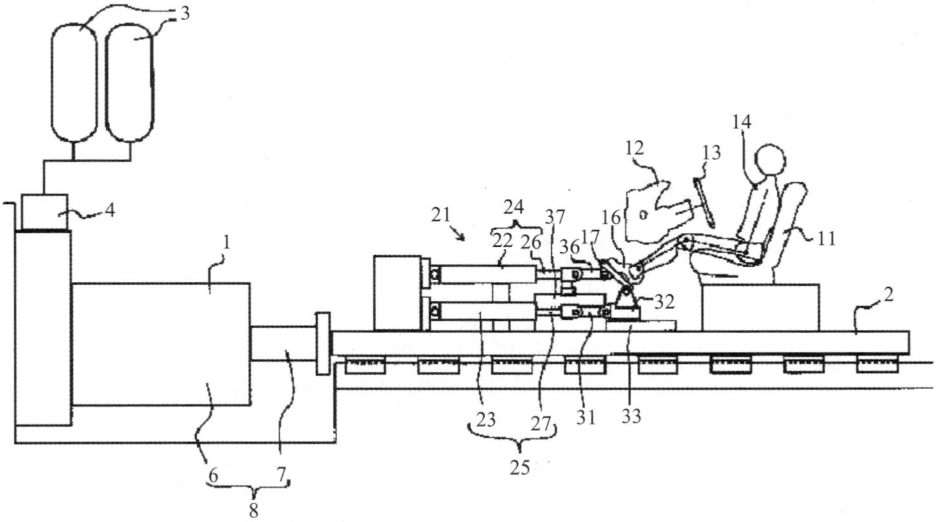

图 10　JP2002062230A　台车装置

3. 壁障

在车辆碰撞测试中，壁障装置的作用，是作为障碍物与车辆碰撞从而模拟实际的碰撞。根据测试目的的不同，壁障通常分为：刚性壁障和可变形壁障。刚性壁障用来模拟固定的刚性建筑物；而可变形壁障则通常用来模拟可移动或可变形的物体，例如前方车辆、物体或栏杆等。其中，绝大部分申请涉及可变形壁障的改进，例如 JPH1164155A（1997 年申请，如图 11 所示）中公开了在壁障上设置油压缓冲装置，对碰撞车辆进行缓冲；而此后的申请多数是在此基础上加以改进，例如 KR20020032681A（2000 年申请）中公开了在壁障的液压活塞杆顶端设置冲击检测装置以对碰撞冲击力进行检测。而

JP2001242042A（2000 年申请）中则公开了一种可移动可变形壁障，在该壁障上设置刚性突起，并在其下方设置缓冲梁使其与被测试车辆前端相撞；JP2007024084A（2005 年申请）中同样公开了一种可移动变形壁障，其前端设置了蜂窝结构的冲击吸收机构。

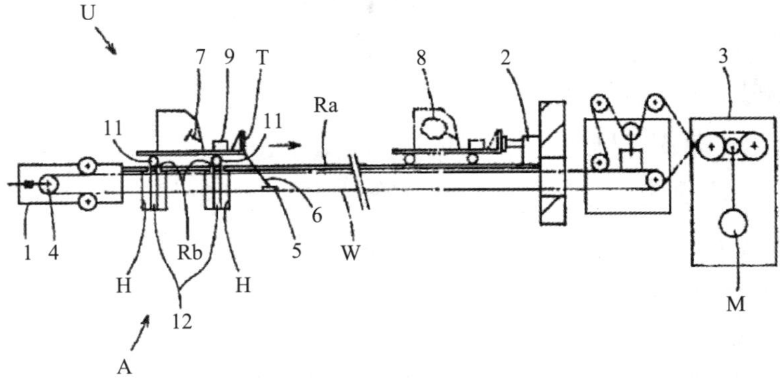

图 11　JPH1164155A　油压缓冲壁障

（二）侧面碰撞试验

侧面碰撞试验，即使测试车辆侧部与冲击物体相撞，通过检测车身变形量和/或车内假人受伤害情况对车辆安全性能进行评价。侧面碰撞试验主要通过以下几种方式实现。

第一，被试车辆/框架设置在台车上，并与移动物体进行侧向碰撞实现碰撞模拟，例如 US5483845A（1994 年申请，如图 12 所示）中所公开的试验方式；或被试车辆/框架与冲击物体相向运动实现碰撞，例如 JP20333895A（1995 年申请）中所公开的试验方式。

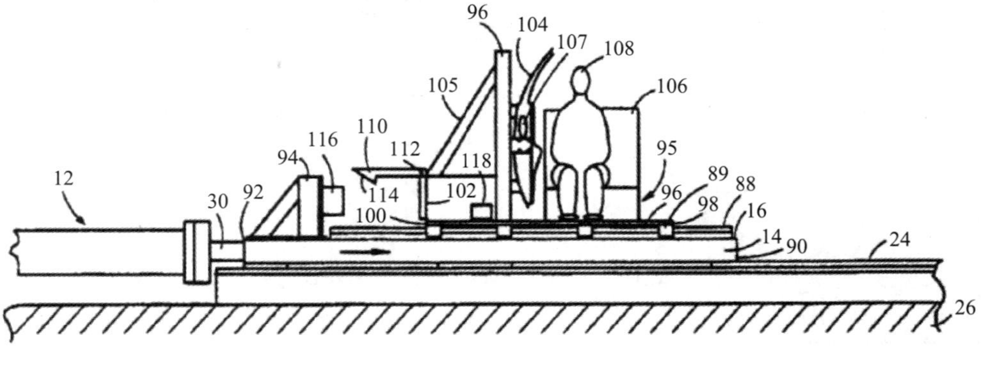

图 12　US5483845A　侧向碰撞试验

第二，被试车辆/框架固定不动，冲击物体以摆锤的形式对被试车辆/框架进行冲击，例如 JPH08240509A（1995 年申请）中所公开的试验方式；或者冲击物体以冲击杆的形式对被试车辆/框架进行冲击，例如 DE19750157A1（1997 年申请）中所公开的试验方式。

而此后的改进基本上基于上述几种方式，改进的主要方向则是研究如何高效且低成本地对侧面碰撞进行模拟。

（三）零部件检测

对于车辆部件的测试是车辆厂家及研究机构在研发阶段的主要试验方式，由于其试验条件容易构造、测试成本低等优点，在对车辆安全性能的评判中也是不可或缺的。零部件的检测主要包括：零部件的冲击试验和零部件的耐久性试验。被检测的零部件包括：车辆座椅、安全气囊、转向器、车门、安全带以及儿童安全座椅等。

对于零部件的耐久性试验，主要是通过加载机构对被测部件进行持续加载，根据被测部件的实际工况设定试验环境和试验条件，并对试验结果进行判断。以座椅测试为例，US5641917A（1995 年申请，如图 13 所示）中，公开了一种多轴座椅耐久测试机，通过多轴系统模拟座椅在车辆上的实际运动状态，并由垂直加载机构模拟乘坐者对座椅的冲击；CN1194372A（年申请）在此基础上进行改进，对运动模拟装置及加载装置进行简化，以达到降低成本的目地。而对于其他车辆部件，如制动器踏板、转向器等的耐久性测试，同样是利用机械装置模拟实际操作环境进行往复加载，从而获取车辆部件的耐压强度并预测其使用寿命。

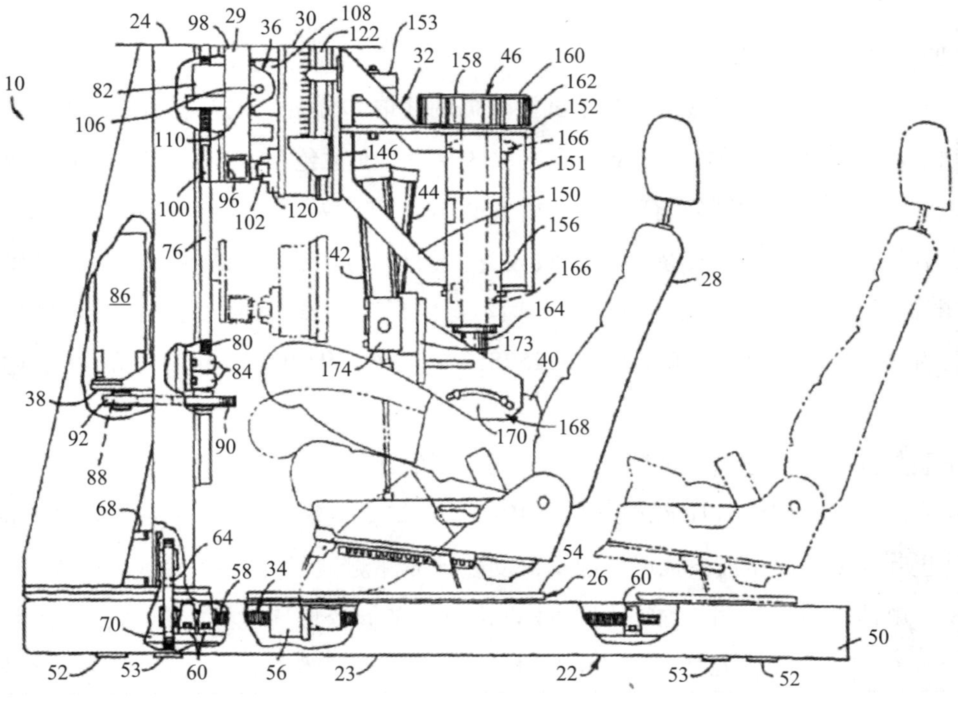

图 13　US5641917A　零部件耐久性试验

对于零部件的冲击试验，主要是通过模拟碰撞对零部件进行冲击，并判断其损伤程度或工作状态。例如：KR20030020198A（2001 年申请，如图 14 所示）、KR20020095627A（2001 年申请，如图 14 所示）通过液压冲击杆对待测部件进行测试；DE10109375A1

（2001 年申请）通过在摆锤上固定假人头进行冲击试验；KR20020094663A（2001 年申请）、JP2005062003A（2003 年申请）则是通过落锤对被测部件进行测试；WO2009053412A1（2008 年申请）利用凸轮和弹簧配合构成冲击杆，对儿童安全座椅的性能进行测试。上述零部件的冲击试验主要涉及被动式的冲击试验，即由外界向车辆部件施加冲击力；而对于主动式的部件测试，则包括在前述车辆/框架的碰撞测试中。

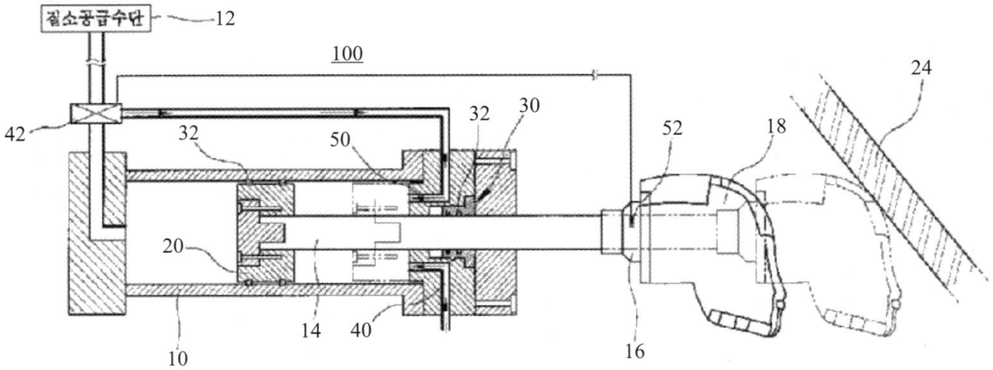

图 14　KR20030020198A　零部件冲击试验

（四）试验数据获取/分析

车辆碰撞测试的另一重要环节是试验数据的获取和分析，主要包括传感器的布置以及对测试信号的处理和分析。试验数据获取的手段，通常包括通过在测试车辆/框架上以及测试假人上安装传感器，获取碰撞后的数据并进行数据处理，例如 JPH09297087A（1996 年申请）通过获取安装在试验假人身上的加速度传感器的数据，构建三维立体运动图像，以还原碰撞画面；而对于车辆本身的形变测试，通常利用高速摄影机进行拍摄，并还原碰撞过程，例如 JP2002252850A（2001 年申请）中则公开了上述测试手段。

试验数据的分析方法，通常是根据获取得到的信号进行处理，并根据测试目的对其进行相应的分析。例如 JPH08219937A（1995 年申请），通过对真实碰撞数据进行滤波和快速傅里叶变换从而生成模拟碰撞数据，以进行部件测试（如安全气囊）；JPH116840A（1998 年申请）则是通过对加速度信号的处理对车辆变形情况进行评估，从而判断是否开启安全气囊；JP2002252850A（2001 年申请）是对碰撞画面进行分解并记录不同时刻的车辆变形程度。CN102472683A（2010 年申请）中公开了一种汽车部件的性能评价方法，其利用部分构造 CAE（计算机辅助工程）模型进行解析，求出上述部分构造 CAE 模型中的碰撞性能评价参数的值。随着传感器精度的不断提升，以及数字信号处理技术的不断发展，对于车辆碰撞数据的获取、处理及分析也在向着更高再现性的方向发展。

四、结 语

通过对车辆碰撞测试技术领域专利申请状况的研究可以看到，2000 年以前的申请主要集中在欧洲和日本，且其专利申请含金量较高，而中国专利申请量虽居于前列，但实用新型专利占据的比例较大，技术改进的创新性还有待提高。对于中国汽车企业及科研机构而言，在充分借鉴、吸收国外重点专利技术的同时，仍需加强自主研发能力，加强自身品牌建设，对专利申请从“量”的要求逐渐实现向“质”的转变。

通过对车辆碰撞测试技术领域各个主要研究分支的重点专利的分析，总结了车辆碰撞测试技术的主要测试类型以及测试手段。可以看到，车辆碰撞测试的核心研究目标在于如何高效地对实际碰撞过程进行模拟。而对于测试过程中各个环节的改进以及其相互间的配合均是研究过程中需要考虑的。

自动扶梯驱动机构专利技术分析

何跃龙　于凯飞　任国丽　刘安琦　程诚　高丽莉

摘　要　本文对自动扶梯技术领域的驱动机构技术的专利申请布局情况及专利申请趋势进行分析，介绍我国在自动扶梯驱动机构技术中存在的问题、差距以及未来发展走向，并提出支持我国自动扶梯行业自主开发的应对策略和建议。

关键词　自动扶梯　驱动机构　专利申请　专利分析

自动扶梯是指以循环运动的活动路面的方式，以活动路面和两侧的扶手为主要部件，用于输送乘客的固定电力驱动设备，包括电动扶梯（Escalator）和自动人行道（Passenger Conveyor）。驱动机构的作用是将动力传递给梯路系统及扶手系统，一般由动力装置、制动装置、引导装置和张紧装置组成。

自动扶梯的发展已经有了相当长的历史，但其大规模发展则始于 20 世纪 90 年代。在发达的工业化国家，自动扶梯的使用相当普遍，运行速度也越来越高。新中国成立前，我国只有 2000 台电梯，几乎没有电梯制造企业，更没有自动扶梯。新中国成立后，电梯生产从 60 年代起步，但仍然没有出现自动扶梯。80 年代开始随着经济建设的发展，电梯生产企业从不足 10 家发展到 1991 年的 200 多家，电梯年产量也随之增长，这时我国国内才逐步出现自动扶梯。[1]

虽然近年来我国在自动扶梯技术领域取得了长足进步，但与此同时，依旧技术更新缓慢，受到国外产品价格、运输和交货期等因素的影响和制约，尤其是作为自动扶梯“心脏”的驱动机构，其既承担着为整个自动扶梯设备提供动力驱动的使命，又起着及时控制运行速度、保证运行安全的制动作用。因此，研究分析自动扶梯驱动机构技术专利申请态势，有助于国内企业自主创新能力的提升，并为自动扶梯产业的行业发展提供决策建议具有重要的现实意义。

本文数据分析使用的检索数据库包括欧洲专利局专利文献数据库（EPODOC）、德温特世界专利索引数据库（WPI）、CNABS 数据库和 CPRSABS 数据库，检索截止日期是

---

[1] 秦勇，周富强. 自动扶梯的发展历程、研究概况及发展方向［J］. 中国集体经济（下半月），2007（1）.

2014 年 12 月 31 日（近几年数据由于公开滞后等原因存在数据的不完整性），共检索到自动扶梯驱动机构相关专利（族）2416 件，其中涉及动力装置的专利为 823 件，涉及制动器的专利为 292 件，涉及引导及张紧装置的专利为 1301 件，其中由于引导装置主要为牵引链条，而链条通常和张紧装置配合使用，因而在本文中将两者合在一起进行分析。

一、自动扶梯驱动机构技术全球专利申请状况

（一）申请趋势分析

图 1 给出了自动扶梯驱动机构相关专利数量的年度（基于专利申请年）变化趋势。从图 1 中可以看出，自动扶梯驱动机构相关专利的申请在 20 世纪 80 年代就已出现，但随后发展较为缓慢。直到 1992 年后，专利申请数量才开始出现实质性增长。特别是在 1996～1998 年，全球自动扶梯驱动机构的专利申请数量达到一个峰值，表明这一时期自动扶梯驱动机构相关专利技术进入快速发展轨道。在此之后，专利申请数量有所回落，但 2002～2011 年又出现显著增长，2011～2013 年专利申请数量处于下滑调整期。值得注意的是，受到新的控制技术及新材料的影响，2014 年至今专利申请量有一定回升。

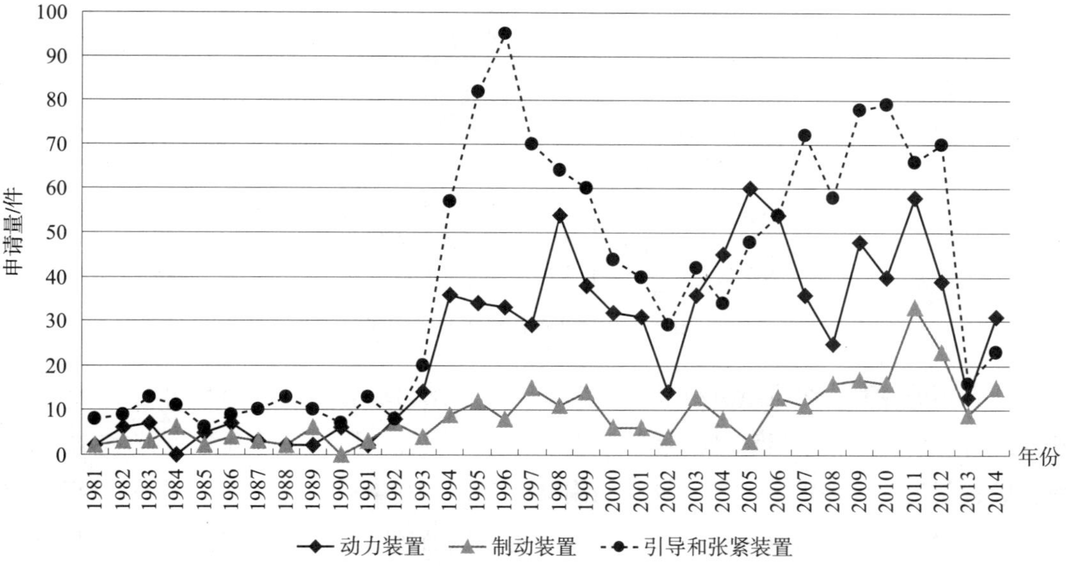

图 1　自动扶梯驱动机构各技术分支全球专利申请趋势

从图 1 所给出的趋势进行分析可知，一种技术的生命周期通常由萌芽（产生）、成长（发展）、成熟、瓶颈（衰退）几个阶段构成。通过分析一种技术的专利申请数量及专利申请人数量的年度变化趋势，可以分析该技术处于生命周期的何种阶段，进而可为研发、生产、投资等提供决策参考。基于自动扶梯驱动机构相关专利的历年申请数量结合文献调研和图 1，可以认为，1992 年之前为自动扶梯驱动机构相关专利技术的萌芽阶段；

1992 年之后自动扶梯驱动机构相关专利技术开发进入快速成长阶段，并在 1996 年之后进入技术成熟阶段，随后自动扶梯驱动机构相关专利技术开始逐渐下降，出现一定波动，但总体仍处于技术成熟阶段。目前，特别是 2005 年之后，专利申请数量出现了明显波动，增长趋缓，表明自动扶梯驱动机构技术已经发展成熟，在产业技术研发中已难以有新的突破，专利申请数量与专利权人数量也呈现负增长。从总体态势进行分析，自动扶梯驱动机构的发展已经进入技术瓶颈时期。

从自动扶梯驱动机构各技术分支的单独申请趋势看，三者虽然在申请量和周期拐点上有所差异，但整个发展态势上是一致的，即都在基本相同的周期内经历类似的走向变化，从技术角度分析，这是因为驱动机构的 3 个技术分支是相辅相成的，任何一个技术分支的发展离不开其他技术分支的支持，如作为自动扶梯动力源的动力装置，其结构的改进通常会使牵引链条随之改进，而安全性是任何时候均需要考虑的设计要素，因而作为主要安全性能的保证的制动装置必然会随之发展。

（二）驱动机构技术分支构成情况分析

图 2 呈现自动扶梯驱动机构各个技术主题的构成情况，可以看出，引导和张紧装置所占比例最大，动力装置次之，制动装置所占比例最小。

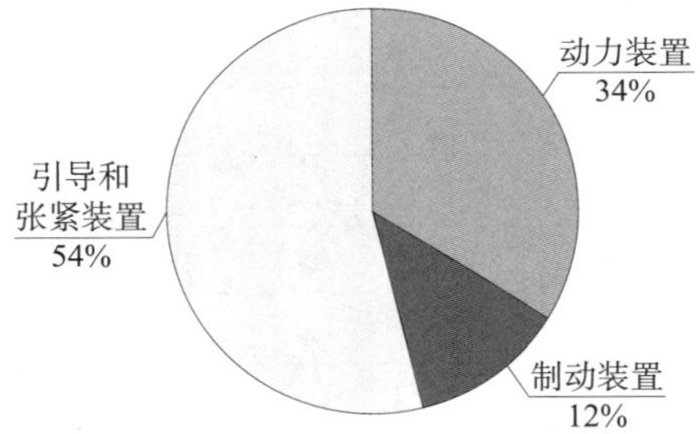

图 2　驱动机构各技术分支构成

结合相关专利文献进行分析发现，自动扶梯的动力装置基本上都是由电动机带动减速器进行传动，而电动机和减速器技术发展已经很成熟，因而较难在这一技术方向上有所突破；制动装置可借鉴电梯系统中的制动装置，专利申请比例也不是很高；至于引导和牵引装置，虽然牵引链条和链条张紧装置也是机械领域中发展成熟的技术，但由于其要与扶梯踏板和梯级相互配合，在安装及控制上需要稍作改进，因而专利申请量较之前两者稍大。

总体来说，自动扶梯动力装置、制动装置、引导和张紧装置这 3 个技术主题的申请量有较大差别。从文献调研的角度而言，虽然三者所涉及的技术多为较为成熟的现有技术，但其中自动扶梯的制动装置所涉及的技术更为复杂、制动装置类型也较多。特别值得说明的是，随着时代的发展，人们越来越注重自动扶梯的安全性，尤其是其被动安全性（在发生断链等意外事故时的安全性），因而尽管从专利申请量上看，自动扶梯驱动机构的制动装置所占的比例较小，但该技术还是具有很大发展空间的，是今后值得注意的一个发展方向。从图 1 中也可以看出，制动装置的专利申请量近年来呈现出快速增长趋势。

（三）全球主要申请人及国内申请人概况

表 1 列示了自动扶梯驱动机构技术领域排名前十的申请人的申请情况，申请量排名前三位的分别是日本的日立、三菱和东芝，其申请量均达到 300 件以上，远远超过其他申请人，显示出日本在扶梯技术领域具有强大的技术优势。随后分别是美国的奥蒂斯和芬兰的通力，申请量分别为 134 件和 94 件，这两家公司在扶梯制造领域也具有一定的知名度。特别值得一提的是，根据数据统计显示，中国的苏州江南嘉捷电梯股份有限公司的申请量进入了全球前十名。但同时需要指出的是，江南嘉捷总的专利申请中实用新型占了主要部分，由于实用新型专利申请不经过实质审查，通常认为其技术含量较低，专利权不够稳定，因此江南嘉捷的技术保护仍需进一步加强。

表 1　全球前十名申请人及占总申请量的比例

序号	公司代码	中文简称	数量（件）	占比（%）
1	HITA	日立	831	34. 40
2	MITQ	三菱	634	26. 24
3	TOKE	东芝	394	16. 31
4	QTIS	奥蒂斯	134	5. 55
5	KONL	通力	94	3. 89
6	THYS	蒂森克虏伯	92	3. 81
7	SUZH – N	江南嘉捷电梯公司	74	3. 06
8	INVN	因温特奥	61	2. 52
9	NISS – N	日新	53	2. 19
10	GLDS	LG 公司	49	2. 03

我国国内排名前三位的自动扶梯制造公司分别为江南嘉捷电梯公司、康力电梯公司和苏州新达电梯公司，但康力电梯公司、苏州新达电梯公司在全球申请量的排名中仍然靠后，可见我国申请人在该技术领域内与发达国家申请人之间的技术差距还是很大的。

二、自动扶梯驱动机构技术功效分析

（一）驱动机构技术功效趋势分析

从自动扶梯驱动机构的技术构成方面，根据现有技术研究的方向主要从以下几个技术效果入手：安全性，延长寿命，便于制造、施工和维修，减振及减噪，轻型化小型化，节能，特种应用，美观舒适，清洁卫生消毒，其他功效。

为了分析方便，按照自动扶梯驱动机构的发展过程，将自动扶梯驱动机构的发展过程人为地进行以5年为一个时间单位的断代划分。

如图3所示，从横向来看，在各个技术功效中，安全性这一技术功效所占的申请量仍然是最大的，这说明提高自动扶梯安全性能仍然是人们追求的重要目标，也是今后持续研究的一个方向；其次是便于制造、施工和维修这一技术功效，其中维修是保证自动扶梯可靠运行的一个重要因素，这也反映了人们越来越关注自动扶梯的安全性能；并且安全性需求在经历20世纪末21世纪初的短暂发展低潮（便于制造、施工和维修以及轻型化小型化此时成为市场技术热点，显示这一时期的技术研发集中于生产维护的成本上）后，再度成为市场热点，显示了安全性问题在驱动机构技术上的突出地位；此外，节能技术在2005年之前的很长时间都不是驱动机构技术的研发热点，这是由于驱动机构技术研发难度大、开发成本高、改进缓慢，而近年来，随着人们节能环保意识的不断提高，节能对于直接提供自动扶梯驱动的驱动机构而言，其价值越来越受到技术研发主体的重视，直接影响了自动扶梯客户的运营成本，因此，节能已经取代了便于制造、施工和维修以及轻型化小型化，成为仅次于安全性的第二大热点研发需求。从纵向来看，从1995年开始，各个技术功效所涉及的专利申请量开始大幅度激增，这与图1所给出的趋势是一致的。

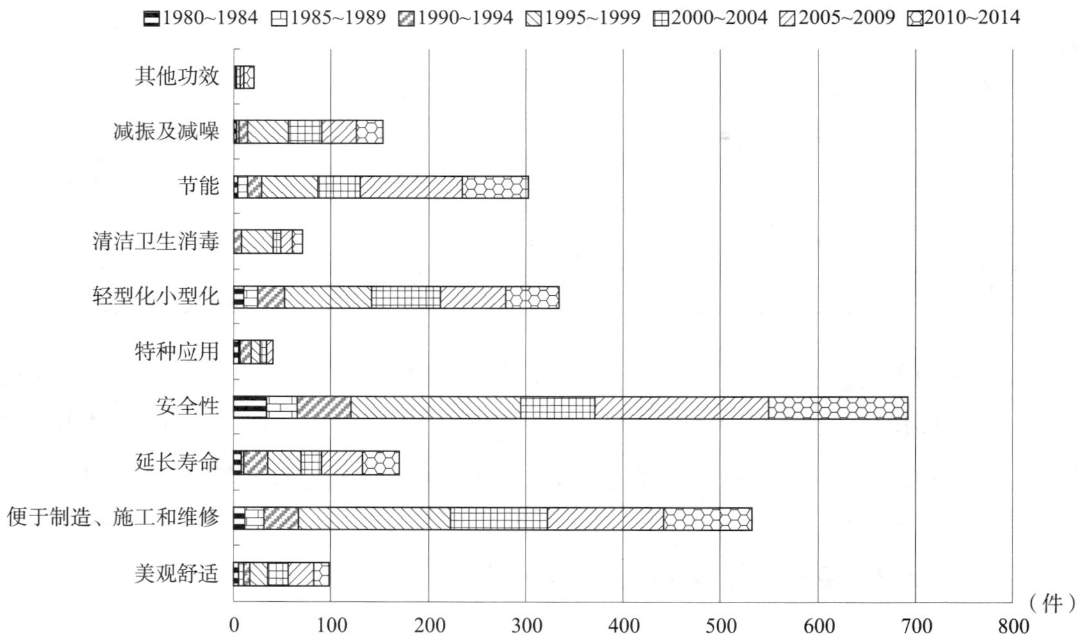

图3　驱动机构各分支功效需求趋势

（二）驱动机构技术功效需求分析

通过对功效矩阵进行分析，可以看出具体部件的发展热点及技术空白点。目前，如何提高安全性是自动扶梯研究的重点，而驱动机构更是研究自动扶梯的最重要的零部件，因此应从自动扶梯驱动机构的 3 个不同方面分析相应的功效特点。在自动扶梯的技术需求方面，最为受到关注的也依然是安全性。

对所检索到的文献进行各技术功效的标引，自动扶梯驱动机构的结构和功效共同组成了针对自动扶梯驱动机构的 3 × 10 功效矩阵分析（见图 4）。

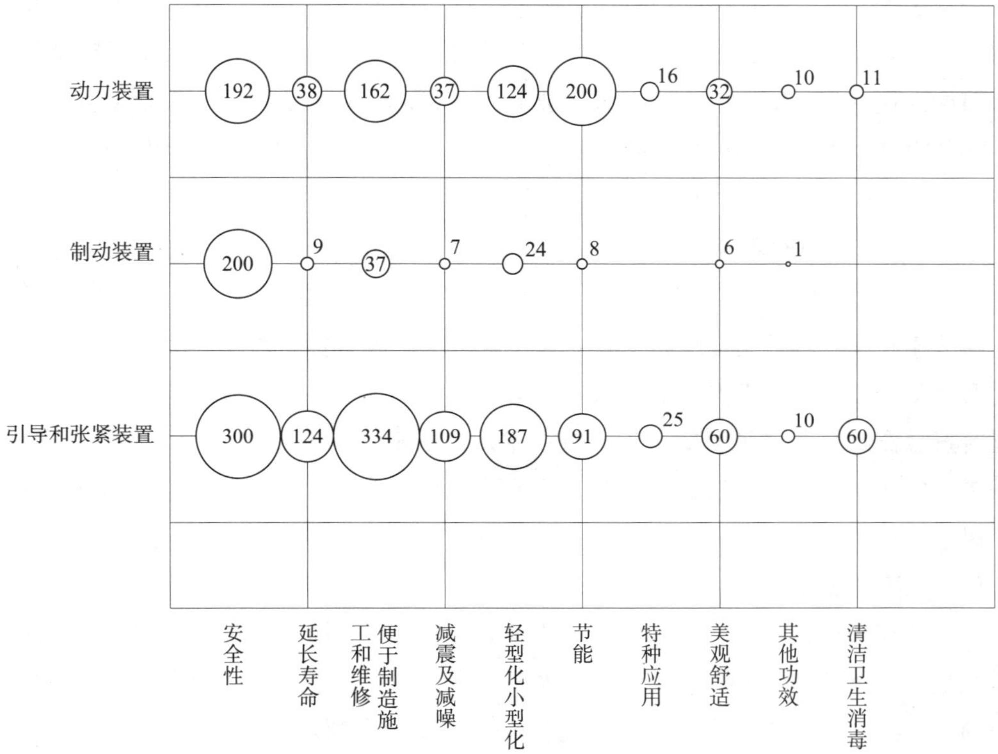

图 4　驱动机构技术功效气泡图

如图 4 所示，横向看，自动扶梯驱动机构的动力装置、制动装置、引导和张紧装置三者对应安全性方面的专利申请量最多，但是在施工和维修、轻型化小型化、节能等的功效上也有所涉及。自动扶梯驱动机构的动力装置、制动装置、引导和张紧装置的专利申请，对于各个技术功效基本都有所涉及，在一定程度上说明驱动机构是自动扶梯的基础部件。自动扶梯制动装置方面的专利申请并未针对特种应用、清洁卫生消毒这两个技术功效，因为这两个技术功效主要涉及自动扶梯的传送表面，如梯级、踏板、扶手。

据此，对自动扶梯驱动机构影响较大的功效主要集中在安全性、施工和维修、轻型化小型化、节能四方面；自动扶梯动力装置、自动扶梯引导和张紧装置对各个技术功效均有涉及，但自动扶梯动力装置主要针对节能和安全性而设计，自动扶梯引导和张紧装置主要针对施工和维修、安全性、轻型化小型化、延长寿命；而自动扶梯制动装置对应的功效较为集中，主要为安全性。

纵向看，对于安全性的功效贡献最大的是自动扶梯引导和张紧装置，而自动扶梯制动装置和自动扶梯动力装置两方面专利申请的贡献相近；对于施工和维修、轻型化小型化功效，引导和张紧装置的专利申请量最大，制动装置的专利申请量最小；对于节能的功效，主要涉及自动扶梯动力装置、引导和张紧装置两方面的专利申请。

因此，若想提升自动扶梯的安全性，应将研究的侧重点放到自动扶梯引导和张紧装置、制动装置、动力装置的改进上；若想便于自动扶梯的施工和维修，对于引导和张紧装置的设计要首先考虑，另外也可从自动扶梯动力装置的结构设计上入手；轻型化小型化和节能的提升主要依赖于引导和张紧装置、动力装置，但是引导和张紧装置、动力装置结构的设计也离不开对相关制动装置的适应性设计。

三、总结与建议

这些年来我国自动扶梯产业发展有了长足进步，但主要的核心技术尤其是涉及提供动力及制动安全的驱动机构技术仍旧主要掌握在国外企业手中。虽然国内自动扶梯企业通过合资合作以及自主研发掌握了一些技术，但从整体上看始终处于落后的发展阶段，特别是还要面对国外自动扶梯厂商的市场和技术双重优势，发展前景仍然不十分明朗。结合以上分析，本文仅提出以下建议。

（一）抓住发展契机，突破技术瓶颈

目前自动扶梯驱动机构的发展已经进入了技术瓶颈时期，这对于我国自动扶梯行业来说既是机遇也是挑战。根据专利统计数据，近年来我国已超过日本成为该领域第一大申请国。但我国的自动扶梯专利申请还存在实用新型专利申请量占比高、申请量分散、对外申请量少等问题，显示我国虽是专利申请大国但非专利技术强国的事实。如果我国企业能够以此为契机，不断加大研发力度，尤其是对涉及制动安全的新技术、新方法进行突破（如注重计算机技术在制动装置上的控制应用从而提高自动扶梯的安全性），提高专利申请质量，则有助于我国企业摆脱国外龙头企业的技术垄断，形成知识产权品牌。

（二）注重智能技术的应用，提高自动扶梯运行的安全性

近年来，随着人口的不断增长以及城市化的进一步推进，而且自动扶梯通常是安装在人流相对稠密的地方，因此其安全性显得尤为重要。另外，随着计算机技术的发展，在自动扶梯的技术研发上，也越来越多地使用计算机控制技术，提高自动扶梯运行的安全性方面的效果。可以预见，在自动扶梯上的智能技术应用将不断提高自动扶梯产品的智能化程度，在提高安全性方面发挥越来越重要的作用。因此，我国企业应重视对自动扶梯安全技术的研发，特别是驱动机构中的制动装置的控制技术的研发。

（三）重视节能技术的研发，节约能源实现低碳环保

低碳环保已经是当今社会越来越重视的一个焦点。与其他机械装置相同，自动扶梯

同样需要由原动机提供能源进行驱动，那么如何降低能耗以便更高效地利用自动扶梯是自动扶梯研发技术中面临的另一个重要问题。目前，节能技术侧重于作为自动扶梯运行的核心部件驱动机构的改进。因此我国企业应借鉴国内外的先进经验，着重在驱动和传动方面进行技术研发，以提高自动扶梯的运行效率。

（四）借鉴和学习国外企业在知识产权方面运用的先进经验，对日立、三菱、东芝、奥蒂斯、通力等公司的申请应给予特别关注

与其他电梯技术相同，自动扶梯驱动机构的主要核心技术同样掌握在大型跨国电梯企业手中并且已被申请专利。建议我国国内产业界对于日立、三菱、东芝、奥蒂斯、通力等代表性公司的相关技术发展路线、专利申请策略、技术功效需求加强研究和关注，有效利用它们的专利技术、有针对性地规避其专利壁垒，选准市场定位，在技术研发上或专利申请上有所侧重，尽快形成拥有自主知识产权的产品。

柔性显示封装技术专利申请状况分析

刘雪　朱琼　贺晓锋　王超

摘　要　本文针对柔性显示封装技术的全球专利申请，从申请趋势、主要国家/地区的专利申请量占比及趋势、技术流向、主要申请人排名和技术分布以及技术功效等方面进行分析，旨在为我国柔性显示封装技术的发展提供参考。

关键词　柔性显示　封装　专利申请　专利布局

一、引　言

近年来柔性显示器的优势日益突出，如具有轻薄、可弯曲和耐冲击等性能。利用柔性显示可弯曲的特性使得工程设计不局限于平面化，可实现多元化外型的显示模式。柔性显示器件包括柔性 OLED、柔性 LCD、柔性电泳等多种类型，其中柔性 OLED 是目前研发的热点。OLED 器件所用的金属阴极一般是铝、镁、钙等活泼金属，非常容易与渗透进来的水汽发生反应，影响电荷的注入。另外，渗透进来的水和氧还会与有机材料发生化学反应，引起器件性能的下降，影响 OLED 寿命。因此，研究柔性 OLED 的封装对于提高显示器件的性能、延长显示器件的寿命具有重要意义。

本文针对柔性显示领域关键技术——封装技术的全球专利申请状况进行研究，以德温特世界专利索引数据库（DWPI）和世界专利文献库（SIPOABS）为专利文献数据来源，检索数据截止日期为 2014 年 5 月 19 日，检索涉及柔性显示封装技术的全球相关专利申请共计 1131 项。

二、柔性显示封装技术简介和技术分解

图 1（a）示出的是一种常规的 OLED 器件封装结构，通过玻璃盖子把器件密封到氮气或氩气的环境中，盖子与基底之间通过 UV 处理过的环氧树脂固化来密封，并通过加入氧化钙或氧化钡来吸收从外界渗透进来的水汽，以此提高器件的水氧阻挡性。但对于柔性显示来说，这种方法有一定的局限性。因为玻璃基底和盖子都是刚性很强的材料，

弯曲可能会影响到其密封性。图 1（b）为具有代表性的 TFE（薄膜封装）结构，是在低温下沉积具有水汽阻挡性能的薄膜对 OLED 显示器件的封装，采用这种封装方法可实现更轻、更薄。

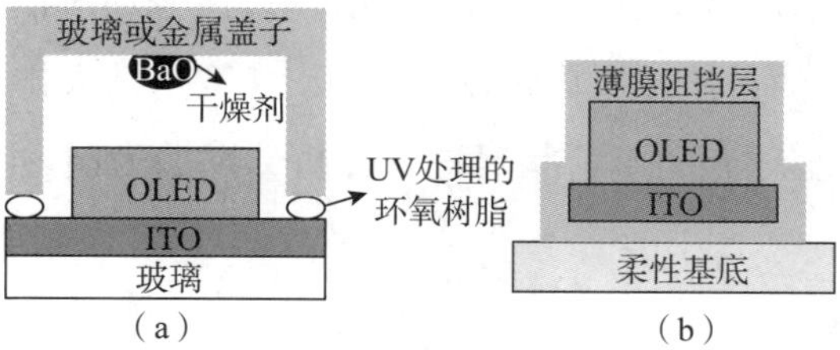

图 1　柔性显示封装技术示意

根据柔性显示封装技术在研发上的不同角度，本文将柔性显示封装技术进一步划分为 10 个技术分支和 10 项技术功效。表 1 和表 2 约定了各技术分支和技术功效的含义。

表 1　柔性显示封装技术分支约定

多层结构	改进在于多层封装层的结构或材料
单层结构	改进在于单层封装层的结构或材料
密封剂	用于将封装层与基板粘接在一起的密封剂的改进
测试	测试封装效果的设备或方法
封装设备	用于生成封装层以封装显示器件的装置和设备
工艺	改进在于封装的环境、顺序等方法而不在于封装层结构
加强支撑	支撑加强部件
密封结构	改进在于封装层与基板之间的连接，不涉及密封剂本身
封装位置	改进在于封装层的位置，例如在基板下面封装或者在基板和发光器件之间封装
基板	改进基板本身例如基板材料或结构来提高封装效果

表 2　柔性显示封装技术功效约定

阻挡性	提高对水、氧气等环境因素渗透的阻挡效果
小型化	通过减小层厚度、减少封装面积等手段来实现小型化、轻薄化
低应力	防止在内部或外部应力作用下弯曲变形时开裂，损伤发光器件
柔性	增加整体柔性
简化工艺	工艺简化，提高封装速度
热传导性	提高散热性防止内部热量积聚或者防止外部热量进入
显示效果	提高显示效果，例如增加透明度
低成本	降低成本
高精度	提高封装的精度
其他	上述效果之外的其他功效

三、柔性显示封装技术全球专利申请态势分析

根据检索到的涉及柔性显示封装技术的1131项全球专利申请，从专利申请趋势、主要国家/地区专利申请量的占比及趋势、技术流向、主要申请人排名和技术分布以及技术功效等角度对封装技术全球专利申请状况进行分析，以期为国内相关企业的专利布局提供参考。

（一）专利申请趋势

柔性显示封装技术的全球专利申请量及多边申请量发展趋势如图2所示。从申请量发展趋势来看，柔性显示封装技术专利申请大致可以分为以下两个阶段。

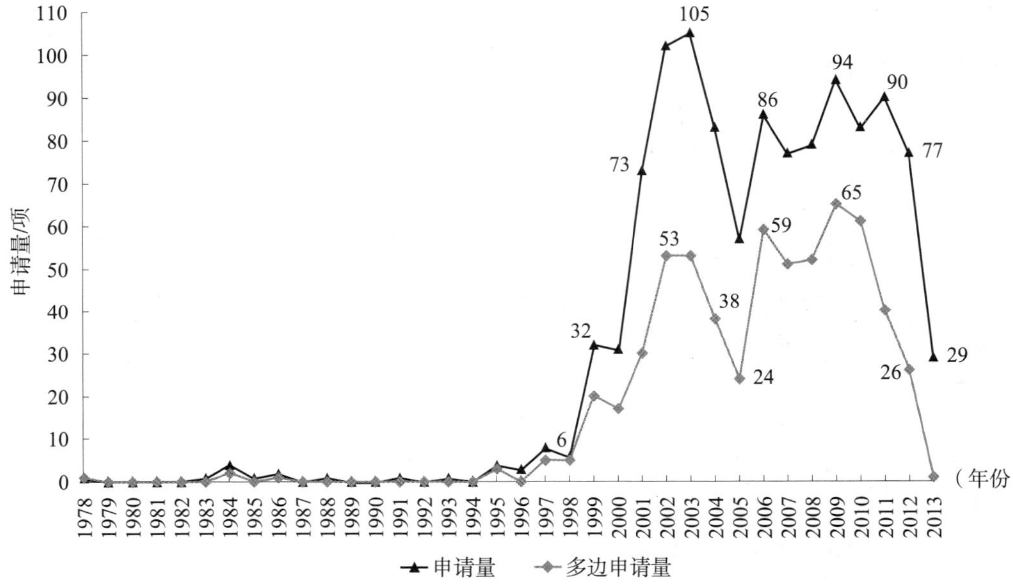

图2　柔性显示封装技术全球专利申请趋势

1. 萌芽期（1978～1998年）

根据专利文献检索结果，柔性显示封装技术最早的基础专利出现在1978年，是由美国米德兰罗斯（MIDLAND ROSS）公司提出的，公开号为DE2941245A1，发明名称为柔性电致发光单元。1978～1998年柔性显示封装技术的相关专利申请总量一共只有33项，其中有15项申请来自美国，11项申请来自日本。这一时期全球申请量少，申请人数量也较少，主要是美国、日本的一些科技公司作试探性的研究。在这一时期创新主体主要的技术手段是采用单层的树脂材料进行封装。

2. 发展期（1999年至今）

1998年后柔性显示封装技术的专利申请量整体呈现快速增长趋势，于2003年达到申请量的峰值105项。从多边申请量来看，表现出与柔性显示的封装技术的申请量变化大

致相同的趋势，这一时期的多边申请量占申请量的比例保持在40%以上，说明各申请人非常注重海外市场专利布局，为以后的竞争奠定了基础。随着研究的深入，2002年美国VITEX公司提出用于柔性显示封装的有机聚合物/无机阻挡层的多层堆叠结构（又称为Barix结构），该技术极大推进了OLED的工业应用，使得柔性显示封装技术产业化变成了可能。随着柔性显示面板制造技术的不断发展以及产业化程度的提高，预计柔性显示封装技术专利申请未来会有新的增长。

（二）主要国家/地区的专利申请量占比及趋势

从图3可以看出，全球范围内柔性显示封装技术专利申请国家/地区比较集中，来自日本、韩国、美国、中国的专利申请占全球申请总量的82%。其中，日本以373项（占

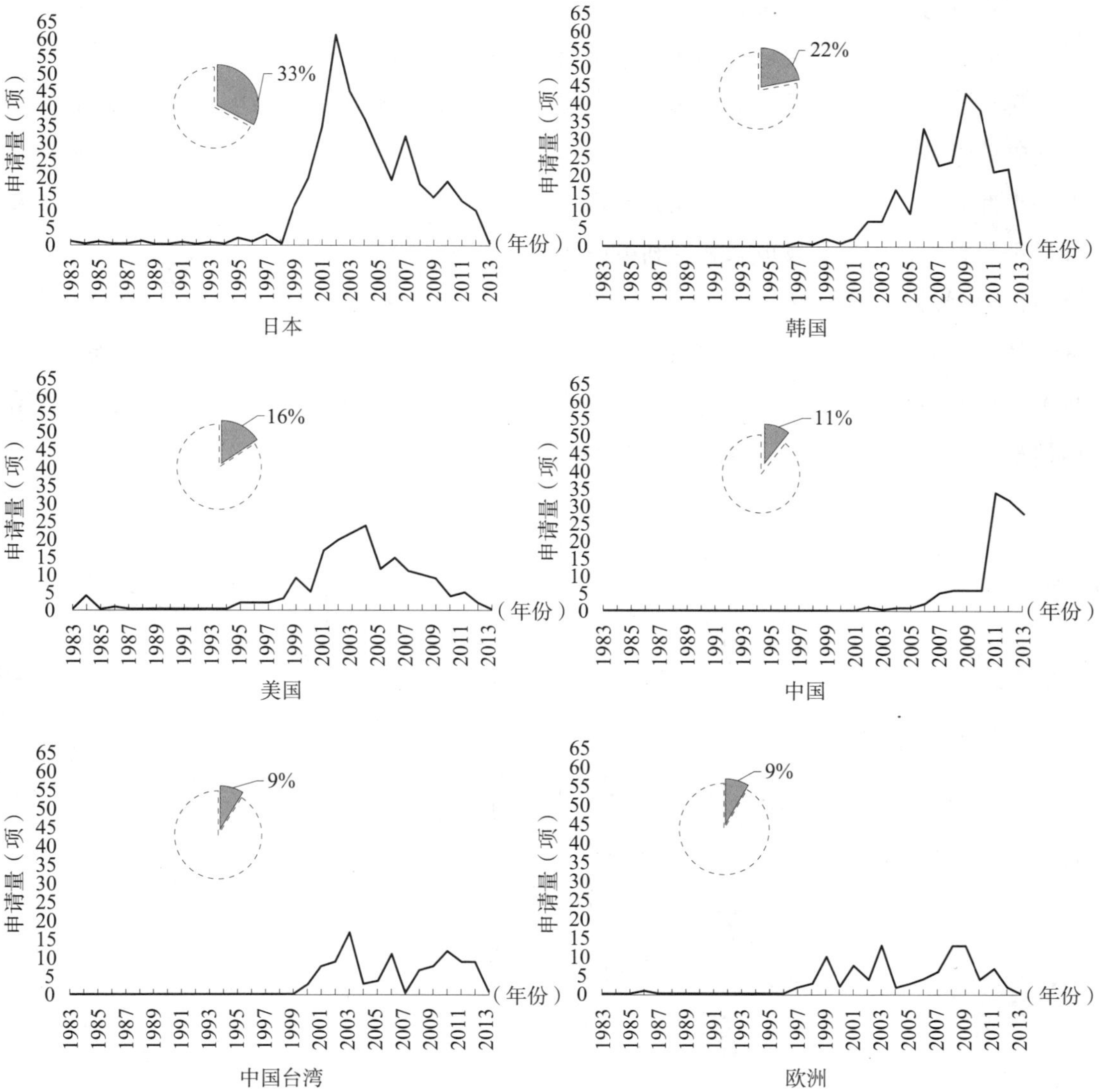

图3　柔性显示封装技术全球专利申请主要来源地区申请量占比及趋势

总申请量 33%）申请排名首位。韩国排在第二位，申请量为 249 项（占 22%）。美国和中国申请量分别为 180 项（占 16%）和 122 项（占 11%），排名第三位、第四位。而中国台湾和欧洲均以 101 项（占 9%）申请量排名第五位。

日本是柔性显示封装技术领域中申请量最多的国家，并且相关专利布局也比较早，其申请人主要来自半导体能源、富士通和精工等。但从 2003 年开始，日本相关申请量呈现逐年下降的趋势。韩国是柔性显示的封装技术领域申请量排名第二位的国家，以三星和 LG 为代表的韩国公司在柔性显示屏的研发方面都进行了积极布局。以三星为例，其不仅投资数亿美元用于柔性显示面板的开发和量产，并且还积极进行专利收购，其获取了具有先进的柔性面板封装技术的 VITEX 公司的一些专利权。美国的申请量排名全球第三位，主要申请人美国亚利桑那大学和通用显示公司功不可没。美国亚利桑那大学的柔性电子与显示中心利用混合氧化物薄膜晶体管成功制造出了世界上最大尺寸的 OLED 彩色柔性显示器样机。中国柔性显示封装技术的专利申请起步较晚，但 2011～2013 年中国的专利申请量高速增长，年申请量位居为全球第一。这说明中国的技术创新主体目前非常看好柔性显示的产业发展空间，尤其在政府高度重视的背景下，预计中国未来几年对柔性显示的封装技术的研发成果和专利申请量会有进一步提高。

（三）技术流向分析

从图 4 可以看出，柔性显示封装技术申请量全球第一的日本是最大的技术输出地。日本的技术创新主体除了在本国大量申请专利外，在美国的申请量也很庞大，接近本国申请量的 70%，其在中国、韩国和中国台湾的申请量大致相当。

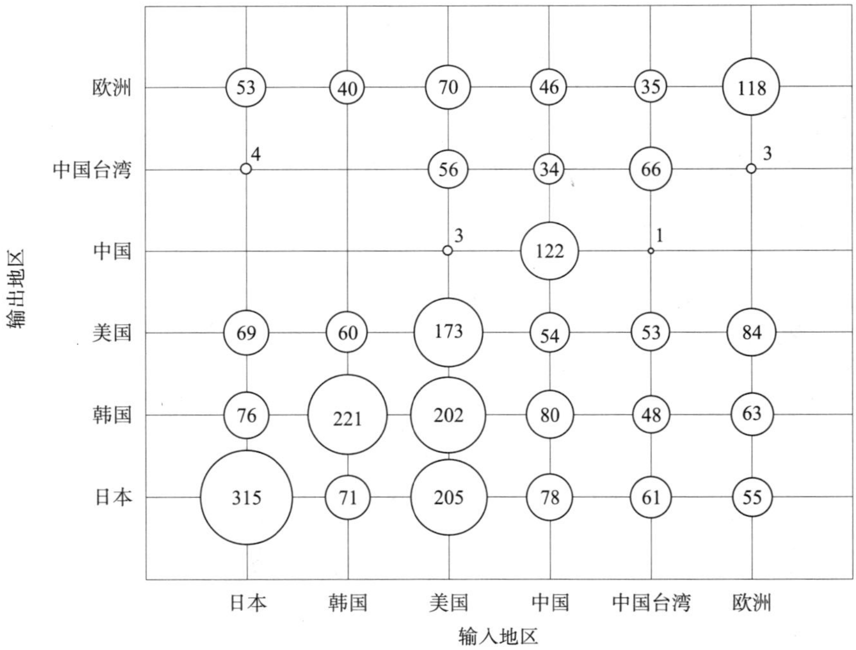

图 4　封装技术全球专利技术流向

韩国是第二大技术输出地，其最关注本国市场，同时对美国市场也非常重视，在美国的申请量位居第二，接近在本国申请数量的92%，接下来依次是中国和日本，在中国台湾的申请量最少。

美国是排在第三的技术输出地，虽然美国的技术创新主体在技术输出上不是领头羊，但却是最大的专利申请输入国，这表明美国是各国技术创新主体最关注的市场，促使美国成为全球的第一大技术输入地。其中日本、韩国这两个全球柔性显示产业强国对美国市场最为重视。

欧洲是排在第四位的技术输出地，申请人主要来自荷兰的飞利浦以及德国的欧司朗。欧洲的技术创新主体除了重视欧洲市场外，对美国的市场也非常重视。

来自中国台湾的技术创新主体在其本地的申请量最大，其次对美国、中国市场也非常关注。其在美国的申请数量接近在本国申请数量的85%，说明中国台湾的技术创新主体非常重视美国市场，而对日本、韩国及欧洲的关注度较低。

中国的申请量虽然全球排名第四，但来自中国的技术创新主体最关注本土市场，对国外市场很少关注。这表明来自中国的技术创新主体还未展开全球专利布局，中国技术创新主体必须尽快考虑进行国外市场专利布局，避免日后遭遇专利侵权纠纷。

（四）主要申请人排名及技术分布

如表3所示，柔性显示封装技术全球专利申请量排名前五位的申请人依次为韩国三星（179项，占总申请量的16.91%）、日本半导体能源（73项，占总申请量的6.89%）、韩国LG（52项，占总申请量的4.91%）、日本富士通（42项，占总申请量的3.97%）和美国通用电气（37项，占总申请量的3.50%）。申请人国家/地区分布及申请量的数据表明，柔性显示封装技术领域主要是韩国和日本之间的竞争。

表3　柔性显示封装技术全球主要专利申请人排名

排名	申请人	国家/地区	申请量（项）	占总申请量百分比（%）
1	三星	韩国	179	16.91
2	半导体能源	日本	73	6.89
3	LG	韩国	52	4.91
4	富士通	日本	42	3.97
5	通用电气	美国	37	3.50
6	欧司朗	德国	35	3.31
7	精工爱普生	日本	30	2.84
7	电子科技大学	中国	30	2.84
9	友达光电	中国台湾	29	2.74
10	大日本印刷	日本	26	2.46
10	海洋王照明	中国	26	2.46

为了提高柔性显示器件的封装效果，采用多层结构进行封装一直都是柔性显示封装技术的研究热点。如图5所示，除了中国的电子科技大学外，其他申请人最关注的技术分支都是多层结构。柔性显示封装技术全球专利申请量排名第一的三星对于封装技术各关键技术点的研究较为全面，专利布局广泛，在各技术分支上都有专利申请，其在多层结构、密封剂、密封结构和封装位置四个技术分支上的专利申请数量远远领先于其他国家和地区，充分表明了三星的行业领先地位。申请量排名第二的半导体能源也在多层结构技术上申请量最多，另外在密封剂和密封结构这两个技术分支上也布局了较多的专利，但对于封装设备和加强支撑技术两个技术分支上没有申请。虽然电子科技大学在基板技术分支上的申请最多，但通过分析这13项专利申请不难发现，其中多项申请为同一天提交且发明内容非常类似，其真正掌握的核心技术的数量并没有表面上的数量那么多。另外，所有申请人对于测试、封装设备的改进关注程度都较低，说明封装技术目前的研发重点不在于这两者。

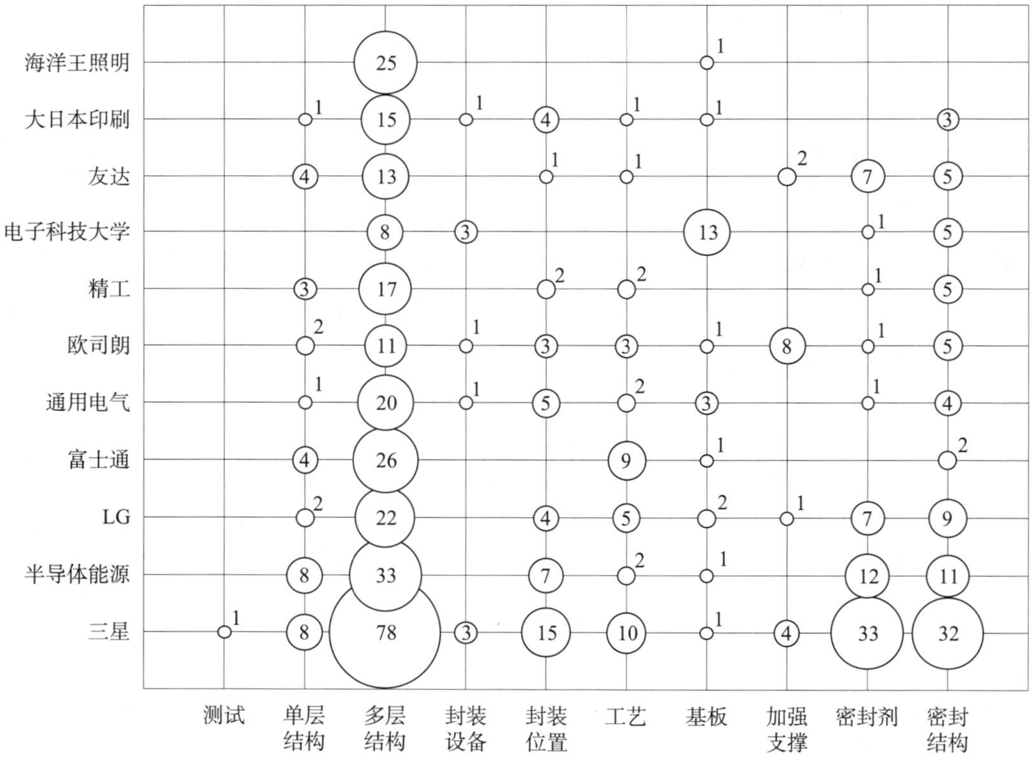

图5　柔性显示封装技术全球主要申请人技术分布矩阵

（五）封装技术功效分析

从图6中可以看出，提高阻挡性是目前全球封装技术研发最大的目的，专利布局较为密集。除测试技术分支外，其他各技术分支的改进都能带来阻挡性效果的提高。其中主要是通过多层结构的改进来提高阻挡性，然后依次是密封结构、单层结构、工艺、密封剂、封装位置、基板、加强支撑和封装设备。另外，低应力也是目前全球封装技术研发的重点。除了测试技术外，其他各个技术分支都有关于低应力方面上的改进。从技术分支来看，多层结构、密封结构、密封剂、工艺、封装位置和单层结构的改进是主要的研发方向。其中多层结构是申请量最大的分支，多层结构带来的效果主要是阻挡性、低应力、显示效果和小型化。而涉及测试、封装设备和加强支撑改进的申请量相对较少。

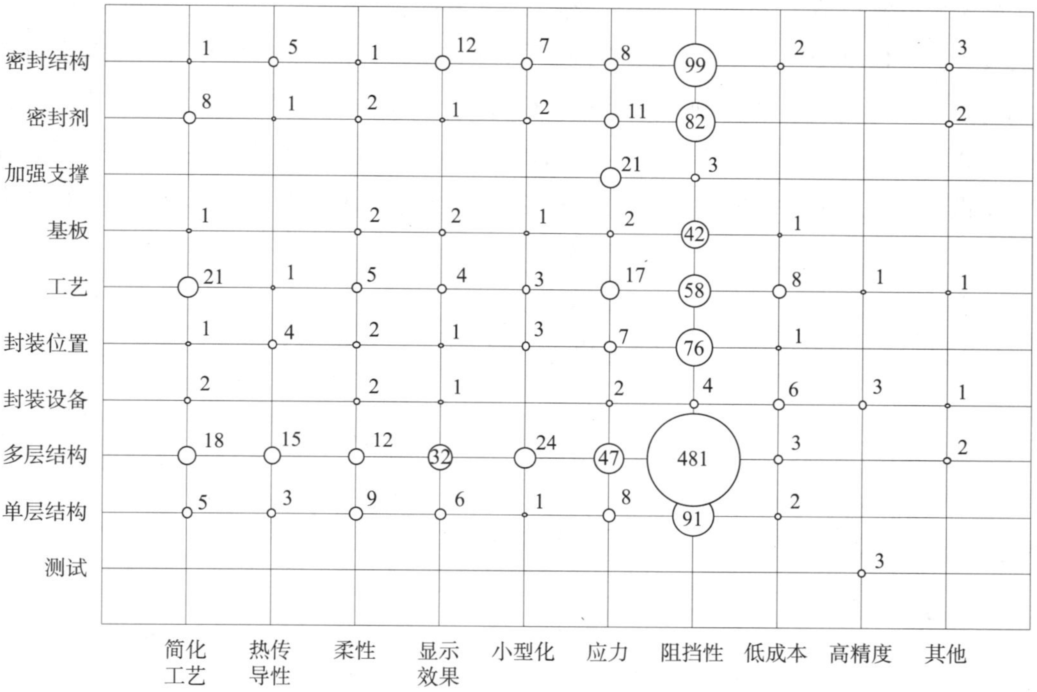

图6　柔性显示封装技术全球专利功效矩阵

加强支撑和测试两个分支对应的技术功效存在较多的空白点，但这些空白点实际上并不全是研究的方向。例如，加强支撑是指封装中的支撑加强部件，主要是用于防止封装结构在内部或外部外力作用下变形损伤发光器件，解决的相应技术需求显然不会在工艺、热传导性、柔性等其他技术功效上。而测试是指测试封装效果的设备或方法，主要用于提高封装的精度，因此不会涉及其他技术功效。

四、总结与建议

柔性显示封装技术经过近二十年的萌芽期和十几年的发展期，目前成为柔性显示领域的研究重点和热点。从全球区域分布来看，以日本、韩国为核心的东北亚地区是全球封装技术的研发中心，中国近些年加大了封装技术的研发投入，已经成为该技术领域不可忽视的力量。日本参与封装技术研发的主体较多，其主要的研发主体是半导体能源。

韩国则以三星和 LG 为主要研发主体。

从柔性显示封装技术专利申请的技术研发角度来看，涉及封装技术的多层结构是各创新主体一直以来的主要研发方向，提高阻挡性能和降低应力是目前研发的两大热点，未来将以多层有机无机封装结构和开发新的封装工艺以提高封装效果并且降低成本为主要研发方向。

从中国专利申请来看，申请量呈现稳步增长的态势。中国申请人的申请量近年来发展迅速，其中以电子科技大学和海洋王照明为代表。中国相关企业主要关注本土市场，对国外市场很少关注，还未展开全球专利布局。笔者认为，面对快速发展的技术领域，中国的相关企业应当关注本领域重要技术发展状况，结合考虑该领域的研发热点和空白点，积极进行国外市场的专利布局，为我国在柔性显示封装技术领域争取技术上的主动。

基于采矿方法专利申请态势论我国资源开发的发展方向

陈小霞　王涛*　闫骏霞*　柴国荣*

摘　要　本文首先以发达国家国民经济和矿业发展历程为参照，对比我国经济发展特征和资源开发现状，分析我国资源开发中存在的问题。其次通过分析采矿领域专利申请特征，揭示我国矿业技术水平现状。最后结合我国当前形式，对比发达国家矿业发展模式，提出我国资源开发领域亟待解决的关键技术问题。

关键词　采矿方法　专利　资源开发　经济发展

一、引　言

矿产资源是工业生产的粮食，据统计，人类目前使用的95%以上的能源、80%以上的工业原材料和70%以上的农业生产资料仍然来自矿产资源，所以矿业的发展与国民经济的发展有着密不可分的关系。每一次经济的跨越式发展都伴随着技术的重大创新，社会前进所需要的创新是个系统工程，是资源、经济、教育等多种因素共同作用的结果，本文以我国经济发展过程为背景，参照发达国家国民经济和矿业发展历程，通过统计不同时期采矿方法领域专利申请情况，分析采矿领域技术创新与我国经济发展的关系，研究不同领域、行业、地域的差异，从而揭示我国资源开发领域存在的问题，特别是在当前矿业停滞时期，为矿业的未来发展方向提供参考。

二、我国矿业经济发展特征

1978年改革开放政策实施后我国经济进入高速发展时期，特别是2000年我国经济增长走出1999年的低谷，逐步复苏和回升，由此开始了新的一轮经济周期，这一轮经济周期从2000年开始至2012年，GDP平均增长率接近9%，2012年下半年至今逐渐进入下

---

* 等同第一作者。

行期，增长速度有所放缓，基于劳动力成本低下的代工模式和通过大规模基础设施建设吸引投资模式逐渐失效。经过几十年的快速发展，中国的产业集群仍然主要集中于传统产业，主要依靠劳动力价格低廉来获取竞争优势，高技术产业集群和资本与技术结合型产业集群的发育还非常滞后。在当前经济形势下，矿业首当其冲，煤炭、钢铁、有色金属行业进入低谷，认清矿业未来发展的走势，对于与矿业相关的企业未来发展规划至关重要。

（一）发达国家经济与矿业发展特征

不同经济发展阶段对于矿产品的需求不同。以美国为例，根据 1800 ~ 2010 年矿产品产量统计（见图 1），大致可进行如下划分。

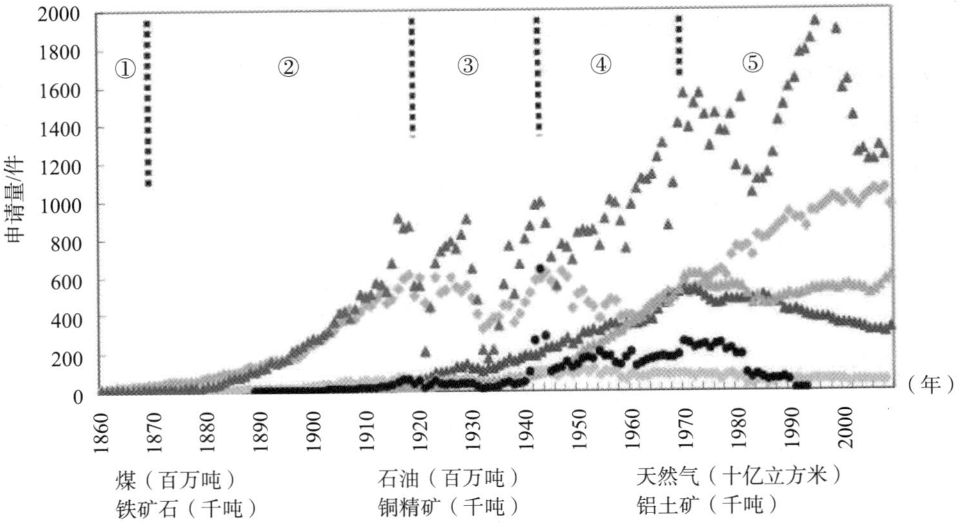

①缓慢发展阶段；②快速增长阶段；③波动增长阶段；④黄金阶段；⑤衰退期

图 1　美国主要矿产品产量趋势

第一阶段：19 世纪 60 年代以前，标志性技术变革为蒸汽机等机器设备的制造应用。经济主体以农牧产品和轻工业为主，主要矿产品需求为煤炭、铁矿石、铜精矿等。

第二阶段：19 世纪 70 年代至 20 世纪 20 年代初，标志性技术变革为电力和内燃机的广泛应用。经济主体由轻工业向重工业转变，经济发展迅速，主要矿产品需求为煤炭、铁矿石、铜精矿，石油、天然气消耗高速增长，石油产量全球第一。

第三阶段：20 世纪 20 ~ 40 年代末，以自由放任型产业为主体，高速发展与经济危机交替发生，重工业水平日臻完善，“二战”期间依靠武器出口带动军工业及矿业发展，飞机和汽车大量生产带动石油消费。

第四阶段：“二战”后至 20 世纪 70 年代初，标志性技术变革为以计算机技术为基础的信息化时代开始。重工业化基本完成并向后工业社会和信息化社会转化。以原子能技术、宇航技术、电子计算机技术发展为标志的新科学技术革命。矿产需求由煤炭、钢铁、铜等常规产品向稀有矿产转移，消费能源由煤炭向石油、天然气转移，原有煤炭企业向大型、多元化转变。

第五阶段：20 世纪 70 年代至今，以信息化产品为代表的高附加值产业成为经济主体，大宗固体矿行业趋于稳定，相关稀有矿产行业快速发展。环境污染严重的矿产向国外转移。

纵观矿业产值总体呈上升趋势，步入信息化时代后略有下降，从矿业产品产值和占 GDP 比重来看（见图 2），前三个阶段对矿产品需求逐渐增加，重工业阶段对矿产品的需求达到顶峰，工业化完成后矿业产值有所下降。随着经济主体向信息化产业过渡，对矿产品的需求呈逐年下降趋势。

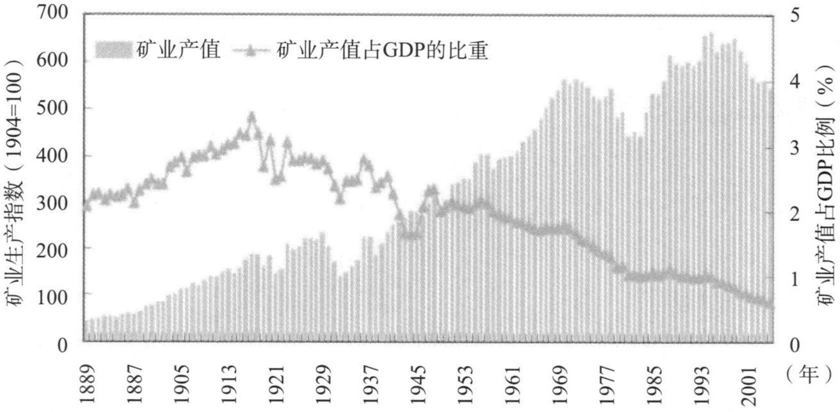

图 2　1879 ~2005 年美国矿业产值占 GDP 比例

（二）我国经济与矿业发展特征

从经济角度来看，改革开放初期（1978 ~ 1988 年），矿业发展缓慢，我国矿业产值较低，占 GDP 百分比不足 0. 3% 。20 世纪 90 年代左右（1989 ~ 1999 年），为矿业进入缓慢增长期，矿业产值占 GDP 比重逐渐增加，从 1989 年的 0. 2% 逐渐增加到 1999 年的 0. 8% 左右。2000 年以后我国步入基础建设高速发展时期，大规模城市建设、全国范围的公路铁路建设对煤炭和钢铁需求量大大增加，给矿业的发展提供了良好的契机，矿业进入高速发展期，矿业产值总量直线增长占 GDP 比重显著增加，2001 年矿业产值占 GDP 仅在 1. 0% 左右，但到 2008 年占 4. 8% 左右。2008 ~2011 年我国经济进入高速发展时期，国内各个行业产值均有显著提升，矿业产值总量仍呈高速增长模式，占 GDP 百分比在 4. 8% ~6. 5% 波动。

（三）我国矿业发展阶段及存在的问题

以美国矿业发展周期为参照结合我国经济发展现状，并考虑地区发展的差异，我国经济目前处于第三至第四阶段，即以重工业为主体的经济模式，且重工业发展尚未完善，资源消耗主要以煤炭、钢铁为主。高能耗、高污染的工业模式带来的影响日益严重，如我国东部地区的大面积雾霾，全国范围的淡水污染问题等。在当前资源现状、政治条件、社会发展水平条件下我国矿产资源开发主要存在如下问题：

（1）资源储量相对不足，过度开发严重。从全球资源分布看，我国资源总量尚可，特别是锌、磷、稀土资源丰富，但我国目前人口超过13亿，人均资源相对匮乏，同时我国工业化尚未完成，地区发展极不均衡，资源的高消耗模式还需要维持相当一段时期。

（2）资源开采浪费严重。我国矿产资源分布比较分散，矿体赋存条件相对较差，不利于资源合理高效开采。在经济利润诱惑下，民采、盗采现象严重，优先开采优质资源，造成贫矿资源浪费，甚至国有企业也存在此类问题，这在一定程度上削减了我国资源有效储量和资源利用年限。

（3）资源开采缺乏长期规划。我国经济发展速度是以高消耗、高污染为代价换取的，按照当前消耗速度，重要矿产的保障年限如下：锑矿15年、铅锌矿20年、铁矿29年、煤炭150年，即使我国储量号称世界第一的稀土也维持不足400年的供应（见图3）。以2007年为例，我国矿产品产量占世界矿产品产量的86%，而资源储量排名前三的俄罗斯、澳大利亚、加拿大分别占5%、1%、1%（见图4）。400年对于人类历史而言太过短暂，我国的未来在哪里？

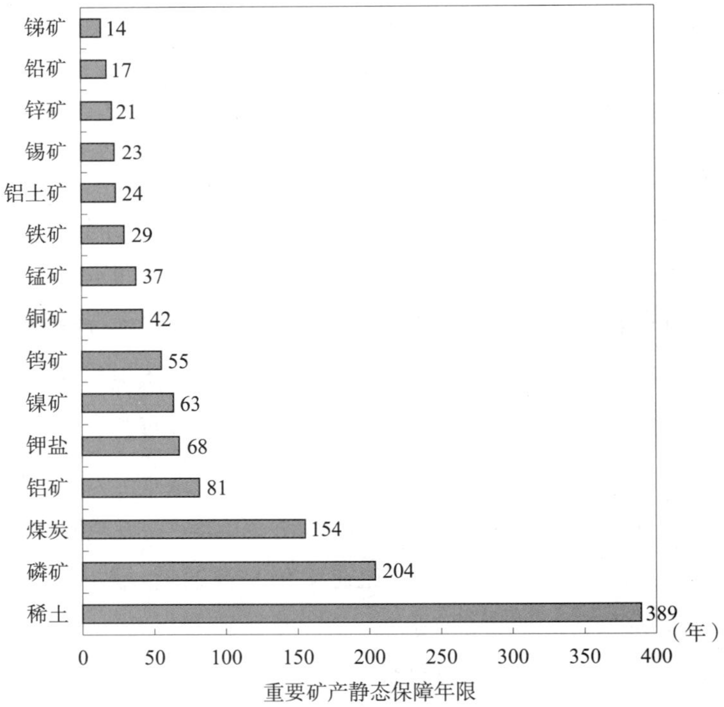

图3　我国重要矿产静态保障年限

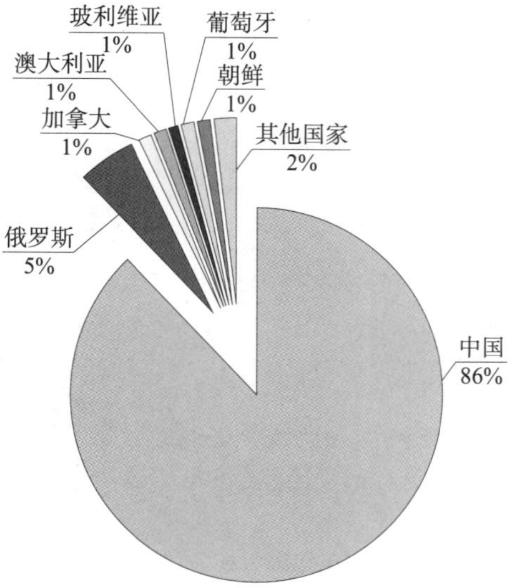

图4　2007年世界矿产量分布

（4）资源利用率不足。矿产品的提取技术有待提升，矿产资源回收率不高，企业为了当前利益，使得主要金属元素提取后，众多具有重要价值的含量较低的金属成分被直接抛弃，造成巨大浪费。

三、我国采矿领域专利申请发展过程

（一）采矿领域专利申请数量与经济发展关系

从专利角度来看，1985～2014年，我国受理的采矿方法专利申请共994件，其中国内申请935件，国外申请59件，分别占总量的94.06%和5.35%。发明专利申请861件，实用新型专利申请133件。

从增长规律来看（见图5），2000年之前采矿方法领域专利申请较少，每年申请量均在8件以下，参照采矿业发展周期，此阶段主要为国外高效采矿方法引进和技术消化时期，比如无底柱分段崩落法和各类充填法采矿工艺在国内开始应用，相应采矿方法创新较少。从矿业经济发展水平来看，2000年前我国矿业产值相对较低（见图6），技术研发需要的经济基础较为薄弱，矿业领域经济的窘迫致使投入的科研资金不足，以上因素均导致了2000年前采矿领域专利申请量偏低的现象。2001年以后矿业领域专利申请量呈现出逐年增加态势（见图5），2001年申请量不足10件，到2013年超过200件。这说明我国采矿工艺已完成引进技术的吸收，适合于我国矿产赋存条件、工业发展水平、社会发展水平的新的采矿方法逐渐形成，技术创新逐年增加。

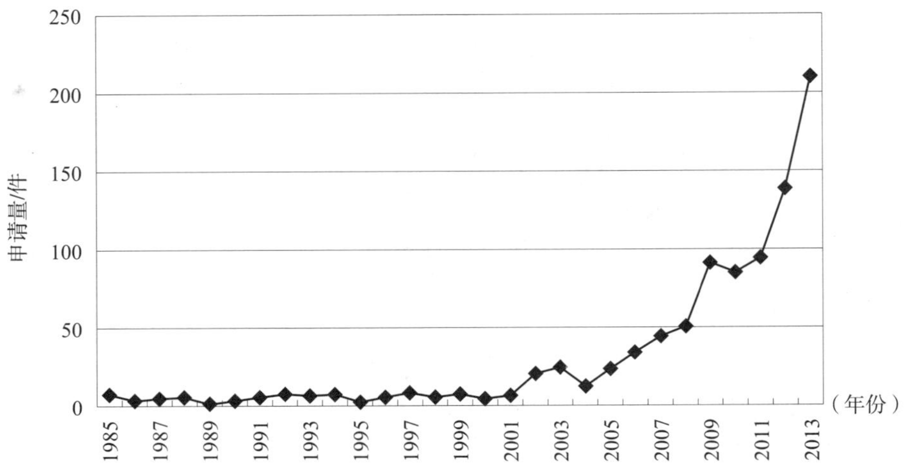

图5　1985～2013年我国采矿方法领域专利申请情况

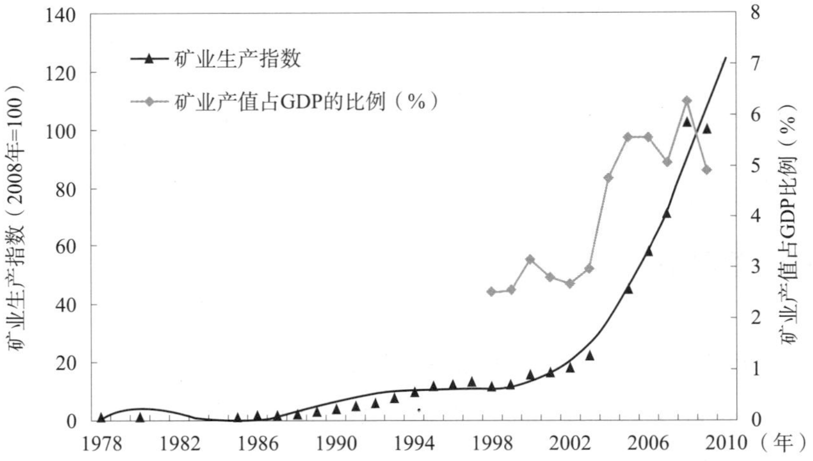

图6　我国矿业产业周期

（二）采矿领域专利申请量分布特征

地域分布特征：从申请人所属的省市看，各省市的采矿方法领域申请量分布情况如图7所示，按照所占比例依次是北京、江苏、山东、山西、湖南、辽宁和浙江。其中前三申请量基本接近，均接近13%的份额。从地域分布来看，高校所在地和矿业发达地区专利申请量较大。

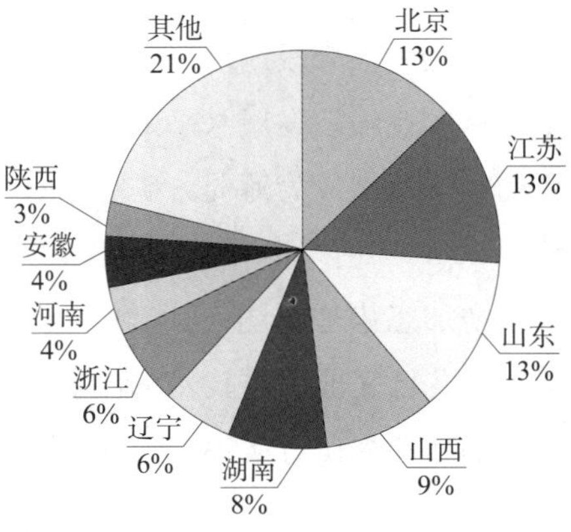

图7　我国采矿方法领域国内申请地域分布

技术领域分布特征：采矿方法领域专利申请量排名前十的申请人见表1，采矿方法申请量较多的单位主要包括中国矿业大学（包括徐州矿大和北京矿大）、山东科技大学、中南大学、鞍钢集团矿业公司。在排名前十的单位中，高校专利申请量占72%，生产企业占28%，高校申请量显著高于企业。这从一定程度上反映出企业科研实力薄弱、科研成果转化能力不高的问题。

表1　我国采矿方法领域专利申请量排名前十的单位　（件）

序号	申请人	申请量	单位	行业	地区
1	中国矿业大学	104	高校	煤炭	北京/江苏
2	山东科技大学	31	高校	煤炭	山东
3	中南大学	29	高校	有色金属	湖南
4	鞍钢集团矿业公司	21	企业	钢铁	辽宁
5	山西晋城无烟煤矿业集团有限责任公司	16	企业	煤炭	山西
6	太原理工大学	16	高校	煤炭	山西
7	中钢集团马鞍山矿山研究院有限公司	15	企业	钢铁	安徽
8	大同煤矿集团有限责任公司	13	企业	煤炭	山西
9	河南理工大学	12	高校	煤炭	河南
10	宝钢集团上海梅山有限公司	11	企业	钢铁	上海

从业单位行业分布特征：从所属行业来看，煤炭开采研究单位和生产企业占72%，金属矿山开采研究单位和生产企业开采行业占28%，煤炭开采相关单位申请量显著高于金属矿山开采领域。

不同采矿方法分布特征：我国不同开采方式专利申请量分布状况，见表2。在我国所有935件有关采矿方法的专利中，地下开采方法达到834件，占总申请量的89%，地面开采方法仅为101件，占总申请量的11%。在全部有关采矿方法的专利中，煤炭行业专利申请量远高于金属矿山、岩盐等行业，另外近年国家对矿用土地恢复要求日益提高，有关土地复垦专利申请量增加显著。

表2　我国不同开采方式专利申请量分布状况　（件）

领　域	申请量
地下采矿方法	834
其中：褐煤或硬煤用的方法	123
岩盐或碳酸钾岩用的方法	50
矿石用的方法	127
地面采矿方法	101
其中：褐煤或硬煤用的方法	18
矿石用的方法	33
地面法采后区域的恢复	33

（三）采矿领域专利存在问题

综合我国采矿领域专利特征，主要存在问题如下：首先，对比国内外专利文件可以看出，国外来华专利虽然申请量较少，但其专利技术水平明显高于国内，主要体现在专利内容更加详尽，附图明确翔实，权利要求个数较多，国内专利技术成果水平有待提高。其次，从国内专利申请看，高校申请量占绝大部分，企业相对较少，在一定程度上反映出企业科研实力薄弱的问题。最后，我国专利转让率不高，一个具有重要创造性价值的成果不应该没有市场，成果转化率不高从另一个角度反映出我国专利成果水平有待提高的问题。加大科研资金投入，综合高校和企业各自的优势，改变现有科研体制，研发具有实际价值的科研成果，改善我国工业技术落后局面，是解决当前资源行业低迷现状的根本所在。

（四）我国资源领域未来发展的方向

对比研究我国与发达国家经济、矿业发展过程以及采矿领域专利申请情况和成果水平，从而揭示我国资源开发中存在的问题，分析可见今后采矿领域着重要解决的主要问题如下。

（1）矿产资源的高效开采技术：以资源回收率最大化为目的，倡导以充填采矿法为主导的采矿方法，最大限度地回收资源；开创新的工艺方法，有效提高矿山的生产效率、改善作业条件、降低资源的损失贫化。

（2）深部资源开发技术：我国人口基数过于庞大，资源过度开发现象严重，埋藏较浅的资源已开采大半，深部矿体的开发利用迫在眉睫，而深部矿体的勘探、开采、支护、通风、安全管理等技术有待完善。

（3）提高贫矿资源的利用：我国矿产资源利用率不高，主要体现在贫矿资源的浪费，富矿开发过程中，贫矿被放弃开采，造成后期无法回收利用，根本原因在于贫矿资源提取技术落后，高效低成本的贫矿选取技术问题需要攻克。

（4）稀有矿产资源的开发技术：根据发达国家发展经验，未来社会对稀土、铝土等稀有金属需求量日益增加。而我国稀土资源开发目前主要以原矿或精矿出口为主，稀土中含有约 15 种镧系元素氧化物，各个成分的选取、分离技术对于我国信息化产业发展至关重要。

石墨烯透明导电薄膜中国专利发展态势分析

崔双魁　朱艳艳*　马美娟*　钟焱鑫*

摘　要　石墨烯透明导电薄膜具有优良的透明性、导电性和可弯曲性能，在显示领域具有广泛的应用前景。本文对石墨烯透明导电薄膜的中国专利申请状况进行分析，从全国各省市地区的申请量、省市分布、申请人分布、申请类型及法律状态等方面入手，阐述石墨烯透明导电薄膜的发展现状，以期对我国企业的发展战略和政府政策决议的制定提供参考。

关键词　石墨烯　薄膜　透明　导电

显示技术作为信息时代最重要的技术之一，随着对透明显示、柔性显示等多种显示方式的需求，目前显示器件中常用的透明导电薄膜主要是 ITO（铟锡氧化物）和 IZO（铟锌氧化物）。❶ 但是 ITO 和 IZO 透明导电薄膜的制备方法费用高，且 ITO 和 IZO 透明导电薄膜存在的脆性比较大、强度不够等现象，不能满足现有的透明性、导电性和可弯折的需求，因此，亟须寻找一种替代 ITO 和 IZO 制作透明导电膜的材料，制作简便且成本低廉。❷

石墨烯是已知的世上最薄、最坚硬的纳米材料，它几乎是完全透明的，只吸收 2.3% 的光；导热系数高达 5 300W/m · K，高于碳纳米管和金刚石；常温下其电子迁移率超过 15 000cm^2/V · s，又比纳米碳管或硅晶体高；而电阻率只约 $10^{-8}\Omega \cdot m$，比铜或银更低，为世上电阻率最小的材料。因其电阻率极低，电子迁移的速度极快，因此被期待可用来发展更薄、导电速度更快的新一代电子元件或晶体管。❸ 并且其丰富的资源、低廉的成本，被认为是替换铟锡氧化物薄膜最具有潜力的透明导电薄膜材料。❹

本文对国内的石墨烯透明导电薄膜技术的专利申请状况和技术发展历程进行研究，以 2014 年 6 月 5 日之前可用于透明显示的石墨烯透明导电薄膜为研究范围。在中文数据

---

* 等同第一作者。

❶ 蔡珣. 可调的透明导电膜研究进展 [J]. 功能材料信息，2007 (2).

❷ 章峰勇. 柔性透明导电膜的研究进展 [J]. 信息记录材料，2010 (3).

❸ 金成勋. 柔性透明石墨烯膜制备及导电性能研究 [J]. 影像科学与光化学，2012 (4).

❹ 唐晶晶. 石墨烯透明导电薄膜 [J]. 化学进展，2012 (4).

库中以石墨烯为检索要素，对近5000篇中文专利文献进行人工筛选和标引后，获得了中文的有效专利研究数据。

一、中国专利态势分析

石墨烯透明导电薄膜的中国专利申请量共计496件，图1给出了石墨烯透明导电薄膜相关专利申请量的年度变化趋势，其中一条曲线显示了全球专利申请量发展趋势，另一条代表全球多边申请量发展趋势，图中横轴所显示的年份为一件专利申请日所在的年份，纵轴的专利数量以“件”为单位。

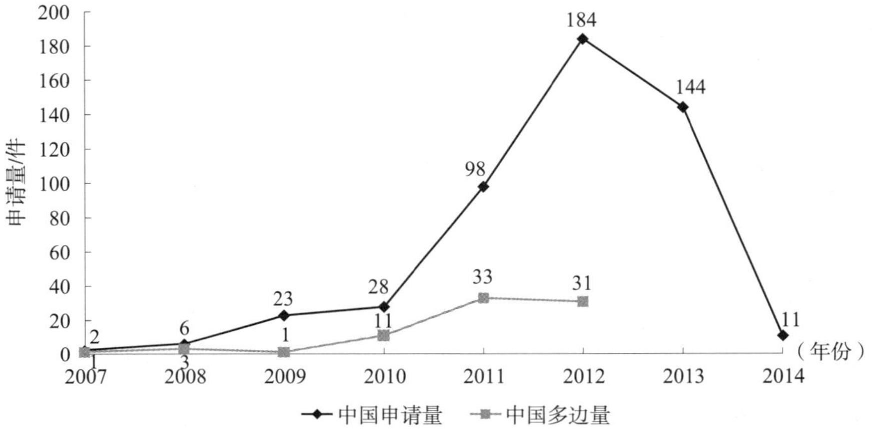

图1 石墨烯透明导电薄膜中国专利申请趋势

从图1中可以看出，国内对于石墨烯透明导电薄膜的研究起始于2007年，随着2004年获得稳定的石墨烯以来，石墨烯因其良好的导电性、坚硬度、透明度和导热等性能逐渐引起重视，石墨烯的研发力量也不断增加，石墨烯技术进而得到发展。然而，此时石墨烯的技术仅仅处于起步阶段，基于石墨烯的石墨烯导电薄膜在2007年之前没有相关专利申请，这与石墨烯技术本身的发展是密切相关的。从2007年开始，石墨烯透明导电薄膜的相关专利申请开始逐渐增加，在2010年以前，石墨烯透明导电薄膜技术发展比较缓慢。

自2010年以来，石墨烯透明导电薄膜技术得到快速发展，这主要是因为2010年英国曼彻斯特大学的安德烈·海姆和康斯坦丁·诺沃肖洛夫因石墨烯获得了诺贝尔物理学奖，由此石墨烯受到广泛的关注，各大企业、研究机构加大对石墨烯技术的研究，在加快石墨烯技术发展的同时，也推动了石墨烯透明导电薄膜技术的快速发展。2010～2012年，短短两年时间，石墨烯透明导电薄膜的专利申请量就翻了近7倍，专利申请量的快速增长也侧面说明了石墨烯透明导电薄膜技术的快速发展。

专利申请量的绝对数量只能表明对石墨烯透明导电薄膜技术的关注程度以及研发精力的投入情况，而多边申请的数量则表明了石墨烯透明导电薄膜技术核心技术含量以及专利布局情况。从图1中可以看出，2010年以前，尽管申请量不多，然而多边申请量所占的比例比较大；2010年以后，虽然申请量迅速增加，但多边申请量所占的比例却有所降低，这与石墨烯导电薄膜技术的申请人或发明人的情况息息相关。

二、省市分析

在中国递交的有关石墨烯透明导电薄膜专利申请的申请人中，国内申请人提交的申请量占有绝对的优势，如图2所示，国内申请人的申请量是国外申请人递交申请量的10倍多。这主要是国内大学、科研机构的贡献。相比于以往大学、科研机构将技术研究成果以论文或著作形式发表为公众所知的形式，现在大学、科研机构逐渐认识到专利的重要性，转变了技术研究成果的发表形式，将技术研究成果以专利申请进行技术保护的同时告知公众，采取了更为合理的保护方式，进而使得中国专利申请量突飞猛进。然而，大学、科研机构的专利申请仅仅是对研究成果的一种单纯保护，由于较少与企业或公司合作，所以较少将研究成果产业化。大学、科研机构的专利申请仅在中国递交申请，而没有在国外提交相应申请，因为没有产业化，大学、科研机构也就没有在国外提交申请的需求，这也是图2中申请量大，但多边申请量较低的主要原因。

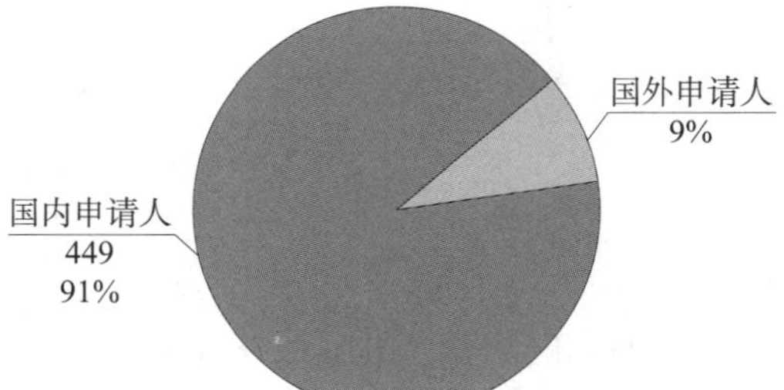

图2　石墨烯透明导电薄膜中国专利申请人构成

在这些国内申请人中，地区分布也是非常不平均的。根据图3所示，北京以77件位居第一，这主要归功于北京大学、清华大学、京东方、多个中科院分院等研发实力较强的大学、企业、科研机构都坐落于北京。江苏的申请人主要有力合光电、无锡格菲、常州二维碳素科技有限公司、常州大学等，同样由于较多的公司、企业、大学或研究机构落户在江苏，也使得江苏的申请量处于第二位。处于第三位的陕西，主要依托于西安电子科技大学的申请量，与北京和江苏多个申请人共同构筑专利申请保护网的情况有所不同，陕西的研发实力基本集中在西安电子科技大学，基本由一个申请人撑起陕西的专利保护网。上海和广州的申请量都在40件以上，辽宁的申请量为21件，有6个地区的申请量在10~20件，其余地区的申请量都在10件以下。可以看出，申请量比较多的地区主要是学校、研究机构以及相关技术公司比较密集的地区，多在直辖市和沿海发展较快的地区，技术发展不均衡。根据这种情况，申请量较大地区可加强地区内公司或企业与大学或科研机构的合作关系或与其他地区的合作关系，强化技术研发优势，提高竞争实力。

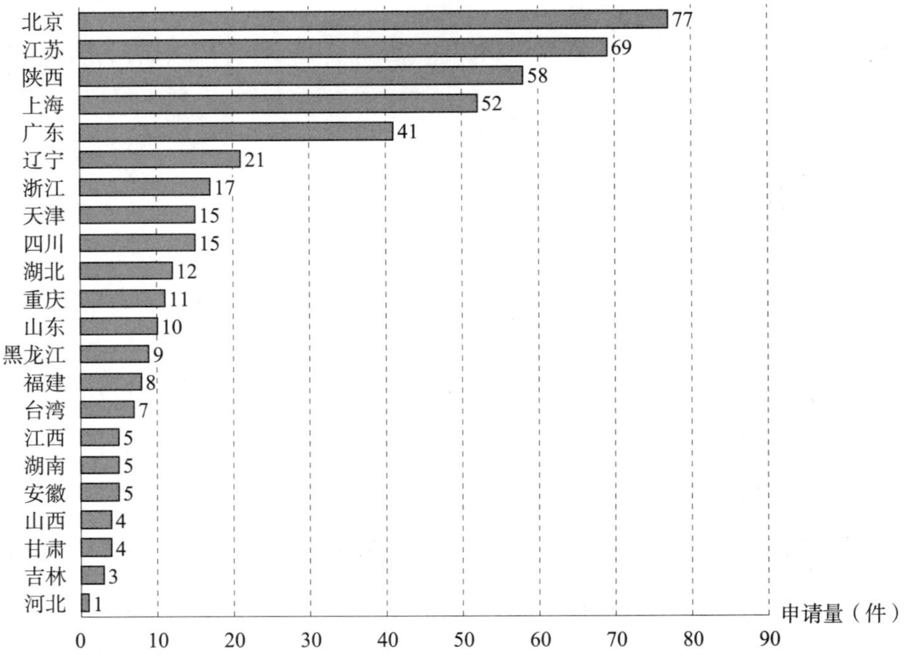

图 3　石墨烯透明导电薄膜中国各省份专利申请分布

对于国外申请人，如图 4 所示，韩国、美国和日本以绝对的优势位于国外申请人的前三位。在韩国的申请人中，主要有三星、成钧馆大学、首尔大学、蔚山科学技术大学等。三星的整体实力较强，有较完善的产品生产链，借助自身优势，三星与多家大学进行合作，结合大学的研发力量不断研发新的技术并能将新的技术在最短的时间内产业化，提高了技术的效益化，并通过这种转化不断推动新技术发展并以较高的效率提升自身的竞争实力。

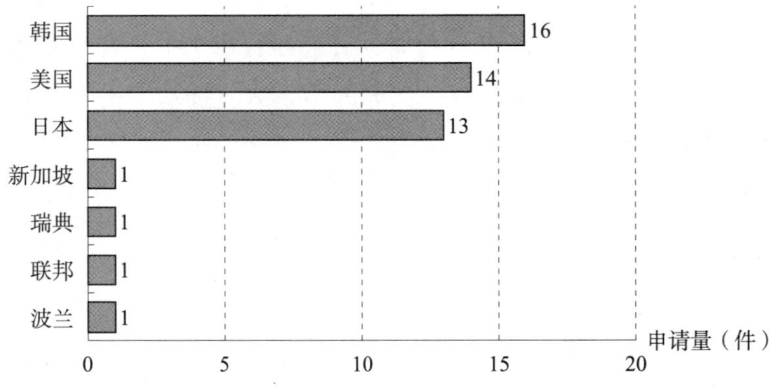

图 4　石墨烯透明导电薄膜中国申请的主要国外申请人专利申请分布

美国的申请人中，主要有英派尔科技开发有限公司、格尔德殿工业公司、国际商业机器公司、朗讯科技公司等。不难看出，美国申请人中主要以公司为主，其中只有一个大学申请人，这主要取决于公司技术研发部门的实力以及技术研发策略。美国这些公司本身具有较强的研发实力，在研发的同时直接将技术应用于产品，研发方向比较有针对性，研发的技术与产品的符合度更高。

日本的申请人中，主要有索尼公司、独立行政法人科学技术振兴机构、JX 日矿日石金属株式会社、富士通株式会社等。与韩国情况类似，日本申请人中以公司为主，辅以大学或研究机构。索尼公司整体实力较强，独立行政法人科学技术振兴机构的研究能力较强，各自发挥优势相互结合，同样能够在省去部分研发的人力、物力的同时获得较好的研发结果，并将研发结果以最短的时间产业化，提升自身竞争实力。

相比而言，国内企业的自身实力与三星、索尼等公司的实力还有较大的差距，因此，与中科院、大学等研究机构增加相互合作是我国企业提升自身竞争实力的有效途径。

三、国外/国内申请人分析

图 5 中示出了国外、国内申请人在中国的专利申请量的具体情况，其中中科院和西安电子科技大学分别位于申请量的前两位。中科院下设的国内各地分院比较多，虽然单个分院的专利申请量不多，但分院的数量较多，因此中科院的专利申请的总量在国内申请人中位居第一位。西安电子科技大学在专利申请时，对于某项技术采用系列申请的方

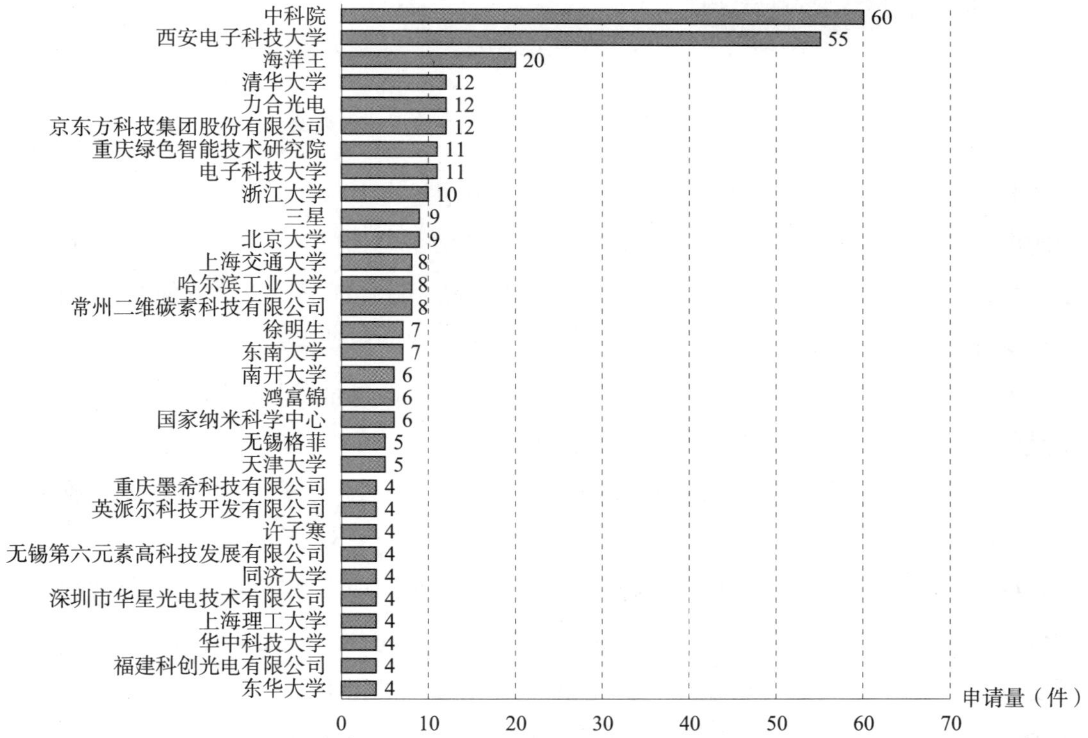

图 5　石墨烯透明导电薄膜中国申请主要申请人专利申请分布

式对该技术进行专利保护，也正是由于拥有多个系列申请，西安电子科技大学的专利申请的总量位居国内申请人的第二位。另外，在申请量前三十位的申请人中，国内申请人有 27 个，其申请量占 92.5%，而国外申请人只有 3 人，其申请量仅占 7.5%。由此也可以看出国内石墨烯透明导电薄膜技术的投入的研发力度比较大，在研发实力上略占优势。国外申请人中，三星以 9 件申请量居第 11 位，虽然在国内的申请量不多，但相比于全球申请量中的位列第三的申请人排名，可以得出，三星更注重全球的专利布局。

对国内申请人进一步分析可以看出，国内申请人有着明显的特点，如图 6 所示。在所有的申请人中，大学的申请量所占比例最大，占总量的 45%；其次是科研机构，占总量的 16%；而公司单独提交的申请量仅占 24%。不难看出，目前石墨烯透明导电薄膜技术还主要处于研发阶段，技术产业化的比例比较低，但这也表明石墨烯透明导电薄膜技术还有很大的研发空间和发展前景。

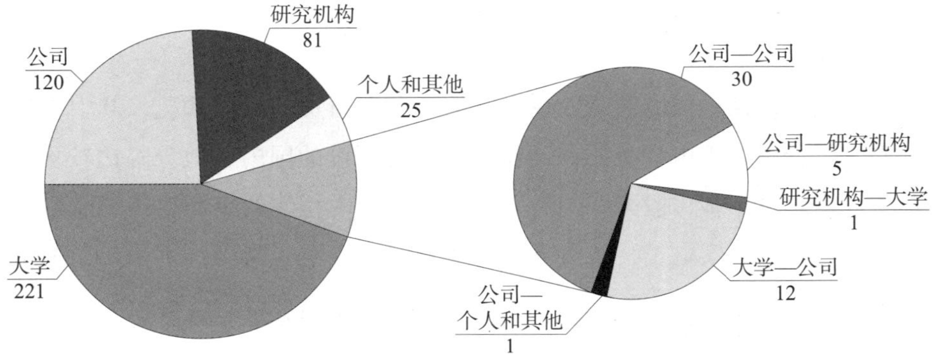

图 6　石墨烯透明导电薄膜中国申请申请人类型

此外，在这些国内申请人中，共同申请人的申请量占 10%。其中公司和公司之间合作的申请最多，这也是目前技术发展的趋势，结合两个公司的技术强项或优势，互补不足，联合发展新的技术，并能够将该技术应用于产品，这样能够节省研发的人力、物力，更重要的是能够将技术更快的产业化。大学和公司合作的申请量以及研究机构与公司合作的申请量分别占共同申请人申请量的 25% 和 10%，这也是较为合理的合作方式，主要是具有相关技术研发能力的大学或研究机构与实力较强的公司或企业之间的合作，公司或企业通常具有较为完善的产业链，能够将大学或研究机构的技术研究成果产业化。

根据石墨烯透明导电薄膜技术的研发特点，国内公司或企业可采取与大学或研究机构合作的方式，依托国内大学或科研机构的研发实力，充分利用大学或研究机构目前的研发成果，以及基于已获得的研究成果不断研发新技术的潜力。还应结合自身公司或企业的特点，将研究成果或技术不断产业化，并随后加以完善改进，逐步增加国内申请人与国外申请人的竞争实力，这样才能保持并扩大目前的优势。然而，如果将石墨烯透明导电薄膜技术更多的停留在研究阶段而不将其产业化，则不会更快发现石墨烯透明导电薄膜技术的不足以及改进方向，继而势必将削弱国内石墨烯透明导电薄膜技术发展的生命力，降低国内的整体竞争力。因此，公司或企业与大学或科研机构的合作，能够促进国内石墨烯透明导电薄膜技术的发展。

四、申请类型及法律状态分析

从 2010 年开始，石墨烯透明导电薄膜的专利申请开始迅速增加，在比较短的时间内出现了井喷现象，客观上减缓了专利申请的审批速度。因此，如图 7 所示，专利申请中有 73% 还处于待审状态，仅有 24% 授权量，而无效量更少，只有 4% 。这如同暴风雨前的平静，增长迅速的专利申请量以及超过 7 成的未审专利申请量，预示着未来可能会有一场激烈的专利大战。

在这些专利申请中，发明占据 95% ，实用新型只占 5% ，如图 8 所示。由此可以看出，专利申请的技术含金量相对比较高，各申请人对专利申请也比较重视，这种情况也从一个侧面反映出石墨烯导电薄膜的技术是一项非常具有潜力的技术。

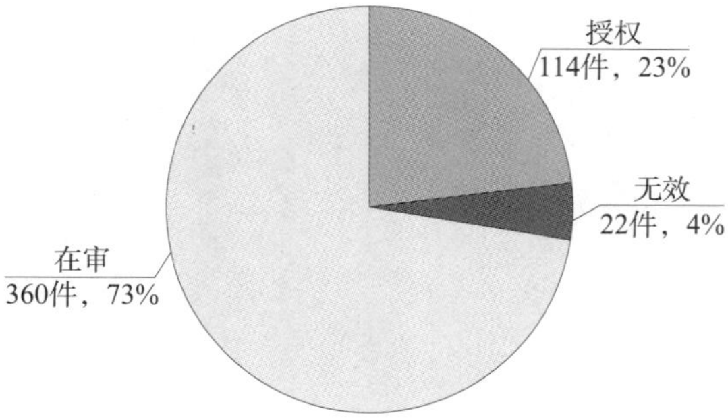

图 7　石墨烯透明导电薄膜中国申请法律状态

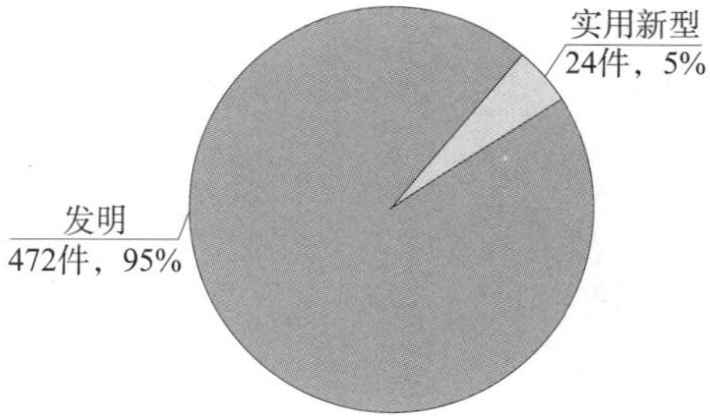

图 8　石墨烯透明导电薄膜中国申请类型

五、结　语

石墨烯透明导电薄膜由于其良好的透明性、导电性和可弯曲性能，是作为替换现有透明导电薄膜最具有潜力的透明导电薄膜材料，可应用于透明显示、柔性显示等技术领域。目前，石墨烯透明导电薄膜的相关技术正逐步从科学研究向产业化方向迈进。中国在石墨烯透明导电薄膜的专利申请数量上已经跃居全球第一，表明中国在该项技术方面具有很强的研发实力。但是，我国申请基本上以国内申请为主，很少就石墨烯透明导电薄膜的专利技术申请国外保护。因此，在石墨烯不断产业化的进程中，国内申请人应当考虑加强在国外的专利布局，将国内的优势扩大到国际市场中。

另外，国内申请人基本以高校和研究机构为主，企业参与力度较小，在产业化方向会受到一定的影响。建议国家相关部门在政策方面加强引导和支持，推动该技术领域的公司或企业与高校以及研究机构之间的合作，以企业为主体，市场为导向，通过政府支持以及市场引导两方面相结合，将科研成果或技术应用到产业中，以推动石墨烯透明导电薄膜产业的迅速发展。

免充气轮胎专利技术综述

李然

摘 要 免充气轮胎以其独特的安全性能受到人们的广泛关注。本文简单介绍国内外免充气轮胎的专利申请概况和主要申请人概况，着重对4种免充气轮胎的技术路线进行分析，并结合具体功效给出免充气轮胎领域专利技术发展的展望。

关键词 轮胎 免充气 专利分析

一、引 言

近年来，随着交通技术和动力技术的不断改善，车辆行驶速度越来越快，轮胎承受的制动力、驱动力和转向力等越来越大，因爆胎造成的交通事故也呈上升趋势。在此情况下，免充气轮胎成为轮胎研究的一大热点。爆胎，实质上是轮胎的内胎在气体作用下撕裂导致爆破（对于无内胎轮胎，内胎和外胎复合在一起）。免充气轮胎省去了充气轮胎在使用前检查胎压并经常充气的环节，解决了易被扎破甚或爆胎引发安全事故的缺陷，具有优良的安全性能。

免充气轮胎，顾名思义省去了充气环节。结构方面，免充气轮胎不具有传统充气轮胎的内胎或与外胎复合的内胎，通常由橡胶、聚氨酯、弹簧等材料复合而成，采用实心、轮辐、蜂巢等结构设计，免充气轮胎内部也可根据需要引入多个独立的气室，气室之间相互独立，单独的气室被刺穿不会影响其他气室的密闭性；功能方面，免充气轮胎由于避免使用充气内胎或可采用多个独立的气室，避免了因整体胎压不正常造成的爆胎，同时在轮胎被扎破时，无气室结构的轮胎因为内部没有气体，也不会发生“漏气”而爆胎，而具有多个气室的轮胎由于单个气室被刺穿不会影响其他气室的密闭性，因而仍可以保持一定的安全性能。除安全性能，免充气轮胎还具有传统充气轮胎所不具有的优点：如实心轮胎通常具有较大的负载能力，因此大量应用于工矿行业中的大型载重工程车辆；弹簧轮胎可以克服橡胶在高温下变软失去强度，低温下变硬失去弹性的缺点，因而可应用于月球登陆车等极端环境。

二、专利申请概括

免充气轮胎在 IPC 分类表中的分类号为 B60C7/00，包括涉及轮胎材料的一点组共 3 个，分别为 B60C7/02、B60C7/04、B60C7/06；涉及轮胎结构的一点组共 3 个，分别为 B60C7/08、B60C7/10、B60C7/22；涉及轮胎与轮辋固定方式的一点组 B60C7/24。此外，部分专利同时被分在 B29D30/02（实心胎的生产）、B60B9/00（高弹性车轮）、B60B9/26（包含弹性辐条的高弹性车轮）、B60C17/00（缺气保用轮胎）。以 2015 年 1 月 20 日为检索截止日，在 S 系统 SIPOABS 数据库中，对免充气轮胎领域内的专利文献进行统计。

从图 1 可得，免充气轮胎领域的全球专利申请趋势可分为三个阶段：

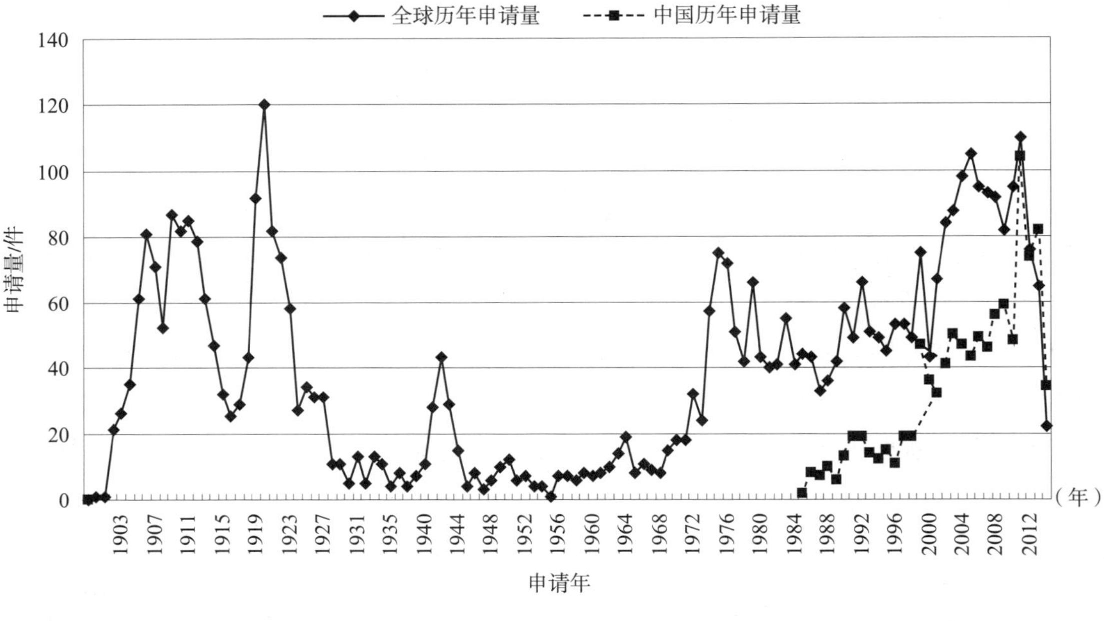

图 1　全球和中国的免充气轮胎专利的历年申请量

（1）第一快速发展期（1930 年之前），最早的橡胶实心轮胎均为免充气轮胎，直到 1888 年世界上出现了第一条橡胶充气轮胎，在橡胶充气轮胎技术发展成熟之前，橡胶实心轮胎一直是轮胎行业的主流；

（2）衰落期（1930～1970 年），随着充气轮胎巨大的成本优势和综合性能优势，橡胶实心轮胎在乘用车市场逐渐被淘汰，虽然在第二次世界大战期间，出于军事需要，免充气轮胎领域的申请量暂时出现上升现象，但随后又迅速降低；

（3）第二快速发展期（1970 年至今），1970 年之后，大量的新材料、新工艺应用与轮胎领域，尤其是随着聚氨酯材料和复合材料加工工艺的成熟，免充气轮胎领域被注入了新的活力。大量采用新材料、新结构的免充气轮胎出现，它克服了传统橡胶实心轮胎成本高昂、综合性能低的劣势，同时由于独特的安全性能优势，因此得以快速发展。

1970 年 1 月 1 日 ~2015 年 1 月 20 日，全球关于免充气轮胎的专利申请数量为 6293，其中 PCT 申请的数量占 5%，如图 2 所示。全球分布中日本、欧洲、中国、美国的专利申请占申请总数的 75%，说明这 4 个区域是免充气轮胎的主要目标市场。如图 2 中关于中国区域的细分所示，在向中国提交的 1038 项发明专利申请中，来自国外申请人的占 55%，占据半壁江山；来自国内各省份的申请量则较为平均。

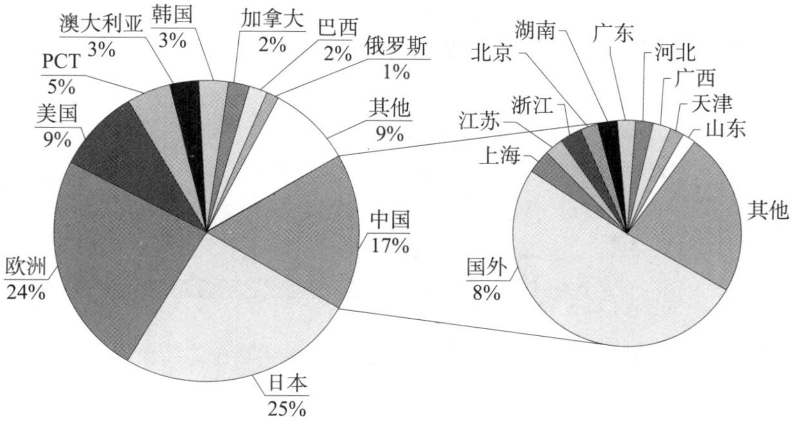

图 2　全球和中国的免充气轮胎专利的区域细分

对全球 6293 篇免充气轮胎的专利申请进行细分，如图 3－1 所示，申请量排名前十的申请人分别为米其林（包括米其林申请的 307 项专利和其并购的 UG 公司的 95 项专利）、普利斯通、固特异、住友轮胎、德国大陆轮胎、拜尔、横滨橡胶、邓禄普、韩泰轮胎、东洋轮胎，其中普利斯通、米其林、固特异、德国大陆轮胎、住友轮胎、韩泰轮胎 2014 年全球轮胎销售额排名前十。

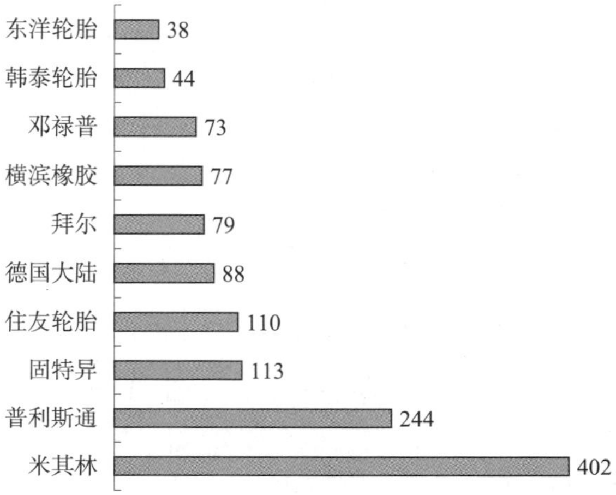

图 3－1　全球免充气轮胎专利的申请量排名前十申请人与申请量（件）

对向中国提交的1038篇免充气轮胎的专利申请进行细分，如图3－2所示，申请量排名前十的申请人中，米其林、普利斯通、固特异、韩泰轮胎、澳大利亚轨道装置公司位列其中，国内申请人除济南奥美联亚工矿设备有限公司外，均为个人申请。国内申请人的专利申请中包括相当部分的实用新型专利，以及实用新型的同日发明专利申请。

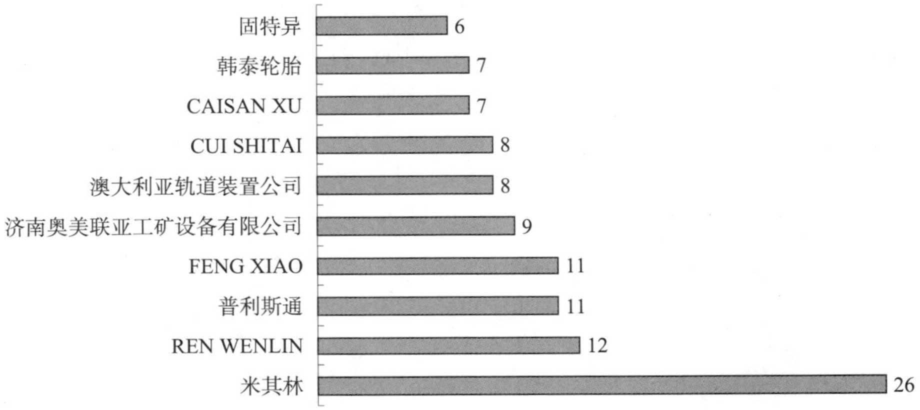

图3－2　中国免充气轮胎专利的申请量排名前十申请人与申请量（件）

三、主要申请人分析

（一）米其林

图4显示了米其林在免充气轮胎方面提交的专利申请的数量情况。从中可以看到，从1970～1990年，年申请量较少（1976年的申请为一同族专利，共包括20项专利）；直到1991年，年申请量才开始迅速增长，并在1998年后保持稳定。

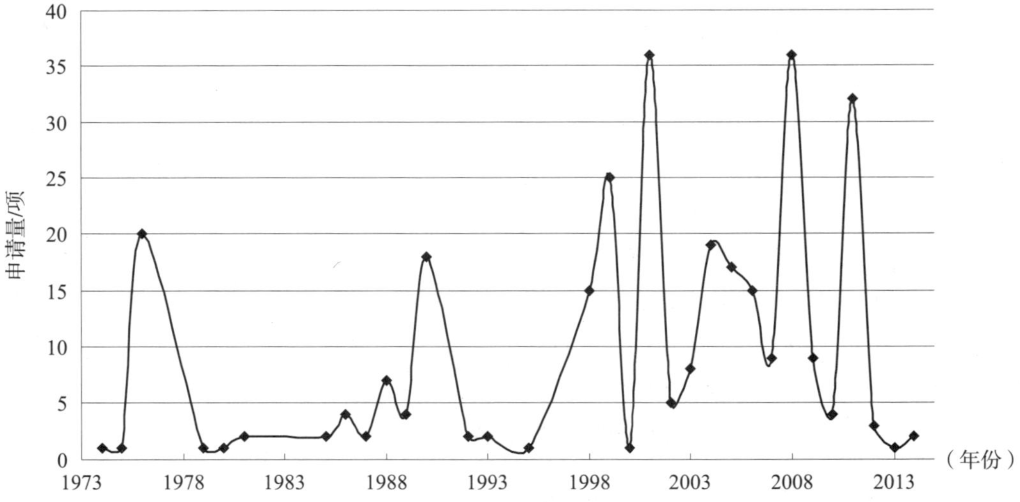

图4　米其林公司专利申请量年度分布

从表 1 可以看出，米其林研发的重点突出，轮辐轮胎的专利数量最多为 106 项，占总申请量的 34.5%，且同族数量、引用次数、被引用次数较多。这些数据显示出米其林在免充气轮胎领域的专利布局具有较强的连续型，其最为侧重轮辐轮胎的研究。

表 1　米其林相关专利申请 （件）

技术路线	总数	代表专利公开号/申请日/	同族/引证/被引证数	技术要点
轮辐轮胎	106	CN1545454A 2001. 8. 24	13/16/53	轮胎由外到内依次由胎面、辐板条、加强环形带构成，辐板条伸过该加强环形带并延伸并固定在车轮或轮辋
实心轮胎	35	US4037636A 1976. 1. 12	20/8/34	轮胎内腔填充空心球，和/或部分内壁采用与空心球相同的合成材料增强，从而提高防刺穿性能

（二）济南奥美联亚工矿设备有限公司

国内申请人除济南奥美联亚工矿设备有限公司，其他均为个人申请，且该公司申请量较多，所以选择济南奥美联亚工矿设备有限公司作为国内申请人的分析样本。济南奥美联亚工矿设备有限公司成立于 2006 年，是一家专业生产工矿用特征轮胎的企业，其主要产品由橡胶实心轮胎、聚氨酯填充实心轮胎、聚氨酯实心轮胎，其共有 11 件专利，包括 3 件发明专利和 8 件使用新型专利，其中主要以实用新型专利为主，2 件发明专利等待实审提案，1 件发明专利等待一通答复，且引证、被引证数量均较小。

表 2　济南奥美联亚工矿设备有限公司相关专利申请 （件）

技术路线	总数	代表专利公开号/申请日/法律状态	同族/引证/被引证数	技术要点
实心轮胎	11	CN103522841A 2013. 10. 29	1/0/0	自外向内依次设置的橡胶层和聚氨酯填充内芯，聚氨酯填充内芯粘接在车轮轮毂上，并在橡胶层的两侧胎侧部位包覆聚氨酯

四、专利技术路线分析

按照技术路线，目前免充气轮胎主要分为橡胶实心轮胎、聚氨酯轮胎、蜂巢轮胎、弹簧轮胎。以下将对免充气轮胎的技术演进路线进行详细说明。

（一）橡胶实心轮胎

橡胶实心轮胎是最早开发的免充气轮胎，其专利申请可以追溯到1899年的US 773633A。橡胶实心轮胎一般是由天然橡胶或丁苯橡胶等形成的胎面胶构成的实心轮胎，其通过使橡胶直接硫化在轮辋上，或者橡胶硫化成型后再固定在轮辋上而形成。

橡胶实心轮胎具有高负载特性，被广泛用于低速度和高负载的车辆，如铲车、工矿牵引车、搬运车和拖车等。然而橡胶实心轮胎需要厚壁和厚的胎面区域来提供与充气轮胎相仿的负载能力，添加的橡胶会导致轮胎重量的增大，产生更大的热量和噪声，这限制了实心轮胎在乘用车领域的应用。

针对该缺陷，各大公司纷纷对传统的实心轮胎进行改良，提高轮胎的使用寿命和散热性。如2010年普利斯通申请的专利“实心轮胎”（JP 2012076673A）披露了一种实心轮胎，如图5所示。该实心轮胎在轮胎宽度方向靠近轮辋的区域分散有增强材料1，增强材料1为2~6层的钢丝增强的橡胶条带层叠而成，该增强材料1相对于轮胎的赤道面呈左右对称分布，轮胎的径向内侧具有朝向内侧的突出部11，该突出部在赤道面CL位置处比两侧14突出更多，从而提高轮胎与轮辋的结合力，防止在过大的输出下发生滑移破坏。

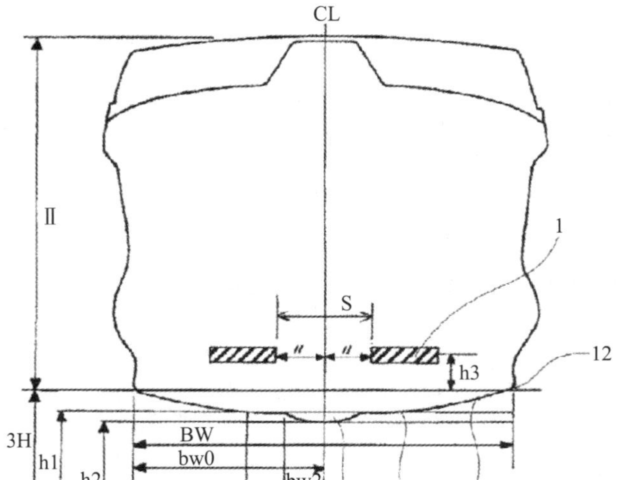

图5　JP 2012076673A的橡胶实心轮胎

（二）聚氨酯轮胎

聚氨酯轮胎是主要采用聚氨酯（俗称“耐磨橡胶”）材料的轮胎。20世纪50年代随着聚氨酯材料的发展，由于其具有高弹、耐磨的特性，很快被应用到轮胎领域。聚氨酯轮胎按照出现的时间，依次为聚氨酯实心轮胎、聚氨酯胎面轮胎、聚氨酯轮辐轮胎。

聚氨酯实心轮胎最早使用，它是由金属轮辋和直接粘合在金属轮辋上的聚氨酯实心胎体所组成，聚氨酯实心胎体可通过注入成型。如1975年固特异申请的专利“用于工业车辆的实心聚氨酯轮胎”（US 4164251A），该弹性聚氨酯轮胎可装配并粘合到一实芯上，聚氨酯通过无溶剂的液体混合物在与实芯接触的成型腔中在80℃～150℃下反应成型，液体混合物为常规的异氰酸酯与醇/醚/酯体系，其制造工艺简单。

但聚氨酯实心轮胎的缺点是使用中产生的热量大，且质量重，滚动阻力大。20世纪80年代末，聚氨酯轮胎从整个空腔中填充聚氨酯变为仅在胎面中使用聚氨酯，即聚氨酯胎面/橡胶胎体复合结构轮胎。这种复合轮胎的制备工艺过程较复杂，如2004年申请的专利“复合型实心轮胎及其制造方法”（EP 1574361A1）中，披露了一种复合型实心轮胎，该轮胎包括一个橡胶层内层和由热固性聚氨酯弹性体制成的位于橡胶层外周面上的外层，其中橡胶层由磨损的实心橡胶轮胎构成，且该橡胶层具有预定厚度，橡胶层由至少一种比外层热固性聚氨酯弹性体软的橡胶材料形成，外层的聚氨酯弹性体层不含任何量的碳黑，该轮胎为可再生轮胎，比现有的可再生轮胎具有更好的缓冲性和胎面耐久性，同时不会在地面不会因碳黑留下黑印。

随着聚氨酯性能的提高和加工工艺的改进，在2000年之后出现了聚氨酯轮辐轮胎，典型如米其林2001年申请的专利“具有增强件的结构支撑免充气车轮”（WO 2012091754A1），如图6所示。该车轮具有环形带405以及多个张力传递元件（示为腹板轮辐420），多个张力传递元件横向跨过带405，并且从带405向内延伸至位于腹板轮辐420的径向内端处的安装带425，安装带425通过用于安装的孔435将轮401锚固至毂430，胎面部分410形成在带405的外周处，胎面部可以是粘结在带405上的另外的层，以便提供与用于构建带405的材料不同的牵引和磨损性能，也可以形成为柔性带405的外表面的一部分，胎面特征形成在胎面部分410中并且包括花纹块415和凹槽440。该聚氨酯轮辐轮胎相比于实心轮胎，重量轻，减震能力出色，相比于弹簧轮胎，具有较好的牵引和转向控制。

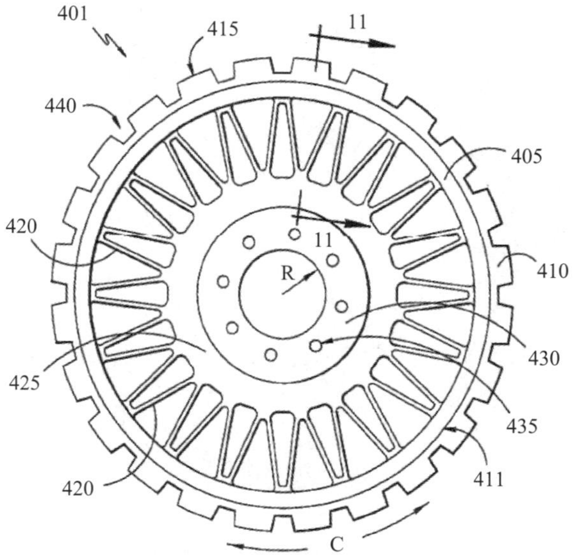

图6　WO 2012091754A1 中的聚氨酯辐条轮胎

（三）蜂巢轮胎

蜂巢轮胎是对轮胎结构的进一步改进，其将蜂窝的多六边形支撑结构应用到轮胎中，达到降低振动、提高车轮强度的作用。该结构也可用于前述的实心轮胎、聚氨酯轮胎等，从而进一步改善轮胎性能。

蜂巢轮胎的典型专利是1977年申请的“自支撑机动车轮胎”（US 4169494A），如图7所示。该轮胎具有支撑胎面的外环2和用于固定到轮辋的内环3，以及连接内外环的支撑结构1，该支撑机构1为蜂巢结构，单个蜂巢单元A的壁厚小于轮胎宽度的1/13，截面面积数值（单位：平方厘米）小于轮胎宽度的1/10，单个蜂巢单元A也可充气设置，单独蜂巢单元的破坏不会影响轮胎的整体性能。

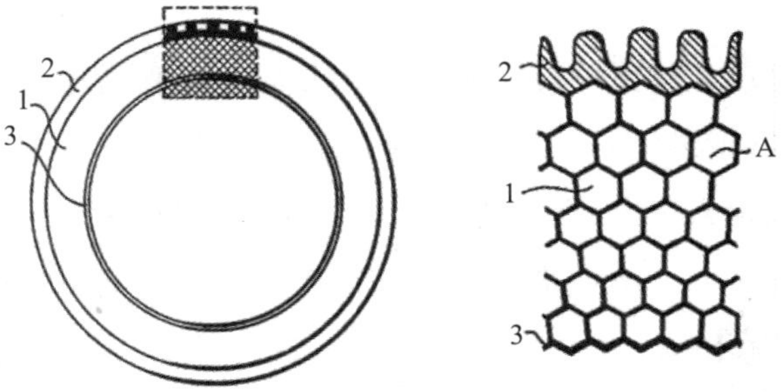

图7　US 4169494A 中的蜂巢轮胎及局部放大效果

应用蜂巢结构的典型专利是2009年米其林申请的“具有蜂巢结构的剪切带”（US 2011030866A1），该轮胎为聚氨酯轮辐轮胎，如图8所示。其结构类似上文WO 2012091754A1中的聚氨酯辐条轮胎，连接胎面的环形带105内侧具有承受较大剪切力的

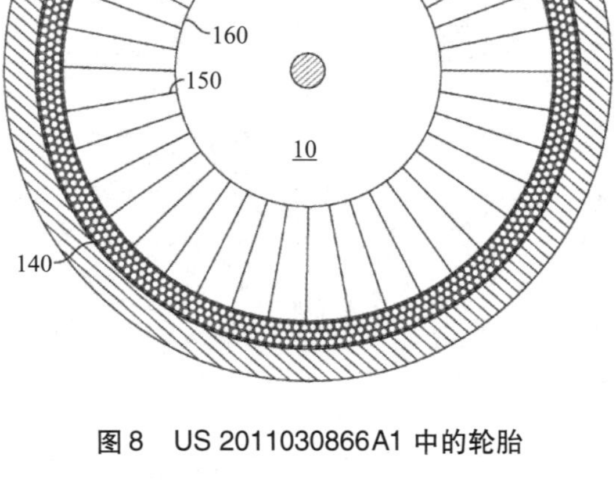

图8　US 2011030866A1 中的轮胎

剪切带 110，该剪切带 110 靠近胎面并且连接聚氨酯轮辐 150，并由高模量材料构成的蜂巢结构单元 130 组成，蜂巢单元 130 厚度为 0.4mm ~ 1.3mm，高度为 2.6mm ~ 7.7mm，该轮胎可降低材料重量和提高散热。

（四）弹簧轮胎

弹簧轮胎包括多个弹簧，依靠弹簧的弹性实现对车辆的承重和减震。弹簧轮胎按照所使用的弹簧分为板簧弹簧轮胎和螺旋弹簧轮胎，按照弹簧的分布又可分为径向配置弹簧轮胎和周向配置弹簧轮胎。弹簧轮胎相较于前述的免充气轮胎，减少了橡胶或者聚氨酯的使用量，由于橡胶和聚氨酯是热的不良导体，且在较高的温度下容易发生老化或变软，在较低的温度下失去弹性，弹簧轮胎能够适应温差较大的使用环境，但是其牵引和转向控制性能较差。

典型专利如2010 年固特异轮胎申请的“用于车辆的免充气支撑的系统”（US 2011277893A1）披露了一种弹簧轮胎（见图 9）。该弹簧轮胎具有多条金属承重弹簧，每个弹簧基本包括端部和弓形中间部分，并与邻近的至少另一个弹簧交织，从而形成绕着所述免充气轮胎的整个圆周延伸的环面结构，一部分弹簧可紧固至车轮的第一环形轮辋和/或车轮的第二环形轮辋，在轮胎的每个轴向侧都具有环形轮辋的车轮可将轮胎紧固至车轮上。因此，与传统充气轮胎的结构相比，交织螺旋弹簧的交织环面结构限定了非充气轮胎的第一帘布层，第二帘布层可径向地重叠在第一帘布层上，该第二帘布层可包括与第一帘布层相同的交织环面结构。该弹簧轮胎避免填充空气，使用温度范围较大，且该结构除可改变直径外，还可改变接地宽度，从而增大车轮接合地面的面积，目前已用于长距离行驶于月球表面的大型月球车。

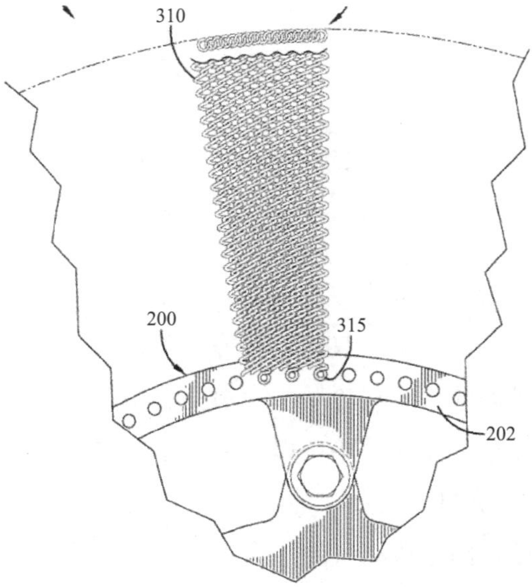

图 9　US 2011277893A1 中的弹簧轮胎

五、发展展望

对 SIPOABS 数据库中 1970 年至今的专利进行统计，从图 10 可以看出，免充气轮胎的实现方式主要在结构设计和材料优化两方面，具体的功效主要集中在使用寿命、高负载、抗磨损、抗冲击等性能，而且每个发展方向的侧重点不同。橡胶实心轮胎和聚氨酯轮胎主要集中在提高轮胎使用寿命方面，具体的如提高散热性能和耐候性能，有提升空间的是成本和负载性能；蜂巢轮胎目前的专利较少，且主要集中在对轮胎负载的改善，有提升空间的是使用寿命和抗磨损性能；弹簧轮胎主要集中在成本和使用寿命方面，有提升空间的是抗磨损性能。

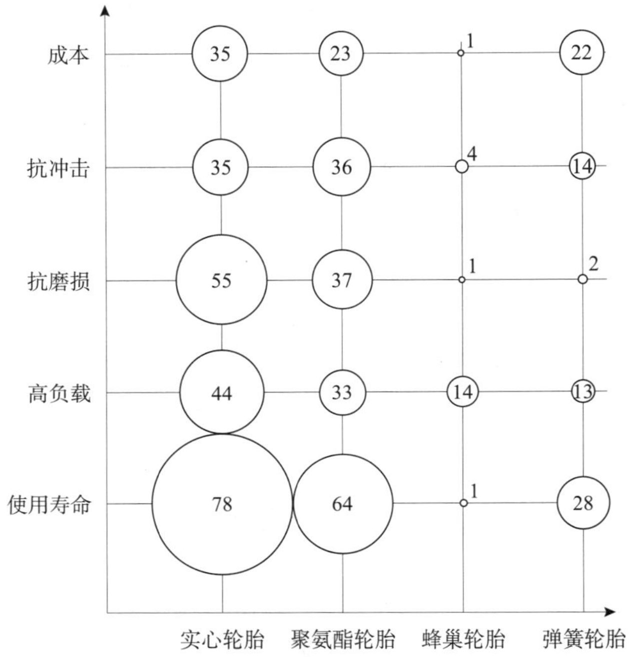

图 10　免充气轮胎的技术功效发展趋势

目前我国的免充气轮胎专利申请数量不足，且多为个人申请，市场转化少，大的轮胎企业如三角集团、山东玲珑集团、双钱轮胎等对该领域的创新不足。安全轮胎市场方面，乘用车普遍采用的是侧壁加厚型轮胎和内填充轮胎，部分高端车采用了内支撑安全轮胎，即轮胎内设置内支撑，保证轮胎在爆胎后仍不脱离轮毂，该市场主要被国外轮胎企业垄断，如米其林企业的 PAW 轮胎、固特异的 EMT 轮胎、德国大陆的 CWS 轮胎，但该轮胎仍然属于充气轮胎。国外免充气轮胎产品由于受价格和性能等因素影响尚不能很快进入中国市场，在近期内不能对中国轮胎工业造成过大冲击，但应该看到国外轮胎企业已开始加快在中国的专利布局，我国应抓住免充气轮胎市场暂时空白的区域，加强对免充气轮胎的关键及难点技术进行研究。

目前具有改良结构的聚氨酯轮胎发展最为成熟，与其他免充气轮胎相比，其在成本和综合性能方面具有较大的优势。我国轮胎企业应在该领域抓住专利空白，与聚氨酯生产加工企业合作，在聚氨酯轮胎的负载性能和加工成型方面，加快专利布局。此外，随着“嫦娥”工程的成功，登月车用轮胎也给国内免充气轮胎提供了新的机遇，我国可在国外弹簧轮胎的基础上，加紧研究如何提高抗磨损性能等课题。

参考文献

[1] 隆有明，苏博. 轮胎技术发展与展望 [J]. 轮胎工业，2010 (8).
[2] 李汉堂. 安全轮胎的发展前景 [J]. 特种橡胶制品，2008 (3).
[3] 姜成等. 非充气安全轮胎技术现状与发展 [J]. 机械设计与制造，2013 (9).

自动扶梯检测与指示技术专利申请状况分析

刘安琦　程诚*　高丽莉*　喻江霞*　何跃龙*　赵鹏*　张红漫*

摘　要　本文对自动扶梯检测与指示技术的专利申请的构成状况、发展趋势、功效需求等方面进行分析，并选择检测乘客技术制作该技术的专利发展路线，最后对我国自动扶梯企业的研发方向提出相关建议。

关键词　自动扶梯　专利分析　检测　指示

一、概　述

自动扶梯具有连续工作、运输量大的特点，因此被广泛用于人流集中的地铁、轻轨、车站、机场、码头、商店、博物馆及大厦等公共场所的垂直运输和长距离水平运输，是人们日常生活经常接触到的大型自动化设备。由于其工作环境的特殊性，其在安全性、节能、环保和可靠性上有着较高的技术要求。

从结构上来说，自动扶梯主要由梯路（变型的板式输送机）和两旁的扶手（变形的带式输送机）组成，通过驱动机构驱动主轴带动梯级和扶手带同步运动。自从自动扶梯面世以来，研究人员对其驱动机构、梯级、扶手、梳齿板等多个结构部件进行了很多改进，致力于提高自动扶梯的安全可靠性。之后，随着科学技术的发展，研究人员除了开展对自动扶梯结构的研发工作以外，也对应用于自动扶梯上的检测控制技术投入越来越大的研究成本，并且各电梯公司都申请了一定量的关于检测控制技术的专利申请。本文对上述涉及检测控制技术的专利申请，从用途角度将其分为检测乘客、检测运行状态、检测故障以及指示 4 个技术分支来分析。具体来说，检测自动扶梯的运行状态指的是检测自动扶梯的速度是否正常、检测有无外来异物等，检测乘客状况指的是检测是否有乘坐自动扶梯的乘客等，检测自动扶梯的故障指的是检测逆转、梯级缺失、梯级错位等故障，指示技术指的主要是自动扶梯的照明、语音播报等技术。

---

* 等同第一作者。

二、专利构成情况分析

本文数据分析使用的检索数据库包括欧洲专利局专利文献数据库（EPODOC）、德温特世界专利索引数据库（WPI）、CNABS 数据库和 CPRSABS 数据库，通过检索，截至 2014 年年底，共检索到自动扶梯检测和指示技术相关专利（族）1389 件。其中日韩申请最多，有 1002 件，中国申请 455 件，欧洲和美国申请分别为 227 件和 91 件。从技术分支来分析，其中涉及检测乘客用途的专利 350 件，涉及检测运行状态用途的专利 512 件，涉及检测故障用途的专利 287 件，涉及指示用途的专利 240 件，见图 1。

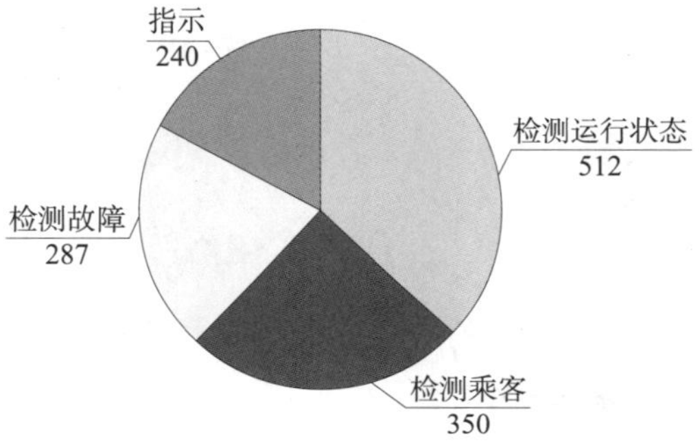

图 1　全球检测和指示技术的分支构成（件）

三、各分支申请趋势分析

在 20 世纪 80 年代以及 90 年代初期，受限于控制技术的发展较缓慢等因素影响，自动扶梯的检测和指示各分支的专利申请为数不多，各分支平均每年的申请量只有 1 件。但随着电梯的广泛使用和传感器检测、摄像监控技术的飞速发展，关于扶梯检测和指示技术的专利申请也逐渐增多。从 20 世纪 90 年代中期以后，各分支申请数量激增，检测乘客技术分支的申请量在 2010 年、2011 年达到了顶峰超过 30 件；而检测运行状态技术分支每年的申请量都保持在 15 件以上，在 2009 ~ 2011 年的平均每年申请量甚至达到 40 件；检测故障技术分支平均每年的申请量在 10 件以上，在 2011 年达到了 25 件；指示技术分支的申请量在 2011 年也达到最大值 36 件。值得一提的是，由于各分支申请数量不太大，因此，数量的少许减少和增多对数据曲线波动影响非常大，但实际数量上相差的可能仅仅是几件。总体来看，检测故障技术分支各分支申请量变化态势大体相同，在 2011 年前均达到申请量的最大值，而后由于技术的发展日趋成熟以及 2013 年、2014 年部分申请处于尚未公开的状态，2011 年后各分支的申请量都稍有回落。数据见图 2。

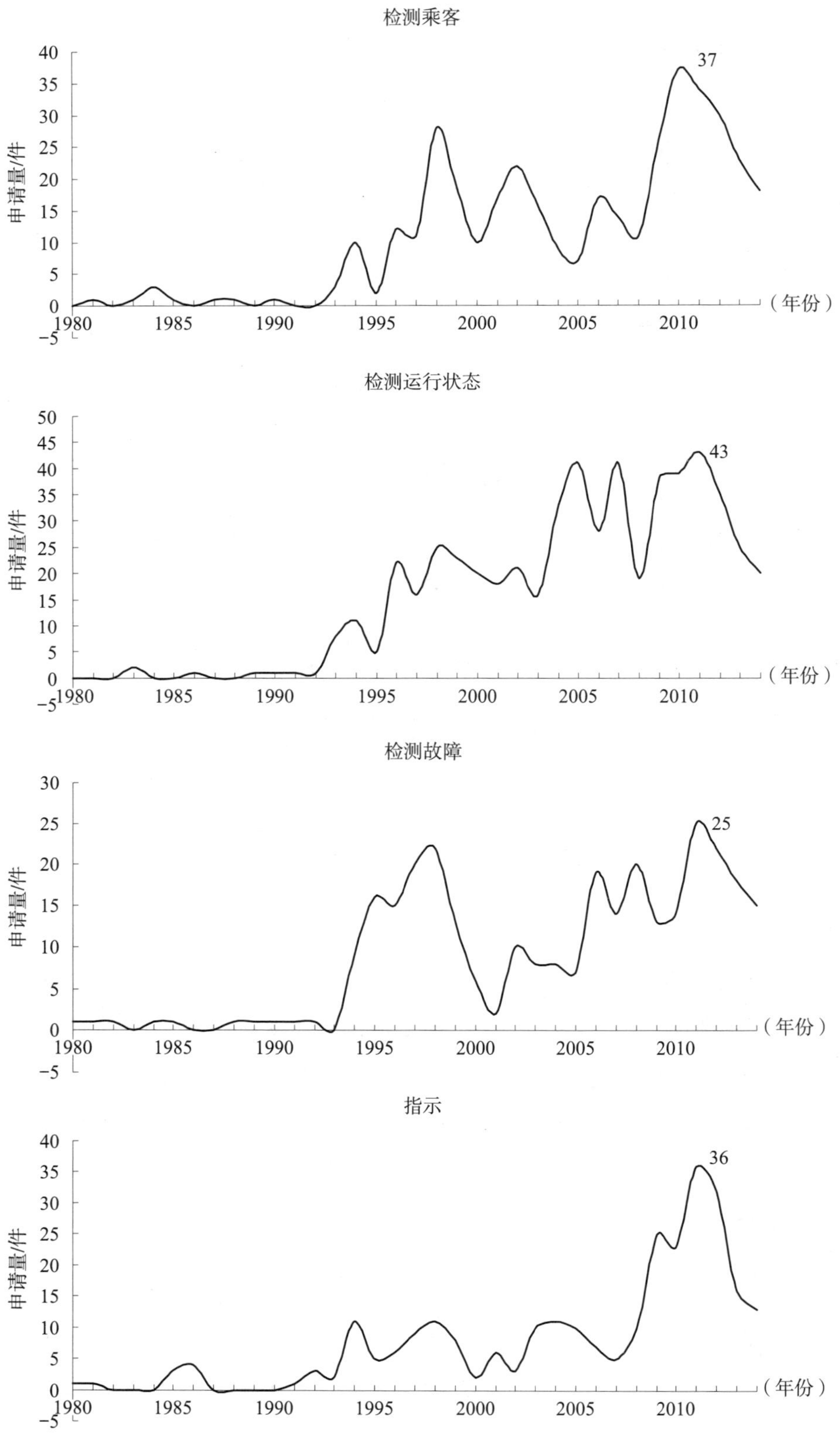

图2　全球各分支申请量变化趋势

四、各分支功效需求分析

为了方便研究自动扶梯检测和指示各分支的功效需求，将从以下 10 个方面进行详细分析：（1）美观舒适；（2）便于制造、施工和维修；（3）延长寿命；（4）安全性；（5）特种应用；（6）轻型化小型化；（7）清洁卫生消毒；（8）节能；（9）减振及减噪；（10）其他功效。按照自动扶梯检测和指示技术的发展过程，人为地以 5 年为一个时间单位断代进行划分，20 世纪 90 年代中期之前由于申请量很少，在此不再一一赘述，将从 90 年代中期之后开始分析。

检测乘客技术分支，1995 ~ 1999 年，安全性需求占了绝大比例，其次是节能需求；2000 ~ 2004 年，安全性需求仍然占第一位，节能需求以及便于制造、施工和维修需求紧随其后；2005 ~ 2009 年，安全性需求仍然处于首要位置，节能需求排在第二；2010 ~ 2014 年，安全性需求仍是第一，节能需求也很迫切。因此，总体来看，安全性和节能是本领域技术人员发展检测乘客技术的两大重要功效需求，并且随着时间的发展，本领域技术人员对这两种功效的重视程度有增无减，研发重点始终关注于如何使自动扶梯更安全以及更节能。见图 3。

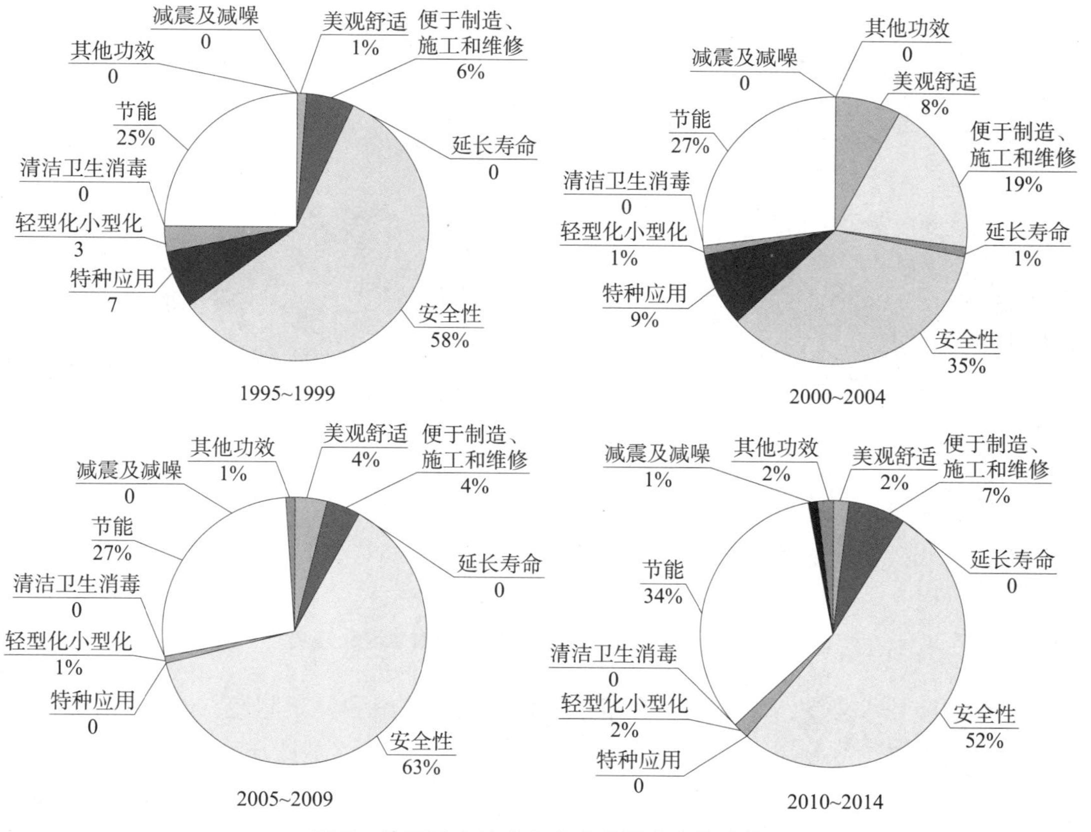

图 3 检测乘客技术分支功效需求变化趋势

检测运行状况分支，1995～1999 年，安全性需求占第一位，便于制造、施工和维修占第二位；2000～2004 年，安全性、节能以及便于制造、施工和维修是三大功效需求；2005～2009 年，安全性需求仍然是最重要的需求，节能需求位于第二位；2010～2014 年，安全性需求处于首要位置，节能也是本领域技术人员追求的目标。总的来说，乘客是几乎无防护措施地乘坐自动扶梯，自动扶梯的运行状况直接关系到乘客的人身安全，因此，自动扶梯运行状况的检测的首要用途一定是确保扶梯的安全性；其次，运行状况一旦有异常，维修人员必须及时现场施工维修，因此，有效检测运行状况也在很大程度上要求便于制造、施工和维修；而进入 21 世纪后，出于环境的恶化、能源资源的有限性等因素的考虑，人们对环境、能源的关注度大幅提升，本领域技术人员也将检测运行状况的作用转移到节能上。见图 4。

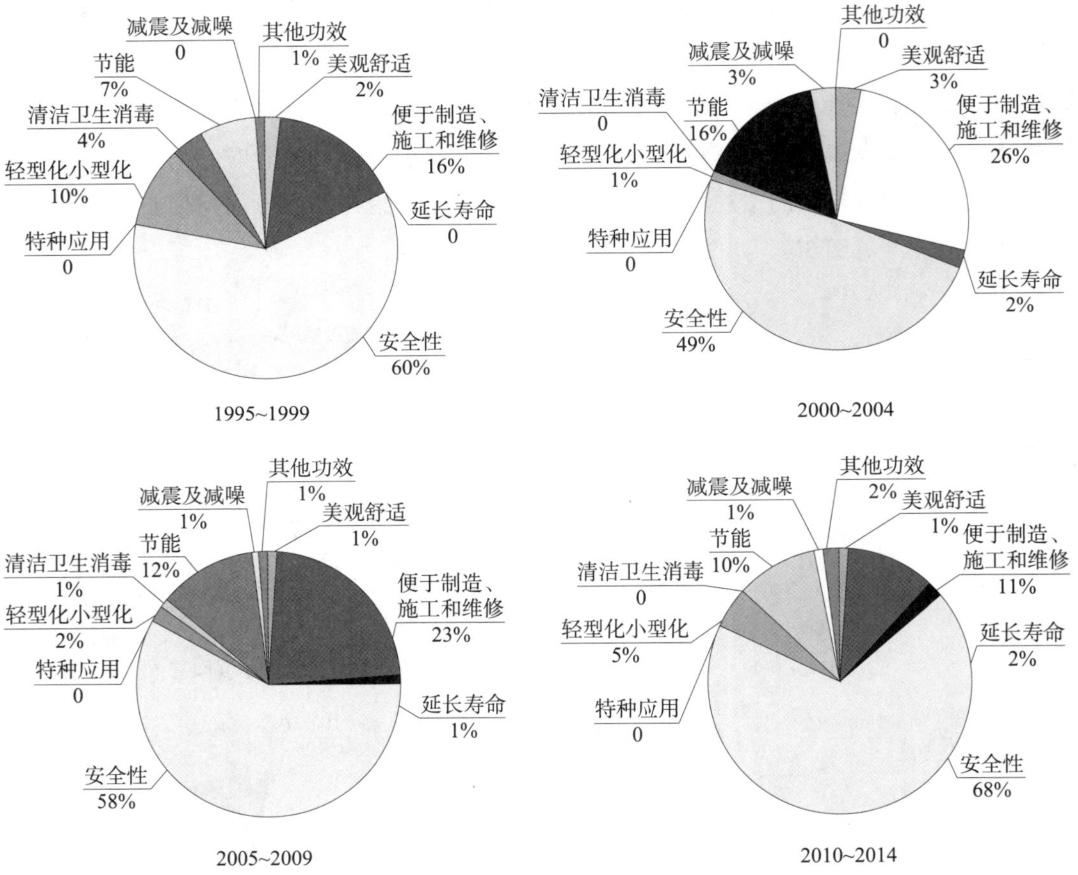

图 4　检测运行状态技术分支功效需求变化趋势

检测故障技术分支，1995～1999 年，安全性功效需求和便于制造、施工和维修两项功效需求占据了该分支申请的全部需求；2000～2004 年，安全性功效需求和便于制造、施工和维修两项功效需求仍然是最主要的需求，同时零星出现节能需求；2005～2009 年以及 2010～2014 年，安全性功效需求和便于制造、施工和维修需求始终是两大功效需求。纵观该分支，除了安全性功效需求和便于制造、施工和维修两项功效需求，几乎无其他功效需求，因此，本领域技术人员一直将检测故障技术的重心，放在保障扶梯的安全性以及便于制造、施工和维修。见图5。

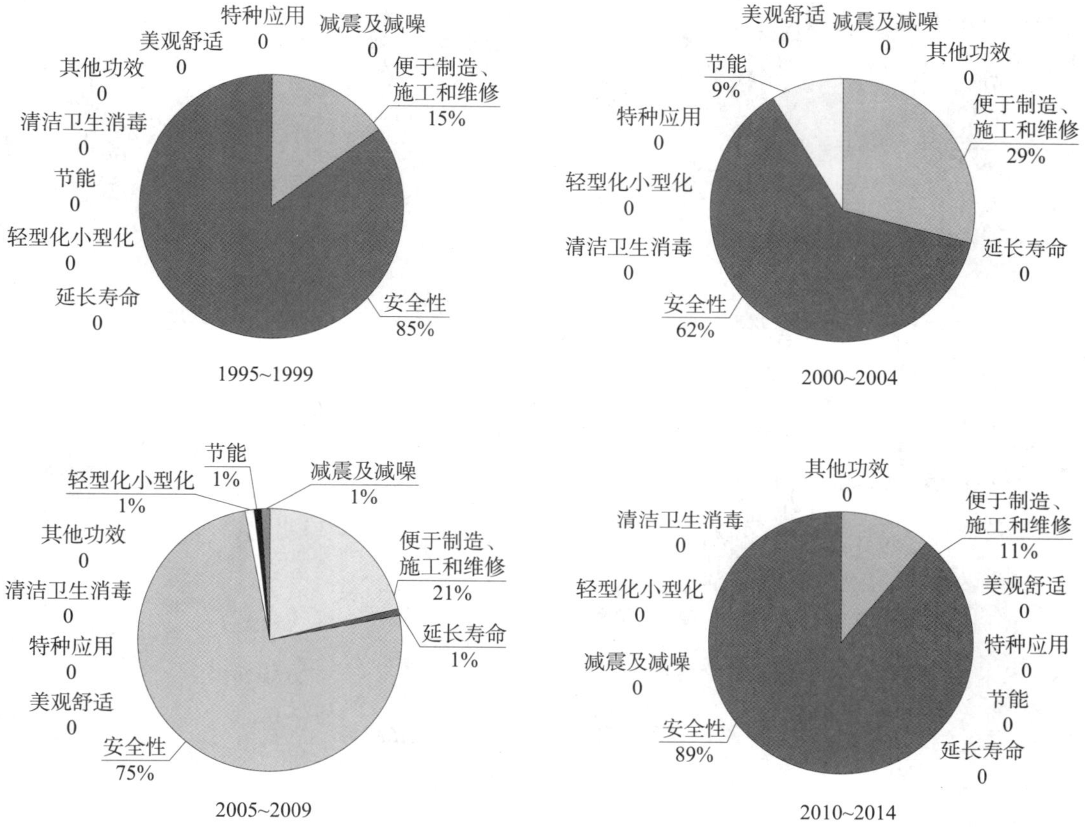

图5　检测故障技术分支功效需求变化趋势

指示技术分支，1995～1999年，安全性需求、美观舒适需求以及便于制造、施工和维修需求占了前三位；2000～2004年，仍然是安全性需求、美观舒适需求以及便于制造、施工和维修需求占了前三位；2005～2009年，美观舒适需求跃居首位，安全型需求紧随其后，而节能需求也开始进入本领域技术人员的研究范畴；2010～2014年，安全性需求重新列为第一位，美观舒适列为第二位。由此可见，在此技术分支，安全性需求如大多数技术分支一样，由于其关系到乘客的人身安全，因此始终是本领域技术人员研究的重点。另外为了使乘客在乘坐扶梯安全性得到保障的同时，乘客也感受到美观舒适，注重乘客的主观感受成为指示技术的应用特点。并且，进入21世纪后，对各个领域的广泛的节能需求也影响到扶梯的指示技术分支。见图6。

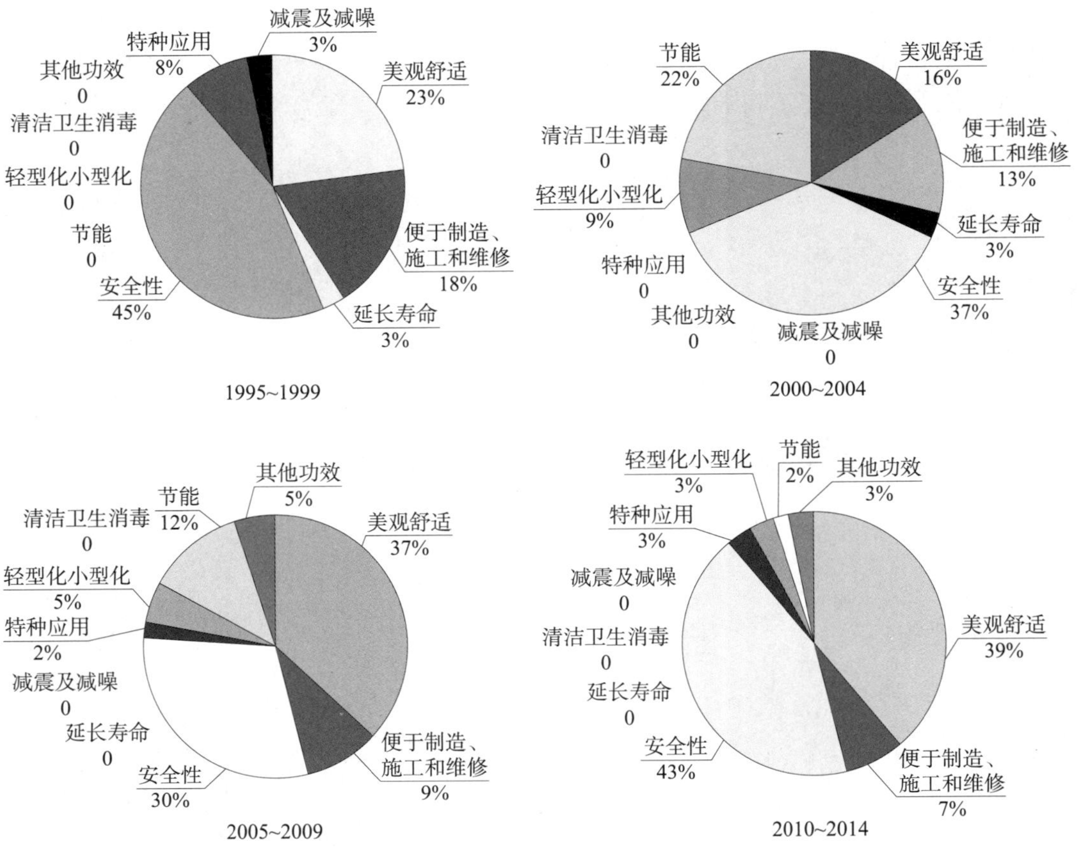

图6 指示技术分支功效需求变化趋势

五、技术功效分析

从各个技术分支对应的技术功效矩阵来分析，可以看到这样的结果：检测乘客技术分支，功效需求首要的是安全性，其次是节能需求；检测运行状态技术分支，功效需求首要的同样是安全性，其次是便于制造、施工和维修，最后是节能需求；检测故障技术分支，安全性需求远远超过其他需求列为首位；指示技术分支，安全性需求仍然是最重要的，美观舒适需求排列第二位。

由此可见，本领域技术人员在推动各个技术分支的发展时，安全性是首要考虑的需求，其后根据各个分支不同的特点，又具有不同的功效需求。比如检测乘客技术分支，其技术发展的起点就是各种传感器的应用使得扶梯在有乘客时运转，没有乘客时暂停运行以此节约能源，因此，节能是该分支的另一大需求；对检测运行状态分支，本领域技术人员通常通过检测扶梯运行的速度等来发现扶梯的运行状态是否正常，一旦发现异常，能及时施工维修，因此，检测运行状态的第二大需求即是便于制造、施工和维修；检测故障分支，本领域技术人员必然是将安全性作为该分支的重点，该分支就是为了能够第一时间检测到故障，保障乘客的安全；而在指示技术分支中，在安全性需求之外，本领域技术人员考虑到乘客的主观感受，并且受商业社会的广告需求等因素影响，使得扶梯具备指示作用外，还将扶梯的扶手作为广告或者美术等艺术载体，带给乘客以舒适美观的感觉，因此，美观舒适成为该分支的一大需求，见图7。

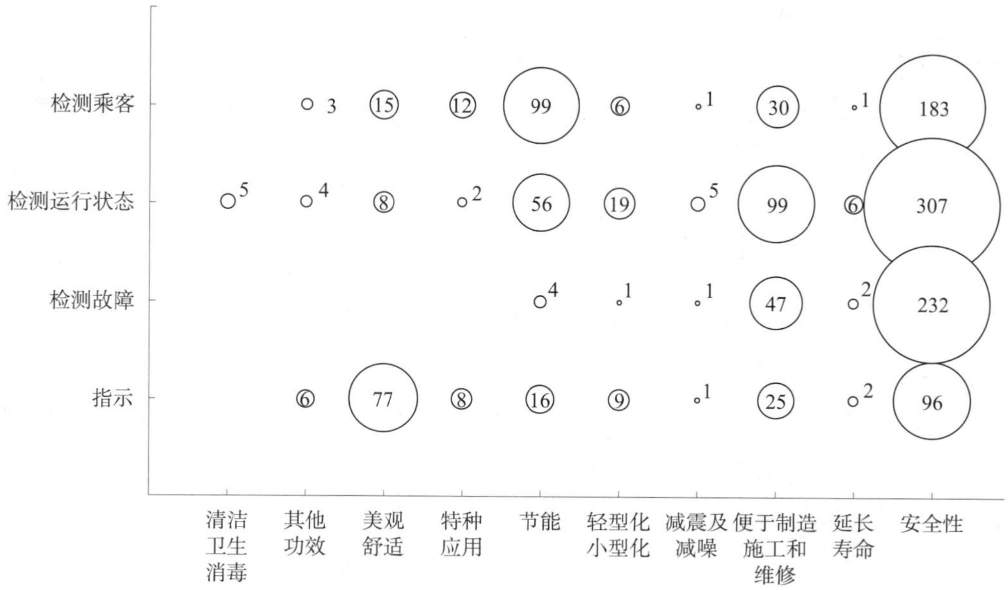

图7　检测与指示分支技术功效泡泡

六、对于乘客的检测技术发展路线分析

在上述4个技术分支中，本文选择了检测乘客技术作为研究的重点，并且找出在不同发展阶段中有代表性的专利技术，通过对它们进行研究，对检测乘客技术的专利发展路线作出如下分析。

众所周知，公共场所存在人多、人少甚至无人等多种情况，但电梯一旦启动，不管有无乘客乘坐，都一直不停地以额定速度运行，这样既浪费了大量的电能又增加了机械磨损。从20世纪初，自动扶梯投入日常使用以来，本领域技术人员为了节约能源，设计可以依据乘客的有无来控制扶梯的运行情况，使得扶梯可以在多个运行模式中自动切换，多个运行模式包含以运送乘客的速度进行运行的运送模式和降低电力消耗以待机的待机模式。这种控制系统的基础就在于对乘客的检测，因此，自动扶梯通常需要对有无乘客进行检测，使得扶梯的运行根据乘客情况进行调节。从技术发展看，扶梯的乘客检测装置与当时技术领域中的传感器技术密切相关。

在20世纪初使用的是传统的停止式自动运行方式的扶梯，如美国专利US 1985563A中所描述，传统的停止式自动运行方式的扶梯在设于扶梯外的乘客入口处设置光电栅栏式检测器，该检测器属于透过型检测器，如果一个乘客穿过光栏光束，那么处于不同状态下的扶梯就接通电源开始启动。

到了20世纪70年代，本领域技术人员又将超声波传感器应用到乘客检测技术上，美国专利US 4023135A揭示了一种将超声波传感器，利用超声波传感器的反射波来直接检测乘客数量，该传感器属于反射型传感器。

20世纪80年代，美国专利US 4499986A描述的扶梯中应用了由电机负载变化来间接确定乘客数量的技术。但是，这种由电机负载来确定乘客数量的技术并没有继续发展，世界上较大的电梯制造商仍然选择传感器作为检测的主要手段。

80年代末的时候，随着光电传感器的发展，东芝电梯公司的专利JPH 02300089A描述的是这样一种检测技术，光电开关反射检测器布置在乘客入口扶手下方，不需要在扶梯外增加额外的设备和材料支出。

90年代初，摄像头监控技术在工业领域发展迅猛，各电梯公司也将这种摄像头监控运用到对乘客的检测上，并且，利用摄像头监控可获取更多信息的优势不仅仅使扶梯能够更好地节能控制，还可以同时监控扶梯的安全问题，这也是大众更加关心的问题。日本三菱公司专利JPH 5319762A描述了利用ITV摄像头来检测乘客异常情况，比如乘客流的反常流动、乘客的跌倒事故等，使得监控人员能够及时发现上述异常进行处理，防止事故扩大。在日本专利JP 10187230A中，本领域技术人员更是将多个摄像头覆盖了扶梯上方的全部空间，以此提高监视效率，更快发现异常情况。而上述摄像头检测技术仍然存在不足，比如在特殊照明条件下不能正确工作，在自动扶梯上的阴影或污点有时会导致与自动扶梯上的人员或物件的混淆等等。

进入21世纪后，为了更准确地监视扶梯，美国专利US 2005088520A1提出了在自动扶梯上应用一种多摄像头立体成像技术：由设置位置略有不同的至少2部摄像机，摄取至少一对相同视野范围的图像；或由同一摄像机在2个略有不同的位置，摄取至少一对相同视野范围的图像。从而在两个略有不同的视角的情况下对同一视野范围立体成像和处理单元对所述立体图像进行处理，可以实现在光线剧烈和光线不佳的情况下对自动扶梯的监视。日本专利JP 2012014302A还将摄像头技术引入到对滞留乘客人数的检测上，将滞留人数为1个人的场合与滞留人数为0个或2个人以上的场合区分开来，这也是为了安全考虑，因为，异常举动中的人物一直滞留在特定场所的异常举动，可能意味着人物因事故或负伤而处于不能动弹的状态。由此可见，摄像机监控技术和计算机应用技术的共同发展使得扶梯对乘客的检测技术跨入了新的阶段。

而同时，传统的传感器检测技术也在检测乘客领域蓬勃发展，如在20世纪末，美国专利 US 5923005A 描述了将红外线波光敏传感器布置到乘客入口的扶手端盖内，当人步入光敏传感器的监视区，由传感器发出的波束被乘客反射，从而被一个相关的接收器接受，同时驱动电机的开关接通。而 21 世纪初，日本三菱公司专利 JP 4173859B 提出了同时应用反射型乘客检测器和透过型乘客检测器来检测乘客的有无，因为，使用能量波反射的反射型乘客检测器，由于检测对象及环境条件而其检测距离容易变动且容易发生故障，因此，该专利第 1 检测器被做成将能量波放射并利用其反射波对乘客的接近进行检测的反射型检测器，第 2 检测器被做成当投射横穿乘降口的能量线并遮断该能量线时对所述乘客的通过进行检测的透过型检测器，即使反射型检测器发生故障，扶梯在乘客乘入时也不会发生故障，且能提高便利性及维修保养性。

在经历了光学传感器、红外传感器之后，21 世纪初，美国奥的斯公司在专利 US 2012247919A1 中提出将电容传感器应用到扶梯检测领域，将其布置在扶手栏杆上，该专利可用于检测扶梯的栏杆之间的人，将电信号提供给第一栏杆上的第一电极，以便在第一电极与相对第一栏杆的第二栏杆上的第二电极之间的空间中生成电场。当乘员出现在扶梯上时，检测到第一与第二电极之间的电容的变化，扶梯的操作作为所检测的电容变化的函数被控制。与此同时，日本三菱公司在日本专利 JP 2012036005A 中描述了一种激光扫描传感器来检测乘客跌倒状态，这是不同于摄像头技术的在安全监视目的方面的另一种技术手段，通过将所设置的激光扫描传感器的最佳高度设为 8cm ~ 11cm 而可靠地检测跌倒状态。

根据上述内容制定的检测乘客技术的发展路线如图 8。

从上述分析可以看出，自动扶梯在乘客检测技术方面，最初主要是利用各种传感器来检测乘客的有无，来调节扶梯运行模式达到节能的目的。后来随着摄像监控技术的发展，本领域技术人员也将摄像监控应用到乘客检测，并且出于乘客安全的目的，对扶梯进行实时监控。进入 21 世纪后，电梯制造商仍然在研究传感器在乘客检测技术上的应用，比如电容传感器以及激光扫描传感器的应用，目前来看，传感器检测和摄像监控在乘客检测技术方面同时得到了充分关注。

七、结论与展望

通过对上述专利分析，可以看到出于节能和安全性的需要，各个自动扶梯企业越来越重视检测与指示技术。结合我国的具体国情，由于经济的快速发展，特别是基础设施建设的推动，我国自动扶梯市场也进入了黄金发展时期，这不但使我国自动扶梯企业加大了市场发展步伐，也使更多的企业进入了这一领域，同时也刺激了国外龙头企业在我国的专利布局步伐。因此，我国自动扶梯企业面临前所未有的机遇与挑战。而对于我国国内的自动扶梯企业，如何在竞争激烈的扶梯市场中占取一席之地呢？本文有如下建议。

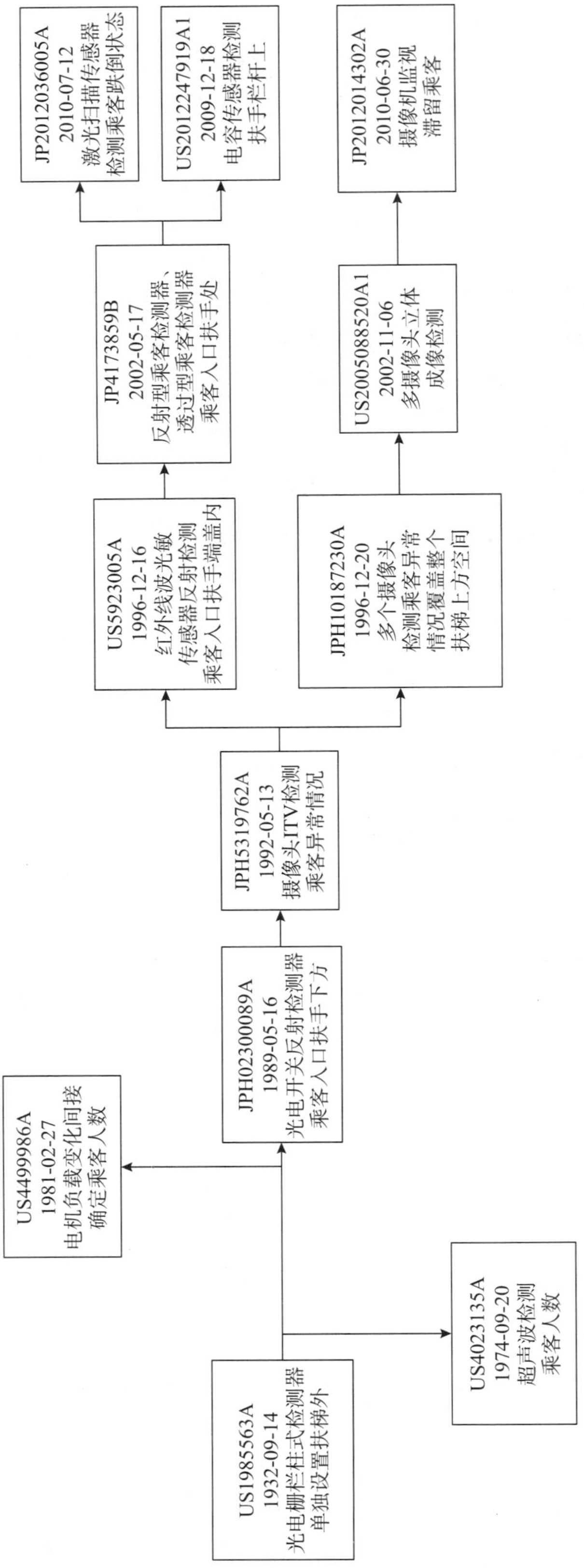

图8 检测乘客技术发展路线

（一）重视智能技术应用，紧跟技术发展趋势

纵观自动扶梯的发展趋势，毫无疑问的是智能技术、自动化技术在自动扶梯上将运用得愈加广泛。智能技术与自动扶梯的检测与指示技术密切联系，几乎可以说检测与指示技术正是由于计算机、传感器等智能技术的运用才得到跨越式发展，并且检测与指示技术的智能技术应用，将不断提高自动扶梯产品的智能化程度。因而进入21世纪以后，智能化、网络化实时监控检测将继续成为专利申请的热点，推动自动扶梯技术研发进入一个新的快速增长阶段。我国自动扶梯企业在技术研发上也应该把握住这一热点，加大智能化、网络化监控检测技术在自动扶梯上的研发力度。

（二）保障安全、节约能耗是重中之重

在各个技术分支中，节能与安全都是非常重要的功效需要。由于自动扶梯的安全运行直接关系乘客的人身安全，另外，随着能源的日趋减少和环境的日益恶化，因此，毋庸置疑的是，如何使自动扶梯更加安全、更加节能，将持续为各自动扶梯企业的研发重点。

然而，这也将是研究难点，特别是由于国外各龙头企业已经在这方面进行了较多研究，研究成果相对也比我国企业更成熟、更全面。因此，我国企业应针对中国实际国情，争取实现自动扶梯技术的本土化国产化，提高市场竞争力。具体而言，基于我国还处于城市化发展初期以及人口众多的基本国情，这就使得自动扶梯产品在我国城市中的使用呈现出人流量大、使用环境恶劣、普通群众对自动扶梯使用不当等特点，这对于我国自动扶梯生产企业的产品质量可靠性、维修和维护的频度和力度、自动扶梯管理及安全性能，都提出了比国外自动扶梯更高的要求。比如，由于我国自动扶梯的瞬时客流量可能非常大，因此不但需要通过检测监控手段监控实时客流情况，还需要对诸如螺栓、支架支座、出入口盖板等容易因客流大而遭到损坏的零部件，加强其生产制造的质量水平，并加强其使用的监控，以保证电梯运行安全。比如，在客流量巨大的地铁站，我国的自动扶梯经常满载运行或超载运行，自动扶梯最好在满载之前给出相应指示，强行禁止乘客的进入，以保障自动扶梯的安全运行。由于本国企业通常对于本国国情最为了解，因此，国内企业应该充分利用该优势条件，通过对国内自动扶梯使用的情况具体分析，提出适用于我国自动扶梯使用的特殊要求。根据特殊要求，再进行有针对性的研发，这是我国自动扶梯企业提高市场竞争力的很重要的方法。

（三）适当考虑美观舒适的需求

通过上述分析，我们可以了解到在自动扶梯的指示技术上，美观舒适已成为继安全性之后的第二大重要研发方向，因此，我国自动扶梯企业也应适当考虑用户对于美观舒适性方面的需求。现有的指示技术直接为乘客提供各种信息，比如，在自动扶梯相关位置设置指示器或指示面板，用于显示自动扶梯的运行状态，使得乘客在距离出入口较远

的场所就能够清楚地看到与自动扶梯的运行有关的信息，并可通过观看显示器中的导向信息和其他对自己有用的信息来决定行程。我国自动扶梯企业可以围绕上述类似的用户体验，作出各种改进，如使显示装置更美观、更符合中国人的使用习惯等。

（四）对专利技术相对空白领域进行试探性研究

现有的自动扶梯检测与指示技术的专利申请很少涉及清洁卫生、小型化轻型化、降噪等功效需求，国内自动扶梯企业可以将研究目光投向上述功效需求中，将检测与指示技术中应用很广泛的传感器、智能监控等技术用于新的功效：比如实时监测自动扶梯扶手的清洁消毒状况，为清洁工具的使用提供有力支持；比如监测自动扶梯各个机械部件的运转情况，进行噪声测试等；为研究人员改进机械结构提供依据等。国内自动扶梯企业可以在上述专利技术的空白领域，结合实际需要进行试探性研究，为企业的长期发展增加筹码。

本文分析自动扶梯检测与指示专利技术的发展概况与趋势，希望对国内自动扶梯企业的研发方向提供参考，使其争取突破国外跨国企业的技术垄断，有力抢占未来庞大的市场份额。

纸币鉴伪技术领域的中国专利申请状况分析

赵瑶

摘　要　本文以中国专利文摘数据库（CNABS）公开的纸币鉴伪技术领域的相关专利文献为基础，从历年申请量、主要申请人、国别、类型和申请人的分布等方面，对纸币鉴伪领域的国内、国外在华专利申请状况进行统计，在此基础上分析近年来纸币鉴伪技术在我国的发展状况和趋势，旨在为我国纸币鉴伪技术领域的研发人员宏观了解行业现状提供参考。

关键词　纸币鉴伪　专利申请　统计分析

一、引　言

纸币也称“钞票”，其作为主要的流通货币在人们的生活中扮演着重要的角色。有真币就有假币，这是古今中外货币流通中的正常现象。假币的历史几乎同真钞的历史一样长，世界上第一张银行券是由瑞典斯德哥尔摩银行于1661年发行的“塔勒索”，到1665年就出现了伪钞。2002年年初，欧洲刚开始全面使用欧元，在德国就发现了面额50元的假钞。人民币也不例外，我国第一套人民币发行以后，有20多种版本的钞票被伪造、变造过。随着各种高科技的飞速发展，纸币的造假技术也在不断提高。1989年，深圳警方首次发现造假者利用电子分色制版机器进行伪钞印制，假钞与真钞相似度非常大。2009年涌现出HD90高仿真假币，这类假币是针对市场上的鉴别技术的漏洞而制作的。❶

由于我国经济的飞速发展，纸币流通量日益增大，越来越多的高仿真假币出现在流通领域，严重威胁着我国的金融安全和社会稳定。改革开放以来，我国每年假币收缴的数额巨大，而且处于不断上升的趋势，研发快速且准确的鉴伪技术已经成为迫切的社会需求。

---

❶ 陈宝山．货币防伪与鉴定结论［M］．北京：中国金融出版社，2011．

二、纸币鉴伪技术领域的中国专利申请分析

本文依据的数据来自中国专利文摘数据库（CNABS），采用分类号结合关键词的方式进行检索，分类号主要采用国际专利分类（IPC）中的G07D，并结合关键词纸币、钞票、人民币、现金、真伪、真假等进一步筛选，检索数据截至2014年12月31日。在初步检索结果的基础上，通过对检索结果逐条筛选，确认相关专利1635篇，涵盖了1987年以来向中国专利局递交的纸币鉴伪技术领域的相关专利申请。

（一）纸币鉴伪技术领域相关专利历年专利申请量

从图1中可以看出，纸币鉴伪技术领域的中国专利申请开始于20世纪80年代，1987～1992年申请总量增长缓慢，1993年出现小高峰，之后申请量小幅回落后又缓速上升，2009年开始呈现快速增长趋势，2011年申请量达到顶峰，共有申请161件。需要说明的是，由于发明专利申请自申请日起通常需要满18个月才被公开、国外PCT申请进入中国国家阶段作出中文公布需要的时间跨度较大以及数据库录入具有滞后性等因素，CNABS数据库中对于2013年和2014年的相关中国专利申请量统计数据并不完整。

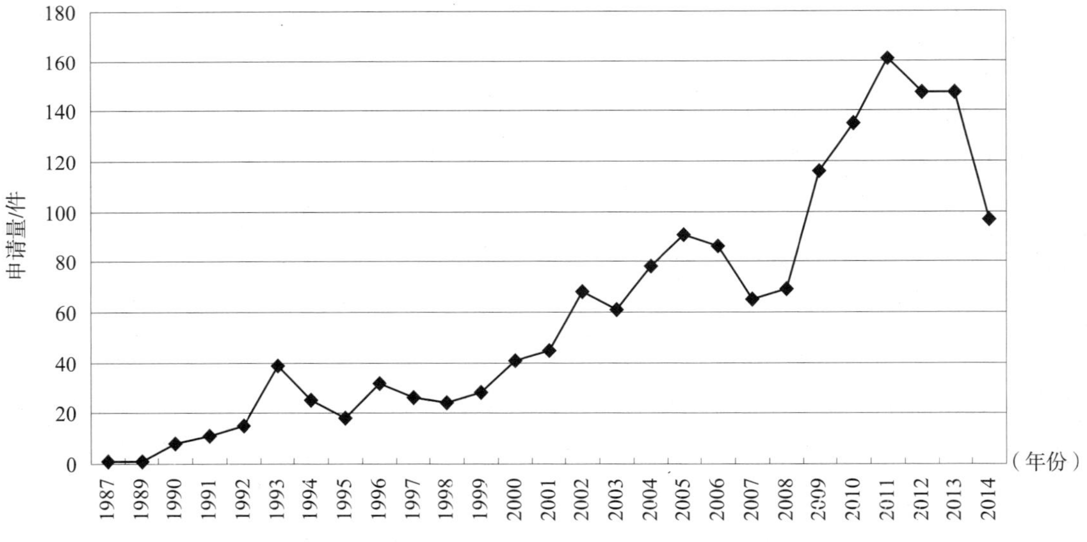

图1　纸币鉴伪技术领域历年中国专利申请量趋势

纸币鉴伪技术的发展与国家的政策引导和市场需求密切相关，1997年中国政府起草制定了《人民币伪钞鉴别仪》的国家标准，对鉴伪技术的发展提出了要求，2010年颁布了《人民币鉴别仪通用技术条件》，要求技术原理遵循“以假鉴假，以真鉴假”。

（二）纸币鉴伪技术领域申请人国家/地区分布

从图2中可以看出，纸币鉴伪技术领域在我国的专利申请人，主要来自中国、日本、德国、中国台湾、美国等国家和地区。其中中国专利申请量居首，占相关专利申请总量

的 73%；其次是日本，占相关专利申请总量的 13%；而德国、中国台湾、美国以及其他国家和地区的申请量总和占相关专利申请总量的 14%。由此可见，国外申请人在华申请量少于国内申请人的申请量，因此国内申请人在申请数量上占有一定优势。这与人民币是国内的主要流通货币，针对人民币的鉴伪技术研发和应用的国内群体远多于国外群体有关。

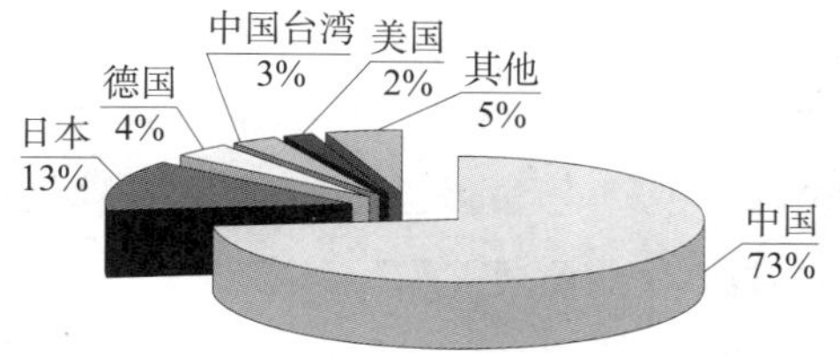

图 2　纸币鉴伪技术领域申请人国家地区分布

（三）纸币鉴伪技术领域相关专利申请类型分析

国内申请人和国外申请人在申请的专利类型上存在很大差异。从图 3 和图 4 中可以看出，国内申请人的总申请量中 69% 为实用新型专利申请，发明专利申请量仅占 31%；而国外在华申请的总申请量中实用新型专利申请仅占 6%，发明专利申请量高达 94%。可见，国内申请虽然在申请量上占据一定优势，但是其中存在较大比例的技术含量较低的实用新型专利申请。而国外在华申请的申请总量虽然不多，但是申请多为技术含量较高的发明专利申请，这反映出我国的研究水平及技术水平相对比较薄弱。

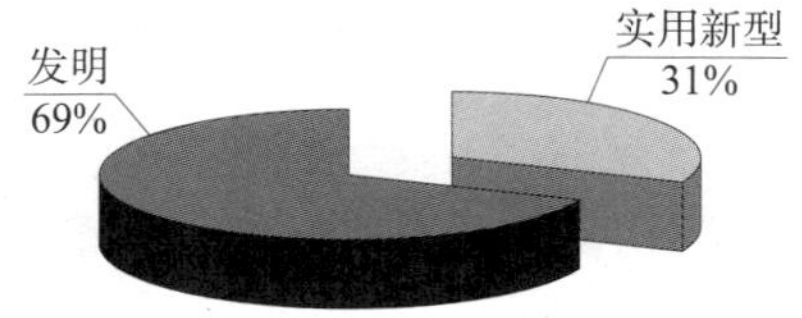

图 3　国内申请类型分布

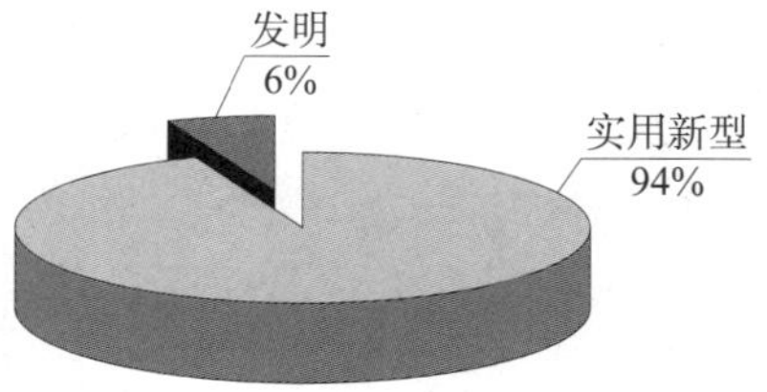

图 4　国外在华申请类型分布

（四）纸币鉴伪技术领域中国专利申请主要申请人分布

对纸币鉴伪技术领域的中国专利申请按照专利申请量对申请人进行统计，如图 5 所示，排名前十位的申请人分别为：日立欧姆龙金融系统有限公司（日本）、广州广电运通金融电子股份有限公司（中国）、德国捷德有限公司（德国）、中国印钞造币总公司（中国）、昆山古鳌电子机械有限公司（中国）、深圳贝斯特机械电子有限公司（中国）、株式会社东芝（日本）、光荣株式会社（日本）、深圳粤宝电子工业总公司（中国）、上海古鳌电子科技股份有限公司（中国）。排名前十位的申请人均为企业，其中 6 位是国内申请人，3 位是日本申请人，1 位是德国申请人。

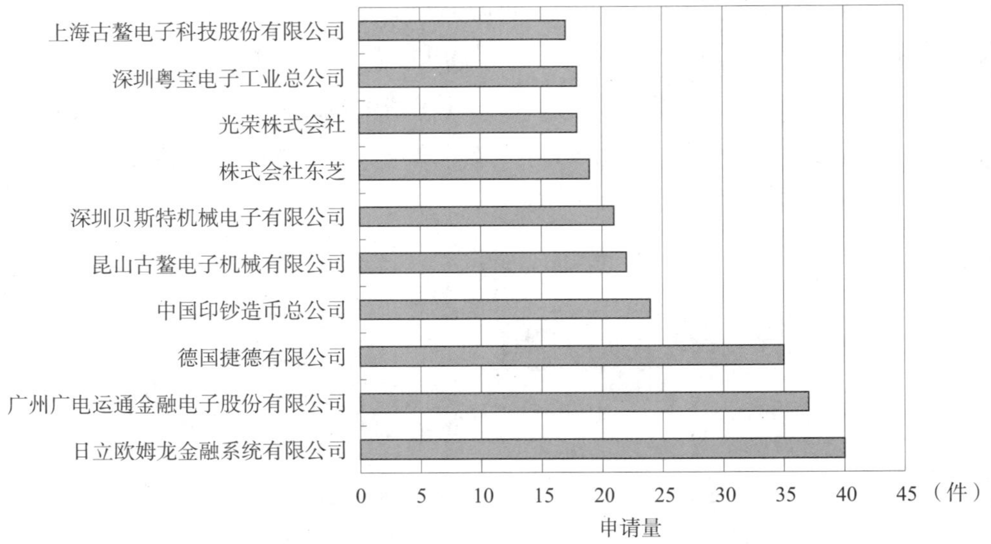

图5 纸币鉴伪技术领域中国专利申请主要申请人分布

排名第一的是日立欧姆龙金融系统有限公司，申请量为40件。该公司是由株式会社日立制作所和欧姆龙株式会社联合成立的合资公司，该公司于2004年10月1日成立并投入运营，旨在适应日本国内多元化、高度发展的市场需求及加强处理能力和提高成本竞争力的同时，加强以中国市场为代表的日益增长的海外市场的事业体制。该公司将日立的信息设备事业部（UPG）所负责的面向顾客的ATM等自助设备、银行窗口系统等业务，和欧姆龙的公共设备事业公司（SSB）及先进模块事业公司（AMB）负责的面向顾客的ATM等自助设备模块/方案解决业务进行了整合重组。日立欧姆龙金融系统有限公司在中国ATM市场销售占有率近几年来一直位居前三。

排名第二的是广州广电运通金融电子股份有限公司，申请量为37件。该公司由拥有50多年历史的国有军工企业广州无线电集团于1999年组建，是一家以银行自动柜员机（ATM）、远程智慧银行（VTM）、清分机、智能交通自动售检票系统（AFC）等自助设备产业为核心，自主研发、生产、销售及服务的现代化高科技产业。广电运通从一开始就选择了走自主创新、自主品牌的技术驱动之路，坚持以持续的技术创新为用户创造价值。2005年，该公司拥有完全知识产权的钞票识别模块顺利通过权威专家技术鉴定，从此ATM中国芯诞生，改写了我国ATM钞票识别技术一直依赖国外技术的历史。广电运通金融电子股份有限公司在中国ATM市场销售占有率连续6年位居第一。

排名第三的是德国捷德有限公司，申请量为35件。该公司成立于1852年，在其所有市场领域，包括钞票生产和处理及钞票用纸、安全文件、识别系统和智能卡解决方案，捷德有限公司都是全球领导者和技术创新者之一。1994年，捷德有限公司开始正式进入中国市场，其在国内金融业一直保持领先地位。

从图 6 中可以看出，排名前三的 3 家企业中，日立欧姆龙金融系统有限公司采用了发明申请为主加 PCT 申请的形式，广州广电运通金融电子股份有限公司采用了发明申请为主加实用新型申请的形式，德国捷德有限公司采用了 PCT 申请为主加发明申请的形式。这与 3 家企业的产业布局有关：日立欧姆龙金融系统有限公司主要着眼于日本国内和中国市场；广州广电运通金融电子股份有限公司的主要市场在国内；捷德有限公司历史悠久，应用市场遍布全球，通过 PCT 申请可以达到在世界范围内迅速进行专利布局而形成专利保护圈。

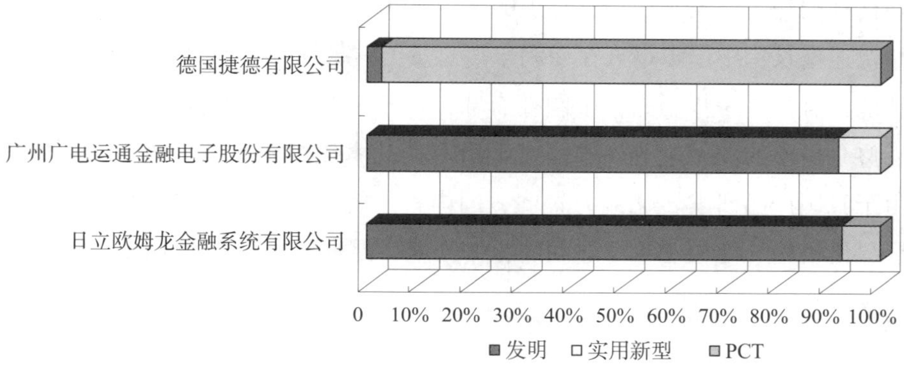

图 6　纸币鉴伪技术领域前三名中国专利申请人的申请类型分布

（五）纸币鉴伪技术领域国内申请人类型分布

从图 7 中可以看出，中国纸币鉴伪技术领域的申请主体为企业，申请量占 53%；其次为个人，申请量占 37%；而学校、科研机构和合作申请人总计占 10%。这与鉴伪技术主要的应用对象有关，技术的发展离不开市场的驱动，没有市场应用前景的技术通常不会受到持续关注。

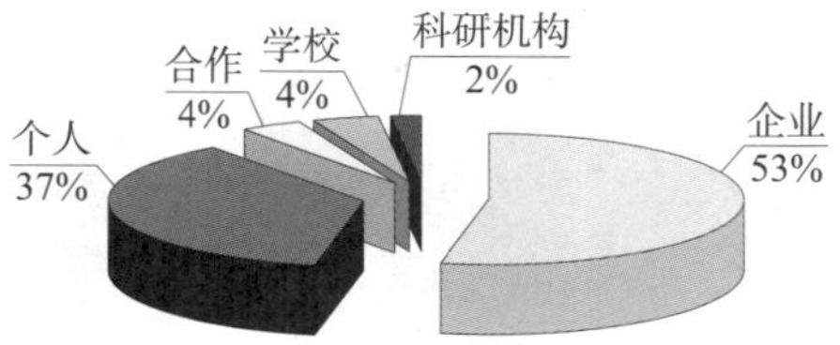

图 7　纸币鉴伪技术领域国内申请人类型分布

市场上对于纸币鉴伪技术的需求主要体现在鉴伪机器上。纸币鉴伪机器主要有清分机、验钞机、点钞机 3 类：清分机可以高效自动地实现纸币的整点、鉴伪和清分的处理工作，其主要用做银行的专业设备；验钞机多采用一种或多种识别真伪手段，只可以实现验别真假钞的功能，一般需要对钞票进行人工引导，主要适合用在便利店等钞票流通量较小的场合；点钞机在验钞机的基础上增添了控制系统、显示系统、按键操作和机械机构等部分，可以实现自动点紗，同时拥有验钞和点钞的双重功能，广泛应用在金融、贸易、工商等大量现金流通的场合。可以看出，这类鉴伪技术依托于鉴伪机器，研发成本通常较高，市场需求也较大，所以多数为企业申请；而个人申请主要着眼于验钞笔等体型小、易于携带且便于个人使用的验钞技术的研发。

三、结　语

通过对纸币鉴伪技术领域的中国专利申请统计分析可以看出：随着市场需求的增加、国家相关标准的完善以及知识产权意识的增强，2009 年以后中国纸币鉴伪技术领域的申请量开始快速增长；中国申请人在专利申请总量上占据优势，但是申请的实用新型较多，技术创新能力有待进一步提高；中国拥有知识产权的本土企业通过技术创新正在一步步赶超具有悠久历史的国外企业，中国在纸币鉴伪技术领域正在逐步改变技术依赖国外的局面；由于我国产品研发转化能力较弱，国内科研机构和院校对这一领域重视不足，应充分加强科研机构、院校和企业之间的合作力度，促进科技成果产业化。

国外赤泥再利用新技术

李贵佳

摘　要　赤泥作为高碱度废渣，含有大量重金属离子，严重污染环境，难以再利用，其再生方法已成为世界性难题。目前，国内的赤泥再利用方法产业化程度极低，而国外专利技术产业化前景明朗，本文总结国外近年的赤泥再利用专利技术，以期对我国的赤泥专利技术有所裨益。

关键词　赤泥　再利用　专利

一、引　言

赤泥是氧化铝生产过程中溶出氧化铝后所得固体残渣，含有较高含量的赤铁矿，呈红色，因此被称为赤泥。目前冶炼铝土矿方法主要有拜耳法、联合法和烧结法，不同方法产生的赤泥量不同，拜耳法为1.0T～1.5T，烧结法为1.2T～2.0T。近年来，世界氧化铝产量呈递增趋势，2011年氧化铝产量超过9000万吨，产出赤泥超过1亿吨。[1] 我国是氧化铝生产大国，每年新增赤泥量高于3000万吨，预计2015年全国赤泥堆存量达到3.5亿吨。[2]

赤泥具有高碱性，pH为11～13，含有大量重金属离子，还含有一定量的放射性元素铀$_{-238}$、镭$_{-226}$、钍$_{-232}$等，难以有效利用。法国、英国、美国、牙买加、澳大利亚等沿海国家直接将赤泥浆排入大海；[1] 而非沿海国家，如我国目前主要采用干料堆场存放或者浆料筑坝堆存，不仅占有大量土地，而且赤泥中的碱性物质渗入地下，造成土地碱化并污染地下水。因此赤泥处理已成为世界性的难题。

但是，从成分上看，赤泥具有再利用的价值，其主要成分是Fe_2O_3、Al_2O_3、CaO、SiO_2，高硅高铝特性适用于建筑材料，元素Fe主要以赤铁矿Fe_2O_3和针铁矿FeO（OH）的形式存在，其中的赤铁矿可以分离回收。另外，赤泥中还含有TiO_2、MgO、Na_2O、氧

---

[1] 郭伟敏，朱文凤，王林江，刘芳，梁美荣，曾建民．平果铝拜耳法赤泥物相及热行为分析［J］．武汉理工大学学报，2013，35（1）．

[2] 张珂，胡芝娟．一种利用赤泥制备絮凝剂聚合氯化铝铁的方法［P］．中国专利，CN201310050947.9，2013－05－08．

化钪等。XRD 分析结果表明，其主要有赤铁矿、针铁矿、方解石、水化石榴石、一水硬铝石、三水铝石、钙钛矿等多种。

多年来，国内外开展了大量赤泥再利用的研究工作，包括如何提炼其中的有用物质（如铁）、降低碱性、去除毒性以及作为原料应用于建材等行业。国内更是投入巨量资金研发，取得了一定进展，目前涉及赤泥应用的专利已达几百篇，但是这些方法产业化应用程度低，国内赤泥的综合利用率目前仍然仅为 4% ❶，远低于其他工业废渣 65% 的再利用率。与国内相比，国外赤泥的再利用技术工业化程度高，工艺更加成熟稳定，可为我国提供借鉴。

本文总结国外赤泥应用的新技术，这些技术多数在多国申请了专利保护，具有良好的规模化应用前景，可以为我国研发人员提供有价值的技术情报。

二、国外赤泥应用技术介绍

（一）德国克劳泽 – 勒姆 – 系统股份公司为充分利用赤泥，开发了可以规模化应用的新技术，获得了有价值的产品和方法❶，并分别向中国、美国、加拿大、俄罗斯、澳大利亚、德国、西班牙、印度申请了专利

该技术适用于新生和已堆积的赤泥，按照以下工序操作：

（1）使用至少一种还原剂，该还原剂含有甲烷、天然气、乙醇和碳中的一种或几种，还原赤泥中部分 Fe^{3+} 的氧化物和/或其氢氧化物；将反应产物的固相和液相和/或气相分离，可以得到含有磁铁矿的相。反应可以在连续流反应器中或者回转炉内进行，通过红色 Fe_2O_3 向黑色 Fe_3O_4 的颜色转变，可以判断反应完成程度。

（2）分离出的气相包含 CO 和/或氢，可以用作合成化学产品的原料，当使用甲烷为还原剂时，所得气相含有的氢和 CO 的比例最高。

（3）在步骤（2）之后，还可以附加步骤（3）。使用一个或多个磁力分离器将步骤（2）分离得到的固相成分进行分离，得到包括磁铁矿的组分和剩余的氧化物和/或硅酸盐，即该步骤将赤泥分解为有磁性的铁矿石和没有磁性的低铁的残留矿物料，其中的低铁部分可以作为水泥添加料，可以添加碳酸钙同时引入水泥中。这样处理后的赤泥中，碱性成分大部分通过副反应生成硅酸盐，最终产品仅具有弱碱性，pH 在 7 ~ 9 之间，可以用于酸性土壤改良等方面，降低了堆放赤泥的量。

（4）该方法还可以在步骤（2）或步骤（3）后附加步骤（4）。清洁上一步骤所得气相，如去除 CO_2、脱硫、煤烟分离、调整 CO/H_2 的比例等。可以使用改进的 Benfiled™（本菲尔德法）方法进行该步骤：通过循环过程的温热的碳酸钾溶液，从 CO_2、H_2S 和其

---

❶ E. 克劳泽，V. 勒姆. 获得有价值的产品的方法［P］. 中国专利，CN200780016095.4，2009 – 07 – 01.

他酸性组分释放出分离的气相。

在步骤（2）或步骤（3）或步骤（4）后还附加步骤（5）。（5）该步骤采用烃合成法，如 Fischer - Tropsch 法，该方法将 CO/H_2 转化为液态烃，其反应机理是 $nCO + (2n+1) H_2 \rightarrow C_nH_{2n+2} + NH_2O$。该反应在 200℃ ~350℃有压力的条件下可以被催化加速，除石蜡、烯烃和醇类之外，首先提供汽油和油。如果通过还原 Fe^{3+} 得到的气相中氢的比例不能满足实施该方法的要求，则可以通过掺混氢的方法提高其比例直至达到要求。

在该方法中，可以采用前述步骤（1）（2）（3）所得的磁铁矿用作该方法的催化活性组分。

在实施例中，该专利记载了以下方法：干燥赤泥，使之水含量低于 20%，在流化床反应器中，在 650℃ ~1100℃之间，向赤泥中通过过量甲烷、天然气或乙醇，赤泥中的三价铁的氧化物和氢氧化物基本上全部还原为磁铁矿，碳颗粒由于缺氧气氛而反应得到 CO，反应式如下：$CO_2 + C \longleftrightarrow 2CO$。升高温度、减低压力，反应向产物方向移动，控制温度为 1000℃，压力为 10^5Pa，可以得到至少 98% 的 CO 收率，温度降低至 650℃ ~700℃，CO 收率降低到小于 50%，在铁氧化物的催化活化下，热解副反应得到氢。然后将气相和包含磁铁矿的固相分离，采用改进的 Benfiled™方法清洁气相，去除 CO_2，清洁后富含 CO 和 H_2 的气体返回至还原过程中，用于循环中的三价铁的还原。冷却后采用磁力分离器，所得非磁性残留矿物料中可以分离得到包含磁性铁矿石的磁铁矿以及钛铁矿石组分的固相，残余料包含氧化铝和石英砂，以及大约 3% 的石灰，可以用作水泥添加剂、土壤改良剂或矿物肥料。

该专利还介绍了 Virotec 国际有限责任公司发明的“Basecon™ Technology”方法，使用海水转化赤泥，使其 pH 降低到大约 9，并开启了脱碱后赤泥的各种可能的应用，比如作为絮凝剂、酸性废水或酸性土壤的处理剂，但是该工艺每年可以再生的赤泥量仅占每年新增赤泥量的 2%。

（二）德国克劳泽 - 勒姆 - 系统股份公司开发了利用拜耳法赤泥获得磁铁矿的方法❶，并分别向中国、美国、加拿大、德国、印度、俄罗斯、澳大利亚、西班牙申请了专利

该方法使用至少一种还原剂将赤泥中的赤铁矿和针铁矿还原为磁铁矿，还原剂为植物油、油脂或碳。

具体步骤为：（1）将赤泥与还原剂混合，该步骤可以加入碳酸钙，用作反应促进剂；（2）在预定温度范围、一定时间内供气以燃烧反应混合物，该步骤可以选择连续流反应器、旋转窑等，通过红色 Fe_2O_3 转化为黑色 Fe_3O_4 判断反应是否完成；（3）从反应混合

---

❶ E. 克劳泽，V. 勒姆．获得磁铁矿的方法［P］．中国专利，CN200780016096.9，2009 - 05 - 20.

物中分离固体组分；（4）粉碎固体组分；（5）使用磁力分离器，或者浮选分离方法分离包含磁铁矿的组分与其他固相组分分离，分离出的固相组分包括硅石和/或硅酸盐和/或硅铝酸盐，可以用作水泥填料。

其中步骤（1）的气氛保证反应在亚化学计量条件下进行，反应温度为650℃～1000℃，燃烧气返回至反应混合物中循环使用，该燃烧其包括氢气和/或CO。

在步骤（2）后还可以进行步骤（6），在一定时间内向反应器内供氧，使得反应在化学计量和/或过化学计量条件下进行，将未反应完全的成分，如碳、CO等完全燃烧，使得反应结束。过化学计量条件下，赤泥中存在的所有氢氧化物转化成相应的氧化物，使得赤泥的强碱性显著下降，从而克服了目前赤泥应用的主要问题。

该方法将赤泥分离成高铁磁性的磁铁矿成分和无磁性的低铁含量的副成分，当使用植物油时，其来源广泛低廉，如棕榈油、豆油和/或菜籽油，甚至植物油工业中的废产品也可以使用。在澳大利亚和巴西，就可以选择优质廉价的硬质煤为还原剂。

在实施例中，该专利记载了在混合器内将含水量在25%～40%的赤泥与废弃油脂或废弃植物油（如煎炸油）均匀混合，油脂用量为至少20wt%。然后将糊状赤泥由疏松螺杆送入压丸机，制备球团，挤压方式降低含水量。干燥后，送至球团炉，通入过量空气或氧气，燃烧10～20分钟，燃烧温度达到900℃～1000℃。这样赤泥中的多种组分被氧化，赤铁矿可以还原为磁铁矿，然后减少供气，使得反应在亚化学计量条件下进行，反应温度降低至650℃，有机组分高温分解，产生CO_2、H_2和CO，可以通过Boudouard反应使CO_2生成CO和游离碳。将燃烧气体返回到炉中，CO和游离碳还原赤铁矿为磁铁矿。可采用交替亚化学计量或过化学计量的供气方式，以避免形成过多的碳，避免形成碳化铁。然后通过后继磁力分离器分离得到磁性矿物，其中包括高达75%的磁铁矿和8%钛铁矿。剩余非磁性黏土矿、石英、石灰以及少量没有磁性的铁矿石，其中非磁性黏土矿可以用作水泥添加剂，非磁性成分还可以用作保水剂、土壤改良剂和无机肥料。

（三）德国克劳泽－勒姆－系统股份公司发明了将拜耳法赤泥用于碱性水解羧酸衍生物成为羧酸的方法❶，并分别向中国、美国、加拿大、德国、巴西、俄罗斯、澳大利亚、西班牙申请了专利

该专利记载了现羧酸衍生物水解为羧酸的反应中，常以氢氧化钾或氢氧化钠为原料，以引入大量氢氧根离子，提高了制造成本。该方法以赤泥为氢氧根离子源，降低了成本，该生产流程如图1所示。

具体步骤是：（a）混合羧酸衍生物和赤泥；（b）加热混合物至预定温度，一定压力下充分混合（a）步骤所得混合物；（c）将液体成分和无定形的组分分离，可以采用密度分离法，可以将胶体或无定形形态的脱减赤泥与液态的其他组分分离。

---

❶ E. 克劳泽，V. 勒姆. 用于碱性水解羧酸衍生物成为羧酸的方法［P］. 中国专利，CN200780022503.7，2009－07－01.

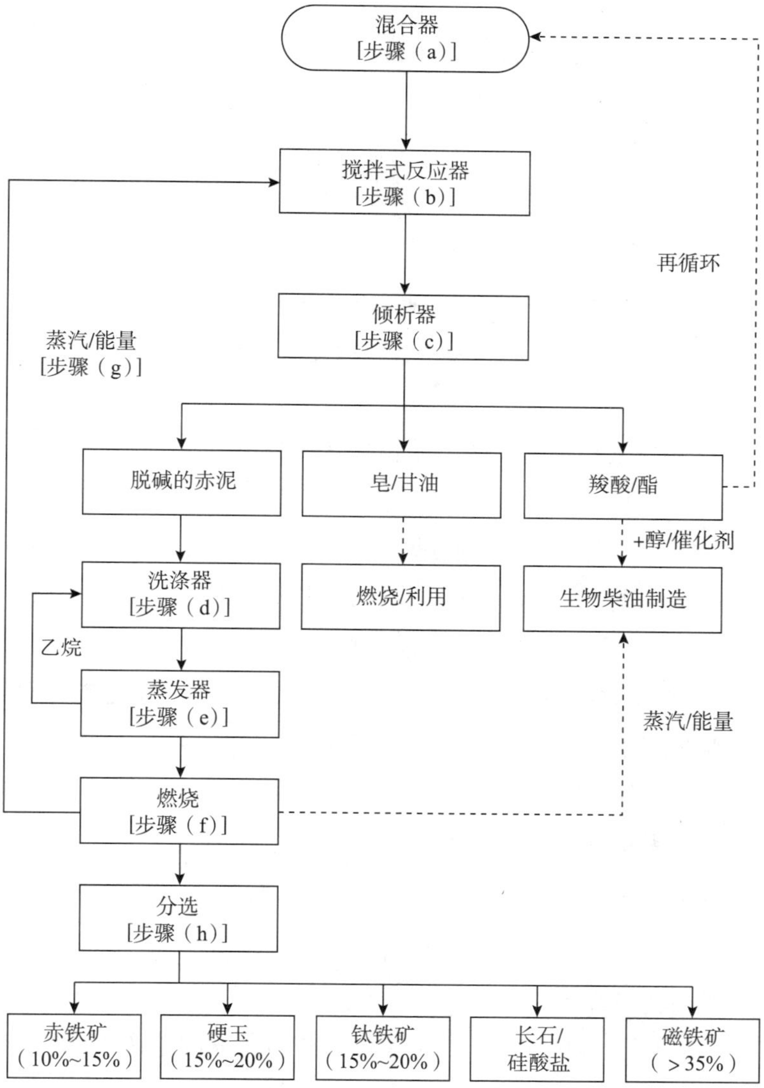

图 1　反应流程

很多情况下，步骤（a）中开始了碱性水解过程，步骤（b）的充分混合可以使反应继续进行，加热可以提高反应速度。

步骤（c）后可以获得含有羧酸、脂肪酸或羧酸盐的第一组分，其中羧酸或脂肪酸可以用作化学工业的纯物质，如用作农业中生物可降解的杀虫剂或者去质子化成为皂。还可以获得对应于各种去基团的其他产物，称为第二组分，如当使用硫代酸酯时，除羧酸外还产生硫醇。

步骤（a）的羧酸衍生物可以选择羧酸酯，来源是易得的植物油，如菜籽油、棕榈油和/或大豆油，可以采用未精炼的、粗榨的或污染的植物油以及压榨植物油后所得的压饼或植物残余物。植物油中含有一定量的自由脂肪酸，与赤泥混合时可以使部分赤泥脱碱，产生脂肪酸对应的盐，可以从赤泥中分离出，具有商业价值。步骤（c）分离的第二组分包括脱碱赤泥，其中铁含量高，可以继续提炼铁，或直接用作农业中的铁肥料。

在步骤（c）后还可以进行步骤（d），使用溶剂，特别是非极性溶剂，如己烷，洗涤和/或萃取第二组分。

步骤（d）后还可以进行步骤（e），使溶剂蒸发和/或再循环，如步骤（d）中使用乙烷时，加热至68℃，即可分离去除该成分。

步骤（e）后还可以进行步骤（f），通过氧化和/或还原反应，将赤泥中的赤铁矿转化为磁铁矿，可以在脱碱赤泥中通入天然气或液化气，以促进或实现燃烧，并获得合成气、乙烯或乙醛。

步骤（f）后还可以进行步骤（g），采用步骤（f）产生的热量，用于蒸发液体，主要是水。

步骤（f）或（g）后还可以进行步骤（h），从反应产物中提炼赤铁矿、磁铁矿、硬玉、钛铁矿、长石以及硅酸盐，其中的磁铁矿通过磁选机进行分离，分离出的硬玉可以再次返回至拜耳法中以获得铝，分离出的硅酸盐可以用作建筑业的掺合料。

（四）来自美国的申请人约瑟夫·扬尼切利，发明了使用硫化赤泥吸附剂处理废水的方法❶，并分别向美国、加拿大和中国申请了专利

该专利记载了首先制备硫化赤泥，然后将含有磷酸盐、总溶解固体、包括有机物以及细菌的废水，与硫化赤泥浆料接触，用赤泥吸附废水中的污染物，然后采用静态沉降或加速沉降方法，将吸附了污染物的硫化赤泥与流体分离，以使经处理的废水可以达到直接排放的标准。

硫化赤泥的制备方法是将赤泥制成浆料，采用硫化化合物（如 H_2S、Na_2S、K_2S、$(NH_4)_2S$ 和 CaS_2）与之进行硫化反应，硫化化合物与赤泥的比例为大约 1∶40～1∶4，通常采用大约 1∶25～1∶6，更常用的配比是大约 1∶20～1∶8，该反应温度在室温至大约100℃，大气压或5个大气压力条件下进行，然后采用静态沉降以及采用离心或其气旋水力分级方法加速沉降，从而分离碱性液体，得到硫化赤泥。

（五）德国氟化学多纳有限公司发明了利用改良型再水合赤泥制成阻燃防护体的方法❷，并分别向印度、美国、日本、韩国、澳大利亚、加拿大、欧洲、墨西哥申请了专利

该技术制成的阻燃剂在火灾中可以使灰垢烧结或玻璃化，火灾后既不会熔化，也不会出现飞灰，灰垢还具有一定机械性能和稳定性，可以防止被人吸入。灰垢的玻璃化还可以绝缘电缆，使得电缆火灾后仍然保持其功能。

---

❶ 约瑟夫·扬尼切利，使用硫化赤泥吸附剂处理废水的方法［P］．加拿大专利，CA2815047A1，2013－03－07.

❷ 克里斯蒂安·洛克塔歇尔，海因茨霍斯特·麦比乌斯．阻燃防护体［P］．美国专利，US2013345351，2013－12－26.

该阻燃剂可降低空气进入可燃烧结构核心的量，从而防止进一步燃烧或烧透。

阻燃剂可以用于建筑材料、塑料、橡胶制品、硬质板或电缆绝缘套等防火材料结构，用量可以占到上述材料的30wt% ~70wt% 。

该阻燃剂由改良型再水合赤泥制成，制备方法是对赤泥进行再水合，然后进行物理加工，还可以包括用水冲洗赤泥原料和再水合的赤泥，干燥再水合赤泥，对再水合赤泥进行物理加工，如碾磨与筛选，从而得到一定的颗粒结构。再水合过程中，氧化物转化为氢氧化物，一水软铝石和 Al_2O_3 转化成 $Al(OH)_3$，赤铁矿转化为针铁矿，即氧化铁水合物，即在180℃ ~350℃使用范围内，吸热能力低的物质转化为吸热能力高的物质，改变赤泥的化学和矿物成分，提高吸热焓，提高阻燃效果。

所得阻燃剂含有 10wt% ~50wt% 的铁化合物，其中 12wt% ~35wt% 的铝化合物、5wt% ~17% 的硅化合物、2wt% ~21wt% 的 TiO_2、0. 5wt% ~6wt% 的钙化合物。铁化合物中，与氧化铁含量相比，铁的氢氧化物和氧化水合物大于等于 50wt% ，优选大于等于80wt% 。铝化合物中，与氧化铝相比，铝的氢氧化物和氧化水合物大于等于 50wt% ，优选大于等于 80wt% 。

该阻燃剂中还含有可溶解的 Na_2O，其含量小于等于 0. 03wt% 。阻燃剂的平均颗粒 d_{50}小于等于 50μm，优选为 0. 5μm ~10μm。阻燃剂中的残余水分含量小于等于 0. 4wt% 。

该阻燃剂表面可以进行处理，以提高其与基体的结合性，如在表面涂覆纳米黏土，以提高灰垢的玻璃化。该阻燃剂还可以与其他阻燃剂如三水铝石、一水软铝石、针铁矿及其混合物混合。

（六）澳大利亚的艾斯派林山地质化学咨询有限公司，发明了用于流体处理的多孔颗粒材料、水泥质组合物及其制造方法[1]，并分别向巴西、韩国、欧洲、印度、南非、澳大利亚、日本、美国、中国申请了专利

该多孔颗粒材料的制备方法是：

（1）将赤泥和水泥质材料在水相介质中混合形成浆料，所述赤泥 pH 小于 10. 5，浆料组成中还可以加入沙子、磨细的苛性钢渣、碱金属氢氧化物、碱金属碳酸盐、碱土金属氢氧化物、碱土金属碳酸盐及氧化物、次氯酸钙、硫酸亚铁、硫酸铁、三氯化铁、硫酸铝、石膏、磷酸盐、磷酸、水滑石、沸石、橄榄石、辉石、氯化钡、硅酸及其盐、H_2SiO_3 及其盐、明矾石类矿物、二氧化硅源、增塑剂、聚合剂、磷化剂、加气剂等。

（2）升高温度，使之固化，得到多孔材料，该材料至少 10% 的孔为连通的或互连的，孔径为 0. 1μm ~2000μm，可以制成颗粒、团块、压出物、块状或厚板。

---

[1] M. W. 克拉克，F. G. 戴维斯 - 麦科恩齐，D. 麦科恩齐，L. 芒罗，D. 福克斯. 用于流体处理的多孔颗粒材料、水泥质组合物及其制造方法［P］. 中国专利，CN200480041046. 2，2007 - 03 - 07.

水泥质组合物的制造方法是将拜耳法赤泥与由 Ca、Mg 或其结合提供的硬度为 3.5ml 碳酸钙当量的水接触，使赤泥的 pH 降低到 8.2～10.5 的范围，获得部分中和的赤泥，将之与水泥直接混合。也可以经干燥、粉碎再与水泥混合，得到水泥质组合物。

（七）印度的 K. H. 迦达公司，发明了一种从铝铁矿石、钛铁矿石和残渣中提取金属元素的方法❶，并分别向美国、日本、印度、澳大利亚、欧洲、加拿大、日本申请了专利

该方法适用于铝土矿、钛铁矿和残余物，如赤泥，可以从中提取铁、铝、钛、钠、钙和硅中的至少一种金属元素，包括以下步骤：

（1）将矿物质粉碎成粒度为 5μm～500μm 的颗粒，可以加入选自纯碱、石灰、石灰石、白云石和碱源的成渣剂。

（2）将之与含碳物质按照配比 88∶12～95∶5 的范围配料，使之发生化学反应，生成合成物，所用的碳选自木材、生物碳、焦碳、半焦碳、煤炭、生物质、木炭、燃料油和天然气，优选煤分解得到的碳。；

（3）将所得反应物铸成球状、团状或块状；提炼其中的部分金属和渣，以分离出包含铝、钛、钙、钠和硅中至少一种元素的渣。该提炼工艺是在通入空气，最好是高浓度空气，优选氧气，也可以采用高温还原气体，最后使用煤焦氧和蒸汽，在温度 1200℃～1800℃，优选 1400℃～1500℃条件下，在高炉内进行提炼。

（4）从渣中分离铁元素。一个具体方法是将赤泥浆 80kg 与含有 97% 碳含量的 5kg 的粉焦混合，赤泥浆组成为 $Fe_2O_3$37%、$Al_2O_3$21.15%、$TiO_2$10.38%、$SiO_2$7.8%、Na_2O 4.8%，将之成球，大小为 30mm～37mm，放入净直径为 26cm 的化铁炉内熔炼 2 小时，采用焦碳作燃料。鼓风温度为 1500℃，熔化金属和渣高温排出，分离成结合的铁团，重量为 18Kg，含铁 97%，含碳 1.5%。将渣粉碎成适合磁选的粒度，可以得到含铁 6% 的 TiO_2、Al_2O_3 和 SiO_2 的混合物。

（八）德国的克劳泽－勒姆－系统股份公司发明了酯的酯交换方法❷，并分别向德国、美国、巴西、印度、澳大利亚、俄罗斯、欧洲、西班牙、加拿大、中国申请了专利

该方法涉及将包含至少一个酯基的组分与至少一种包含至少一个羟基的组分进行酯交换，使用拜耳法赤泥作为反应促进组分，步骤如下：

（1）混合赤泥、包含至少一个酯基和包含至少一个羟基的组分，所述至少一个酯基的组分包括植物油，如菜油、棕榈油、大豆油，所述包含至少一个羟基的组分包括至少一种选自 $C_{1-}C_4$ 一元醇的化合物。

（2）持续加热和/或混合所生成的混合物一定时间。

---

❶ K. H. 迦达，一种从铝铁矿石、钛铁矿石和残渣中提取金属元素的方法［P］. 中国专利，CN201180036703.4，2007－03－07.

❷ E. 克劳泽，V. 勒姆，酯的酯交换方法［P］. 中国专利，CN200780015331.0，2009－05－13.

（3）分离至少一个液相和第二相，所述液相包括至少一种羧酸烷基酯，第二相包括脱碱赤泥，该步骤采用蒸馏、过滤、沉淀和/或倾析方法，过滤过程可以采用分级真空过滤器，采用燃烧的方式可以利用过滤步骤的滤饼，将产生的热供给各工序利用。

还可以进行步骤（4），从混合物中分离水以及包括选自 C_1-C_4 一元醇的化合物。

在一个具体实施例中，在室温下混合均化乙醇和红泥，混合物与菜籽油混合，搅拌加热至60℃，通过气态化合物的出现可以观察到反应开始。反应大约1小时后，将温度上升到约100℃直至混合物沸腾，以除去过量乙醇和水。

收集蒸馏出的乙醇－水混合物，采用常规方法可以将之分离为单一组分，剩余产物混合物通过玻璃纤维过滤器进行粗滤，主要包含赤泥的滤饼自身可以作为滤体，其小的粒径具有优异的分离能力。将滤液借助赤泥过滤器再过滤两次，直至滤液不再呈现红色。此时，浑浊的滤液为中性，转移至分液漏斗内，约30分钟到2小时之内，混合物分离成三相，然后通过倾析将之彼此分离，所得第一相比重为 $1.22g/cm^2$，包含甘油等可再利用的材料，第二相是由各种脂肪酸盐的悬浮液组成，第三相含有油菜乙酯，比重为 $0.87g/cm^3$，可用作生物柴油。

（九）美国的 JI ENTERPRISES 公司，发明了从水中吸收有机化合物的方法❶，并在美国提交了专利申请，以硫化赤泥为吸收剂，制成小球状，将之与介质制浆接触

也可以采用将介质先后与未硫化赤泥和硫化赤泥吸收剂接触，介质中含有棕黄酸、腐殖酸和丹宁酸，最后采用过滤、沉淀或离心过滤方法将赤泥分离

（十）美国的 JI ENTERPRISES 公司，发明了吸收有毒物质的方法和化合物❷，并在美国和欧洲提交了专利申请

将选自 H_2S、Na_2S、K_2S、$(NH_4)_2S$ 和 CaS_x 的硫化物与拜耳法赤泥反应，当选择 H_2S 时，在压力反应器中大约40℃～200℃条件下进行硫化反应，反应产物中的硫含量为大约0.2wt%～10wt%，高于赤泥中的硫含量。

采用该硫化赤泥为吸收剂，吸收介质浆料中的脱色有机化合物，将之与含有以下离子 Hg、Cr、Pb、Cu、Zn、Ag、Cd、Se、Th、U 的废水接触，然后采用分离的方法将吸收剂与水分开。分离方法包括过滤、沉淀、离心过滤，当采用过滤方法时，吸收剂制成小球状。Hg 等有毒物质不能被未硫化赤泥有效吸收，但是可以被硫化赤泥吸收；反之，未硫化的赤泥对于 As 等物质的吸收能力比较强，该技术同时使用赤泥和硫化赤泥为吸收剂时，可以较全面的去除有毒物质。

---

❶ Joseph Iannicelli, Brunswick. Method of Sorbing discolored Organic Compounds From Water [P]. 美国专利，US12/796066，2010－09－30.

❷ Lannicelli, Joseph. Method and Composition For Sorbing Toxic Substances [P]. 欧洲专利，EP07250853.4，2007－09－26.

三、结　语

赤泥具有高碱性、含重金属离子，难以再利用，国外公司充分利用了其高硅高铝、含有铁钛成分以及高碱性成分，开发了提取赤泥中有价值组分的方法，用于阻燃剂和水泥制品的方法、利用其高碱性制备化学物质的方法，以及赤泥用作吸附剂的方法，为我国研发工作提供了有价值的技术情报，我国研发者可以充分挖掘赤泥的特点，提高其利用率，降低露天堆放导致的污染问题。

自动扶梯中国专利申请状况

任国丽　程诚*　张红漫*　关军*　高丽莉*　赵鹏*

摘　要　为了解自动扶梯技术在我国的发展现状和趋势，本文对自动扶梯领域的中国专利申请趋势、申请人分布、省区分布以及技术功效等几个方面进行统计和分析，以期对相关企业的技术研发和生产提供有益帮助。

关键词　自动扶梯　专利分析　中国专利申请

一、引　言

自动扶梯包括电动扶梯（Escalator）和自动人行道（Passenger Conveyor），是指以循环运动的活动路面的方式，以活动路面和两侧的扶手为主要部件，用于输送乘客的固定电力驱动设备。电动扶梯，又称自动扶梯、电扶梯、扶梯，其主要特点是带有循环运行梯级，用于向上或向下倾斜输送乘客；自动人行道，又称自动步道、移动人行道，其主要特点是带有循环运行（板式或带式）走道，用于水平或倾斜角不大于 12 度输送乘客。两者结构类似，只是依输送目的的差异，采用不同的输送角度和活动表面，因而下文中主要以使用更为广泛的电动扶梯为代表来介绍自动扶梯。

自动扶梯具有连续工作、运输量大的特点，因此广泛用于人流集中的地铁、轻轨、车站、机场、码头、商店、博物馆及大厦等公共场所的垂直运输和长距离水平运输，是人们日常生活经常接触到的大型自动化设备。由于自动扶梯工作环境的特殊性，其在安全性、节能、环保和可靠性上有着较高的技术要求，特别是近年来扶梯事故频发，更是引起了人们对自动扶梯技术的广泛关注。因此，为了解自动扶梯技术发展的现状和趋势，促进自动扶梯企业的技术进步，本文对自动扶梯的中国专利申请态势、申请人、省区分布和技术功效情况进行了统计和分析，以期对相关企业的技术研发和生产提供有益帮助。

---

* 等同第一作者。

二、自动扶梯技术中国专利申请状况

本文以向中国国家知识产权局提交并公开的自动扶梯领域的专利申请为研究对象，利用相关关键词和分类号在中国专利数据库（CNPAT）中进行全面检索，检索的文献始于 CNPAT 最早收录的专利文献，止于 2014 年 12 月 31 日，在 CNPAT 共检索到专利文献 3056 篇。

（一）中国申请量发展趋势分析

图 1 显示出自动扶梯领域在中国申请的专利申请随时间变化的趋势。从该图中看出，自动扶梯专利申请在中国的申请情况主要可以分为 3 个阶段。

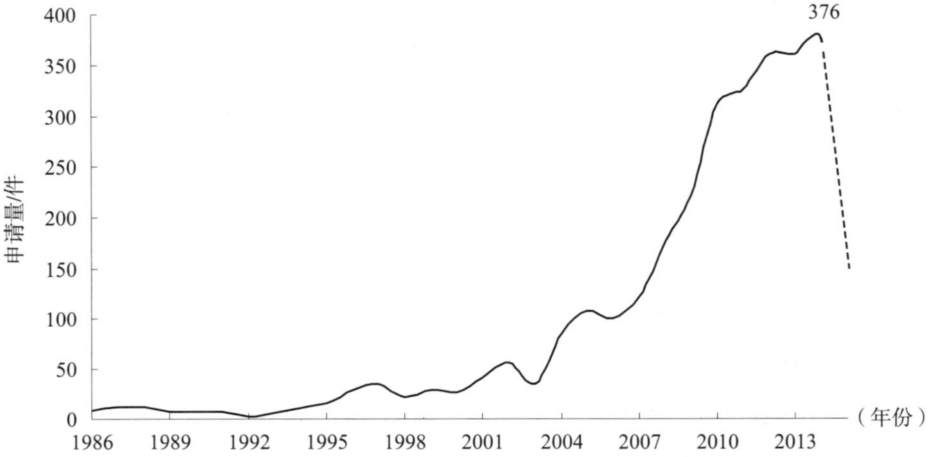

图 1　自动扶梯在中国申请量趋势图

第一阶段（1985～1993 年），扶梯领域在中国的专利申请较少，每年的申请量只有几件或十几件，且申请人主要为日本的三菱公司和美国的奥的斯公司，国内申请人的申请极少。其主要原因为扶梯领域技术起源于美国，且其重要改进多由美国、日本和欧洲的大公司作出，其中日本的三菱电机公开在 1985 年研制出曲线运行的螺旋型自动扶梯，该扶梯可以节省建筑空间，因此开始引领扶梯技术的发展，而中国在这一时期的扶梯技术基本上属于空白期。

第二阶段（1994～2002 年），随着改革开放和中国经济的迅速发展，国外自动扶梯的主要企业开始重视扶梯市场在中国的发展，因此，自动扶梯在中国的专利申请开始第一次快速增长。在这一阶段，每年的申请量平稳增长，1997～1999 年申请量略有下滑，其主要原因在于受到 1998 年金融危机的影响。此后申请量继续保持平稳增长的趋势，这一时期技术主要集中在自动扶梯的安装加工制造工艺技术的研发，同时群控技术、驱动技术也开始快速发展起来。

第三阶段（2002～2013年），随着我国经济和房地产行业的迅速发展，自动扶梯行业在中国也迎来了发展契机，因此自动扶梯领域在中国的专利申请也相应快速增长。在这一阶段，除了2005年专利申请量略有下降外，扶梯领域的专利申请量快速增长，每年的增长量都在几十件以上，并在2013年中国专利申请的申请量达到376件的最高峰。这一阶段国外扶梯领域的先进技术被引入到中国，扶梯技术在中国有了迅速的发展，这一时期该领域的主要专利申请，主要集中在扶梯的自动控制、永磁同步电机驱动扶梯等技术。

（二）发明、实用新型申请的发展趋势分析

图2显示出扶梯领域在中国申请的发明和实用新型申请量的趋势。

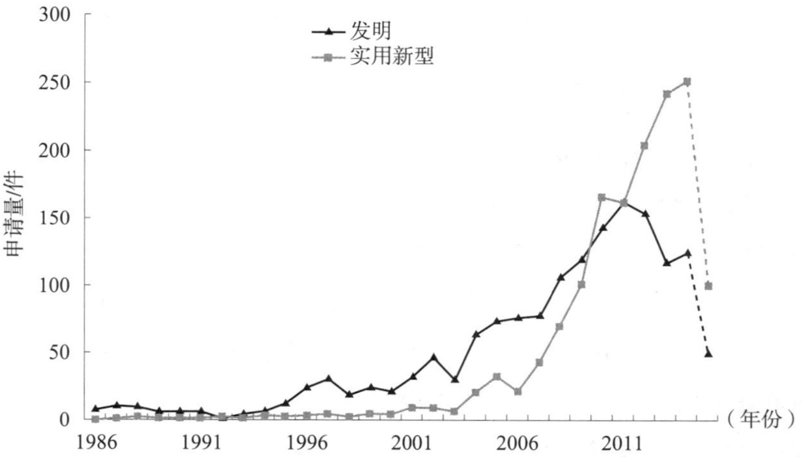

图2　发明和实用新型申请量趋势图

1985～2002年，扶梯领域在中国的申请中发明占主导地位。

而从2003年开始实用新型的申请量开始快速增长，并在2009年实用新型的申请量首次超过了发明专利的申请量。其主要原因为从2006年开始国内申请人的申请量开始快速增长，而国内申请人的专利申请中主要为实用新型专利申请。这也说明我国申请人在扶梯领域的技术研发相比国外申请人相对较弱，扶梯领域的关键技术仍掌握在日本和欧美的主要大公司手中，我国自动扶梯研发主体的研发还处于起步阶段。

（三）中国国内申请人和国外申请人申请趋势分析

图3显示出自动扶梯领域中国申请人和国外申请人申请的申请量趋势，可以看出：

1985～1999年，扶梯领域的专利申请主要为国外申请人的申请，国内申请人的申请数量极少，主要原因为扶梯技术主要被日本和欧美国家的大公司所掌握，但国内申请人在这一时期的申请量总体上呈增长趋势，说明中国企业开始重视扶梯领域技术的研发。

从1999年开始国内申请人在中国的专利申请量快速发展，并在2006年首次超过国

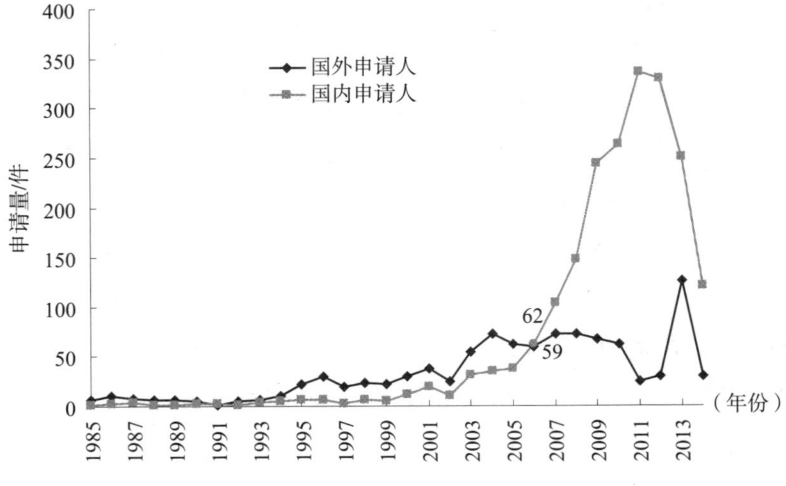

图 3　国内和国外申请人申请量趋势

外申请人，在这一阶段中国的扶梯技术开始快速发展。随着中国经济的发展和城市化进程的加速，我国房地产行业也快速发展，带动了自动扶梯行业的整体快速增长，使得越来越多的国内企业进入扶梯行业。竞争的加剧使得国内主要的扶梯企业开始重视扶梯技术的研发工作，此时我国处于扶梯技术的活跃阶段。

而国外申请人在中国的申请量从 2006 年起开始处于下降趋势，主要原因为扶梯技术从 2006 年起在国外的技术研发处于技术成熟期。

（四）中国申请主要申请人分析

图 4 显示出自动扶梯领域在中国申请的主要申请人申请量情况，从该图中可以看出：在排名前十位的申请人中日本占有 3 家，分别为株式会社日立、东芝电梯株式会社和三菱电机柱式会社。可见，日本企业在自动扶梯领域技术处于领先地位。

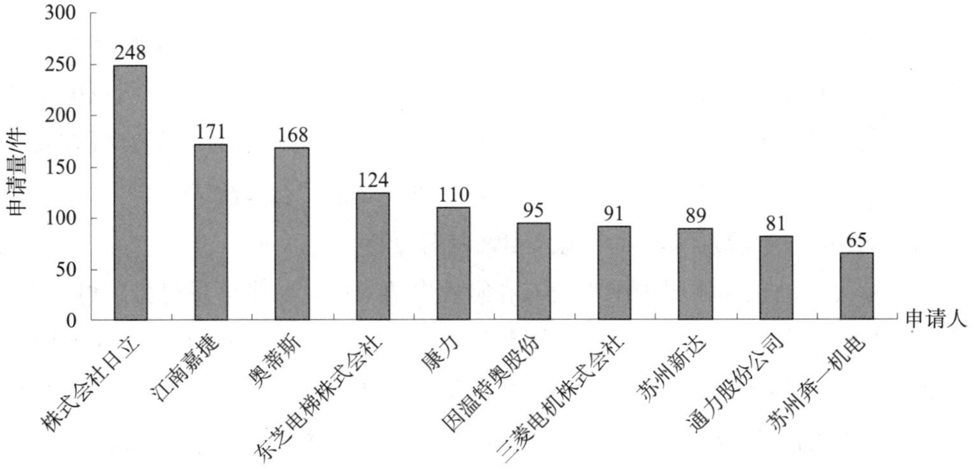

图 4　中国申请申请人分布

另外美国的奥蒂斯、瑞士的因温特奥和芬兰的通力股份公司申请量也较大，这些国外大企业在中国已对自动扶梯技术进行了积极布局。

在中国的企业中，申请量最大的为江南嘉捷公司，另外，康力、苏州新达、苏州奔一机电的申请量也较大，可见我国自动扶梯领域的企业近几年开始重视专利申请。但我国企业申请的实用新型专利较多，发明专利较少，说明我国在自动扶梯领域技术研发有待加强。

（五）中国申请量省区分布情况分析

图5显示出扶梯专利申请的省区分布情况。

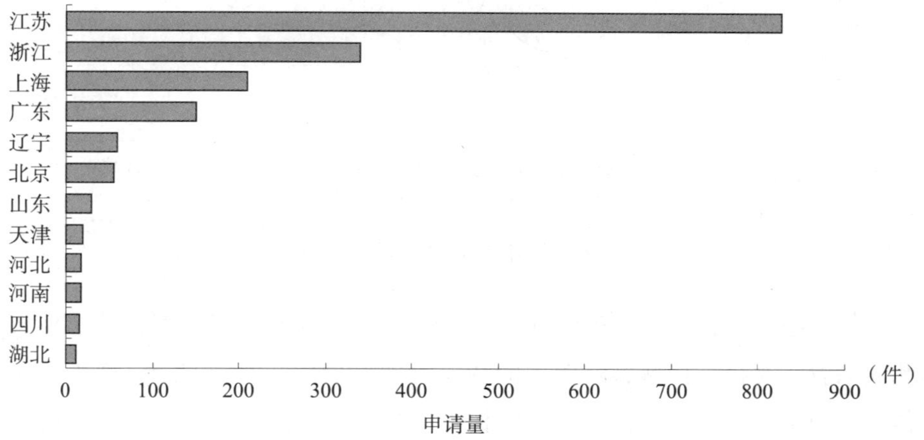

图5　中国申请量省区分布

扶梯领域的专利申请主要集中在长三角地区，申请量最大的是江苏省，其申请量为820件，远远超过其他省份的申请量。其次为浙江和上海，再次为广东。

主要原因为中国主要的扶梯企业均分布在上述省份中，例如江苏省包括江南嘉捷电梯公司、康力电梯、苏州新达电梯等企业，浙江省包括西子奥的斯，上海包括上海三菱电梯、永大电梯和上海爱登堡电梯股份有限公司等，而日立电梯的全资子公司则位于广东省，其他地区的申请量相对较少。

（六）中国申请技术功效分析

图6为自动扶梯领域中国专利申请技术功效。

横向来看，针对传送结构，自动扶梯安全性和便于制造、施工和维修方面的专利申请量最多；而针对驱动机构以及检测和指示，安全性方面的申请量也很大；同时驱动机构对应于节能方面的申请量最多。

因此，为了提高扶梯的安全性，传送结构是改进重点，我国发生的自动扶梯安全事故也均与传送结构有着密切的联系。

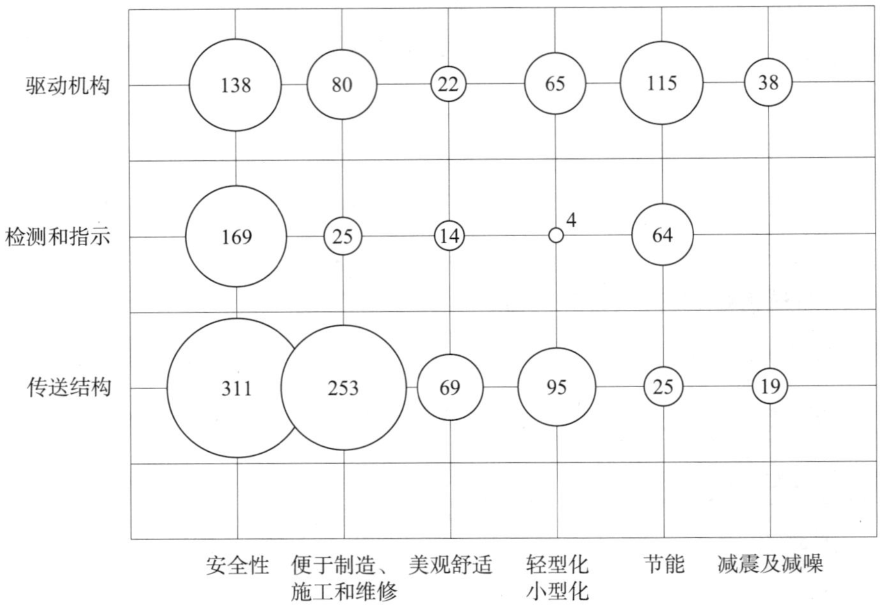

图6　中国申请技术功效

另外，如果想提高自动扶梯的能耗损失也即实现节能，最应注重驱动结构技术的改进。因此横向看，对自动扶梯影响较大的功效包括安全性、便于制造、施工和维修以及节能。再从纵向看，针对安全性，传送结构贡献最大，其次为检测和指示。而针对便于制造、施工和维修，传送结构的贡献也远远高于其他技术分支。

对于提高节能功效，影响最大的是驱动机构。而对于其他功效，我国专利申请量还不多，有待提高。

三、发展建议

通过对自动扶梯领域中国专利分析可知，我国的自动扶梯专利申请还存在实用新型专利申请量比较高的问题，也即我国专利申请含金量不高，显示了我国虽然已是专利申请大国，而非专利技术强国的事实。未来，我国自动扶梯的专利申请量仍将保持一段时期内的高速增长，我国企业要在竞争中突出重围，就要不断寻求技术突破，提高专利申请质量，比如加强与大公司的技术合作，重视专利权的保护和维持，开发拥有更多自主知识产权的产品来提高竞争力。

在自动扶梯领域中国申请的主要申请人中，中国企业和国外大公司的申请量相当，并且中国企业在该领域的申请量逐年增大，显示出我国自动扶梯企业已开始重视该领域专利权的保护。但与国外大公司的申请相比，我国企业的专利申请含金量不高，多为实用新型专利，而国外大公司的专利申请多为发明专利申请。因此，我国自动扶梯领域的申请人应进一步提高技术研发，提高技术的含金量。我国企业主要分布在长三角地区，技术分散不均，但从另外看，技术的相对集中有利于各个企业之间的技术交流与合作，从而更好地促进我国自动扶梯技术的发展。

在自动扶梯技术近30年的发展过程中，与生产维护成本密切相关的便于制造、施工和维修的需求，一度取代安全性问题成为市场研发的主流，占据专利申请的重要地位。但随着近年来自动扶梯安全事故频发，特别是在一些特殊应用场合或人流密集处发生了严重的安全事故，使得无论是在中国还是在世界其他地方，自动扶梯的安全问题都重新成为技术研发中的头等因素，因此在驱动机构、传送机构、检测和指示分支的研发上，都十分重视安全性问题的研究。此外，轻型化、小型化、节能等影响自动扶梯市场和成本的因素，也一直处于技术研发的关注下，其专利申请量维持平稳增长。可以预见，未来自动扶梯的技术研发仍将以安全性为主要研发方向，其他成本因素由于自动扶梯市场竞争的白热化，也将越来越受到技术研发主体的重视，我国企业也应加强这方面的技术研发。

参考文献

[1] 何乔治，等. 自动扶梯与自动人行道基本结构及安装维修 [M]. 北京：中国电力出版社，2004.

[2] 杨建中. 自动扶梯的节能研究 [J]. 电子世界，2013 (10).

[3] 贺轩毅. 地铁车站自动扶梯合理开孔宽度的研究 [J]. 城市建设理论研究，2012 (28).

车辆乘员自动识别技术专利发展综述

俞观华

摘　要　汽车电子化是汽车技术发展进程中的一次革命，智能汽车的传感器能充分感知驾驶员和乘客状况，判断乘员是否处于最佳状态，车辆和人员是否会有危险，并及时采取相应措施，车辆自动识别技术也因此逐渐发展起来，其担任的角色也日益重要。本文从专利文献的视角对车辆乘员识别技术的发展进行全面的统计分析，还针对重点技术分支即乘员自动分类系统（OCS）进一步深入分析。

关键词　乘员　识别　自动分类系统

一、引　言

20 世纪 80 年代，汽车逐渐步入电子化、智能化，新兴的电子技术取代汽车原来单纯的机电液操纵控制系统，以适应对汽车安全、排放、节能日益严格的要求。最初的汽车电子技术有电子控制的燃油喷射、点火、排放、防抱死制动等，90 年代以后，陆续出现了智能化的座椅位置、空调、刮水器、安全带、安全气囊、防碰撞、防盗、巡航行驶、全球卫星定位等众多智能化自动控制系统。

汽车电子化被认为是汽车技术发展进程中的一次革命，汽车电子化的程度被看做是衡量现代汽车水平的重要标志，是开发新车型、改进汽车性能最重要的技术措施。汽车电子技术的应用使汽车更加智能化，智能汽车装备有多种传感器，能充分感知驾驶员和乘客状况、交通设施和周边环境的信息，判断乘员是否处于最佳状态，车辆和人员是否会有危险，并及时采取相应措施，车辆自动识别技术也因此逐渐发展起来，并成为一项比较成熟的技术。

乘员自动识别系统是指自动识别车内是否有乘员、乘员的类别、乘员的状态，以在车辆运行前、正常运行时、碰撞前、碰撞时、碰撞后等不同的时间段，针对识别的不同结果对车辆设备采取不同的措施，以实现车辆的智能化，提升车辆的安全。乘员识别系统最早仅仅通过传感器或摄像头检测车座位上有人与否，随着技术的发展，人们对车辆安全的重视程度日渐提升，乘员识别技术有了进一步的发展，并结合不同的车辆设备有了不同的用途，其本身的结构也随着不断的改进。

例如，英国捷豹公司2001年在XK系列各车型上采用了自适应约束系统（ARTS），该系统利用超声波感测技术监视前排乘员的坐姿。同时还采用一系列其他传感器，探测乘员的重量、驾驶员相对转向盘的位置、安全带是否系好以及发生碰撞时的强度等。掌握了这些探测到的信息，ARTS就可以根据每个前排乘员的具体需要，利用控制算法的灵活性，确定安全气囊的触发时刻和展开强度，实现最佳的乘员保护。

西门子VDO Automotive公司采用摄像机判断乘员坐姿，以及通过座椅中的重量传感器识别坐在车内各座椅上的乘员的类型，在车辆发生碰撞事故时，如果乘员既重又高大，那么气囊将以全力迅速展开；如果乘员相对比较轻，气囊将以比较小的力度弹开；如果乘员坐在座椅上的坐姿不正确，气囊将适当地延迟触发，以免伤害乘员。

车辆乘员自动识别技术可以应用于多种用途：自动识别合法用户用于防盗，识别驾驶人员驾驶状态以确保安全驾驶，检测座椅座位上是否有乘客，并对不同乘客进行分类用于控制安全设备或对车辆设备进行个性化配置等。此外车辆乘员自动识别技术可以有多种实现方式，应用比较广的是使用重量传感器、压力传感器、图像采集、电容电场传感器、超声波、雷达、红外等，甚至融合多种技术手段、融合不同的算法来实现。车辆乘员自动识别技术经过种种演变，其所能实现的功能也越来越丰富，结构也越趋复杂化。

由上可知，车辆乘员自动识别技术涉及车辆防盗安全、主动碰撞安全和被动碰撞安全、车辆设备智能化等各个方面，其担任的角色也随着车辆安全要求的提升而日益重要，在现代化汽车技术中逐渐成为热门的研究领域。本文主要以德温特世界专利索引（DWPI）数据库以及中国专利文摘数据库（CNABS）中的检索结果为分析样本，从专利文献的视角对车辆乘员检测系统的发展进行全面的统计分析，总结与车辆乘员检测系统相关的国内和国外专利的申请趋势、主要申请人分布，此外还对车辆乘员检测系统的重点技术分支车辆乘员自动分类系统（Occupant Classification System）的专利申请状况和技术路线展开一定的分析。

二、车辆乘员自动识别技术的专利申请现状

（一）全球范围内车辆乘员自动识别技术专利申请整体现状

为了研究车辆乘员识别技术的发展情况，本节对全球专利申请状况的整体趋势、申请人区域分布以及全球专利重要申请人进行分析。

1. 全球专利申请整体趋势分析

统计德温特世界专利索引（DWPI）数据库1973~2013年车辆乘员识别技术领域的专利，从而得到全球范围内该领域的专利申请整体趋势（如图1所示）。

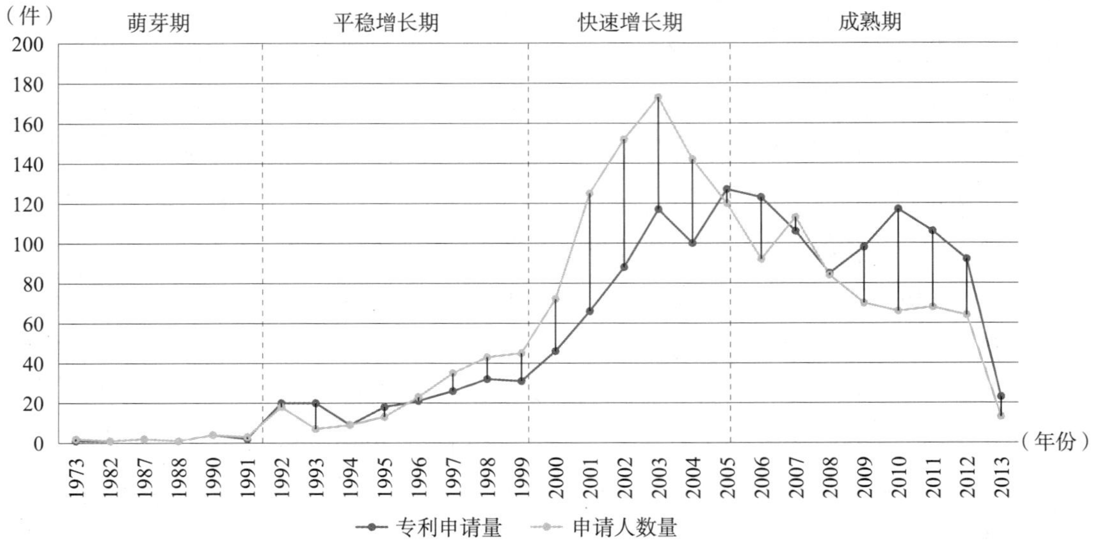

图 1　车辆乘员自动识别技术全球专利申请趋势

从图 1 可以看出，车辆乘员自动识别技术全球专利申请趋势大致可以分为 4 个时期，各时期划分以申请量增长率的变化为标准。

（1）萌芽期（1991 年之前）。

DWPI 数据库中最早出现的该领域的相关专利申请在 1973 年。从图 1 中可以看出，1973～1990 年，申请量极少，申请人的数量也极少，这是因为在这一时期人们的关注点还在车辆行驶性能上，20 世纪 80 年代汽车电子技术才刚刚兴起，车辆行驶安全性能和智能化性能等与汽车电子技术相关的技术分支还处在萌芽阶段。

（2）平稳增长期（1992～1999 年）。

从 1992 年开始，关于车辆乘员自动识别技术的专利每年的申请量明显比 1990 年之前增多，而且申请人数量相较之前也有大幅度增长，申请人和申请人的发展总体趋势趋于平稳增长；并且在该阶段，出现了申请人数量大于专利申请量的趋势，可见该阶段出现了多个企业合作申请的萌芽。

（3）快速增长期（1999～2005 年）。

1999～2005 年，关于车辆乘员识别技术的申请量和申请人数量呈现跨越式增长，可谓是该技术发展的爆发时期，这也是车辆电子技术产业在这段时间迅猛发展的一个侧面写照，各国申请人对于这方面的技术关注度也急剧地提升，才会出现了量的飞跃。2004～2005 年还有一个小的量的提升，这与该阶段美国出台了新的车辆碰撞安全法规体系有关，在该法规明确将车辆乘员分级系统作了硬性规定，从而导致该阶段申请量迅速上升。

同时从图 1 中可以看出，该阶段申请人数量明显多于申请量，从图 2 可以看出，该领域中合作申请量高达44%，说明各企业已经意识到专利共享的重要性，并开展了共同研发，这进一步促进行业资源的重新整合和该技术领域的快速发展。

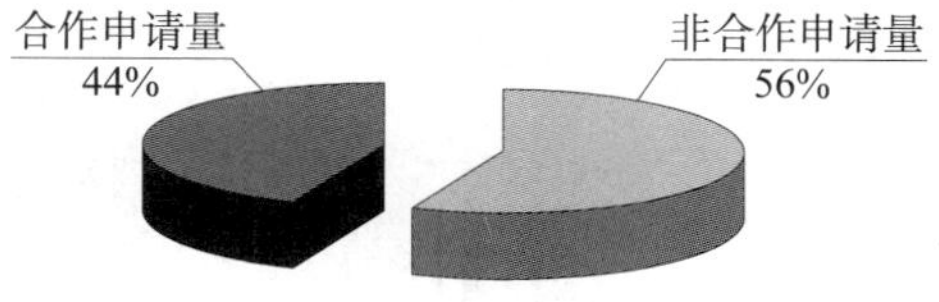

图2 车辆乘员自动识别技术多企业合作申请占比

（4）成熟期（2005年至今）。

由图1可以看出，车辆乘员自动识别技术专利申请量从2005年往后呈现缓步下降趋势，在2010年的一个小高峰过后就一直下降，而申请人数量也从2007年开始一路下滑，以至于远远低于申请量，表示各大车企都认为该技术已经发展到了成熟阶段，没有较大的突破口了，仅有个别支柱企业仍在做该方面的研究（其中，2013年的专利数据量由于部分专利申请未公开而不完整，因此不纳入分析范围，下同）。

2. 全球专利申请申请人国别/区域分布

如图3为对全球专利申请按国别拆分进行分析得到的车辆乘员自动识别技术国别总量分析图，其中，DE代表德国，GB代表英国，US代表美国，FR代表法国，JP代表日本，KR代表韩国，LU代表卢森堡。根据图3所示，从总量上看，以德国、美国和日本申请量居多，其次是韩国，而卢森堡虽然不是汽车整车生产制造大国，但由于具有占有大量申请的IEE国际电子工程股份公司（IEE INT ELECTRONICS & ENG SARL），因而也在乘员识别技术领域占据一席之地。

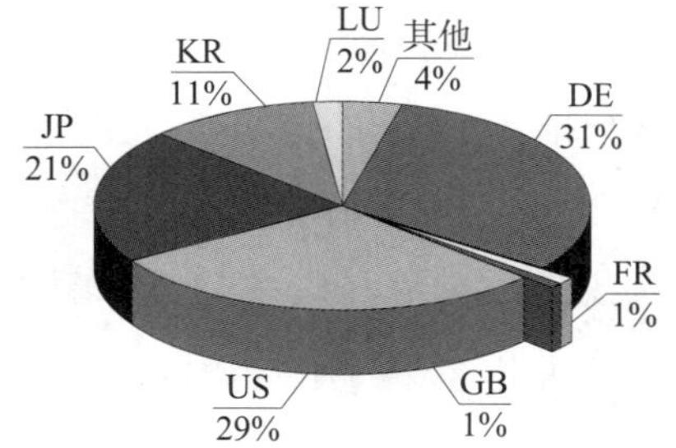

图3 车辆乘员自动识别技术国别总量分析

图4为车辆乘员自动识别技术按国别发展趋势分析图。根据图4所示，1973～1990年，专利申请量基本集中在英国、德国以及法国等欧洲国家。这个时期的专利技术内容比较简单，仅仅检测出座位上有人即可，而且这一时期每年的专利申请量均比较少，均是个位数的数量，主要是德国和美国的申请。

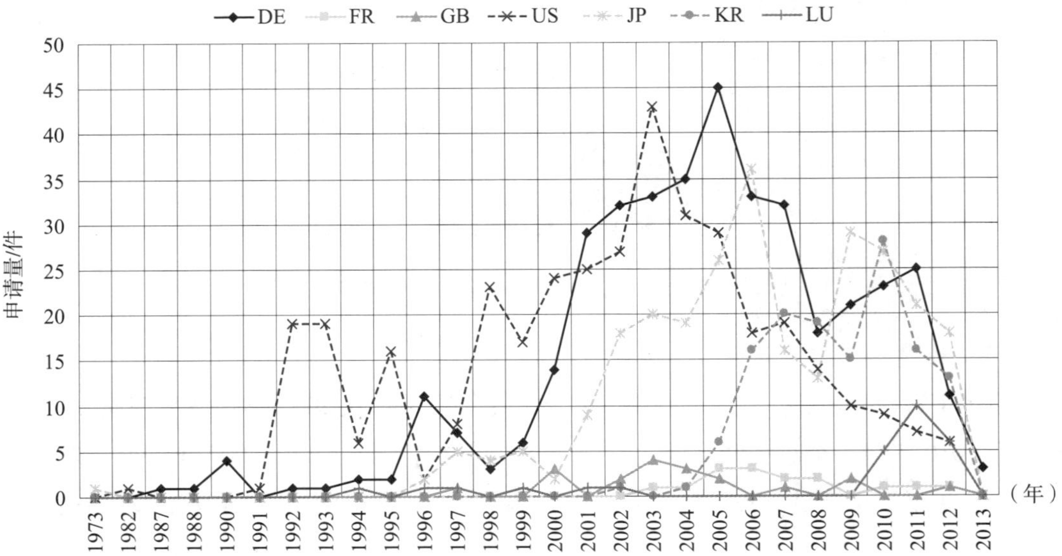

图 4　车辆乘员自动识别技术国别发展趋势分析

1990～1999 年专利申请量分布的国家地区相较之前大幅度增加，其中美国的申请量急速增长，并成为领军国，德国也占有大量的申请，需要说的是日本已经开始重视该领域的发展，从 1995 年开始申请量逐渐增加。

各个国家陆续从 1999～2007 年高速增长直到峰值，然后申请量逐渐下降，从图上可以看出，快速增长期和到达峰值的时间以美国为先，其次依次是德国、日本、韩国和卢森堡，时间基本上间隔了 2～6 年，这也是吻合这几个国家汽车整体发展的趋势。

3. 全球专利申请重要申请人分析

本小节从全球专利申请重要申请人方面对国外车辆乘员自动识别技术的专利申请做进一步分析，按照申请总量进行排名，取前十名申请人进行分析。

从图 5 可以看出，排在前十名的申请人集中在德国、美国、日本、韩国，基本上集中在汽车工业最发达的几个国家，上述排名与全球汽车零部件企业排名整体也相一致。2011 年，世界汽车零部件百强企业排名中，来自德国、日本和美国的企业最多，其中德国和日本的汽车零部件生产企业包揽了前五位，德国的博世和日本电装分别排名第一和第二，德尔福排名第十三，高田排名第四十九。

需要注意的是，2011 年现代摩比斯还没有排入前五十名，2013 年却已跻身第八名，可见其发展之迅速。美国西门子和 IEE 虽未列在世界零部件车企中前列，是由于其主要专于电子工程技术，综合实力上稍弱，不过这两者都为汽车电子和传感器领域的领先企业，为汽车乘员识别技术的发展作出了较大的贡献。

从世界百强零部件企业的排名和专业申请量排名的对比也可以看出，实力越是强大的企业越注重专利战略，专利成为扩充其产业与竞争对手抗衡的重要工具。最为显著的

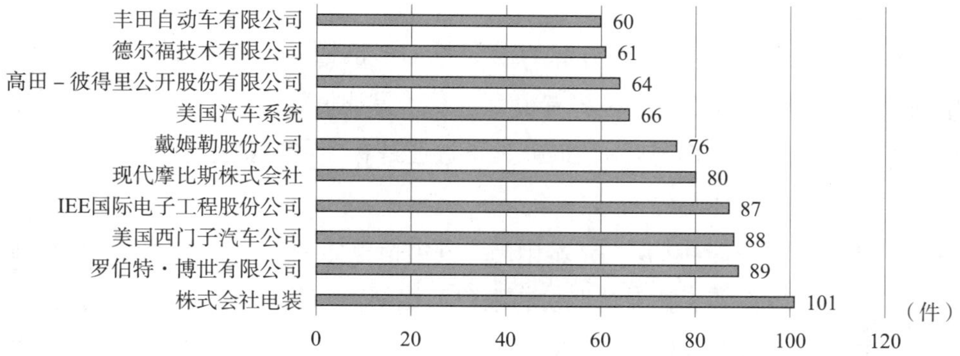

图5　国外专利申请量排名前十名的申请人

就是现代摩比斯企业，其从成立开始就一直注重专利战略，专利申请量居高不下，多年来通过独有的技术努力成为具备世界竞争水准的汽车零部件公司。

（二）乘员自动识别技术中国专利申请整体现状

对中国专利文摘数据库（CNABS）中截至2014年8月1日已经收录公开的专利数据进行检索，并对检索结果进行分析，得到乘员自动识别技术中国专利申请整体现状。

1. 中国专利申请与全球专利申请整体趋势比较分析

在具体分析中国专利申请状况时，需要先了解中国专利申请与全球专利申请中的整体趋势比较，图6示出了车辆乘员自动识别技术中国专利申请和全球专利申请之比较。

图6　车辆乘员自动识别技术中国专利申请和全球专利申请之比较

从图6可以看出，全球该领域在2003年达到高峰，之后申请量呈下降趋势，并在近年来平稳发展，可知国际上在这一领域的研究热度已经过去，只剩下该领域的支柱企业在研究。

国外来华申请也随之从2003年开始上升，而国内申请人的专利申请量从2005年才开有第一件专利申请，并从2007年开始逐渐增长，可知比国外晚发展了4～5年，此外申请量也仅仅占据了很小一部分。

不过从趋势图可以看出，国内申请在该领域的申请量一直呈上升趋势，这其中与近年来中国鼓励发明专利申请的大趋势有很大关系，另外也能体现国内在这一领域的重视程度也在上升，虽然落后了全球一段时间，不过还是有一定的发展空间。

2. 中国专利申请整体趋势

图 7 示出了关于车辆乘员识别技术中国专利申请整体趋势，以 2005 年为界，此前都为国外来华申请。2005 年，比亚迪股份有限公司提交了该领域的第一件专利申请，此后国内申请人的相关专利呈逐渐上升趋势，其中以国内企业为主。2008 ~ 2011 年缓慢增长，自 2011 年开始迅速上升。

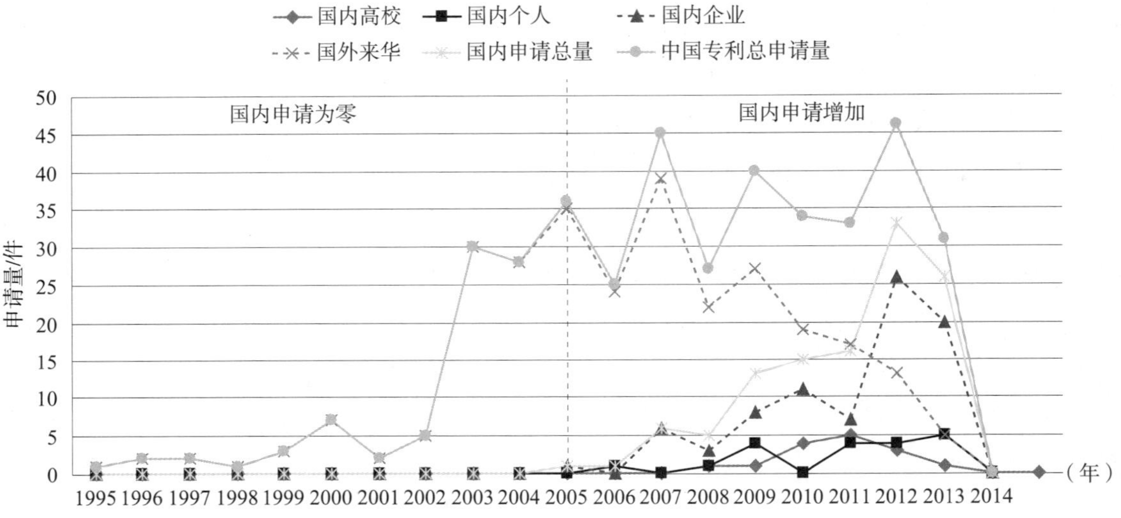

图 7　车辆乘员识别技术中国专利申请整体趋势

图 8 示出了国内专利申请总量中国内申请人和国外来华申请人占比，国外来华占据了 70% 之多，然而除了 2013 年和 2014 年数据未统计全外，近几年国外来华申请占比下降到了 30% 左右。国外来华的申请逐渐下降，其中很重要一个原因在于国外在这一领域的研究本身呈下降的整体趋势，在国外该领域已经发展成熟的情况下，除非有新的重大的技术的提出或者国际、国家有新的专利政策或者新的车辆安全法规规定等，否则以后仍会保持缓慢下降的趋势。

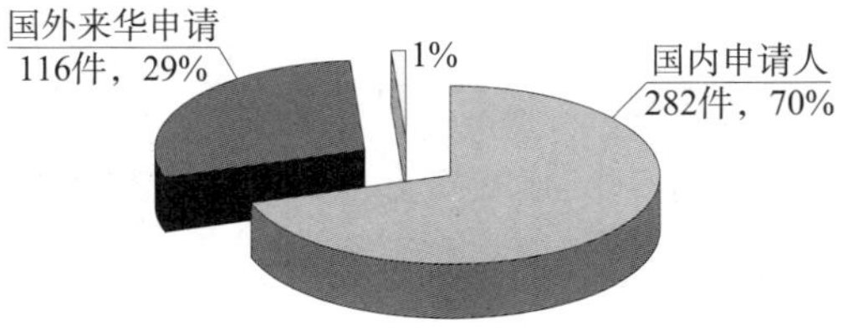

图 8　车辆乘员识别技术中国专利申请总量占比

另外一个原因在于2010～2012年中国车辆工业发展迅猛，自主车企发展较快，配套的零部件企业也得到了良好的发展。并且此期间，国家鼓励发明创造，提倡自主创新，并颁布一定的规章制度和奖励政策，使得国内企业热衷于申请发明专利，进一步的带动了汽车领域的深入发展。

图9将国内申请人进一步拆分，示出了国内申请人中国内企业、国内高校和国内个人申请量的比例，其中国内企业占了71%。由此可知，该领域和汽车其他领域一样，以企业申请为主。这是由于汽车领域技术含量较高且结构较复杂，而其发展又比较成熟的特点导致的，没有一定的专业背景或者从业经验的个人一般不尝试该领域的专利申请。国内高校中，申请量较多的主要为清华大学、吉林大学等，上述大学均有与汽车企业联合的研究机构，使得其在汽车电子技术领域具有较深入的研究。目前，吉林大学主要致力于基于体压分布的模式识别和基于视觉图像的模式识别的算法研究。

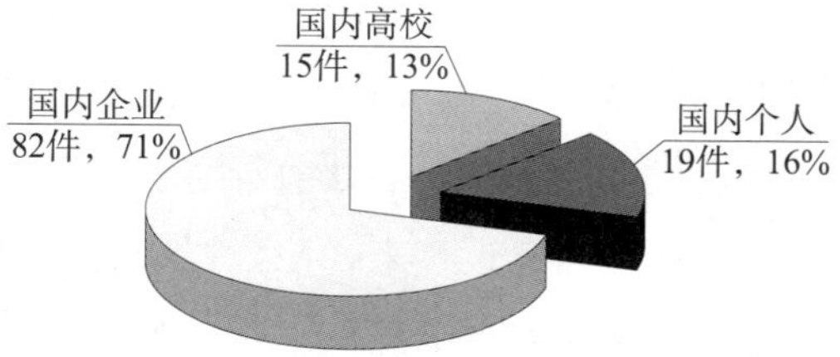

图9 车辆乘员识别技术国内申请人类型

3. 国内专利申请重要申请人分析

本小节从国内专利申请重要申请人方面，对国外来华申请的申请人和国内申请人做进一步分析。主要考虑申请人历年的申请总量并按照申请总量进行排名，分别取国外来华申请人前十名和国内前十名申请人进行分析，图10示出了国内专利申请量排名前十的国外来华申请人。

排名前十的国外申请人均为在车辆零配件领域占有一定地位的重要申请人，都是汽车电子工程或者零配件公司，并且没有大型整车企业（见图10）。

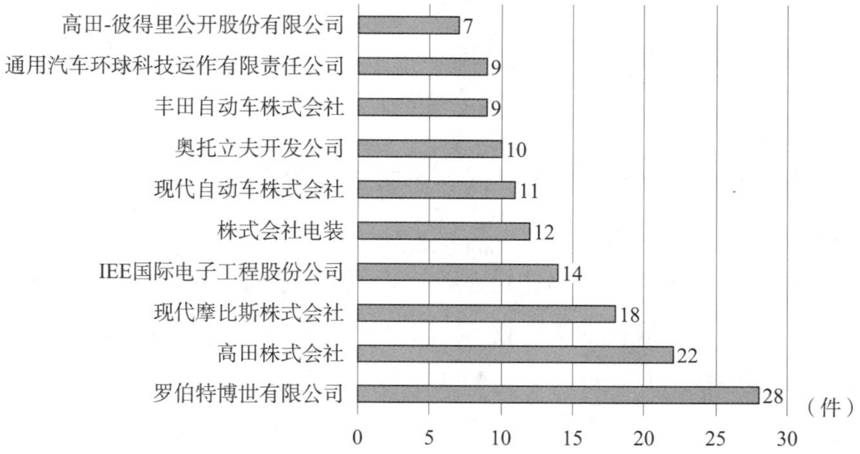

图10 国内专利申请重要国外来华申请人

如罗伯特博世有限公司为电子工程行业的跨国公司，其在汽车电子技术方面掌握了较强的先进技术，工厂遍布全球，在中国苏州的工厂主要生产安全气囊控制单元等，实际上也包括基于乘员检测传感器的智能安全气囊系统。由此可知其在该领域很重视中国市场，这也是其在中国该领域专利申请量居多的原因之一。

高田－彼得里公开有限公司也是主要从事安全气囊、方向和安全带等，且该公司在中国设立了多个工厂，因此在中国的申请量较多。

而现代摩比斯株式会社前身为现代精工，从1999年开始从整车企业脱胎换骨为汽车零部件专业公司，近年来，该公司一直借助于产量的提升和海外网络进行海外业务的扩张，也在中国设有多个工厂，对中国本土车企和零部件企业构成了强烈的竞争。

国内专利申请中排名前十的国外申请人，与在全球申请排名前十的申请人基本上相同，可见各大汽车零部件生产商都对中国市场比较重视。

排名靠前的国内申请人中除了浙江吉利、华晨车辆、北京汽车和比亚迪等知名国内车企之外，以廊坊金色时光科技发展有限公司、江苏万工科技集团和上海奇谋能源技术开发有限公司申请量居多，这3家公司在车辆传感器领域的研究比较成熟，因而成为国内该领域的重要申请人（见图11）。

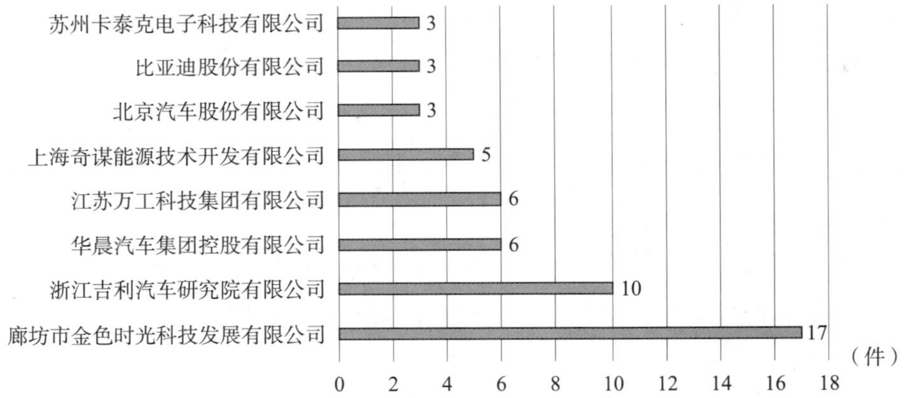

图11 国内专利申请重要国内申请人

其中，廊坊市金色时光科技发展有限公司成立于1997年，主要从事安全带提醒器、座椅加热系统、人体乘员传感系统，可见该企业实际主要从事乘员识别技术，其技术发展水平虽然与国外大型车企和零部件企业有一定距离，但是已达到国内的先进水平，该公司近年来在电容式传感器技术领域投入了较大研发精力，使得该类专利申请量逐渐上升。而上海奇谋能源技术开发有限公司和江苏万工科技集团有限公司均非专业的汽车零部件生产商，其生产的产品种类繁多，在乘员识别技术上仅仅数量上占据优势，技术上并没有突出的成就。

需要注意的是在上述统计中，国内汽车零部件企业在该领域的申请量并不是很突出，而国内整车企业在该领域申请量反而较多，可见国内零部件厂商承受着国内整车厂和国外竞争对手的双重压力。如世界排名靠前的著名汽车零部件公司如德尔福、博世等，大都在北京、上海设立了办事处和投资控股机构。中国汽车零部件产业如何尽快与国际接轨、促进自身发展成为一个重要问题。

此外，从上述统计中还可以明显地看出，国外来华申请中排名靠前的都是汽车零部件厂商，并没有整车厂商，而国内排名靠前的很大一部分是整车厂。根本原因在于中国汽车零部件工业发展一直滞后于整车工业，汽车零部件和整车厂商之间没有一个科学的专业化分工与协作体系，没有一个有效的竞争和合作的协调机制，也因此导致国内整个汽车工业发展的低效。

三、乘员自动识别技术中国专利申请各技术分支整体发展趋势

（一）乘员自动识别技术的技术分支分解

技术分解是对于所分析的技术领域作进一步的细化和分类，有助于了解行业整体情况以及选取研究重点。一般情况下，可按技术特征、工艺流程、产品或使用用途等进行技术分解。具体到汽车乘员识别技术领域而言，在现有技术中并没有体系化的技术分解可供参考。笔者在参阅了各种资料并根据中国专利申请的主要内容，认为可以从乘员识别技术的应用和结构类型进行技术分解。

1. 按用途进行技术分解

首先从应用的用途上，可以作出如图12所示的技术分解。

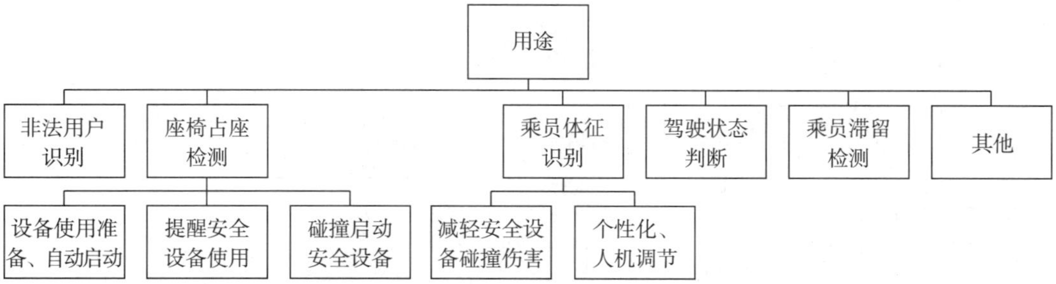

图12　车辆乘员识别技术按用途技术分解

（1）识别非法用户，主要是指对于未经过授权认证的用户进行鉴别，以采取警告或禁止车辆设备被启用的方式防盗。

（2）乘员占座检测是指仅检测车辆座位上是否有人，根据座位被占的分析结果来采取以下措施：在正常状态下，当检测到座位上有人时，相关设备处于使用状态或准备状态，如座椅加热、空调自动启用等；或者同样正常状态下，当检测到座位上有人时，提醒相应安全设备的佩戴，如对座椅上有乘员而安全带未佩戴的进行告警；在碰撞发生时，

有人的座位启动安全设备，如启动安全气囊、开启相应的逃生窗、相应门的门锁、相应座位的安全带的预紧力调节、主动式头枕自动调整等。

（3）乘员体征识别主要指对乘员的体征、体格进行识别，分析乘员的类别，主要有以下两种用途：①鉴别出物品、儿童、小个子、妇女、孕妇等，还需鉴别出乘员的姿势；当分析结果为儿童、孕妇、不正确的姿势等，则在碰撞时不启用安全气囊或对安全气囊的展开方式进行控制，或针对不同类别对安全带预紧力进行调节，以防止由于气囊或安全带带来的更严重的伤害。②根据乘员的体征，调节相应的设备，如调整头枕的前后上下位置、自动调整座椅靠背、座椅前后位置等，实现设备的个性化配置。

（4）驾驶状态判断主要是读取驾驶员信息，判断是否为醉驾、疲劳驾驶、驾驶员注意力不集中等，从而提出警告或采取相应措施以避免安全事故。

（5）乘员滞留检测是指检测是否有乘客滞留车内，如校车上儿童滞留。

（6）除了上述用途外，乘员检测设备还能用来检测车辆乘员数量，从而判断是否超载等。还具有其他一些用途，而这类申请数量比较少，因此共同归入其他类别中。

在上述技术分解中，实际上乘员体征分类也属于占座识别用途下的一个分支。虽然乘员体征识别系统是在乘员占座识别的基础上发展起来的，但是到后期随着研究的深入而逐渐独树一帜，在乘员识别系统里占据了很大的比重，并且与仅仅检测乘员占座的应用最终目的存在一定的区别，因此将其从乘员占座识别中划分出来，单独分析。

2. 按结构类型进行技术分解

根据乘员识别系统中的实现方式，还可以作出如图 13 所示的按照结构类型进行的技术分解。

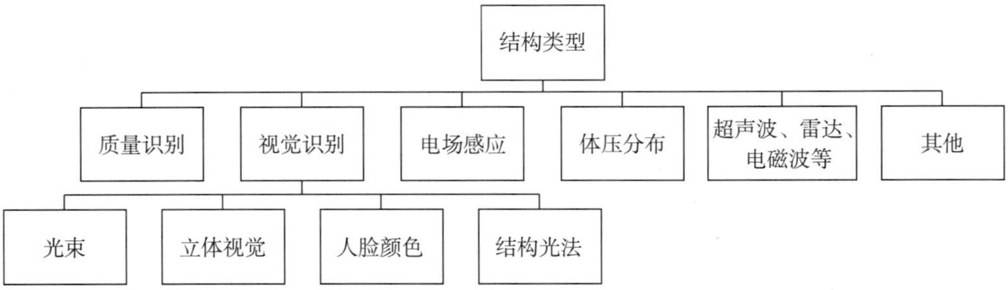

图 13　车辆乘员识别技术按结构技术分解

（1）质量识别的乘员检测系统，采用重量传感器、压力传感器等识别乘员质量，其有多种类型，最主要的是应变传感器，通过测量弹性体的变形来检测。

（2）视觉识别主要采用摄像机等图像采集设备采集乘员的图像，并通过一定的算法分析座位上是否有人或乘员的体征。

（3）电场感应包括电容式传感器和电磁感应式传感器，是根据电容或磁通量的变化引起电流的变化来判断乘员占座与否或分析乘员体征，在一些分类体系中，电容式传感器也被分入质量识别技术中，但本文为了更好的分析，将其列为单独一种传感器。

（4）体压分布是根据乘员在座椅上的压力分布来判断乘员体格、乘员坐姿，如采用柔性压力传感器垫等。

（5）超声波、雷达、激光、电磁波等作为探测器已经被广泛应用，在乘员检测上也屡见不鲜。

（6）此外，还可以通过磁场、生命体征探测、安全带扣检测装置、安全带张力检测装置、液囊压力传感器、振动传感器、心率检测仪等各种方式来实现乘员的检测和分类。

（二）车辆乘员自动识别技术各技术分支专利申请分布

以图 12 和图 13 的技术分解为依据，将车辆乘员自动识别技术的中国专利申请按照国内申请和国外来华申请，在结构和用途上的分布分别进行分析，如图 14 和图 15 所示。

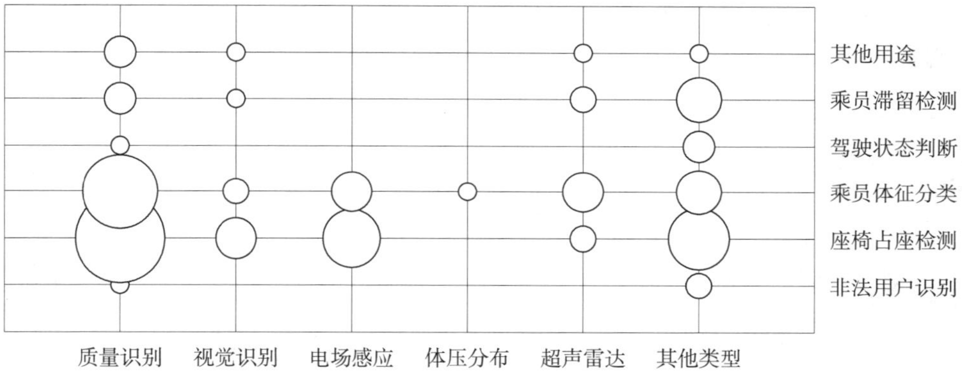

图 14　国内申请结构和用途各分支分布

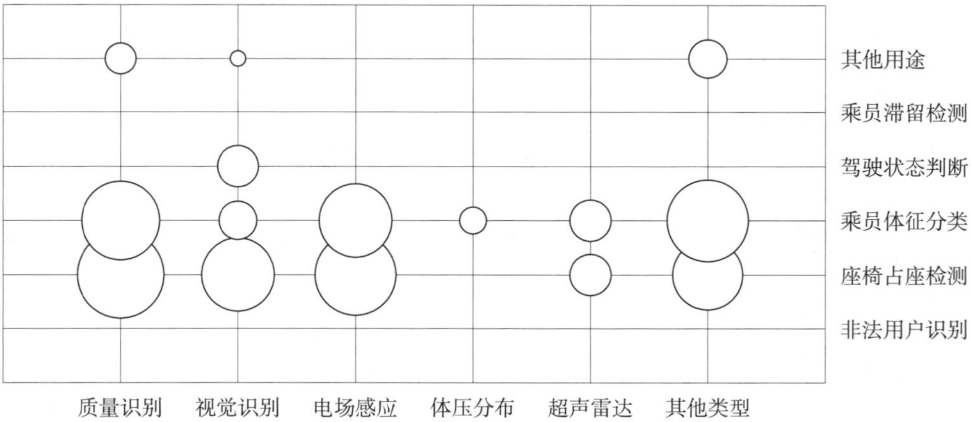

图 15　国外来华申请结构和用途各分支分布

由图 14、图 15 可知，国外来华申请和国内申请，在结构和用途分类中整体趋势大体上相同。不过，国外来华申请比较集中，其用途主要集中于乘员体征分类和座椅占座检测，无论哪种结构都没有用于非法用户识别和乘员滞留检测方面的用途；结构也很集中，主要在于质量识别、电场感应和视觉识别。而国内申请人的分布比较散，无论是用途还是结构类型，都没有明确的研究重点。

因此，国内专利申请在这一领域实际上还处于探索阶段，没有找到重点或者说没有发展很成熟的一个子领域。国内申请人有涉及非法用户识别和乘员滞留检测的专利申请，这也是由该子领域的独特特征决定的。因为国内近几年频繁出现校车儿童滞留导致死亡或伤害的事故；此外，我国车辆防盗需求也较大，因此国内申请在这两个领域比较重视。

（三）车辆乘员自动识别技术各技术分支专利申请发展趋势

1. 结构类型各个技术分支的发展趋势

首先，结合各分支的占比，对结构类型下面的各个技术分支的发展趋势进行详细分析。结构类型下面的各个技术分支的发展趋势如图 16 和图 17 所示，各分支的占比如图 18 所示。

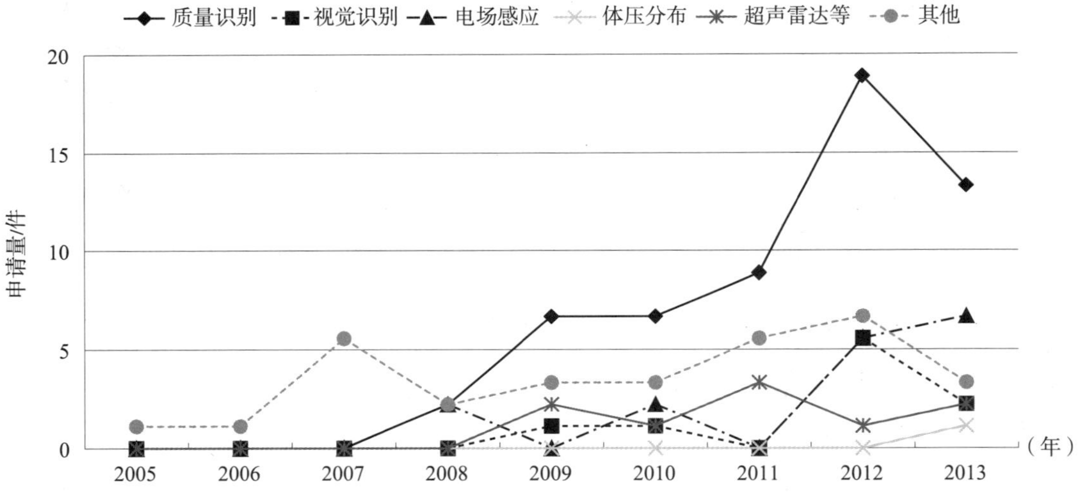

图 16　国内申请结构各分支随年份发展趋势

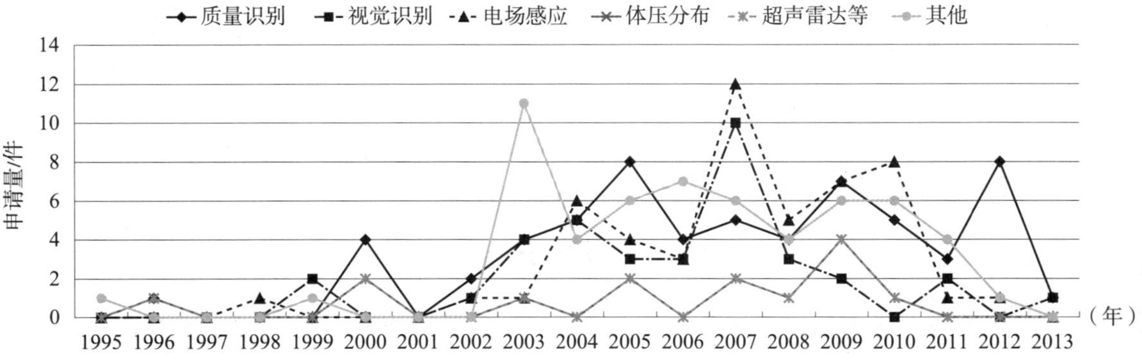

图 17　国外来华申请结构各分支随年份发展趋势

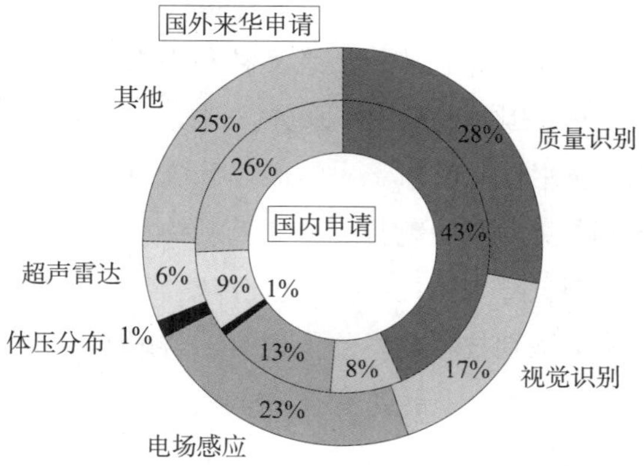

图 18　结构各分支总量占比

图 16 至图 18 示出了国内申请和国外来华申请在结构各分支随年份发展的趋势和总量占比。从总量占比图中可以看出，最大的区别在于电场感应技术。该技术国外来华申请占据较大的比重，也是近年来的热门研究领域。然而，从国外来华申请的随年份发展趋势图可以看出，2003～2006 年为其迅猛发展时期，2007 年进入成熟期，而后逐渐下降，生命周期比较短。这是由电容式传感器技术的结构导致，该技术的优点是结构简单，适应能力强，很容易被研发并投入应用；然而，电容式传感器技术也具有明显的缺点，如输出阻抗高，带负载能力差，容易受温度、湿度影响等。其技术上的难点在于克服上述缺陷以及提升检测精度。然而这正是一个台阶，要突破这个台阶需要综合考虑性价比，也是众多企业不再投入大量研发的原因之一。而国内则从 2010 年开始研究，落后了国外几年，其中以廊坊市金色时光科技发展有限公司和浙江吉利等国内著名车企的研究较多，技术相对国外申请来说较为简单，虽然在国外已经发展成熟的基础上很难再有突破，但也具有自己的特色。

其他几个技术分支也面临相似的问题，不过落差没有那么明显。其中，质量识别技术（重量传感器技术）的国内申请从 2007 年起至今一直处于快速增长期，而国外从 2005 年起就处于平稳发展期。

相对电场感应技术，国内将重量传感器应用于乘员识别技术的发展较为成熟，其与重量传感器技术本身发展趋势有关：重量传感器技术中最为重要的是应变传感器。重量传感器中应用较广的是电阻应变式称重传感器，主要由弹性元件、电阻应变片、测量电路和传输电缆 4 部分组成。电阻应变片贴在弹性元件上，敏感梁在外力作用下产生弹性变形，使粘贴在它表面的电阻应变片转换元件也随同产生变形；电阻应变片变形后，它的阻值将发生变化增大或减小，再经相应的测量电路把这一电阻变化转换为电信号电压或电流，从而完成了将外力变换为电信号的过程。

重量传感器早已渗透到诸如工业生产等极其之泛的领域。在中国，航空航天部门在

20 世纪 50 年代就开始研究应变式负荷传感器，60 年代已经有厂家生产民用应变测力传感器，80 年代我国称重传感器开始稳步发展，品种和规格迅速增加。正是由于我国重量传感器的本身发展比较成熟，因此其应用于乘员识别技术也较早的发展起来。

然而，重量传感器的应用只能依附于大的产业系统而存在，其在乘员识别技术上的应用取决于乘员识别技术本身的发展趋势，并相互制约。由于国内申请人对乘员识别技术的热度从 2005 年起一直上升，因而也导致重量传感器在该技术上的应用呈上升趋势，并随着自身的发展促进乘员识别技术的发展。但是，与国外相比，我国的重量传感器还存在许多不足之处：结构种类偏少、品种不全、准确度等级较低、稳定性和可靠性较差、工作寿命低、产品标准化与产业化程度较低等。其中在提升准确度和稳定性方面，国外已经有了非常成熟的经验，国内想要有大的突破，也应该在该方面加大力度。

图像视觉识别技术用于乘员检测技术，是依托计算机视觉技术、人脸识别技术的发展而发展的。人脸识别的研究工作最早自 20 世纪 60 年代开始，随之出现各种识别算法，但是还有很多难点未被克服，被认为是人工智能领域最困难的研究课题之一。单纯的依靠人脸识别技术来进行乘员体征判断还有困难，需要结合其他传感器来配合使用，一定意义上依赖其他传感器的发展。

从图 16、图 17 可以看出，国外来华申请的申请量在 2007 左右年迅速上升到顶峰，其中关键在于以高田－彼得里为代表的企业，其 2004 ~ 2006 年对该领域的研究进一步深入，申请量进一步加大，并且该企业又极为注重中国专利布局，也因此带动了该领域其他企业在中国的专利申请。国内专利申请量在 2008 年才开始逐渐上升，正好是国外申请高峰之后的一年，可见国内是在国外申请的带动下才开始关注该领域的。

2. 结构类型各个技术分支的发展趋势

结合各分支的占比，对用途类型下面的各个技术分支的发展趋势进行详细分析。用途类型下面的各个技术分支的发展趋势如图 19 和图 20 所示，各分支的占比如图 21 所示。从总量占比图中可以看出，最大的区别在于乘员类别识别技术和座椅占座检测技术，上述两个技术在国内外申请人中都占据较大的比重，也是近年来的热门研究领域。然而上述两个分支在国内都处于增长期，而国外来华申请则呈现下降趋势，这说明该技术在国外已经发展成熟，这也与汽车碰撞安全技术发展的整体趋势相符合。虽然国内技术比国外发展慢，但是处于上升期，技术方面也越来越成熟。

在用途类型分析过程中，根据用途的最终目的，可以将各个具体的用途最终归类为应用于碰撞安全或者应用于提升车辆设备的智能化水平两大类，如图 21 所示。此外每个大类下还有一些主要用途，图 23 示出了最主要的几种用途。从图 22、图 23 可以看出，国内外在中国的申请均将研究重点放于碰撞安全上，对车辆智能化领域关注比较少，这是符合中国现阶段汽车发展基本形式的。由于国内车辆发展比较成熟，因此有余力去提升车辆的附加价值。

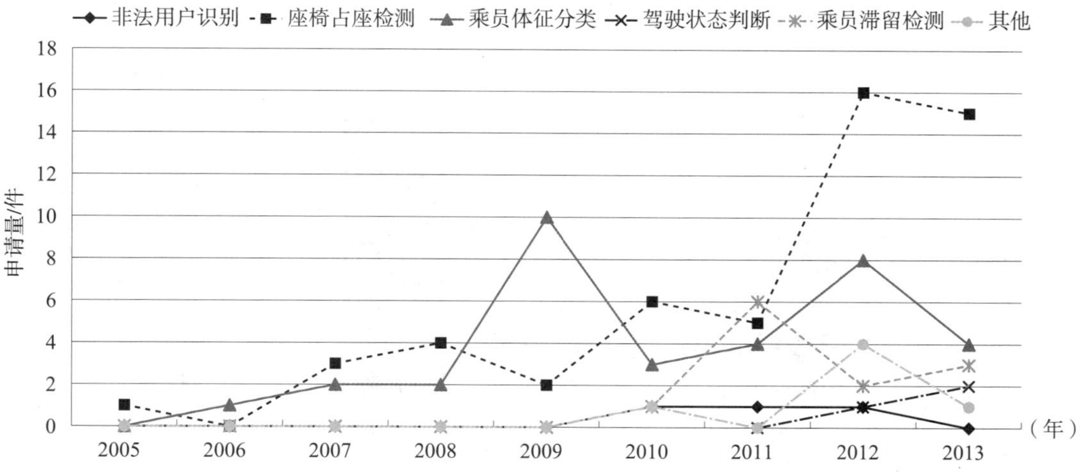

图 19 国内申请用途各分支随年份发展趋势

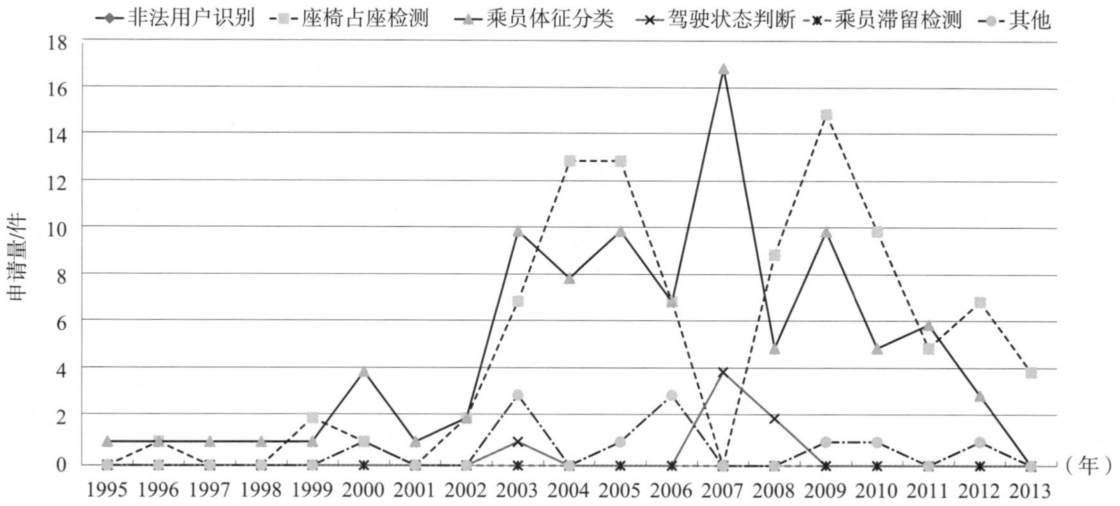

图 20 国外来华申请用途各分支随年份发展趋势

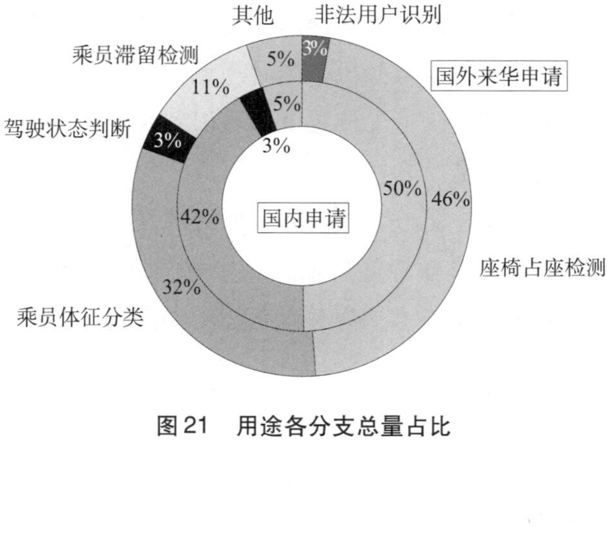

图 21 用途各分支总量占比

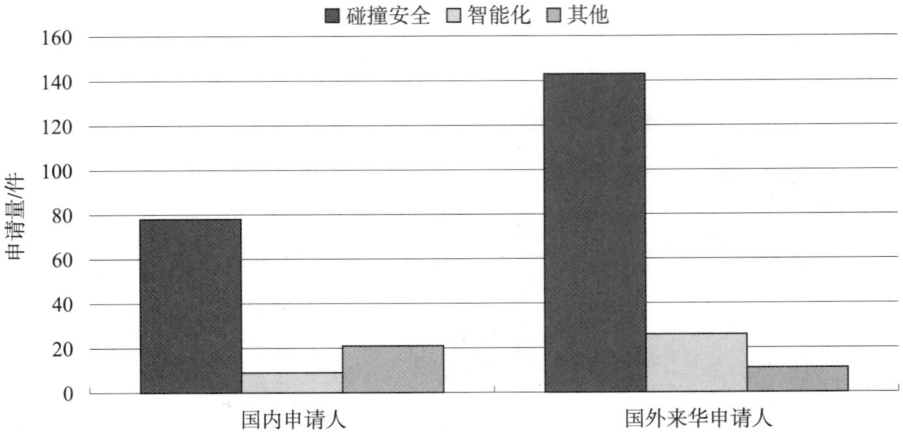

图 22　中国专利申请用途大类分布

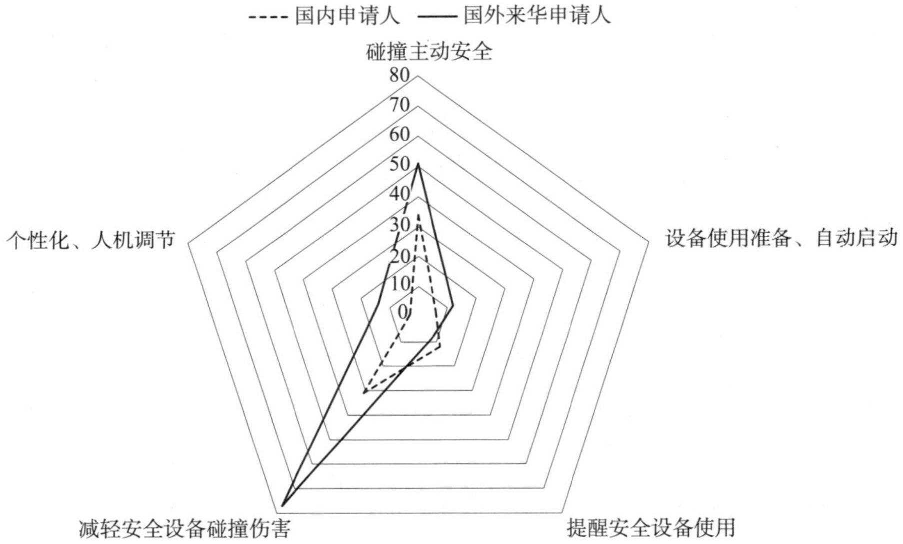

图 23　中国专利申请主要用途分布（件）

由于车辆智能化并不属于车辆满足其动力性能和安全性能的必需结构，国内申请人尚在车辆动力技术、安全技术的摸索阶段，此时注重智能化领域为时尚早。此外，这也与中国整体工业趋势有关，国内研究人员还没有意识到交互性能的提升在产品中的重要性。即使意识到了，也认为这是一个投入和产出不成比例的研究方向。而国内汽车企业主要面向中低收入人群，需要控制成本，因此该领域的发展比较弱。需要指出的是，随着国内车辆技术发展的成熟，车辆普遍进入大众家庭，汽车企业间的竞争越来越激烈，人们在满足了基本代步性能的基础上，会对汽车技术提出越来越高的要求，车辆智能化会成为提升车辆价值的一个重要手段。

四、乘员体征分类技术专利申请整体现状

（一）乘员体征分类技术介绍

从前述分析中可以得出乘员体征分类技术是乘员自动识别技术中的关键技术，其在中国专利申请中从乘员座椅占座检测中分离出来，单独归为一类，占据将近40%的比例；并且，近年来占比呈快速上升的趋势，构成乘员自动识别技术中的关键技术分支，对该分支进行详细分析具有重要意义。

乘员体征分类技术由于车辆安全技术的提升应运而生。汽车安全气囊作为一种辅助汽车安全带的乘员约束系统，其主要作用是防止乘员在碰撞事故中与车体内饰件发生二次碰撞，对驾驶员和乘员的头部、颈部保护作用明显，特别是在汽车正面碰撞和侧面碰撞时保护作用尤为显著。但是，由于常规汽车安全气囊的起爆时间和充气强度的匹配设计原则是针对第95百分位男性且处于正常驾乘姿态时来提供最佳乘员保护，这种为一个身材高大的成年男性提供最佳保护而产生的强大冲击力，将对离气囊组件很近并处于气囊膨胀方向的乘员头部和颈部造成伤害，并极有可能对离位乘员、小个子乘员、女性乘员和儿童乘员造成二次碰撞伤害。美国国家公路交通安全管理局统计数字表明：由于安全气囊的不适当展开以及乘员的不正确坐姿和位置，安全气囊每挽救1000名乘员生命的同时，也导致57名乘员失去了宝贵生命。乘员体征分类技术得到了飞速发展，可以说乘员体征分类技术主要是随着具有自适应能力的智能安全气囊的发展而发展的，并以各类传感器的发展为技术支持。

对于乘员体征分类技术，国际上通常采用的技术路线是分别通过压力传感器检测乘员体重来判断乘员类型，利用超声波或视觉传感器等感知乘员与仪表板之间的距离来判断乘员坐姿。其中较为典型的实例为丰田汽车公司使用安装在座椅四个角的压力传感器测量乘员的重量，根据重量对乘员进行阈值分类，这也是使用最广泛的一种方法。此外，捷豹公司的ARTS系统利用超声波感测技术监视前排乘员的坐姿，同时还采用一系列其他传感器探测乘员的重量、驾驶员相对转向盘的位置、安全带是否系好以及发生碰撞时的强度等；掌握这些探测到的信息，ARTS就可以根据每个前排乘员的具体需要，利用控制算法的灵活性，确定安全气囊的触发时刻和展开强度，实现最佳的乘员保护。随着技术的发展，乘员体征分类技术将越来越成熟，分类结果也将越来越准确。

（二）乘员体征分类技术发展整体现状

1. 乘员体征分类技术发展趋势

图24展示了乘员体征分类技术全球发展趋势、国外来华申请发展趋势和国内申请发展趋势。可以明确看出，全球申请最早于1982年出现，但直到1991年才开始逐渐发展

起来，并快速增长，2006 年到达顶点。这也是由于美国 FMVSS208 法规要求，到 2006 年，所有的新车必须装备能够识别出儿童及小体型妇女的安全气囊抑制系统，因此可以看到专利申请量也因此在 2006 年最多，并以 2006 年之前几年为急速增长期。而国内申请比国外申请拖后了将近 15 年，这与中国汽车产业发展趋势有关。在车辆技术尚未成熟和车辆成本限制下，我国企业的研究重点和国家相关法规尚不足以将安全条件限制到较高的层面上，不过从图 23 中可以看出近几年中国已经开始重视并加大研究力度。

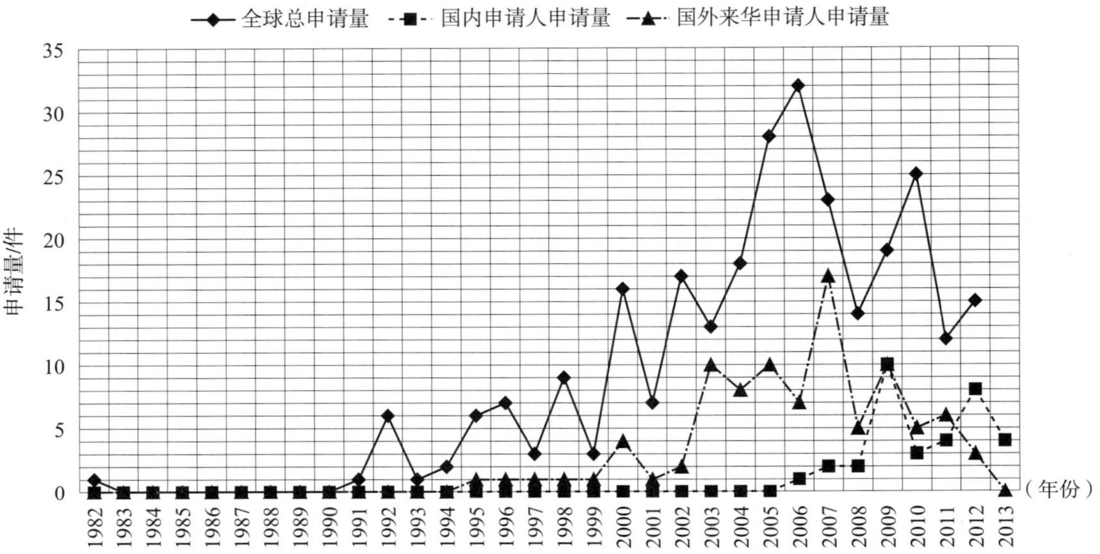

图 24　乘员体征分类技术全球发展趋势

2. 乘员体征分类技术申请人国家/地区分布

图 25 和图 26 展示了主要国家的发展趋势和国别申请总量。从图 25 可以看出各个国家的申请量和发展时间，由图 26 可以看出申请量主要集中在美国、德国、日本、韩国、卢森堡和法国。其中，美国作为领军国家，最早在 1982 年出现了申请，然后从 1992 年开始增长，其申请量一直居高不下；德国也在基本上相同的时间段发展，只是德国早期申请量不如美国，到了 2009 年申请量逐渐超过美国；日本、韩国则是分别从 2003 年和 2006 年才开始发展起来；卢森堡则多年来一直保持稳定的申请量；法国 2004 ~ 2008 年也有少量申请。

如前所述，汽车乘员体征分类技术主要是随着智能安全气囊的发展而发展起来的。安全气囊最早出现在美国，欧洲起步较晚，后来是日本和韩国。美国研究和发展安全气囊的公司有 AUTOMOTIVE LAB、TRW、MORTON、ALLIEDSIGNAL、BREED、DELPHI 以及 DELCO 等；欧洲有德国的 TEMIC、瑞典 AUTOLIV、德国 BOSH、德国 SIEMENS 和法国的雷诺、标致雪铁龙等；日本有日本电装和丰田合成；韩国有现代摩比斯。除了上述各国本身气囊技术的发展较为成熟外，欧美等发达国家对汽车被动安全性的研究主要

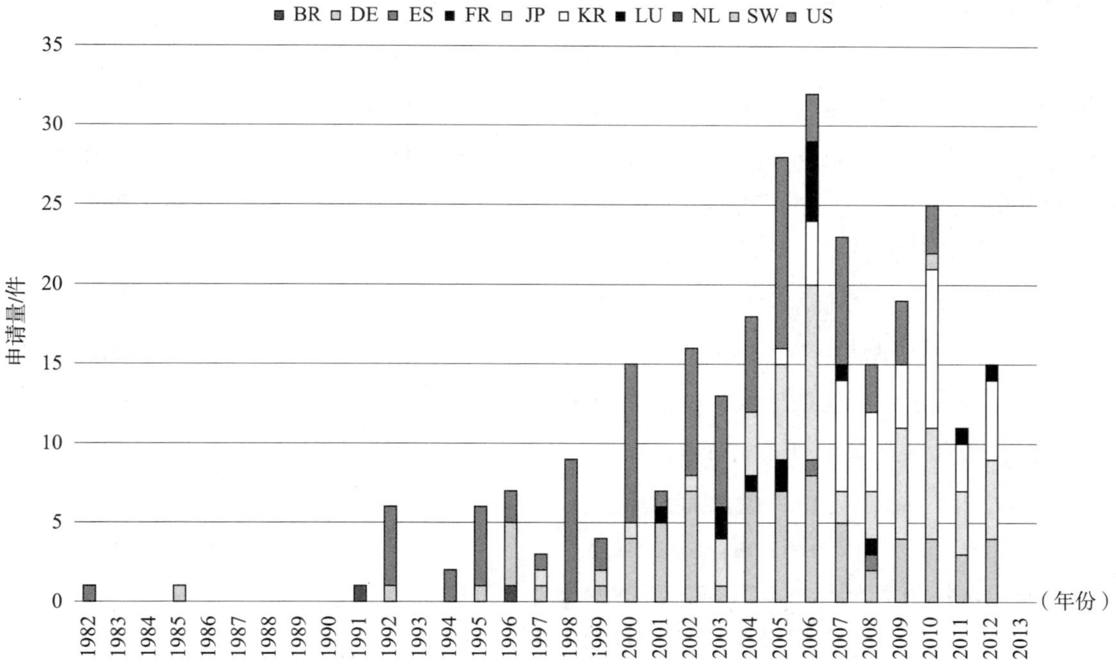

图 25　乘员体征分类技术国别发展趋势

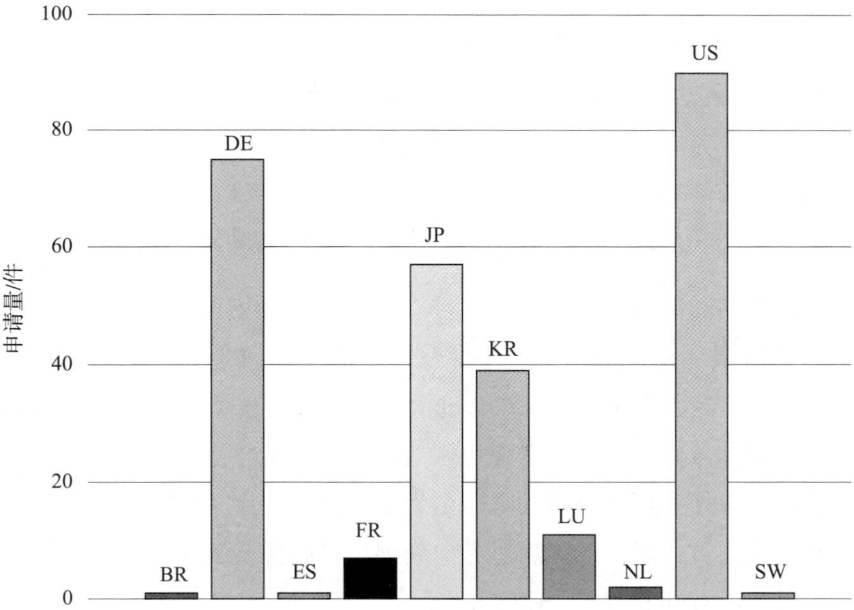

图 26　乘员体征分类技术国别申请量

是以法规形式对行车安全提出具体的评价指标和方法。也是由于这一系列指标和方法的出台，强制性地促进了汽车安全气囊的发展。随着安全评价指标和法规的要求越来越严格，上述各企业纷纷投入智能安全气囊的研发，使得乘员体征分类技术的国别申请随之呈现了吻合的分布：美国、德国、日本和韩国占据前四名，其次是法国、卢森堡和瑞典等。中国1995年才开始成立国家安全气囊项目领导小组和工作小组，1998年国家安全气囊项目立项；但是，各自主车企的技术发展以及国家碰撞安全法规（CMVDR294）的严格程度均不如国外发达国家，使得智能化安全技术并没有出现很好的发展。随着中国经济和汽车产业的发展，对车辆的安全要求越来越高，智能化安全气囊存在巨大的发展潜力，乘员体征识别技术也将进一步发展。

3. 乘员体征分类技术重要申请人分析

图27展示了乘员体征分类技术重要申请人。其中，美国、德国、日本和韩国的申请人居多，韩国现代摩比斯株式会社的申请量最多。上述申请人的数量与乘员识别技术整体趋势相吻合（在数量排名上有些许区别，不排除由于统计误差的影响）。

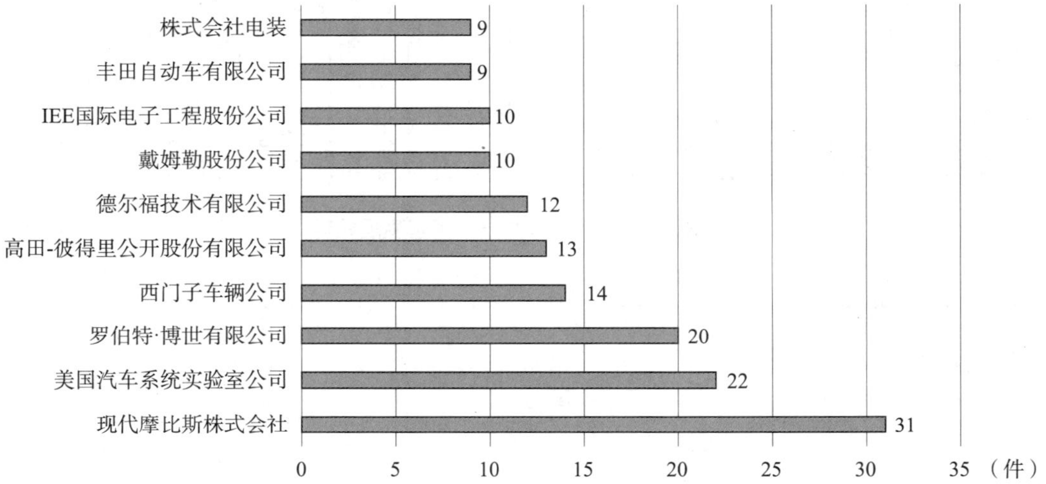

图27 乘员体征分类技术国别申请量

前十名中，美国的申请人最多。实际上，从2004年开始，每家车辆制造商在美国销售的车辆中有35%必须装备先进的气囊系统，这一数字到2006年提高到接近100%。较为简单的系统采用安装在乘员坐垫下的体重传感器技术来实现；此外，还可通过乘员识别技术算法和快速信号处理使车辆气囊控制器根据不同的情况打开或抑制乘员气囊，从而大大提高乘员安全性并降低修理成本。更为复杂的系统则采用安装在车内的图像识别设备来检测和识别乘员，同时在算法上考虑到乘员是否佩戴安全带以及离气囊的距离来判断事故发生时气囊打开的时间、速度和程度。

（二）乘员体征分类技术发展脉络

由于乘员体征分类技术分支繁多，申请量庞大，为了更好地理清其技术脉络，本小节主要从各重点申请人的研究重点和演变历史进行分析。图28采用时间轴表达方式，横坐标表示申请日，文件号以公开号表达，细线文本框代表本企业的申请，虚线文本框代表被引用的其他申请人文献，粗线文本框代表引用该文献的其他申请人的申请。

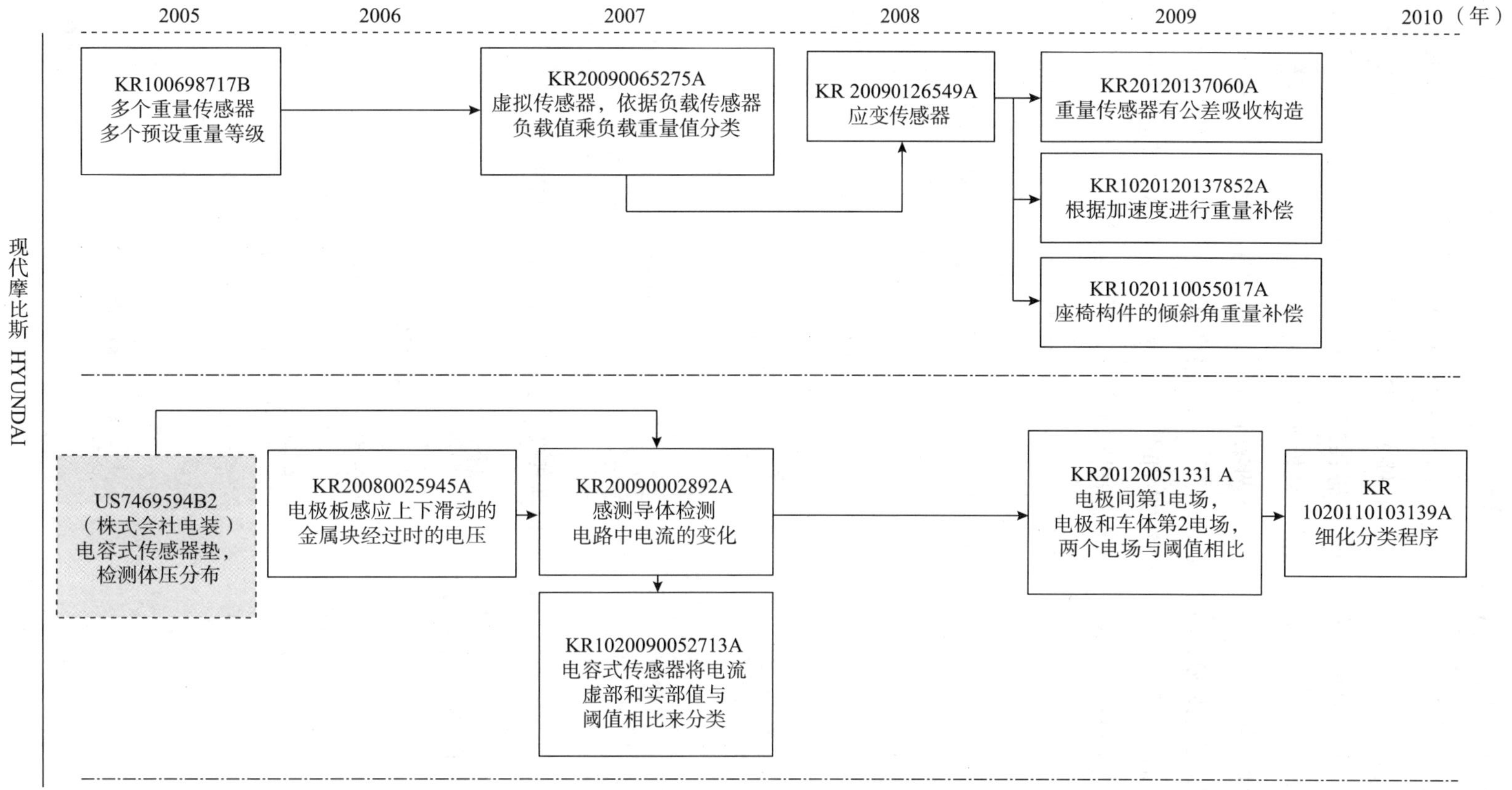

图 28　现代摩比斯企业乘员体征分类技术发展脉络

图 28 展示了现代摩比斯企业在乘员体征分类技术分支的重点发展路线。从该图可知该技术分支发展较晚，从 2005 年延续至今，主要研究两个方向：（1）重量传感器技术；（2）电容式传感器技术。重量传感器技术的研究终点在应变传感器，发展重点在于从各个角度弥补应变传感器的产生的误差。对于电容式传感器，以 2006 年申请的公开号为 KR 20080025945A 的申请作为电容式传感器技术的萌芽，该申请结构较为简单，仅仅通过左右两块电极和一个上下滑动的滑块来检测乘员重量；2002 年已经具有较为成熟的电容式传感器组件，此时已经发展成上下两块电极的模式，并能充分考虑到外部环境如湿气的影响，测量更为准确；发展至 2010 年，公开号为 KR 1020110103139A 的专利申请记录了一套非常细化的分类体系，如图 29 和图 30 所示，其能够区分 1 岁以下婴儿和 1 岁以上儿童、5% 的女性等，甚至考虑到手机和湿气产生的微小影响。

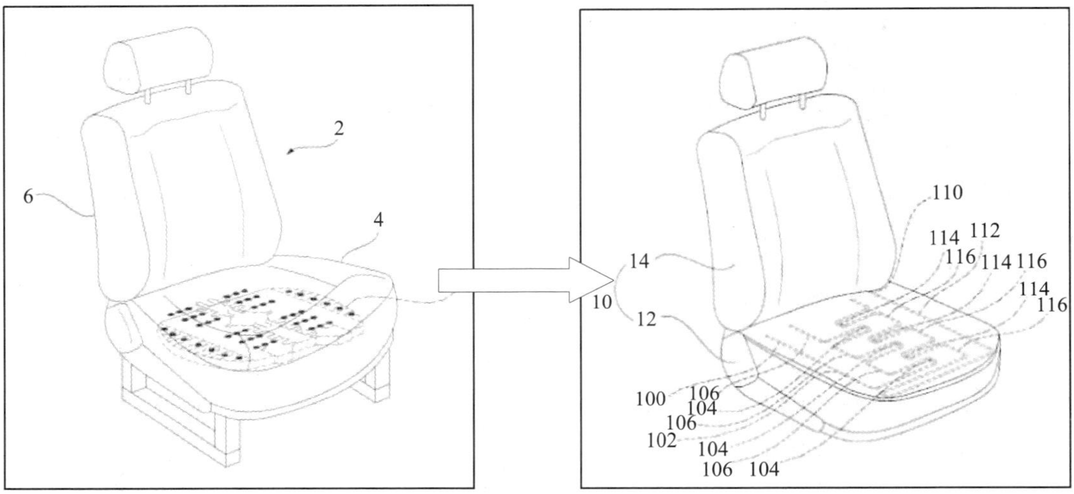

图 29　2006～2010 年现代摩比斯电容式传感器的演变

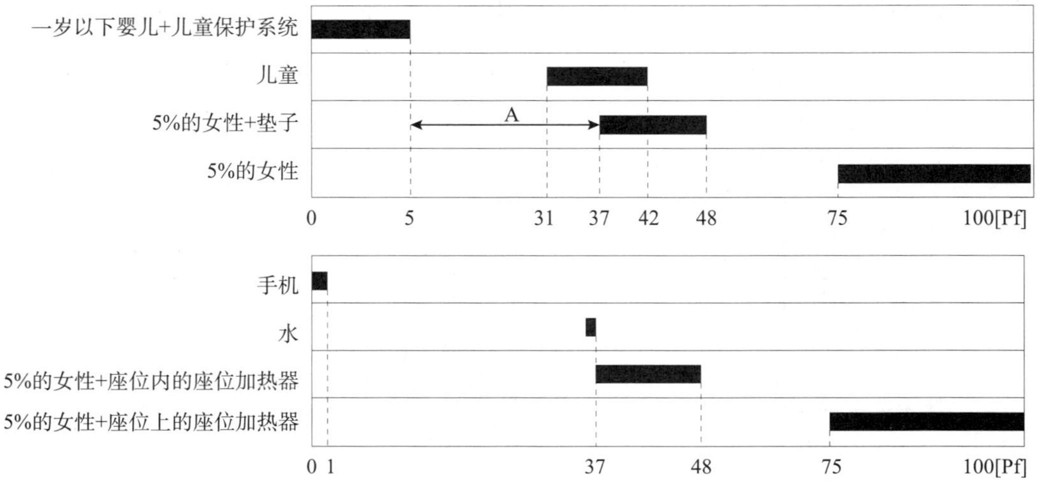

图 30　2010 年现代摩比斯 KR1020110103139A 中成熟的分类体系

图 31 展示了美国汽车系统实验室公司乘员体征分类技术分支的重点发展路线。其主要研究两个方向：（1）多传感器融合技术和遥控技术结合；（2）电容式传感器技术。从图 30 可以看出，公司在该技术分支的起步很早，自 1995 年起就研究了多种乘员体征识别技术，包括超声、雷达、红外、遥控技术等。正因为上述各项技术都研究较早较成熟，此后的研究重点也一直在多传感器的融合。对于电容式传感器组件，从 1999 年就已经出现了带电极的电场感应单元结合重量传感器的技术，也就是电容式传感器组件的萌芽，该申请参考了宝马公司的电容式乘员检测技术（DE 4029683A）；1999 ~ 2003 年，除了发展电容式传感器分类技术外，该公司还不断尝试电容式传感器组件与其他传感器的融合使用；2006 年开始发展电容式传感器组件与加热功能的结合。

图 32 为罗伯特·博世公司的乘员体征分类技术发展脉络。相对现代摩比斯和汽车系统实验室公司，其起步较早，也主要有两个技术分支。该公司除了研究重量传感器外，早期还致力于安全带拉力传感器，能够通过安全带拉力传感器识别成人和儿童，识别乘客坐姿是否正确。而其重量传感器的研究重点也在于测量数值的补偿，包括根据车辆速度、乘客重心高度等进行补偿，使得测量更为精确。查看相关资料可知，博世公司在 2004 年推出了一项新技术，即智能安全气囊释放传感（iBolt）系统，其能够实时监测乘员位置，在碰撞发生时在最佳时间按照不同级别释放安全气囊，通过座椅骨架上的 4 个重量传感器来计算乘客的质量和在座椅上的分布，相关技术记载于 DE 1023096C1 和 WO 3047915A1 中。

西门子车辆公司的发展脉络如图 33 所示。该公司发展起步较早，但是技术比较单一，致力于重量传感器的研发。特点在于 1998 ~ 2006 年一直使用多个传感器形成阵列分布，后期能够考虑到温度对重量传感器的影响，并且研究重心放在提升传感器检测的精度上。

高田 – 彼得里公司的发展脉络如图 34 所示。该公司的发展起步是比较晚的，和前面企业不同的是其早期主要侧重图像识别技术，采用各种摄像技术和图像识别技术来识别乘员的体格、脸部特征等，从而对乘员进行分类，较之电容式传感器和重量传感器有着明显的优势：能够准确提取图像，不容易受外界环境影响。图像识别技术的关键在于图像模式识别、图像信息提取，其基于计算视觉技术，在应用于乘员检测时包括立体视觉法、人脸颜色法、光束法和结构光法。包括汽车系统实验室公司在内其他公司也都有投入该领域的研发，各企业发展重心也在于研究各种算法以进一步提升图像识别技术的图像提取的准确度。当图像识别技术发展到一定程度时，高田 – 彼得里公司开始投入电容式传感器组件的研发。其中，2009 年是技术转型期；2009 年至今研究重点在新型电容式传感器组件的研发，如电缆式电容式传感器组件、带加热功能的电缆式传感器组件，并在加热导体和电极间的屏蔽技术上有较大突破，其通过多轴电缆式传感器组件，使用中间导体屏蔽内外导体，使得外导体和内导体间不会相互影响。

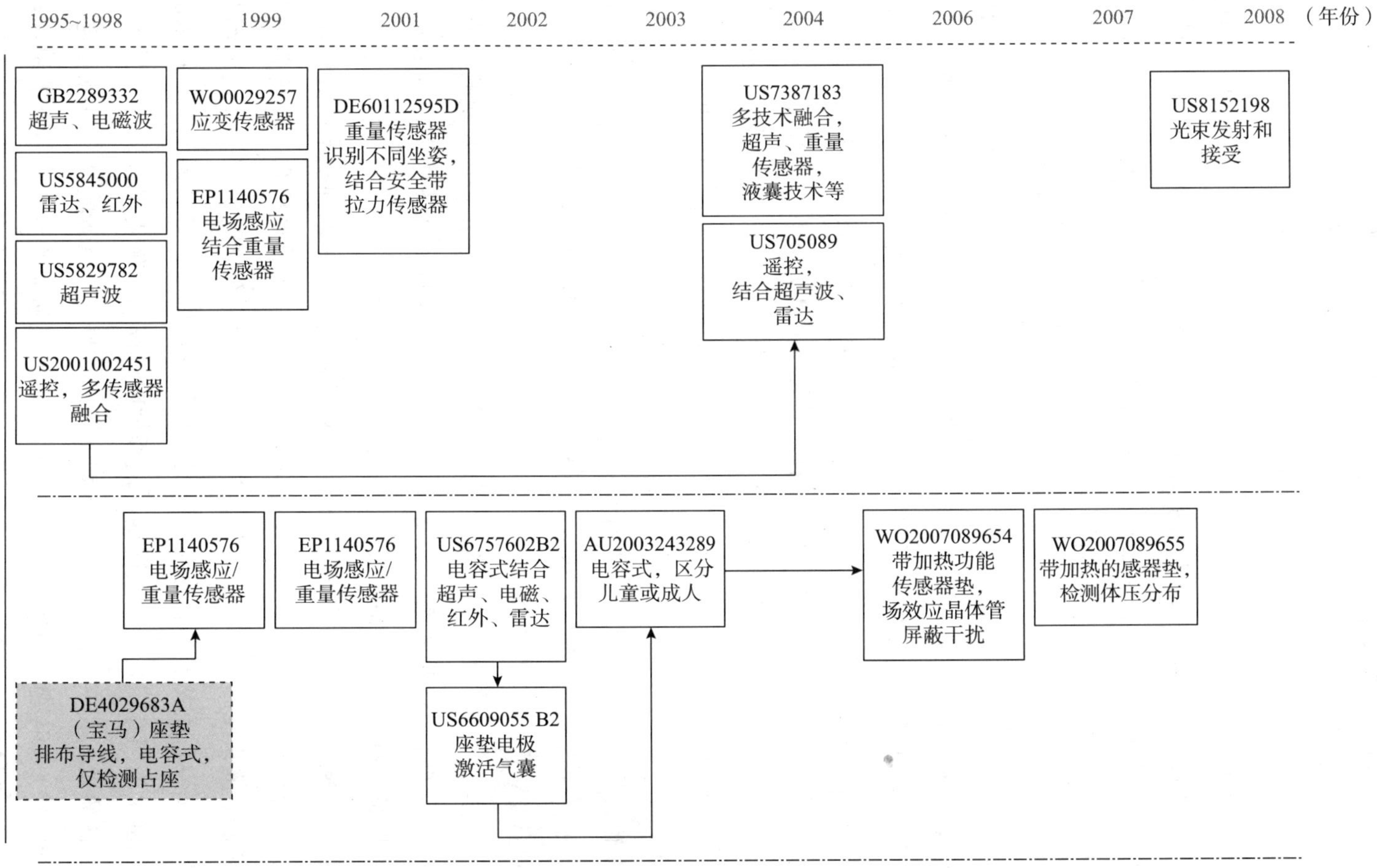

图 31　美国汽车系统实验室公司乘员体征分类技术发展脉络

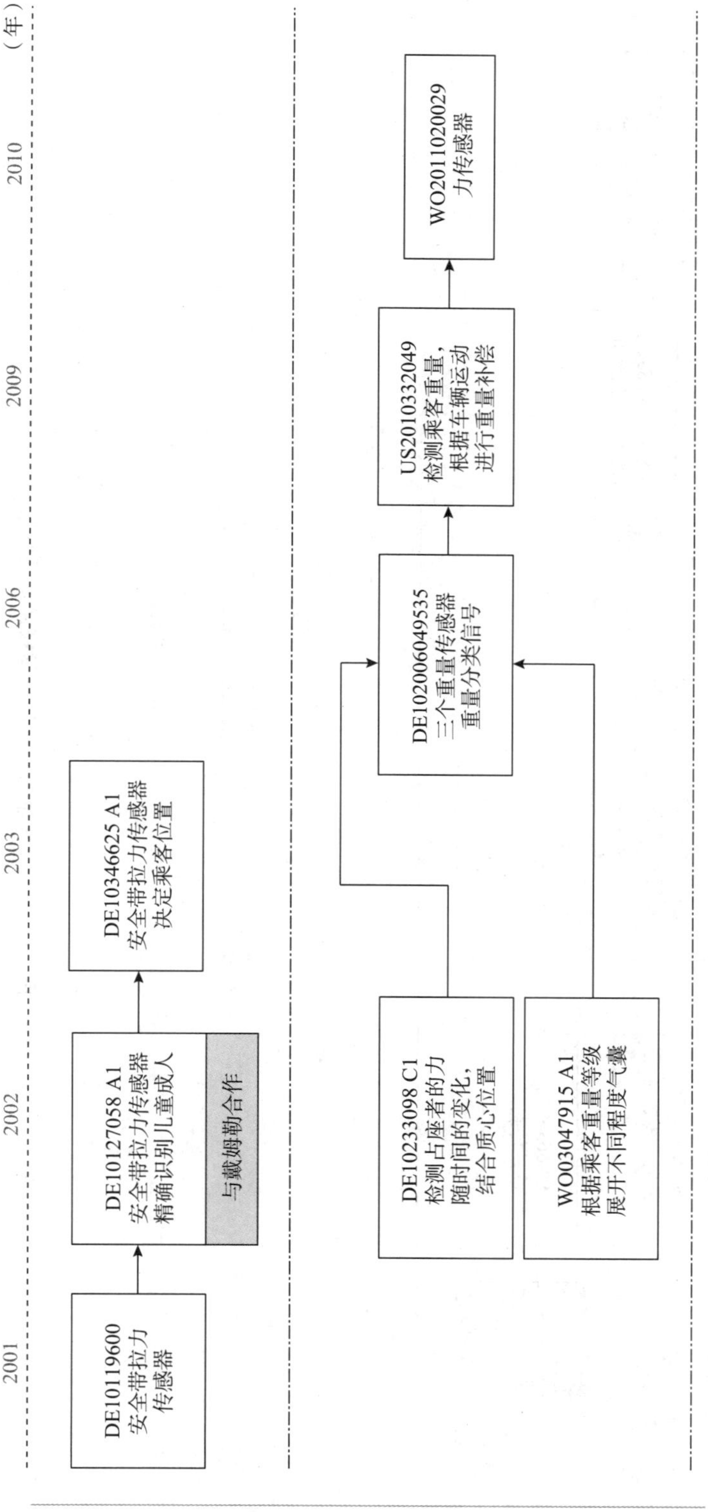

图 32　罗伯特·博世有限公司乘员体征分类技术发展脉络

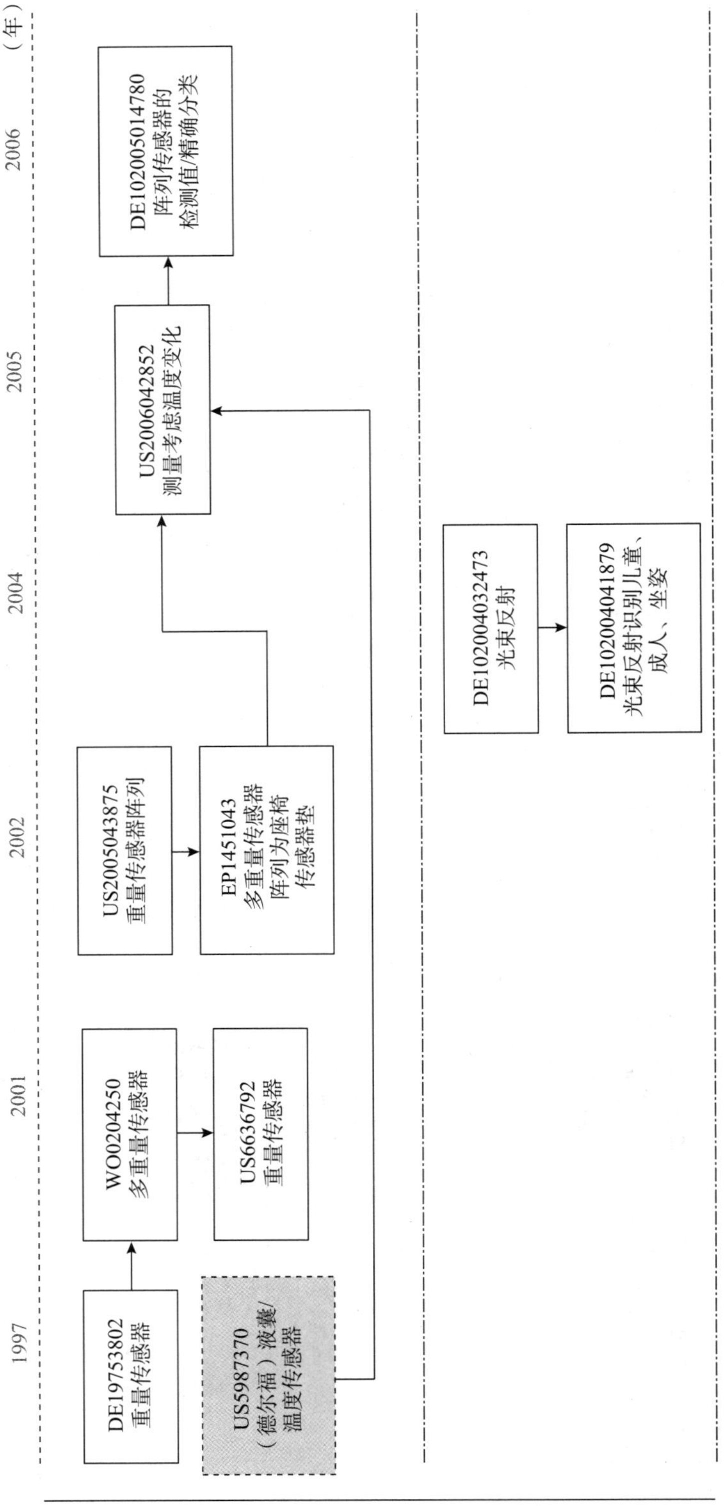

图33　西门子车辆乘员体征分类技术发展脉络

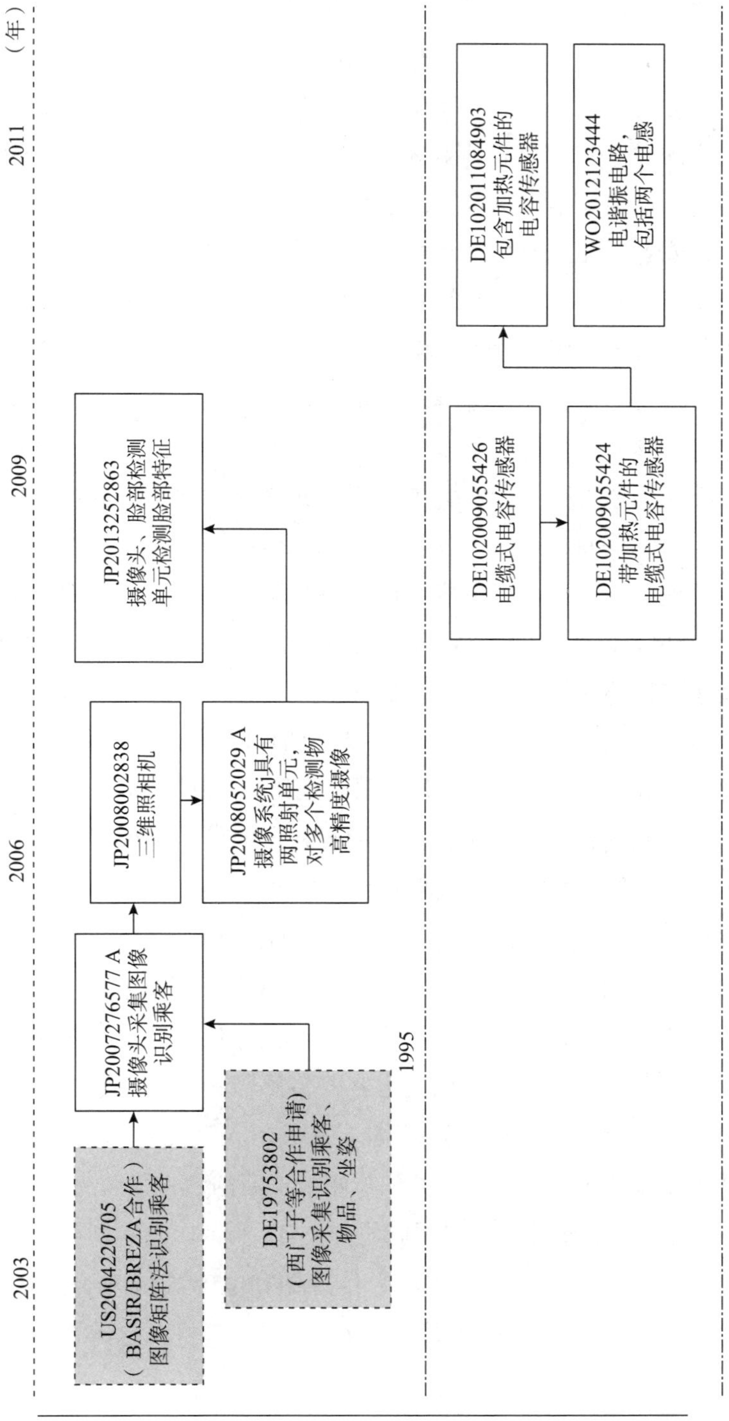

图34 高田－彼得里公开股份有限公司发展脉络

德尔福公司的发展脉络如图 35 所示。德尔福公司原为通用汽车公司的零部件子公司，1999 年与通用汽车公司分离，成为全球汽车零部件行业的领先企业。该公司的乘员体征技术发展起步较早，其发展呈多样化趋势，以液囊传感器技术为其特色。1997 年开始出现了液囊式传感器的分类技术，到 2004 年和 2005 年，液囊技术已经非常成熟。该公司的研究重心也在通过液囊的各种分部和运算规则进一步提升检测精度上。

德尔福早期推出的被动式乘员识别技术（POD），也是一种自适应智能气囊安全系统，其实际上就是基于连接德尔福压力传感器的液囊、电子控制器和安全带张力传感器，从而检测成人、儿童或者婴儿。该系统是第一批通过验证并符合美国新安全标准的安全技术，是第一个完全不用驾驶员干预操作的真正的被动系统。该技术在美洲豹 XK 系列、福特汽车和林肯水星汽车上使用。除了液囊技术外，2004 年开始还涉足电容式传感器组件和图像识别技术，这实际上也是德尔福公司推出的另一项安全技术的基础：主动式乘员感知系统（OPDS）。该系统通过判断多个电容式传感器检测到的导电体量检测乘员是儿童与否，或者检测儿童是否处于歪头瞌睡不宜展开气囊的状态，应用于本田第 7 代雅阁 B6 轿车上。从上述可知，德尔福公司的专利技术脉络与其实际推出的主要产品路线是一致的；此外，和其他美国汽车企业一样，德尔福公司的乘员体征识别技术的研发高潮在 2004 ~ 2005 年，这也是由于美国 FMVSS208 法规要求，到 2006 年所有的新车必须装备能够识别出儿童及小体型妇女的安全气囊抑制系统。

图 36 展示了戴姆勒股份公司的发展脉络。从该图可以看出，戴姆勒股份公司的主线在于薄膜式压力传感器和电容式压力传感器。薄膜式压力传感器从 1995 年发展至今，而电容式压力传感器也是在各企业中属于较早开始投入研究的。薄膜式压力传感器是随着半导体集成电路工艺的发展、微米、亚微米和纳米技术、镀膜工艺的发展而发展起来的，是传感器领域内发展较快的技术之一，因此该技术应用于乘员检测、分类技术也较早。此外，从 2003 年以来，其电容式传感器的特点是未出现上下两块电极板形式的现在看来是常见的电容式传感器，而是在方向盘、地板、天花板等各个部位设置多个电极，实际上也是现在电容式传感器的初期模式。该类电容式传感器只考虑基于乘员类型划分的气囊静态抑制，其中安装在天花板的传感器基本上是成年人检测器，仅仅能发现成年人，而座椅上的传感器则发现儿童和成年人，并依靠座椅背后的信号强度决定乘员的尺寸。

IEE 国际电子工程股份有限公司的发展脉络如图 37 所示。其和戴姆勒股份公司的发展脉络基本上相同，也是重点研究薄膜式压力传感器和电容式传感器，只是时间较晚。不过，其电容式传感器技术较之戴姆勒股份公司更为成熟，检测电路更为复杂，检测结果更为精确。

图 38 展示了株式会社电装公司的发展脉络。其发展也呈多样化，发展起步较早，2000 ~ 2004 年致力于压力传感器垫的研发。所述压力传感器垫是由多个压力传感器构成

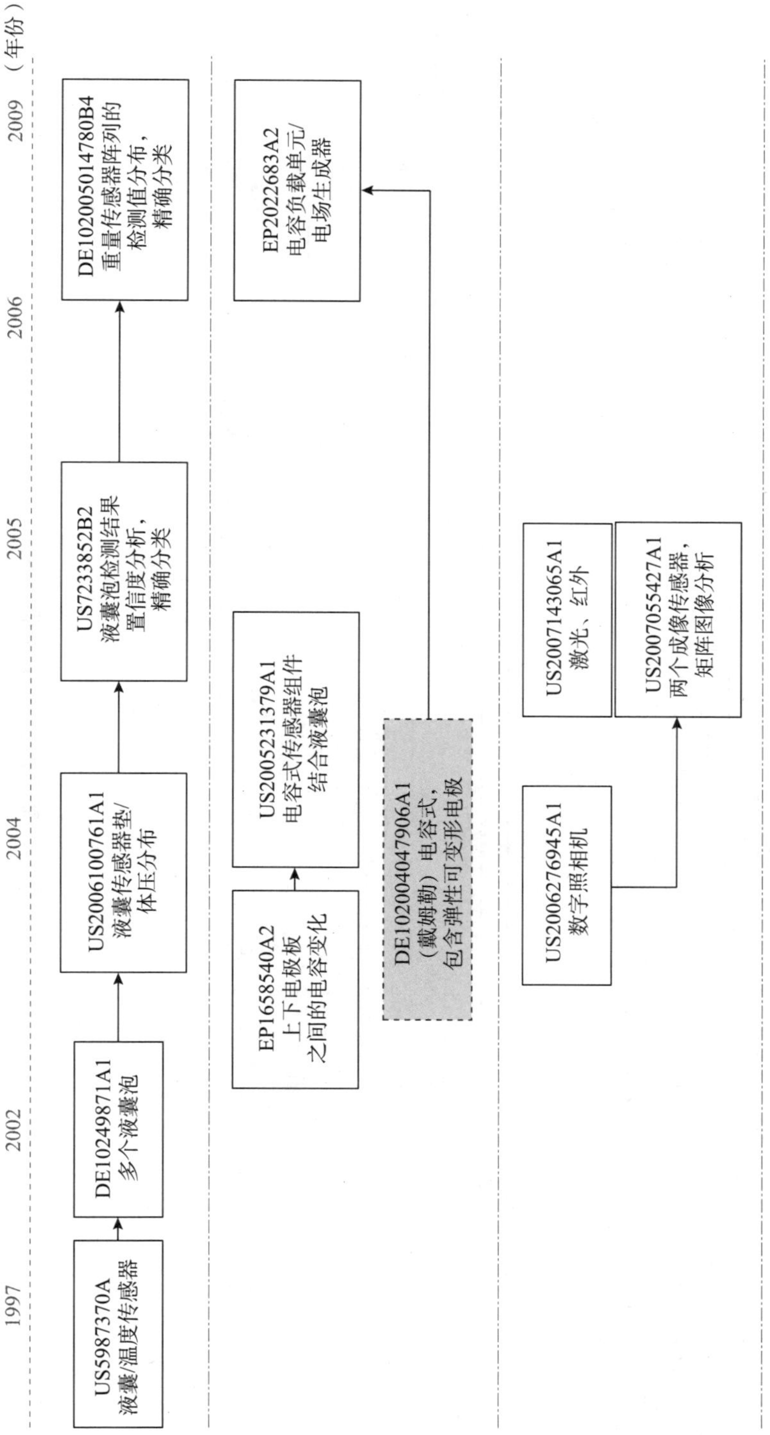

图 35　德尔福技术公司发展脉络

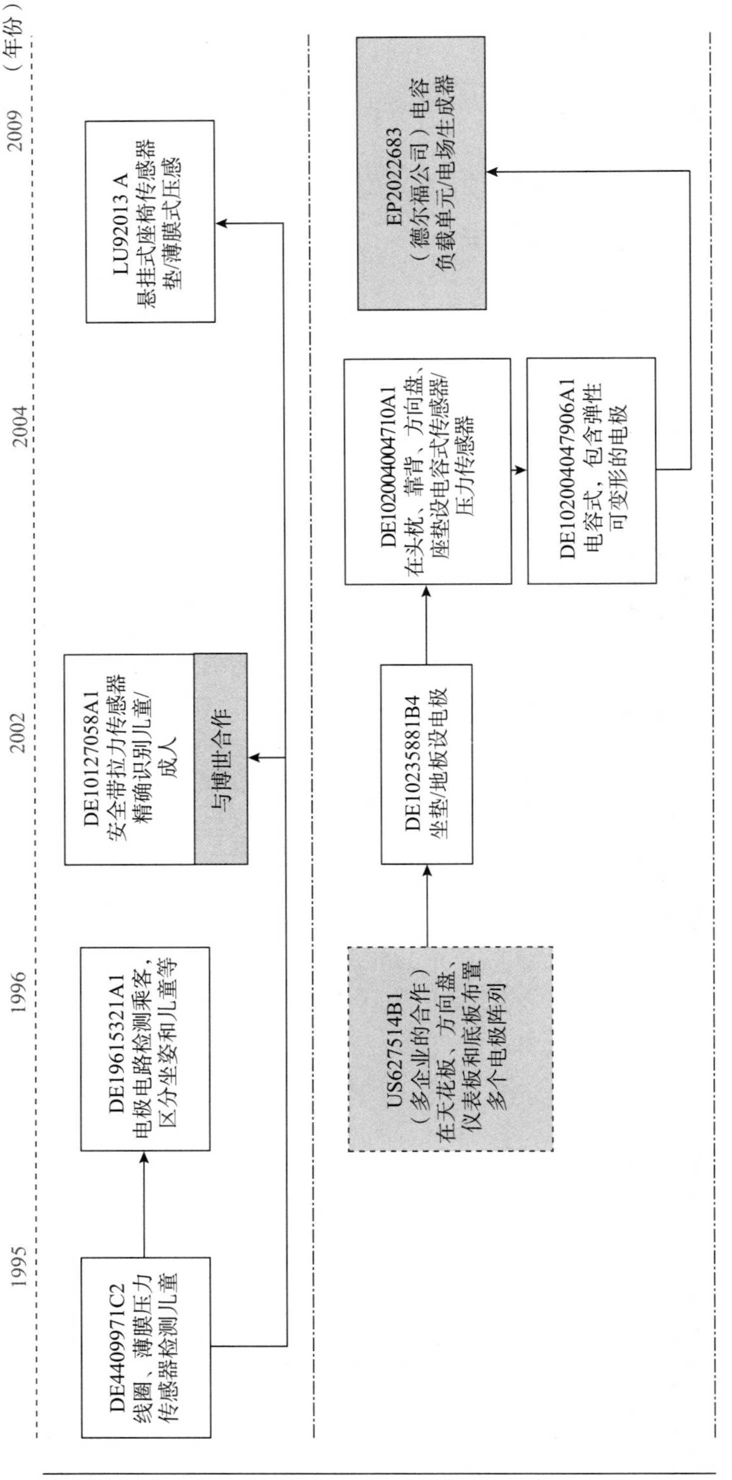

图36 戴姆勒股份公司发展脉络

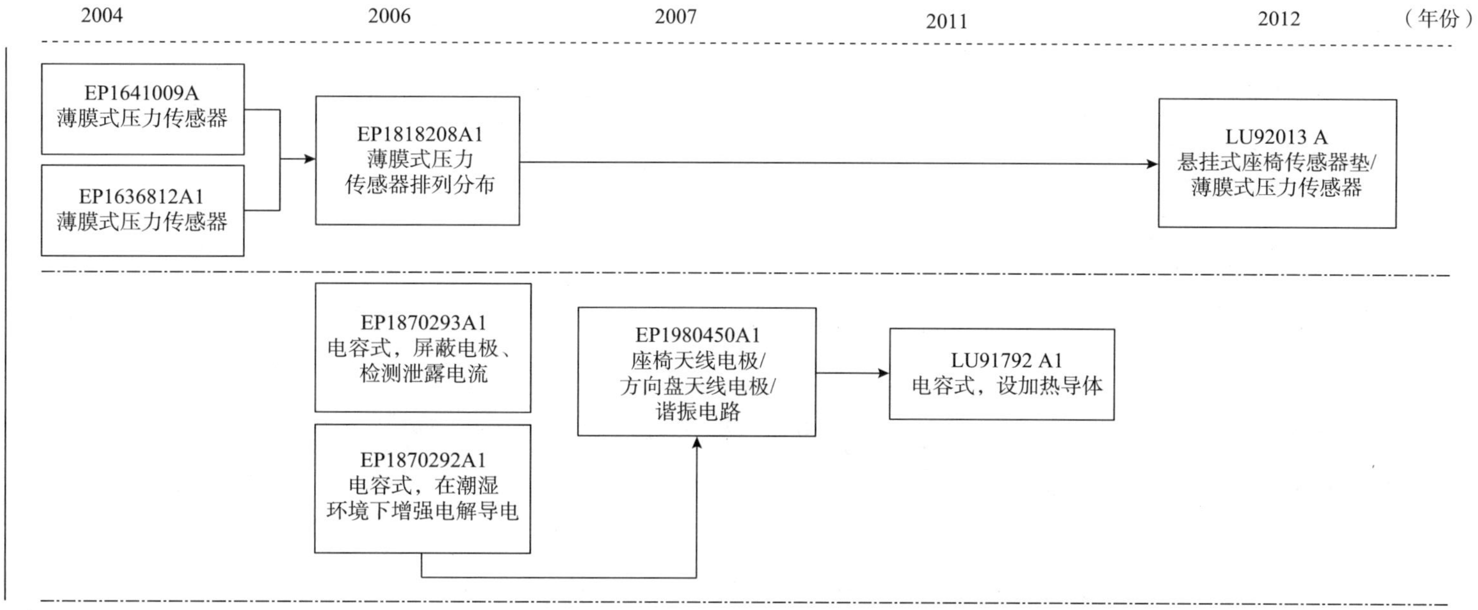

图 37　IEE 国际电子工程股份有限公司发展脉络

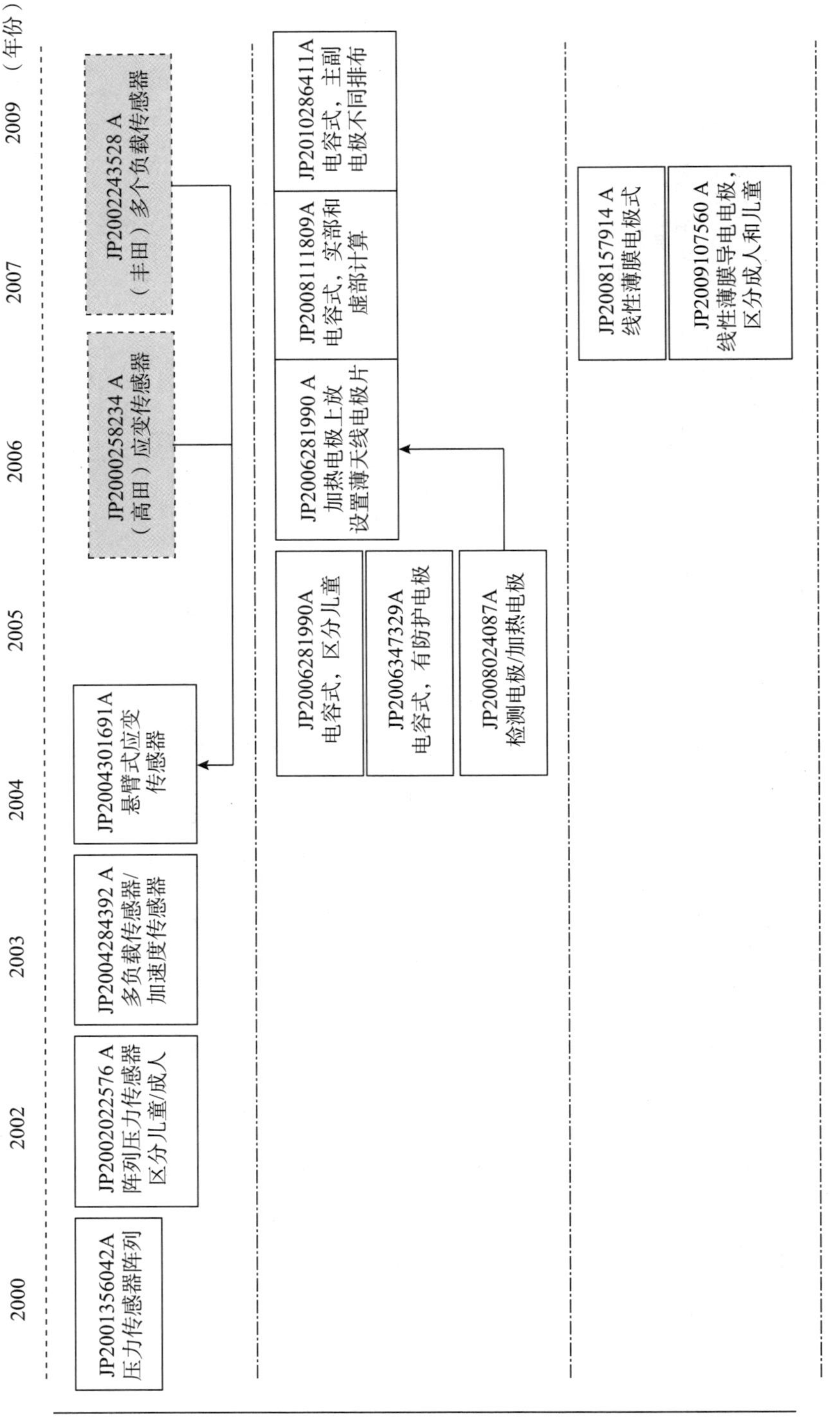

图 38　株式会社电装发展脉络

阵列，通过其感知的压力分布来区分成人和儿童，后期还能结合加速度传感器提升高精度检测。2004 年往后，该公司开始将重心转到电容式传感器的研发，并且其电容式传感器的研发迅速取得成绩，逐渐形成具有区别于其他企业的特色。2007 年，还出现了另一代表性产品：线形薄膜式传感器，以公开号为 JP 2008157914A 的申请为代表。

从本小节的分析中，可以逐渐掌握一些规律：该领域的重要申请人基本上主要集中于重量（负载）传感器和电容式传感器的研发，并且一些企业还形成自己的特色研究方向，如：罗伯特·博世公司的安全带拉力传感器、德尔福公司液囊式传感器、戴姆勒和 IEE 国际工程公司的薄膜式压力传感器、高田 - 彼得里的图像识别技术、美国汽车实验室公司的多技术融合技术和遥控技术等。

图 39 简要显示了乘员分类技术重要的两个技术分支：电容式传感器技术和重量（负载）传感器技术的时间分布图。其中，蓝色代表电容式传感器技术的在乘员体征分类技术分支的研发时间跨度，橙色代表重量（负载）传感器在乘员体征分类技术的研发时间跨度。从该图可以更为清楚地看出，现代摩比斯和美国汽车系统实验室公司为电容式传感器组件的领军企业，现代摩比斯和西门子车辆公司以及株式会社电装则是重量（负载）传感器的领军企业。

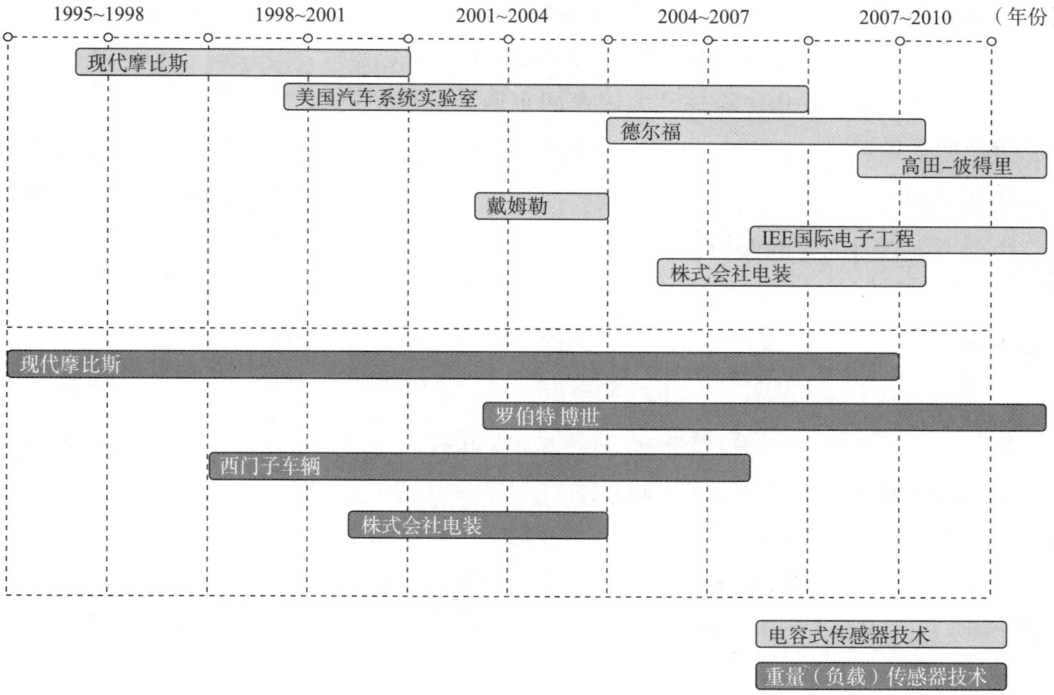

图 39 各企业重点技术分支发展时间

综上，笔者从乘员体征识别技术的重要申请人的专利技术详细地分析了其技术脉络及其演变，虽然不是非常全面，如还有其他企业的重要专利未列入考虑之中，但是能够从整体上代表了该分支的发展趋势，具有一定的参考意义。随着美国的法规对安全气囊对非正常坐姿乘员有很好的保护效果，我国在未来应该也会或者也必须出台相应的法律、法规来加强对乘员的保护。随着越来越多的车辆进入百姓家庭，随之而来的也是越来越多关于车辆安全的大讨论。在众多由于气囊爆开击伤儿童的安全事故面前，不得不承认，我国的相关法规还需再提高对车辆安全的要求。虽然不能指望我国法规之完善一下子就达到美国的要求，加上气囊系统的智能化需要技术积累和市场开发，成本很高，给开发商甚至车辆厂家带来的压力不容忽视；但是，如果在车上使用基于座椅压力分布系统来判断出乘客是儿童还是成年人，就可以避免由于安全气囊的误爆而对儿童造成的伤害，大大降低了儿童的死亡率。我国车辆行业应该及早在车辆上普及，减少乘车的受伤率、死亡率。

五、总　结

本文以 DWPI 和 CNABS 数据库收录的专利为样本，分析国内外车辆乘员识别技术的专利申请趋势，以及主要申请人等，并对乘员体征识别技术分支的技术发展做进一步分析。通过上述分析，笔者对于乘员识别技术的现有技术发展水平有了更进一步的认识，有利于今后的专利审查工作，也希望能为其他审查员提供参考。

总体上说，除了中国，全球几大国家的车辆乘员识别技术的申请量目前处于下降趋势，这说明该领域已经达到一定的发展瓶颈；而国内还在该领域进行研究，这实际上也充分说明了国内对车辆安全越来越重视。对于国内申请人来说，既需要绕过国外专利壁垒，也要增强自身的专利保护意识。

参考文献

[1] 姜伟，赖异，蓝娟，王怡轩，徐淑娴，于志辉，赵梅芳．专利分析工作在 S 系统下的实现［D］．专利审查协作北京中心课题成果，2011.

[2] 杨铁军．产业专利分析报告（汽车碰撞安全）［M］．北京：知识产权出版社，2013.

[3] 朱红艳，舒少龙，林峰，黄志强．乘员分类系统研究综述［J］．汽车电器，2011（1）．

[4] Federal Motor Vehicle Safety Standard#208［Z］．National Highway Transportation & Safety Administration，2001.

[5] 高振海，肖振华，李红建．基于体征分布检测和支持矢量机分类的汽车乘员坐姿识别［J］．机械工程学报，2009，45（7）．

透明显示领域之聚合物分散液晶技术全球专利申请状况分析

马美娟* 钟焱鑫* 崔双魁* 朱艳艳*

摘 要 本文对透明显示领域的聚合物分散液晶技术的全球专利申请状况进行分析，从历年专利申请量、主要申请人、首次申请国家/地区、申请量的技术类别分布等方面着手，分析了近年来聚合物分散液晶技术在透明显示领域的全球发展状况及发展趋势，以对我国的聚合物分散液晶技术在透明显示领域的发展提出建议。

关键词 透明显示 聚合物分散液晶 专利申请 发展趋势

一、透明显示技术发展概况

透明显示能够同时呈现虚拟显示图像和真实背景图像两方面的信息，改变了以往只能看见虚拟显示图像的单一显示模式。也正因为如此，透明显示扩展了观看的内容，首次提出了虚拟显示图像和真实背景图像之间的互动性。借助透明显示面板的穿透性，结合触控操作等显示多媒体内容，能够多角度将产品信息与实物同时显示并增加与用户的信息互动性。因此该技术逐渐引起显示厂商的关注，也是产业未来的发展方向。透明显示应用领域涵盖便携式电子消费产品，公共场合中的商业展示橱窗、信息公告栏、建筑物与车辆的窗户等也与之相关，很多面板厂商都在进行技术研发，未来应用前景十分广阔。

透明显示技术最初是将透明的玻璃利用液晶显示技术来改变其透光度，其可从完全透明调整为零透光，取代窗帘成为具有科技感的新一代玻璃。而后，到了 2010 年，韩国厂商包括 LG Display 与三星公司，将透明显示器嵌入到橱窗玻璃中实现透明显示。透明显示的实现方式，目前有 3 种可行的办法，包括 TFT－LCD、OLED 与投影等。

TFT－LCD 透明显示技术为非自发光的显示技术，主要通过外界光或背光源来达到透明显示，通过强化 TFT 面板周围的环境光，可以实现不错的穿透效果，但需要专门的

* 等同第一作者。

导光板设计。在 TFT－LCD 技术中，主要存在的技术问题是由于彩色滤光片和偏振片影响光源的穿透度，从而影响显示图像的亮度。OLED 透明显示技术为自发光显示技术，不需要通过外部光源进行显示，主要通过采用透明度高的材料替代或去除原有器件中不透明的部分来实现透明显示。OLED 显示屏具有透过率高且节能环保的特点，但目前成本相比 TFT－LCD 显示屏仍然要高出很多。

投影显示作为一种实现透明显示的技术，被广泛应用在透明智能眼镜和车载平视显示器中，其主要原理是将显示内容通过投影的方式投射在透明显示屏上，使得透明显示屏上既显示投影内容又可以观看到屏幕后方的显示内容。

随着透明显示产品应用空间的不断拓展，市场对透明显示屏的要求也越来越高。透明显示技术与多种新技术融合已经成为发展趋势，例如搭载多点触控、智能显示或柔性显示等新兴技术，而可穿戴性、人机互动也是业界非常关注的透明显示技术的未来发展方向。

二、透明显示领域之聚合物分散液晶概述

聚合物分散液晶是一种新兴光电材料，具有对比度高、制备简单、不需要偏振片等优点，因此，近 20 年来，聚合物分散液晶材料得到了迅速发展和广泛应用，同时也是目前透明液晶显示技术领域的热门研究课题和新兴高市场潜力的行业。

现有的液晶显示技术已经十分成熟，并且液晶显示器件的成本不高，因此在液晶显示器基础上进行透明显示，具有很大市场前景和较低的技术难度。目前市场上也已经存在液晶透明显示器，但由于液晶的显示特性，而在通常的液晶透明显示器中必须采用偏振片，由此存在着光线透过率比较低的缺点。为了改善这一缺点，提出的一种改进措施：采用特定的液晶材料，即聚合物分散液晶。

聚合物分散液晶（Polymer Dispersed Liquid Crystal，PDLC），是液晶以微米量级的小微滴分散在有机固态聚合物基体内，由于该液晶分子构成的小微滴的光轴处于自由取向，其折射率与聚合物基体的折射率不匹配，且液晶微滴对入射光具有强烈的散射作用，因此当光通过聚合物分散液晶时呈不透明的状态或半透明状态。在施加电场后，液晶微滴的光轴取向被调节，当液晶的折射率与聚合物基体的折射率相匹配时，散射作用相当弱，光通过聚合物分散液晶，呈现透明状态。[1]

由于 PDLC 是通过折射率的匹配和调节实现显示，因此它不需要偏振片就能实现明暗显示，由此采用 PDLC 制作的透明液晶显示器透过率比传统普通液晶显示器要高得多，因此 PDLC 很有希望成为未来透明液晶显示器件的液晶材料。本文对涉及透明显示领域

---

[1] 解会杰．聚合物分散液晶中电场诱导相分离结构的研究［D］．河北，河北工业大学，2010.

的聚合物分散液晶的全球专利申请状况进行统计分析，期望能帮助国内相关企业，对透明显示领域的聚合物分散液晶技术的全球专利保护现状有一个较为全面的了解。

本文以德温特世界专利索引数据库（WPI）为专利文献数据来源。

三、透明显示领域之聚合物分散液晶全球专利申请状况

（一）申请量的年份分布

图 1 示出了 PDLC 透明显示领域的全球专利发展趋势。从图 1 可以看出，在 2009 年以前，PDLC 透明显示领域的全球专利申请量比较少，申请量整体呈现比较平稳的态势。从 2009 年开始，申请量有了迅猛地增长，以 2009 年之前申请量的几倍量级进行增长。这样的申请量趋势与液晶显示器的整体技术发展密切相关。

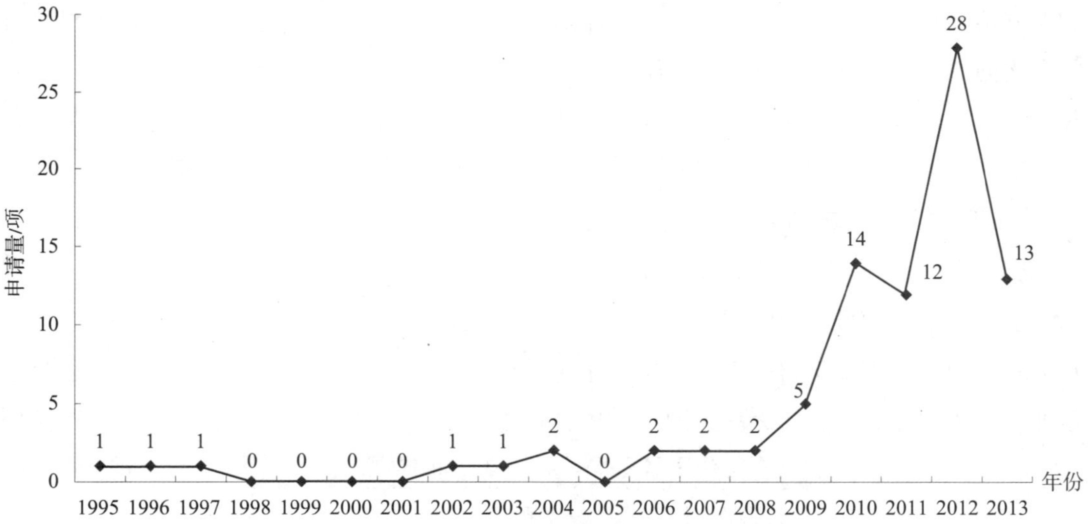

图 1　PDLC 透明显示全球专利发展趋势

1. 技术起步期（2009 年以前）

从 20 世纪 70 年代日本夏普公司成功开发出计算机用液晶显示器以来，液晶显示器一直受到人们的关注，并成为各大显示企业争相研究的焦点。由于液晶显示器具有轻、薄、低电压驱动、体积小、低消耗功率及应用范围广等优点，逐渐取代了传统的 CRT 显示器，成为新一代的显示器。然而，由于液晶显示器自身因素的限制，如早期液晶显示器具有视角依赖性，色彩还原性不高，动态图像显示不及时以及背光光源亮度不够等因素，使得人们主要研发精力放在如何克服液晶显示器的上述缺陷上，没有更多地关注 PDLC，对 PDLC 透明显示器的关注度就更少。因此，早期的 PDLC 透明显示器的申请量很少。这个时期的 PDLC 透明显示器主要是用于冰箱或其他电子设备上，在显示器上显示简单的图像，如字母和数字等，而且显示的图像是黑白的，不能进行彩色显示，也就

不能满足人们对于图像的要求，因此，没有将 PDLC 透明显示器作为研究重点，而更倾向于研究改善现有液晶显示器，投入的研发精力少，专利申请量就少。

2. 技术发展期（2009 年以后）

随着科技的进步，液晶显示器在色彩性、亮度、动态显示以及背光源方面的不足逐渐被改善，使得液晶显示器的整体显示性能得到飞速提升。同时，也正是由于液晶显示器在传统显示方面的性能已经取得了比较大的成功，使得液晶显示器在自身显示性能方面的技术改进或突破难度越来越大，进而液晶显示器的研发重点由此就转向了其他方面，如尺寸更大，外观更漂亮，厚度更薄以及显示屏透明化等。

由于液晶显示器中使用了偏振片、彩色滤光片、导光板等多个光学元件，使得液晶显示器的光损耗很大，从液晶显示屏出射的光线通常仅为入射光的5% ~10% 左右。在这些光学元件中，偏振片和彩色滤光片对透光率的影响最大。因此，要以液晶显示器为基础研制透明显示器，偏振片和彩色滤光片是主要的改进方向。PDLC 通过散乱状态和透明状态之间的转换，进而实现 PDLC 显示屏的常白和常黑显示，因此能够替代现有的偏振片技术。在使用 PDLC 后，能够大幅度提升入射光的透光率，进而提高透明显示器的亮度性能。因此，PDLC 透明显示器也逐渐成为研发方向，申请量也迅速增加。

（二）主要专利申请人

图 2 示出了 PDLC 透明显示领域中全球主要申请人的专利申请量情况。在图 2 中，京东方公司的申请量最多，索尼公司、三星公司、夏普公司、松下公司、飞利浦公司这些在显示领域具有较强实力的企业，申请量也都位于前十位，这也表明这些企业在透明显示技术的关注度和研发实力。在图 2 中同样可以看到中国的另外两个申请人中华映管公

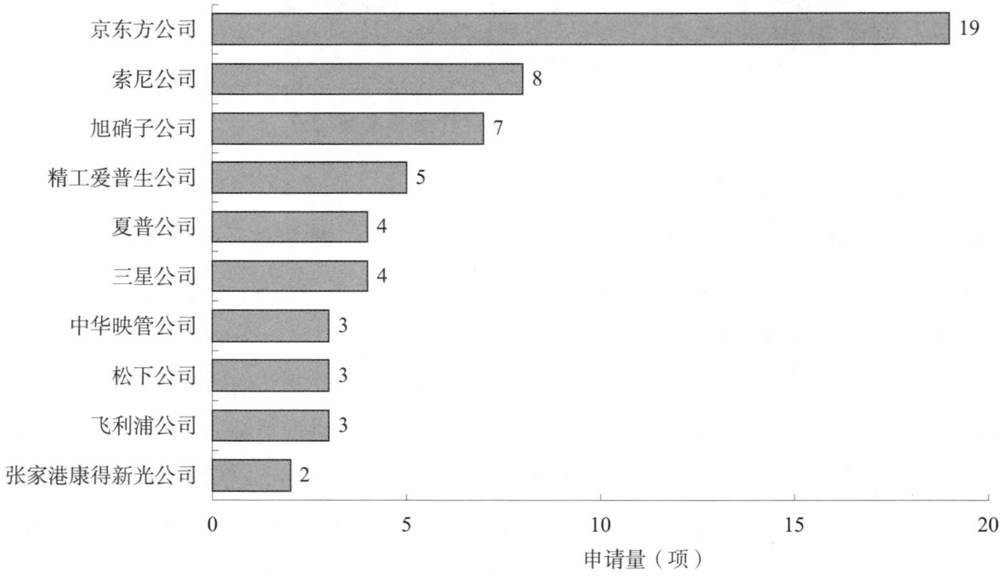

图 2　PDLC 透明显示全球主要申请人排名

司和张家港康得新光在 PDLC 透明显示领域的申请量处于前十位的最后两位。虽然，中华映管公司和张家港康得新光的申请量不如京东方公司多，但也增加了中国企业的竞争实力，缓解多家国外企业对中国企业施加的压力。

（三）首次申请国家/地区分析

图 3 示出了 PDLC 透明显示器全球专利首次申请的国家/地区分布。从图 3 看出，中国和日本在 PDLC 透明显示领域的全球申请量占据领先位置，远超过其他国家的申请量，并且是位于第三位的韩国申请量的 3 倍多。由此可以看出，中国和日本在 PDLC 透明显示方面关注度较高，投入的研发力度比较大，且积极将研发成果申请了专利进行保护。

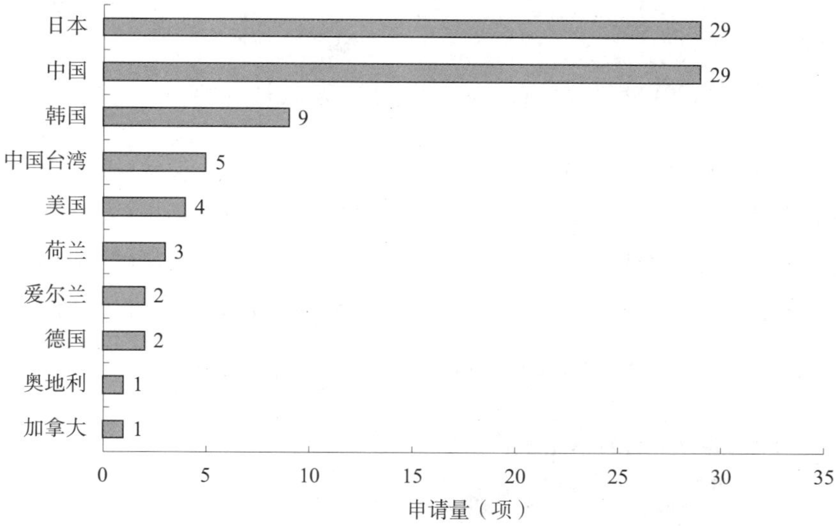

图 3　PDLC 透明显示全球专利首次申请国家/地区分布

韩国虽然申请量不如中国和日本多，但申请量仍占据第三位，申请总量少只能说明韩国在该领域投入的研发力量相对较少，不表示韩国的技术实力比中国或日本低。相反，韩国在显示技术方面发展很快，尤其是在液晶显示方面的技术具有很强的实力，并掌握着一些重要的液晶显示技术专利，因此韩国的技术实力不容小觑。

虽然专利申请总量多不能绝对地表示技术实力强，但多边申请量可以侧面反映专利申请的技术含金量和申请人的技术实力。如图 4 所示，日本的 29 项申请中有 23 项是多边申请，占总量的 79.3%，韩国的 9 项申请中有 4 项是多边申请，占总量的 44.4%，而中国的 29 项申请中只有 5 项多边申请，只占总量的 17.2%，相比之下，不难看出中国的专利申请的含金量较低，技术实力相对较弱，日本、韩国的技术实力相对较强。申请总量多是一方面的优势，但不是绝对优势，国内申请人应该加强技术研发，提高专利申请的含金量，敢于使专利技术走出国门，将优势转化为绝对优势，这样才能真正地提高我国企业的竞争力。

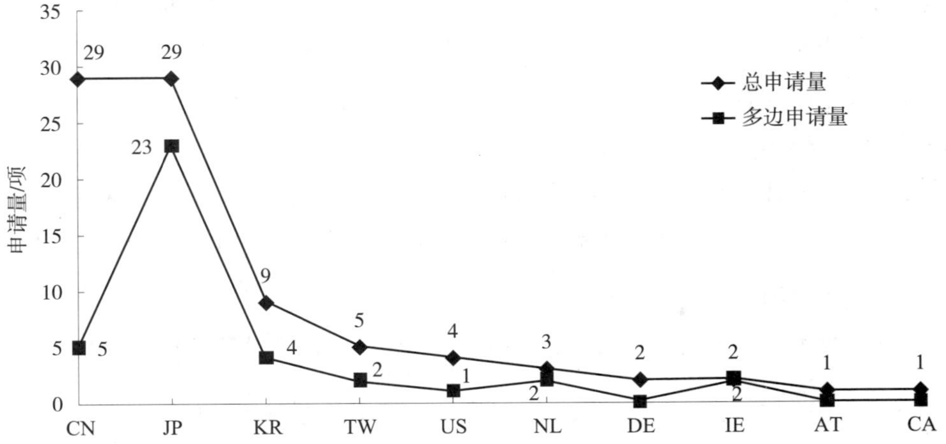

图 4　PDLC 透明显示多边申请量地区分布

（四）申请量的技术类别分布

图 5 展示了全球范围内 PDLC 透明显示各个技术分支的专利申请。其中光阀专利申请最多，有 20 项。其次为投影、背光、材料和电压控制，分别为 16 项、10 项、10 项、8 项。电极、外围设备、应用和滤色层分支的专利较少，分别为 7 项、6 项、5 项、4 项。

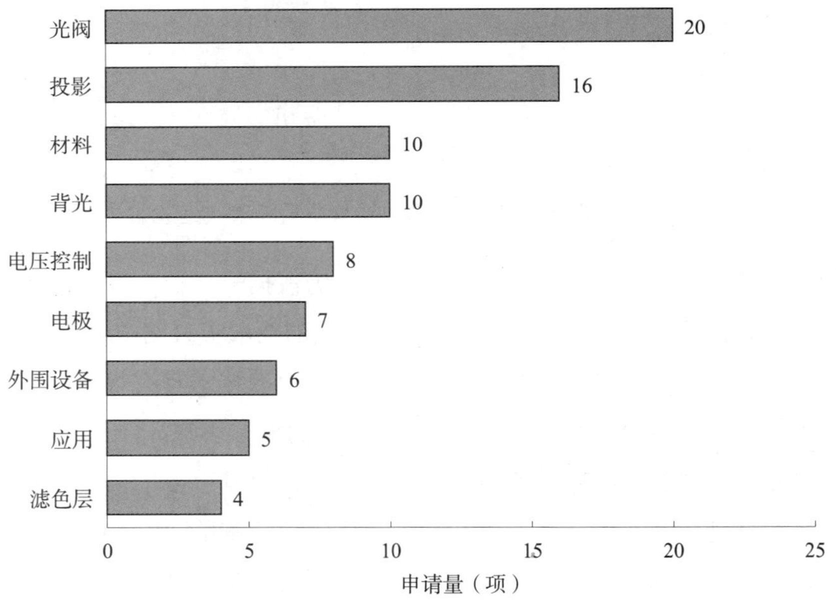

图 5　PDLC 透明显示全球技术分布图

图 6 的技术功效矩阵图中，气泡越大代表申请越集中，该技术分支的改进是带来该技术效果的主要技术手段。

总体看来，透明度是 PDLC 透明显示最大的热点，这也与 PDLC 透明显示的特点相对应。另外，获得对比度更高，亮度更明亮，色彩更丰富的显示装置，是平板显示市场的常规需求，因此对比度、亮度以及彩色也是PDLC透明显示的几大热点，专利布局较为集中。另外，透明显示装置在显示时，可能受到后方影像干扰，用户希望显示装置能够兼容多种显示状态，以供选择，因此透明与普通显示、双面显示也是研究的几个热点，而对于立体和防窥的研究相对较少。

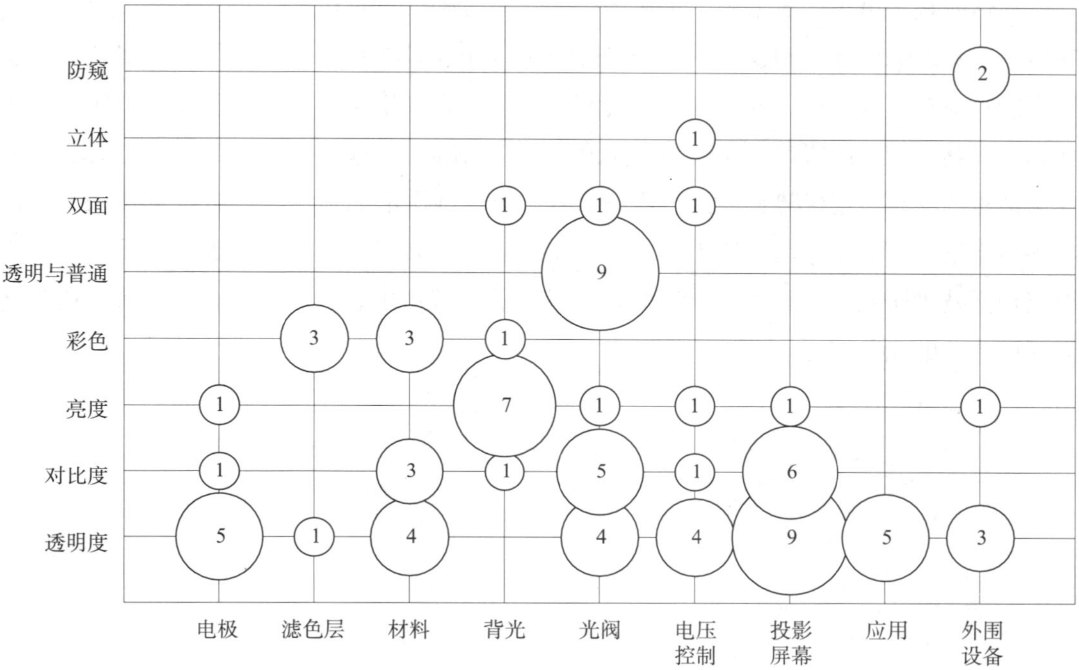

图6　全球PDLC透明显示功效矩阵气泡图

从图6中可以看出，通过对电极、滤色层、材料、光阀、电压控制、投影屏幕等方面进行改进，可以提高透明度。通过对投影屏幕、光阀、材料、电极、背光、电压控制等方面进行改进，可以提高显示面板的对比度。在提高PDLC透明显示的亮度方面，最主要的就是对背光源进行改进。而实现彩色透明显示，由于传统的滤色片透光率低，从滤色层、材料和背光方面进行改进是获得彩色主要手段。另外，利用PDLC透明态和散射态作为光阀对光进行调制，主要应用于透明显示和普通显示的两态显示面板，其次是对比度和透明度方面。采用PDLC面板作为投影屏幕，利用投影的方式进行透明显示，也是一个重要的技术分支，其对应取得的技术功效为透明度、对比度和亮度。而对电压控制和电极进行改进，主要对应的技术功效是透明度，其次为对比度、亮度。

四、结论与建议

作为一种新型显示技术，透明显示行业与智能显示、光学器件、移动通信、多媒体技术、投影显示、材料（包括纳米材料、金属材料等）等行业密切相关，协同发展。同时，透明显示屏市场切入点尚不明确，市场还没有真正培育起来。目前透明显示技术还处于研究阶段，未来如何发展还要靠市场的需求和领导厂商的推动。当市场需求和技术双向契合，透明显示技术才会发展起来。因此，全面了解和分析当前透明显示行业的经济规模和发展动态显得尤为重要。

在透明显示呈现的效果中，透明率、分辨率、亮度、对比度的提升，是产业目前正在努力攻克的关键技术和技术难点。国外申请人中，日本申请人的申请量最多，掌握了较多的重要技术和专利，并且这些申请有一半以上都在中国递交了申请，因此对我国企业的发展具有较大的影响。国内申请人的全球申请总量和日本申请人的总量相差不多，在申请量上具有一定优势，但国内申请人在 PDLC 透明液晶显示技术方案起步较晚，同时很多申请处于在审状态，还不能与国外申请形成有效对抗。在此情况下，国内申请人应当加强技术研发，提高专利申请的含金量，扩展多边申请，利用已有的优势，逐步增强我国企业的竞争实力。

流量计领域科里奥利质量流量计专利技术分析

宋艳杰

摘　要　以通过S系统检索得到的流量计领域科里奥利质量流量计的相关专利文献为基础，从历年申请量、主要申请国家、主要申请人等方面分别进行统计分析，并针对科里奥利质量流量计各个研究分支对其技术发展路线进行总结，为进一步研究提供了相关参考资料。

关键词　科里奥利　流量计　专利分析

一、流量测量与科里奥利质量流量计技术概述

流量、温度与压力的测量共同构成工业测量领域的3大参数测量，其中又以流量测量最为复杂、要求精度最高，其测量的经济性、可靠性及安全性对生产过程起着重要作用。19世纪中叶，从节流式流量计开始，逐渐建立了近代流量计的测量理论基础，现代各类流量仪表也相继出现，如商用的水表、煤气表和文丘里管差压式流量计等。从20世纪初至30年代，又出现了孔板和喷嘴差压式流量计、浮子流量计、容积式流量计以及示踪法和稀释法等流量测量方法。20世纪50年代以后，随着电子技术、材料和加工技术的飞跃发展，以流程工业为先导的各工业部门和公用事业大量使用流量仪表，促使各种新颖的流量仪表不断问世和发展，如涡轮式、电磁式、超声式和涡街式流量计等。当代应用的流量仪表的主要品种，很多是这一阶段开发的。20世纪70年代后期又出现了科里奥利流量计。

在工业生产领域，由于物料平衡、热平衡以及储存、经济核算等原因，人们更关心的是测量流体流过的质量是多少，主要是因为质量同长度和时间一样都是基准量，而不是导出量，因而用质量流量来表示物质的量是最理想、最准确的。因而在流体产品的贸易交接和经济核算中大部分是以质量为基准的。在很多过程中，如某些价格昂贵的添加剂，要求高精度的质量检测和控制，这不仅涉及生产成本的计算，并且直接关系到产品的质量优劣。目前很多流量计都属于体积流量计类型，虽然可以用体积流量计和密度计组成间接式质量流量计，但其结构复杂，并受压力、温度的影响，测量误差大。因此长

期以来，计量技术工作者希望研究出一种质量流量计，能够直接测量管道中流体的质量流量。

科里奥利力是由法国数学家 Gustave Coriolis 于 19 世纪发现的，自 50 年代起，人们就尝试将科里奥利力原理用于质量流量测量。70 年代末，美国微动（MicroMotion）公司正式推出了基于科里奥利力原理的实用化谐振式科里奥利质量流量计，它是基于处于旋转系中的流体在直线运动时产生与质量流量成正比的科里奥利力原理的新型质量流量计，可直接、高精度地测量流体质量并可同时获取流体密度值，此后的科里奥利质量流量计都采用了与此相似的工作原理。最近几十年科里奥利质量流量计有了很大的发展，国际上先后已有十余家著名公司推出了科里奥利质量流量计产品。科里奥利质量流量计已成功地应用于石油、化工、食品等多个行业。科里奥利质量流量计可以适应气体、液体、两相流、高黏度流体和糊状介质的测量，是一种高精度的适应范围很广的测量方法，它还具有压力损失小、自排空、保持清洁等众多特点，是流量测量的发展方向之一。

二、科里奥利质量流量计相关专利的申请情况

在国际专利分类表（IPC）中，科里奥利质量流量计相关的分类号比较集中，主要包含在 G01F 小类下；其中 G01F1/78 为直接式质量流量计，G01F1/80 为靠测量赋予旋转运动的液流的压力、力、动量或频率操作的，G01F1/84 为回转质量流量计。本文使用 S 系统中的 VEN 和 CNABS 数据库，以 G01F1/00、G01F1/76、G01F1/78、G01F1/80、G01F1/84 等 IPC 分类号，与科里奥利等关键词进行限定得到样本数据。截至 2015 年 4 月 29 日，关于科里奥利质量流量计的数量达到 2181 件。

（一）专利申请量年度分布

如图 1 所示，科里奥利质量流量计专利申请起始于 20 世纪 70 年代，由美国 Micro Motion 公司于 70 年代末推出了第一台科里奥利质量流量计。直到 80 年代初期，科里奥利质量流量计的研发还处于起步阶段，专利申请量较少。而从 80 年代后期开始，随着科里奥利质量流量计的市场化，世界各国对这种新型质量流量计的研究与开发，申请量逐步上升，每年都保持几十件的申请量。到 20 世纪初达到申请量的最高峰，并在 2000 年达到 156 件。经过 20 多年的发展，科里奥利质量流量计的测量性能有了很大提高，成为流量测量中的佼佼者。而最近十年，受全球经济衰退的影响，科里奥利质量流量计的专利申请量缓慢回落（其中，由于文献公开及数据库收录时间等因素限制，2013 年和 2014 年的相关数据尚不完整）。

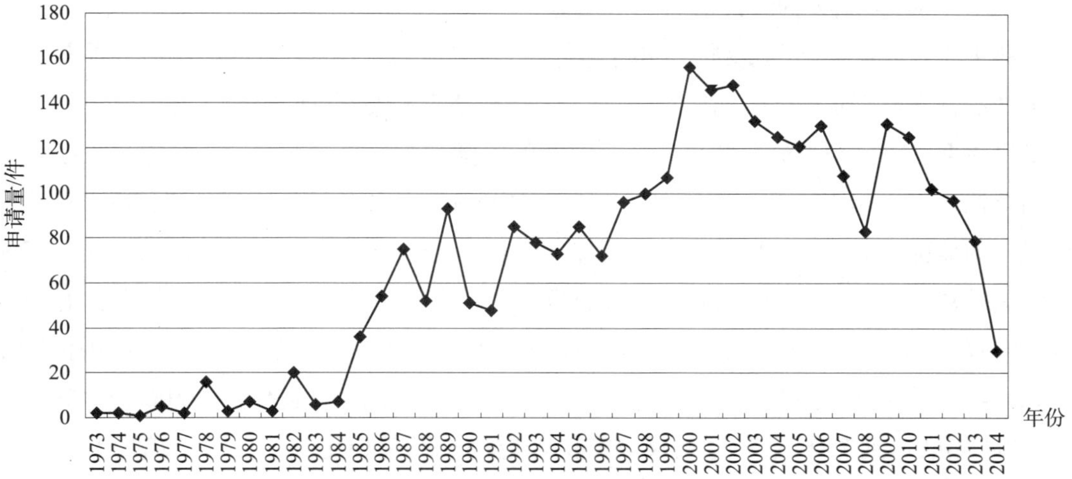

图 1 专利申请量年度分布

（二）专利申请量的来源国家分布

图 2 显示了按照国别进行统计后的结果，从统计中可以看出，相关专利申请主要集中在美国、德国、日本等发达国家，其中美国的申请量居于首位，这些国家工业和自动化水平高，科研基础雄厚，具有较高的研发实力，为科里奥利质量流量计的发展提供了强有力的支撑。而我国的专利申请量仅占 7%，从这一角度上，体现出我国在这一领域与发达国家之间还有很大的差距。我国对科里奥利质量流量计的研究和应用起步较晚，从 80 年代中期开始在部分引进的成套设备中应用科里奥利质量流量计，主要应用于石油和化工行业。近年来，随着对科里奥利质量流量计的了解日益深入，科里奥利质量流量计在我国的装机数量不断增加，应用范围也更加广泛，但绝大部分靠国外进口。液体质量流量计由于技术难度大，效益周期长，进展较缓慢，尽管有许多科研单位及高等院校开展了该项产品的研制，但生产厂家极有限，且产量不大，仍然主要依靠进口。

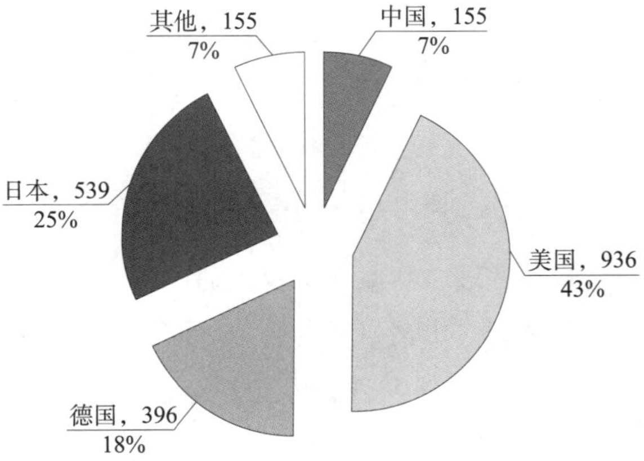

图 2 全球专利申请国家分布情况

（三）主要申请人的统计情况

科里奥利流量计领域专利申请量排名前十的申请人见图3，目前科里奥利质量流量计生产的代表厂家是微动公司和恩德斯+豪斯流量技术股份有限公司，这2家公司的申请量也占据了总申请量的前两位，也与它们的市场占有率相对应。前十名中出现了3家美国企业，2家德国企业，4家日本企业，申请量最多的还是最先研制生产科里奥利质量流量计的美国微动公司。但前十名中并未出现中国企业，这也反映出我国在科里奥利质量流量计领域尚处于探索和模仿的阶段，自主创新意识不够，对知识产权的保护意识也相对薄弱。据美国微动公司资料：该公司至1992年，在我国的总销量为600台，而1992年1年的销量为1000台，至1997年科氏流量计装用量在3500~4500台之间，而到2004年则达到7500台。这些仪表广泛地应用于石化、化工、建材玻璃厂及工业窑炉的测量及控制中，科里奥利质量流量计的市场基本被国外设备商所瓜分。

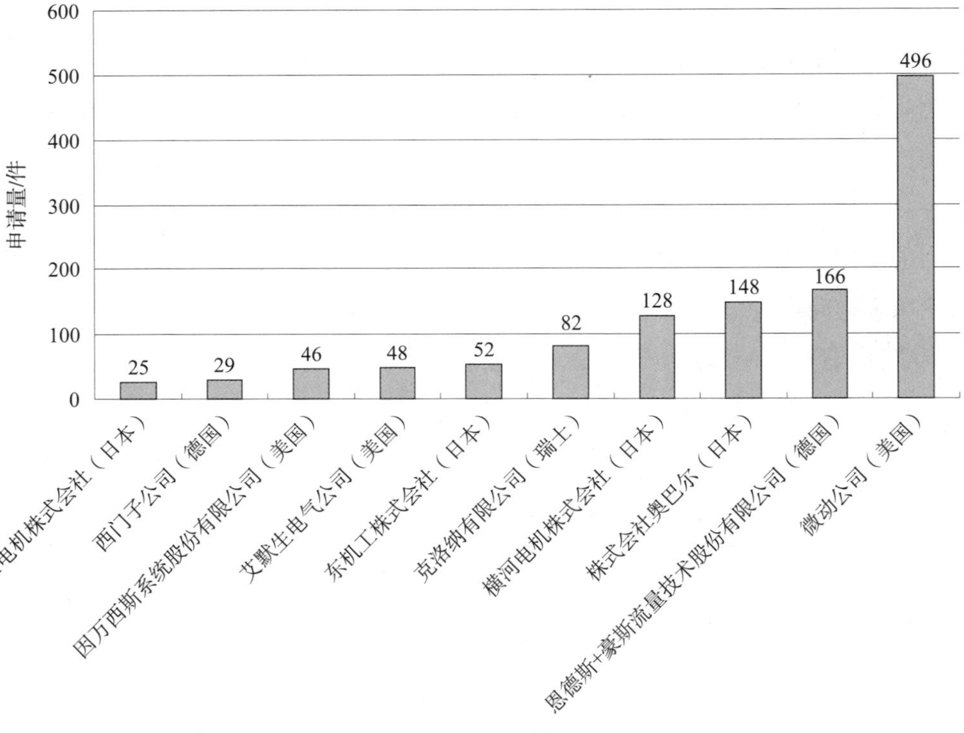

图3 主要申请人统计

国内科里奥利质量流量计领域专利申请量较大的申请人主要有：成都安迪生测量有限公司和上海一诺仪表有限公司，申请量分别为16件和10件。其中发明专利申请和实用新型专利申请的数量分别是7件和19件，可见多数是实用新型专利申请，并且很多都是在产品细节上进行的改进，创新点并不突出。

三、科里奥利质量流量计技术发展

科里奥利质量流量计种类繁多，产品已形成几十个系列，其研究重点集中在提高科里奥利质量流量计的测量精度、灵敏度以及减少外界干扰。从科里奥利质量流量计研究和应用的现状看，其主要发展方向是：（1）测量管结构的创新和改进；（2）被测流体的温度、压力、密度等流体的状态参数对测量管振动形态的影响，为实时补偿提供理论基础；（3）科里奥利质量流量计应用在气液、液固两相流体的流量测量。以下便从这几个主要方面对科里奥利质量流量计的专利技术发展路线作一分析。

（一）测量管结构

测量管是科里奥利质量流量计的核心部件，测量管的设计、制造和安装对科里奥利质量流量计的性能具有决定性的影响。科里奥利质量流量计按照测量管配置可分为单管型和双管型，按照测量管形状又分为弯管型和直管型。单管型流量计是发展初期时的产品，如专利申请 FR2215607（1974 年申请），公开了单管型科里奥利质量流量计（如图 4 所示），利用科里奥利力测量流过管段的流量。

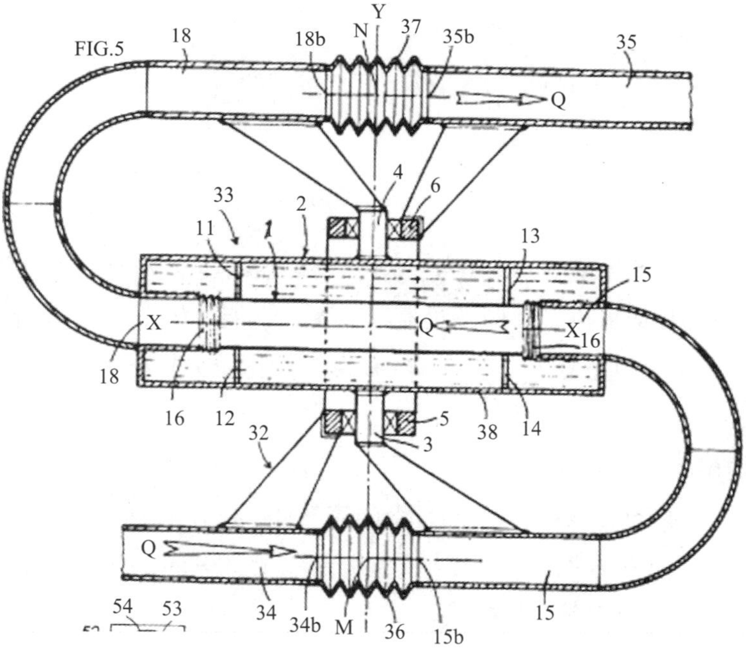

图 4　FR2215607

单管型流量计易受外界振动干扰，而双管型流量计的双管形状相同，固有频率相近，容易起振，且当两管内被测介质流动情况相同时，上下振动相位相反，科里奥利力产生的扭矩也相反，流量计接近处于受力平衡状态，因此后期开发的产品多为双管型流量计。

US4823613A（1988年申请）公开了双U形管型科里奥利质量流量计（如图5所示），U形管也是较早时期就采用的测量管形式，这种形式的测量管具有较高的灵敏度，测量精度一般在±0.2%，抗振性能也较好，缺点是流体流入、流出测量管时，要经过两个90度的急弯，因此流动阻力较大。

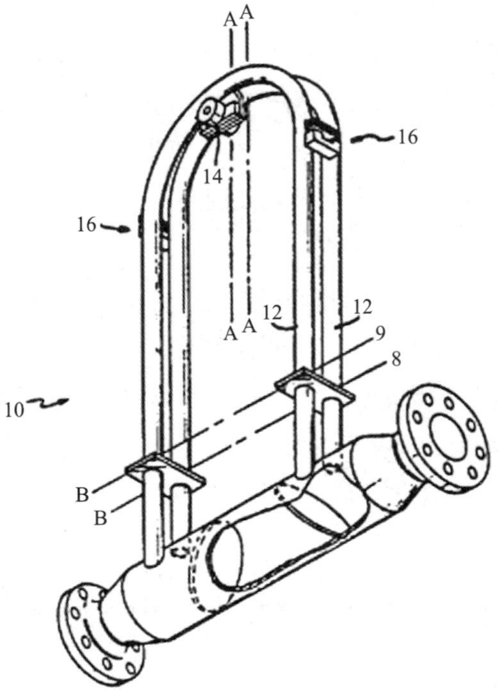

图5 US4823613A

US5996225A（1998年申请）公开了一种双环路型科里奥利质量流量计（如图6所示），由于它的各部分均采用平滑圆弧过渡，因而在性能上较U形管有所提高，而且测量管两固定端主要承受的是扭转剪应力，与U形管相比受力状况得到改善，有利提高测量管使用寿命。

WO2010/103075A1（2010年申请）公开了一种具有双直管的科里奥利质量流量计（如图7所示），相对于具有两个弯曲测量管的流量计，所述双直管流量计适于精确测量粘度或雷诺数，并且在超过1200t/h的大质量流速以及100mm以上大标称直径的情况下具有高测量精度，并且具有紧凑的构造。

从科里奥利质量流量计的发展趋势看，各大公司的研发主要都放在双管型结构上，测量管形状从U形向弯曲角度更小更圆滑的环形以及直管型转变。

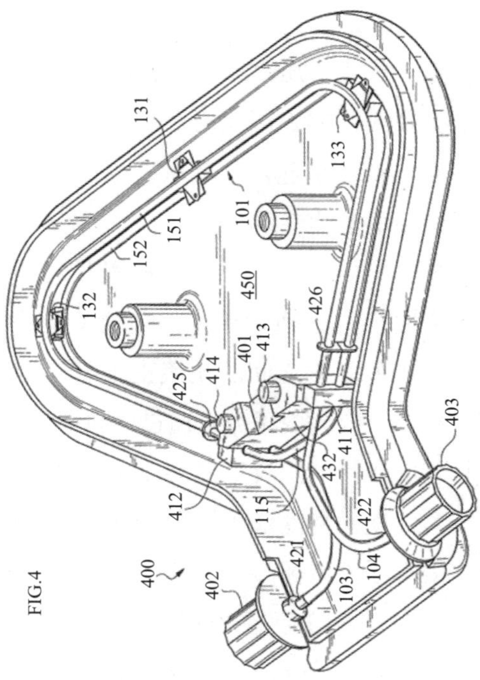

图 6　US5996225A

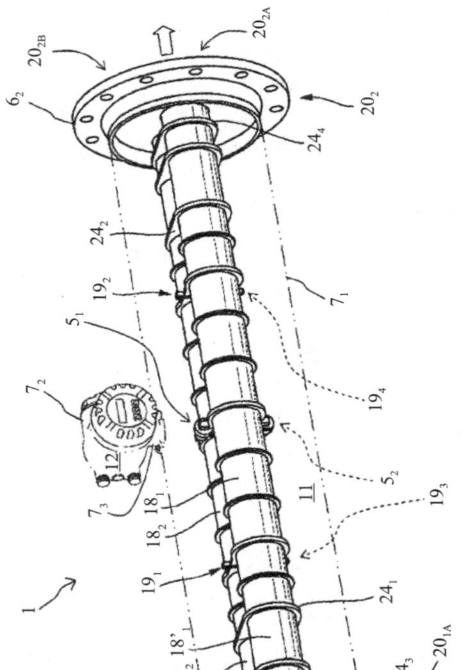

图 7　WO2010/103075A1

（二）对测量结果的补偿和修正

被测流体热力状态（温度、密度、压力等）对测量结果的影响：温度除影响测量管的弹性模量值外，还会影响到仪表的零点。压力对测量管的刚度也会产生影响。密度的变化会使检测器基准发生变化，从而引起流量零点发生变化。由此可见，压力、温度等会引起测量误差，影响测量结果的准确性。

WO98/07009（1997年申请）公开了一种测量科里奥利质量流量计中压力的方法，科里奥利流量计流管以一种弯曲模式（通常用于测量质量流率）和一种扭曲模式振动，根据流管两种振动模式中每一种的基频之间的比值正比于流管内的压力，利用流管在两个振动模式下的谐振频率确定流量计内的压力，通过压力值来校正质量流率计算结果。

WO01/71290A1（2000年申请）指出科里奥利流量计产生的绝大多数数据的精度都依赖于质量流速的精度。质量流速的精度依赖于用于确定质量流速的杨氏系数E项的精度，对质量流速的精确确定要求杨氏系数E在科里奥利流量计工作的温度范围之上被精确确定。在科里奥利流量计工作的温度范围之上，杨氏系数E随温度的变化是线性的，因此利用包含表示科里奥利流量计测量到的温度项T的线性表达式来计算杨氏系数E，然后用包含杨氏系数E的线性表达式来确定质量流速。但是，在低温（低于273K的温度）条件下，杨氏系数E呈非线性变化，因此根据测量出的流量计流管工作温度T，使用存储器中存储的非线性补偿信息对测量值进行校正。

WO2005/040733A1（2003年申请）指出材料密度可能会随着温度而显著变化，也可能随着其他参数如材料压力和材料组成的改变而小范围改变。因此，通过监视工作材料的温度变化，进行密度测量并将其记录下来，获得一系列密度测量值，从而根据温度进行密度测量补偿。通过这种处理方式，可以减少由于材料在不同温度下密度变换而产生的误差。

由于被测流体热力状态会对测量结果的影响，各大公司生产的科里奥利质量流量计都具有一数据补偿和校正单元，通过测量到的温度/压力/密度的改变对测量结果进行校正，减少测量误差。

（三）多相流体的测量

多相流体是指包括固态、液态、气态中至少两种物质状态的流体，科里奥利质量流量计对流体中的气体十分敏感，测量时会引起较大的误差。但是在石油化工等领域，流动的流体很多情况下不是一种成分，例如可能是碳氢化合物液体，其中携带很大比例的碳氢化合物气体，因此制造出能进行多相流体测量的科里奥利质量流量计也是发展趋势。

US5029482A（1989年申请）公开了一种采用实验推导的关系式校正流量值的科里奥利质量流量计。该关系式的获得方式如下：已知混合百分比的气体和液体流通过科里奥利流量计，然后根据科里奥利质量流量计得到测量值。用该实验推导的相互关系式来计算气体和液体流的气体百分比和液体百分比，并进一步确定多相流的实际流量。

WO00/19175（1998 年申请）公开了一种校正不稳定气泡的科里奥利质量流量计，通过监测激励增益，判断是否有气泡进入流量管。当激励增益明显增加时，表明表面不稳定气泡进入流量管。不稳定气泡的气体阻尼效应和相应减小的密度读数，通过不稳定气泡进入流量管时的流动周期的密度测量结果来修正。

WO2014/078853A1（2013 年申请）公开了一种多相流量计量系统，该多相流量计量系统用于测量包括油、水和气的多相流体。所述系统包括科里奥利流量计和测量多相流体的含水量计量计，处理器使用来自科里奥利流量计的质量流量和密度以及来自含水量计量计的含水量，而确定油的油质量流量、水的水质量流量和气的气质量流量。

为了测量多相流体的质量流量，申请人的主要研究方向还是设置校正量，根据气体对液体密度等的影响来校正流量计的测量，校正量的获取方法包括利用经验公式计算，使用其他传感器计算测量密度等。

四、总结与展望

通过对科里奥利质量流量计专利申请的统计分析，可以看到，近年来全球对科里奥利质量流量计的研究有了放缓的态势，革命性的创新很少，结构上的变动减少，主要研究方向都集中在信号补偿校正方面，以提高测量精度，减小误差为主要目的。科里奥利质量流量计领域的先进国家，如美国、德国、日本等优势明显，我国仍旧处于跟随和模仿阶段。我国国内的科里奥利质量流量计设备，大多被国外进口产品垄断。目前该领域的核心技术被微动公司、恩德斯 + 豪斯流量技术股份有限公司等少数几个大公司掌握，这对我国科里奥利质量流量计的发展和国际化形成了巨大的专利压力。国内厂商掌握核心技术的不多，短期内落后的局面难以改变。对于国内企业及科研机构而言，充分借鉴、吸收国外重点专利技术的同时，需要提高自主研发能力，加强自身品牌建设，增强知识产权保护意识，通过“量”的积累达到“质”的转变。

中国可穿戴设备行业的知识产权保护策略浅析

李原

摘 要 本文介绍了可穿戴设备行业的主要技术特征，通过检索国内主要公司在可穿戴设备领域的专利申请，概括总结国内可穿戴设备行业的知识产权保护现状，给出知识产权保护策略建议。

关键词 可穿戴 知识产权 保护策略

一、可穿戴设备行业简介

可穿戴设备以日常穿戴用品为载体，是指采用独立操作系统，并具备系统应用、升级和可扩展、由人体佩戴、实现持续交互的智能设备。

目前，可穿戴设备主要的研究机构主要有以下一些：

在北美，主要有斯坦福大学、卡耐基梅龙大学、麻省理工学院等大学机构，IBM 研究中心、苹果、谷歌等企业；

在欧洲，主要有 IMEC 研究院、欧洲宇航防务集团、诺基亚研究中心、欧盟委员会资助的可穿戴计算研究项目等；

在日本，主要有施乐帕克研究中心、索尼、松下、夏普等公司；

在韩国，主要有高科技研究所、三星研究院、LG、韩国科学技术研究院等；

在中国，主要有中国可穿戴产业推进联盟（WIA）、电源协会、空军航空医学研究所、百度、华为、奇虎360、威盛、小米、清华大学信息技术研究院、中国新生经济研究院等；

此外，IBM、索尼、诺基亚等 IT 巨头在内的一批企业正酝酿成立可穿戴计算国际产业联盟。

近几年，随着谷歌、三星和苹果等科技巨头公司相继投入巨资开发可穿戴设备产品，智能眼镜、智能手表和智能手环等产品层出不穷。2015 年，随着苹果公司 Apple Watch 的上市，更是在市场上形成了一表难求的盛况。可穿戴设备有力地推动了新一代智能终端产品的全面崛起，并有望成为继智能手机、平板电脑后全球信息技术产业的新增长点。

二、可穿戴设备采用的主要技术介绍

可穿戴设备与传统智能设备相比具有体积小巧、实时接触的特性，应用于可穿戴设备的技术涉及软硬融合和集成应用，主要包括智能交互技术、智能传感技术、柔性电子技术和数据处理技术。

可穿戴设备采用的智能交互技术，涉及多点触控、语音识别、手势识别、眼球识别和骨传导技术等。可穿戴设备的智能交互技术主要以提升用户体验为核心，使用户与可穿戴设备形成不可分的集合体，提升用户对环境感知能力和设备对用户的操作反馈能力。

可穿戴设备采用的智能传感技术，涉及惯性传感、生物传感和环境传感等技术，能够实现运动跟踪、数据收集、信息传输等基本功能，使“人—设备—环境”间完成信息互动。其中，三轴陀螺加速感应器和距离感应器能够实时跟踪身体运动，环境声传感器（麦克风）能够有效输入并监测声音，GPS 能够实时监测用户地理信息，温度感应器能够实时监测环境温度，环境光传感器（摄像头）能够有效识别二维码、人脸信息等。随着传感器集成性、功能性和智能化的提升，各种传感功能的融合将成为智能传感技术的研发方向。

可穿戴设备采用的柔性电子技术，涉及柔性显示屏、柔性电路板和柔性电池等，柔性电子技术是将有机或无机材料制作在柔性和可延性基板上的新兴电子技术，柔性电子技术使可穿戴设备更加贴近人体，并充分发挥柔韧性和轻便性的优势，在可穿戴设备领域具有广泛应用前景。

可穿戴设备涉及的数据处理环节，包括数据采集、传输、存储、分析、指导等各个环节，采用的数据处理技术涉及云计算、大数据等技术。

三、国内主要公司及知识产权保护情况

1. 小米公司

目前我们周围很多人佩戴、在市场上颇为畅销的小米手环，就是小米公司一款著名的可穿戴设备。小米公司在可穿戴设备领域，主要有 43 篇专利申请，统计日期截至 2015 年 5 月 7 日，且其可能还有尚未公开的专利申请。目前就这公开的 43 篇专利申请来看，其中有 36 篇为发明专利，2 篇为实用新型专利申请，5 篇为外观设计申请。申请日期主要集中在 2014 年以后，其中 2013 年专利申请 1 篇，专利申请的主题主要涉及信息采集、信息交互方法、网络连接建立方法、报警提示方法及相应装置等方面。

可见，小米公司目前研发的技术主要在可穿戴设备的数据处理技术，在可穿戴设备

的智能交互技术、智能传感技术、柔性电子技术方面基本没有申请，这也从一个侧面反映了我国企业在传感器、通信芯片、低功耗处理器、柔性电子技术等核心技术的欠缺。

2. 百度公司

百度公司在可穿戴设备领域主要有17篇专利申请，统计日期截至2015年5月7日。2011年1篇，2013年8篇，2014年8篇；其中实用新型3篇，外观设计申请3篇，专利申请11篇。专利申请的主题分别涉及：鱼眼镜头、智能眼镜及控制方法、智能手环及控制方法、智能手表及控制方法、信息采集方法及装置等。

可见，百度公司目前研发的技术也主要围绕在可穿戴设备的数据处理技术方面。

3. 华为公司

华为公司在可穿戴设备领域主要有14篇专利申请，统计日期截至2015年5月7日。其中早在2004年，华为就申请了1篇发明专利；这之后2010年1篇，2012年2篇，2013年2篇，2014年8篇；其中外观设计申请3篇，发明申请11篇中有5篇是PCT国际申请，没有实用新型专利申请。专利申请的主题涉及：手机外设、通信装置与方法、屏幕设置、可穿戴式终端设备等，其研发的技术同样也主要围绕在可穿戴设备的数据处理技术方面。

下面，笔者就3家公司在专利申请数量、专利申请类型分布方面给出了对比图：

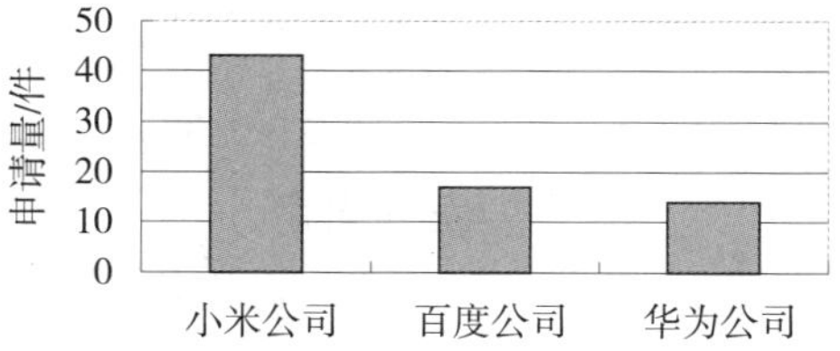

图1　三家公司专利申请数量对比图

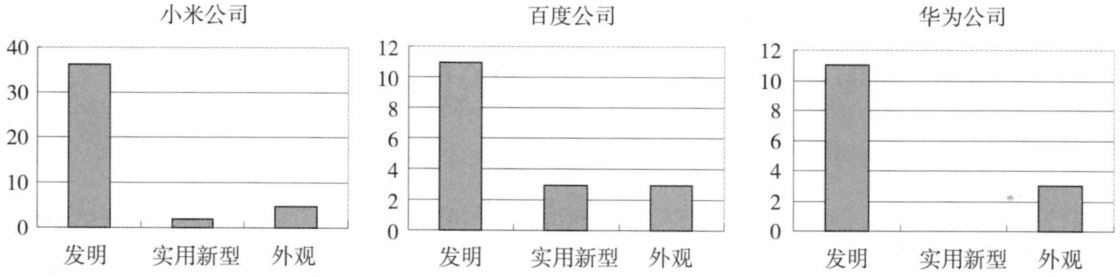

图2　三家公司专利申请类型分布图

从以上3家国内著名的IT公司在可穿戴设备领域的专利申请分析来看，在目前炙手可热的可穿戴设备领域，国内企业的知识产权战略布局远远不够，应尽快在可穿戴智能设备领域攻城略地，抢占地盘。

四、笔者的建议

从上面的统计分析可以看出，我国企业在核心元器件、杀手级应用服务等方面技术是很欠缺的，那么是不是意味着国内企业一点机会也没有了呢？以下是笔者提供几点建议与大家分享，不当之处欢迎指正。

1. 注意外观申请

外观申请是国内企业容易忽略的一个极佳的知识产权战略保护领域，在可穿戴设备领域中，笔者认为这是一个较为直观且有效的保护手段，虽然我国企业在基础硬件领域与外国大公司有差距，但在软件、产品外观等方面我国企业还有很多机会可以把握。

举个很著名的案例，当年在那场被称为“世纪圣战”的苹果 VS 三星专利大战中，苹果公司在美国通过法庭向三星公司提出至少 28.8 亿美元的赔偿要求，包括 1 项外观指控、4 项专利指控和 3 项实用新型专利指控。其中的外观专利侵权指控，便是苹果公司拥有的 US3470983 号专利，主要关于 iPhone 和 iPad 的正面和首屏图标。这个直观有效的外观专利为苹果公司打赢官司立下赫赫战功。

2. 学习对方的产品，制定知识产权保护战略

在国内，除了上述的几家大型的著名企业，还有好多中小企业，它们技术更加薄弱，资金缺乏，如何在可穿戴设备领域分一杯羹呢？笔者认为，可以多加关注大公司的产品，学习对方的产品、技术，甚至包括对方产品商标的名称、命名规则，站在巨人的肩膀上探索前进，利用知识产权这个四两拨千斤的策略给公司的发展带来巨大收益。

这里，深圳唯冠与苹果公司的 iPad 商标之争，就是一个很好的例子。2010 年，美国苹果公司起诉唯冠科技（深圳）有限公司 iPad 商标权属纠纷案件，当时苹果公司在深圳市中级人民法院起诉深圳唯冠，要求确认其为 iPad 商标专用权人。深圳市中级人民法院在 2011 年 2 月、8 月、10 月三次开庭审理后，于 2011 年 12 月作出一审判决，驳回苹果公司的诉讼请求；随后，苹果公司向广东省高院提起上诉，经二审广东高院调节，双方达成和解，苹果公司支付深圳唯冠 6000 万美元而获得商标权。可见企业的品牌战略布局同样非常重要，我国企业不可忽视。

3. 申请时注意防御，建立自己的知识产权战略保护体系

国外大公司在知识产权保护方面非常有经验，我国企业同样可以师夷长技以制夷。

例如，从上面对国内几家大公司的分析可以看出，我国企业在可穿戴设备领域申请的技术主题主要在数据处理技术方面．我国企业可以以此为突破口，围绕数据处理技术，将其所包含的数据采集、传输、存储、分析、指导各个方面，都写成专利申请，层层设

防，建立起完善的知识产权战略保护体系；而不是单一的就公司擅长的某一方面写申请，忽略其他方面。

五、总　结

可穿戴设备目前处于发展的初期阶段，技术成熟度不高、产品功能亮点不足。可穿戴设备与传统智能设备功能差距小且新功能成本高，因此用户认同度有待提高。无论是健康手环、智能手表或智能眼镜等产品，现阶段的这些产品仍难以完全启动市场需求。

国内企业应致力于可穿戴设备核心技术的研发和产业化，使产品成本有所下降，而功能丰富度逐渐提升，提高用户对产品的接受程度。也正是因为这样的原因，国内企业才有了与国外科技巨头缩小差距的机会，我国企业应拿起知识产权战略保护这一有力武器，重视企业的这一无形资产，提升企业的核心竞争力，在可穿戴设备领域大展宏图，披荆斩棘，有所作为。

HPV疫苗中国专利申请状况分析

王溯铭　高巍*

摘　要　本文利用中国专利检索系统，检索了我国人乳头瘤病毒（HPV）疫苗相关技术领域的专利申请，重点分析了我国HPV疫苗相关专利申请的分布情况，并从专利申请的年度分布、申请人类型、法律状态等方面进行统计分析。在上述统计分析的基础上，总结了目前我国HPV疫苗相关领域的专利申请状况，对核心专利撰写策略提出了建议，以期为进一步研究我国HPV疫苗相关技术提供参考资料。

关键词　人乳头瘤病毒　HPV疫苗　专利分析

人乳头瘤病毒（Human Papillomavirus，HPV）是一种嗜黏膜和皮肤上皮性病毒，在人和动物中分布广泛，有高度特异性。目前，已被鉴定出的HPV血清型有100余种。在临床上，根据HPV亚型致病力大小或致癌危险性大小的不同，可将HPV分为低危型和高危型两大类。德国科学家楚尔·郝森由于发现HPV导致子宫颈癌获得了2008年度诺贝尔生理学/医学奖。❶

目前，由美国默克公司研制成功的针对HPV（6，11，16，18）的四价疫苗（商品名：Gardasil）和由英国葛兰素史克公司研制成功的针对HPV（16，18）的二价疫苗（商品名：Cervarix）已经相继上市，这是世界上首批获准上市的用来预防由HPV引起的宫颈癌和生殖器官癌前病变的癌症疫苗。该癌症疫苗的推出，则是人类首次真正尝试通过疫苗将一种癌症彻底消除。❷

除子宫颈癌之外，目前已有研究人员指出，HPV感染可能与阴茎癌、生殖器疣、口腔和口咽癌、喉癌、食管癌等多种疾病相关。❸本文旨在对HPV疫苗相关技术在中国的专利申请状况进行统计分析，以期为HPV感染引发的相关疾病的疫苗研发提供帮助。

---

* 等同第一作者。

❶ 许雪梅. 人乳头瘤病毒及宫颈癌疫苗的研究——解读2008年诺贝尔生理学或医学奖［J］. 生物化学与生物物理进展，2008，35（10）：1095－1103.

❷ 赵卫红，等. 人乳头瘤病毒疫苗带来的伦理问题［J］. 医学与哲学，2013，34（7A）：36－38.

❸ 王鹤，等. 人乳头瘤病毒型别及其相关疾病［J］. 中国医学科学院学报，2007，29（5）：678－684.

一、HPV 疫苗中国专利申请概况

1. 申请量的时间分析

笔者在中国专利文摘数据库（CNABS）中以关键词作为主要检索要素进行了检索，截至 2014 年 9 月 3 日，已公开的涉及 HPV 疫苗的中国专利申请共计 167 件。由图 1 可知，1995 年以前，与 HPV 疫苗相关的专利申请只有 1 件；从 1996～2003 年，申请量波动上涨；从 2003 年开始，申请量大幅上升，并在 2008 年前后达到顶峰。从申请人的国籍分布来看，国外申请人的申请量与总申请量的开始时间一致，在 2003～2006 年达到顶峰后，申请量温和回落；国内申请人的申请量在 2000 年之前一直为零，在 2003 年之后迅速增长，并在 2008 年达到顶峰。可见，国外申请人在 HPV 疫苗研发方面开始较早，申请量平稳中略有波动。国内申请人的 HPV 疫苗研发起步较晚，但发展速度飞快，申请量增长迅速，对 2006～2008 年总申请量的大幅增长贡献良多。

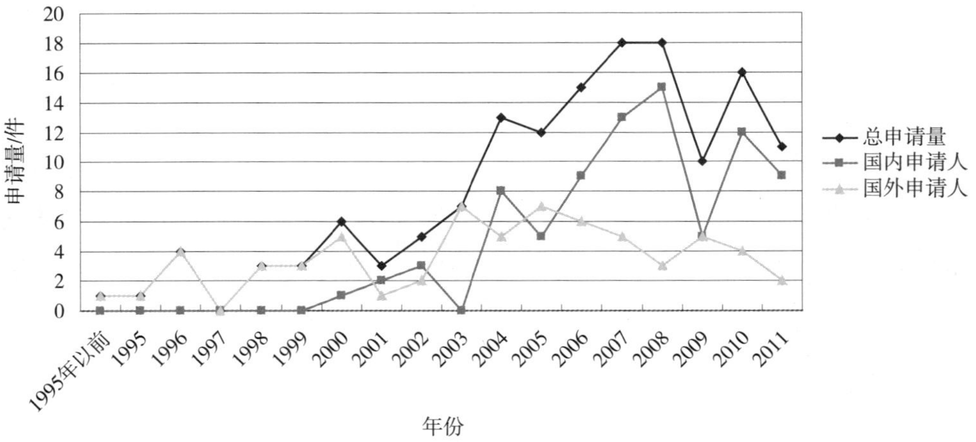

图 1　HPV 相关专利申请的变化趋势

＊注：考虑到可能存在 2012 年或 2013 年提出申请，目前仍未进入中国国家阶段的 PCT 申请，仅对 2011 年以前的申请量数据进行统计

2. 申请人分析

HPV 疫苗相关中国专利申请的主要申请人为：葛兰素史克公司（23 件）、默克公司（10 件）、厦门大学（9 件）、上海润泽（6 件）、北京康乐卫士生物技术股份有限公司（5 件）。从图 2 可以看出，HPV 疫苗相关中国专利申请中，国内申请人的申请占 62%，这说明中国申请人在申请量上占据绝对优势。但是，鉴于葛兰素史克公司和默克公司在申请量排名上仍是处于前两位的申请人，且都已有产品面世，因此在 HPV 疫苗的研发及其产品转化方面仍然领先于国内的申请人。

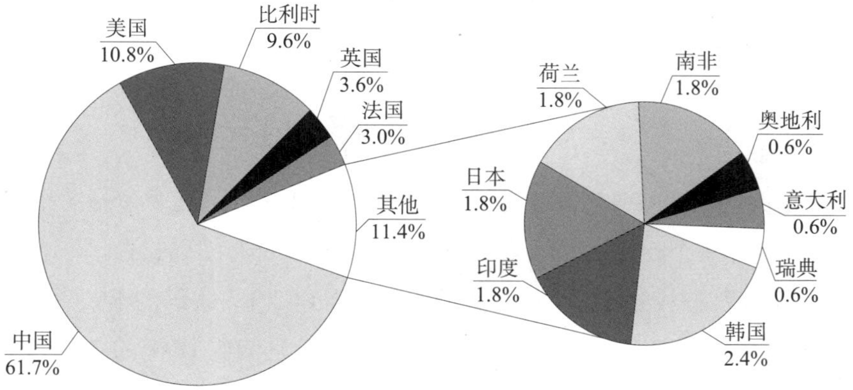

图 2　HPV 相关专利申请的申请人分布

值得注意的是，专利申请量排名第三的厦门大学，其所有 9 件专利申请均是与厦门万泰沧海生物技术有限公司（简称“厦门万泰”）或北京万泰生物药业股份有限公司（简称“北京万泰”）联合申请的。通过查询公司网站信息和互联网信息可以知晓，上述两家公司均属于养生堂公司旗下，并与厦门大学国家传染病诊断试剂与疫苗工程技术研究中心共同开展了 HPV 疫苗的项目，学校和公司分别承担了项目的技术研究和产业化工作。根据互联网披露的信息可知，该项目研发得到的 HPV 疫苗，已经拿到了临床批件，距离产品的上市迈出了重要一步。厦门大学与厦门万泰和北京万泰的合作项目，实现了高校和企业的优势互补，加快了优秀科研成果转化的速度，对于我国 HPV 疫苗的开发具有重要的示范作用。

3. 法律状态分布

由图 3 可知，目前中国的 167 件 HPV 疫苗专利申请中，69 件（约占 41%）处于专利权维持状态，37 件（约占 22%）处于在审状态。相关研究人员在进行产品开发时，有必要关注专利权维持和可能获得专利权的技术方案的保护范围，合理规划自己的产品研究方向，有效规避侵权风险，以免产品上市后发生不必要的纠纷。

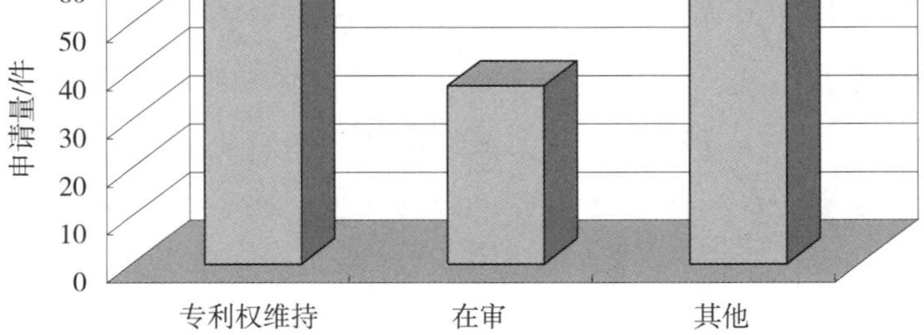

图 3　HPV 疫苗中国专利申请的法律状态分布

二、技术综述

1. HPV 疫苗的种类

HPV 是双链闭环的小 DNA 病毒，包含约 8000 个碱基对。其中包括 8 个早期开放读码框架（E1 – E8）、2 个晚期读码框架（L1 和 L2）和 1 个非编码长控区。在早期开放读码框架中，E6 和 E7 基因对细胞生长刺激最为重要，E6、E7 编码的 E6、E7 蛋白可引起子宫颈上皮细胞永生化。而晚期读码框 L1 和 L2 基因分别编码 HPV 的主要和次要衣壳蛋白，组装成 HPV 的衣壳。

根据疫苗的用途，HPV 疫苗可分为预防性疫苗和治疗性疫苗。预防性疫苗诱发机体产生特异性的中和抗体及 $CD4^+$ T 细胞介导的体液局部免疫应答，阻止 HPV 与宿主细胞受体的结合，从而保护疫苗接受者不被疫苗所代表类型的 HPV 病毒感染，此过程以体液免疫为主。预防性疫苗一般以 HPV 病毒主要衣壳蛋白 L1 或 L1 与 L2 为靶抗原，在细胞内可自我组装成病毒样颗粒（Virus like particles，VLPs），VLPs 具有与完整病毒相同的抗原空间表位，但只含病毒抗原，不含病毒 DNA，在具有免疫原性的同时不会导致病毒感染或诱发癌症，使用相对安全。❶

预防性疫苗不能清除已存在的持续性 HPV 感染，而治疗性疫苗旨在降低或清除体内已经存在的 HPV 病毒量。大部分由 HPV 引起的生殖器肿瘤持续表达 HPV 蛋白，对 HPV 的免疫反应有可能帮助清除肿瘤。癌前组织或癌组织的潜伏感染通常位于基底细胞，但 L1 和 L2 的衣壳蛋白不能在基底细胞中表达，故 L1 和 L2 衣壳蛋白不是理想的治疗性疫苗的靶标。对于宫颈癌而言，E6 和 E7 蛋白则是非常理想的治疗性疫苗的靶蛋白，因为它们仅由病毒蛋白构成，可在宫颈癌细胞中表达，并且是维持疾病表型所必需的。如果能破坏体内表达 HPV 的 E6 和 E7 蛋白的细胞，就有可能阻止肿瘤的发生，同时破坏已经癌变的肿瘤组织，这依赖于细胞免疫的参与。因此治疗性疫苗的设计以能激发体内的细胞免疫为原则。❷

根据疫苗主要成分的形式，HPV 疫苗可分为多肽疫苗和核酸疫苗。多肽疫苗是将病毒编码的蛋白产物直接注入体内以诱导免疫反应。核酸疫苗是一种新型疫苗，其由编码目的抗原的基因和质粒的表达载体组成，直接导入宿主细胞后并不与宿主染色体整合，而是通过细胞的转录系统表达蛋白抗原，诱导机体产生特异的细胞免疫和体液免疫。核酸疫苗具有能长期激活机体全面免疫反应、制备工艺简单和费用低廉（不用纯化蛋白）的优点。❸

---

❶❷ 何苗，等．人乳头瘤病毒疫苗研究新进展［J］．中国妇幼健康研究，2013，24（3）：454 – 458.

❸ 王晓娟．疫苗佐剂的研究进展［J］．微生物学免疫学进展，2008，36（3）：96 – 98.

申请号为 CN200910046612 的专利申请文件，公开了一种包含编码沙眼衣原体主要外膜蛋白多表位蛋白的核酸序列和编码人乳头瘤病毒 6b 型 L1 蛋白的核酸序列的嵌合核酸序列，包含该嵌合核酸序列的重组载体，以及所述重组载体在制备用于预防或治疗人乳头瘤病毒和沙眼衣原体相关疾病的嵌合疫苗中的用途。实验证实，实验动物针对 HPV6b L1/CT MOMP 多表位 DNA 疫苗在血清和阴道分泌物中均产生了 HPV6b L1 特异性的保护性抗体。该疫苗免疫后均能够诱导产生 IFN－γ 和 HPV6bL1 特异性 CTL 杀伤活性，表明可产生较强的抗 HPV6b 的细胞免疫效应。结果表明具有预防和治疗 HPV6b 感染的作用。

申请号为 CN201180074173 的专利申请文件，公开了两种类型特异性的 E6/E7 共有 DNA 疫苗 p6E6E7 和 p11E6E7。实验证明，p6E6E7 和 p11E6E7 都能在小鼠中有效引发稳固的类型特异性 E6 和 E7 特异性免疫应答。

2. 抗原的选取与改造

由于 HPV 种类繁多，且在致病力和致癌危险性大小方面存在差异，根据接种对象所在地区引发疾病的 HPV 类型选取抗原，制备针对特定地区、特定疾病的疫苗，以达到最大的免疫效果是 HPV 疫苗研发人员需要考虑的。此外，选取一种能够有效激发机体针对本类型 HPV 感染的免疫反应，又对其他类型 HPV 感染具有交叉保护作用的抗原是制备 HPV 疫苗的理想选择。

申请号为 CN200610017073 的专利申请文件，公开了一种人乳头瘤病毒的病毒样颗粒疫苗，每毫升疫苗中各组份的含量分别为：HPV6L1VLPs：10～60μg、HPV16L1VLPs：5～40μg 和 HPV58L1VLPs10～60μg，其中所述疫苗组分附加 10～60μg 其他 HPV 型别的 VLPs，其中附加 HPV 型别包括一种或两种如下型别的 VLPs：HPV1、HPV2、HPV3、HPV5、HPV8、HPV10、HPV11、HPV18、HPV31、HPV33、HPV35、HPV45、HPV52、HPV53、HPV57 和 HPV59。

申请人在申请文件中指出，英国葛兰素公司在杆状病毒表达系统分别表达 HPV16 和 HPV18，美国默克公司在酿酒酵母表达系统中分别表达了 HPV16、HPV18、HPV6 和 HPV11 等型别的 L1 蛋白，所得蛋白能形成病毒样颗粒。这些疫苗的配伍成分是基于欧美部分地区的流行病学调查结果，也主要是针对当地的病毒流行株。

然而全世界流行病学总体调查研究结果表明，HPV 引起恶性肿瘤的型别在世界各地不尽相同。其中，HPV16 是最主要的致癌因素，其他型别在世界各地与肿瘤发生的相关性不同。在中国及亚洲的流行病学调查结果显示，HPV58 与宫颈癌的发生高度相关，相关文献报道 HPV58 的感染率达到 10% 以上，远远超过 HPV18（4%），这与在欧洲、美洲及非洲的流行病调查结果不同。该发明根据在亚洲和中国部分地区进行的人乳头瘤病毒感染流行病学调查结果，应用 HPV6、HPV16 和 HPV58 等型别的 L1 蛋白形成的 VLPs 制备的疫苗能预防 60% HPV 引起的感染。附加的 HPV 型别可以进一步提高疫苗的预防效力。

申请号为CN200380109729的专利申请文件，公开了使用HPV16 VLP和HPV18 VLP对由一组以下HPV型别引起的感染和/或疾病提供交叉保护作用：31、33、35、39、45、51、52、56、58、59、66和68，在下文称为“高危癌型”组（the group of ‘high risk cancer types’）。对高危癌型的所有组别的保护作用，对某些具体型别以及对各型别的各种组合的保护作用已得到确认。分别使用HPV16 VLP和HPV18 VLP，除“同源”保护效果外，还发现对HPV16和HPV18有效果。因此，HPV16 VLP和HPV18 VLP两者都可用于抗HPV16、HPV18和其他HPV型的疫苗中。

此外，HPV疫苗研究人员还通过制备融合抗原，对抗原进行截短、突变等基因工程改造，提高抗原的免疫原性，改进抗原的性能。

申请号为CN200510004991的专利申请文件，公开了涉及修饰的人乳头瘤病毒16型（HPV—16）E6/E7基因和改造的分枝结核杆菌热休克蛋白70（TBhsp70）基因融合在一起所得到的重组蛋白疫苗。实验证实，本发明重组蛋白疫苗具有较强的免疫能力及抗肿瘤功能，且不需要与其他免疫佐剂联合应用。

申请号为CN201010212177的专利申请文件，公开了HPV6型L2N120E7E6融合蛋白编码基因，并成功构建了高表达HPV6型L2N120E7E6融合蛋白的表达载体和转化菌株。该融合蛋白具有强的免疫原性，可诱发特异性T细胞免疫反应，能明显推迟小鼠成瘤时间，并有20%的小鼠肿瘤生长受到完全抑制。

申请号为CN201210015614的专利申请文件，公开了一种宫颈癌预防性VLP疫苗，VLP是HPV18型、HPV52型、HPV58型L1蛋白的环部位插入1个HPV16型的E7表位而得到的嵌合蛋白的聚集体。本发明的疫苗可以高效地诱导抗多种抗高危型HPV病毒的中和抗体，免疫效果好，免疫时间长。

申请号为CN200410093374的专利申请文件，公开了以HPV16L1 448－477aa区段的蛋白序列为基础，在465位引入G→A突变，形成SEQ ID NO：1所示的多肽。发明多肽可同时诱导针对多种型别HPV，尤其是同时诱导针对高危型HPV和低危型HPV的免疫反应。所诱导的高滴度的抗短肽抗血清能分别与重组HPV6bL1，重组HPV16L1，HPV16及HPV18病毒发生反应。

申请号为CN200780039068的专利申请文件，公开了包含免疫刺激多肽和突变的人乳头瘤病毒E7蛋白的融合蛋白。本发明人发现与野生型E7抗原相比较，突变E7抗原耐受贮存过程中的降解，并且显示出蛋白聚集减少。这种组合还显示出对HPV相关疾病增强的治疗效果。

申请号为CN200810111389的专利申请文件，公开了截短HPV11L1蛋白，在保留全长HPV11L1蛋白的抗原性及颗粒组装能力的同时，易于在大肠杆菌表达系统中表达，所采用的纯化方法无需使用昂贵的酶，成本低廉。而且目的蛋白在纯化过程中构象没有经过剧烈的变性复性过程，损失小，可应用于大规模工业化生产。此外，申请号为CN200810093817、CN201110182799和CN201110136560的专利申请文件，分别公开了截短的HPV18L1蛋白、截短的HPV52L1蛋白和截短的HPV33L1蛋白，均可在保留全长HPV L1蛋白的抗原性、免疫原性及颗粒组装能力的同时，实现在大肠杆菌表达系统中大量表达，提高产率，降低生产成本。

3. 佐剂

佐剂是一种能够提高机体对疫苗中抗原组分的免疫应答的物质，特别是随着疫苗技术的发展，越来越多的核酸疫苗和多肽疫苗被开发出来，由于这些抗原的分子量较小，免疫原性普遍较弱，因此佐剂就成为这些新型疫苗中不可缺少的部分。[1]铝佐剂作为佐剂使用已经具有70多年的历史，是目前唯一广泛使用的人用疫苗佐剂，其主要通过仓储作用使得注射后的抗原在体内缓慢释放，从而延长了APC细胞与T淋巴细胞接触的时间，增强免疫应答。[1,2] 除了铝佐剂之外，市面上还存在很多的其他种类的疫苗佐剂，如福氏完全佐剂或福氏不完全佐剂等，但是安全性并不理想，目前还停留在动物实验的阶段，难以替代铝佐剂的地位。[1]即使是铝佐剂，也存在着不能冻干以及铝盐在脑内的累积容易导致脑部疾病的发生等问题。因此研究人员一直在致力于开发出新的佐剂。目前，对于能够在HPV疫苗中应用的佐剂研究，也取得了一定的进展。

申请号为CN02152979的专利申请文件，开发了一种由QS21和固醇组成的佐剂。其中，QS21（或QA21）是一种来源于南美洲的Quillaja Saponaria Molina树皮中具有免疫活性的皂苷组分，这在当时被广泛知晓，不过当尝试使用QS21作为佐剂时，会导致哺乳动物在注射部位的局部组织坏死，因此一直难以在实际制备疫苗中使用。该专利发现，如果在疫苗中添加QS21的同时还添加固醇，就可以避免这种组织坏死，从而可以作为一种适用于包括HPV疫苗在内的疫苗佐剂。

申请号为CN200610079644的专利申请文件，利用了IL－15促进记忆性T细胞、NK细胞等免疫细胞的活化、增殖和表型的维持能力，在HPV的核酸疫苗中使用了IL－15的表达质粒作为基因佐剂，并通过在小鼠中的试验表明单独接种mE7/HSP70 DNA疫苗免疫对肿瘤生长具有明显抑制作用，而协同IL－15基因佐剂联合免疫可进一步提高mE7/HSP70DNA疫苗的抗瘤活性，其诱发的免疫排斥反应可完全清除体内预先接种的肿瘤细胞，并且具有持久的保护作用。

申请号为CN200980111082的专利申请文件，公开了一种非毒性脂多糖佐剂，具体制备方法如下：在健康人肠中生活的大肠杆菌中筛选了具有非常短的脂多糖糖链的菌株，

[1] 王晓娟. 疫苗佐剂的研究进展［J］. 微生物学免疫学进展，2008，36（3）：96－98.
[2] 周洋，等. 疫苗佐剂的最新研究进展［J］. 生物医药前沿，2013，22（1）：34－42.

并从该菌株中提取纯化脂多糖。随后将纯化的大肠杆菌脂多糖调整至3mg/ml的浓度，并将2N NaOH与脂多糖以1∶1混合比例（体积比）混合，于60℃每10分钟振摇1次地脱酰基化140分钟。以初始0.2N NaOH体积约1/5加入1N乙酸而滴定至pH7.0。滴定后，通过乙醇来沉淀产生的混合物，以获得非毒性脂多糖，命名为CIA05，并通过对比试验表明该非毒性脂多糖佐剂具有更低的毒性并且对HPV疫苗的免疫刺激效果更好。

此外，申请号为CN200780022220的专利申请文件，还使用从结核分枝杆菌（*Mycobacterium tuberculosis*）提取的化合物的混合物PPD作为HPV的DNA疫苗佐剂，并发现其效果要比一些常规的佐剂如左旋咪唑和BCG要更好。

另外，脂质体能够作为一种佐剂使用已经被现有技术所知，并且以脂质体作为佐剂的甲肝疫苗也在欧洲得到了批准。申请号为CN201210358001的专利申请文件，则针对HPV疫苗开发了一种脂质体佐剂，并详细公开了其制备方法，并表明这种佐剂对于HPV疫苗具有良好的免疫增强效果。

4. 生产方法

对于多肽疫苗来说，抗原蛋白的表达和纯化是疫苗制备过程中的关键技术之一，而能否获得高产量的活性多肽也就直接决定了疫苗的制备成本和应用范围。为此，研究人员一直致力于寻找更好的蛋白表达系统，以表达活性更强和产量更高的抗原多肽。目前，常用的表达体系主要包括原核表达系统（大肠杆菌）和真核表达系统。在使用原核表达系统表达抗原多肽时，由于表达的蛋白大多失去天然构象，因此不容易产生保护性抗体，另外表达产物常常是包涵体，导致蛋白损失量大难以纯化得到目标蛋白。但因其成本较低的优点，而且表达的蛋白可以通过复性得到正确结构的HPV蛋白，因此仍然是一种表达系统的重要选择。申请号为CN200810111390的专利申请文件，将HPV6的L1蛋白在N段截短2、4或5个氨基酸，能够在大肠杆菌表达系统中得到高产率高纯度的蛋白，进一步可以被制备类病毒颗粒疫苗，从而通过巧妙的技术改进，克服了原核表达系统的缺陷。

真核表达系统具体还包括昆虫杆状病毒表达系统，酵母表达系统和哺乳动物细胞表达系统。由于在真核表达系统中蛋白能自发的形成VLP，从而为纯化工艺提供极大的便利，因此被更多的技术方案所采用。默克公司于2004年左右提交了3篇专利申请CN200480028106、CN200580009595和CN200480033235，均选择了酵母细胞作为表达体系，分别对HPV45、HPV52和HPV58的L1蛋白的核酸序列进行密码子优化，设计为酿酒酵母所偏好的密码子，从而获得了高产的蛋白质。申请号为CN201110000052的专利申请文件，则选择了毕赤酵母作为宿主，并进行密码子优化表达了多种类型HPV病毒的L1蛋白。多形汉逊酵母相对于其他酵母菌株而言，具有具遗传性质稳定、不易丢失质粒的优点，并且不像其他酵母菌株那样有时会产生过度糖基化的问题，因此近年来也成为表达 HPV 多肽的常用宿主。如申请号为 CN201210021524 和 CN201210592939 的专利申请文件，均选用了汉逊酵母作为宿主经过密码子优化表达了 HPV 的 L1 蛋白。

另外，申请号为 CN201010284969 的专利申请文件，还选择了昆虫杆状病毒表达系统，将经过密码子优化的 HPV16 和 HPV18 的 L1 基因装入杆状病毒表达载体并转染昆虫细胞，获得重组的杆状病毒，再用上述杆状病毒感染昆虫细胞，回收和纯化获得了高表达的 L1 蛋白质。

三、葛兰素史克公司专利布局简析

葛兰素史克公司和默克公司是国内 HPV 疫苗领域的两大“巨头”，并且均已经有获准上市的疫苗产品。其中，葛兰素史克公司在华有 23 件专利申请，位居国内 HPV 疫苗专利申请量排名榜第一位。下面以葛兰素史克为例，通过分析该公司在我国的专利布局情况，以探寻其在技术研发和专利申请方面的策略，以期为我国企业 HPV 的疫苗开发提供参考和借鉴。

葛兰素史克公司在中国的专利申请共有 23 件，其申请主题如表 1 所示。

表 1　葛兰素史克专利申请列表

申请号	申请日	优先权日	发明内容	审查结果
CN02152978	1996－4－1	1995－4－25	提高免疫原性的物质，特别是皂苷和固醇	授权
CN02152979	1996－4－1	1995－4－25		授权
CN96193443	1996－4－1	1995－4－25		授权
CN98810251	1998－8－17	1997－8－22	以 HPV16 和 18 的 E6 和 E7 蛋白作为主要活性成分，并在疫苗中添加不同的免疫活性成分以制备的疫苗	视撤
CN98813794	1998－12－18	1997－12－24		视撤
CN98813795	1998－12－18	1997－12－24		视撤
CN99814341	1999－10－8	1998－10－16	利用氢氧化铝和免疫刺激剂 3－脱氧酰化单磷酰脂质 A（3D－MOL）制备 HPV 疫苗的方法	授权
CN200410069442（CN99814341 的分案申请 1）	1999－10－8	1998－10－16		授权
CN200910173165（CN99814341 的分案申请 2）	1999－10－8	1998－10－16		授权

续表

申请号	申请日	优先权日	发明内容	审查结果
CN00815424（Cervarix 疫苗核心专利）	2000-9-7	1999-9-7	实施例公开了由 HPV 16 L1 和 HPV 18 L1 抗原辅以氢氧化铝和 3D-MPL 制备的疫苗	授权
CN200410048963（CN00815424 的分案申请）	2000-9-7	1999-9-7	明确保护了由 HPV 16 L1 和 HPV 18 L1 抗原辅以氢氧化铝和 3D-MPL 制备的疫苗	授权
CN00815418	2000-9-6	1999-9-7	由 HSV 抗原和 HPV 抗原组成的疫苗	授权（已终止）
CN01816108	2001-7-20	2000-7-21	HPV 抗原密码子优化的方法	授权（已终止）
CN02813048	1999-10-8	1998-10-16	包含 HIV 抗原和 HPV 抗原的疫苗	放弃
CN03806347	2003-3-17	2002-3-18	HPV 16，HPV 18，HPV31 和 HPV 45 基因型的 L1 蛋白的 VLP 组成的四价疫苗	授权
CN200380104985	2003-10-1	2002-10-3	由 HPV6a、HPV6b 和 HPV11 的 E1 或 E2 制备的二价或多价疫苗	授权（已终止）
CN200380109729	2003-12-18	2002-12-20	HPV L1 和 HPV18 L1 的 VLP 二价疫苗（Cervarix）在治疗其他类型 HPV 感染中的用途	授权
CN200680014223	2006-4-24	2005-4-26	HPV16 L1 和 HPV18 L1 的二价疫苗基础上添加 HPV33、HPV58 和/或 HPV59 的 L1 蛋白，还能够提供对于 HPV31、45 和 52 的免疫保护	视撤
CN200580019515	2005-6-14	2004-6-16		授权
CN200680023032	2006-4-24	2005-4-26	HPV16 L1 和 HPV18 L1 联合用药	视撤
CN200980135875	2009-7-29	2008-7-31	Cervarix 疫苗的两剂注射方案	在审
CN201080038624	2010-6-24	2009-6-25	HPV 疫苗中 L1 蛋白和 L2 蛋白新的构建结合方式	在审
CN200680017556	2006-3-21	2005-3-23	流感抗原和 HPV 抗原二价疫苗	视撤

注：有多个优先权时，仅列出该申请的最早优先权日。

1. 专利申请多点开花

葛兰素史克公司的专利申请覆盖了疫苗佐剂的开发（如 CN96193443、CN02152978 和 CN02152979），以 HPV 抗原蛋白制备的二价或多价疫苗以及同时包含 HPV 抗原与其他病毒抗原的疫苗等方面（参见表 2），覆盖面较广。其研究方向的广泛也为最终开发出成熟的疫苗产品奠定了良好的基础。

表 2　葛兰素史克公司专利申请领域概况

	佐剂	HPV 抗原	HPV 联合其他病毒抗原	其他
申请量（件）	9	10	3	1

2. 围绕核心专利构建外围专利网

葛兰素史克公司 HPV 疫苗的拳头产品为 Cervarix（卉妍康），是针对 16 型和 18 型 HPV 的二价疫苗，并于 2009 年 10 月 16 日经过 FDA 批准后在美国正式上市，主要用于预防年龄介于 10 ~ 25 岁的 16 型、18 型 HPV 造成的宫颈癌与癌前病变。该疫苗 2010 年全年的总销售额达到了 3. 87 亿美元。

早在 Cervarix 在美国正式上市前多年，葛兰素史克公司于 2000 年 9 月 7 日就向中国专利局提交了专利申请 CN00815424（优先权日为 1999 年 9 月 7 日），虽然在该申请的权利要求中保护了由一种 HSV 抗原和 HPV 抗原组成的疫苗，但是在说明书实施例中却主要研究了一种由 HPV16 L1 和 HPV18 L1 抗原辅以氢氧化铝和 3D－MPL 的疫苗，并在其分案申请 CN200410048963 中的权利要求中明确要求保护了该疫苗，该分案申请顺利授权。而该疫苗正是葛兰素史克公司于 2009 年经过 FDA 审批而上市的大名鼎鼎的 Cervarix。因此，CN00815424 和其分案申请 CN200410048963，就是披露了葛兰素史克 Cervarix 疫苗的关键技术的核心专利。

为了构筑全面的专利保护网，最大限度的保护专利的相关技术和扩大核心专利的生命周期，葛兰素史克公司围绕着上述核心专利提出了多项外围专利申请（见图 4）。

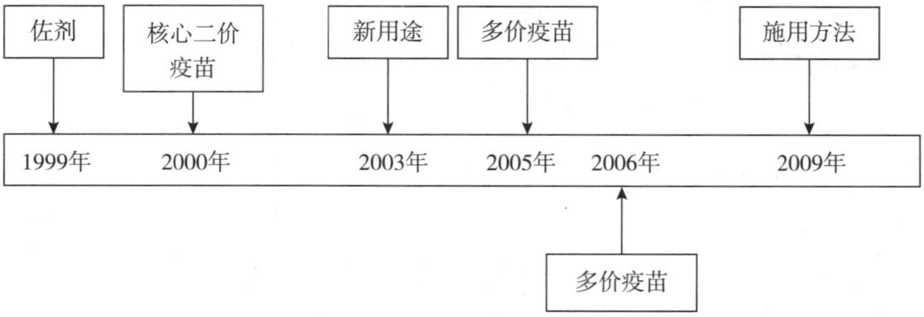

图 4　Cervarix 相关专利申请时间轴

在核心专利申请提出之前，葛兰素史克公司实际上已经开始了专利布局。1999 年 10 月 8 日提交的专利申请文件 CN99814341 中（后续又提出了基于该申请的分案申请

CN200410069442 和 CN200910173165），改进了利用氢氧化铝和免疫刺激剂 3 – 脱氧酰化单磷酰脂质 A（3D – MOL）作为佐剂制备疫苗方法，即利用不同的氢氧化铝颗粒分别吸附免疫刺激剂 3 – 脱氧酰化单磷酰脂质 A 和病毒抗原，再进行混合，降低了疫苗的生产成本并提高了生产效率。从而布下了整局中第一颗棋子——疫苗佐剂和制备方法，这也奠定了今后疫苗能够用于规模化生产的基础。

在核心专利申请提出之后，后续又提出了多份基于核心专利申请技术方案加以改进的专利申请：CN200380109729 要求保护了核心专利的二价疫苗在治疗其他类型 HPV 感染中的用途；CN200580019515 和 CN20068014223 则在核心专利的二价疫苗的基础上又添加 HPV33、HPV58 和/或 HPV59 的 L1 蛋白，并发现该多价疫苗还能够提供对于其他 HPV 类型如 HPV31、45 和 52 的免疫保护；CN200680023032 深入研究了核心专利中 HPV16 L1 抗原和 HPV18 L1 抗原联合用药的效果；CN200980135875 则公开了 Cervarix 疫苗的施用方式，即两剂注射方案，而此时 Cervarix 已经在欧洲批准上市，并即将获得美国 FDA 的批准。由此可见，在核心专利申请公开之后，葛兰素史克公司通过对核心专利疫苗剂型、用途和施用方式的深入研究，构筑了坚固的专利保护网。

3. 核心专利撰写策略

包括疫苗在内的药物研发领域，由于药物从开发到最终上市，中间需要经过多个程序，如动物实验、临床试验、上市前审批等，研发周期一般都比较长。由于我国是采用先申请制的国家，为了获得专利保护，又要求尽早提出专利申请，这就带来核心技术被过早公开从而给了竞争对手以模仿和改进机会的风险。而通过将核心技术巧妙隐藏的手段，就能够在申请专利的同时，迷惑竞争对手使其不知晓本公司的关注重点，从而为药物上市争取宝贵的时间，以获得竞争的优势。

葛兰素史克公司在提出核心专利申请 CN00815424 时，其权利要求中并未要求保护 Cervarix 疫苗的核心方案，即一种由 HPV 16 L1 和 HPV 18 L1 抗原辅以氢氧化铝和 3D – MPL 制备的疫苗，而是保护了一种包括 HSV（单纯疱疹病毒）和 HPV 的联合疫苗。该疫苗的两种抗原之间不产生拮抗作用，并且在这两个病毒的基础上还可以进一步添加甲肝或乙肝等病毒的抗原。该专利申请在发明内容部分仅泛泛记载了 HPV 抗原的选择，不过在实施例中以对照试验的方式记载了 Cervarix 疫苗的技术方案。几年后，该公司于 2004 年才通过分案申请保护了该方案，而这正是葛兰素史克公司的核心专利。

从说明书的整体来看，该专利申请的主要关注点在于如何选择合适的抗原，制备效果上互不干扰的联合疫苗，使得竞争对手并无法确切知晓该公司所实际的研发重点，从而在一定程度上迷惑了竞争对手。通过这种方式，在尽早提出专利申请的同时，又尽可能地隐藏了核心技术，从而大大争取了竞争时间。这种专利申请和撰写的方式值得我国申请人进一步研究和学习。

四、结　语

HPV 病毒是导致宫颈癌的“元凶”，还与包括阴茎癌和生殖器疣在内的多种恶性疾病具有重要关联。已经上市两种 HPV 疫苗展现出了疫苗对于宫颈癌预防的积极作用，这也激励了科学和医疗工作者对于更多 HPV 疫苗的研究和开发。本文首先通过对国内 HPV 相关疫苗专利的分析，获悉来自国内申请人的申请量近年来持续增加，这一良好趋势表明了我国对于 HPV 疫苗的技术开发和市场的重视。但是，两大国外申请人葛兰素史克和默克公司牢牢占据了申请量排名的前两位，并且均有 HPV 疫苗的上市产品，由此看出我国申请人在技术转化能力上还有待提高，具体的做法上可以考虑将高校的科研优势和企业的资金和市场优势相结合，以加强技术开发和转化的能力。

本文进一步从抗原的选取和改造、佐剂和生产技术 3 方面介绍了 HPV 疫苗研发中的关键技术，并选取了代表性的专利进行了分析，以期为科研和医学工作者进行 HPV 疫苗的研发提供一定的指导意义。

此外，葛兰素史克公司作为在我国 HPV 专利申请第一大申请人，其研发方向、专利布局、申请策略等方面都有很多独到之处。本文对葛兰素史克公司专利申请的在华专利申请状况进行了初步分析，以期为我国企业合理开展 HPV 疫苗的研发和专利申请布局提供借鉴。

建筑外墙保温技术专利分析

李艳琴　秦奋*

摘　要　本文通过分析建筑外墙保温技术专利全球申请态势，确定研究重点为建筑外墙外保温技术和中国、日本两个重要市场，对申请趋势、申请人、区域分布和技术动向4个方面进行统计和分析，旨在为该领域技术人员了解行业现状提供参考。

关键词　外墙　外保温　专利分析　区域分布　申请人

一、引　言

外墙保温是指采用一定的固定方式（粘结、机械锚固、粘贴+机械锚固、喷涂、浇注等），把导热系数较低（保温隔热效果较好）的绝热材料与建筑物墙体固定为一体，以增加墙体的平均热阻值，从而达到保温或隔热效果的一种工程做法。外墙保温系统大体可以分为外墙外保温、外墙自保温和外墙内保温3种。

外墙外保温技术是将保温隔热装置安装在外墙体的外侧，以达到保温效果。从结构上说，由于外墙体外的保温材料能够起到保温隔热的实际保护效果，对外墙的使用寿命也有明显的提升，利于建筑物的耐用性。但是，由于外墙外保温材料代替外墙经受风吹日晒、直接与自然界接触等各种不利因素，因此对外墙外保温材料本身提出了很高的要求，例如热阻、辐射等引起的皲裂，经受温度变化时引起的材料开裂等问题，都是衡量外墙外保温材料的重要因素。外墙外保温技术的主体和重点是外层的保温材料。常用的外墙外保温材料包括聚苯板薄抹灰外保温层、水泥砂浆厚抹灰钢丝网架保温板、无网聚苯板外保温外饰面粘贴面砖、外挂式外保温聚苯板与墙体一体浇注成型、聚苯颗粒保温料浆外墙保温、JCTA－950无机保温砂浆系统等。

外墙内保温是将保温隔热体系置于外墙内侧，优点是耐久性好且使用安全，其施工难度小且进度快，成本低；缺点是保温隔热效果不如外保温，不能避免“冷热桥”现象、冬天室内易结露，室内装修受影响以及占用室内面积。这种保温形式适合在长江流

---

* 等同第一作者。

域夏热冬暖地区使用。

外墙自保温技术是指使用的墙体结构材料本身具有一定的保温隔热性能，再配以相应的辅助措施如保温砂浆等，形成的墙体具有较好的保温隔热性能。这种技术具有工艺简便、耐久性好、维护费用低、保温隔热效果可靠、耐火、绿色环保等优势。但是由于墙体的强度低，不适合抗震和承重要求高的高层剪力墙结构。

二、建筑外墙保温技术全球申请态势

（一）申请趋势

经统计，自 1985～2013 年，外墙保温技术的全球专利申请总量为 13 356 项，其中，中国 9184 项，日本 2987 项，德国 394 项，韩国 301 项，英国 231 项，俄罗斯 173 项，美国 183 项，欧洲专利局 164 项，其他 155 项。可见，中国在申请数量上占据了绝对优势，其次是日本，而德国、韩国等其他国家在申请量方面与中国和日本差距较大。

图 1 给出了外墙保温技术的全球申请趋势，图 2 给出了外墙保温技术的目的地分布。从图中分析可知，全球外墙保温专利整体申请量发展大体经历以下 3 个阶段。

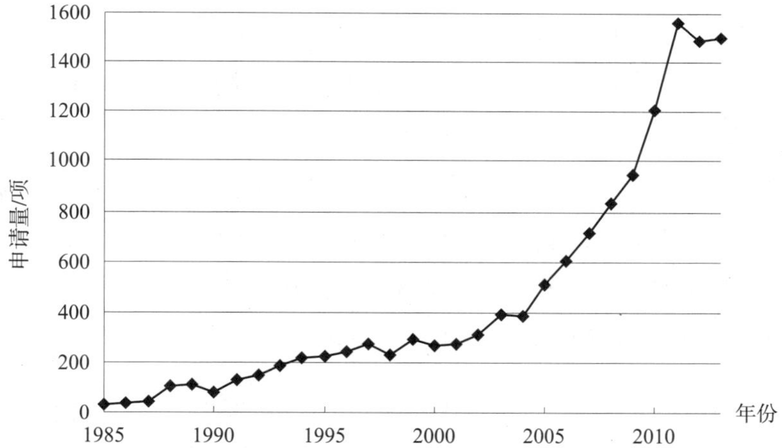

图 1　外墙保温技术全球申请趋势

1. 平稳期（1990 年之前）

外墙保温的相关专利申请起源于国外，作为传统行业，其技术发展相对比较缓慢，更新换代周期长，申请量处于平稳发展期。

2. 稳步增长期（1990～2005 年）

20 世纪 90 年代开始，随着知识产权的普及，申请量开始稳步增长，从 1990 年的 79 项发展到 2005 年的 511 项。

基础研究

产业服务

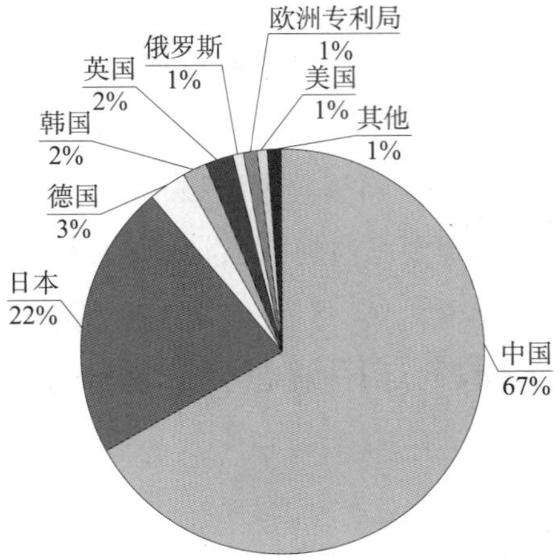

图2　外墙保温专利申请目的地分布

3. 快速增长期（2005 年至今）

2005 年以后，随着国内建筑行业的急剧发展和知识产权影响力的日益扩大，中国带领全球专利申请量进入快速增长期。截至 2013 年，来自中国的申请量已累计占到全球申请量的 67%，日本以 22% 位居第二。自 2011 年到达顶峰以后，全球年申请量开始趋于平稳。

（二）申请人

如图 3 所示，对全球专利申请人进行了统计，排在前十五位的申请人分别为：爱吉（IG）技术研究所、积水住宅株式会社、积水化学工业株式会社、钟渊化学工业株式会社（钟化株式会社）、三泽住宅株式会社、天实库株式会社、大和房屋工业株式会社、久保田株式会社、山东科技大学、吴淑环、松下电工株式会社、清水建设株式会社、安徽省根源光大节能建材有限公司、哈尔滨鸿盛房屋节能体系研发中心、康玉范。分析可知，排名前十五位的重要申请人均为中国和日本申请人，其中日本申请人 10 个，中国申请人 5 个，且大多为公司或企业申请。

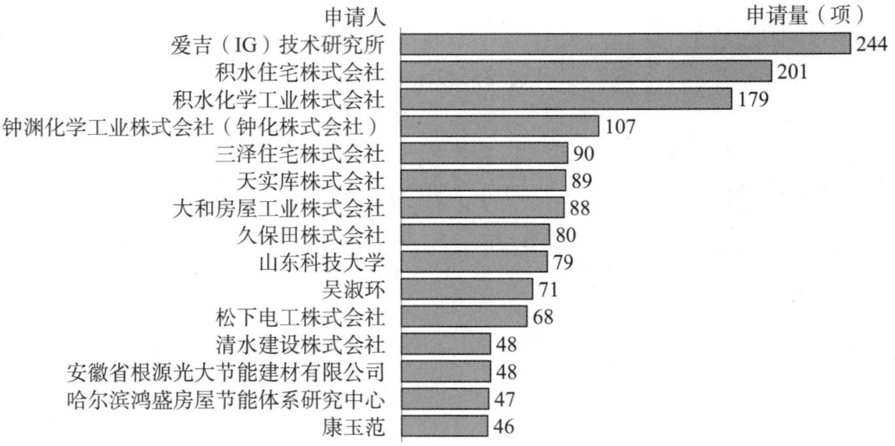

图3　全球专利申请人排名

基于上述对建筑外墙保温技术所作的全球专利分析结果，无论是从申请量还是申请人排名方面，中国和日本都占绝大部分的比例。由于外墙外保温一直是建筑外墙保温技术的重点，因此下文将重点研究该领域中国和日本市场的专利状况。

三、中国市场专利分析

（一）申请趋势

图 4 是中国有关外墙外保温技术的申请数量随时间增长的趋势。和前图 1 对比可发现，其与外墙保温技术的全球申请趋势基本一致，并且在数量上占据了较大优势，这也反映出外保温在外墙保温技术中占据比较主流的位置。

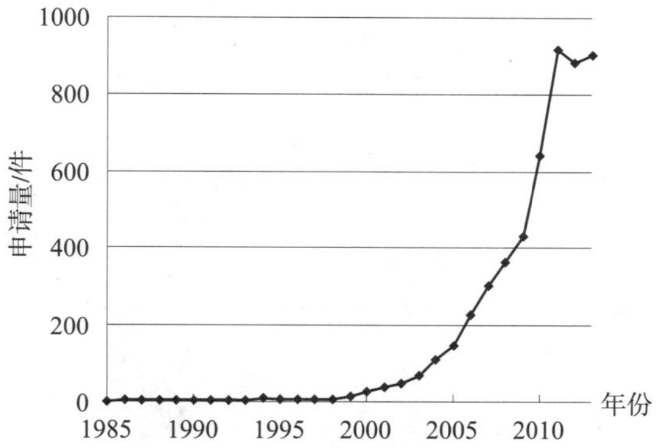

图 4　中国外墙外保温申请量增长趋势

（二）申请人

图 5 是外墙外保温中国专利申请的申请人排名情况。排在前十七位的申请人均为国

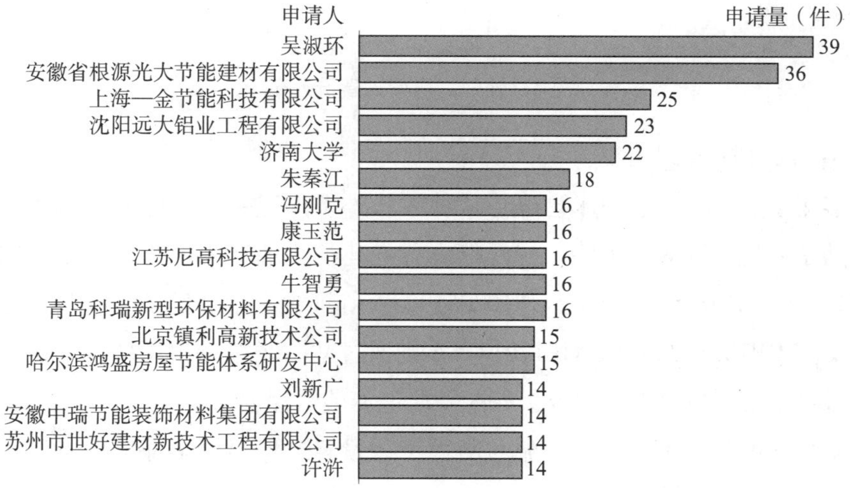

图 5　外墙外保温中国的申请人排名

内申请人，其中大专院校 1 个，企业 9 个，个人 7 个。位列前五位的申请人分别是：吴淑环、安徽省根源光大节能建材有限公司、上海一金节能科技有限公司、沈阳远大铝业工程有限公司、济南大学。可以看出，在外保温领域创新主体主要为企业。

（三）省份分布

如图 6 所示，将外保温国内申请按照省市进行划分。可以看到，科技的发展与经济总体是相对应的，沿海发达区域的专利申请量明显高于内陆地区，其中江苏以 744 件申请量排名第一，山东、北京、辽宁和上海分列申请量第二到第五位。结合申请人排名来看，前十五位重要申请人分别来自北京（3）、江苏（2）、上海（2）、山东（2）、安徽（2）、黑龙江（2）、辽宁（1）和河北（1），说明重要申请人和重点省份有较大的相关性。

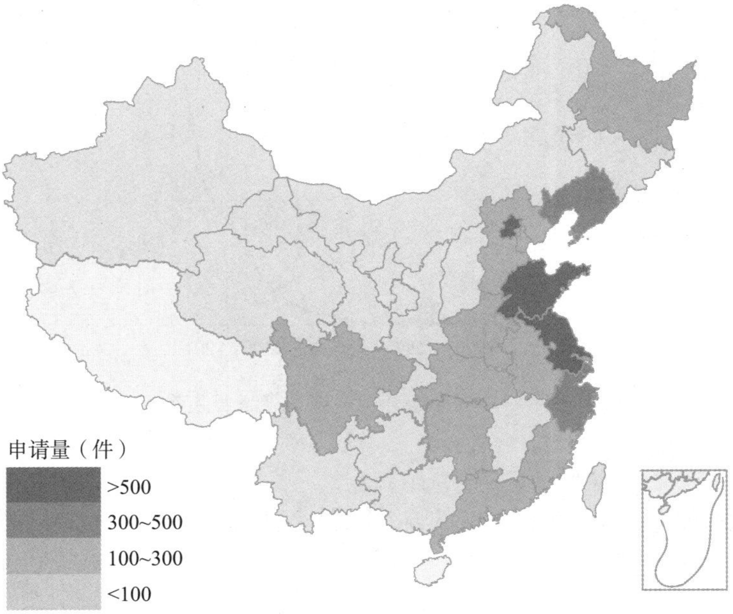

图 6　外保温申请人省份分布

（四）技术动向

经过多年发展，外保温技术已经形成体系。外墙保温一般将保温材料通过粘结、机械锚固、粘贴 + 机械锚固、喷涂、浇注等方式与建筑物墙体固定为一体，比如专利文献 CN101435256A、CN101725185A、CN102051923A 等即通过锚固与墙体基层进行连接固定，专利文献 CN1811088A、CN101701476A 则通过粘贴 + 机械锚固的方式进行固定，专利文献 CN1417435A 通过喷涂形成聚氨酯硬质泡沫塑料保温层。

在保温材料的使用上，有机保温材料由于质量轻、保温效果好等优点在工程实践中广泛使用，如专利文献 CN103195179A 中的描述。但是，有机保温材料有一个显著的缺点，即不防火。根据我国近年来建筑节能保温工程的实践状况，从南京中环国际广场、济南奥体中心、沈阳皇朝万鑫大厦到央视新址、上海胶州路教师公寓的大火来看，建筑有机外保温材料均被视为火灾的帮凶之一。其中，央视新址大火更是因为使用了不合格的有机保温材料而成为“新中国成立以来建筑物燃烧最快的一例”。业内人士普遍认识到，聚苯板（包括挤塑聚苯板、膨胀聚苯板等）、聚氨酯硬泡薄抹灰外墙等外保温体系存在严重的防火安全隐患。因此，业内也开始重视一些无机保温材料和防火材料的开发，并在工程中进行应用。如专利文献 CN101701476A 采用了无机岩/矿棉保温板，专利文献 CN1811088A 在保温体系中应用了阻火涂料。

整体来看，国内市场中外保温技术整体上已经形成比较成熟的体系，研发多集中在寻找新的保温材料及在现有产品基础上进行结构改进等方面。

四、日本市场专利分析

（一）申请趋势

图 7 是日本有关外墙外保温技术的申请趋势。和前图 1 对比可发现，其与外墙保温技术的全球申请趋势不完全一致，其申请量在 1999 年出现峰值后开始逐年回落，呈递减态势，这也反映出近年来日本对于外保温技术的研究开始降温。

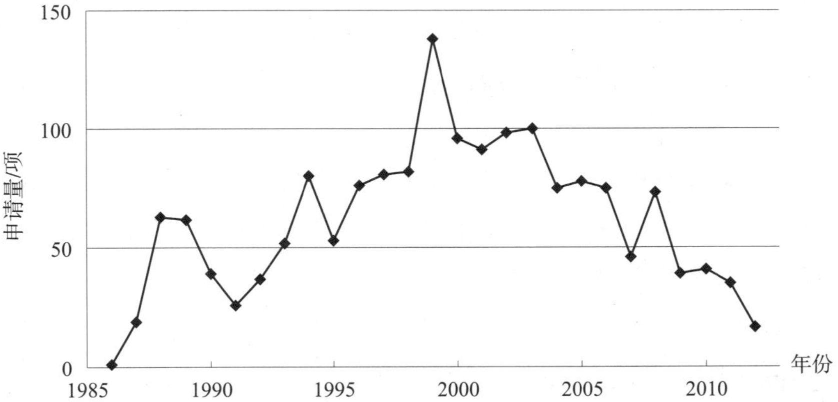

图 7　日本外墙外保温申请趋势

（二）申请人

图 8 是日本外墙外保温申请的申请人排名情况。排在前十位的申请人均为日本国内申请人，分别是：爱吉（IG）技术研究所、积水化学工业株式会社、积水住宅株式会社、天实库株式会社、大和房屋工业株式会社、三泽住宅株式会社、久保田株式会社、松下电工株式会社、钟渊化学工业株式会社、清水建设株式会社，全部为企业。可以看出，在外保温领域日本的创新主体为企业，且多为日本国内比较著名的房地产公司。

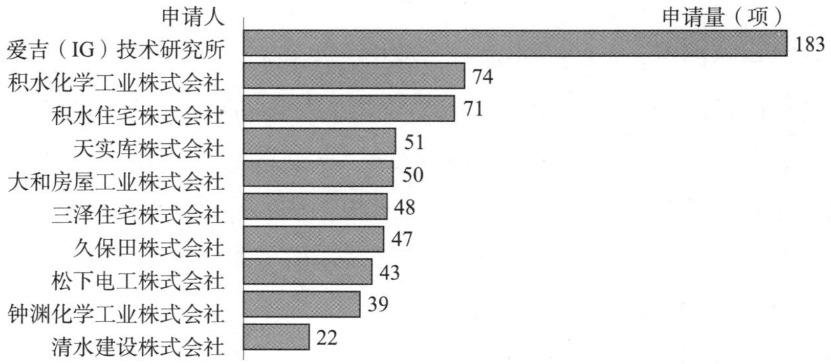

图8　外墙外保温日本的申请人排名

（三）技术动向

由于在世界范围内外保温技术已经比较成熟，日本和中国的相关技术也比较相近。比如专利文献JP2006227056A、JP2011111754A、JP201013839A等即通过锚固与墙体进行连接固定；专利文献JP2008274755A通过同时设置保温层与空气层，既增强保温效果，又能排出蒸汽，减少结露现象；专利文献JP2006125051A则利用外覆膜层对隔热材料进行处理以提高保温效果。

但是，如前所述，日本外保温技术也存在和国内同样的防火和耐久性问题。比如，专利文献JP2011202449A仅仅通过粘贴的方式将绝热板和外装饰板与墙板结合，经过一段时间后，很容易造成板材的老化和脱落；同时，由于板材的材料易燃，也面临着防火问题。

整体来看，日本市场中外保温技术早已形成成熟的技术体系。与国内市场相比，申请态势明显不同，已经在逐步放缓专利布局。另外，由于日本建筑木质结构较多，研发多集中在木质结构的外保温等方面。

五、小结和技术发展动向

从表1所示的外墙外保温技术动向的中日对比结果可以看出，两国近期所处研发阶段有所不同。中国尚处于活跃阶段，年申请量依然处于峰值附近；而日本已经经历过研究高峰，技术相对成熟稳定，申请量逐年下降。外保温技术整体结构上已经形成比较成熟的体系，研发多集中在寻找新的保温材料及在现有结构上进行小的变形等方面。其中，日本在20世纪90年代后期发现，外保温在使用一段时间后会出现严重的破损和脱离，破坏住宅的保温性能和建筑立面效果；同时，日本是多地震国家，对于外墙附加材料的固定极为不利。因此，日本大量减少了外保温的应用。在解决外保温现有的缺点上，中日两国均未能有大的突破。

表1　外墙外保温技术动向

	中　国	日　本
申请量	5163 件	1673 件
峰值	915 件（2011 年）	138 件（1999 年）
发展阶段	快速发展期	成熟期
主要申请人（件）	吴淑环（39 件） 安徽省根源光大节能建材有限公司（36 件） 上海一金节能科技有限公司（25 件）	积水住宅株式会社（121 件） 积水化学工业株式会社（90 件） 钟渊化学工业株式会社（52 件）
研发动向	研发由有机保温体系转向无机保温体系，着重解决防火问题，并在结构上进行小的改变	研发经历一个成熟的发展阶段后进入低潮回落期，现多集中在木质结构的外保温等方面，整体已放缓专利布局

根据前述外墙外保温、外墙内保温、外墙自保温系统各自的特点以及长期实践中得出的经验，外墙外保温在保温效果、避免冷桥、空间利用等方面具有优势，将来还会是外墙保温重点应用的方式。外保温技术整体结构上已经形成比较成熟的体系，国外的技术研发已经放缓，国内的技术发展还处在上升活跃期。由于目前外墙外保温的使用面临耐火性和耐久性两大问题，研发方向已经从有机材料转向无机材料，着重解决防火问题；并且，如何提高无机材料的保温性能和与建筑结构的结合耐久性是将来研发的重点。

多电平逆变器专利技术发展综述

王伟

摘　要　多电平逆变器，是指这种逆变器输出电压波形中的电平数等于或大于3的逆变器，如三电平、四电平以及五电平逆变器等。其与传统的两电平逆变器相比，具有控制方式灵活、输出电压的相位和幅值便于调节与控制、输出电压的谐波含量低、逆变效率高、可以使用价格便宜的低频高压大功率开关器件、适合于高压大功率输出等优点。本文主要以DWPI专利数据库以及CNTXT数据库中的检索结果为分析样本，从专利文献的视角对多电平逆变器技术的发展进行了全面统计，总结了多电平逆变器国内外专利的申请趋势及主要申请人分布，分析了具体的三电平、四电平以及五电平逆变器技术的发展路线，并从中得到一定的规律。

关键词　多电平　逆变器　专利申请　发展路线

一、前　言

多电平逆变器是指这种逆变器输出电压波形中的电平数等于或大于3的逆变器，如三电平、四电平以及五电平逆变器等。其与传统的两电平逆变器相比：具有控制方式灵活，输出电压的相位和幅值便于调节与控制，输出电压的谐波含量低，逆变效率高，可以使用价格便宜的低频高压大功率开关器件，适合高压大功率输出以及解决高压大功率交流电动机变频调速的难题等优点。而且开发运用多电平逆变器对提高电力系统的控制能力，降低智力电力系统的无功与谐波污染、增强交流电动机传动系统的节能效果和性能以及达到生产效率和产品质量的效果有显著的影响。

对于多电平逆变器的发展，早在1962年就在阿波罗登月指令舱逆变器中得到应用。但其大多数都是通过两电平单相全桥逆变器通过其输出变压器进行移相多重叠加得到的输出电压，所以它仍然是两电平逆变器。直到1980年，日本长冈科技大学的南波江章等人对其进行了改进与发展，在IEEE工业应用年会上提出了二极管钳位式三电平逆变器主电路的结构，由此开始进入到多电平逆变器的研发新阶段。对于多电平逆变器的专利申请，1981年12月25日由K. ASANO等人向日本专利局申请的多电平逆变器专利，其公开了具有多相负载的 PAM 控制的多电平逆变器。这应该是关于多电平逆变器最早的专利申请。

本文主要以 DWPI 专利数据库以及 CNTXT 数据库中的检索结果为分析基础，从专利文献的视角对多电平逆变器技术的发展进行全面的统计分析，总结多电平逆变器国内外专利的申请趋势及申请人分布，分析了具体的三电平、四电平以及五电平逆变器技术的发展路线，并从中得到一定的规律。

二、多电平逆变器的分类

多电平逆变器的实质是开关管和多个直流电源电压按照特定的组合方式形成的主逆变电路。只要按照一定的方式和顺序选通开关管，就能够使主电路内的直流电源电压，按照一定的方式和顺序形成多个直流电源电压的串联回路，使逆变器得到高压大功率多电平输出。其结构形式分类如图 1 所示：

- 多电平逆变器 (multilevel inverters)
  - 钳位式多电平逆变器 (clamped type multievel inverters)
    - 二极管钳位式多电平逆变器 (diode – clamped multielel inverters)
      - 二极管中性点钳位式 (diode neutral point clamped type)
      - 二极管串联钳位式 (series diode clamped type)
      - 二极管自钳位式 (diode self – clamped type)
      - 采用辅助臂的二极管钳位式 (diode clamped with auxiliary arm type)
    - 飞跨电容钳位式多电平逆变器 (flying – capacitor multievel inverters)
      - 飞跨电容钳位式 (flying – capscitor type)
      - 电容电压自平衡式 (self – voltage balancing type)
    - 混合钳位式多电平逆变器 (hybrid – clamped multilevel inverters)
  - 级联式多电平逆变器 (cascaded multilevel inverters)
    - 具有独立直流电源级联式多电平逆变器 (cascaded – inverters with separated Dc Sources)
      - 2H 桥级联式 (cascaded type of 2H Bridge)
      - 3H 桥级联式 (cascaded type of 3H Bridge)
    - 混合式级联多电平逆变器 (hybrid cascaded multilevel inverters)
    - 三相半桥式 SPWM 逆变器的级联
    - 开绕组双端供电式级联
  - 层叠式多电平逆变器 (stacked multilevel inverters)
  - 多重叠加式电平逆变器 (multiplicity inverters)

图 1　多电平逆变器的分类

(一) 钳位式多电平逆变器 (Clamped type multilevel inverters)

多电平逆变器是由基本的两电平逆变器组合而成的。钳位式多电平逆变器是属于由基本逆变单元通过串、并联组合而成的一种单一直流电源、半桥式结构形式的钳位式多电平逆变器。这一类结构形式的多电平逆变器包括二极管钳位式、飞跨电容钳位式和混合钳位式多电平逆变器。

1. 二极管钳位式多电平逆变器（Diode－clamped multilevel inverters）

二极管钳位式多电平逆变器是开发最早的一种多电平逆变器。这种多电平逆变器的特点是主电路和控制电路比较简单、控制方式也比较简单，便于双向功率流动的控制，功率因数控制也方便。缺点是直流电容分压的均压比较复杂和困难。这种多电平逆变器是分析研究钳位式多电平逆变器的基础。在国内外，这种结构形式的多电平逆变器已进入到实用化阶段。

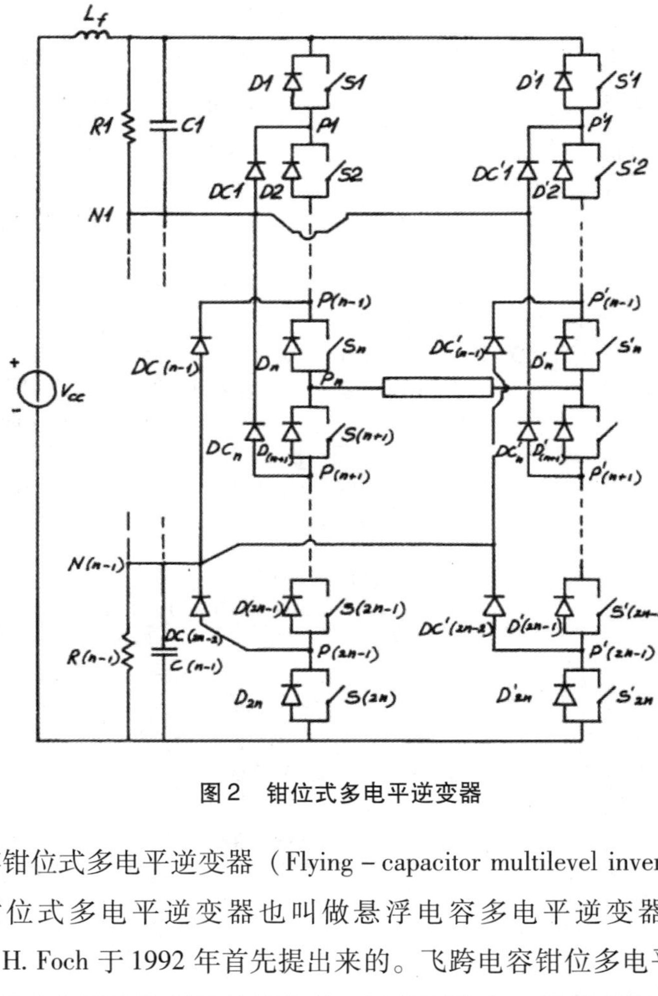

图2　钳位式多电平逆变器

2. 飞跨电容钳位式多电平逆变器（Flying－capacitor multilevel inverters）

飞跨电容钳位式多电平逆变器也叫做悬浮电容多电平逆变器。它是法国学者T. A. Meynard 和 H. Foch 于 1992 年首先提出来的。飞跨电容钳位多电平逆变器是用飞跨电容取代二极管对功率开关进行直接钳位的，因此不存在二极管钳位式多电平逆变器中主、从功率开关管的阻断电压不均衡和钳位二极管反向电压难以快速恢复的问题。为了避免在多电平逆变电路中使用太多的钳位二极管，T. A. Meynard 于 1992 年提出了多电平钳位式多电平逆变器，用飞跨电容取代二极管对功率开关进行钳位。

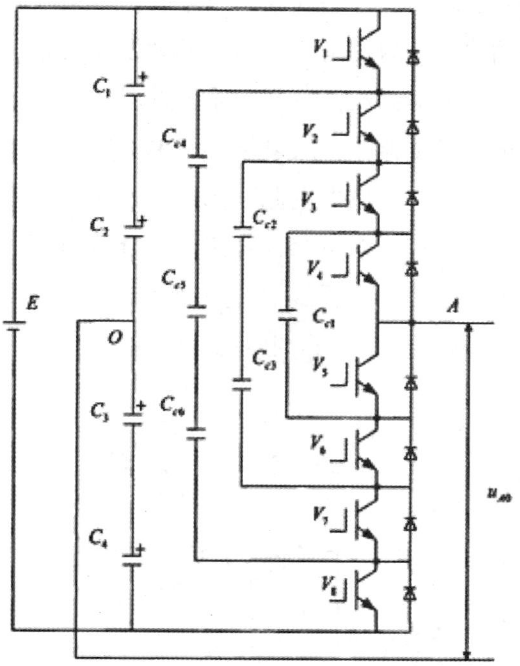

图 3　飞跨电容钳位式多电平逆变器

3. 混合钳位式多电平逆变器（Hybrid – clamped multilevel inverters）

混合钳位式多电平逆变器是指采用二极管和飞跨电容钳位的多电平逆变器，它可以使两种钳位方式的优缺点互补。主要是二极管钳位式多电平逆变器加入飞跨电容钳位后，可以克服二极管钳位多电平逆变器的一些缺点，使其性能进一步提高。具有以下优点：可以减轻桥臂内侧器件上的过电压；可以为电流提供双向通路；可以更好地实现电容电压的均衡。

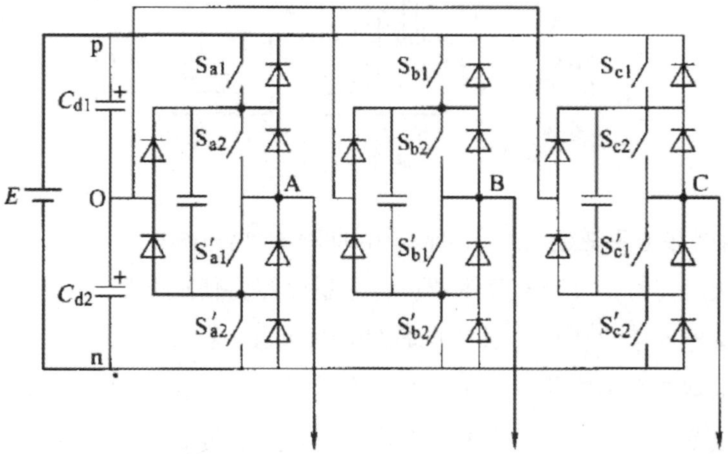

图 4　混合钳位式多电平逆变器

（二）级联式多电平逆变器（cascaded multilevel inverters）

采用多电平逆变器的主要目的就是为了利用低耐压开关器件实现高电压输出。为了达到这个目的，当前有两个解决办法：一是前述的采用电力电子开关器件串联的半桥式逆变结构，即钳位式多电平逆变器；二是采用功率单元串联叠加的级联式逆变结构，即级联式多电平逆变器。两者的直流供电电源不同，电路的结构形式也不同，因此它们的特点也不相同。级联式多电平逆变器不存在直流电容分压问题，因此也不存在直流电容分压的均压问题。级联式多电平逆变器的主开关器件的耐压，被限定在向它所在基本功率单元供电的独立直流电源电压上，多个由多里直流电源供电的基本功率单元的直流电源电压是相互独立的。

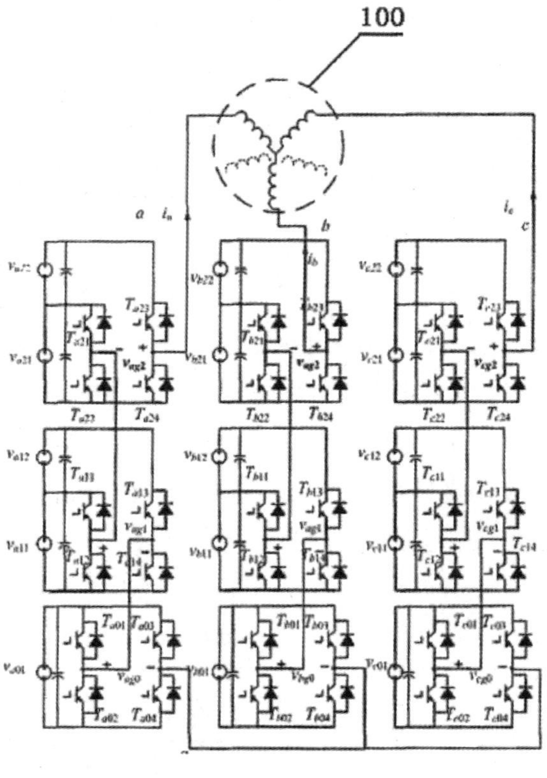

图 5　级联式多电平逆变器

（三）层叠式多电平逆变器（Stacked multilevel inverters）

当电压等级升高时，飞跨电容钳位多电平逆变器将使逆变器中存储的能量增加，这将直接导致钳位电容个数和总体积急剧增大。例如当电容承受的电压上升 1 倍时，原来是用一个电容的地方必须要使用 2 个电容串联才行，为了保持原有电容的容量不变，还得再并联 2 个电容，两并两串共需要 4 个电容，使电容体积增大到 4 倍。这种多电平逆变器理论上是电容钳位式电路层叠构成的，是为了克服钳位电容体积过大成本过高而提出来的。层叠式多电平逆变器也叫层叠式多单元逆变器，它是由电容钳位式电路通过层叠方式构成的。

（四）多重叠加式多电平逆变器（Multiplicity inverters）

多重叠加法和级联法都是生成多电平逆变器的主要方法。这 2 种方法在 20 世纪 80 年代以前，在本质上是没有什么区别的，指的都是将多个单相全桥逆变器通过对输出电压的移相，在它们输出变压器的二级侧进行串联叠加，以便得到多电平高压大功率交流电能输出。即在级联二字中加入三角载波移相的概念，这就使多重叠加法和级联法有了明确的本质差别，即将输出电压进行移相的叠加，叫做多重叠加，将三角载波移相的叠加，叫做级联法。所谓多重叠加法是指把 N 个输出电压为方波的 2H 桥，将它们的输出电压依次移开 π/N，通过输出变压器二次侧进行串联叠加，使叠加后的输出电压成为多电平阶梯波电压，以达到消除基波谐波、改善输出电压波形，提高输出电压，扩大输出功率的目的。

三、多电平逆变器的专利申请整体状况

（一）国外专利申请状况

本节主要对国内外专利申请状况的趋势和全球专利重要申请人进行分析，以期从中得到相关的多电平逆变器技术发展趋势，以及各阶段专利申请国家分布和主要申请人。其中，以每个同族中最早优先权日期视为该申请的申请日，一系列同族申请视为一件申请，数据截至 2014 年 7 月 5 日。

1. 专利申请总体趋势

图 6 示出了多电平逆变器国外专利申请趋势，大致可以分为 3 个时期，各时期划分以申请量增长率的变化为标准。

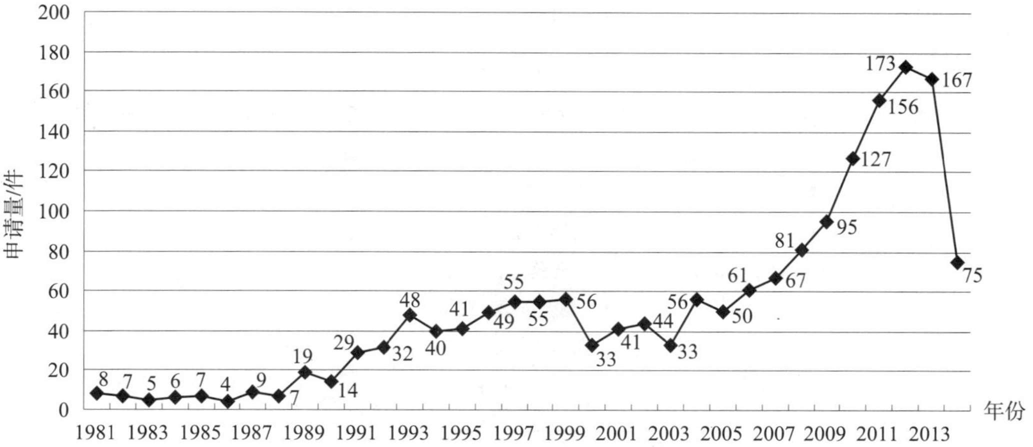

图 6　多电平逆变器国外专利申请趋势

（1）萌芽期（1990年之前）。

1987年7月17日，德国发明人KRATZ G向德国专利局提交了二极管钳位式逆变器的申请文件，并于1988年向欧洲专利局、美国专利局以及日本专利局提交了相同的专利申请。从图6中可以看出，1987年之前多电平逆变器有了一定的申请量；然而，通过浏览可以发现其大部分都不是真正意义上的钳位式多电平逆变器，而在1987年，发明人KRATZ G向德国专利局提交申请之后，针对原有的缺点，比如开关管关断时电路中有残留的电压，或者如何降低开关的开关损耗等方面，有几个发明人相继向各国专利局提交了有关钳位式多电平逆变器的申请。在1990年之前，其申请量很少，研究该领域的申请人的数量也是很少，在这个阶段，多电平逆变器的发展还处于萌芽阶段，人们的关注点大多还在原有的级联二电平逆变器的基础上实现多电平的变换输出。

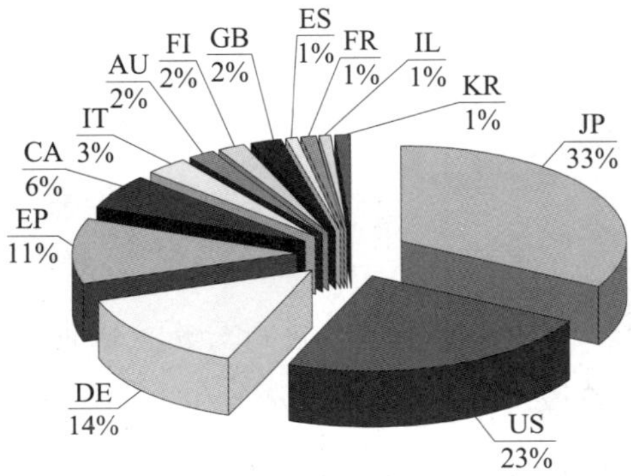

图7 1990年之前萌芽期申请量国别分布

图7示出了1990年之前萌芽期申请量国别分布。从该图可以看出，以美国专利局、日本专利局、欧洲专利局、德国专利局的申请量较多，即也从一个侧面体现了传统的三强国家工业发展技术基础强大，技术发展时间较长，有较深的工业发展历史文化底蕴。

图8示出了1990年之前萌芽期申请量公司分布，其主要以西门子（SIEI）、哈米尔顿森德斯特兰德公司（SUNH）、东芝照明技术株式会社（TOKE）、株式会社日立信息通信工程（HITA）、三菱电机株式会社等公司（MITQ）的申请量较多。但由于该阶段是多电平逆变器的萌芽阶段，其研究该领域的发明人和申请人相对较少，特别是研究钳位式多电平逆变器的申请量也只是几个而已，但其为后续研究钳位式多电平逆变器的发展提供了一定的理论基础。

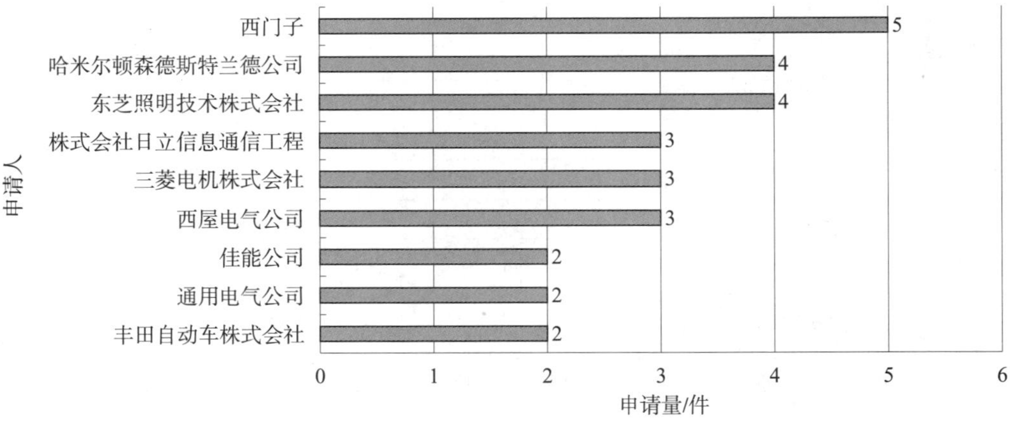

图8 1990年之前萌芽期申请量公司分布

（2）平稳增长期（1991～2005年）。

从图6可见，从1991年开始，关于多电平逆变器的专利每年的申请量明显比1991年之前的多，而且申请人数量相较之前也有大幅度增长。在该阶段，国外有关多电平逆变器的申请量的发展总体趋于平稳增长。

图9示出了1991～2005年平稳增长期申请量国别分布，在萌芽阶段，美国专利局、日本专利局、欧洲专利局、德国专利局有关多电平逆变器的申请量排在国外专利申请量的前四位，对比于图7可以看出，这四个专利局的申请量依然是国外有关多电平逆变器申请量的前四位，这也从一个侧面证明了在萌芽阶段有关多电平逆变器的研究和发展给后续的研究提供了足够的理论基础和技术保障。另外，在萌芽阶段，韩国专利局有关多电平逆变器的申请量很少，远远落后于其他国家，而在1991～2005年，韩国凭借其工业的发展快速带动了多电平逆变器技术的研究，使其在这一阶段有了量的飞跃。同时，从该图可以看出，其他各国也都稳步增长，说明各个国家越来越重视多电平逆变器在工业发展应用方面的研究。也充分证实了多电平逆变器的研究是历史发展的必然，其给各国的工业发展和能源节省方面提供了更有利的保障。

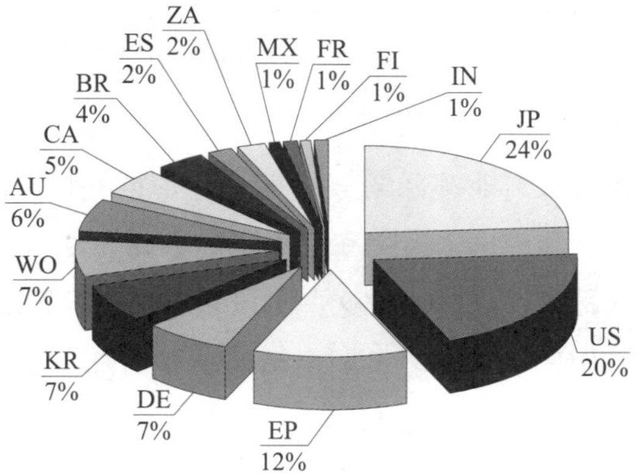

图9　1991～2005年平稳增长期申请量国别分布

图10示出了1991～2005年平稳增长期申请量公司分布，从中可以看出，在该阶段，申请量排名前三的公司为株式会社日立信息通信工程（HITA）、三菱电机株式会社（MITQ）以及东芝照明技术株式会社（TOKE），从这3个申请人可以看出，日本在这一阶段工业迅猛发展，其带动了多电平逆变器的应用，也证明了其超过美国成为多电平逆变器领域专利申请量排名第一的原因。比较图8和图10可以看出，一些在萌芽阶段已经涉及多电平逆变器的日本公司在平稳增长期快速发展，例如株式会社日立信息通信工程在萌芽阶段的申请量为1，而在平稳增长期其快速发展成为在该阶段与多电平逆变器相关的申请量排名国外专利申请量第一位，三菱电机株式会社在萌芽阶段的申请量为2，而在平稳增长期其快速发展成为在该阶段与多电平逆变器相关的申请量排名国外专利申请量第二位等，不难看出，随着工业的发展，多电平技术已被更多的公司认可。

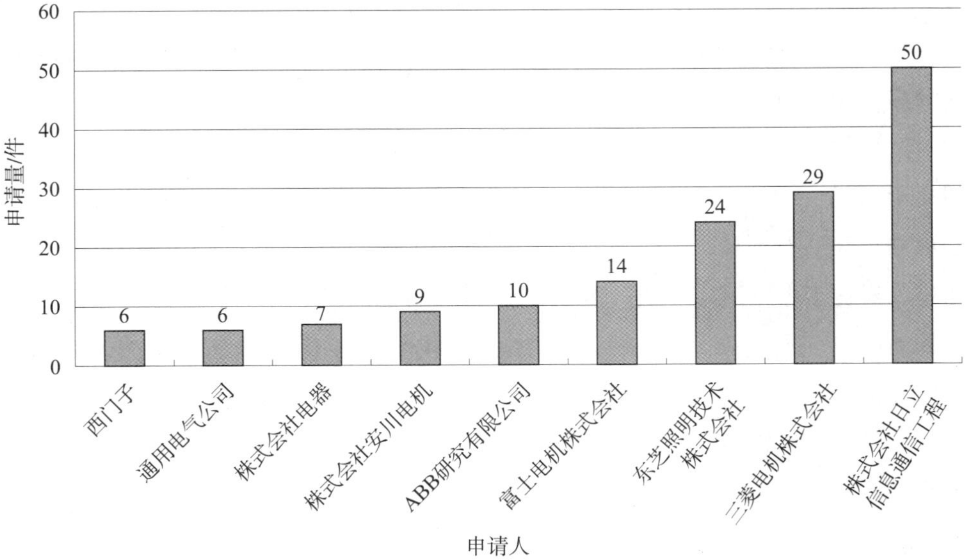

图 10　1991～2005 年平稳增长期申请量公司分布

（3）快速增长期（2006～2013 年）。

从图 6 可见，从 2006 年开始，与多电平逆变器的申请量相比前两个阶段都出现了量的飞跃，这也从一个侧面证明随着时代和工业的发展，多电平逆变器的应用以及优势被越来越多的认可，而在该阶段，能源问题一直也是一个世界性的热点问题，充分证明了为了节约能源，在工业发展和应用中研究和应用多电平成为越来越多的公司关注的重点。正是由于多电平逆变器的种种优点，使得这一阶段多电平逆变器迅猛发展。

图 11 示出了 2006～2013 年平稳增长期申请量国别分布，从该图可以看出，申请量排名前五位的国家专利局分别是美国专利局、欧洲专利局、日本专利局、国际专利局以及韩国专利局，相比前两个阶段而言，韩国专利局有关多电平逆变器的申请量在该阶段超过了德国成为该阶段申请量排名第五的专利局。而在该阶段，美国在该项技术的相关专利申请数量占有一定的优势，但这并不完全意味着美国在该项技术的科研实力最强，一方面有可能受跨国公司的影响，国外的公司急需打开美国的市场。

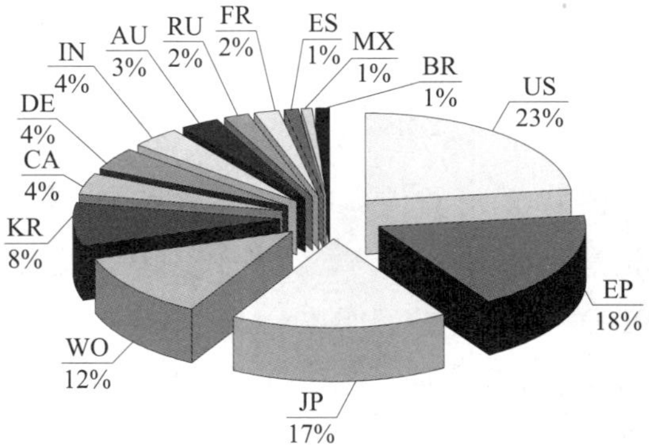

图 11　2006～2013 年平稳增长期申请量国别分布

图 12 示出了 2006～2013 年平稳增长期申请量公司分布。从图中可以看出，在该阶段，申请量排名前三的公司为三菱电机株式会社（MITQ）、富士电机株式会社（FJIE）以及株式会社日立信息通信工程（HITA）。从该图可以看出，日本的申请量虽然相比美

国在这一阶段有所降低，然而，其该方面的技术依然处于世界领先地位。

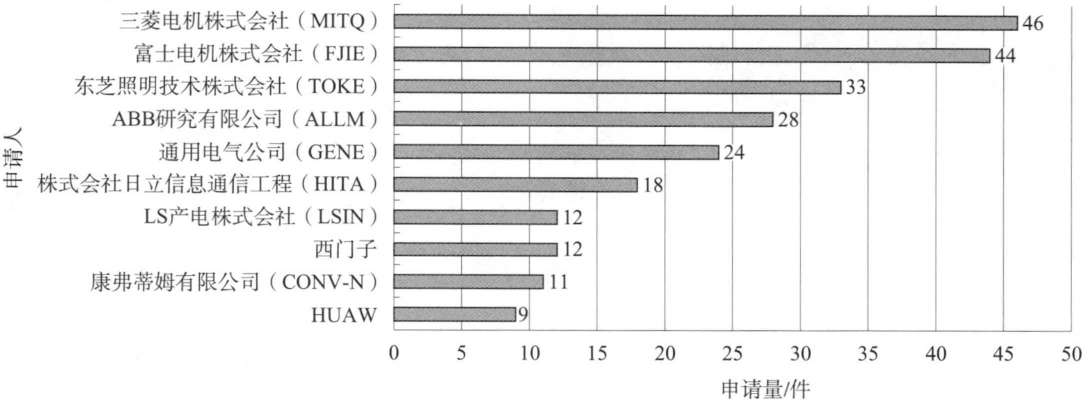

图 12　2006 ~2013 年平稳增长期申请量公司分布

2. 国外专利申请重要申请人分析

本小节从国外专利申请重要申请人方面对国外相关多电平逆变器领域的专利申请做进一步分析。笔者主要考虑申请人历年的申请总量，并按照申请总量进行排名，取前十三名申请人进行分析。

图 13 示出了国外专利申请量排名前十三名的申请人，分别是：三菱电机株式会社（日本）、株式会社日立信息通信工程（日本）、东芝照明技术株式会社（日本）、富士电机株式会社（日本）、ABB 公司（美国）、通用电气公司（美国）、西门子公司（德国）、哈米尔顿森德斯特兰德公司（美国）、株式会社安川电机（日本）、株式会社电装（日本）、LS 产电株式会社（韩国）和三星电子（韩国）。由此可以看出，排在前十二名的申请人主要集中在美、日、韩、德 4 个国家，而前四名都被日本的申请人占据，说明日本在多电平逆变器技术方面领先于其他国家。

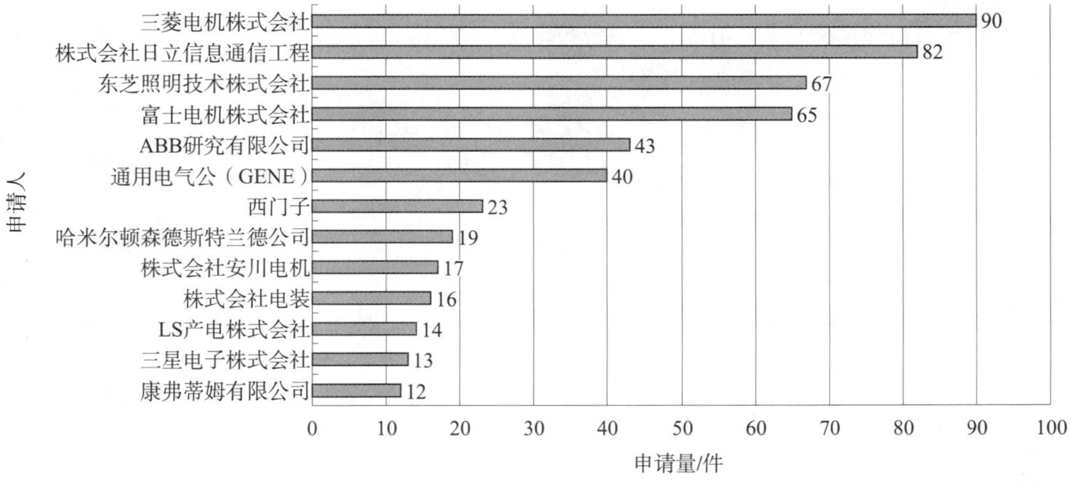

图 13　国外专利申请量排名前十三名的申请人

（二）中国专利申请状况

本节主要对中国专利申请状况的趋势以及中国专利重要申请人进行分析，以期从中得到多电平逆变器技术发展趋势，以及重要申请人的历年专利申请状况。

1. 中国专利申请趋势

图 14 示出了关于多电平逆变器中国专利申请趋势，与国外专利申请趋势对应，大致也可以分为三个阶段；第一阶段为 1991 ~ 1997 年，第二阶段为 1998 ~ 2010 年，第三阶段为 2011 ~ 2013 年。

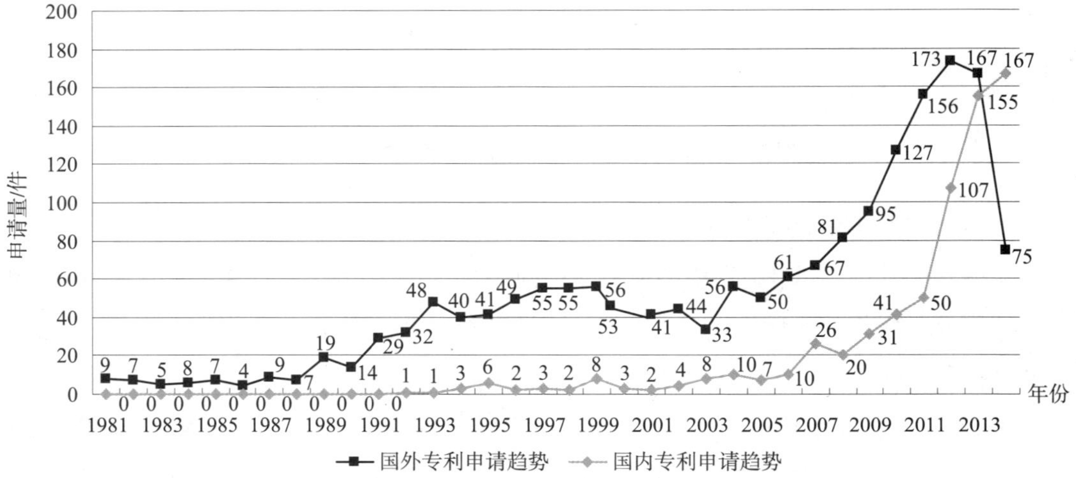

图 14　多电平逆变器中国专利申请趋势

（1）第一阶段（1991 ~ 1997 年）。

从图中可以看出，在第一阶段，一方面中国专利关于多电平逆变器领域的数量较国外专利要少很多；比较国外专利申请趋势和国内专利申请趋势可以看出，当国外专利申请处于研究初级阶段时，中国的申请量还是 0，而在国外专利申请趋于平稳时，中国的有关多电平逆变器的专利申请才处于萌芽阶段。所以，相对而言，中国在这个阶段对于多电平逆变器的发展落后于其他国家。

从图 15 中可以看出，在该阶段，中国的申请大都是国外公司在中国的申请，其反映了在该阶段国内对于多电平逆变器的研究还没有起步，也从一个侧面反映了中国在该阶段的工业水平落后于其他国家。而由于中国的市场巨大，因此其他国家的申请人为了开拓中国的市场从而在中国提交了相关的专利申请。

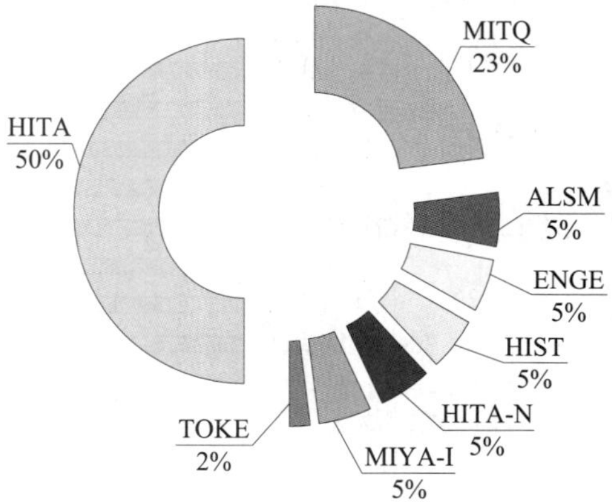

图 15　1991 ~ 1997 年多电平逆变器中国专利申请申请人分布（单位：件）

（2）第二阶段（1998～2010 年）。

第二阶段，中国专利申请趋势总体呈现上升趋势，且每年的申请量趋于平缓的上升。从图 14 中可以看出，中国在这一阶段的申请量正在慢慢追赶国际的脚步，从而也从一个侧面反映了中国在该阶段的工业发展相对于前一阶段有了明显的进步。

从图 16 至图 18 可以看出，在这一阶段，我国国内有关多电平逆变器的申请量急速增长，一方面说明了国内更多的申请人也越来越看重多电平逆变器的优势，另一方面也说明了国内工业正在迅猛发展，比较图 17 和图 18 可以看出，虽然国外的有关多电平逆变器的研究历史比国内要长，但中国的发展迅速，有些申请人在国内的第一阶段并没有任何有关多电平逆变器研究的背景下，在第二阶段通过自身的不断发展和研究，其有关多电平逆变器的申请量甚至超过了国外。

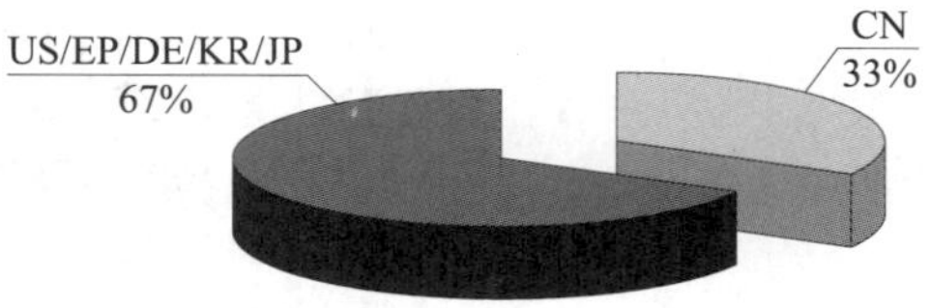

图 16　1998～2010 年多电平逆变器中国申请量的申请人国内外分布（单位：件）

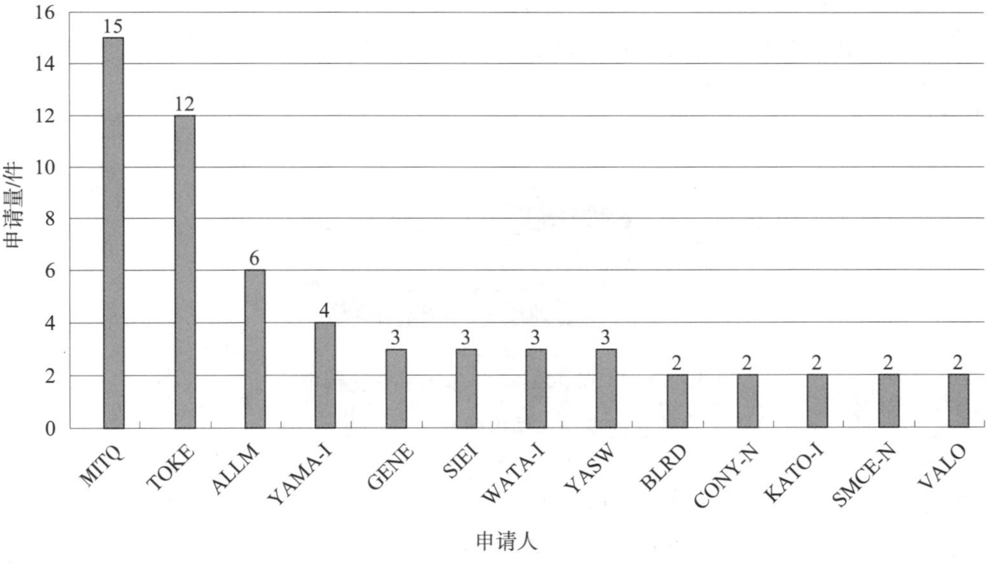

图 17　1998～2010 年中国申请的国外申请人分布

（2）第三阶段（2011～2013 年）。

第三时期内，中国有关多电平逆变器的专利申请趋势总体呈现急剧上升趋势，证明了中国的工业发展相比前两个时期都要快速，从图 14 还可以看出，在这一阶段，中国的多电平逆变器的申请量一直在追赶国际的脚步，到 2012 年差距已经相当小。

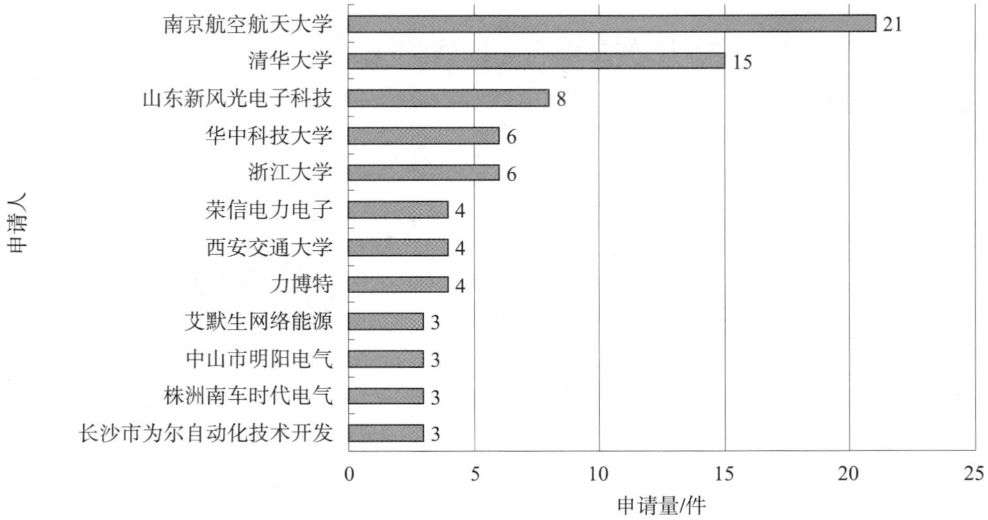

图 18　1998～2010 年中国申请的国内申请人分布

比较图 16 和图 19 可以看出，第三时期的中国国内有关多电平逆变器的研究申请快速发展，国内申请人的比重也大大提升了，这也说明国内越来越多的申请开始研究多电平逆变器领域，促进多电平逆变器的发展。

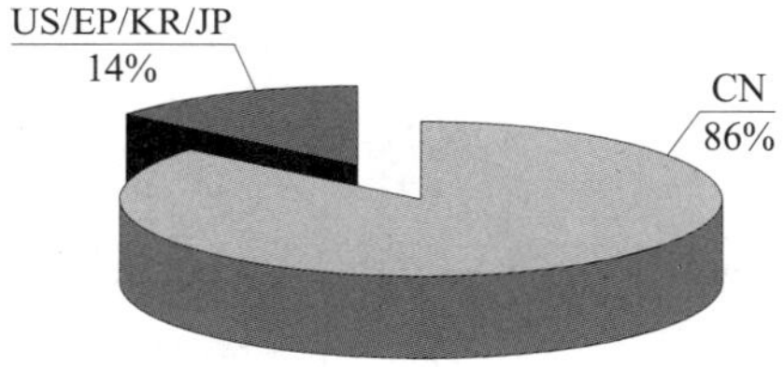

图 19　2011～2013 年多电平逆变器中国申请量的申请人国内外分布（单位：件）

从图 20 至图 21 可以看出，在这一阶段，中国国内申请人有关多电平逆变器的申请相对于国外申请人在国内的申请依然占据一定的优势，比较图 18 以及图 21 可以看出，在这两个阶段，申请人大多数是高校，说明了多电平逆变器技术在中国高校已经愈来愈被重视。从图 18 中可以看出，高校的申请量远多于公司，并且排名前三中的前两位都是高校申请人，从图 21 中可以看出，在这一阶段，阳光电源股份有限公司和华为技术有限公司快速研究多电平，其申请量占据国内申请人的前两位，从一个侧面也证明了国内有关多电平逆变器的研究正从理论转化为实际的应用。但排名前几位的申请人大多数依然是国内高校，进一步证明研究多电平逆变器的必要性，也从一个侧面说明高校的研究给公司的发展提供了巨大的保障。

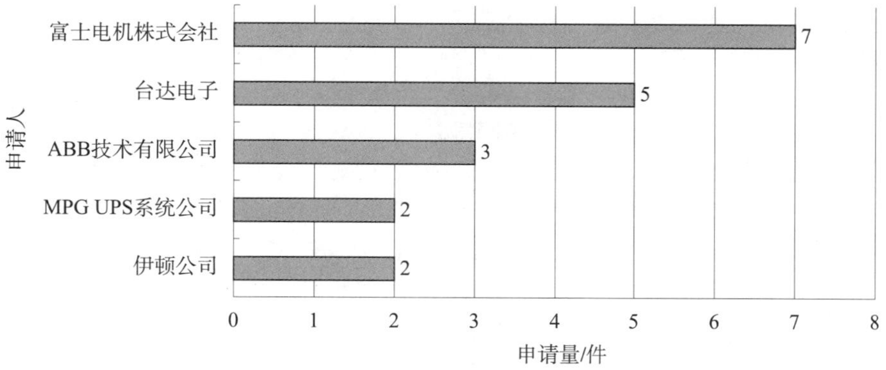

图 20　2011 ~2013 年中国申请的国外申请人分布

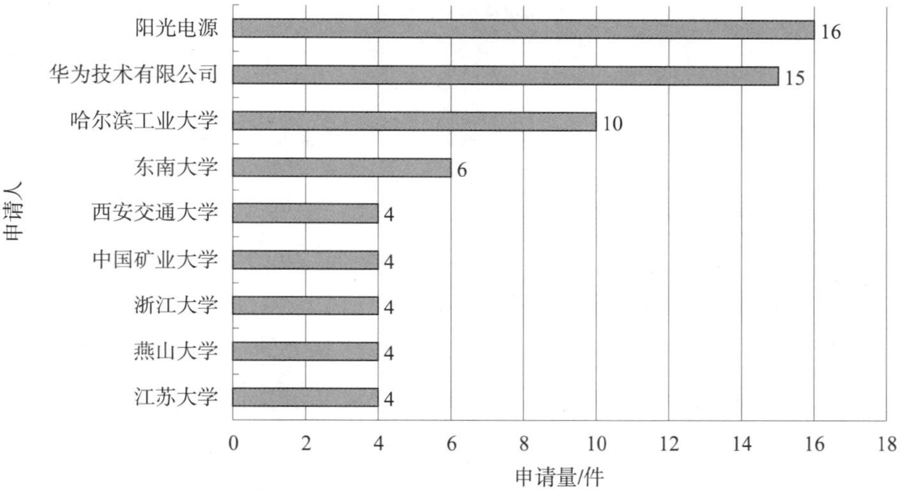

图 21　2011 ~2013 年中国申请的国内申请人分布

2. 国内专利申请重要申请人分析

本小节从国内专利申请重要申请人方面对多电平逆变器领域的专利申请做进一步分析。笔者主要考虑申请人历年的申请总量，并按照申请总量进行排名，取前十一名申请人进行分析。

图 22 示出了国内专利申请量排名前 11 的申请人，分别是：南京航空航天大学（中国）、阳光电源股份有限公司（中国）、华为技术有限公司（中国）、清华大学（中国）、三菱电机株式会社（日本）、株式会社日立制作所（日本）、哈尔滨工业大学（中国）、浙江大学（中国）、富士电机株式会社（日本）、山东新风光电子科技有限公司（中国）和株式会社东芝（日本）。由此可见，国外处于前十二名的申请人在中国的申请量也基本都排在前十名内，例如：三菱电机株式会社、株式会社日立制作所等，说明国外的公司对于中国市场的重视度较高。而且，相对而言，日本比美国以及欧洲其他国家在中国的市场率要高。同时，中国国内企业在多电平逆变器领域的申请量在前十名内的也较多，

说明中国国内多电平逆变器的发展比较良好。

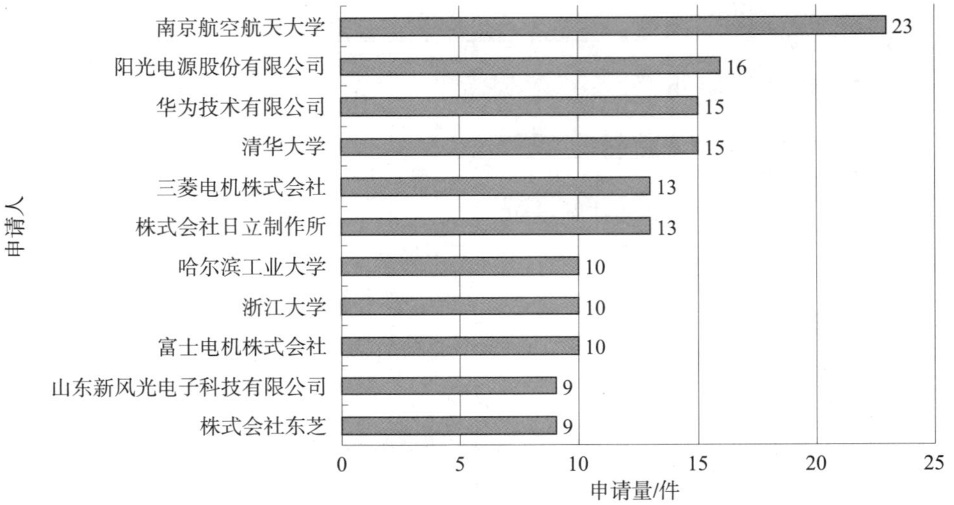

图22　国内专利申请量排名前11名的申请人（单位：件）

（三）多电平逆变器技术分解

技术分解是对于所分析的技术领域作进一步的细化和分类，对于行业状况、检索专利信息以及检索结果处理都具有非常重要的意义，有助于了解行业整体情况以及选取研究重点。一般情况下，可按技术特征、工艺流程、产品或使用用途或者解决的技术问题等进行技术分解。具体多电平逆变器领域而言，从其解决的技术问题一般可以分为：（1）降低损耗；（2）中性点平衡；（3）电压应力高；（4）光谱特性；（5）浪涌电压；（6）漏电流；（7）驱动电源数量；（8）软开关；（9）总谐波失真。上述功能分类是本文研究的重点。根据实现各个功能的方式不同，可以对上述功能分类进行进一步细分，以形成二级分类和三级分类，最终结果参见图23。

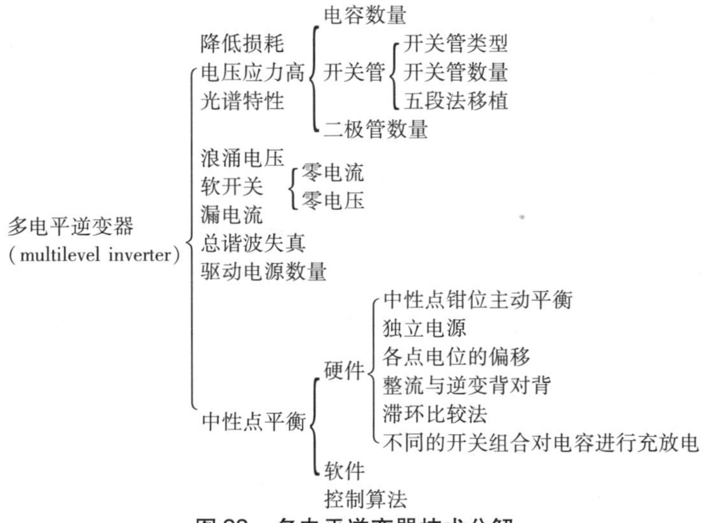

图23　多电平逆变器技术分解

四、多电平逆变器的专利技术发展分析

随着多电平逆变器的技术发展，如何更好地节约能源，实现转化效率的最大化成为众多申请人发展多电平逆变器的原因之一，而实现多电平转化效率的最大化需要从多电平逆变器本身所消耗的能力的原因入手，一方面需要通过减小自身构成器件在电流传输中所消耗的能量；另一方面是减小从上开关管切换到下开关管过渡期间所消耗的能量，即软开关；而对于负载应用角度而言，传递给负载的信号质量是负载能否正常工作的重要指标，而信号质量一方面是减小信号传递过程中所产生的干扰信号，即中性点平衡；一方面是减小信号的峰值影响，即浪涌电压；本章将针对以上几点对多电平逆变器的专利发展做进一步详细的分析，从而确定多电平逆变器的技术发展路线。

（一）降低损耗

本节的降低损耗主要从如何减小自身构成器件在电流传输中所消耗的能量这一技术路线展开。相比于传统的两电平逆变器，多电平逆变器虽然有很多优势，但缺点是有更多的半导体开关。半导体开关的导通和关断瞬间会产生很高的电压，消耗能量；并且器件的增加也会引起多电平逆变器的应用成本问题，特别是当多电平逆变器应用于光伏领域时，其相比传统两电平逆变器的优势就大大降低。为了解决这一技术问题，30 多年来，围绕这一技术问题提交了很多申请。下面就针对这一技术问题分别针对三电平、四电平以及五电平系统，分析多电平逆变器的发展路线。

1. 三电平逆变器

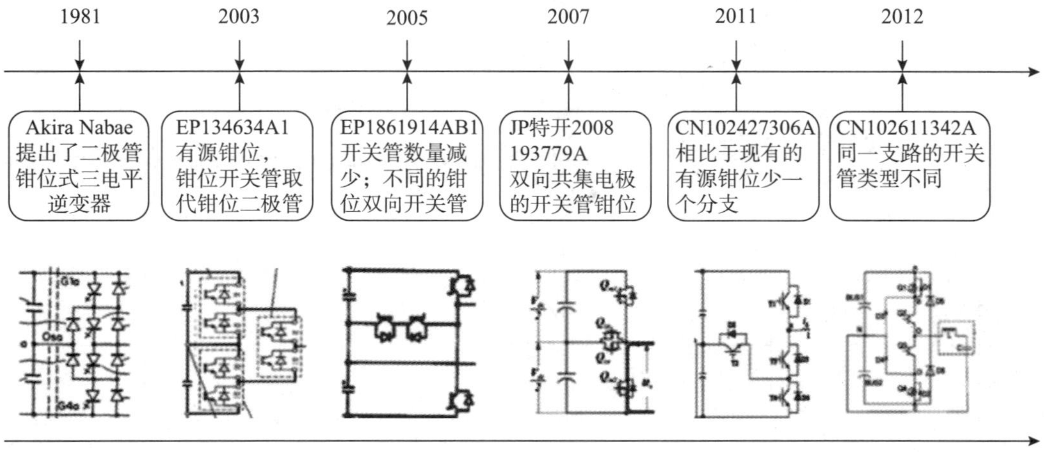

图 24　三电平逆变器技术发展

	Akira Nabae	EP1446348A1	EP1861914B1	JP 特开 2008193779A	CN102427306A	CN102611342A
开关管数量	4	6	4	4	4	4
二极管数量	6	6	4	2	4	6
电容数量	2	2	2	2	2	2

图 25　三电平逆变器器件的发展（单位：个）

2. 四电平逆变器

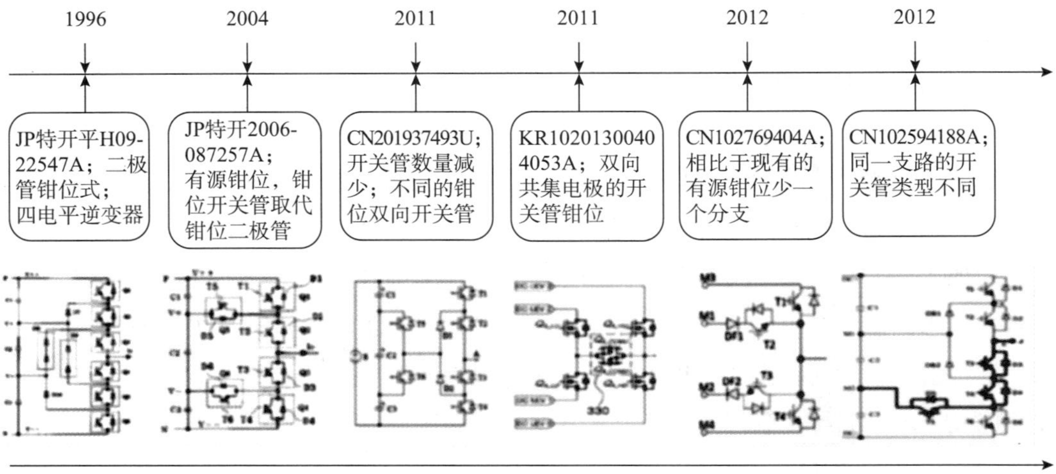

图 26　四电平逆变器技术发展

	JP 特开平 H09322547A	JP 特开 2006087257A	CN201937493U	KR10201300404053A	CN102769404A	CN102594188A
开关管数量	6	6	6	6	4	6
二极管数量	12	6	6	4	6	5
电容数量	3	3	3	3	3	3

图 27　四电平逆变器器件的发展（单位：个）

3. 五电平逆变器

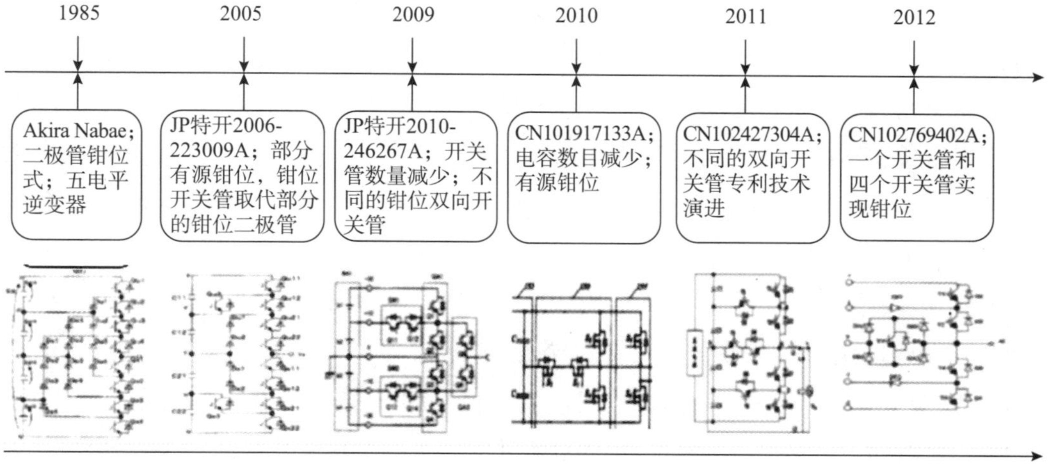

图 28　五电平逆变器技术发展

	Akira Nabae	JP 特开 2006223009A	JP 特开 2010246267A	CN101917133A	CN102427304A	CN102769402A
开关管数量	8	10	10	8	8	5
二极管数量	20	14	10	8	8	11
电容数量	4	4	4	2	4	4

图 29　五电平逆变器器件的发展（单位：个）

对于一个多电平电路系统而言，构成其组成为 3 种器件：（1）二极管；（2）电容；（3）开关；因此，功耗的产生也是在这 3 类器件导通时产生。

在 2003 年以前，多电平逆变器中实现钳位和续流功能是主要通过二极管来实现，二极管钳位式多电平变化电路的特点是采用多个二极管对相应的开关器件进行钳位，同时利用不同的开关组合输出所需的不同电平。如 1981 年，Akira Nabae 提出的二极管钳位式三电平逆变器，旨在解决功率开关耐压不足与高压大功率驱动之间的矛盾，并且可以有效减小 dv/dt，降低输出电压的谐波含量；1985 年，Akira Nabae 在二极管钳位式三电平逆变器的基础上，改进该三电平逆变器从而产生了二极管钳位式五电平逆变器；1996 年，专利 JP 特开平 H－09322547A 提出的二极管钳位式四电平逆变器。然而由于钳位二极管需要阻断多倍电平电压，通常需要多个相同标称值的二极管串联，且二极管的导通损耗较大。从图 24、图 26、图 28 可以看出，随着逆变器输出电平数的增加，其二极管的数量也相应的从 6 增加到 12，再从 12 增加到 20。

然而，对于本领域技术人员而言，二极管的数量增多不仅增加了电路的成本，而且电路中每一个器件的存在都会消耗一定的能量，且二极管的导通损耗比较大，从而增加损耗。为了解决这一技术问题，在2003年之后申请人提出了通过开关管实现钳位和续流。如对于三电平而言，2003年，在专利EP1443648A1中，其通过开关管取代原有的二极管实现钳位和续流；对于四电平而言，2004年，JP特开2006087257A提出了开关管钳位式四电平逆变器，通过开关管取代二极管使得四电平逆变器中二极管的数量由原来的12个降低至6个；对于五电平而言，2005年，JP特开2006223009A提出了开关管钳位式五电平逆变器，通过开关管取代二极管使得五电平逆变器中二极管的数量由原来的20个降低至14个；通过研究发现，开关管的导通损耗明显小于二极管的导通损耗，且开关管可以取代同一个钳位支路上多个钳位二极管。由于二极管是不可控的，开关管是可控的，因此，二极管钳位式多电平逆变器称为无源钳位式多电平逆变器，而开关管钳位式多电平逆变器称为有源钳位式多电平逆变器。

由于两个电容之间就需要一个二极管钳位支路实现电容与开关管之间的连通。对于奇数多电平而言，其钳位式电路有奇数个，如三电平有1个，五电平有3个。对于一个多电平逆变器而言，一个多电平逆变器的钳位支路既可以包含有源钳位支路，也可以包含无源钳位支路，如2005年，JP特开2006223009A提出的开关管钳位式五电平逆变器，其钳位支路中两路是有源钳位支路，一路是无源钳位支路。而2009年JP特开2010246267A提出了开关管钳位的五电平逆变器，其三路钳位支路都是有源钳位支路。通过都是无源钳位支路至部分无源钳位支路至都是有源支路的发展也构成多电平逆变器专利发展的趋势之一。

对于本领域技术人员而言，每个钳位支路上在一定时间内通过的电流方向是固定的，且相互之间相互独立。在2005年以前，每一个钳位支路结构一般是在两个电容的连接点之间通过两个分支上分别连接开关管至主开关管之间的连接点。在实现钳位支路都是有源钳位支路之后，研究者开始考虑是否可以将这两个分支根据其工作电流的时间顺序合并为一个，即通过双向开关管取代两个开关管。如对于三电平而言，2005年，EP1861914B1提出了一种三电平逆变器。对于四电平，2011年，CN201937493U公开了一种改进型的四电平逆变器；对于五电平，2011年，CN102427304A公开的一种五电平逆变器，其都是通过双向开关管将钳位支路的两个分支合并，其使能在AC线路和DC链路中点之间连接的双向电流，双向开关实现为共集电极电路，用于对半桥配置产生零电压输出以减轻DC侧的漏电流。该双向开关具有两个必须被分开控制的控制电极，根据所产生的半周的极性对每个控制电极施加不同的控制。

由于双向开关管的种类很多，不同的双向开关管由于其自身的结构不同导致导通损耗不同。双向开关管的种类大致为以下几种：

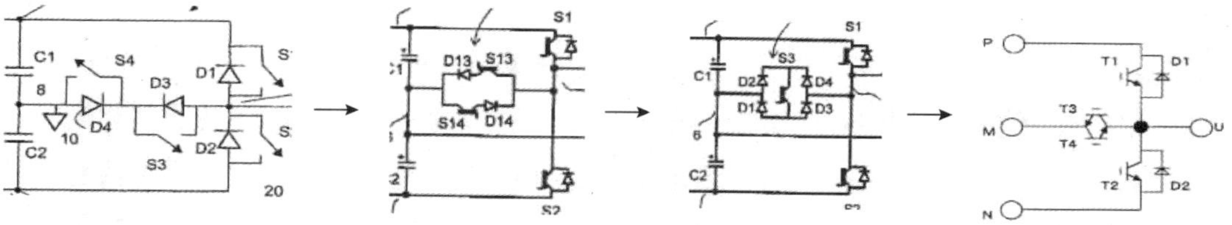

图 30　钳位双向二极管的发展

在 2007 年以后，多电平逆变器的有些专利就是通过用不同的双向开关取代原有的双向开关实现节能。双向开关的发展主要是由于从控制的复杂难易程度以及降低损耗的角度发展，譬如，当两个开关构成的双向开关由于需要两个控制器根据所产生的半周的极性对每个控制电极施加不同的控制，由此，为了使得控制实现简化，设置只需要一个控制信号来控制该双向开关，至于最后发展成不需要二极管的双向开关，主要是考虑将电压分割输入 DC 电源的电路的中心抽头与开关装置分离并仅使用晶体管而不使用反平行二极管来实现双向开关装置来降低传导损耗和控制无功功率。

如三电平，2007 年，JP 特开 2008193779A 公开了一种通过不带二极管的双向开关管反并联取代原有的两个共集电极连接的开关管；四电平而言，2011 年，KR1020130040453A 公开了一种不带二极管的双向开关管反并联实现双向开关；五电平而言，2012 年，CN102769402A 公开了一种一个开关管和四个二极管的组合实现双向开关的五电平逆变器。通过研究发现，通过不同的双向开关管的更新，不仅能够实现节能，而且还能够通过减少主电路开关管的数量。如 2007 年，JP 特开 2008193779A 公开的三电平逆变器其将主电路开关管的数量由原来的 4 个减少为 2 个；2011 年，KR1020130040453A 公开的四电平逆变器其将主电路开关管的数量由原来的 6 个减少为 2 个；2012 年，CN102769402A 公开的五电平逆变器其将主电路开关管数量由原来的 8 个减少为 4 个。

对于主电路开关管，其类型很多，比如可控硅、三极管、IGBT、MOSFET 等，不同开关管的导通损耗是否相同呢？从图 24 ~ 图 29 可以看出，最初出现的多电平逆变器多以可控硅或者三极管实现开关功能，然而，随着技术的发展，通过 IGBT 取代可控硅或者三极管，再由 MOSFET 管取代 IGBT 管，其都能实现损耗的降低。2012 年，针对传统的三电平逆变器中采用绝缘栅双极型晶体管作为半桥逆变器桥壁的四个开关管，但 IGBT 的缺点是开关速度慢、损耗大，因此 PWM 开关频率的提高受到限制。另外也有一些厂商的三电平逆变器采用金属氧化物场效应晶体管作为四个开关管 Q1、Q2、Q3、Q4，但由于 MOSFET 内部寄生二极管的反向恢复特性非常差，在电流通过寄生二极管续流时，会导致相关的电气问题，进而影响产品的可靠性。中国的华为技术公司为了解决这一技术问题，提供一种三电平逆变器，其通过同一桥臂的上下开关管的类型不同实现了开关速度快、损耗小，且避免了 MOSFET 内部寄生二极管的反向恢复特性差导致的相关电气问题。

（二）中性点平衡

虽然二极管钳位式多电平逆变器拓扑结构中开关器件被钳位在 E/（N－1）电压上，但是二极管却要承受不同倍数的反向耐压，如果二极管的反向耐压与开关器件相同，则需要多管串联，当串联数目很大时，增加了实际系统实现的难度。当逆变器传输有功功率时，由于各个电容的充电时间不同，将形成不平衡的电容电压。对于输出功率因数为 0 的情况，各级电容在半个输出周期内自行平衡其电压；但对于有有功输出的情况下，如果不对其进行平衡，将严重影响电路的工作。因此，1992 年，T. A. Maynard 和 H. Foch 提出了飞跨电容钳位式多电平逆变器，其特点是用钳位电容代替所述的钳位二极管，其工作原理与二极管钳位型逆变器相似。

但由于该结构需要大量的钳位电容，对于 N 电平的逆变器，其所需的悬浮电容需要（N－1）（N－2）/2 个，而且在运行过程中必须严格控制驯服电容电压的平衡以保证逆变器的运行安全，而电容器件本身存在可靠性较差，寿命较短的问题，所以导致逆变器可靠性差。因此，无论是二极管钳位型多电平逆变器还是电容钳位式多电平逆变器，其都没有解决电容均衡这一技术难题。直流母线上的上下两个电容电压可能出现不平衡现象，即称中点电压不平衡。它使上下电容电压发生差异，不仅影响输出电压波形，产生谐波，也使开关器件承受的电压不等，损坏器件，必须采取措施使其平衡。

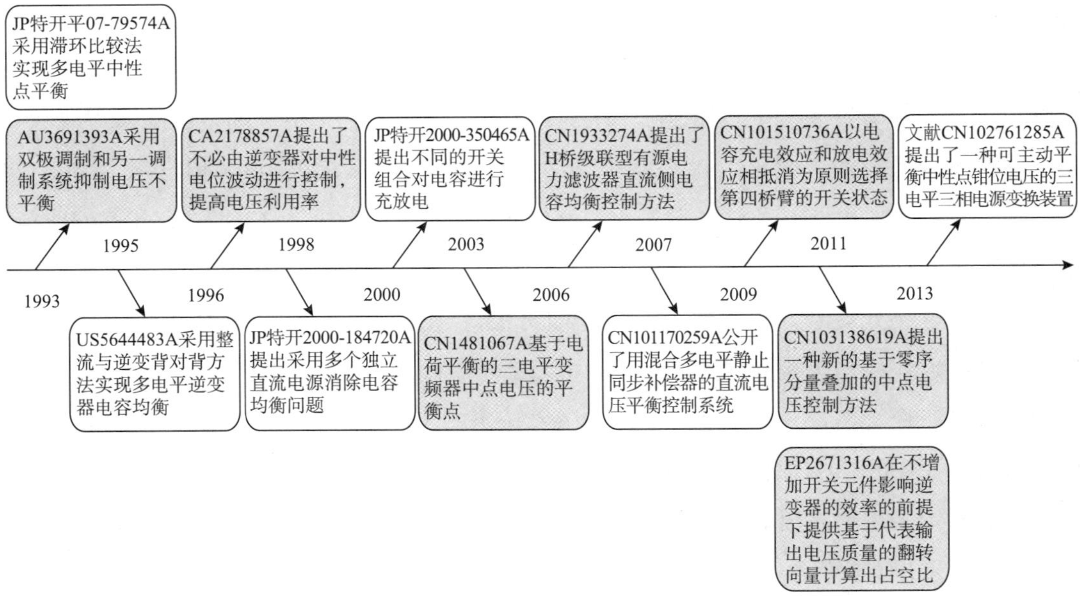

图 31　多电平逆变器关于中性点平衡的发展

多电平逆变器电容电压的不平衡包括两个方面：电容电压的波动和电容电压的偏移。电压的波动是指一个周期内电压瞬时值发生变化但平均值不变；电压偏移是指电压平均值发生变化。二者都产生于直流侧电容的充放电，通常情况下，无功电流分量使电压发生波动，有功电流分量使电压发生偏移。为了克服这一技术问题，1975 年 P. Hammond 提出了多个 H 桥采用隔离的直流电源作输入，输出端串联的结构。田纳西大学的 F. Z. Peng 等人于 1996 年系统地提出了级联型 H 桥型变流器的拓扑结构，并用于无功补偿。级联型 H 桥逆变器由若干功率单元级联而成，每个单元有其独立的直流电源。因此其不存在直流电容分压的问题。因此也不存在直流电容分压的均压问题，相比于钳位式多电平逆变器在控制上简单了很多。但是由于级联 H 桥型逆变器在需要提供有功功率的场合必须采用独立直流电源；显然，在不需要提供有功功率的场合比如静止无功补偿器、电力有源滤波器等，级联型多电平逆变器具有更大的优势；在 2011 年 CN102522906A 公开了一种级联型 H 桥变换器的电压平衡和功率均衡控制方法；但是级联型多电平逆变器具有体积大，成本高等缺点。

为了克服钳位式多电平逆变器电容均衡这一问题，很多发明人主要从硬件电路和控制算法两方面着手。硬件电路方面有以下几种方法：（1）文献 JP 特开 2000184720A 采用多个独立直流电源；这可以采用多抽头的变压器经二极管整流获得。此方法省去了分压电容，因此不存在电压平衡问题，但缺点是变压器结构复杂，体积庞大，效率低下。（2）文献 CN101170259A 根据各点电位的偏移情况，改变电流通路来控制电容电压。这种方法对于三电平以上的逆变器，由于需要检测的支路较多，需要增加较多的设备，控制复杂，很难实用。（3）文献 US5644483A 采用整流与逆变背对背方法，控制复杂，可控开关器件数目多。（4）文献 JP 特开平 0779574A 采用多边滞环比较器，通过实际各相电流与给定值的误差来确定变频器输出状态，测量难以精确，要求采样频率高。（5）文献 JP 特开 2000350465A 提出了不同的开关组合对电容进行充放电；这些方法都不同程度地在实际中得到应用，但都存在如上所述各自的问题。（6）文献 JP 特开平 3249380A 提供一种三相中性点钳位式 PWM 逆变器装置，可以高效率地抑制中性点电压的变动，并且三相中性点钳位式 PWM 逆变器装置可以按照正常开关信号模式控制，无需为抑制中性点电压波动而改变电压矢量比率。（7）文献 CN102761285A 提出了一种可主动平衡中性点钳位电压的三电平三相电源变换装置，抑制中性点电压偏移，防止中性点电位变动，提高输出电压的质量。

控制算法方法是通过选择合适的冗余矢量，在一个采样周期内使流入或流出某电容的平均电流为零。有以下几种方法：（1）目前比较成熟的是适用于三电平逆变器的基于虚拟空间矢量的方法。这种方法的缺点是：对于高于三电平的逆变器几乎很难找到有效实用的算法。更重要的是，控制算法方法对于近似假设和计算误差所造成的累积效应无法消除，长期运行依然会产生电容电压偏移。单纯依靠控制算法来平衡电容电压，无法保证系统运行的可靠性。（2）一种基于电荷平衡的三电平变频器中点电压平衡方法，以空间电压矢量调制为基础，在电机启动时，特别在空间矢量第一扇区内，对三个小电压矢量的施加时间进行重新分配，使它们在一个周期内对电容充放电的电荷相等，从而保证电容电压在一个周期内不变，保持中点电压平衡（参见文献 CN1481067A）。该方面具有以下优点：根据一个开关周期内对电机施加的电压小矢量产生的对直流电容充放电时间相等原理（充放电量相等），决定施加的时间长短，从而使一个周期内电容上的电荷增量为零，进而保持中点电压平衡不变；该电压矢量组合方式仅在电机启动时的空间电压图中第一个大扇区内使用，而一旦电机反电势建立起来后，即可使用常规的空间电压矢量进行控制，因此本发明方法简单可靠；用以数字信号处理器（DSP）为基础的控制系统作为本发明方法的执行系统，DSP 具有高的运算速度和强大的扩展功能，从而可以快速地实现控制。（3）文献 CN101510736A 将三相四桥臂三电平逆变器的 SVPWM 矢量从传统的三维空间降维至平面，前三桥臂和第四桥臂的开关状态分开选取，充分利用前三桥臂三电平空间矢量表，选取零矢量，长矢量，成对使用小矢量，不直接使用中矢量，利用相邻长矢量合成中矢量，以电容充电效应和放电效应相抵消为原则选择第四桥臂的开关状态；该算法简单易实现，不仅可带不对称负载，且在任何负载功率因数和调制比下流过直流侧电容中点的电流在一个周期内平均值严格为零，从而有效抑制了中点电位的漂移。（4）文献 CN103138619A 公开了在空间电压矢量图区域划分的基础上，提出了一种基于矢量分区概念的三电平 SVPWM 零序分量分析方法；研究结果表明对三电平 SVPWM 选择适当的冗余电压矢量可以通过对三角载波型 PWM 叠加适当的零序分量等效实现，并在此基础上提出了一种新的基于零序分量叠加的中点电压控制方法，所提出的零序分量分析方法直观有效，物理意义清晰，实现方法简单，不需要增加额外的硬件电路。文献 EP2671316A（20110201）公开了针对电容不平衡问题，在不增加开关元件影响逆变器的效率的前提下提供基于代表输出电压质量的翻转向量计算出占空比，消除谐波以及解决各个电容之间潜在的不平衡问题，降低成本。

（三）其他技术问题的专利发展

1. 浪涌电压

在通过利用半导体开关元件构成的功率逆变器装置中，在半导体开关元件的转换过程中会引起尖峰脉冲浪涌电压。当假设该装置的输电母线本身的杂散寄生电感为 L，以及电流变化率为 di/dt，在其中就会感应产生幅值为 -L·di/dt 的浪涌电压。近来，半导体开关元件的开关速度增加，电流变化率也在增加，因此，感应的浪涌电压的数值势必增加。由于这种原因，为了保护半导体开关元件不致因这种浪涌电压而破坏，采取很多技术措施来降低输电母线的电感。在较大容量的功率逆变器装置中，装置的尺寸加大，输电母线的电感增加，因此，通常为每一功率逆变器装置装设用于滤波的 DC 电容器组。例如，逆变器分别装有用于滤波的 DC 电容器组。当逆变器装有这些用于各相的滤波电容器组时，在其中的开关元件转换过程中引起的浪涌电压的幅值是由滤波用电容器组和逆变器中的开关元件之间的电感数值确定的。因此，防止受具有大电感的 DC 母线影响的高电压浪涌的产生。然而，当利用快速开关元件例如 IGBT 作为半导体开关元件时，变化电流的变化速率也大，因此，即使在逆变器内部也需要尽可能多地降低输电母线的电感。然而，当将上述常规技术措施应用于中性点钳位的三电平式逆变器时，会出现如下问题：在中性点钳位的三电平式逆变器中，使用 6 条输电母线条。然而，对于中性点钳位的三电平式逆变器，输电所需的导电板必须按六层层叠，这就产生了结构复杂的问题。例如，当将一电气元件的端部连接到某一输电母线条上时，对于其余的 5 个输电母线条需要形成对应的贯穿孔，以防止与该连接部分电接触。因此，使制造成本增加。除了由于需要 6 个相同尺寸的导电板引起的上述问题之外，用于输电的输电母线条的重量增加，从而带来了装置的机械性能不稳定的问题。为此，1996 年，文献 JP 特开平 09322547A 公开了一种多级逆变器，提供一种利用钳位缓冲电路的、能够抑制浪涌电压、因而能够抑制多级逆变器中缓冲电路损失的四级或更多级输出的多级逆变器；1997 年，文献 JP 特开 32267797A 提供一种功率逆变器装置，能在所有的运行状态下降低浪涌电压并具有简单的结构；2000 年，在采用高速半导体开关器件的大容量类型电源转换器中，由于任一个充电和放电缓冲器电路或紧缩的缓冲器电路是与各个半导体开关器件相连，电源转换器尺寸变大且费用增高。由此，需要配置一种装置，通过唯一的紧缩的缓冲器电路按采用小耐压容量的半导体开关器件的电源转换器的相同方式联接到直流电源。也就是说，需要配置无须将缓冲器电路附在各个半导体开关器件的一种抑制浪涌电压的装置。由此，文献 US6272028A 提供一种电源转换器装置，该装置可以降低在开关控制半导体开关器件时产生的浪涌电压，并且保护半导体开关器件免遭浪涌电压的损坏；2005 年，文献 JP 特开 2005102442A 提供一种可以抑制浪涌电压的改进型多电平逆变器电路；2011 年，因电感的增加而在开关时产生高浪涌电压，因此有必要采用具有高耐压的模块、连接缓冲电路等，从而产生尺寸增大以及器件价格提高的问题。特别是在三电平逆变器的情况下，由于需要在两个部位连接熔断器，因此其问题显著；2012 年，文献 JP 特开 2012029429A 提出了提供一种在尽量减小布线电感且在开关时保持浪涌电压较小的同时、实现可靠的保护动作的保护电路。

2. 电压应力

实现高电压应用的高效率是一个主要设计的挑战，这需要通过仔细选择变换器布局和切换元件特性来使导通和切换损失最佳化。也就是说，较高额定电压的半导体开关，比如，MOSFET（金属氧化物半导体场效应晶体管）、IGBT（绝缘栅双极晶体管）和 BJT（双极面结型晶体管）与它们的具有较低额定电压对应物相比，展现了较大的导通损失。此外，在高电压应用中，切换损失也要增加。一般来说，采用各种谐振或软切换布局可以减少甚至消除切换损失。然而，减少导通损失的方案是非常有限的。实际上，一旦选

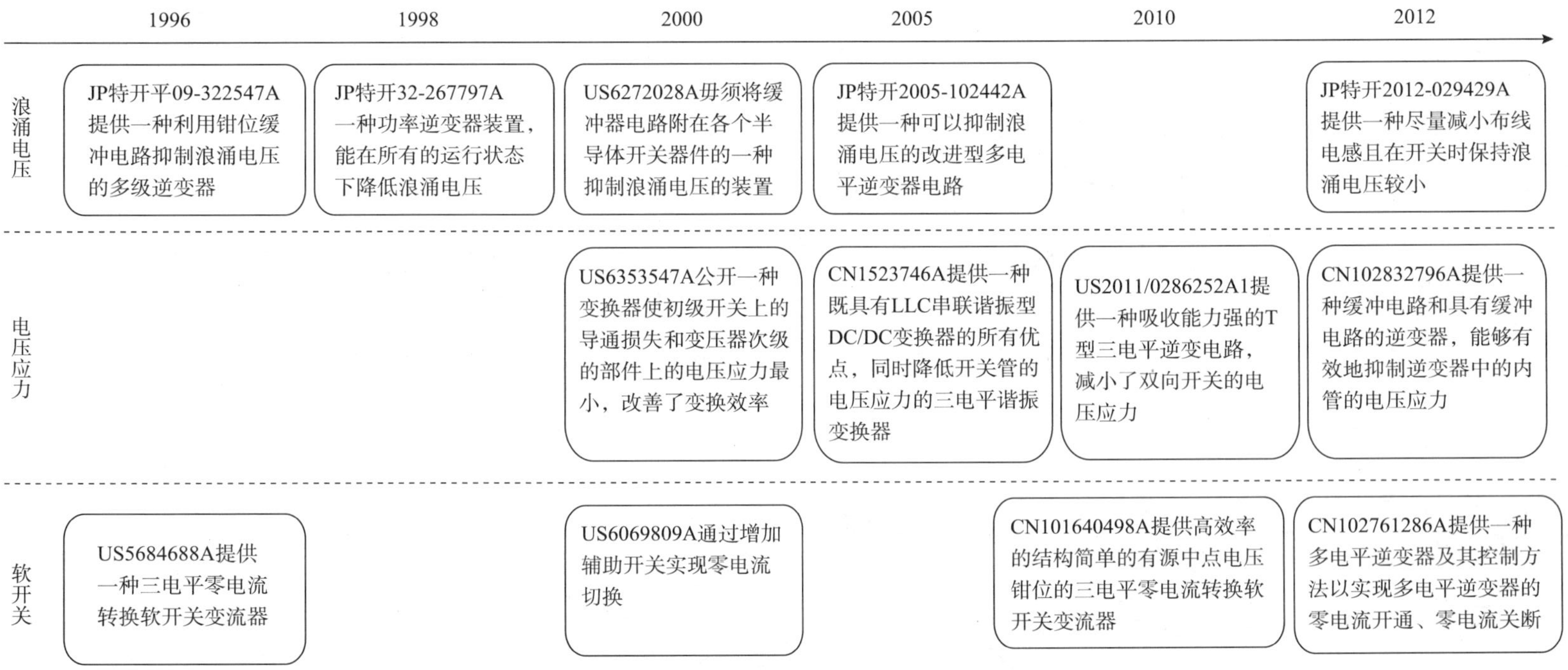

图 32　多电平逆变器关于其他技术问题的发展

择了具有用于所需额定电压的最低导通损失的布局和开关，可以进一步减小导通损失的方法就只能是使用一个可以利用具有较低额定电压，并因此具有较低导通损失的开关的布局。在称之为多级变换器 的电路类别中，由于初级开关以比输入电压低得多的电压应力工作，因此多级变换器是高电压应用的一个自然选择。为了实现高效率的多电平逆变器，2000 年，文献 US6353547A 公开了一种由于在轻负载的情况下生成 ZVS 条件的能量不存储在变压器的漏感中，因此可以使变压器的漏感最小，从而也可以使变压器次级上的占空比因数损失最小。结果是本发明的变换器可以工作于最大可能的占空因数，从而使初级开关上的导通损失和变压器次级的部件上的电压应力最小，改善了变换效率。2003 年，文献 CN1523746A 针对高压的场合每个开关的电压应力等于最高输入电压就不是很适用这一技术问题，提供一种既具有 LLC 串联谐振型 DC/DC 变换器的所有优点，同时降低开关管的电压应力以适应高电压输入场合的三电平 LLC 串联谐振 DC/DC 变换器。2010 年，文献 CN101783611A 为了保证电流通路切换的安全性，可以将谐波电流频谱集中，可以方便地扩展至带中线的三相四线制三相并网逆变器结构，在单极性 PWM 调制方式下工作时不产生高频漏电流，适合非隔离光伏并网逆变器应用，不存在桥臂直通危险，所有功率开关管和二极管的电压应力均等于或小于输入电压的一半，适合较高电压输入场合的应用。2011 年，文献 US2011/0286252A1 针对 RC 吸收方案的缺点是吸收能力不够强，双向开关的电压应力较大，必须选用高耐压的管子。高耐压的管子不易做到高频化，损耗会相对增加等问题，提供一种吸收能力强的 T 型三电平逆变电路。2012 年，文献 CN102832796A 针对 NPC（Neutral point clamped，中性点钳位）三电平逆变器之类的逆变器而言，内管电压应力过高是影响逆变器安全运行的问题之一。为解决该问题，逆变器可以设置有缓冲电路。当该缓冲电路需要外接的与主电路电气隔离的电源时，将会增大逆变器的体积和重量，并且使得控制变得相对复杂等问题，提供一种缓冲电路和具有该缓冲电路的逆变器，能够有效抑制逆变器中的内管的电压应力，而不需要外接的与主电路电气隔离的电源。

3. 软开关

为了防止多电平逆变器桥壁中的所有开关同时导通，即为了避免电源短路，必须保证开关不会同时闭合。鉴别器就是在这里得到应用的，其目的是在闭合相应开关时引入一个延时，从而总是可以保证当闭合某一开关的指令下达时，另一开关已经断开。这就意味着在断开某一开关和闭合另一开关的两个时刻中间存在一个小的延时，此延时被称为“死区时间”。这样，断开某一开关和闭合另一开关这两个操作就决不会同时发生。这就造成了不希望有的谐波的出现，尤其是出现在电机电流中的 5 次和 7 次谐波，从而在供电一方和驱动力矩一方产生 6 次谐波。另一个问题在于：各个开关不能在瞬间由零电压（电流流通，对应于开关闭合）切换到正电压（电流断开，对应于开关闭合），反之亦然。这就意味着在一段时间内，非零电压和非零电流同时存在，因而每当开关切换发生时，就会观察到功率损耗，当各个部件不能承受这种功率损耗时，为了解决这一技术问题，1996 年，美国文献 US5684688A 提供一种三电平零电流转换软开关变流器；1999 年，文献 US6069809A 通过增加辅助开关实现零电流切换；2009 年，文献 CN101640498A 提供一种高效率的结构简单的有源中点电压钳位的三电平零电流转换软开关变流器。2012 年，文献 CN102594191A 提供了一种新型的基于使用耦合电感的有源钳位三电平零电压软开关变流器，该有源钳位三电平零电压软开关变流器具有结构以及控制简单、易于模块化设计、可靠性更高，更易于实用化等优点。以及文献 CN102761286A 为了克服现有技术多电平开关管的功率开关管工作在硬开关状态，在主开关管两端存在较高的电压应力，无法实现零点流开通，零电流关断，在一定程度上限制了系统效率的提高的基础上提供一种多电平逆变器及其控制方法，以实现多电平逆变器的零电流开通、零电流关断。

五、多电平逆变器前景分析

在第四部分的内容中，通过多电平逆变器的各国申请中所解决的技术问题对多电平逆变器过去的 30 年的发展做了详细的介绍，从中了解，多电平逆变器的发展主要围绕两个问题展开讨论，一个是如何才能降低损耗，另一个是直流侧各个电容均衡的问题。然而，从节约能源的角度考虑，降低损耗成为众多发明人研究的对象。

在第四部分的内容中降低损耗目前主要通过减少器件的数量，包括二极管的数量、开关管的数量以及电容的数量。而目前的专利文件中大都是通过减少器件的个数实现某一单一电平的逆变电路，譬如，对于三电平而言，大多数发明人都是通过对传统三电平逆变器的结构改造从而得到新的结构三电平逆变器。然而，随着工业的不断发展，负载端的需求量的不断变化，如何能够使得一个电路在面对不同的负载需求时不需要带来繁重的替换整个电路的工作，譬如负载需求变化时需要在三电平和五电平之间切换，如果只是简单的在用五电平逆变器时就用五电平逆变器换上三电平逆变器，这不仅带来了复杂的更换工作，也给一些无法直接更换的场合带来不必要的麻烦，譬如变换器安装于海底。

为此，2012 年，华为技术有限公司申请了一种逆变器和供电设备，该逆变器为三电平逆变器和五电平逆变器混合电路，不仅可以应对不同负载的需求，还能克服传统的五电平逆变器的功率开关管一般工作在电压和/或电流较高的状态，对功率器件的通态损耗较大，如，对功率管的损耗也将较大，也一定程度上限制了系统效率的提高等缺点。

六、结　语

本文通过德温特世界专利索引数据库（DWPI）以及中国专利全文数据库（CNTXT）收录的专利为样本，分析了国内外多电平逆变器的专利申请趋势以及主要申请人等，并对多电平逆变器发展所解决的技术问题为技术分支的技术发展做了进一步分析。通过上述分析，使得笔者对于多电平逆变器技术领域的现有技术发展水平有了更进一步的认识，对于以后审查该领域的案件大有裨益。

就目前而言，关于多电平逆变器的研究和发展，其申请量主要分布于 JP、CN、US 以及 EP，针对某一具体的技术问题有针对性的去各个专利库检索。比如，从解决的技术问题出发，如果本申请涉及的是空间矢量调制算法或者闭环控制解决中点漂移问题，可以先在 CNTXT 和 CNABS 中检索中国申请文献；而如果是有源钳位式多电平逆变器的结构变化，且变化并不能看出其背景技术，一般而言可以在中国的高校申请，譬如南航的相关申请中查找或者 JP/EP 的专利库中，就目前而言，有关这一方面相对的 EP 和中国高校申请的申请量居多，如果是减少器件的数量，且处于两篇已公开文献的中间状态的申请，比如其钳位电路既有二极管钳位又有开关管钳位，一般而言，该电路在 CN 的专利库中居多；如果涉及的是开关管的零电流或者零电压，就目前而言，华为技术有限公司以及日本专利库研究这些方面占据一定的优势；如果涉及是结构的改造或者说是对多电平的封装，目前日本申请在这方面占据一定的优势。总而言之，不同的技术问题需要有针对性地去不同的数据库中检索。

另外，从国外多电平逆变器的专利技术发展来看，该技术领域的技术已相当成熟，对于国内的申请人来说，如果只是单纯的对具体单个电平数的逆变器进行改造，譬如只是简单的减少开关管或者二极管的数量，想要绕开国外公司的专利壁垒，开辟新的途径是比较困难的。就目前的申请专利而言，对于开关管的类型，由于开关管本身的类型不多，况且开关管的类型的具体特性已是本领域技术人员的公知常识，如果从这方面想要取得一定的效果，想必突破口也有一定的难度，至于电容的数量，总所周知，三电平逆变器只需要两个电容，其电容数量无法降低，而对于大于三的电平数逆变器，这方面的研究也已经是一个极限，比如五电平逆变器已经可以用两个电容实现。随着市场国际化的发展，势必会有大量的国外申请进入中国市场，对于国内申请人来说，应该跳出减少数量降低开关损耗的思维，针对一些技术问题目前研究的申请量比较少，但是对多电平逆变器应用领域有良好效果，比如开关管的零电流和零电压，其也能降低开关管的损耗，或者研究一些对该领域的专利有重大改进的专利，研究这些专利的不足，从中找到解决的办法，发现别人没有发现的成熟技术的缺陷，或许可以作为国内申请人研究的重点。

参考文献

[1] 刘凤君. 多电平逆变技术及其应用［M］. 北京：机械工业出版社，2007.

[2] 王广柱. 二极管钳位式多电平逆变器直流侧电容电压不平衡机理的研究［J］. 中国电机工程学报，2002（12）.

[3] 薛高飞，胡安，马伟明，李立栋. 基于载波控制三电平逆变器中点电压平衡的调制策略研究［J］. 船电技术，2014（7）.

[4] 林继亮，何英杰，杜思行，刘进军. 基波开断下的单相 NPC 中点不平衡精确控制研究［J］. 电力电子技术，2013（5）.

[5] 沈书林，陈劲操. 新型混合级联逆变器在无功补偿中的应用［J］. 电测与仪表，2013（1）.

[6] 洪春梅，王广柱. 五电平逆变器直流侧电容电压的平衡与控制［J］. 电机与控制学报，2003（3）.

我国机械钟表擒纵机构专利技术综述

柳瑾

摘　要　本文利用中国专利检索系统，检索出我国机械钟表擒纵机构的相关专利申请，从年度、国别、主要申请人、技术主题等方面进行统计分析，总结了技术现状，以期为该领域的进一步研究提供参考。

关键词　机械钟表　擒纵机构　专利技术　分析

一、引　言

机械钟表的机芯由6大部分组成，即：摆轮游丝系统、擒纵机构、齿轮传动（或称传动轮系）、指针机构、原动机构和上条拨针机构。上条拨针机构把原动机构的发条卷紧，原动机构将发条的弹性位能转变为机械能，带动传动轮系，传动轮系将发条的能量通过擒纵机构输送到摆轮游丝系统，使其维持一个稳定振动，摆轮游丝系统又将振动计时信号经过擒纵机构、传动轮系并按一定的传动比传送给指针机构指示时间。❶

作为机械钟表机芯的重要组成部分，擒纵机构所起的作用包括两点：（1）传递能量。在摆轮游丝系统的一个振动周期中，擒纵机构有两次对摆轮游丝系统传递冲量（进瓦传冲和出瓦传冲），使摆轮游丝系统获得一定能量，从而补偿了摆轮游丝系统在振动过程中的能量消耗，使调速系不衰减地进行振动。（2）控制时间。在摆轮游丝系统的一个振动周期中，擒纵轮转动两次（进瓦释放和传冲时一次，出瓦释放和传冲时一次），共转过一个齿，也就是说，摆轮游丝系统来回振动一次，擒纵轮转过一个齿；因此，擒纵轮的转角就和摆轮游丝系统的振动次数成正比，此转角传给指针，控制时间。

擒纵机构的性能直接影响机械钟表的走时精度。为了提高擒纵机构的性能，自从机械钟表诞生至今700多年的发展历史中，钟表大师们发明了很多种类的擒纵机构，如机轴擒纵机构、回退式擒纵机构、直进式擒纵机构、工字轮擒纵机构、复式擒纵机构❷、

---

❶ 萧治平．钟表技术原理·装配·维修［M］．上海：同济大学出版社，1992：11．

❷ 曹维峰，马静，齐晓希．擒纵古今（上）［J］．钟表，2009（2）．

锚式擒纵机构、蚱蜢擒纵机构和重力擒纵机构❶等，其结构也在不断演变。本文将从专利的角度分析擒纵机构的技术发展状况。

二、擒纵机构专利申请状况

关于机械钟表擒纵机构的专利文献主要位于国际专利分类（IPC）号 G04B15/00 及其小组中。为了解擒纵机构相关技术在我国的专利申请状况，本文采用中国专利检索系统文摘数据库（CPRSABS）收录的专利文献为数据源，以 IPC 分类号“G04B15/ +”进行检索，检索时限截至 2015 年 6 月 15 日。最终得到关于机械钟表擒纵机构的专利申请共 207 件。需要说明的是，由于专利从提出申请到向公众公开存在时间延后，因此截至检索日，2013 年和 2014 年的部分专利申请尚未公开。

（一）年度分布

图 1 为 1985 ~2014 年机械钟表擒纵机构中国专利申请量年度分布图。从图 1 可以看出，我国擒纵机构专利申请量大致可分为两个阶段：第一阶段为 1985 ~2003 年，这一时期该领域中国专利申请量较低，年专利申请总量在 0 ~4 件之间波动，属于平稳期；第二阶段为 2004 ~2014 年，这一时期专利申请量快速增长，尽管期间有所波动，但整体上升势头明显，在 2014 年数据不完整的情况下已达到 33 件，属于快速增长期。由此可知，擒纵机构的专利申请量总体呈上升态势，并且有希望进一步增长，擒纵机构相关技术具有良好的发展前景。

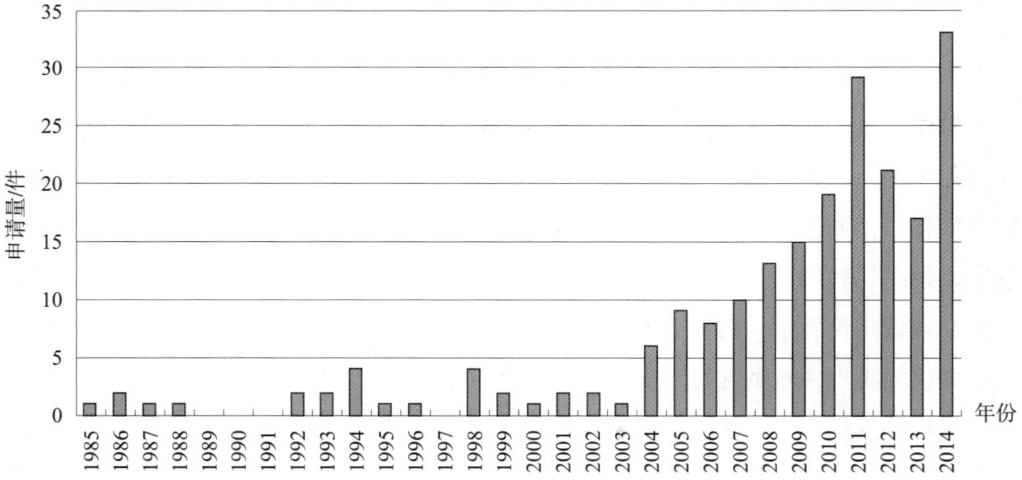

图 1　中国专利申请量年度分布图

---

❶ 周蓉. 教你识遍 20 种经典钟表擒纵机构［EB/OL］. 搜狐奢侈品，2014 -3 -21.

（二）国别分布

图 2 为机械钟表擒纵机构中国专利申请量国别分布图。从图 2 可以看出，专利申请量排名第一的国家是瑞士，占总量的 46%；排名第二的国家是中国，占总量的 44%；排名第三的国家是日本，占总量的 8%。由此可见，瑞士和中国在该领域的专利申请所占比例明显超出其他国家和地区。同时说明瑞士的擒纵机构相关技术处于领先地位，并非常重视在中国的专利布局；而我国在该领域也有一定的研发实力。

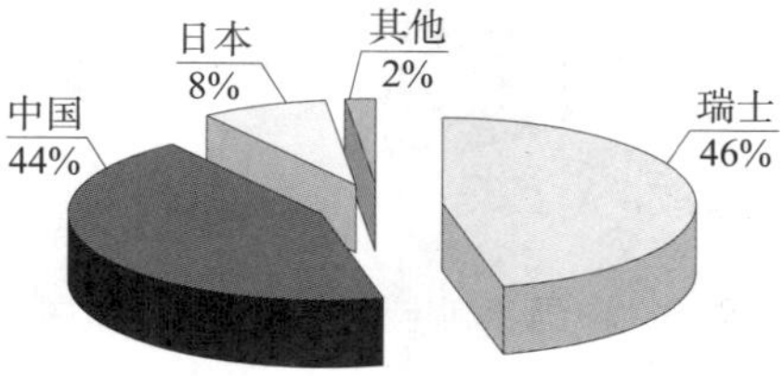

图 2　中国专利申请量国别分布图

（三）主要申请人分布

表 1 列出了专利申请量排在前十位的申请人。可以看出，关于擒纵机构，申请量较多的申请人主要来自国外的知名钟表企业，例如 ETA、尼瓦洛克斯—法尔、精工、蒙特雷布勒盖等，反映出这些国外知名钟表企业强大的研发实力以及对专利和中国市场的重视。可喜的是，我国的天津海鸥表业集团有限公司也是申请量最多的申请人之一。可见，天津海鸥在擒纵机构领域进行了很多研发，并将研发成果申请了专利进行保护。

表 1　主要申请人申请量排名

序号	申请人	申请量（件）
1	天津海鸥表业集团有限公司	23
2	ETA 瑞士钟表制造股份有限公司	23
3	尼瓦洛克斯—法尔股份有限公司	19
4	精工电子有限公司	14
5	蒙特雷布勒盖股份有限公司	10
6	奥米加股份有限公司	9
7	林祥平	8
8	劳力士有限公司	7
9	斯沃奇集团研究和开发有限公司	5
10	矫大羽	5

（四）技术主题分布

图 3 是擒纵机构相关专利申请的技术主题分布图。可以看出，杠杆式擒纵机构的相

关专利申请量占总量的50%，是应用最为广泛的擒纵机构，围绕该种类擒纵机构的改进也是最多的。天文钟擒纵机构和同轴擒纵机构的相关专利申请量分别占比18%和9%，也属于研究较多的擒纵机构类型。其他类型的擒纵机构包括结构和类型繁杂众多、形式各异的为数不多的如柔性擒纵机构、同步擒纵机构、恒定动力擒纵机构等。

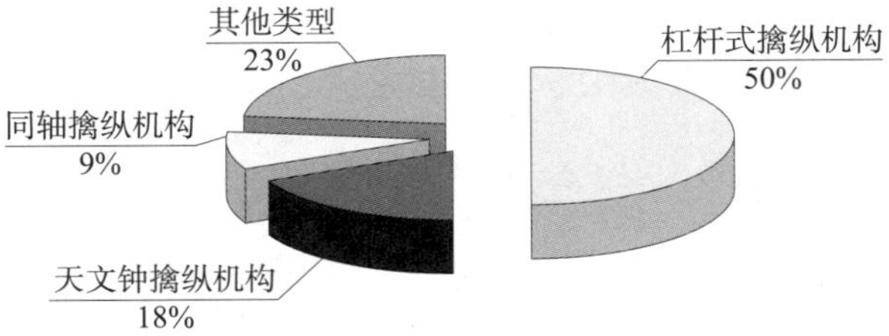

图3　中国专利申请技术主题分布图

三、专利技术介绍

（一）擒纵机构的种类

下面主要介绍几种应用较为普遍、具有重要意义的擒纵机构。

1. 杠杆式擒纵机构

杠杆式擒纵机构是由英国制表师Thomas Mudge在1750年发明的，是应用最广泛的擒纵机构，在我国钟表上普遍采用，也称为叉瓦式擒纵机构。文献CN101339402A给出了这种擒纵机构的典型结构。如图4所示，杠杆式擒纵机构包括双圆盘1、圆盘钉2、擒纵叉3、叉头钉4、进瓦5、出瓦6、擒纵轮7、限位钉8a和8b、擒纵叉轴11、摆轴12和擒纵齿轴13。杠杆式擒纵机构的特点是利用擒纵轮齿与擒纵叉上的叉瓦在释放与传冲的过程中将手表机芯的原动系统输出的能量传递给擒纵叉，而同时在其冲击和释放的过程中，擒纵叉口又会与圆盘钉相互作用，擒纵叉通过圆盘钉将来自擒纵轮输入的能量再传递给摆轮游丝系统。通过这一系列的杠杆原理，摆轮游丝系统才会源源不断的得到机芯的原动系统输出的能量以维持该系统不衰减的振动，从而完成机芯指示装置准确走时的使命。但是，这种杠杆式擒纵机构存在的缺点也很明显，那就是擒纵轮齿与擒纵叉瓦、擒纵叉口与圆盘钉相互之间必须通过碰撞过程才能将手表机芯的原动系统输出的能量传递给摆轮游丝系统，而在此过程中由于摩擦力与撞击导致能量被大量消耗，只有少部分能量被传递给摆轮游丝系统❶。

❶ 曹维峰，马静，齐晓希．擒纵古今（上）［J］．钟表，2009（2）．

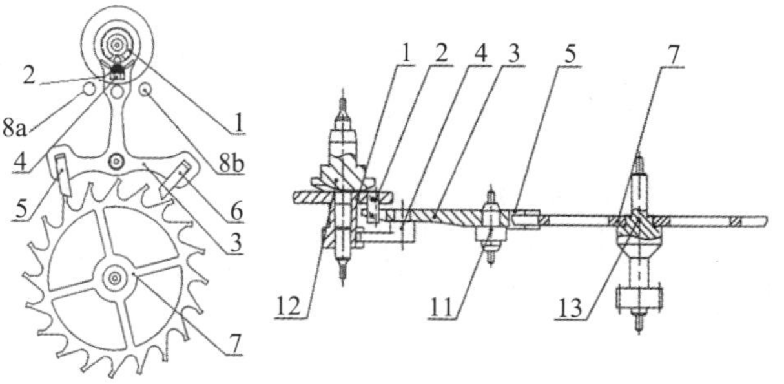

图4　杠杆式擒纵机构

2. 同轴擒纵机构

文献 CN1270331A 给出了一种同轴擒纵机构，主要由摆轮滚子、控制杆部件与擒纵轮部件 3 部分组成，如图 5 所示，具体包括第二擒纵轮 3、第一擒纵轮 2、控制杆 1、枢轴 20、限位块、限位钉、摆轮滚子 5、滚子销 6、叉件 9、第一颗宝石 12、第二颗宝石 13、第三颗宝石 10、第四颗宝石 7。同轴擒纵机构将杠杆式擒纵机构中应用的一个擒纵轮扩展为两个擒纵轮，即第一擒纵轮与第二擒纵轮，并且两者同轴共同转动，第二擒纵轮既要直接将能量传递给摆轮游丝系统，还要带着第一擒纵轮间接将能量传递给摆轮游丝系统。此外，用四颗宝石来完成原先两颗宝石完成的任务，这样可以减少在传递中能量的过多损耗。然而，同轴擒纵机构的零部件制造难度很大，需要更高的标准来保证零部件相互间精确协调的配合。由于摆轮向左摆动时所得到的能量由第二擒纵轮直接输入，而摆轮向右摆动时所得到的能量由第一擒纵轮通过控制杆间接输入，这使得摆轮在两次振动中得到的能量不可能一致，因此会导致等时性受到影响。❶

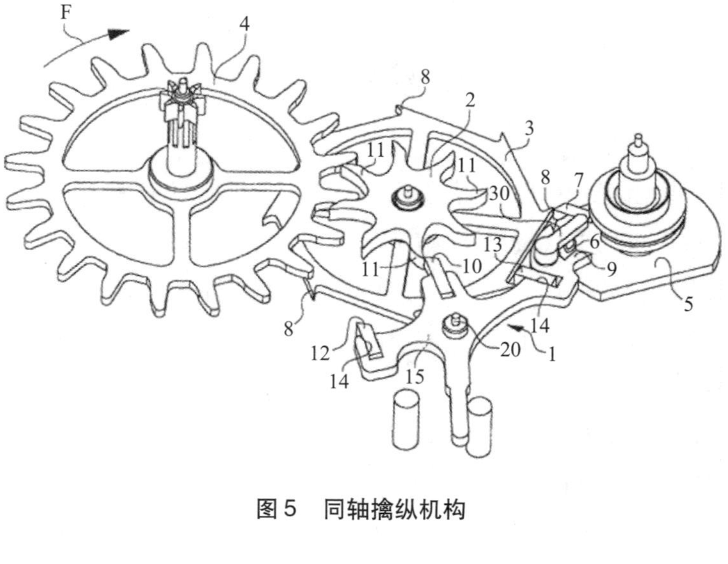

图5　同轴擒纵机构

❶ 曹维峰，马静．擒纵古今（中）[J]．钟表，2009（3）．

3. 恒定动力擒纵机构

文献 CN101981521A 给出的擒纵机构属于一种恒定动力擒纵机构，如图 6 所示，包括第一擒纵轮 32、第二擒纵轮 34、第一棘爪轭 18、第二缠绕轭 26、第三和第四主动元件 30 和 31、板簧 12、可变形底盘 50、摆轮 10、板件 14、冲击销 16，板簧 12 和底盘 50 可在单晶硅板中形成单件。该擒纵机构经板簧 12 从驱动源传递机械能量脉冲到钟表的振荡调节器，板簧 12 以绕弯曲点的压弯方式工作，能够在两次脉冲之间积累来自驱动源的能量，并经第一棘爪轭 18 和第二缠绕轭 26 在每次脉冲后将其传递到振荡调节器。为了最优化板簧 12 的张力调整，将板簧 12 安装在底盘 50 上，其能够相对第一轴 AA 可对称变形，并相对第二轴 BB 可对称变形。该擒纵机构对称的结构将动力集中平衡于摆轮的中心，令摆轮可以完全顺畅地转动。板簧的张力可以简单地调整，同时保证擒纵机构的正确操作。

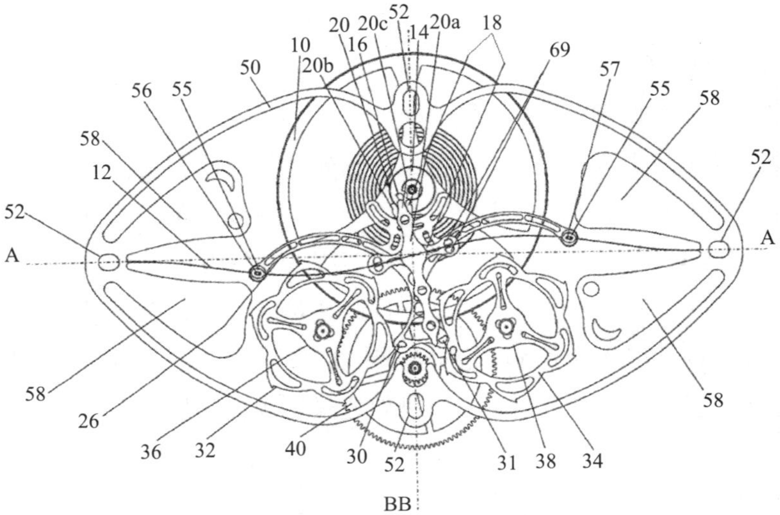

图 6　恒定动力擒纵机构

4. 天文钟擒纵机构

天文钟擒纵机构由于其精确性而受到高度赞赏，长期以来被用于航海天文钟。天文钟擒纵机构的效率大于杠杆式擒纵机构的效率，因为对于每次振荡擒纵轮仅冲击摆轮一次，在此期间擒纵轮枢转通过一个角度步级，由于擒纵轮的惯性而产生的能量浪费对于每次振荡发生一次。但是天文钟擒纵机构的重要缺点是对震动很敏感，为了将其结合到手表中使用，技术人员提出了各种改进和变化。蒙特雷布勒盖股份有限公司申请的 CN1841240A 提供了具有改进的抗震能力的用于手表的天文钟擒纵机构。如图 7 所示，其包括擒纵轮 2、圆盘 1、大圆盘 4、冲击叉瓦 5、小圆盘 23、凹口 22、第一致动拨爪 14、锁止件 6、锁止装置 80、第二致动拨爪 11、保险拨爪 95。当圆盘 1 沿一个方向旋转时擒纵轮被解锁，而当圆盘 1 沿另一个方向旋转时擒纵轮保持被锁止。保险拨爪 95 设置成在冲击叉瓦 5 意外地从擒纵轮 2 的齿圈解锁时与擒纵轮 2 的齿 3 配合并锁止所述齿。这种设置防止了在发生震动时擒纵轮空转，所述空转导致在轮冲击的准确时刻圆盘的旋转方向被翻转。擒纵轮的一个齿与保险拨爪的碰撞锁定了擒纵轮并且将圆盘返回至正确的旋转方向。

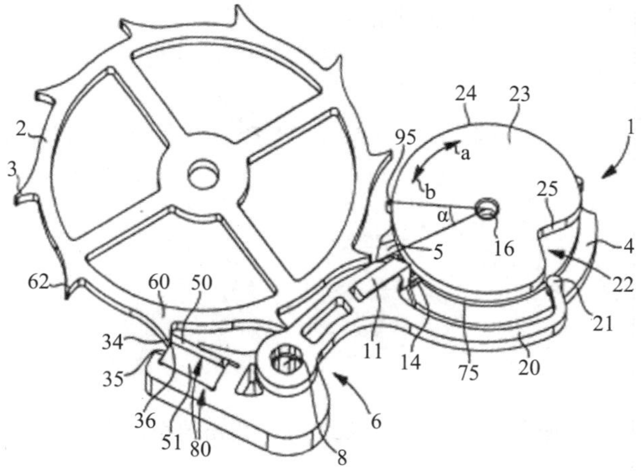

图 7　天文钟擒纵机构

（二）擒纵机构的技术动向

为了提高机械钟表的走时精度，关于擒纵机构的技术发展主要分为两个方面：一是对已有类型的擒纵机构做出各种改进，最多的还是基于杠杆式擒纵机构所进行的研究和改进；二是研究开发新型的擒纵机构。对于杠杆式擒纵机构，具体的改进方向主要包括结构上的改进和制造材料的改进。

文献 CN104011608A 提供了一种改进的擒纵机构，如图 8 所示，其中擒纵叉 2 包括大致为环形件的主体 2a，主体 2a 设置有两个静止叉瓦 3、3′以及两个冲击叉瓦 4、4′，限定布置有擒纵轮 1 的内部空间 11。该结构简单、可靠、紧凑，可增加擒纵机构的效率。

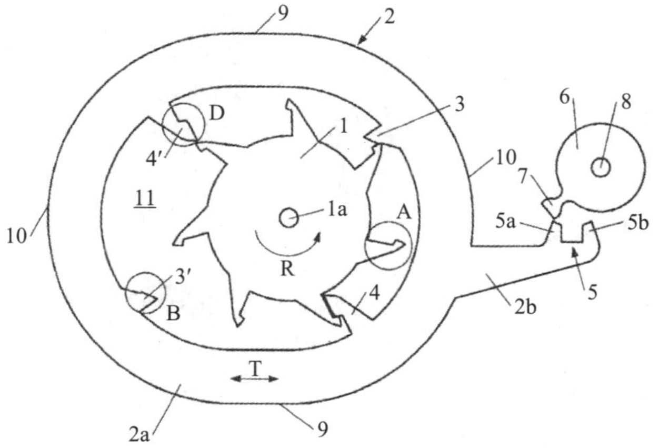

图 8　文献 CN104011608A 提出的擒纵机构

文献 CN103257564A 提供了一种耐磨和抗冲击的擒纵杆，如图 9 所示，其中擒纵杆包括至少一个限定凹口的叉部，叉部包括设置成与摆轮机构配合的角部，叉部凹口在至少其中一个角部中包括槽缝或腔室，以用于限定在接触面和槽缝或腔室之间延伸的弹性唇部，槽缝或腔室设置成在对应的角部上赋予一定弹性，从而在每次推动期间通过吸收部分撞击能量和在撞击之后返回所述能量来减轻冲击。

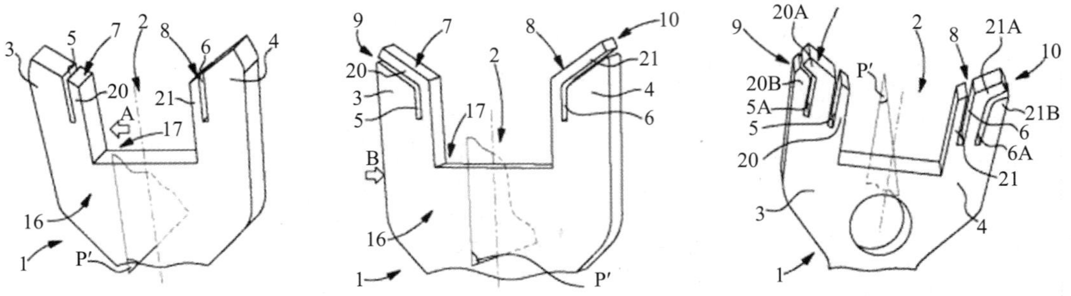

图 9　文献 CN103257564A 提出的擒纵机构

文献 CN102467070A 提供了一种擒纵机构，如图 10 所示，其中擒纵叉杆具备弹性臂部，在擒纵叉克服扭矩而利用叉瓦卡定擒纵齿轮的状态下，弹性臂部进行弹性变形，使得该弹性臂部的末端的卡合部与擒纵叉杆及擒纵叉支承件之中的另一部件的卡合部卡合，

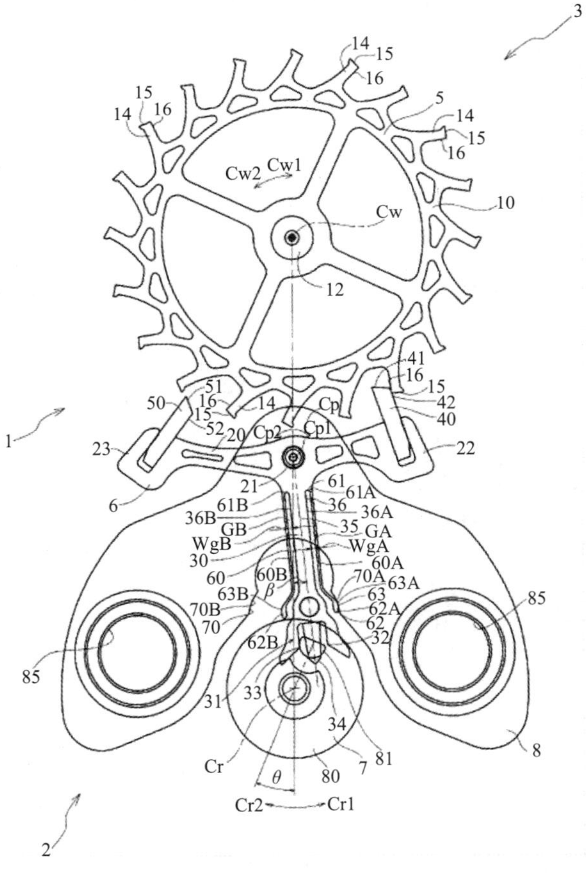

图 10　文献 CN102467070A 提出的擒纵机构

施加给擒纵轮的扭矩越大则弹性臂部的弹性变形的大小越大，摆轮的振幅变得越大则摆轮的约束角就变得越大，因此伴随摆轮振幅变动的、擒纵器的周期性的偏差能降低。

文献 CN101339402A 提供了一种机械手表的擒纵机构，如图 11 所示，其中对擒纵叉的结构进行了改变，擒纵叉体的两臂为“L”型，擒纵叉体、叉瓦体、叉垫片和叠层擒纵叉叉轴通过叉位钉定向压合为一体且同轴旋转，叠加设置的擒纵叉减小了擒纵机构占用的平面空间，体积小巧。

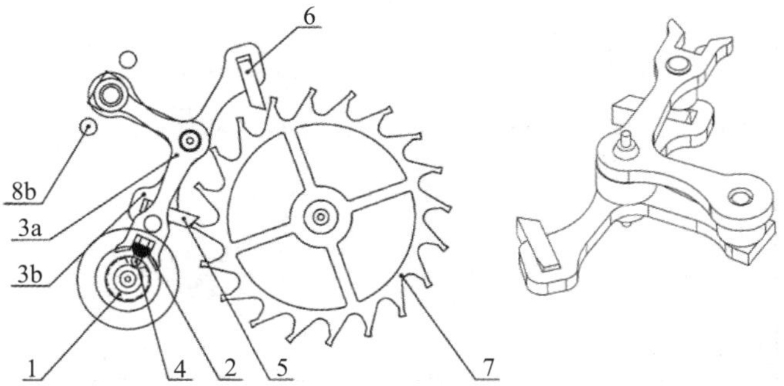

图 11　文献 CN101339402A 提出的擒纵机构

文献 CN1749886A 提供了一种手表机芯的擒纵叉瓦，如图 12 所示，擒纵叉瓦包括背面、冲面和至少一个用作润滑剂的槽的毛细通道，毛细通道连接背面和冲面，可以改善擒纵叉瓦与擒纵轮的齿之间的润滑。

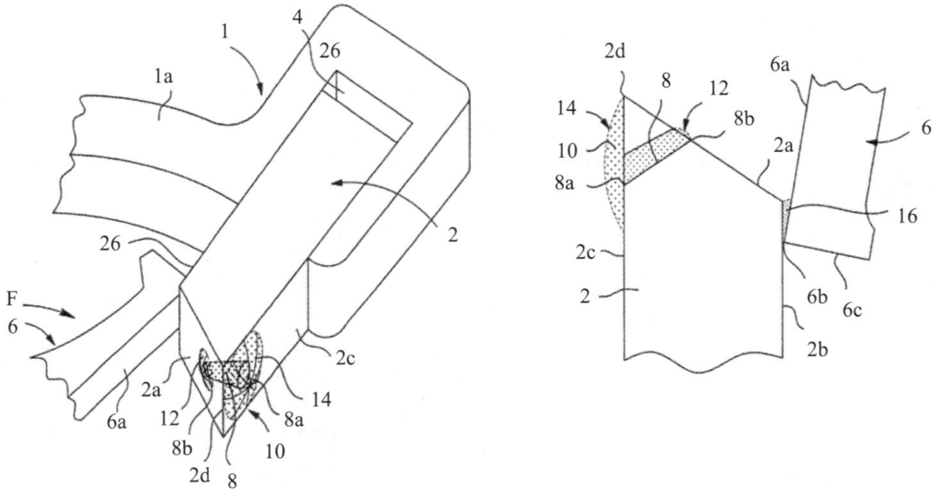

图 12　文献 CN1749886A 提出的擒纵机构

文献 CN103026303A 提供了一种擒纵系统，该擒纵系统的一部分由至少部分非晶态的金属合金制成，非晶态金属具有高的弹性极限，冲击时可降低能量损失，从而使得擒纵系统具有更好的能量恢复系数，并且容易成型，允许以更高精度制造具有复杂形状的零件。

文献 CN102955418A 提供了一种金属擒纵叉，其中擒纵叉叉头包括由聚甲醛等聚合物形成的包覆层，优化了擒纵叉叉头与圆盘钉相关联的低磨损性和低摩擦系数。

此外，一些专利申请提出了新型的擒纵机构，以便在确保高精度的同时具有简单的组装结构。例如文献 CN102467071A 提供的擒纵机构，如图 13 所示，擒纵轮 1 包括围绕轴线 D1 同步枢转的带齿冲击轮 2 和带齿释放轮 4，带齿释放轮 4 包括可动齿轮机构 5，每个可动齿轮机构具有释放齿 6 和锁定齿 8，释放齿可相对于轴线径向移动并且被第一弹簧 7 返回到平衡位置，锁定齿被第二弹簧 9 朝着止动构件沿第一径向 S1 返回。该发明省略了在擒纵轮和摆轮之间的任何中间组成部件，如棘爪杆、制动杆、擒纵叉，所有的擒纵功能实际上组合在单个轮中，实现了显著的空间节约效果。

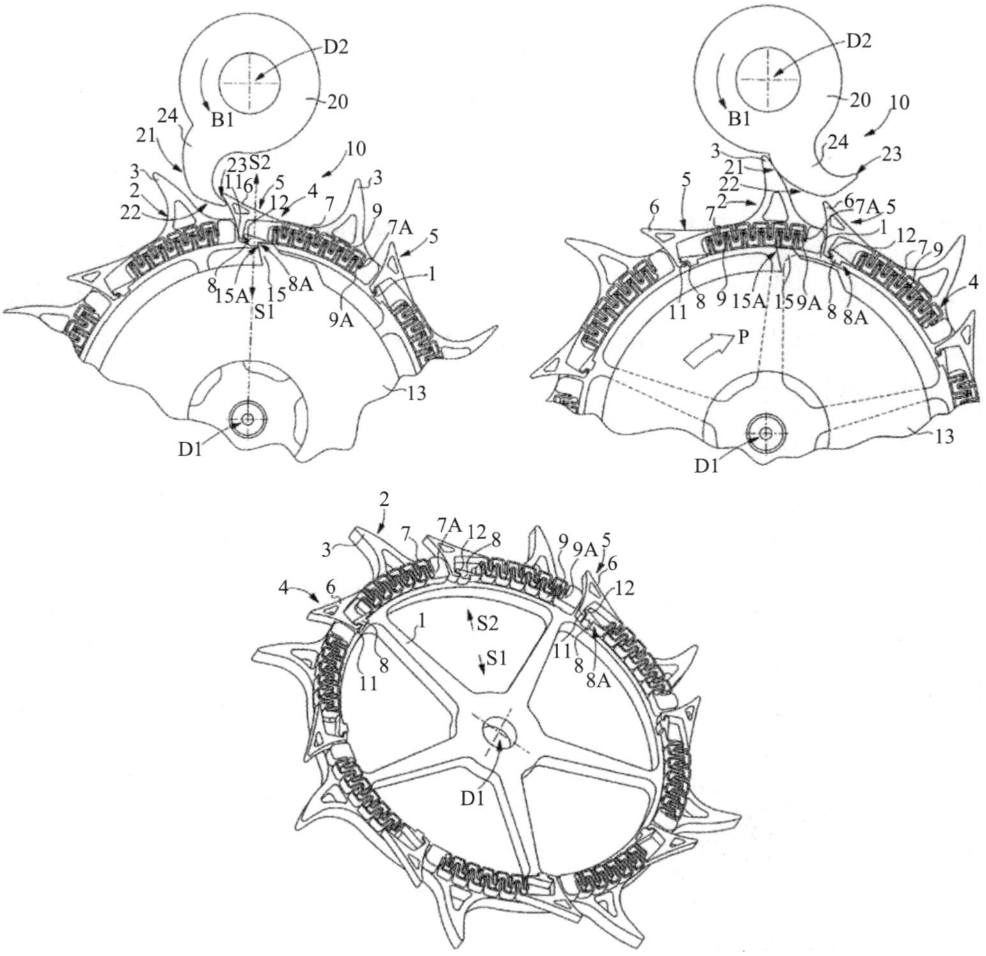

图 13　文献 CN102467071A 提出的擒纵机构

四、结束语

通过对我国机械钟表擒纵机构相关专利申请的分析，可以做出如下总结：

（1）目前，擒纵机构相关专利申请量正处于快速增长的阶段，该领域的技术正快速发展，具有良好的发展前景。

（2）擒纵机构相关专利申请量较多的申请人主要来自国外的知名钟表企业，这些企业凭借其相关核心技术占据领先地位，占据了钟表业的中高端市场。我国的天津海鸥表业集团有限公司在该领域也具有一定的竞争力，在擒纵机构的研发和应用方面迈出了坚实的步伐，在自主创新发展中已经取得了一定的成绩。但是，仍然需要鼓励和支持更多的国内钟表企业加强对核心技术的研发，提高企业的竞争能力和水平。

（3）无论是对已有类型的擒纵机构进行结构、材料等方面的改进，还是设计新型的擒纵机构，都致力于降低能量损失、提高精度，下阶段的发展仍然围绕这些方面。随着新材料、新技术的不断进步，它们将会更多地应用于擒纵机构，因而应当重视新材料、新技术在已有类型的擒纵机构上的应用及改进。此外，还要积极鼓励新型擒纵机构的研发和创新，争取在核心技术中有所突破，为跻身利润丰厚的中高端钟表市场打下坚实的基础。

（4）我国钟表企业只有进一步把握时机、增强研发能力、找准技术革新的关键点、拥有更多的核心专利技术，才能在越来越激烈的技术创新和专利申请的竞争中脱颖而出。

从专利文献信息角度解读2015年国家技术发明奖（通用项目）初评结果

孙瑞丰　吴良策*

摘　要　2015年6月24日，国家科学技术奖励办公室公布了2015年国家技术发明奖（通用项目）的初评结果，初评得出一等奖1项，二等奖49项。本文通过分析比较，发现一等奖项目在总体发明专利授权数量、国外发明专利授权数量及分布等方面明显优于其他项目。可见，发明专利水平与初评获奖级别具有明显的正相关。本文希望通过进一步分析一等奖项目的专利申请、布局策略以及科技成果转化等信息，为奖项参评者以及相关研发人员提供参考和帮助。

关键词　国家　技术　发明奖　专利

引　言

国家技术发明奖是由国务院设立的五项国家科学技术奖项之一，其授予运用科学技术知识作出产品、工艺、材料及其系统等重大技术发明的公民，应当具备下列条件：（1）前人尚未发明或者尚未公开；（2）具有先进性和创造性；（3）经实施，创造显著经济效益或者社会效益。

根据我国《专利法》的规定，新颖性，是指该发明或者实用新型不属于现有技术；也没有任何单位或者个人就同样的发明或者实用新型在申请日以前向国务院专利行政部门提出过申请，并记载在申请日以后公布的专利申请文件或者公告的专利文件中。创造性，是指与现有技术相比，该发明具有突出的实质性特点和显著的进步，该实用新型具有实质性特点和进步。实用性，是指该发明或者实用新型能够制造或者使用，并能够产生积极效果。

从以上规定可以看出，国家技术发明奖评选要求的第（1）项与《专利法》中的新颖性相对应，第（2）项与《专利法》中的创造性相对应，第（3）项与专利法中的实用

* 等同第一作者。

性相对应。由此可见，国家技术发明奖的评选要求与专利对于新颖性、创造性和实用性的要求极为相似。

自2008年国家实施知识产权战略以来，国家对知识产权保护，以及科技成果的产业化推广愈加重视。2011年起，国家技术发明奖项目公示内容增加了拥有授权的发明专利情况。❶ 发明专利已经成为国家技术发明奖评选时的一个重要参考因素。本文从专利角度对2015年国家技术发明奖（通用项目）初评结果进行分析研究，以期得出两者之间内在的关系。

一、发明专利总体分布情况

本次国家技术发明奖（通用项目）通过初评的项目共50项，分为农林养殖组、医药卫生组、国土资源组、环境与水利组、轻工纺织组、化工组、非金属材料组、金属材料组、机械与动力组、信息组、电子仪器仪表组、工程建设组共计12个评审组。经统计，通过初评的50个项目已经获得1150余件发明专利授权，平均每个项目23件。各评审组相关项目具有的平均授权发明专利数如图1所示。

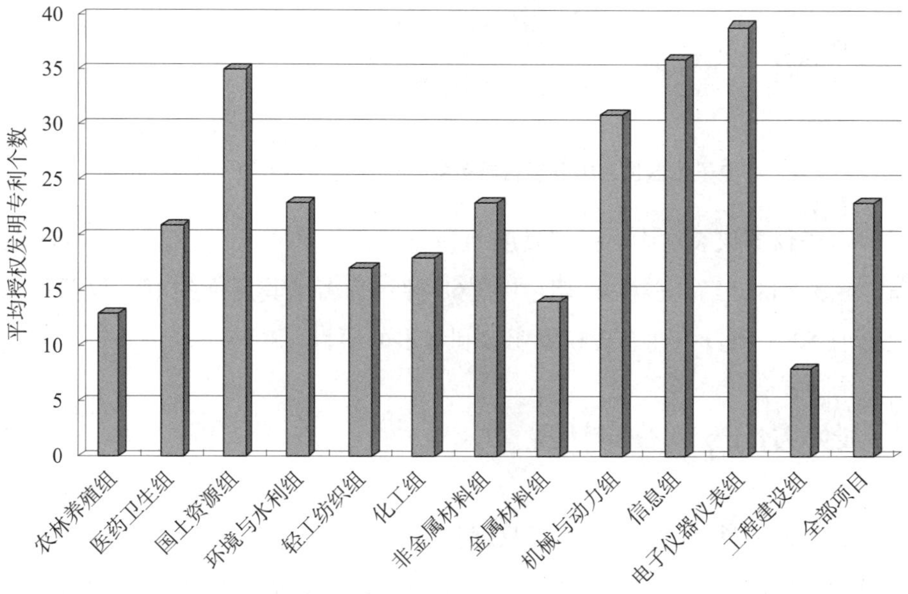

图1　各评审组项目平均拥有授权发明专利个数（单位：件）

其中，国土资源组、机械与动力组、信息组和电子仪器仪表组的平均授权发明专利个数高于全部项目的平均值，以上各组中拥有授权发明专利数最多的项目所拥有的授权

❶ 沈红卫，等. 论我国国家科技奖励评审公开制度的完善［J］. 科技管理研究，2013（5）.

发明专利量依次为：54 件、48 件、46 件和 68 件；环境与水利组、非金属材料组的平均授权发明专利个数与全部项目的平均值持平，两组中拥有授权发明专利数最多的项目所拥有的授权发明专利量依次为：23 件和 32 件；农林养殖组、医药卫生组、轻工纺织组、化工组、金属材料组和工程建设组的平均授权发明专利个数低于全部项目的平均值，各组中拥有授权发明专利数最多的项目所拥有的授权发明专利量依次为：19 件、35 件、31 件、30 件、17 件和 12 件。

由图 1 可知，在 12 个评审组中，平均授权发明专利数最多的是电子仪器仪表组，平均每个项目拥有发明专利 39 件，本次初评唯一获得一等奖的项目也出自该评审组。进一步对电子仪器仪表组各项目具有的授权发明专利数进行统计，结果如图 2 所示。

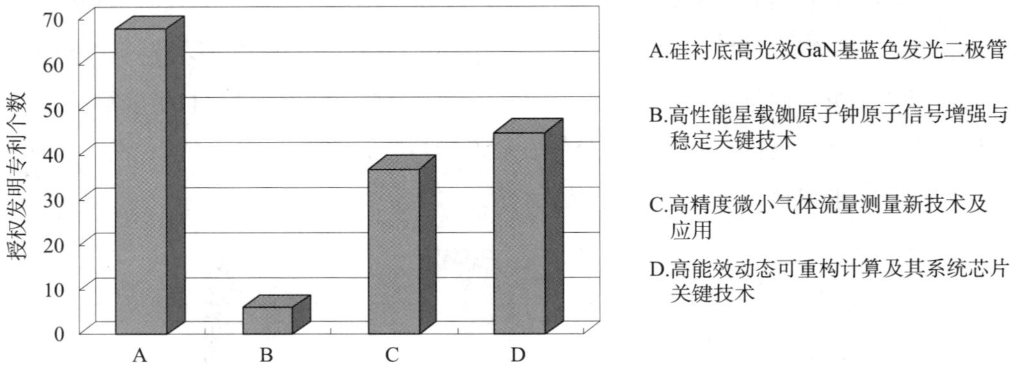

图 2　电子仪器仪表组各项目具有的授权发明专利个数（单位：件）

可见，电子仪器仪表组中，授权发明专利数最多的是“硅衬底高光效 GaN 基蓝色发光二极管”，该项目已经获得授权发明专利 68 件，远高于其所在的电子仪器仪表组平均值，也是所有 50 个项目中拥有授权发明专利最多的项目。

二、国外发明专利分布情况

专利权具有地域性，在某国/地区只保护在该国/地区申请并获得授权的发明创造。因此，若希望在他国/地区获得专利权的保护，必须在该国/地区进行专利申请并获得专利授权。经分析，各评审组中拥有国外授权发明专利项目个数如图 3 所示。

由图 3 可知，农林养殖组、医药卫生组、国土资源组、化工组、机械与动力组、信息组和电子仪器仪表组 7 个评审组中共有 13 个项目拥有国外授权发明专利，进一步分析该 13 个项目各自拥有的国外授权发明专利个数，如图 4 所示。

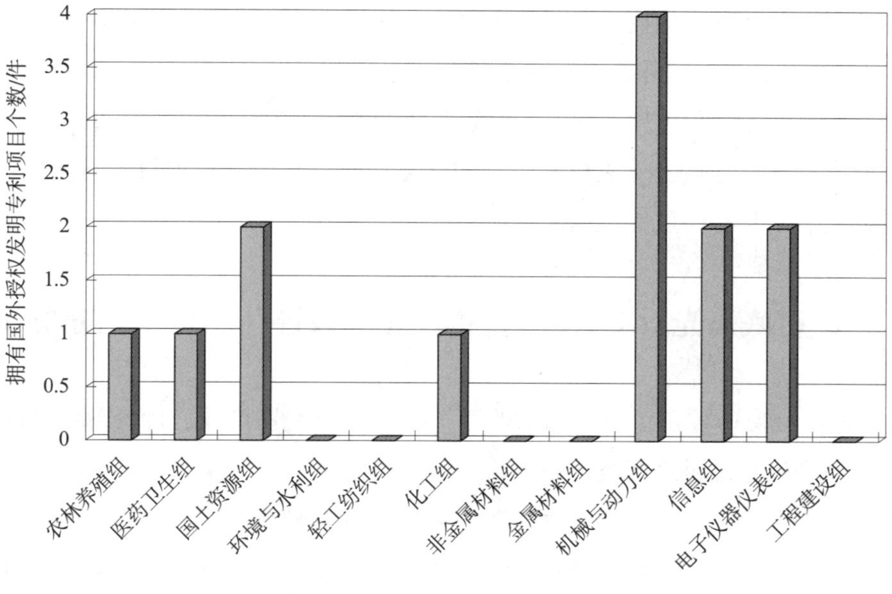

图 3　各评审组中拥有国外授权发明专利项目个数

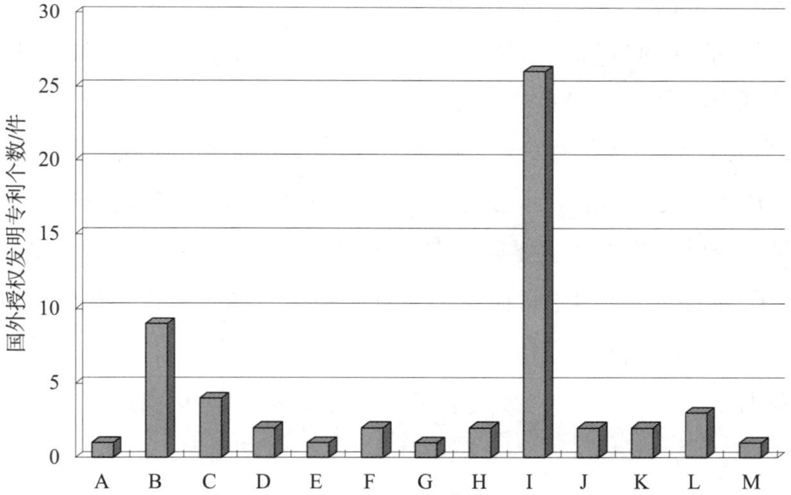

图 4　相关项目各自拥有的国外授权发明专利个数

A. 农产品黄曲霉毒素靶向抗体创制与高灵敏检测技术
B. 基于稀土纳米上转发光技术的即时检测系统创建及多领域应用
C. 年产千万吨级矿井大型提升容器及安全运行保障关键技术
D. 山地复杂构造精确地震成像与气层识别技术及工业化应用
E. 含高浓度分散相的搅拌反应器数值放大与混合强化的新技术
F. 高速并联机器人关键技术及工程应用
G. 高性能中心给粉旋流煤粉燃烧技术
H. 高速重载列车牵引控制关键技术及应用
I. 硅衬底高光效 GaN 基蓝色发光二极管
J. 高效节能的连续螺旋推流强化传热技术及应用
K. 面向社区共享的高可用云存储系统
L. 多流波束赋形的无线传输技术
M. 高性能星载铷原子钟原子信号增强与稳定关键技术

由图4可知，拥有国外授权发明专利数最多的同样是“硅衬底高光效 GaN 基蓝色发光二极管”，其已经获得国外授权发明专利26件。

“硅衬底高光效 GaN 基蓝色发光二极管”项目在初评中获得了唯一的一等奖，无论在授权发明专利量还是在国外授权发明专利量方面均远高于其他项目。显然，授权发明专利量与评奖级别具有明显的正相关。

三、“硅衬底高光效 GaN 基蓝色发光二极管”项目专利分析

“硅衬底高光效 GaN 基蓝色发光二极管”用于 LED 照明产业。传统 LED 照明主要使用蓝宝石衬底和碳化硅衬底两类，分别始于日本和美国。近20年，蓝宝石衬底技术发展迅猛，是目前产业界采用的主流技术，其主要发明人赤崎勇、天野浩和中村修二也因此获得了2014年诺贝尔物理学奖。碳化硅衬底技术也拥有一定市场（生产厂商以美国 Cree 公司为代表），其生产成本高，主要用于高端领域。上述两类技术的主要研发人员日本的赤崎勇和美国的卡特也分别获得日美两国最高科技奖，即日本天皇文化勋章和美国总统技术奖。❶ 目前，两类衬底技术的核心发明专利也已经分别被日本、美国所垄断，对我国 LED 产业发展形成了专利壁垒。

“硅衬底高光效 GaN 基蓝色发光二极管”项目成功实现了在硅上制备高光效 GaN 基 LED 的目的，所生产的硅衬底各项性能指标达到与蓝宝石衬底和碳化硅衬底相当的水平，且生产成本显著降低。该项目主要完成单位为南昌大学、晶能光电（江西）有限公司、中节能晶和照明有限公司，属于科研机构与企业联合开发的模式，有利于发挥两者各自的优势。

2005年4月至11月期间，南昌大学在国内陆续提出了10项发明专利申请，专利信息如表1所示。

表1　早期10项发明专利申请

发明名称	申请号	申请日	授权日期	目前法律状态
在硅衬底上制备铟镓铝氮薄膜及发光器件的方法	2005100251797	20050415	未授权	失效
具有上下电极结构的铟镓铝氮发光器件及其制造方法	2005100263065	20050527	20071214	专利权维持
具有内陷电极的半导体发光元件	2005100278075	20050713	20090102	专利权维持

❶ 江风益，等. 硅衬底高光效 GaN 基蓝色发光二极管［J］. 中国科学，2015，45（6）.

续表

发明名称	申请号	申请日	授权日期	目前法律状态
在硅衬底上制备铟镓铝氮材料的方法	200510027808X	20050713	20071207	专利权维持
在硅衬底上制备铟镓铝氮薄膜的方法	200510030319X	20050930	20070706	专利权维持
半导体发光器件及其制造方法	2005100303217	20050930	20080229	专利权维持
铟镓铝氮发光器件	2005100303202	20050930	20070525	专利权维持
含有金锗镍的欧姆电极、铟镓铝氮半导体发光元件及制造方法	2005100308742	20051027	20071228	专利权维持
含有金属铬基板的铟镓铝氮半导体发光元件及其制造方法	2005100308687	20051027	20081226	专利权维持
在硅衬底上制备高质量发光半导体薄膜的方法	2005101105660	20051117	20080222	专利权维持

2006 年 5 月，申请人南昌大学将上述 10 项发明专利申请一次性转让给晶能光电（江西）有限公司，以实现硅衬底 LED 芯片产业化。根据表 1 可知，上述 10 项专利申请涉及了薄膜组成、薄膜制备以及具体应用等方面，基本涵盖了硅衬底上制备 GaN 薄膜的全部关键工艺。在此基础上，晶能光电（江西）有限公司和南昌大学又陆续申请了多项发明专利。2009 年，晶能光电（江西）有限公司成立江西晶和照明有限公司（现名为中节能晶和照明有限公司），专门从事硅衬底 LED 路灯等应用开发。

根据表 1 所示，10 项申请中的 9 项于 2008 年前后获得了授权，唯有一项专利申请未获得授权，原因在于申请人将其作为优先权基础提出了另外一项专利申请（申请号：CN200610072230.4），该申请于 2006 年 4 月提出，已于 2008 年 11 月 7 日获得授权。在上述专利获得授权的情况下，该项目于 2008 年 5 月实现批量生产。由此，该项目实现了在国内由科研机构到企业、由研发到市场的转化。

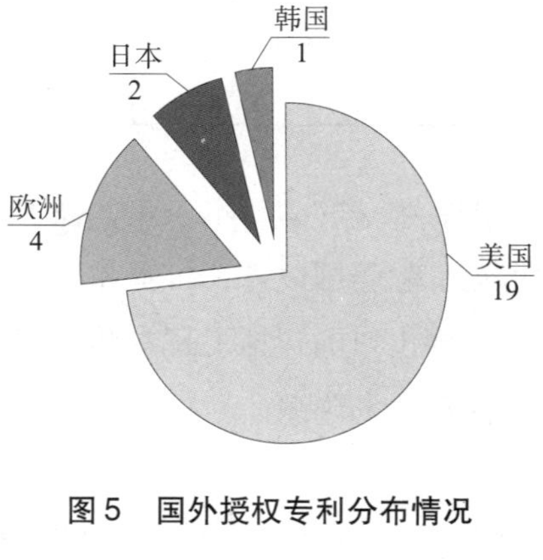

图 5　国外授权专利分布情况

如前所述，在国外专利申请方面，“硅衬底高光效 GaN 基蓝色发光二极管”项目已经拥有了 26 件国外授权发明专利，在各国/地区的分布如图 5

所示。

26 件国外授权专利中包括美国专利 19 件、欧洲专利 4 件、日本专利 2 件以及韩国专利 1 件，以上的授权专利均是以 PCT 申请的形式提出的。

另外，该项目在国外申请专利始于 2006 年，晚于国内专利申请约 1 年时间。其提出的 PCT 申请绝大部分要求了国内申请的优先权，并且多数是以表 1 中相关国内申请为优先权。由此可见，对于国外专利布局，申请人是在国内专利尤其是核心专利申请基本完成的情况下才开始的，这样可以以国内专利申请为基础，通过优先权等方式为后续国外专利的申请提供便利。对于该项目而言，其能够获得国外发明专利的授权，是在相应国家/地区专利法规定范围内对其创新性的认可，另外也为该技术顺利推广至对应国/地区提供了有力保障。

此外，由图 5 还可以看出，该项目国外专利布局以美国为主，占全部国外授权专利的 73%，即针对特定市场进行了特定的专利保护。但是，来自国际市场调研机构 Strategies Unlimited 在 2015 年 2 月的数据显示，2014 年全球十大 LED 企业排名如表 2 所示。[1]

表 2　2014 年全球十大 LED 企业排名

排名	企　　业	国家/地区
1	日亚（Nichia）	日本
2	欧司朗光电（Osram Opto）	德国
3	三星（Samsung）	韩国
4	飞利浦（Philips Lumileds）	美国
5	Lg 伊诺特（LG Innotek）	韩国
6	汉城半导体（Seoul Semiconductor）	韩国
7	科锐（Cree）	美国
8	亿光（Everlight）	中国台湾
9	木林森（MLS）	中国
10	琉明光电（Lumens）	美国

排名第一的为日本企业，韩国企业与美国企业各占 3 家，欧洲地区仅德国 1 家。由此可见，除美国以外，日本和韩国也已经逐渐发展成为 LED 的生产大国。由于该项目产品的主要出口国包括了日本和韩国，而申请人在日本和韩国授权专利较少，可能存在后期产品出口的隐患。

[1] http://info.ledp.hc360.com/2015/03/060846150861.shtml [EB/OL].（2015-8-3）.

四、结 语

通过以上分析可知，“硅衬底高光效 GaN 基蓝色发光二极管”项目相对于其他项目，在拥有国内外授权发明专利数量上具有明显优势，与其获得唯一的初评一等奖具有明显的正相关。同时，该项目在专利申请、专利布局以及科研成果转化等方面也具有参评者和相关研发人员值得学习和借鉴的地方。首先，要实现专利权对于某项技术的保护，必须有数量作为基础，保证技术的各项重要环节均有授权专利覆盖；其次，应当充分发挥科研机构研发能力与企业推广应用能力的优势，在科技创新的同时提高科研成果的产业化应用；最后，科技的进步与贸易全球化要求我们不断提高专利保护意识、做好专利全球化战略布局，为新技术、新产品走出国门打下坚实的基础。

我国锚杆支护领域专利态势分析

陈小霞　万继祥[*]　苗小郁[*]　鹿士杰[*]

摘　要　本文以我国锚杆支护领域专利申请的数据为基础，从专利申请量、专利类型、地域分布、申请人等几个方面研究了我国该领域的专利申请发展态势。数据分析反映出在我国专利制度不断发展与完善的大环境下，锚杆支护领域的专利保护也逐渐成熟，专利申请量与授权量不断增加，申请涉及的技术难度也有增高趋势。本文以翔实的数据反映了该领域创新活动的发展概况，以期为相关企业和科研机构的专利申请提供参考。

关键词　锚杆支护　专利　保护

一、概　述

锚杆支护是一种结构简单的主动支护技术，其理念是通过锚杆体系的悬吊、组合、挤压成拱、补偿开挖应力损失等性质，充分发挥围岩自身的承载力，以增强围岩的稳定性。锚杆支护技术是当代岩土工程发展的必备基础之一，广泛应用于地下空间开挖、地面岩土边坡建设等领域，对于增加地下空间的跨度、提高边坡角度、增加岩体稳定性、降低工程成本等方面均有显著效果。

锚杆支护技术在矿业、交通、水利、市政工程中均有广泛应用，这也推动了锚杆支护技术的进步。特别是岩石力学的发展及各类新型工程材料的出现，大大推动了锚杆支护理论和技术的发展，例如高强度锚杆、预应力锚索、数值锚杆等技术的出现。21 世纪被岩土工程界称为“地下工程的世纪”，可以预见该技术必将得到更广泛深入的研究和推广应用。❶❷

---

* 等同第一作者。

❶ 韩立军，张茂林，贺永年，等. 岩土加固技术 [M]. 北京：中国矿业大学出版社，2005.

❷ 苏自约，闫莫明，徐祯祥. 岩土锚固技术与工程应用 [M]. 北京：人民交通出版社，2004.

二、锚杆支护技术国内外发展状况

早期围岩支护理念认为，围岩开挖后产生的荷载要依靠支护结构去承担，相应支护结构为棚架、拱架、衬砌等刚性支撑材料。浅部地下工程采用刚性支护技术问题不大，但当工程结构位于深部岩体时，刚性支护的弊端开始暴露，即刚性支护结构无法承受深部地压荷载。随后提出了如何发挥围岩自身承载力的工程理念，即以“新奥法”为代表的地下工程施工方法，而锚杆支护技术是“新奥法”的一个技术基础。锚杆支护技术首次应用始于1872年的英国北威尔士露天页岩矿边坡加固，锚杆在地下工程的应用始于1912年的德国谢列兹矿在井下巷道围岩加固。锚固技术至今已有100多年的发展历史，锚杆支护理论逐步建立、完善，各类新型锚杆及支护技术相继出现。

锚杆支护发展起源于英国矿业领域，但锚杆支护技术的成熟应用却始于美国和澳大利亚。锚杆的高效、低成本的优势很快得到业界的认可，例如在1987年以前，英国煤矿巷道支护90%以上采用金属支架，但随着开采深度的增加，发现金属支架无法承受采动压力的作用，返修率高，导致煤矿严重亏损，因此英国从澳大利亚引进了成套的锚杆支护技术，从而扭转了过去的被动局面。自此，煤巷锚杆支护得到迅猛发展，据统计，1994年起在巷道支护中所占比例已达到80%以上。就目前而言，国外锚固技术以澳大利亚、美国发展最为迅速，两国锚杆支护比重已接近100%，其锚固技术水平居于世界前列。❶

我国锚杆支护技术起步较晚，至20世纪70年代前期还处于探索阶段，直到1978年才开始重点推广，20世纪八九十年代向英国、澳大利亚等国家学习锚杆支护技术，并引进成套先进的锚杆支护技术。90年代初，煤巷锚杆支护技术作为国家“八五”期间的重点项目进行攻关，取得了一大批科研成果，锚杆支护应用范围明显扩大；到了90年代中后期，通过引进国外技术推动了我国煤巷锚杆支护技术的发展和提高，并在引进、吸收和消化的基础上，结合我国具体情况，初步形成了适合我国煤矿条件的煤巷锚杆支护成套技术；随后进入高速发展时期，在国内各大矿区推广应用，取得了显著的技术经济效益，并逐渐在水工、建筑、铁道等部门广为应用。

这种技术最开始的应用范围仅局限于对岩体进行加固的工程项目中，随着建设施工的发展，逐步开始应用到土体的加固工程❷，例如高边坡治理工程和隧道支护建设工程中。与之相应的，锚杆支护领域的专利申请量也在不断增加。

本文将从专利申请量、专利类型、地域分布、申请人等几个方面，对我国锚杆支护

---

❶ 孔恒，马念杰，王梦如，等．锚固技术及其理论研究现状和方向［J］．中国煤碳，2001，27（11）．

❷ 李启帆，张伟，李英，等．喷锚支护技术在工程中的应用及发展趋势研究［J］．江西建材，2015，155（2）．

领域的专利申请进行深入分析，以期反映该领域创新活动的发展状况，为相关企业和科研机构的专利布局提供参考。

三、数据采集范围

以我国国家知识产权局受理并公开的锚杆支护领域的专利申请为数据分析基础，包括分类号为 E21D20 和 E21D21 的专利申请，包含进入中国国家阶段的 PCT 申请（不含 PCT 国际申请），包含国外来华专利申请。数据采集时间截至 2014 年 12 月 30 日，共涉及专利文献 3162 篇。

四、我国锚杆支护领域专利申请状况

（一）以国内申请为主的专利申请量不断增加

1985～2014 年，我国锚杆支护领域共申请专利 3162 件。其中，2000 年以前的专利申请量不多，年申请量不足 30 件；2001～2005 年年申请量为 40～100 件，处于稳定发展期；2006 年开始，年申请量增长迅猛。图 1 显示了 1985～2014 年我国锚杆支护领域专利申请增长情况。其中，2014 年的申请量略有下降，这与专利申请公开时间滞后有关，因为部分 2014 年的申请还处于未公开的状态。从中可以看出，相比于锚杆支护领域技术的发展，其专利申请量的增长相对滞后，一定程度上说明了，早期一些科研成果并未通过申请专利的途径进行保护。但随着我国专利制度的不断发展与完善，专利保护力度的加强，以及知识产权意识的提高，专利申请量以较快的速度不断增长。

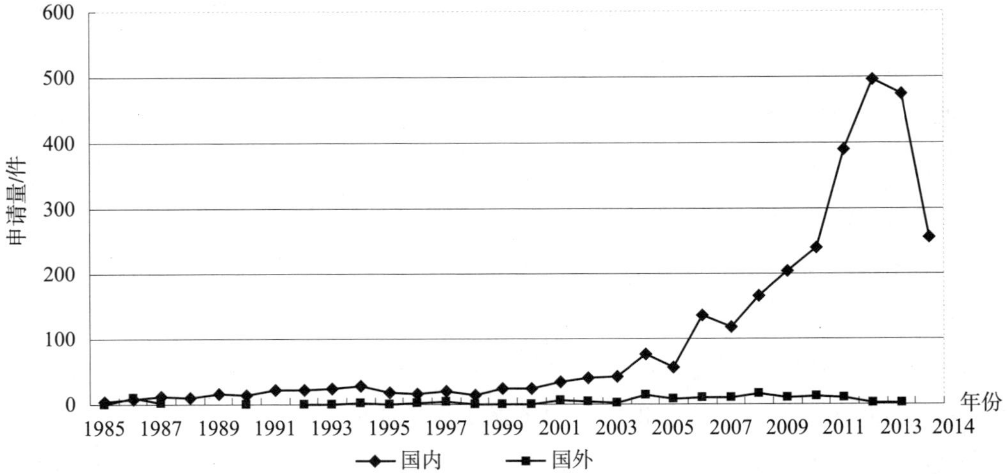

图 1　1985～2014 年我国锚杆领域专利申请情况

从专利申请量的国内外分布可以看到，在锚杆支护领域国内申请量占绝大部分，共3020件，占申请总量的比例高达95.5%；而国外来华的申请量非常少，仅占4.5%。这表明，在该领域国内申请占据着非常重要的地位，而国外并未注重该领域在我国的专利布局。

（二）以实用新型为主的专利类型的分布

1985~2014年，我国锚杆支护领域共申请专利3162件。其中，发明专利申请1155件，占申请总量的约1/3；实用新型专利申请2007件，占申请总量的约2/3。近5年，发明专利申请的比例有所提升，达到40%左右，但仍然以实用新型专利申请为主。图2显示了2000~2013年我国锚杆支护领域发明和实用新型专利申请增长情况。从这两种类型的专利申请分布情况看出，由于实用新型的初步审查制度缩短了专利申请的授权时间，能够尽早保护需要商业化的技术，具有投入少、费用低和见效快的优势，因此在锚杆支护领域被更多的选择。但同时，发明专利申请的比例在近年有所提升，说明了专利权相对稳定的发明专利申请愈受青睐。

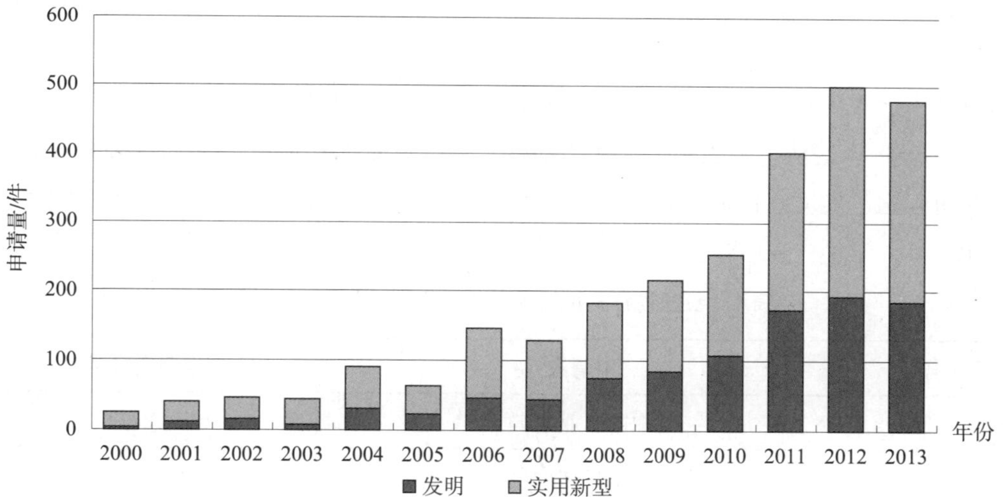

图2　2000~2013年我国锚杆领域发明和实用新型专利申请情况

（三）国内专利申请地域集中度较高

1985~2014年，我国锚杆支护领域的专利申请中，排名前十位的省市分别为山东、江苏、山西、安徽、北京、河南、河北、陕西、四川、辽宁。图3显示了我国锚杆支护领域国内各省市专利申请量份额情况。这十个省市的专利申请量占申请总量的80%，尤其是位列前三的山东、江苏和山西，其专利申请量占国内申请总量的比例高达40%，充分显示了我国锚杆支护领域专利申请的地域集中度非常高。通过更深入的分析，可以发现，主要原因是因为这些省份是相关专业的高校所在地和矿业发达地区。

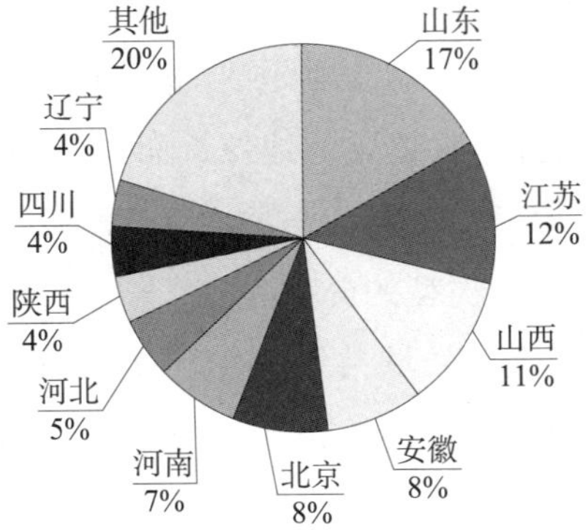

图 3　我国锚杆领域国内各省市专利申请量份额情况

（四）主要申请人集中在高校

与我国多数技术领域的主要专利申请人呈多样化分布不同，锚杆支护领域的主要专利申请人集中在高校。表 1 列出了我国锚杆支护领域专利申请量排名前十的申请人。从该表的数据可以看出，申请人为高校的分别有中国矿业大学、山东科技大学、山东大学、湖南科技大学、河南理工大学、安徽理工大学和西安科技大学，占据前十中的七席，其申请总量占前十申请人申请总量的 84% 。并且，前六位的申请人均为高校，而企业和研究所仅占 16% 。这从一定程度上反映出锚杆支护领域企业科研实力薄弱，高校在技术研发上具有很强的实力。因此，可以加强高校和企业之间的研发合作，促进专利技术成果的转化。

表 1　我国锚杆支护领域专利申请量排名前十的单位

序号	申请人	申请量（件）
1	中国矿业大学	222
2	山东科技大学	107
3	山东大学	39
4	湖南科技大学	38
5	河南理工大学	37
6	安徽理工大学	36
7	中国科学院武汉岩土力学研究所	35
8	山西潞安环保能源开发股份有限公司	32
9	西安科技大学	30
10	淮南矿业（集团）有限责任公司	29

（五）主要申请人的分析

根据表 1 的数据，位列第一的申请人中国矿业大学的申请量高达 222 件，位于第二的山东科技大学，其申请量为 107 件，均超过百件。这两所高校的申请量超过前十申请人申请总量的半数，而其他申请人的申请量均不足 40 件，显示了该两所高校，尤其是中国矿业大学在锚杆支护领域具有明显的技术优势。

1. 中国矿业大学

中国矿业大学早在 1987 年就申请了专利，并且专利申请量持续增长，尤其近几年增长迅猛（见图 4）。2011 年专利申请量 26 件，同比增长 63%；2012 年专利申请量 35 件，同比增长 35%；2013 年专利申请高达 53 件，同比增长 51%；2014 年申请量下降与专利申请公开时间的滞后有关，在此不做比较。并且，中国矿业大学的专利申请中，与其他单位共同申请的专利共有 18 件，主要集中在 2011 年以后，并且其共同申请人均为矿业公司，从一个侧面显示了在科学研究方面，该校与煤炭企业的合作力度非常大，这些专利均是与煤炭企业合作的成果，通常认为此类专利具有更高的质量，其专利技术成果更适于实际运用并产生更大的经济效益。

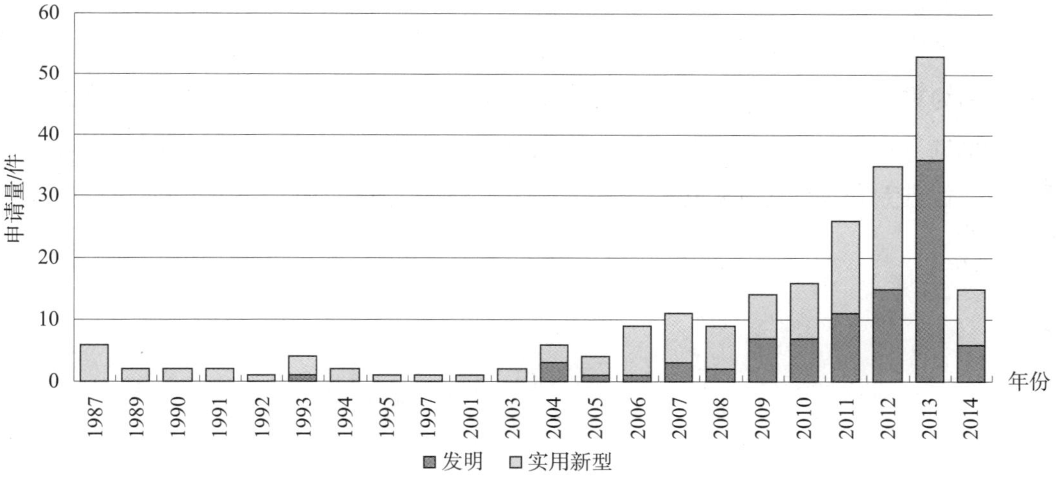

图 4　中国矿业大学锚杆领域申请情况

2. 山东科技大学

山东科技大学是 1999 年由山东矿业学院和山东煤炭教育学院合并组建的，故山东矿业学院和山东煤炭教育学院的专利申请量并入山东科技大学。山东科技大学在 2009 年之前仅陆续申请 6 件专利，2009 年之后专利申请量迅猛增长（见图 5）。山东科技大学的专利申请中，与企业共同申请的专利共有 8 件，主要集中在 2013 年以后。

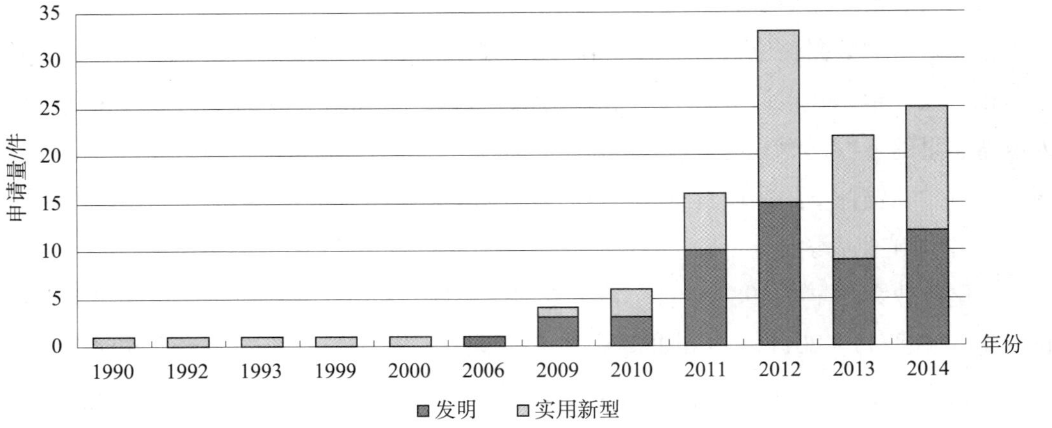

图5 山东科技大学锚杆领域申请量情况

五、小 结

综上所述，我国锚杆支护领域的专利申请量增长显著，并且国内申请占绝大多数。在专利类型中，实用新型在锚杆支护领域被更多的选择。锚杆支护领域是一个典型的以工程运用为重点的行业，而该领域的专利申请又非常显著地集中于高校中，这就要求高校充分挖掘自身的资源，发挥自身的科技优势，对具有实用价值的专利技术成果进行实际运用，促进专利技术的商业化和产业化，进一步提高高校申请人的产学研结合能力。

集成电路 ALD 装备技术专利分析

黄建军　赵丹丹　周美霞　付占海　马永芬

摘　要　集成电路产业是知识密集、技术密集和资金密集型产业。集成电路设备制造是其重要支撑产业，随着集成电路产品向高密度、薄型化、小型化发展，ALD 装备相关技术成为支撑该发展的技术先导之一。本报告简述了国内外 ALD 技术发展情况，分析了全球 ALD 专利申请趋势和分布，并对重点技术和重点专利权人的专利情况进行了深入研究，以期能够对国内 ALD 装备企业的研发及专利布局提供参考。

关键词　ALD　原子层沉积　工艺腔　反应源

第 1 章　研究背景

集成电路产业是国民经济和社会发展的战略性、基础性、先导性产业，在计算机、消费类电子、网络通信、汽车电子等众多领域起着关键作用，是全球主要国家或地区抢占的战略制高点。ALD（原子层沉积）技术，作为当前集成电路生产关键环节——封装工艺的先进技术代表，由于其沉积参数的高度可控性（厚度，成分和结构），优异的沉积均匀性和一致性，使得其在微电子、纳米技术和半导体等集成电路领域具有广泛的应用潜力。最近十多年，全球众多集成电路企业，大力投入该技术研究，并陆续推出相关 ALD（原子层沉积）设备产品。由于起步较晚、技术积累上的不足，中国 ALD 设备主要依靠进口，因此技术上的追赶显得更加紧迫，相关扶持政策的出台，国家科技重大专项的推出，均期望为该技术实现“弯道超车”助一臂之力。

本报告对国内外 1997 年 1 月 1 日至 2015 年 10 月 30 日 ALD 装备技术相关专利进行检索，对专利检索结果进行年度专利申请量、申请人、重点技术等维度的统计分析，其次对主要专利权人的年度专利申请情况、专利地域布局、技术领域分布、重点发明人情况进行分析，明确了集成电路 ALD 技术掌握在哪些企业手中，及各自的技术重点、专利区域布局情况等，然后分析重点技术分支和推介重要专利。

第2章　ALD装备技术宏观统计分析

2.1　专利申请年度分布

自1997年1月1日至2015年10月30日，全球ALD技术专利公开量共计26 403篇。2000年以前，ALD相关专利总量比较少，进入2000年以后，ALD技术相关的专利年申请量一直呈快速增长的趋势，2000～2006年，相关技术的专利申请量以年均40%的增幅增加，特别是2001年的相关专利年申请量比2000年翻了一番，为历年增幅的最高值。可见，该技术在2000年之前处于缓慢发展期，2000～2006年经历了快速发展阶段。2006年以后，申请量在2000件上下波动，ALD相关技术基本属于平稳发展阶段。2014年和2015年，相关专利申请量出现大幅下滑，主要是受专利申请延迟公开的因素影响，未公开仍在审查的专利未能在图中体现，2014年和2015年度的相关专利申请数量出现失真。

图2－1　ALD技术专利申请年度分布

2.2　申请人分布

图2－2为全球ALD技术相关专利申请量前十的申请人情况。Micron Technology，inc. 公司（美光科技有限公司，简称美光科技）的申请量居首位，为1279件，美光科技是全球最大的半导体储存及影像产品制造商之一，其主要产品包括DRAM、NAND闪存、NOR闪存、SSD固态硬盘和CMOS影像传感器，该公司的生产领域与ALD技术的应用领域高度相关。其次的是Applied Materials，inc. 公司（应用材料公司），申请量为941，应用材料公司属于半导体生产设备领域，涉及ALD技术典型应用领域。申请量排名第三的是韩国Hynix Semiconductor inc. （海力士半导体公司），之后是Samsung Electronics co.，ltd. （韩国三星电子公司）。第五为ASM公司，ASM公司包括ASM美国公司、ASM国际公司、ASM日本等多家分子公司。排名第六是International Business Machines Corporation

（国际商用机器公司，IBM），ALD 工艺应用于高性能处理器生产加工。排名从第七到第十的依次为：东京电子有限公司（TEL—Tokyo Electron Limited）、中芯国际集成电路制造有限公司、intermolecular. Inc、中国科学院微电子研究所。

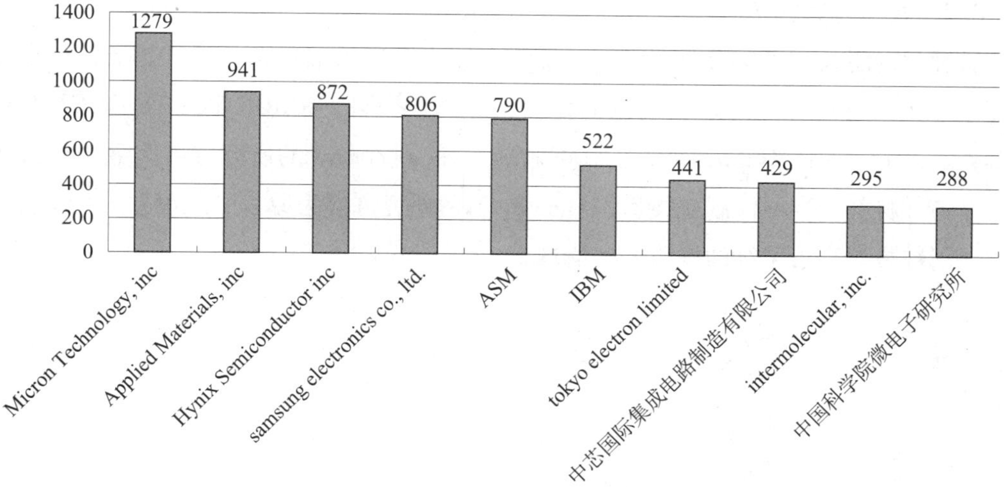

图 2－2　ALD 相关专利的主要申请人

从专利申请的数量分布看，位于前五名的公司专利申请量远远领先排名在后的公司，这正体现了 ALD 装备技术领域的技术聚集程度较高，大量的专利技术为少数企业所拥有，且主要是美国和韩国的公司，这两个国家的相关企业在 ALD 装备技术领域存在明显的技术优势。

2.3　地域分布

图 2－3 为 ALD 相关专利的地域分布情况，对申请人所属的国别进行了统计，可以看出，美国的申请几乎占据了总量的半壁江山，由于 Micron Technology 公司、Applied

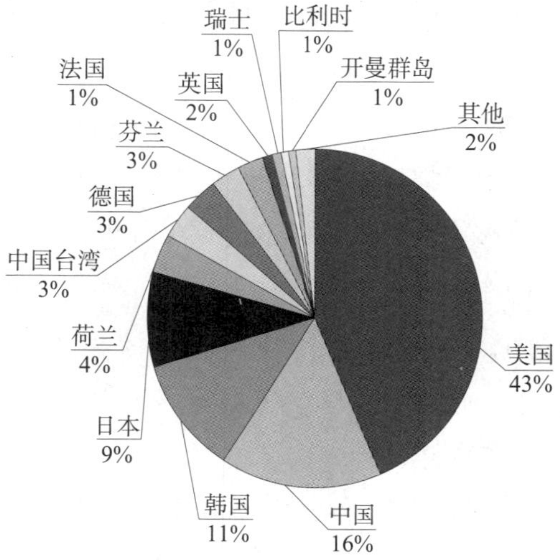

图 2－3　ALD 相关专利的地域分布情况

Materiasl 公司、ASM 等大型的半导体领域的重要企业都集中在美国，使得美国的申请数量遥遥领先，技术优势明显。在美国之后，依次为中国、韩国、日本，可见 ALD 相关技术在亚洲也在蓬勃发展。位于第三梯队的是荷兰、德国、芬兰、法国等欧洲国家。

2.4　技术专家分析

通过对发明人（不区分是否为第一发明人）专利申请数量进行统计排名，得出全球前五位 ALD 技术专家。排名前两位的发明人分别为来自 MICRON TECHNOLOGY INC 的 Forbes Leonard、Ahn Kie Y，进一步分析显示 Forbes Leonard 的研究方向为原子层沉积方法、设备、材料、半导体制造技术，Ahn Kie Y 的研究方向为原子层沉积方法及设备，两位的申请数量远高于后续的发明人申请量。

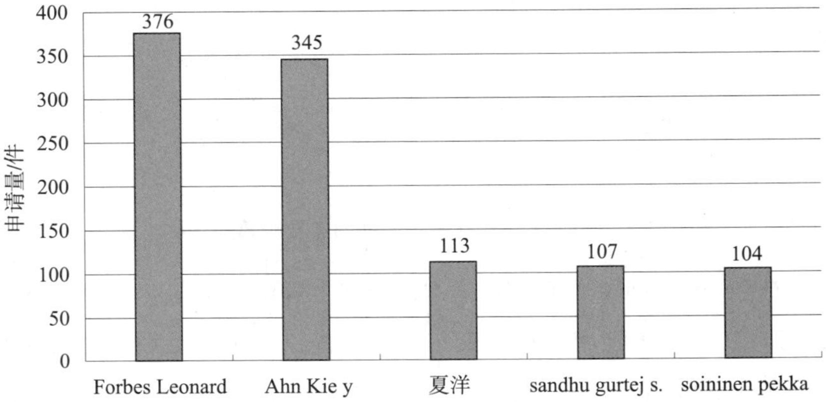

图 2-4　ALD 技术专家情况

排名第三的发明人夏洋为中国科学院微电子研究所微电子设备技术研究室的研究员，主要研究方向为微电子工艺及装备。

排名第四的发明人 sandhu gurtej s. 也来自美光科技，排名第五的发明人 soininen pekka 就职于 beneq oy 公司。

2.5　技术领域分布分析

结合行业及企业技术分类习惯，将 ALD 相关技术分为：ALD 整体设备、工艺腔室、反应源传输与分配。通过对整体检索专利样本进一步分析，得到 ALD 整体设备、工艺腔室、反应源 3 大技术分支的专利分布如下。

反应源的专利数量最多，为 4341 件。反应源技术涉及化学材料、工艺以及反应源传输、分配、存储等多个方面，也涉及化学、机械等多个领域。工艺反应原料的技术创新是 ALD 装备技术得以发展的基础条件。

ALD 整体设备专利申请量为 2728 件，主要涉及 ALD 设备整体布局、晶片传输系统以及设备微环境控制系统，ALD 设备整体布局包括设备的结构、外观；晶片传输系统包括晶片传输、传片定位、传片校准、传片检测等；设备微环境控制系统包括颗粒控制方

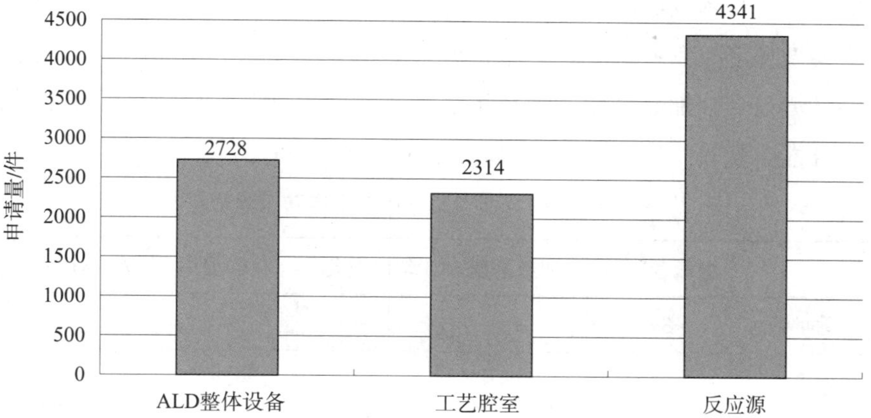

图2-5　ALD装备重点技术分布

法、微环境等。工艺腔室技术的专利申请数量为2314件，包括匀流盘结构设计、工艺腔体设计、工艺腔室微环境设计、加热基座、加热系统等。

图2-6给出了上述3个重点技术的专利申请趋势图，反应源技术分支起步最早，在发展初期也拥有一定数量的专利，2000年之后增幅明显。可见ALD技术的起步最先是从对工艺原料的研究开始，近些年仍然是技术创新的热点。在反应源技术得以发展之后，

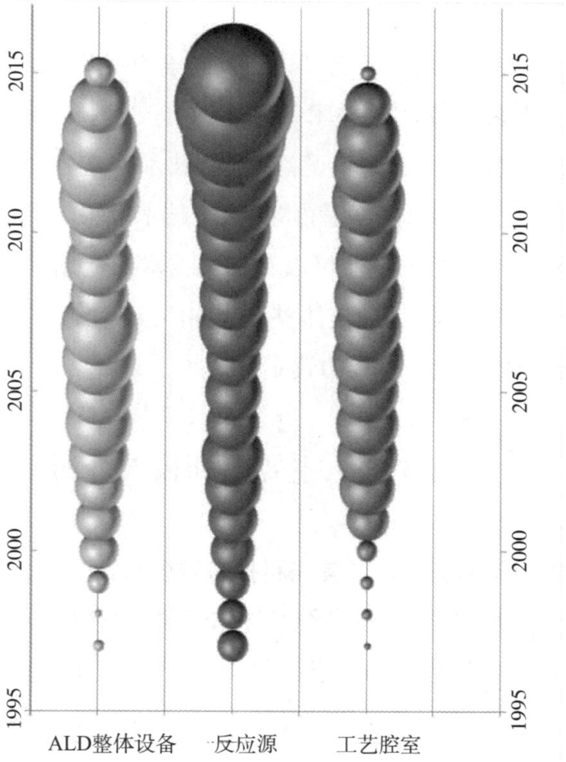

图2-6　ALD装备重点技术专利申请趋势

带动了相关的其他技术发展。之后是 ALD 整体设备技术，包括设备整体布局、晶片传输系统以及设备微环境控制系统等。工艺腔室主要是针对匀流盘结构设计、工艺腔体设计、工艺腔室微环境设计、加热基座、加热系统等技术，通过对工艺腔室部件的改进，进一步提高加热性能、使得气体分流更加均匀，反应效果更好。

表 2－1　ALD 装备工艺腔的技术功效分析

	进气莲蓬头	加热基座	匀流设备	腔体整体	ALD 应用	总计
利于气体均匀扩散	32	—	—	4	—	36
更好地加热效果	—	9	—	5	—	14
更好地分配气体	—	—	12	7	—	19
使得气体更好地流通	—	—	—	19	—	19
减少组件，节约成本，提高效率	—	—	—	15	13	28
其他功效	4	2	—	—	56	62
总计	36	11	12	50	69	178

通过表 2－1 先对工艺腔室相关的专利进行同族合并，在此基础上进行了功效分析，可以看出，ALD 装备工艺腔气动相关技术的各技术分支的技术及功效信息对应性很强，其中“进气莲蓬头”“加热基座”“匀流设备”3 个技术分支分别对应了“利于气体均匀扩散”“更好地加热效果”“更好地分配气体”三个技术效果。由此可见，现有技术中解决相关问题的方式相对单一，相关企业可以对相关技术的适用性进行重点研究，从而尝试挖掘解决相同问题的不同手段；“腔体整体”相关技术的功效适用性较为分散；而“ALD 应用”由于其自身技术特点，其功效非常分散。

第 3 章　主要专利权人分析

3.1　Micron Technology，Inc.（美光科技有限公司）

Micron Technology（美光科技）是高级半导体解决方案的全球领先供应商之一，成立于 1978 年，美国公司。在 20 世纪 90 年代初期制造个人电脑，逐渐发展成为全球最大的半导体储存及影像产品制造商之一，其主要产品包括 DRAM、NAND 闪存和 CMOS 影像传感器。美光科技公司 1998 年并购了 Rendition 公司来制造 3D 加速芯片，2012 年收购日本芯片制造商尔必达。

3.1.1 年度统计分析

2001 年以前，美光科技有限公司在相关技术领域的专利申请数量还处于较低水平，2001 年以后相关技术的专利年申请量出现了激增。2002 年美光科技卷入了内存价格操纵丑闻，被美国政府处以巨额罚款，同年股价出现了大幅下跌。然而，当年美光科技有限公司在技术研发方面却获得巨大突破，到 2002 年相关专利申请量已经达到了 100 件以上，2002 年之后一直保持着增长的势头，以平均每年 14.8% 的增幅增长，到 2006 年，相关专利年申请量达到了历年的最高值，达到了 172 件。

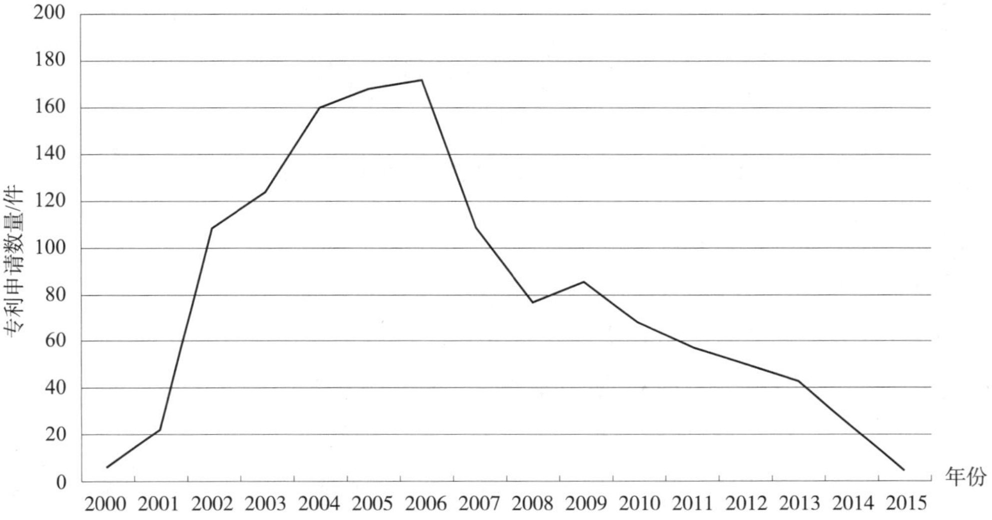

图 3-1 相关专利年度统计分析

在 2006 年之后，相关专利年申请量开始出现下滑趋势，虽然 2008～2009 年也出现了少量的增长，但并没有扭转整体下滑的趋势。

3.1.2 受理国家/地区地域分布分析

从美光科技有限公司在 ALD 技术领域的相关专利受理国家/地区地域分布来看，公司主要布局于美国本土及亚洲区域。其在美国的相关专利申请量最多，为 935 件，占公司专利申请总量的 73%，足见美光科技有限公司在本国市场进行专利布局的重视程度。与此同时，美光科技对于国际申请的重视程度也不可小视，主要申请区域为世界知识产权组织 PCT 申请、中国、欧专局和韩国等。尤其注重在中国市场的专利布局，在中国申请专利 97 件，美光科技有限公司在中国上海设立了市场营销办事处和集成电路设计中心，在北京、深圳设立了市场营销办事处，另外，美光科技有限公司在西安建造半导体工厂，设立了外商独资企业美光半导体（西安）有限责任公司，不断扩大其在中国市场的份额。韩国则是美光科技在亚洲市场专利布局的第二大区域。

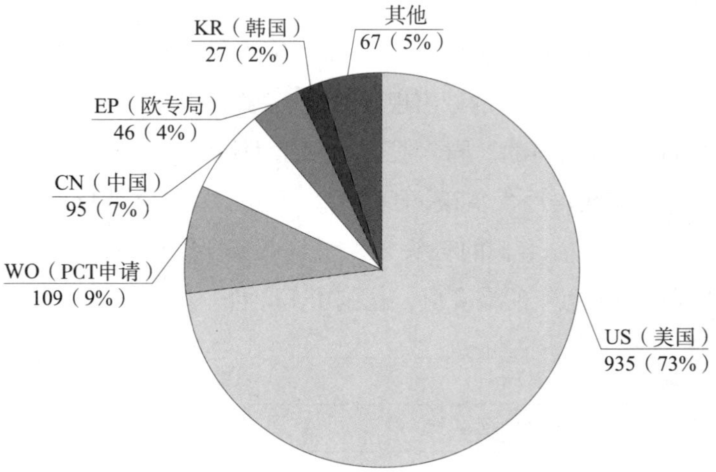

图3－2　相关专利的受理国家/地区地域分布情况

3.1.3　技术领域分布分析

美光科技的专利主要分布在ALD应用171件、整体布局149件、反应源结构94件和反应源分配88件技术分支。ALD应用技术主要包括半导体ALD工艺的应用，涉及ALD技术在半导体器件中的使用方法和使用设备等。整体布局是指ALD装备技术中ALD系统的整体组成，针对系统组成结构进行设计。反应源结构包括反应源的设计以及源瓶设计等，如TaN、TiN、Hf源等。反应源分配与传输涉及反应源的分配方法、分配设备以及反应源的传输方法及传输设备。腔体设计为59件，主要包括工艺腔的结构设计。匀流设备38件，匀流设备用于使气体更好地分配，便于生成厚度均匀的薄膜。涉及加热基座的23件，主要包括加热电极、加热丝、加热盘等部件。

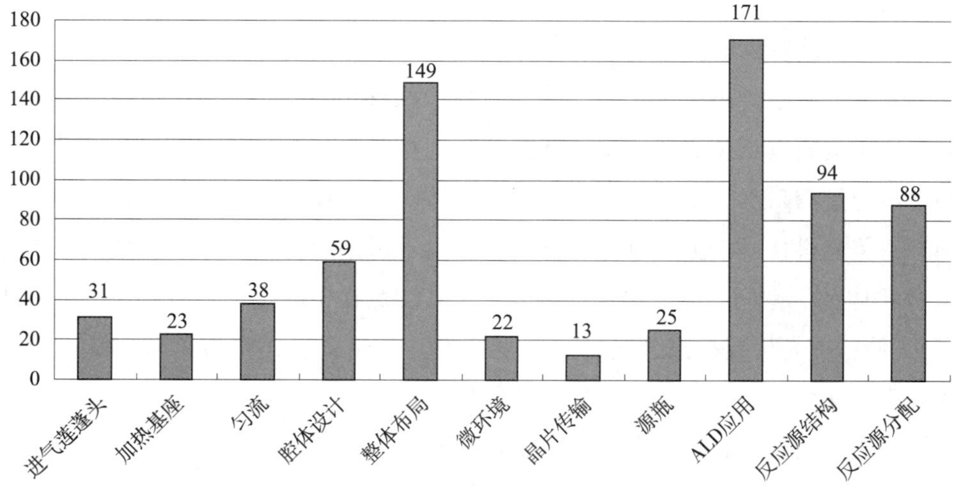

图3－3　相关专利技术的技术构成

3.1.4　第一发明人统计分析

图3-4对美光科技有限公司在ALD技术行业中第一发明人的专利申请数量进行了排名（前十五名）。从技术专家的角度来看，美光科技有限公司专利技术产出相对集中，Kie Y. Ahn主导研究的专利申请数量最多，为198件，遥遥领先于其他发明人的数量。排在第二、第三位的发明人分别是Leonard Forbes 107件，Brian A. Vaartstra 73件。

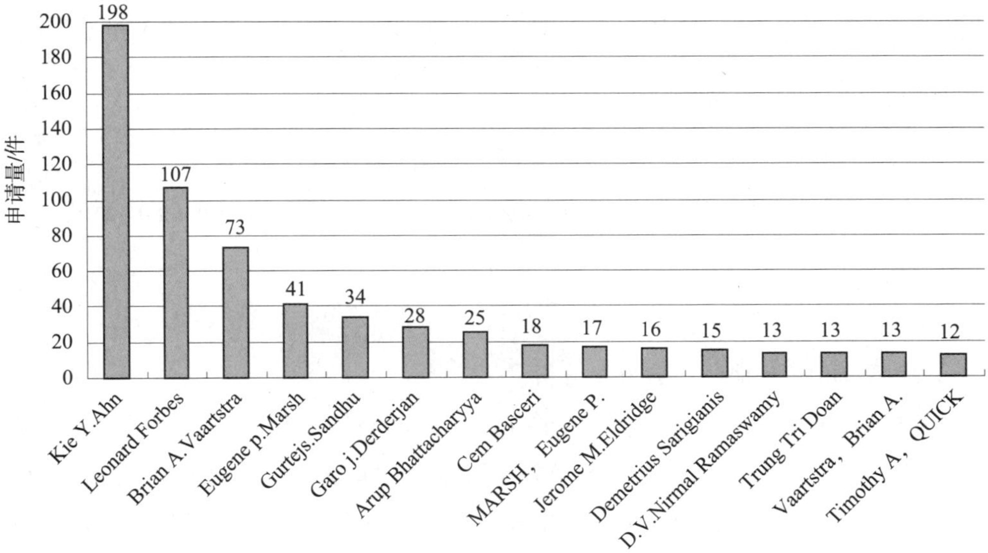

图3-4　相关专利主要第一发明人分析

3.2　AMAT（应用材料公司）

应用材料公司是成立于1967年的美国公司，是全球最大的纳米制造技术企业。以纳米制造技术优势进入半导体芯片、平板显示器、太阳能面板、玻璃面板的等众多生产设备领域。公司的产品覆盖物理气相沉积、化学气相沉积、刻蚀、快速热处理、离子注入、外延、测量与检测等步骤。

3.2.1　年度统计分析

2000~2001年，应用材料公司在ALD相关技术领域的专利年申请量还处于较低水平，在2002年相关技术的专利年申请量出现了激增，随后经历了2003年申请数量下滑的动荡发展，2003年之后，专利年申请量以年均47.9%的增幅快速增长，直至2007年申请量超过了100件。2007年之后，相关专利年申请量处于水平震荡发展期，特别是2011年和2012年又超过100件（见图3-5）。

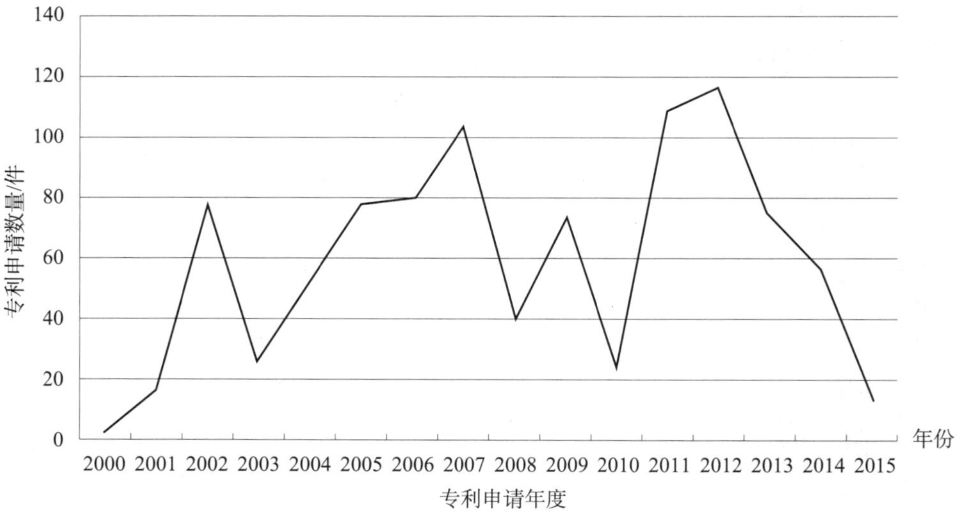

图3－5　相关专利年度统计分析

3.2.2　受理国家/地区地域分布分析

应用材料公司专利布局区域广泛，善于在国际间布局。其在美国的相关专利申请量最多，为405件，占其ALD技术领域相关专利总量的43%。此外通过世界知识产权组织途径递交专利211件，占公司全部专利申请的22%。中国是应用材料最为重视的海外市场，布局于中国106件，中国台湾80件，在上海、北京、天津、苏州、台湾地区都设有子公司，市场和技术紧密结合。另外在日本及其他亚洲国家均有专利申请。

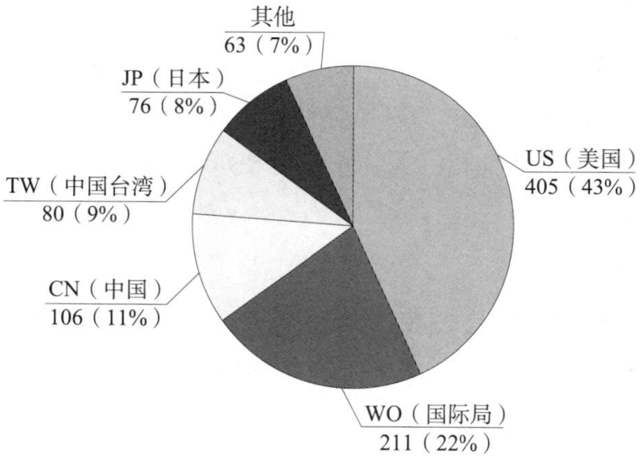

图3－6　相关专利的受理国家/地区地域分布情况

3.2.3　技术领域分布分析

应用材料公司的主要技术分布在ALD整体设计和工艺腔的腔体设计方面，高于其余的技术分支。其次是反应源技术分支，在反应源的结构和反应源分配两个分支中，都有一定的专利分布（见图3－7）。

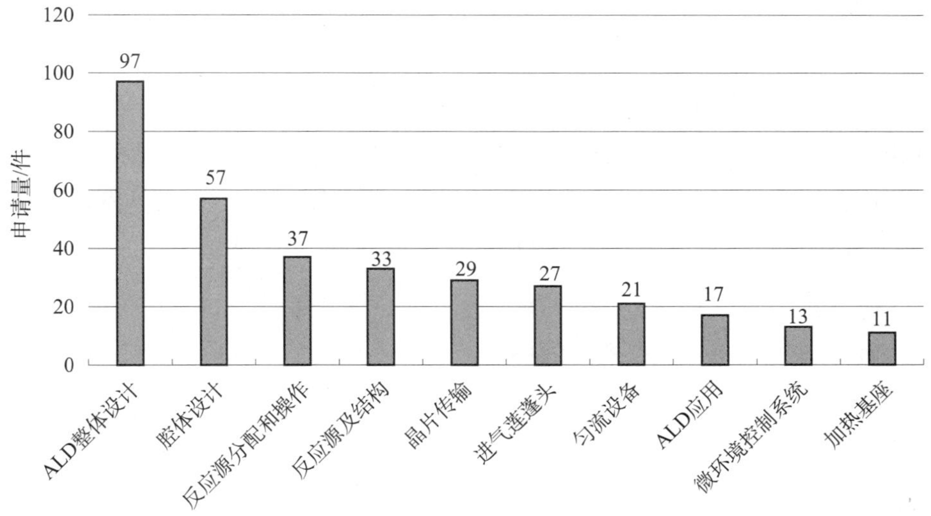

图3-7　相关专利技术的技术构成

3.2.4　第一发明人统计分析

从图3-8可以看出，应用材料公司的发明人Joseph Yudovsky和发明人YUDOVSKY参与研究的相关专利数量较多，均为23件，发明人Ling Chen、Hua Chung、David Thompson、Maitreyee Mahajani、Mei Chang和Seshadri Ganguli研发的相关专利数量在10件以上。整体来说，应用材料公司参与研发相关技术领域专利申请的发明人分布相对较为分散。

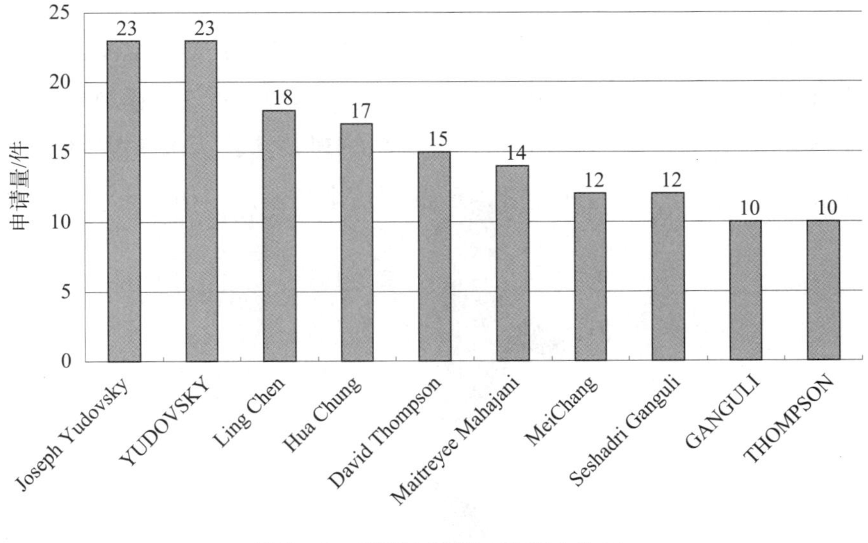

图3-8　相关专利第一发明人分析

3.3　TEL（东京电子公司）

东京电子有限公司（TEL—Tokyo Electron Limited），全球领先的半导体生产设备供货商。2013～2015 年，东京电子公司与应用材料公司经历了计划合并、合并延期及取消合并等一系列的战略演变。

3.3.1　年度统计分析

东京电子有限公司也是较早进入 ALD 技术研发的企业之一，2003 年之前有少量 ALD 技术专利申请，2003 年之后相关专利申请量开始快速增长，到 2006 年达到最高值，接近 80 件，近几年该公司专利申请呈震荡趋势（见图 3－9）。

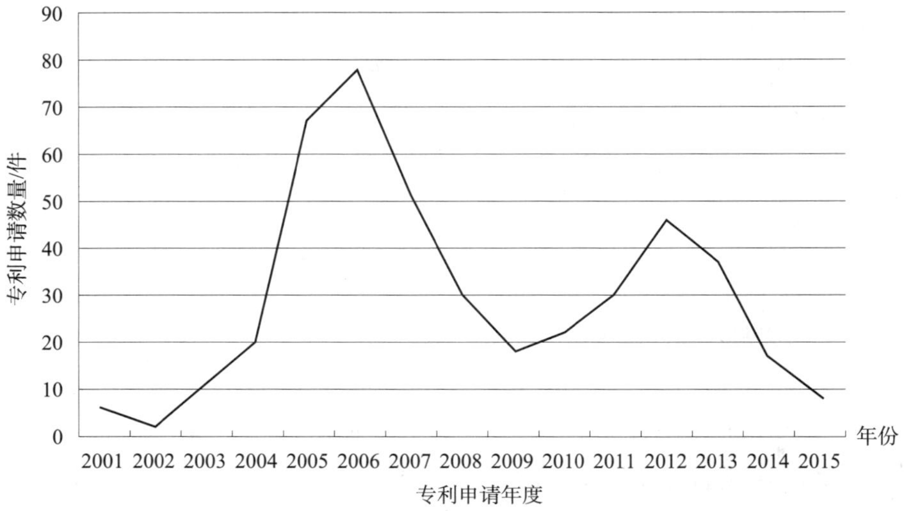

图 3－9　相关专利年度统计分析

3.3.2　受理国家/地区地域分布分析

东京电子公司作为日本企业，在本国的相关专利的申请量并不是很多，所占比重只有在 ALD 技术领域相关专利申请总量的 10%，相比而言公司更为重视国外市场，把国外市场作为主要竞争市场。其在美国的相关专利申请量最多，为 185 件，占专利总量的 42%，足见东京电子公司这一日本企业对于美国这个技术产出国和市场竞争国的重视。

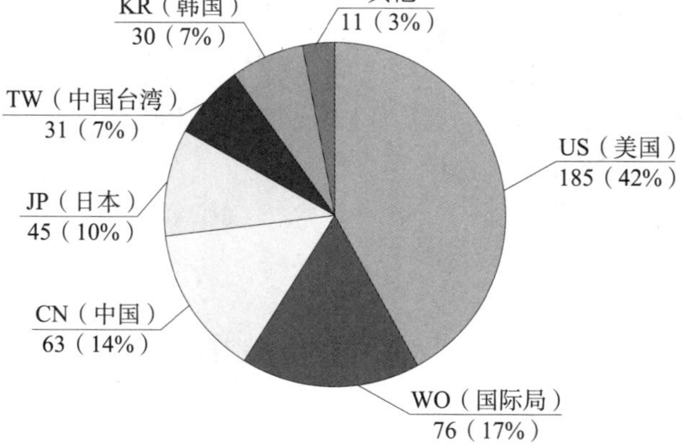

图 3－10　相关专利的受理国家/地区地域分布情况

中国和中国台湾地区也是东京电子公司的主要目标市场，专利布局也占到了公司专利申请总量的21%，在韩国也有为数不少的专利布局（见图3-10）。

3.3.3 技术领域分布分析

图3-11为Tokyo Electron对ALD技术领域相关专利技术的技术构成的统计分析，东京电子公司的主要技术分布排列在前的3个分支为反应源及结构、腔体设计以及ALD整体设计。

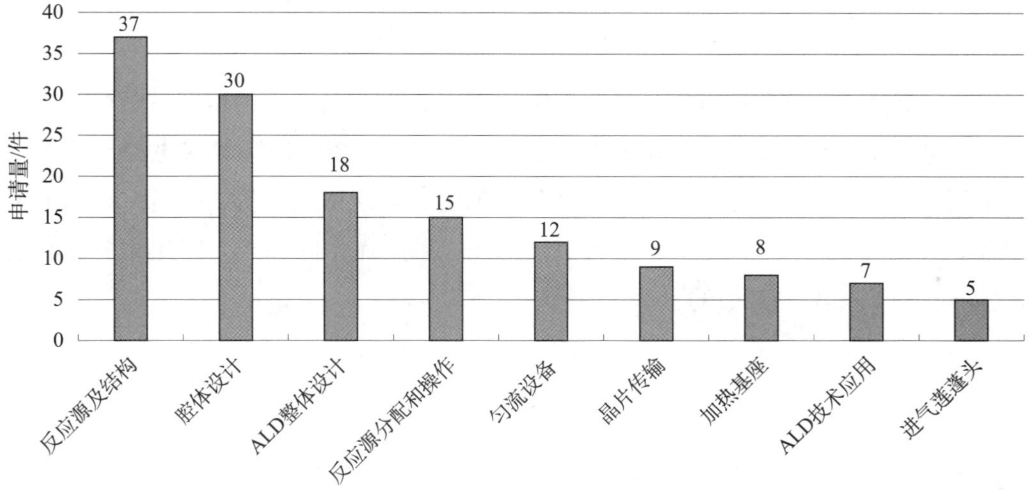

图3-11 相关专利技术的技术构成

3.3.4 第一发明人统计分析

图3-12为东京电子公司对ALD技术行业中第一发明人的专利（申请）拥有量进行了排名（前十名）。从图中可以看出，该公司的技术掌握相对集中，发明人Tadahiro Ishizaka的参与研究的专利申请量最多，为28件，排在第二位的发明人是ISHIZAKA，为24件，

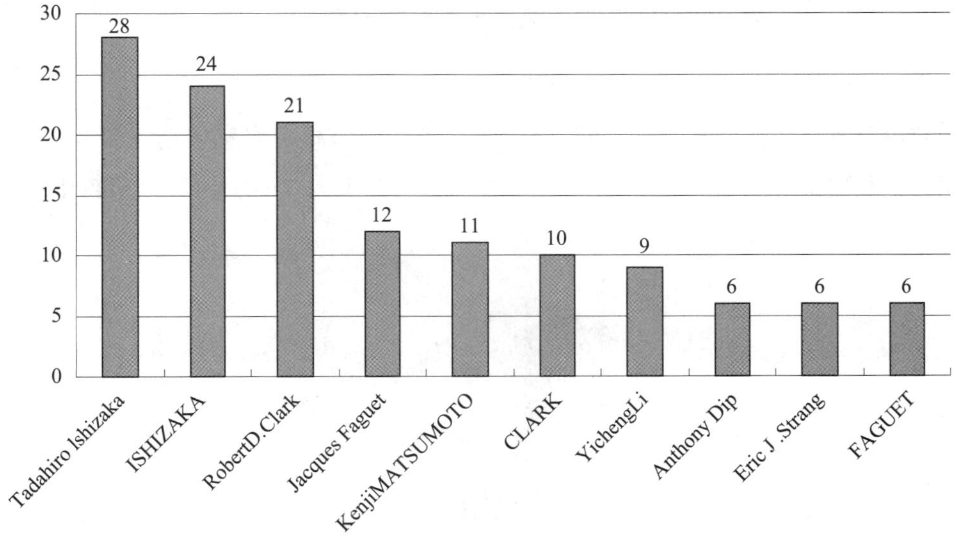

图3-12 相关专利第一发明人分析

排在第三位的发明人是 Robert D. Clark，为 21 件，其余的发明人参与研究的专利申请量均在 12 件及以下，且较为分散。

3.4 中芯国际集成电路制造有限公司

中芯国际集成电路制造有限公司是世界领先的集成电路芯片代工企业之一，也是中国内地规模最大、技术最先进的集成电路芯片制造企业。公司在 ALD 技术领域专利申请量为 429 件，在全球相关企业申请量排名第八位，在国内申请量排名第一位。

3.4.1 年度统计分析

中芯国际集成电路制造有限公司在 2004 年开始出现相关专利的申请，随后基本上保持增长趋势，特别是 2012 年和 2013 年申请量过百。可见中芯国际集成电路制造有限公司逐步从纯代工向技术研发顺利转型，并且技术实力不断增强，从 2006 年 90 纳米工艺量产到 2015 年 28 纳米工艺量产，成为中国科技成果产业化的亮点，因此相关专利成果数量也不断增长（见图 3－13）。

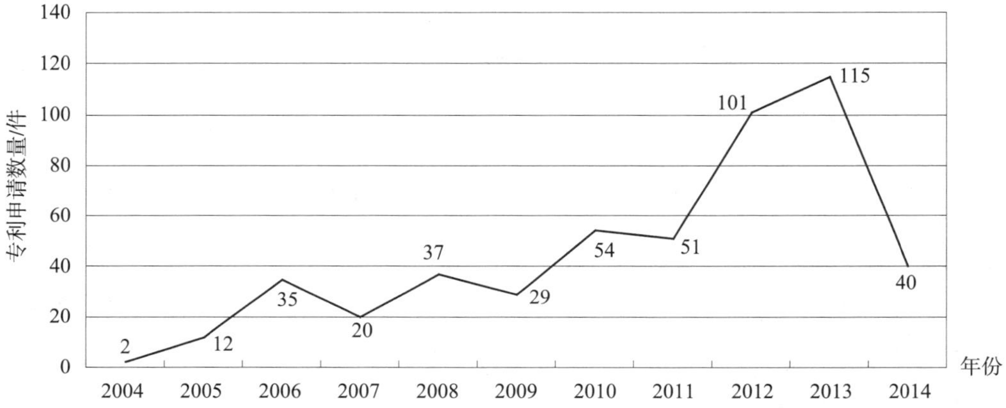

图 3－13 相关专利年度统计分析

3.4.2 受理国家/地区地域分布分析

中芯国际集成电路制造有限公司在 ALD 技术领域的相关专利申请主要集中在中国，占据相关专利申请总量的 87%，而其他 13% 均布局在美国。专利地域分布较单一，目标市场明确（见图 3－14）。

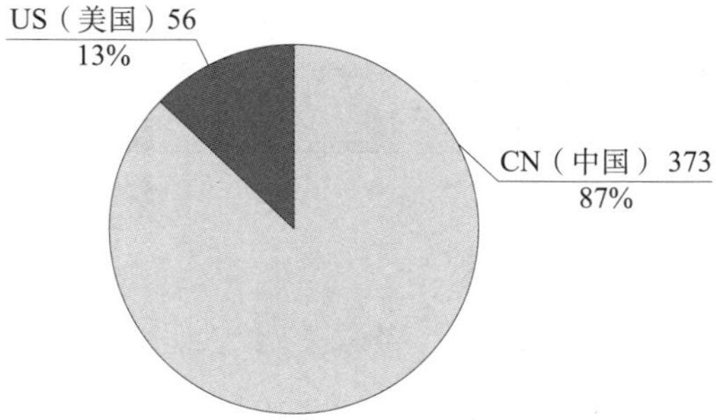

图 3－14 相关专利的受理国家/地区地域分布情况

3.4.3 技术领域分布分析

中芯国际集成电路制造有限公司在各技术分类下均有专利申请，其中ALD整体设计、反应源及结构技术分支的专利申请量最多（见图3-15）。

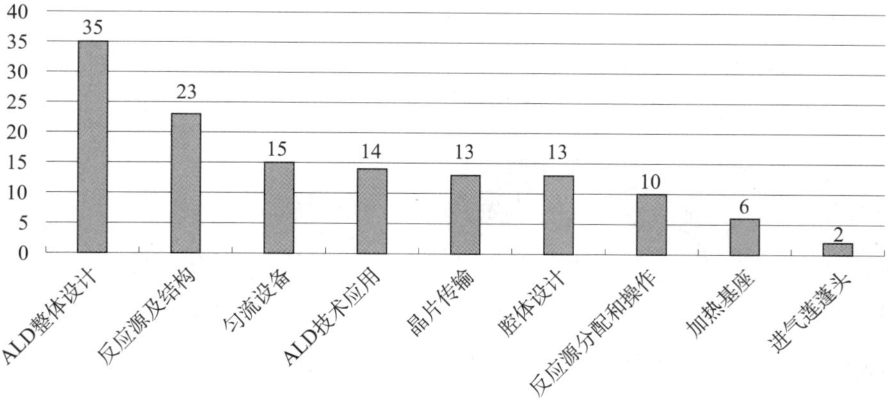

图3-15 相关专利技术的技术构成

3.4.4 第一发明人统计分析

中芯国际集成电路制造有限公司在ALD技术方面的第一发明人的专利（申请）数量前十名情况如图3-16所示。三重野文健主导研究的相关专利申请量最多，为64件，遥遥领先于其他发明人主导研究的相关专利申请量，排在第二位和第三位的发明人分别为张海洋和平延磊，他们主导研究的相关专利申请量分别为23件和21件，其他发明人主导研究的相关专利申请量则均在20件以下，并且差距不大。

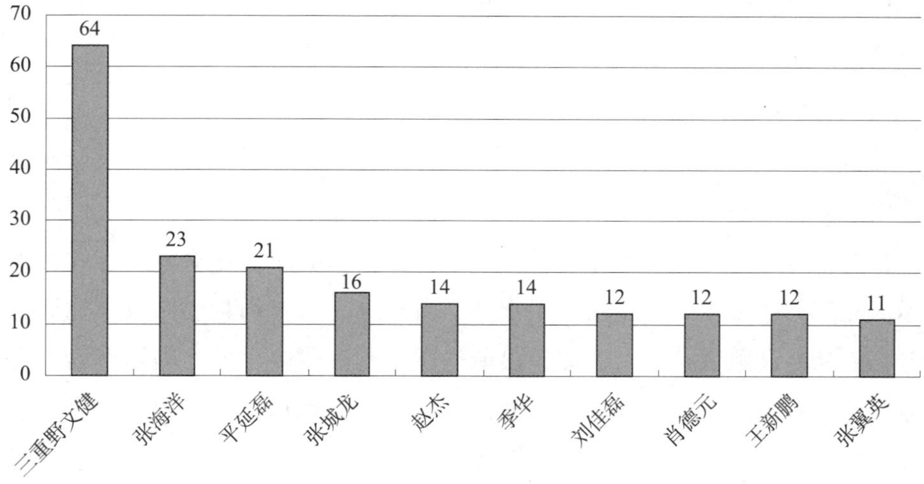

图3-16 相关专利第一发明人分析

第4章　结论与建议

4.1　结　论

4.1.1　国内外整体发展情况

ALD相关技术从2000年开始申请量逐年增加，2006年左右达到第一个峰值，之后出现缓慢下降后缓慢上升，2012年左右达到第二个峰值。

在地域分布上，美国的地位遥遥领先，其申请量远超过其他国家，可见美国在该领域中的优势非常明显，申请量前十名的申请人有一半是美国公司，像美光科技公司、应用材料公司则是ALD技术应用的领头羊。其次中国、韩国、日本等亚洲国家是第二梯队，正在蓬勃发展，一方面有三星、东京电子等日韩大企业，中芯国际等传统代工企业向技术研发的成功转变；另一方面中国作为全球集成电路产业最大的供需市场之一，其他国家的竞争者也纷纷瞄准中国这块大的市场蛋糕，纷纷来华设立分公司、对专利申请等方面进行布局。位于第三梯队的是荷兰、德国、芬兰、法国等欧洲国家。

4.1.2　关键技术发展情况

ALD整体设备、工艺腔室、反应源为ALD装备技术主要的3大技术分支。反应源专利申请数量最多、涉及的技术点和领域最广泛，是ALD装备技术发展的基础，起步相对早，并且一直呈不断发展态势，业内不断围绕反应源在进行技术创新。ALD整体设备、工艺腔室作为原子层沉积反应的硬件环境条件，在反应源技术发展的带动下，通过对工艺腔室部件的改进，特别是改进匀流盘、加热基座等部件，进一步提高了加热性能、使得气体分流更加均匀，从而使反应效果更佳。

4.1.3　主要专利权人情况

美国是ALD技术输入大国，专利申请数量占据近半，申请量前十名申请人中有5个是美国企业，如美光科技是半导体解决方案的全球领先供应商之一，应用材料公司则凭借其纳米技术优势成功进入到半导体芯片、显示器、功能面板等众多生产设备领域，他们的技术底蕴都相当雄厚，因此在ALD技术领先进入了成熟阶段，并及早地进行了市场的布局开拓，从专利地域布局上也突显出他们在占领除美国之外的国际市场的野心。日本企业东京电子的国际布局也很到位，涉足美中日韩等焦点地域。相比而言，中国企业则发展起步滞后，并一直处于追赶状态，布局上还处于力守本土市场，刚刚开始国际布局的起跑线上。

4.2　建　议

4.2.1　专利布局建议

ALD相关技术自2010年起已逐步进入技术成熟期，短期内研发形成突破性专利的难度大，建议企业加大外围专利的布局，重视对局部技术创新点挖掘和专利保护。国内企业在进行研发过程中，应当关注技术发展趋势，结合企业自身特点以及技术的市场前景，避免低水平重复研发以及将有限的资金投入到“过气”的技术分支中，并加强国际专利布局。

4.2.2　竞争对手关注建议

建议关注美国的应用材料公司、ASM美国公司、Micron technology公司、韩国的三星电子公司和海力士半导体公司，以及日本的东京电子公司。分析竞争对手的专利，避免与这些公司在技术上发生直接的冲突。然而，如果在技术冲突不可避免的情形下，也应当对这些企业专利技术进行深入剖析，以在其技术高度的基础上进行改进研发，进而提出新的改进技术方案和优化技术方案，并及时申请专利保护。

4.2.3　现有技术利用建议

由于大多数国家发明专利的保护期一般为20年，企业可以重点关注目前已经临近过期的专利，对其进行研究，看是否有进一步利用和发展的价值。同时也可以关注近年来出现的那些特殊的专利申请，即那些尚未进入中国、也不再可能进入中国（譬如超过了《巴黎公约》、PCT所约定的时间等）的核心专利。研究以上专利并对其进行利用，可以极大地降低本企业的研发投入及难度。

广州开发区基因治疗领域专利竞争情报分析*

魏庆华　陈小静　施颖　潘瑞丽

摘　要　本报告以基因治疗领域所涉及的专利信息为分析对象，对全球和中国专利数据进行检索、筛选、标引和分析，从基因治疗领域专利技术现状、基因治疗领域重点技术、广州开发区重要企业3个层面开展分析。其中，专利态势通过从全球、中国、广东、广州开发区4个层面来分析基因治疗领域专利技术现状；基因治疗领域重点技术通过专利数据的功效标引，来帮助广东省/广州开发区全面掌握基因治疗领域热点技术、技术空白点，为企业进行自主专利布局提供指导；通过对广州开发区重要企业的专利技术情况分析，来帮助企业在众多的发展方向中寻找最适合自身基因治疗技术发展的道路。

关键词　广州开发区　基因治疗　专利分析　基因增补　腺病毒　腺相关病毒

基因治疗（Gene Therapy）是指应用基因工程技术将正常基因引入患者细胞内，以纠正或补偿因基因缺陷和异常引起的疾病，以达到治疗的目的。纠正的途径既可以是原位修复有缺陷的基因，也可以是用有功能的正常基因转入细胞基因组的某一部位，以替代缺陷基因来发挥作用。目前，有多达4000多种遗传性疾病在依靠传统医学不能获得有效治疗的情况下，而依靠基因治疗却能从根本上获得了真正的、精准的治愈效果。这种治疗解决了常规疗法所不能解决的疾病，因而具有良好前景。

1. 基因治疗领域专利统计分析

1.1　全球基因治疗领域专利情况

1.1.1　技术发展趋势分析

自1990～2014年12月止，基因治疗领域全球专利产出共计94 273项。全球专利产出总体趋势表明，20世纪90年代至今，基因治疗全球专利产出经历了2个发展阶段：快速发展阶段（1990～2000年）和平稳发展阶段（2001～2014年）。2001年后，随着基因治

---

* 本文摘编自2015年全国专利信息传播利用基地专利信息分析利用与服务项目《广州开发区基因治疗领域专利竞争情报分析》，课题承担单位为广东省知识产权研究与发展中心，课题负责人魏庆华，主要研究人员：陈小静，施颖，潘瑞丽，丁长青，刘卓拉。

疗技术的发展，创新难度越来越高，在经历了前一时期的快速发展以后，技术上进入平台期，欲取得更多技术上的突破，势必依赖更高的投入和更为先进的理论和技术（见图 1）。

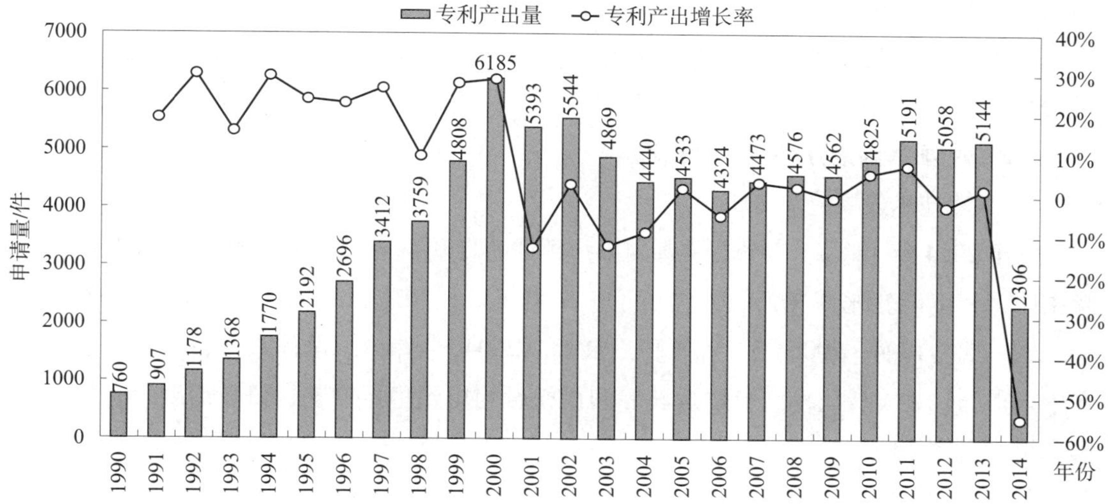

图 1　基因治疗领域全球专利技术产出总体趋势分析

1.1.2　主要申请/专利权人专利产出分析

如图 2 所示，通过分析发现，全球基因治疗领域专利申请人专利产出趋势呈现以下 2 个特点：一是主要申请人绝大多数来自美国，中国申请人数量少；二是主要申请人自 2003 年开始，专利产出量普遍出现下滑。在 2003 年之前，各申请人研发活动普遍较为活跃，特别是葛兰素史克公司，其在 1997 年创造的 312 项的专利年产出量直到 2014 年底都无人超越，可见其研发活跃度之高。美国国立卫生研究院各年份专利产出量始终排在各申请人的前列，并始终保持在较高水平，且研发较为活跃。

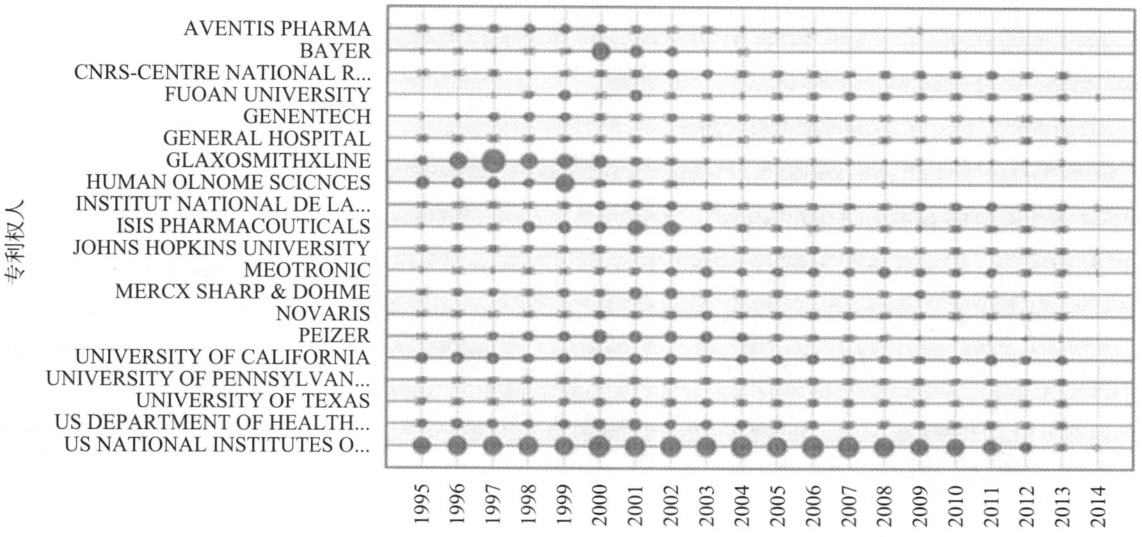

图 2　基因治疗领域全球主要申请/专利权人专利产出趋势分析

复旦大学是进入主要申请/权利人榜单的唯一一位中国申请人。复旦大学的专利产出始自 1997 年，2001 年专利产出量达到峰值，此后专利产出量逐年下降，但是亦能维持在一个较为稳定的数量级，尤其是近年来，专利产出量维持在一个相对较高的水平，与多数欧美国家实力大体相当，表明复旦大学在基因治疗领域已经站在时代前沿。

1.2 中国基因治疗领域专利情况

1.2.1 技术发展趋势分析

截至 2014 年 12 月，中国有关基因治疗领域的专利申请累计为 9187 件。纵观基因治疗中国专利申请变化情况，大体经历了 3 个发展阶段：萌芽发展期（1988 ~ 1993 年）、快速发展期（1994 ~ 2003 年）和平稳发展期（2004 ~ 当前）。总体来说，基因治疗技术在中国得到长足发展，专利申请量和专利授权量均得到稳定增长，研发活跃，且热度持续升温（见图 3）。

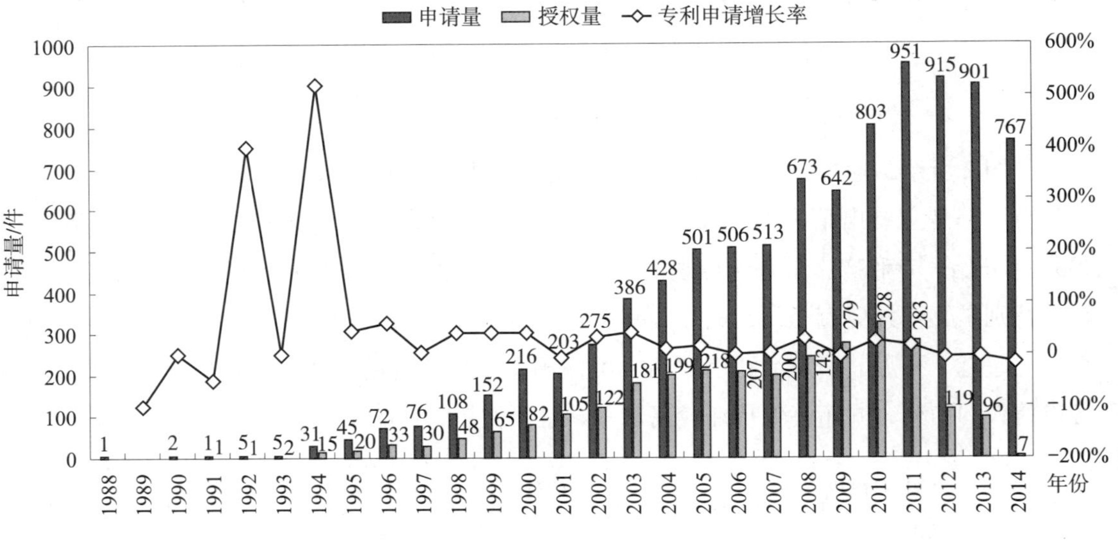

图 3　基因治疗领域中国专利申请总体趋势分析

1.2.2 主要申请/专利权人分析

基因治疗领域中国专利申请人排名显示，排名前十的申请人的专利申请全部为发明专利申请。复旦大学、浙江大学和武汉大学分别排在专利申请量和发明授权量的前三位。排名前十的申请人专利类型全部为发明专利，复旦大学是专利申请量最高的申请人，并拥有较高的授权专利量。浙江大学专利授权量排名第一，四川大学半数专利申请均获得授权。排名前十的申请人全部为高校和研究机构，表明基因治疗在中国尚主要处于理论研究阶段（见图 4）。

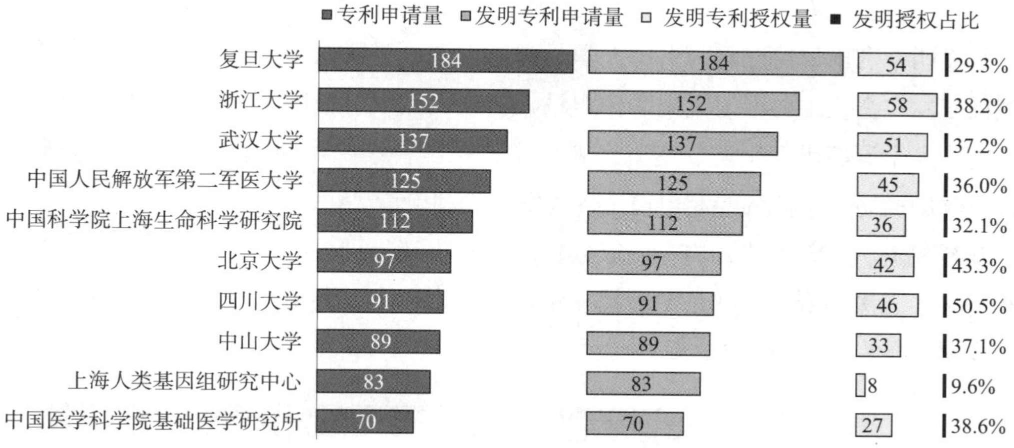

图 4　基因治疗领域中国专利申请人排名

1.3　广东基因治疗领域专利情况

1.3.1　技术发展趋势分析

截至 2014 年 12 月，广东省在基因治疗领域的专利申请累计为 616 件。其专利申请量的变化大体经历了 3 个发展阶段：萌芽发展期（1995 ~ 2002 年）、快速发展期（2003 ~ 2010 年）和平稳发展期（2011 ~ 当前）。2011 年以来随着全球以及中国基因治疗技术发展的变化，广东省基因治疗技术也随之发展。这一时期创新难度日益增高，在经历了前一时期的快速发展以后，研发热度不减，但技术创新却由易变难。

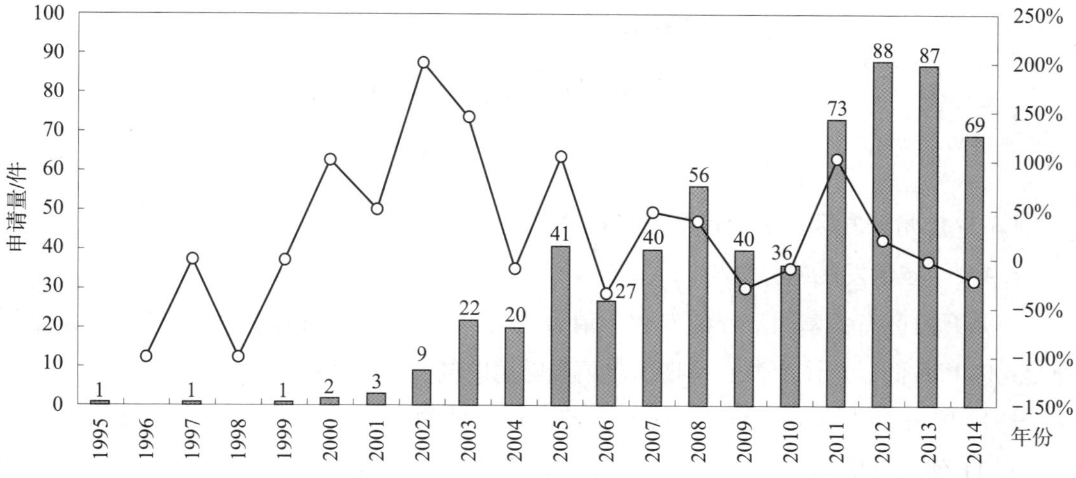

图 5　基因治疗领域广东省专利申请技术发展趋势分析

1.3.2　主要申请人分析

广东省基因治疗领域主要申请人分析可以看出，主要申请人以发明专利为主，并都有一定数量的专利授权，高校和研究机构是创新主体。

从专利申请量看，在列举的九位主要申请人中，中山大学的专利申请量最多，为 89

件，位列首位；暨南大学和深圳先进技术研究院位列第二和第三位。

从发明专利申请情况看，中山大学、暨南大学、深圳先进技术研究院的发明专利量位列前三。在9位主要申请人中7位申请人：中山大学、暨南大学、深圳先进技术研究院、清华大学深圳研究生院、南方医科大学、中国科学院广州生物医药与健康研究院、中山大学肿瘤防治中心的专利申请全部为发明专利申请。

从授权量看，各申请人均有一定数量的专利申请得到授权，其中中山大学、暨南大学和清华大学深圳研究生院是专利授权量最多的申请人。各申请人均有一定数量专利授权，发明质量尚可（见图6）。

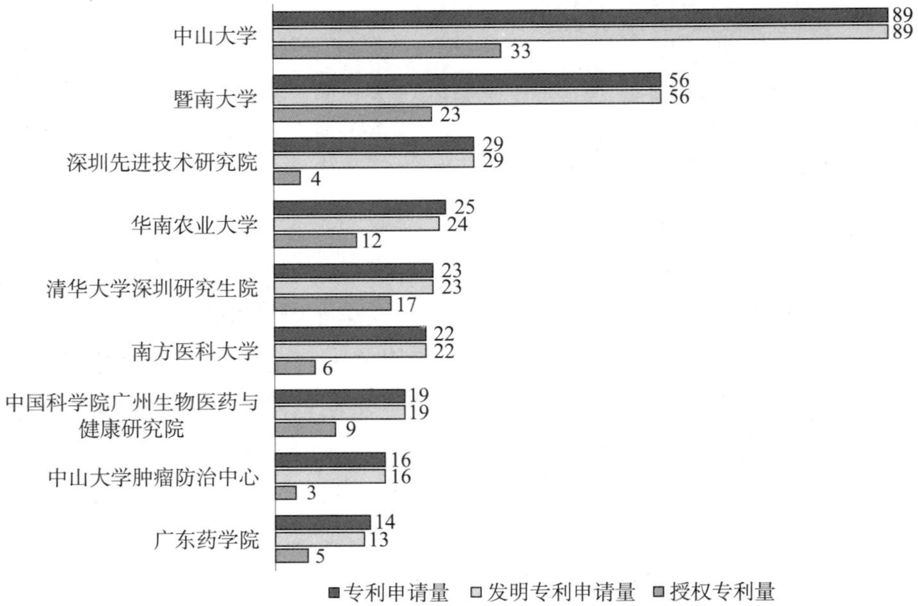

图6 基因治疗领域广东省主要专利申请人分析

1.4 广州开发区基因治疗领域专利情况

1.4.1 技术发展趋势分析

广州开发区有关基因治疗的专利申请表现为：一是专利申请数量低，二是申请量不稳定，时高时低，总体上没有呈现出申请量随着时间发展稳步增长的状况。

经过10年的发展，广州开发区在基因治疗领域的专利申请量累计只有36件，授权量只有11件，且历年专利申请量和授权量都很低，基本维持在个位数水平。如前述分析所示，广州是广东省基因治疗领域专利申请量和专利授权量最多的城市，专利申请量和授权量分别为357件和144件，而广州开发区的专利申请量和授权量分别只占广州市专利申请量和授权量的10.0%和7.6%，占比较低。

如图7所示，广州开发区关于基因治疗的专利申请最早于2004年提出，这一时间比广东省第一件相关专利申请提出时间晚了近10年，此后专利申请量时断时续，时高时低。2006～2008 年，由于申请量基数低，增幅较高，并于 2008 年达到 10 件的峰值。除 2008 年外，各年份专利申请量只能维持在个位数水平，数量较低。

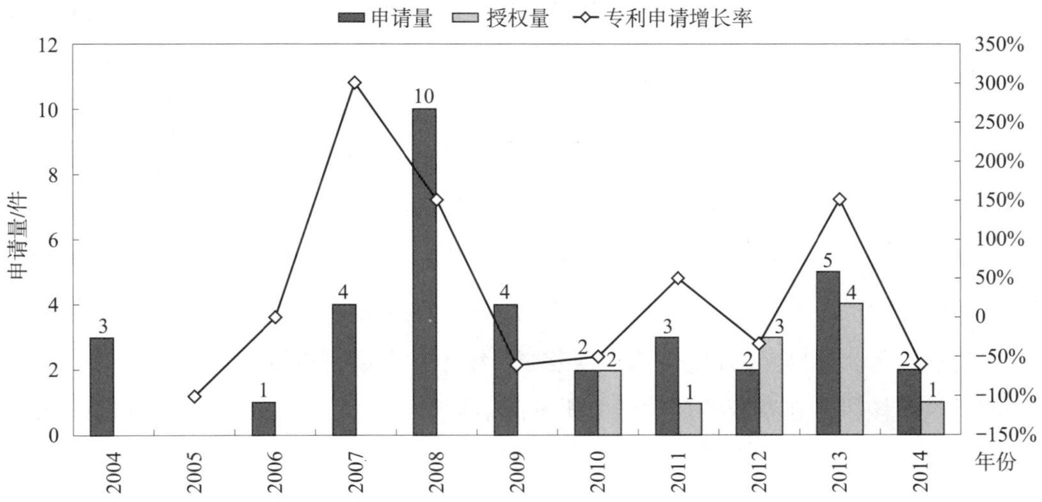

图 7　基因治疗领域广州开发区专利申请总体趋势

从授权情况看，自 2010 年起至今，虽然每年都有专利授权，但数量较低，且不能持续稳定增长。

综合来看，10 年来，广州开发区基因治疗专利申请量仍旧较低，专利申请量和授权量基本上只能维持在个位数水平，且时高时低，不能保持稳定持续增长，研发创新有待提高。

1.4.2　申请人申请态势分析

如图 8 所示，从申请人类别看，广州开发区基因治疗领域专利申请人主要包括企业和研究机构两种类型，其中 5 位申请人来自企业，一位申请人来自研究机构。尽管在数量上研究机构远少于企业数量，但从申请量占比看，研究机构却要高出企业 16 个百分点，从某一侧面表明，研究机构的研发能力和创新能力可能比企业略胜一筹。

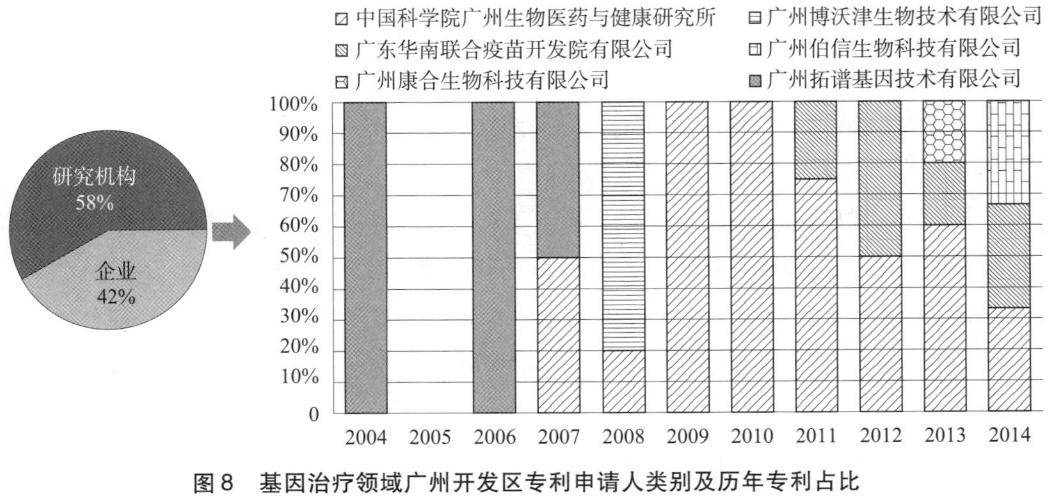

图 8　基因治疗领域广州开发区专利申请人类别及历年专利占比

进一步比较发现，各申请人呈现出不同的特点。

一是最早提出专利申请的企业近期再无专利申请。广州拓谱基因技术有限公司于2004年就基因治疗技术提出相关专利申请，这也是开发区内在该技术领域最早提出的专利申请。该公司在2004年、2006年和2007年提出相关专利申请，尤其是2004年和2006年，开发区仅有该企业提出专利申请，可以说为今后企业创新发展打下良好基础。遗憾的是，该企业自2008年开始至今，再无专利申请提出，在创新的道路上略显后劲不足。

二是研究机构表现最为抢眼，研发活跃，持续性高。作为申请人中唯一一家研究机构，中国科学院广州生物医药与健康研究院的表现非常突出。该机构从2007年开始，每年都有一定数量的专利申请，特别是2009~2012年，更是成为开发区内唯一拥有相关专利申请的机构。自2007年开始，该机构能够持续把创新成果以专利形式加以保护，从某一侧面反映出该机构在基因治疗领域的研发活动较为活跃，并能保持一定的研发热度。

三是多数企业的专利申请较为零散，缺乏连续性。通过观察不难发现，除前述广州拓谱基因技术有限公司和中国科学院广州生物医药与健康研究院以外，其余4家企业申请人（广州康合生物科技有限公司、广州伯信生物科技有限公司、广东华南联合疫苗开发院有限公司、广州博沃津生物技术有限公司）只是在某一年份提出专利申请，没有连续性。这些企业在基因治疗领域的研发活动可能需要进一步加强推进。

综上所述，广州开发区基因治疗专利申请量较低，专利申请量和授权量基本上维持在个位数水平，且时高时低，不能保持稳定持续增长。中国科学院广州生物医药与健康研究院表现突出，研发较为活跃。广州开发区可加强园区内产学研合作，加快研究成果产业化实施，也可充分利用广州地域优势，借助广州市内其他优势资源的力量，带动园区产业发展，在园区内形成产学研一体化发展的新模式。

2. 基因治疗领域重点技术中国专利分析

在基因治疗领域，基因增补策略是目前采用最多的方式，而广州开发区基因治疗重点单位一般采用腺病毒和腺相关病毒作为基因治疗导入载体，因此，接下对基因增补、腺病毒和腺相关病毒3个技术进一步分析。

2.1 基因增补

目前基因增补技术领域共有中国专利申请1866件，其中本土申请人申请量较大，共申请1301件，占比69.7%。从区域构成看，北京、上海在基因增补技术领域研发较为突出，专利申请量均超过200件，广东和江苏在该领域研发也较为活跃，分别申请专利123件。

如图9数据显示，广东的123件专利申请中，深圳申请人申请了79件，广州申请人申请了70件，广东其他地市的申请人申请了4件，表明深圳和广州是基因增补技术研发的核心区域。

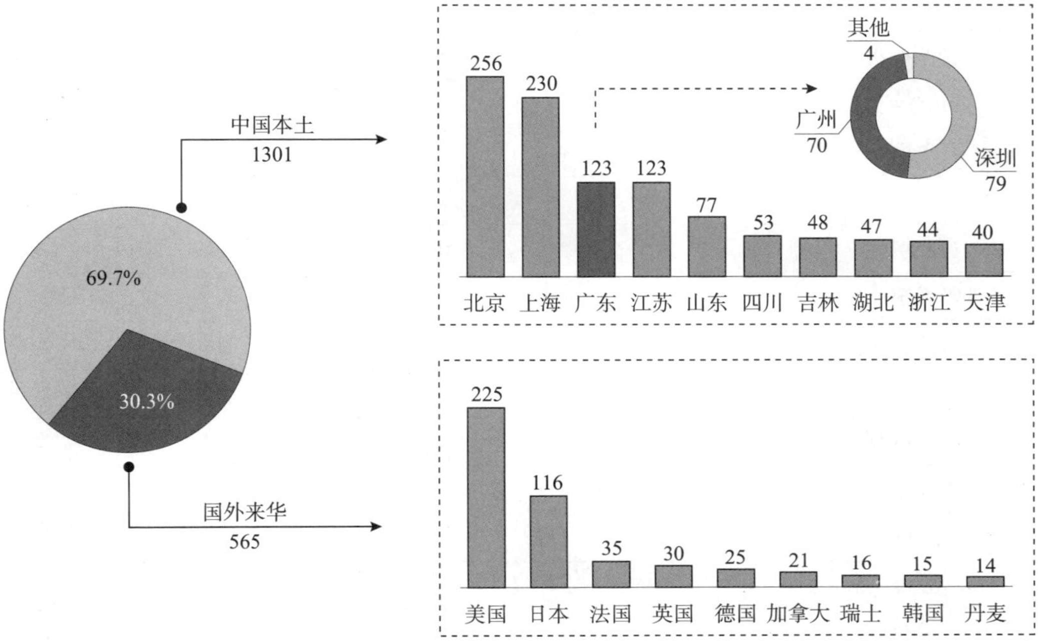

图9　基因增补中国专利申请区域分布

国外来华申请基因增补技术领域专利共565件，其中，美国和日本申请数量较多，分别达225件和116件。美国申请的专利与中国本土最多的省市北京和上海数量相当，这一方面是因为美国在该领域技术领先优势明显，另一方面也说明美国和日本积极在中国申请基因增补技术专利，对中国专利布局意图明显（见表1）。

表1　基因增补专利技术功效矩阵

技术 功效	基因导入	基因治疗	基因治疗用细胞	总计
载体自身	620	1	0	621
传染性疾病	259	181	0	440
抗肿瘤	247	143	0	390
免疫疾病	44	32	0	76
神经系统疾病	44	16	0	60
心脑血管疾病	45	10	0	55
消化系统疾病	38	10	0	48
生殖系统疾病	7	37	0	44
方法自身	17	10	0	27

续表

功效＼技术	基因导入	基因治疗	基因治疗用细胞	总计
骨骼疾病	20	3	0	23
遗传学疾病	12	8	0	20
空白	4	2	14	20
皮肤疾病	12	7	0	19
口腔疾病	10	0	0	10
呼吸系统疾病	2	0	0	2
血液疾病	2	0	0	2
戒毒	2	0	0	2
原癌基因❶	2	0	0	2
抗肿瘤和免疫调控	1	0	0	1
用于脾	1	0	0	1
泌尿系统疾病	0	1	0	1
避孕	1	0	0	1
去势	0	1	0	1
总计	1390	462	14	1866

在经历了前期较为快速的发展后，目前基因增补领域没有新的技术突破，已处于技术成熟期。从技术手段看，目前在基因增补领域的创新仍以基因导入技术为主，基因干扰技术研发也占有一席之地。从治疗疾病种类来看，目前涉及载体自身的基础研究专利仍占较大比例，申请人在利用基因导入技术和基因干扰技术治疗肿瘤和传染性疾病方面申请专利较多，专利壁垒较大。

2.2 腺病毒

如图 10 所示，基因治疗领域中涉及腺病毒载体的中国专利共有 403 件，其中本土申请人申请的专利达 295 件，占比 73.2%，国外来华申请专利 108 件，占比 26.8%。从区域构成来看，北京和广东在应用腺病毒载体进行基因治疗研究方面较为突出，专利技术产出较多，分别申请专利 71 件和 53 件。此外，上海和江苏在该技术领域研发也较活跃。

❶ 原癌基因和抑癌基因：促进或抑制癌的基因相关都被分入（如细胞毒性蛋白基因、自杀基因、TERT），不是很准确的原癌基因和抑癌基因。看不懂的细胞因子抗肿瘤归入免疫调控中。有明确血管生成促进功能的基因被分入血管生成中，其也可视为原癌基因。

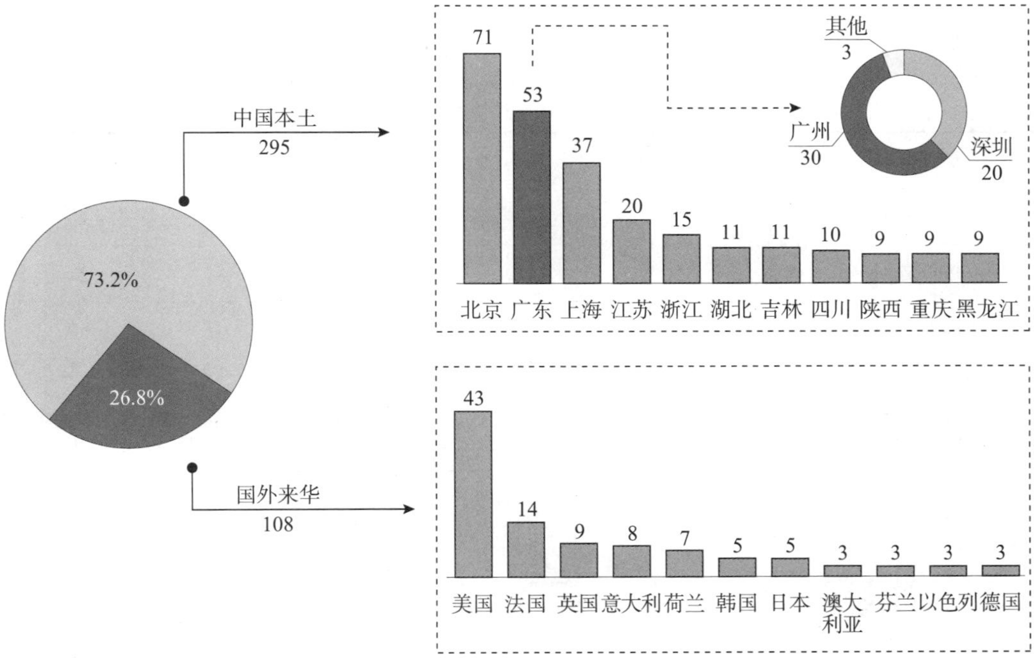

图 10　腺病毒中国专利申请区域分布

广东省申请的 53 件腺病毒专利中，来自广州的有 30 件，来自深圳的有 20 件，来自广东省其他地区的有 3 件，表明在广东省，利用腺病毒作为载体进行基因治疗的研发主要集中在广州市和深圳市。

国外来华申请的基因治疗领域腺病毒技术专利共有 108 件，其中，美国申请人在华申请该技术专利最为积极，至今累计申请 43 件，是位居第二位法国的 3 倍还多，显示出美国在该技术领域研发成果较为显著，同时对中国腺病毒基因治疗领市场较有信心。除美国外，法国在华申请基因治疗用腺病毒技术专利也较多，至今累计申请 14 件，技术优势也较明显，对中国该技术市场也较有野心（见表 2）。

表 2　腺病毒专利技术功效矩阵

技术 功效	基因导入	基因干扰	基因修饰	总计
传染性疾病	96	5	1	102
干细胞移植缺血	1	0	0	1
骨骼疾病	4	0	0	4
呼吸系统疾病	1	1	0	2
戒毒	3	0	0	3
抗肿瘤	126	9	0	135
空白	3	0	0	3

续表

功效 \ 技术	基因导入	基因干扰	基因修饰	总计
免疫疾病	7	0	0	7
免疫系统疾病	2	0	0	2
皮肤疾病	2	0	0	2
神经系统疾病	6	0	0	6
消化系统疾病	5	1	0	6
心脑血管疾病	18	1	0	19
血液疾病	2	0	0	2
遗传学疾病	1	0	0	1
载体本身❶	104	4	0	108
总计	381	21	1	403

基因治疗用腺病毒技术在经历一段时期的高速发展后，目前没有新的技术突破，处于技术成熟期。该领域中国专利累计 181 件，本土申请占比较大，其中北京和广东专利技术产出较为突出；在广东省内，广州和深圳是重点研发区域。从技术手段看，目前在腺病毒领域的创新仍以基因导入技术为主，基因干扰技术在腺病毒领域创新较少。从治疗疾病种类来看，目前基因导入技术用载体自身创新的基础研究专利占比仍然较大，申请人在利用基因导入技术治疗肿瘤和传染性疾病方面申请专利较多，专利壁垒较大，广州开发区申请人今后可避开此领域，在基因干扰手段及利用基因导入技术治疗其他疾病需求领域投入研发，占领专利空白点。

2.3 腺相关病毒

如图 11 所示，截至 2014 年 12 月，基因治疗用腺相关病毒技术领域共有中国专利申请 115 件，其中本国申请人申请 89 件，占比 77.4%。从区域构成来看，广东、北京和上海在该领域研发较为活跃，其中广东和北京专利申请量均为 20 件。相对于腺病毒载体的应用，广东在腺相关病毒载体领域技术产出排名更为靠前。除广东、北京和上海外，江苏、天津、福建等地也有部分腺相关病毒研发成果。

❶ 载体本身：技术主要在于载体自身的结构、制备或制剂配方，如果载体有明确的适合用途（主要是癌症），则进一步写明。

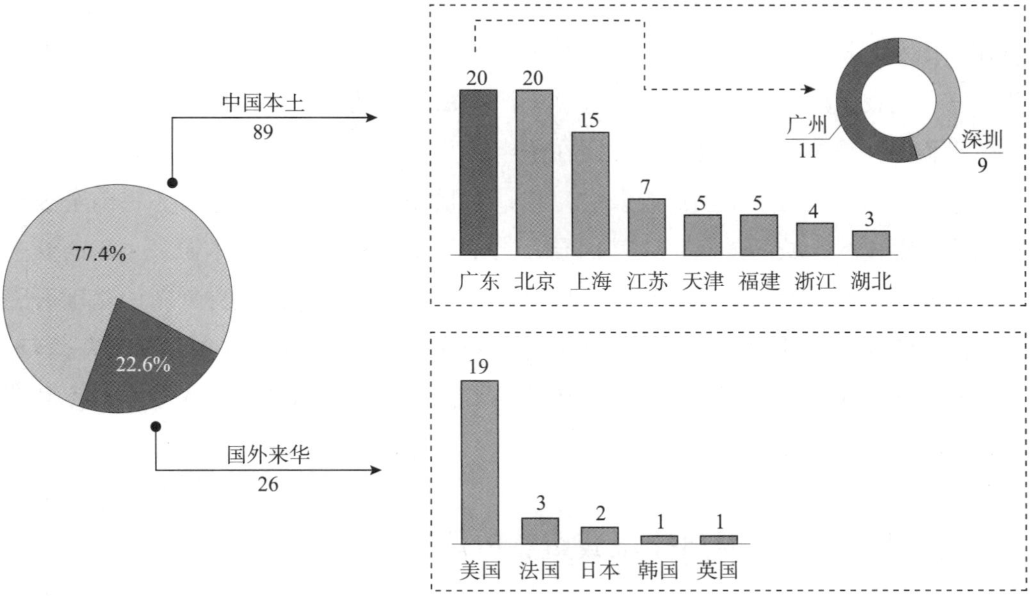

图 11　腺相关病毒载体中国专利申请区域分布

进一步分析发现，广东的 20 件专利申请中，有 11 件来源于广州、9 件来源于深圳，这表明广州和深圳是广东省腺相关病毒技术研发的核心区域。

国外来华申请腺相关病毒技术专利共 26 件，其中，美国申请 19 件，与中国本国位列第一的广东和北京相差无几，较为突出。这主要是因为美国在该领域技术领先优势明显，另外也说明美国在中国申请腺相关病毒技术专利较为积极，对中国专利布局意图明显，显示其对中国腺相关病毒技术市场前景较为看好（见表 3）。

表 3　腺相关病毒载体专利技术功效矩阵

技术 功效	基因导入	基因干扰	（空白）	总计
传染性疾病	8	3	0	11
戒毒	1	0	0	1
抗肿瘤	30	4	0	34
免疫疾病	3	0	0	3
神经系统疾病	8	1	0	9
生殖系统疾病	1	0	0	1
消化系统疾病	6	0	0	6
心脑血管疾病	7	2	0	9
血液疾病	2	0	0	2
遗传学疾病	1	0	0	1
载体自身	32	3	0	35
空白	2	0	1	3
总计	101	13	1	115

基础研究

产业服务

基因治疗用腺相关病毒技术在经历 6 年的高速发展期后，由于没有新的技术突破，目前处于技术成熟期。该领域中国专利累计 115 件，本土申请占比较大，其中广东、北京和上海专利技术产出较为突出，江苏、天津和福建等地也有少量研发活动；在广东省内，广州和深圳是核心研发区域。美国在华申请腺相关病毒领域专利较为积极，其在该领域申请的专利数量与本土的广东及北京申请数量相当。从技术手段看，目前基因治疗用腺相关病毒技术领域的创新仍以基因导入技术为主，基因干扰技术研发虽未间断，但技术产出较少。从治疗疾病种类来看，目前基因导入技术用载体自身创新的基础研究专利占比仍然较大。此外，利用基因导入技术治疗肿瘤的专利申请较多，专利壁垒较大，广州开发区申请人今后可避开此领域，在基因干扰手段及利用基因导入技术治疗其他疾病需求领域投入研发，占领专利空白点。

3. 广州开发区基因治疗领域重点单位专利情况

3.1　专利申请情况

如图 12 所示，广州开发区参与基因治疗研发并已申请专利的单位目前有 6 家，其中中国科学院广州生物医药与健康研究院专利申请最为积极，至今申请专利 19 件，其中 9 件已经授权，授权率 47.4%，广州拓谱基因技术有限公司专利申请也较突出，至今申请专利 6 件，其中 4 件已授权，授权率 66.7%。广东华南联合疫苗开发院有限公司在基因治疗领域申请专利 6 件，目前只有 1 件获得授权，授权率只有 16.7%。这 3 家单位在基因治疗领域技术研发优势明显，专利申请及授权情况表现突出。

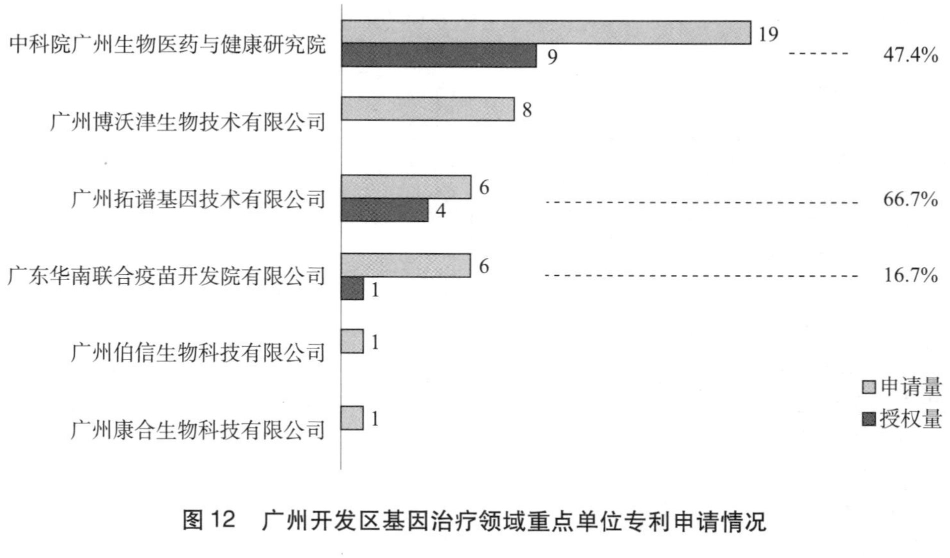

图 12　广州开发区基因治疗领域重点单位专利申请情况

另外 4 家单位中，广州博沃津生物技术有限公司虽也申请 8 件专利，数量较多，但该企业是在 2008 年同一天申请了 8 项专利，技术领域均属于腺相关病毒载体领域，之后在2009年全部撤回。进一步检索得知，该公司已经被列入经营异常企业，因此下面不再分析该企业状况。

由于中国科学院广州生物医药与健康研究院、广州拓谱基因技术有限公司和广东华南联合疫苗开发院有限公司专利申请较多，现针对专利申请较多的3家单位进一步分析其专利申请趋势和授权情况。

如图13所示，中国科学院广州生物医药与健康研究院专利申请较为平稳，自2007年开始，其每年均有专利申请，且其申请的19件专利中，已授权9件、公开5件，驳回1件、视撤4件，授权和公开专利占比较高，研发潜力较强。

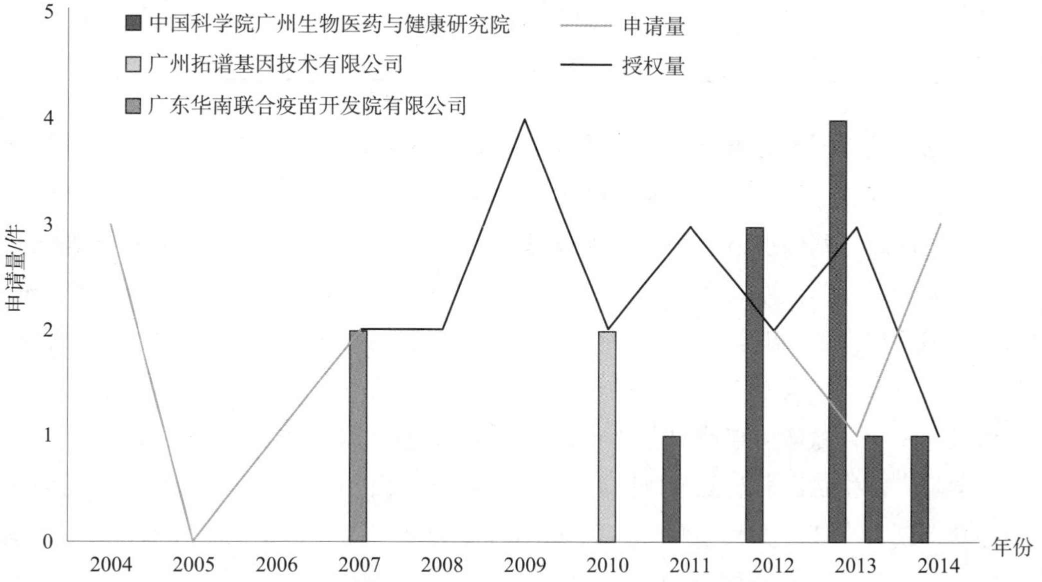

图13　广州开发区基因治疗领域重点单位专利申请和授权趋势

广州拓谱基因技术有限公司目前申请专利6件，其中4件专利获得授权，授权率较高。但进一步分析发现，该公司专利申请均集中在2007年以前，专利申请持续性不强，值得关注。

截至2014年12月，广东华南联合疫苗开发院有限公司共申请专利6件，其中1件获得授权。值得注意的是，其专利申请和专利授权均发生在近几年，且有增长趋势，专利申请潜力较大。

3.2　技术研发特点

本部分通过对广州开发区基因治疗领域重点单位专利技术分布以及非专利技术成果情况进行分析，以了解各单位技术研发特点。

如表4所示，从广州开发区基因治疗领域5家重点单位在该领域的专利技术分布来看，中国科学院广州生物医药与健康研究院在基因治疗技术领域专利申请技术分布相对广泛，主要集中在基因导入载体和基因修复2个方向。其中，基因导入载体共有8件专利，其中腺病毒4件，质粒2件，病毒载体和非病毒载体分别有1件。该单位专利技术分布范围广泛，技术研发实力雄厚。

表4　广州开发区基因治疗领域重点单位专利技术分布

	基因修复	基因导入	基因干扰	其他
中国科学院广州生物医药与健康研究院	2	8		9
广州拓谱基因技术有限公司			6	
广东华南联合疫苗开发院有限公司		6		
广州伯信生物科技有限公司			1	
广州康合生物科技有限公司				1

广州拓谱基因技术有限公司在基因治疗技术领域的专利申请非常集中，全部集中在基因干扰 siRNA 技术方向。广东华南联合疫苗开发院有限公司申请的专利技术分布也较为集中，全部属于基因疫苗的基因导入技术。从专利技术看，这两家单位的技术研发实力较弱。另外2家单位专利申请均只有1件，其中广州伯信生物科技有限公司的1件专利属于基因干扰中的 miRNA 技术；广州康合生物科技有限公司的1件专利属于肿瘤标记物单克隆抗体技术，技术实力均不强。

如表5所示，除从所申请的专利显示的技术特点外，每个单位研发还各有其他特点。中国科学院广州生物医药与健康研究院在诱导多能干细胞（iPS）技术具有明显优势。该技术是其首创，其 iPS 技术已达到世界前沿水准，并引领了中国干细胞技术领域的发展。

广州拓谱基因技术有限公司在基因干扰技术上较有优势，其承担完成的科研成果“应用 siRNA 策略防治 SARS 疾病研究”在人类防治 SARS 疾病研究中取得突破性进展，其原创技术成果已在国际医学界顶级刊物《自然医学》上发表。

广东华南联合疫苗开发院在病毒免疫、基因工程细胞株构建、大规模动物细胞培养和大规模柱层析纯化、多肽抗原表位设计、肿瘤疫苗开发以及药效药代学研究方面积累了丰富的经验，其与加拿大疫苗与传染病组织——国际疫苗中心（VIDO - InterVac）展开国际合作，目前研发方向主要在于基于昆虫细胞杆状病毒表达系统（BEVS）的基因工程疫苗上。

广州伯信生物科技有限公司在 RNA 干扰、荧光定量 PCR、免疫印迹、稳定细胞系的筛选、细胞永生化、2D 双向电泳、蛋白表达及纯化、CHIP/EMSA、荧光原位杂交、免疫组化、动物模型构建等方面具有较多经验。广州康合生物科技有限公司则在各种人畜疾病诊断试剂、新型疫苗和免疫增强剂、治疗性功能食品和饲料添加剂等方面有一定研发。

表5 广州开发区基因治疗领域重点单位主要技术分布

	基因治疗专利技术	其他技术	其他技术主要成果
中国科学院广州生物医药与健康研究院	基因修复 基因导入	干细胞与再生医学； 化学生物学； 感染与免疫； 科研装备研制等	诱导多能干细胞机理与技术研究获得2009年广东省科学技术一等奖
			在世界干细胞杂志《细胞-干细胞》在线发布iPS机理研究与技术研究成果
			建立西藏小型猪的诱导多能干细胞（iPSC）系
			获得亨廷顿舞蹈症转基因猪模型
			成功培育可发四种荧光的克隆猪
			成功培育世界首例利用锌指核酸酶技术培育的内源性基因敲除猪
			成功解析糖尿病靶标人胰腺磷脂酶A2酶原晶体结构
			成功地设计了2-吡啶-β酮类化合物作为新型的铜催化乌尔曼反应配体
			在抗流感神经氨酸酶药物和抗病毒β2′-脱氧核糖核苷的合成方法取得新的突破
广州拓谱基因技术有限公司	基因干扰		应用siRN策略防治SARS疾病研究“在人类防治SARS疾病研究中取得突破性进展
			在国际医学界顶级刊物《自然医学》上发表原创技术成果
广东华南联合疫苗开发院有限公司	基因导入	病毒免疫； 基因工程细胞株构建； 动物细胸培养； 多肽抗原表位设计； 肿瘤疫苗开发以及药效药化学等	
广州伯信生物科技有限公司	基因干扰	稳定细胞系的筛选； 细胞永生化； 蛋白表达及纯化； 荧光原位杂交； 免疫组化； 动物模型构建等	
广州康合生物科技有限公司	其他	人畜疾病诊断试剂； 新型疫苗和免疫增强剂； 治疗性功能食品； 饲料添加剂	

基础研究

产业服务

3.3 研发能力情况

如表6所示，中国科学院广州生物医药与健康研究院专利申请量和授权量均较大，专利研发成果显著，由于其成立时间较短，因此开始申请专利的时间较晚，但专利申请活跃期较长，表明专利申请持续性较好。此外，该单位专利平均年龄较小，仅为2.71年，显示出其专利新颖性较高。从发明人情况看，发明人张必良主要从事的是化学与生物学之间的交叉领域的研究，利用组合化学和RNAi的手段进行功能基因组学、治疗学研究和新药研发；裴端卿在干细胞领域有卓越的成就，近年来对基因治疗技术领域有所涉猎；陈凌的研究领域涉及生物医药领域的前沿领域，包括癌症、艾滋病及其他病毒类疾病的发病机制和疫苗研究等，近年来对基因治疗技术领域也有所涉猎。这3位主要发明人在生物研究方面各有所偏重，但是又能互相合作，在他人的研究领域里进行扩展研究，其中张必良研究员更侧重于基因治疗技术领域。从各方面看，中国科学院广州生物医药与健康研究院研发能力均较为突出。但从专利布局区域看，中国科学院广州生物医药与健康研究院在基因治疗技术领域的专利申请主要针对国内市场进行专利保护，随着产业发展和研究所推向市场及国际化，可考虑通过《巴黎公约》或《专利合作条约》等方式加大国际专利申请的力度。

表6　广州开发区基因治疗领域重点单位专利及发明人情况

申请人	申请量	授权量	授权率	最早申请时间	专利申请活跃期	专利平均年龄	发明人人数	主要发明人
中国科学院广州生物医药与健康研究院	19	9	47.4%	2007	8	2.71	46	张必良；裴端卿；陈凌
广州拓谱基因技术有限公司	6	4	66.70%	2004	3	7.47	8	程度；李宝健
广东华南联合疫苗开发院有限公司	6	1	0.167	2011	3	1.9	9	王戈；彭涛
广州伯信生物科技有限公司	1	0	0	2014	1	0.67	5	吴伟东；王晓香
广州康合生物科技有限公司	1	0	0	2013	1		1	段小波

广州拓谱基因技术有限公司从2004年就开始申请专利，专利申请起步时间较早，但其活跃期只有3年，专利平均年龄为7.47年，近年来没有新的专利技术产出，技术研发持续性不强，专利新颖性较差，专利申请的技术领域也比较单一。此外，该公司的发明人人数只有8个，现任专职研发人员有限，研发团队规模小。从发明人情况看，拓谱基

因的 2 位主要发明人研发水平较高，其中李宝健是我国著名的遗传学家及生物工程专家，曾任中山大学副校长兼研究生院院长，创办中山大学生物工程研究中心并任首届主任。但近年来该公司研发队伍没有扩增，缺乏后起之秀，建议该公司多引入高层次人才为企业注入新鲜血液。

广东华南联合疫苗开发院有限公司在基因治疗领域共申请专利 6 件，由于其组建时间较晚，该公司自 2011 年开始才开始申请专利，但其专利申请活跃期较长，专利平均年龄较小，至今仍有专利技术产出，专利新颖性强，研发潜力较大。从发明人情况看，广东华南联合疫苗开发院有限公司参与专利技术研发的人员有 9 人，研发团队规模尚可。建议该公司进一步加强专利申请，形成完整的专利布局体系。

广州伯信生物科技有限公司从 2014 年才开始申请专利，目前只申请专利 1 件，处于在审状态，其研发团队有 5 人，研发实力还并不突出。广州康合生物科技有限公司从 2013 年开始申请专利，目前仅申请 1 篇，发明人也仅有 1 人，技术产出量较小，专利申请持续性不强，还未形成研发团队，研发能力有限。

4　意见与建议

基于上述分析，对广州开发区基因治疗领域提出技术发展及知识产权管理建议：

（1）跟踪全球（美国为重点区域）基因治疗技术进展，掌握重点技术（核酸序列和多肽）。

（2）做好基因增补策略、腺病毒和腺相关病毒技术领域基础研究的同时，针对具体疾病，如肿瘤、传染性疾病、免疫系统疾病、心脑血管疾病、神经系统疾病、消化系统疾病等增加基因治疗应用研究力度。

（3）合理规避使用基因导入技术治疗肿瘤、传染性疾病的需求这类技术热点，重点挖掘基因干扰技术的应用，使用基因导入技术治疗免疫系统疾病、心脑血管疾病、神经系统疾病、消化系统疾病这类技术空白点，完善专利布局。

（4）重视挖掘专利信息宝藏，全面助力技术创新过程，如可建立主要申请人（以美国国立卫生研究院、加利福尼亚大学和英国的葛兰素史克公司为代表）专利跟踪预警机制。

（5）组建专利联盟，优化配置区域资源。

（6）促进产学研合作研究，提高专利转化能力。

（7）采取自主研发、委托研发、联合研发和技术引进多种方式相结合，完善技术储备和专利保护。

（8）注重项目和人才知识产权分析评议。

附录 1　技术分解表

一级节点	二级节点	三级节点	四级节点
基因治疗方式	基因增补		
	基因矫正		
	基因置换		
	基因失活		
	免疫基因治疗		
基因治疗技术手段	基因导入	载体导入	腺病毒
			腺相关病毒
			逆转录病毒
			痘病毒：天花病毒
			疱疹病毒
			其他病毒载体
			脂质体
			聚阳离子核酸复合物
			短肽蛋白（TAT 蛋白等）
			纳米颗粒（金属纳米颗粒等）
			天然高分子材料（壳聚糖，环糊精等）
			其他高分子材料（聚乙烯亚胺，聚乙烯酸等）
		其他导入方式（物理导入，或未明确具体导入方式）	裸 DNA 分子
			基因枪
			电穿孔
			高压注射
			超声
			未明确导入方式
	基因干扰	反义核酸	
		RNAi/SiRNA/ShRNA	
		miRNA	
		LNA	

附录 2　数据来源

◆ 检索范围

中文数据库采用广东省知识产权公共信息综合服务平台（www. guangdongip. gov. cn）及其广东省战略性新兴产业实时统计系统。

外文数据库采用 QUESTEL ORBIT 数据库（www. orbit. com）及其专利态势分析模块，此外还综合使用了部分邓白氏或者证券交易委员会商业数据库。

数据检索截止日期：2014 年 12 月

◆ 检索策略

本研究报告的检索策略主要是基于精确检索与适当扩展相结合的方式。检索过程中，综合运用了涉及相关技术领域的精确关键词、相关关键词、精确 IPC 分类号、相关 IPC 分类号。

	中国范围	全球范围
数据库	www. guangdongip. gov. cn	www. orbit. com
关键词	SIRNA，MIRNA，MICRORNA，RNA 干扰，RNA 干预，RNAI，反义核酸，核酶，靶向，细胞，载体，靶向基因，基因打靶，打靶载体，基因治疗，基因疗法，治疗，疫苗，治疗性疫苗，DNA 疫苗，RNA 疫苗，核酸疫苗，基因疫苗	GENE，THERAPY，THERAPEUTIC，VACCINE，DNA，RNA，TARGET，CELL，VECTOR，SIRNA，MIRNA，MICRORNA，INTERFERE，ANTISENSE，IBOZYME，DNAZYME，TARGET，VECTOR
分类号	A61K48，A61P，C12N，A61K39，A61K38，C07H21，A07H21	

企业专利信息利用研究与实践*

高劼　左勇刚　龚跃鹏　翟佳雯　黄俊

摘　要　我国目前的专利信息服务对企业技术创新提供的信息支持力度相对不足。如何引导企业运用更高质量的专利信息利用手段，有效提升企业技术创新能力和知识产权保护运用能力，需要涉及多个领域的研究。本文旨在探讨建立对应企业主要事务流程环节的专利信息利用模式，即将专利分析与企业创新生产经营业务流程中的风险控制与流程优化管理有机结合，通过专利信息利用与知识产权管理两个领域的理论和研究方法相互融合，为提高企业专利信息资源利用效率提供新的方法和思路。

关键词　企业　专利信息利用　专利战略　企业知识产权管理　风险防范

一、研究背景

面对“中国制造”在国际上遭遇以创新为本质的知识产权壁垒，中国提出了建设创新型国家的目标，企业必然成为实现这个目标的主体和主力。《国家知识产权战略纲要》中也提到，“推动企业成为知识产权创造和运用的主体”是今后我国战略发展的目标。

在当前产品、市场日益国际化的今天，企业越来越重视知识产权的保护，而专利作为企业知识产权战略的重要组成部分，专利的有效利用及管理体现了企业的技术发展水平和核心竞争力。

以项目管理阶段为划分基础的企业研发活动为例，要先后经历项目评审、项目启动、项目实施和项目总结这 4 个主要阶段。不同项目管理阶段的活动内容不同，相应的专利管理活动也是不同的。专利信息的利用及管理应贯穿企业研发活动的每个阶段，但是长期以来，企业对于专利信息的利用及管理明显不足，从近年来不断增加的针对我国企业的知识产权纠纷即可见一斑。因此，有必要对企业全流程管理中的专利活动进行梳理，并建立一个面向整个流程的专利信息利用及管理流程，不仅能够规范企业的内部专利管

* 本文摘编自 2015 年全国专利信息传播利用基地专利信息分析利用与服务项目《企业专利信息利用研究与实践》，课题负责人吕阳红，报告统稿人：王亚利、龚跃鹏；主要执笔人：高劼、翟佳雯、黄俊、温涛、王勇；主要研究人员：张正阳、左勇刚、徐琦、陆敏、宋强。

理活动，保障研发活动的高效开展；同时，这一举动也将加速“中国制造”向“中国智造”的进程转变，提升我国企业的核心竞争力。

专利信息与专利战略的每个过程阶段：创造（专利检索、专利地图、开发创新管理）、保护（专利申请、专利布局、知识产权管理）、管理（专利组合、侵权管理、知识产权监控、专利战略分析、防卫性公开）、应用（技术保护、技术应用、产品保护、产品应用）、交易（专利授权、技术转移、知识产权流通）及商业化（创业投资、技术鉴价与评估、知识产权融资）息息相关。从企业战略层面，将技术创新战略应与专利战略紧密结合起来，在每个阶段都充分利用专利信息的各种优势，在相应阶段赋予明确的专利目标，以专利手段促进技术创新，同时以技术创新支撑专利战略，将专利战略落到实处。

二、研究方法

本文以企业专利信息利用的具体实例为研究模型（见图1），通过将专利信息利用融入具体企业的生产经营管理业务流程中，在实证中实践和探讨通过专利信息利用对企业技术创新流程管理的有效模式，作为未来我国企业从流程优化角度对技术创新进行有效管理和应用的参考模式。

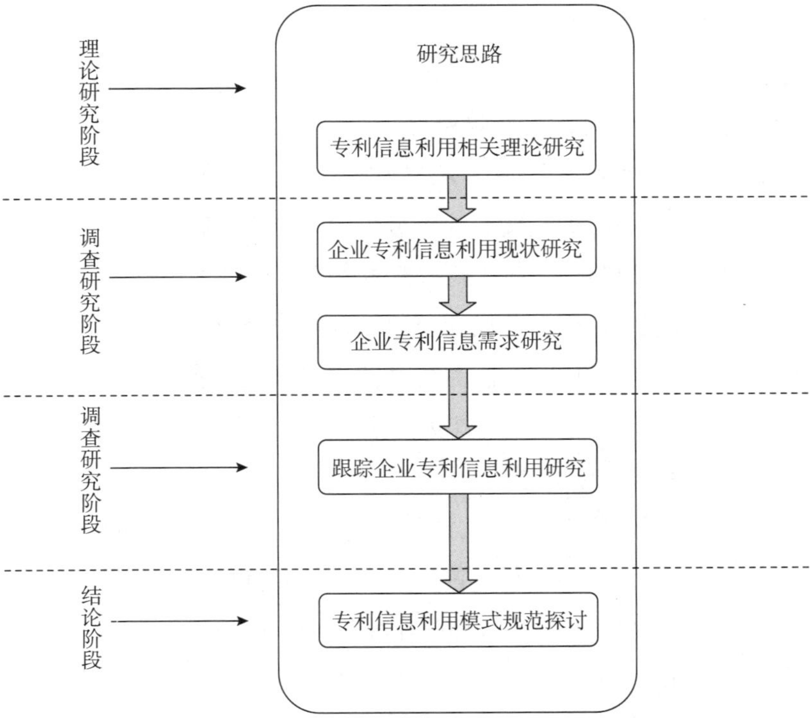

图1 研究框架构成

三、研究过程

（一）企业专利信息需求分析

1. 企业生产经营业务流程分析

（1）企业生产经营业务流程及特点。

企业的生产经营流程按其功能可以分为业务流程与管理流程两大类别。业务流程是指面向顾客直接产生价值增值的流程；管理流程是指为了控制风险、降低成本、提高服务质量、提高工作效率、提高对市场的反应速度，最终提高顾客满意度的企业市场竞争能力并达到利润最大化和提高经营效益的目的流程。

制造业企业的生产方式下的业务流程，通常采用的是一种“采购—研发—生产—销售”的联动反应机制。企业面对激烈变化、严峻挑战的环境，为求得长期生存和不断发展必然会涉及多个层面的综合管理实务。因此，将除采购、研发、生产、销售等明显的企业流程以外的其他综合管理事务都归类到企业生产经营综合事务里。

管理流程与业务流程一样，均以企业目标为根本依据。总体而言，管理流程在对外面向客户时，要提高业务流程的效率；在对内面向企业目标时，要提高内部效率，平衡企业各方资源（各项业务线平衡），控制总体效率的平衡，实现企业总体绩效；笼统地讲是企业的战略与综合运用。

（2）企业生产经营管理的目标。

① 对全流程各环节涉及风险的有效控制。

由于在企业生产经营业务流程中，业务开展重点逐渐变化，因此可以将流程进行阶段化分解，识别每个阶段面临的主要风险类型，同时分析每种风险类型的风险来源，通过控制风险源控制各阶段风险，从而达到对整体风险的控制任务。

对企业生产经营管理全过程进行风险控制管理是一个复杂过程，风险来源多样，采取手段不断变化，每一个阶段风险控制与技术信息支持关系密切，但是具体信息需求必须通过实践调查，得到准确的数据，才能为企业专利信息利用提供确切的依据。

② 对生产经营业务流程的优化。

通过对企业生产经营业务流程特点分析，结合流程优化理论，对于企业生产经营业务流程优化可以分解为两个步骤进行：首先，明确任务目标，也就是进行流程优化最终需要达到的工作目标；其次，分析可以进行业务改进的工作切入点。

首先，目标可以确认以下几点：其一，降低研发资金投入，减轻企业资金压力。其二，尽量压缩研发周期，降低项目开发的投入比例。其三，减低方案淘汰率，增加立项的信息依据和决策信息支持。其四，提高研发技术能力储备，提高研发效率。

为达到以上目标，目前企业可采取以下措施：其一，通过开展协作性项目，分流项目研发风险，降低项目投资比例。其二，建立科学的研发方向确立体系，对可行的研发方向进行选择，尽量集约的确立一个前景良好的研发方向和路线使用研发资金和人力资源。其三，对技术方案进行改进，尽量高效率的利用可借鉴的技术情报信息，缩短研发周期。其四，加快决策分析过程的信息支持，一是研发信息的搜集，对市场信息、竞争对手信息、生产工艺和原材料状况等保存到知识库；二是阶段性的开展项目的评估分析。本课题就是从这些方面切入，建立有效的信息支持体系，提供实时的个性化的信息利用模式，对企业生产经营主要流程环节各个步骤给以有效信息，通过信息情报来优化整个流程。

2. 基于流程的企业专利信息利用需求调查

通过调查企业员工对全流程风险的认识，找到其实际工作中面临的风险来源，从实际调查中获得企业全流程风险来源。考虑到本研究是采用实践研究方式对企业流程进行全面深入的研究，因此选取了专利信息利用能力略高于我国平均水平的企业作为本课题的调研对象。具体选取的是云南和江苏两个省份的专利信息利用积极企业。以这些企业中参与技术创新和知识产权管理过程人员作为调查对象，共调查 110 人/次。发放问卷 110 份，回收 110 份，回收率 100% 。

根据课题组对调查问卷答案总结，对比企业全流程各业务单元的工作任务，将风险描述按照人力资源管理中的风险、研发阶段的风险、技术保护的风险、生产销售阶段的风险、无形资产运营中的风险、企业重组中的风险几个维度进行分类归纳，将相关风险因素归纳，得到的结果见表 1：

表 1　企业各流程管理风险源描述

风险类别	风险因素描述
人力资源管理中的风险	技术秘密泄露
研发阶段的风险	重复研发 研发失败 专利侵权 委托研发或合作研发中的权属纠纷
技术保护的风险	研发技术成果申请专利不被授权 专利权利瑕疵 专利布局不当
生产销售阶段的风险	原料、设备采购时第三方产品侵权 产品生产加工使用的技术、工艺侵权 侵犯“潜水艇专利”权 竞争对手监控 行业动态

续表

风险类别	风险因素描述
无形资产运营中的风险	专利价值评估不当 专利投融资风险 专利交易中的风险 专利滥用的可能性
企业重组中的风险	专利资产被忽视 专利价值评估不合理 专利权属纠纷

3. 企业生产经营业务流程专利信息需求分析

针对个性化的专利信息利用需求特点为以下 3 点：

其一，专利信息中包含潜在信息与流程中的风险来源相互对应，主要包括技术信息、管理权信息、市场信息等，可以有效支持决策层的风险识别，在其进行风险控制过程中，专利信息可以作为支持决策的信息依据。

其二，从动态角度看，创新过程是一个创新主体不断学习的过程，对流程参与人员来说学习的效率是创新成功的决定性因素，有效信息的转移与消化是技术创新的重要环节。

其三，从风险监控的角度看，对风险因素的分析有赖于对外部环境的了解，风险控制措施实施，需要参与人员充分掌握企业内部环境信息，风险的适度监控则有赖于对环节进程的掌握。同时，专利信息中可以包含企业风险控制要求的：市场信息、技术信息、管理信息等重要的信息。

（二）企业专利信息利用分析指标体系构建

课题组对于专利信息分析所采用的指标要求是，在现有的专利分析指标项目基础上，体现特定流程环节的特点，通过大量搜集相关专利信息分析指标，结合对企业调查得到的技术创新风险源指标，对相关指标进行整理和修订；建立一个体现企业创新管理特点的指标体系。力求指标体系与控制企业创新风险源相关联，与企业全流程相适应，同时兼顾科学性、可操作性、层次性等原则。

依据原则将指标体系确立分为以下几个步骤：

步骤一，指标体系的初选，采用综合法和分析法，通过文献调研和实例调查相结合的方法搜集企业专利信息利用分析指标。

步骤二，由前述调查得到企业全流程风险源指标。

步骤三，将两种指标进行对比分析，筛选出服务于企业技术创新风险控制的专利信息分析指标。

针对39个企业专利信息利用业务中需要通过专利信息支撑的重点问题，构建了它们与企业创新流程环节的关联关系，详见表2：

表2 企业创新流程相关专利分析指标

流程中专利信息需求	管理问题	专利分析指标条目
1. 什么新兴技术值得持续关注	选择研发组合； 确定评估竞争对手； 跟踪预测新兴技术和突破性技术（机会 & 威胁）； 得到技术路线图	用条状图展示多种技术的各项基本数据情况； 考虑工业/信息/基础技术等方面的单独度量； 基于数据库的专利申请/公开趋势图，技术手段改变的比例，通过专利趋势评估技术成熟程度； 研究团体规模的发展变化（申请人/发明人）——寻找新的增长突破点； 对比专利数量和增长率； 相关技术的技术生命周期，衡量成熟程度
2. 此技术发展的什么方面特别热门	设定研发目标； 设定工程目标； 获得知识产权（IP）； 利用拥有的知识产权； 技术发展中进行协作； 跟踪预测新兴技术和突破性技术（机会 & 威胁）； 制定技术战略计划	通过关键词聚类分析识别技术的主要研发方面； 排名前列的最近热门实用的关键词，将会议论文/期刊文献的比例进行排序； 技术组成的时间趋势图； 技术主题的时间序列变化显示的重点的变化（基于关键词、分类号，或者二选一）； 研发团体规模的发展变化（申请人/发明人）——寻找新的增长突破点； 扩展（或减退）的指标——每个技术主题下各类型机构的排名和变化； 申请人在技术主题文献情况的图表比较； 用相关技术的技术生命周期图表征技术成熟程度，反映目前状态和发展前景
3. 什么是技术的新前沿和边际机会	选择研发组合； 跟踪预测新兴技术和突破性技术（机会 & 威胁）	根据专利题目和摘要进行技术标引，分析产生候选新主题； 记录专利引证科技文献的范围（如果内容很丰富，从这些科技研究领域中寻找热门主题和最近趋势）
4. 技术的重要部分是什么？重要的子分类是什么	选择研发组合； 跟踪预测新兴技术和突破性技术（机会 & 威胁）； 制定技术战略技术计划； 得到技术路线图	技术主题聚类图； 分类号分布图

续表

流程中专利信息需求	管理问题	专利分析指标条目
5. 范围内的技术如何发展	设定研发目标； 设定工程目标； 研发新产品； 技术发展中进行协作； 跟踪预测新兴技术和突破性的技术（机会 & 威胁）； 制定技术战略计划； 得到技术路线图	技术功效矩阵图，区分空白和密集区域，确定活跃程度； 技术主题聚类图； 提出技术领域的规范标准； 用技术发展路径图展示时间变化； 对比相关技术在文献数据库中的情况（适当增加时间阶段因素）； 明确目前的变化和未来的发展
6. 什么驱动技术发展	选择研发组合； 设定研发目标； 设定工程目标； 开发新市场； 技术发展中进行协作； 跟踪预测新兴技术和突破性的技术（机会 & 威胁）； 制定技术战略计划； 得到技术路线图	专利引证技术文献的百分比； 特定推动力的重要性（法律、市场推动力、技术推动）
7. 什么是关键竞争性技术	选择研发组合； 设定研发目标； 设定工程目标； 研发新产品； 获得知识产权（IP）； 技术发展中进行协作； 跟踪预测新兴技术和突破性的技术（机会 & 威胁）； 制定技术战略计划； 得到技术路线图	科研机构、工业界和其他类型机构的相关技术文献； 文献的领先者和专利的领先者列表； 审视关注技术中提到的内容； 比较评估发现的信息； 对关注的技术明确潜在竞争者，对比他们的技术成熟程度和推动力等内容
8. 技术的发展前景如何	设定研发目标； 设定工程目标； 研发新产品； 获得知识产权（IP）； 利用拥有的知识产权； 技术发展中进行协作； 跟踪预测新兴技术和突破性的技术（机会 & 威胁）； 制定技术战略计划	用条状图展示多种技术的各项基本数据情况； 对已经发展的技术和新兴技术分别考量； 整个阶段的研究活跃程度（文献、专利）； 基于 TRIZ 因素分析相关技术领域的专利及技术文献数据，得到可能的发展路线； 加入其中的各类型机构数量和变化比例，已经退出这一领域的机构情况； 技术文献数量在整个时间段的趋势； 对比其他技术研发团队的规模变化

续表

流程中专利信息需求	管理问题	专利分析指标条目
9. 技术发展的可能路径是什么	设定工程目标； 研发新产品； 开发新市场； 获得知识产权（IP）； 利用拥有的知识产权；跟踪预测新兴技术和突破性的技术（机会 & 威胁）； 制定技术战略计划	专利申请的比例及变化； 用相关技术的技术生命周期图表征技术成熟程度，反应目前状态和发展前景； 收集技术关键变化和构成，展现并对比； 列出影响发展的原因，区分不同的可能性； 技术主题突破性的应用前景（基于专利权利要求、分类号）
10. 技术哪些部分重要，哪些子分类重要	选择研发组合； 跟踪预测新兴技术和突破性的技术（机会 & 威胁）； 制定技术战略计划； 得到技术路线图	技术主题聚类图； 分类号分布图
11. 评估技术组成的成熟程度	设定研发目标； 设定工程目标； 研发新产品； 获得知识产权（IP）； 技术发展中进行协作； 得到技术路线图	对技术分类下的专利进行标引（领域/手段/效果）； 技术关键词的聚类分析图
12. 明确技术的融合趋势是什么	选择研发组合； 设定研发目标； 技术发展中进行协作； 确定评估竞争对手； 跟踪预测新兴技术和突破性的技术（机会 & 威胁）； 制定技术战略计划	技术文献的主题词时间变化趋势图； 专利的技术主题时间变化趋势图； 预测可能发生的融合； 关键词的聚类分析图（分时间段）——寻找本技术和延伸的其他技术间的跨主题联系； 确定兼顾多方面能力的机构
13. 是否应该对相关技术申请专利？申请什么样的权利要求	利用拥有的知识产权	现有技术革新； 显示本专利与技术热点的交叉。
14. 建立技术 – 产品路线图	得到技术路线图	技术组成分解、成熟度、技术发展路线、产品发展过程信息收集，并制成可视化的路线图。用以展现： 技术实现的综合因素； 产生演变的过程； 产品和技术可应用的范围

续表

流程中专利信息需求	管理问题	专利分析指标条目
15. 评估技术应用的成熟程度	设定研发目标； 设定工程目标； 研发新产品； 开发新市场； 获得知识产权（IP）； 利用拥有的知识产权； 技术发展中进行协作； 得到技术路线图	应用情况，明确主要目的，明确产业地位； 专家意见
16. 技术的哪些方面（主题）符合我们的应用目的	选择研发组合； 设定工程目标； 研发新产品； 获得知识产权（IP）； 利用拥有的知识产权； 技术发展中进行协作； 得到技术路线图	技术资料和专利权利要求中技术效果的提高突破； 依据分类号在技术文献和专利中得到主要突破主题； 相关技术的公开趋势图
17. 新技术中我们的机会是什么	选择研发组合； 设定研发目标； 设定工程目标； 研发新产品； 开发新市场； 利用拥有的知识产权； 技术发展中进行协作	专利权人情况的图表显示； 图表对比自身和领先者的情况； 显示专利密度； 显示专利的流通性（持续的许可或转让）； 显示领先者的专利战略； 显示新加入者的比率； 通过专利引证确定专利的重要性； 对我们关心的技术和应用内容的详细分析（专利密度、趋势等）； 明确可能给发展计划带来壁垒的专利； 针对整体范围的专利，综合衡量进入的门槛高低、专利的自引证、专利集中、文献总体情况和成熟度
18. 哪些市场需要此技术和技术应用的侧重点是什么	设定工程目标； 研发新产品； 开发新市场 制定技术战略计划 得到技术路线图	审视文献中提到的内容（想法，可能的建议和发现可替代品）； 需求中的时间趋势
19. 此技术适合什么应用	研发新产品； 开发新市场	对独立权利要求进行关键词标引分析发现应用范围； 总结应用对照独权发现应用范围； 图表显示 IPC 的分布情况； 图表显示 IPC 随时间的分布情况

续表

流程中专利信息需求	管理问题	专利分析指标条目
20. 全球化的机会是什么	开发新市场； 利用拥有的知识产权	区域的专利权人分布情况； 国家区域专利权人类型分布——市场机会指标； 研究文献的作者国籍分布； 划定货架和地区重要的壁垒和障碍（例如，竞争者、标准、法律、限制进入范围）； 确定国家和地区的优势和资产（例如，合作伙伴、本地能力）； 风险考量（结合专家意见为本机构的全球化进行适当的评估）
21. 竞争环境如何变化	利用拥有的知识产权； 确定评估竞争对手	新加入者指标（首件专利）； 新加入者的变化率指标
22. 技术是否带来良好的商业前景	选择研发组合； 设定研发目标； 设定工程目标； 研发新产品； 获得知识产权（IP）； 利用拥有的知识产权； 制定技术战略计划	确定退出的公司（在几年中没有新专利申请；没有维持的专利权）； 衡量科技基础设施（根据所需技术的可实现性；跟踪吸收此技术的体系发展）； 用条状图展示多种技术的各项基本数据情况； 以可比技术作为基准衡量其专利活动； 工业领域的专利分类号分布情况和技术文献的活跃程度； 工业化应用范围列表； 关键词丰富程度指标——特定领域研发的时间分布图； 技术分解，显示分支技术的发展趋势； 用饼图展现文献的百分比（对比科研机构和企业或其他）（也可以显示时间变化）； 根据专利的独立权利要求和摘要来构建特定技术应用范围的时间变化表； 明确技术的替代情况（实际和潜在的技术竞争者）； 结合专家意见对比相应的技术发展和市场机会

续表

流程中专利信息需求	管理问题	专利分析指标条目
23. 评估竞争环境	设定研发目标； 设定工程目标； 研发新产品； 开发新市场； 获得知识产权（IP）； 利用拥有的知识产权； 确定评估竞争对手	竞争者态势、潜在的加入者、专利购买或许可对象、替代产品分析； 近阶段（例如1/3时间段）的IPC分类号逐年出现情况列表，并比较早先阶段； 技术分布情况； 专利的国家、时间分布情况； 专利边际（拥有1、2件专利的公司数量，时间范围情况）； 对比本机构与相关竞争对手
24. 谁是可以帮助提供的专家	研发新产品； 确定评估竞争对手； 跟踪预测新兴技术和突破性的技术（机会 & 威胁）； 制定技术战略计划	最高产和被引证最多的与大公司没有联系的发明人（所属机构、领先的专利分类、分布）； 最高产和被引证最多的作者（主要关键词、所属机构、学科背景）
25. 哪些大学或实验室在此技术或特别领域领先	选择研发组合； 设定研发目标； 技术发展中进行协作	近年，前N位的发表文献单位（主题侧重、目前活跃领域、核心团队实力）； 前N位的文献——特殊类型的机构和特殊区域（例如，美国）； 比较相关主题； 研究机构文献发表的整体时间分布； 生命周期指标——目前的活跃程度； 对作者的列表显示（合作团队、主题重点）
26. 本机构的优劣势所在	选择研发组合； 设定研发目标； 设定工程目标； 研发新产品； 并购； 获得知识产权（IP）； 技术发展中进行协作； 得到技术路线图	相关技术的出版物和专利列表； 本机构中的合作关系； 在创新过程中缺乏哪些必要能力
27. 哪些公司在此技术的特别方面领先	开发新市场； 并购； 获得知识产权（IP）； 利用拥有的知识产权； 技术发展中进行协作； 确定评估竞争对手	特定主题（或分类号）下公司专利排名； 聚集度指标（百分之多少的专利被顶级公司占有）； 关注点指标（公司专利在此主题与其他主题的比例关系）； 聚类展示领先公司的专利，显示其随时间变化情况； 对公司进行图表展示显示重点所在； 描述离群的公司（具有特点的专利模式）； 对领先公司的主要主题列表； 结合专家判断和分析结果提供方便的整体评定

续表

流程中专利信息需求	管理问题	专利分析指标条目
28. 领先公司研发团队的实力如何	获得知识产权（IP）； 利用拥有的知识产权； 技术发展中进行协作； 确定评估竞争对手	发明人图（共同发明团队，主题侧重）； 作者图（合作作者团队，主题侧重）； 随时间变化的团队活动情况（通过主题侧重——停止的点；融合或融合潜力）； 明确发明人与高引证专利的联系（标注集中程度）
29. 哪些公司在此技术中领先	获得知识产权（IP）； 利用拥有的知识产权； 技术发展中进行协作； 确定评估竞争对手； 制定技术战略计划	最近的公司专利排名； 最多被引证公司的专利引证分布图； 高引证公司的专利引证分布图； 每个领先公司随时间的专利分布图； 生命周期——对比专利维持期间； 专利自引证指标（依靠其他专利）； 关注点指标（公司专利在此主题与其他主题的比例关系）
30. 领先公司的发展重点与本机构的对比情况如何	研发新产品； 开发新市场； 利用拥有的知识产权； 技术发展中进行协作； 确定评估竞争对手	对比其 IPC 分布（图表）； 对比文献主题分布（图表）； 明确对比他们的研究热点和引证的热点； 重点关注研发合作关系的变化率（如近年对比早年）； 对潜在的合作进行评析；研发建议、知识产权收购等
31. 领先公司的技术优势是什么	利用拥有的知识产权； 技术发展中进行协作； 确定评估竞争对手	其专利所涉及的 IPC； 专利的侧重点图； 分析在这个领域中拥有大百分比的专利数量
32. 相关技术的知识产权特点（竞争者分析或合作分析）	并购； 获得知识产权（IP）； 利用拥有的知识产权； 技术发展中进行协作； 确定评估竞争对手	组合显示对领先的专利权人（公司等）的比较（各自拥有多少专利和专利的实力）； 各自拥有专利的集中指标（百分之多少的专利集中在此技术；百分之多少相关；百分之多少不相关）； 文献的关键发表者的集中指标（对于此技术和相关技术），以及其随时间变化情况； 随时间变化的集中情况； 专利的转让指标（持续的许可/转让）； 领先者的专利战略； 根据专利引证判断的各自专利权人专利重要程度； 公司的研发实力（核心研究人员和发明人、持续时间、侧重点）

基础研究

产业服务

续表

流程中专利信息需求	管理问题	专利分析指标条目
33. 什么样的小公司或个人拥有关键竞争性的知识产权（可能的收购或雇用）	获得知识产权（IP）； 技术发展中进行协作	组合显示专利权人情况（拥有数量和质量）； 专利的转让指标（持续的许可/转让）； 领先者的专利战略； 发展速度指标（新进入倾向的情况）； 根据专利引证判断的各自专利权人专利重要程度； 公司接受外界研发支持的信息情报。
34. 合作关系如何（竞争环境）	研发新产品； 开发新市场； 并购； 利用拥有的知识产权； 技术发展中进行协作； 确定评估竞争对手	合作专利权人； 合作作者； 合作的时间； 机构的目标，未来的合作交叉点； 备选的公司间合作（地位；合作模式——例如合作发展、合作市场；各自能力）； 备选的公司与其他机构（大学、科研单位）间的合作（地位、模式、各自实力、侧重点）
35. 竞争对手情况	确定评估竞争对手	技术的研发能力（从研发、销售、专利申请持续情况和生命周期判断技术发展阶段）； 资源情况（财力、知识、技术、市场、顾客基础）； 需要专家参与打分进行判断——公司重要的创新：技术、产品、服务、产品制造过程等； 根据商业战略实用技术未来发展的优势。
36. 哪些公司值得重点关注	确定评估竞争对手	用条状图展示多种技术的各项基本数据情况； 候选的公司（他们的热点；他们被重点引证的专利的领域——例如，近年最多被引证的专利）
37. 谁可能许可专利给我们（或在某些方面合作）	利用拥有的知识产权	确定谁拥有发展中的互补性技术并可能通过专利许可给我们的
38. 企业的竞争环境如何	开发新市场； 确定评估竞争对手	发展速度指标（新的小型企业申请专利的趋势）； 公司接受外界研发支持的信息情报

续表

流程中专利信息需求	管理问题	专利分析指标条目
39. 评估每一个关键竞争对手	获得知识产权（IP）； 利用拥有的知识产权； 技术发展中进行协作； 确定评估竞争对手	对竞争对手近期和早期发表文献和申请专利比例列表比较（寻找热点和变化率）； 评估竞争对手的技术战略（明确可能的目标和不确定性）； 评估竞争对手的 SWOT 位置（优势、劣势、机会、威胁）； 评估竞争对手的产品情况； 评估竞争对手新产品研发效率； 为每个关键竞争对手建立大致的技术路线图（风险评估如何越过他们设置的障碍）； 依靠专家打分判断相关因素

另将调查得到的风险因素进行分类，并将其与控制风险有关的企业创新流程中对专利信息需求的相关专利分析指标进行对比，见表 3：

表 3　企业生产经营业务流程风险源相关专利分析指标

风险类别	调查得到的风险源指标	专利分析指标需要解决的问题
研发阶段的风险	重复研发 研发失败 专利侵权 委托研发或合作研发中的权属纠纷	1. 什么新兴技术值得持续关注？ 2. 此技术发展的什么方面特别热门？ 3. 什么事技术的新前沿和边际机会？ 4. 技术的重要部分是什么？重要的子分类是什么？ 5. 范围内的技术如何发展？ 6. 什么驱动技术发展？ 7. 什么是关键竞争性技术？ 8. 技术的发展前景如何？ 9. 技术发展的可能路径是什么？ 10. 技术哪些部分重要，哪些子分类重要？ 11. 评估技术组成的成熟程度？ 12. 明确技术的融合趋势是什么？ 13. 是否应该对相关技术申请专利？申请什么样的权利要求？ 14. 建立技术 - 产品路线图。 15. 评估技术应用的成熟程度。 16. 技术的哪些方面（主题）符合我们的应用目的？ 17. 新技术中我们的机会是什么？ 18. 哪些市场需要此技术和技术应用的侧重点是什么？ 19. 此技术适合什么应用？ 20. 全球化的机会是什么？ 21. 竞争环境如何变化？

续表

风险类别	调查得到的风险源指标	专利分析指标需要解决的问题
研发阶段的风险	重复研发 研发失败 专利侵权 委托研发或合作研发中的权属纠纷	22. 技术是否带来良好的商业前景？ 23. 评估竞争环境。 24. 谁是可以帮助提供的专家？ 25. 哪些大学或实验室在此技术或特别领域领先？ 26. 本机构的优劣势所在？ 27. 哪些公司在此技术的特别方面领先？ 28. 领先公司研发团队的实力如何？ 29. 哪些公司在此技术中领先？ 30. 领先公司的发展重点与本机构的对比情况如何？ 31. 领先公司的技术优势是什么？ 32. 相关技术的知识产权特点（竞争者分析或合作分析）。 33. 什么样的小公司或个人拥有关键竞争性的知识产权（可能的收购或雇用）？ 34. 合作关系如何（竞争环境）？ 35. 竞争对手情况。 36. 哪些公司值得重点关注？ 37. 谁可能许可专利给我们（或在某些方面合作）？ 38. 企业的竞争环境如何？ 39. 评估每一个关键竞争对手
技术保护的风险	研发技术成果申请专利不被授权 专利权利瑕疵 专利布局不当	2. 此技术发展的什么方面特别热门？ 4. 技术的重要部分是什么？重要的子分类是什么？ 5. 范围内的技术如何发展？ 6. 什么驱动技术发展？ 7. 什么是关键竞争性技术？ 8. 技术的发展前景如何？ 9. 技术发展的可能路径是什么？ 10. 技术哪些部分重要，哪些子分类重要？ 11. 评估技术组成的成熟程度？ 12. 明确技术的融合趋势是什么？ 15. 评估技术应用的成熟程度。 16. 技术的哪些方面（主题）符合我们的应用目的？ 17. 新技术中我们的机会是什么？ 18. 哪些市场需要此技术和技术应用的侧重点是什么？ 22. 技术是否带来良好的商业前景？ 23. 评估竞争环境。 24. 谁是可以帮助提供的专家？ 26. 本机构的优劣势所在？ 27. 哪些公司在此技术的特别方面领先？

续表

风险类别	调查得到的风险源指标	专利分析指标需要解决的问题
技术保护的风险	研发技术成果申请专利不被授权 专利权利瑕疵 专利布局不当	28. 领先公司研发团队的实力如何？ 29. 哪些公司在此技术中领先？ 32. 相关技术的知识产权特点（竞争者分析或合作分析）。 33. 什么样的小公司或个人拥有关键竞争性的知识产权（可能的收购或雇用）。 39. 评估每一个关键竞争对手
生产销售阶段的风险	原料、设备采购时第三方产品侵权 产品生产加工使用的技术、工艺侵权 侵犯“潜水艇专利”权 竞争对手监控 行业动态	1. 什么新兴技术值得持续关注？ 6. 什么驱动技术发展？ 9. 技术发展的可能路径是什么？ 12. 明确技术的融合趋势是什么？ 15. 评估技术应用的成熟程度。 17. 新技术中我们的机会是什么？ 18. 哪些市场需要此技术和技术应用的侧重点是什么？ 19. 此技术适合什么应用？ 20. 全球化的机会是什么？ 21. 竞争环境如何变化？ 23. 评估竞争环境 24. 谁是可以帮助提供的专家？ 27. 哪些公司在此技术的特别方面领先？ 28. 领先公司研发团队的实力如何？ 29. 哪些公司在此技术中领先？ 30. 领先公司的发展重点与本机构的对比情况如何？ 31. 领先公司的技术优势是什么？ 32. 相关技术的知识产权特点（竞争者分析或合作分析） 34. 合作关系如何（竞争环境）？ 35. 竞争对手情况。 36. 哪些公司值得重点关注？ 38. 企业的竞争环境如何？ 39. 评估每一个关键竞争对手
无形资产运营中的风险	专利价值评估不当 专利投融资风险 专利交易中的风险 专利滥用的可能性	1. 什么新兴技术值得持续关注？ 2. 此技术发展的什么方面特别热门？ 3. 什么事技术的新前沿和边际机会？ 4. 技术的重要部分是什么？重要的子分类是什么？ 5. 范围内的技术如何发展？ 6. 什么驱动技术发展？ 7. 什么是关键竞争性技术？ 8. 技术的发展前景如何？ 9. 技术发展的可能路径是什么？

基础研究

产业服务

续表

风险类别	调查得到的风险源指标	专利分析指标需要解决的问题
无形资产运营中的风险	专利价值评估不当 专利投融资风险 专利交易中的风险 专利滥用的可能性	10. 技术哪些部分重要，哪些子分类重要？ 12. 明确技术的融合趋势是什么？ 13. 是否应该对相关技术申请专利？申请什么样的权利要求？ 15. 评估技术应用的成熟程度。 16. 技术的哪些方面（主题）符合我们的应用目的？ 17. 新技术中我们的机会是什么？ 20. 全球化的机会是什么？ 21. 竞争环境如何变化？ 22. 技术是否带来良好的商业前景？ 23. 评估竞争环境。 24. 谁是可以帮助提供的专家？ 27. 哪些公司在此技术的特别方面领先？ 28. 领先公司研发团队的实力如何？ 29. 哪些公司在此技术中领先？ 30. 领先公司的发展重点与本机构的对比情况如何？ 31. 领先公司的技术优势是什么？ 32. 相关技术的知识产权特点（竞争者分析或合作分析） 34. 合作关系如何（竞争环境）？ 35. 竞争对手情况。 36. 哪些公司值得重点关注？ 37. 谁可能许可专利给我们（或在某些方面合作）？ 38. 企业的竞争环境如何？ 39. 评估每一个关键竞争对手
企业重组中的风险	专利资产被忽视 专利价值评估不合理 专利权属纠纷	1. 什么新兴技术值得持续关注？ 12. 明确技术的融合趋势是什么？ 21. 竞争环境如何变化？ 23. 评估竞争环境。 24. 谁是可以帮助提供的专家？ 26. 本机构的优劣势所在？ 27. 哪些公司在此技术的特别方面领先？ 28. 领先公司研发团队的实力如何？ 29. 哪些公司在此技术中领先？ 30. 领先公司的发展重点与本机构的对比情况如何？ 31. 领先公司的技术优势是什么？ 32. 相关技术的知识产权特点（竞争者分析或合作分析） 34. 合作关系如何（竞争环境）？ 35. 竞争对手情况 36. 哪些公司值得重点关注？ 38. 企业的竞争环境如何？ 39. 评估每一个关键竞争对手

（三）基于风险与流程管理因素的专利信息利用模式

通过前文梳理可以发现，对于专利信息分析利用和企业技术创新管理相互结合的关键问题是对以下几个业务体系的有机整合。

需求跟踪服务：是准确把握企业技术创新业务流程各部门专利信息分析服务需求，通过分析实际需求，并结合风险控制因素，确定专利信息分析利用切入环节。

专利信息转化服务：根据不同切入点，通过专利信息分析方案的进行，将专利信息转化为战略决策信息、R&D 技术支持信息、市场信息等与企业技术创新各环节实际工作紧密相关的信息，从而对整个流程进行干预和优化。

隐性需求发现：在对全流程进行干预同时，不断发现企业技术创新实践中出现的隐性需求，扩展专利信息服务的应用，并不断修订分析指标和分析程序，达到实时跟踪的专业化信息利用标准（见图 2）。

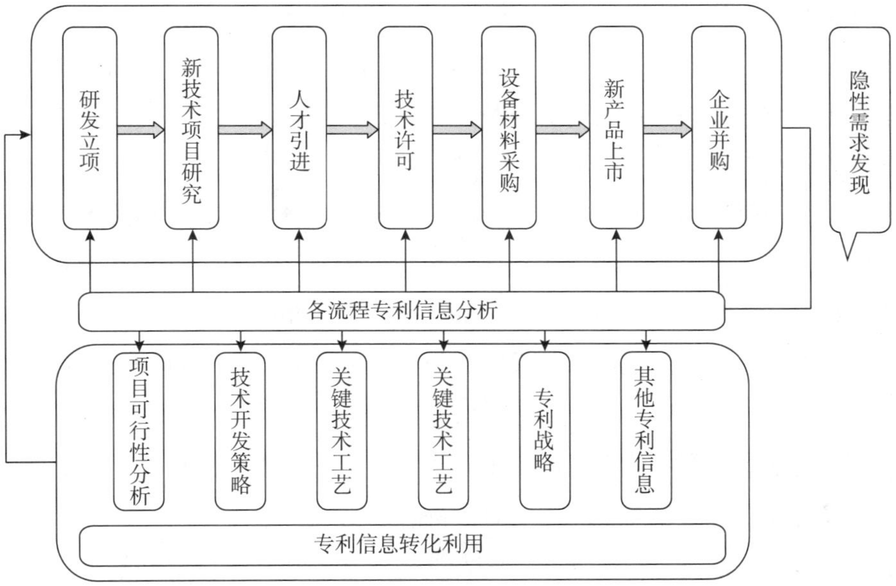

图 2　企业专利信息利用模式

1. 按流程分阶段专利需求分析

对于专利信息利用需求分析，主要有两个层面。

（1）从项目层面跟踪专利信息需求：这一层面的需求跟踪主要是从时间上来说，对于企业来说，可能同时进行多个项目的技术创新和应用，而且每个项目的所处进程阶段并不一定相互一致，有可能处于技术创新的不同阶段，对于每个阶段来说，对专利信息分析利用的需求是有所区别的，例如，处于决策阶段项目需要进行深入分析的专利信息需求主要是通过对专利信息分析把握有关项目市场信息；处于技术研发阶段的项目对于专利信息的需求主要是对专利技术信息情报的快速和准确应用，可使整个企业技术研发工作程序得到重新审视和设计，从而大大提高创新效率和效率；处于产品上市前生产阶段的项目对于专利信息的需求主要是有关专利项目市场开发前景、获利和保护前景信息。因此就项目层面来说，必须结合项目所处阶段进行适合该项目阶段的专利信息利用。

（2）从技术创新主体层面跟踪专利信息需求：技术创新主体是由企业各部门人员组成的，因此每个部门员工的专利信息分析需求是最能体现各技术创新业务流程的需求特点的，对于同一部门参与不同项目的人员来说，其需求不但体现项目特异性也体现流程特异性，因此这一层面的需求跟踪对于专利信息利用来说具有重要价值。

首先对于企业决策者来说，其需求包括：面对专利技术市场的全球化和专利技术竞争环境的变化，企业采取何种战略上的对策，如选择哪家研究机构进行战略上的合作，竞争对手在战略联盟方面有什么动向；根据本企业国内外目标市场的发展变化，如何对当前的技术竞争环境进行分析，对未来的技术市场发展趋势进行预测；在企业作出战略性的技术开发时，对将开发领域的竞争环境进行哪些分析和评估，如潜在的竞争对手、同类技术产品的市场需求、是否可采用其他开发方式（如联盟等）；如何确定和保持企业对竞争对手的核心竞争力；如何对企业的知识产权和信息进行保护，防止竞争对手获得本企业专利信息。

其次对于企业研发部门人员来说，他们最为关注市场需求和专利技术成果方面的信息。具体包括：专利技术竞争对手的动向；专利技术产品客户的需求和潜在的需求；开发机构或组织的新技术、新产品开发计划和研发战略；银行、投资、证券公司对本企业的运营状况和本企业所处行业前景的看法；技术开发人员的工作进程；新技术的推广应用等。

最后对于企业生产部门员工来说，生产部门是企业技术创新的技术实施者，对专利信息需求大多有关自身工作和生产方面的专利信息。

综上所述，依据本课题对于企业工作人员的调查和为其提供专利信息利用实践可以发现，对于企业不同人员来说由于其在技术创新流程中承担的不同角色，其对专利信息需求的出发点不同，因此为其提供专利分析服务的目标同样需要进行调整，才能够达到个性化专利分析服务的目的。

2. 专利信息转化利用

专利信息转化利用框架组成是与专利信息服务需求相对应的，有多少种专利信息利用需求，就有多少种专利信息转化利用，结合信息处理的3个层次：数据—信息—情报，专利分析应该获取对专利文献情报源中的数据，消除其不确定性，总结、归纳、分析得到真实可信的东西——情报，就课题组实践来看，其专利可以转化为以下几方面信息。

（1）将专利信息转化为决策信息包括：总体专利申请难度分析、生产难度分析、技术研究难度分析、质量控制难度分析、产品营销难度分析、项目资金保障难度分析。

（2）将专利信息转化为研发流程支持信息，包括：技术趋势分析，关键技术环节分析，竞争对手技术跟踪，相关工艺领先程度比较，关键技术基础科学关联比较。

（3）将专利信息转化为专利战略方案，包括值得开发的产品方向、产品的转折点、产品市场发展趋势、专利动态、竞争对手及其实力、对手的大致战略意图、剩余市场、可能以最小成本获得最大收益的合作伙伴。

3. 隐性需求发现

隐性需求发现框架组成是与专利信息转化利用框架相对应的，在每一种专利信息分析方案的进行过程中都应该有隐性需求的发现过程，这一部分框架是前两部分框架的补充和衔接，使整个专利信息分析利用与企业技术创新流程紧密结合在一起，并且通过每一个创新项目进行使专利信息利用不断得到扩展和提升。对于隐性需求的发现需要充分发挥信息分析人员的主动性，主要可以归纳为以下5个方面。

（1）对于专利信息需求不同层次的把握：企业技术创新是一个全员参与的过程。在这一过程中，企业的决策者、部门管理者、利益相关者以及企业员工都对专利信息有着不同程度的需求。然而，企业主体中不同的角色对专利信息需求呈现出不同的层次。决策者更加需要和关注技术创新中宏观性、战略性和综合性的专利信息；部门管理者更加需要和关注成果性、竞争性和管理性的专利信息；利益相关者则更加重视影响性、效益性和成长性的专利信息；而对于内部员工则更关注操作性、具体性和先进性的专利信息。

（2）对于专利信息需求的综合性的把握：由于企业技术创新是一个技术与经济紧密结合、一体化发展的系统工程，加之企业创新主体的全员性，因此，专利信息分析内容的需求自然表现出综合性。在企业技术创新过程中，不仅要求获取专利技术情报、专利市场情报，而且还要获取专利政策情报、专利管理情报；就需求的专利技术情报而言，不仅要求具有前沿性、预测性，而且还应具有现实性、及时性和应用性。

（3）对于专利信息需求方式的多样性的把握：企业专利信息的获取有多种不同的渠道和途径，这就决定了企业对专利信息的需求方式具有多样性。不仅对于专利文献有强烈需求，同时对诸如专利分析报告、通过分析得到的项目可行性报告、专利战略报告同样有强烈的需求。也就是企业专利信息需求方式的准确把握，了解其对专利分析服务提供形式的潜在需求，并以此为导向对专利信息进行的不同深度的分析加工，形成不同形式的信息分析报告提供给相关工作人员，提高专利信息的利用效率。

（4）对于专利信息需求阶段性的把握：企业技术创新是一个动态和复杂的作用过程，包括技术开发决策制定、技术开发实施、技术实现、技术成果转化等多个阶段。不同阶段有着不同的任务和目标，因此对专利信息需求表现自然不同。如在技术创新决策阶段，对专利需求表现为宏观性、综合性和前沿性；而在技术开展阶段，对专利信息的需求则表现为现实性、可靠性和先进性；在技术实现阶段对专利情报的需求又表现为操作性和管理性；在技术成果转化阶段对专利信息的需求表现为市场性、反馈性和效益性。把握不同阶段专利信息需求的潜在特点，能够使专利分析利用达到更加完善的效果。

（5）对于专利信息需求满足的依赖性的把握：本课题对企业全流程梳理表明，企业技术创新对于专利信息分析需求的满足有着很强的依赖性，表现为企业技术创新对于专利信息的个性化和专业化需求。所谓专利信息专业化需求是指在企业技术创新过程中，要求信息分析需求部门准确而间接地提供涉及相关项目的发展回顾、各阶段专利技术发展轨迹与技术发展趋势以及相关项目的开发背景、相关研究领域的最新动态和学术研究前沿等。同时，要求专利分析人员通过检索、收集、查找和整理、网上搜索与网上下载等手段，针对企业要求对涉及相关项目的专利进行二次开发、编辑整理出企业需要的专利分析报告。这种对于专利需求的依赖性是专利信息隐性需求的发现导向，在提供服务的过程中掌握企业技术创新过程对专利服务需求的关键环节，是提高服务质量的重要方面。

通过以上对本课题确立的专利信息分析利用模式的体系组成进行系统的解析，可以总结出将专利信息分析与技术创新管理有机结合的实施原则和目标。

四、研究建议

（一）关于如何通过专利信息利用支持企业控制风险的建议

参考前文论述，可以通过专利信息分析对各流程风险进行集成管理，也就是通过专利信息分析不同方案的执行过程，完成对流程风险的识别、评估、应对、监控，实现对风险的控制。也就是说对专利信息的分析对风险管理是同一工作环节的两个工作任务，二者不可分割是一个有机的整体。因此对于企业全流程管理来说进行专利分析和风险控制是同时进行的，二者结合于各流程环节步骤的推行之中。基于专利信息分析利用的风险集成控制模式如图 3 所示：

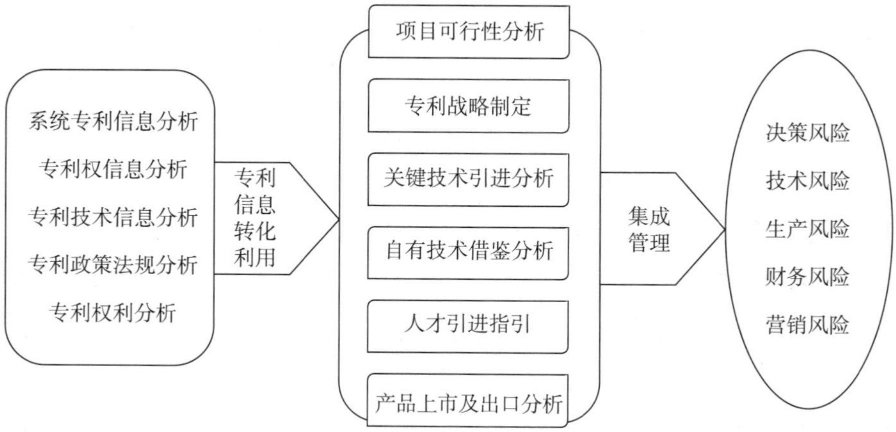

图 3　基于专利分析的风险集成控制模式

（二）关于如何通过专利信息分析支持企业技术创新流程优化的建议

参考前文论述，通过专利信息分析对企业技术创新流程进行优化对企业提高技术创新成功具有积极意义。为实现企业的流程优化，通过专利信息分析需要达到以下几个目标：首先，降低研发的费用，这主要因为国内企业大多数是中小型企业，往往不具备大型企业雄厚资金储备，因此在仪器设备、研发原材料和员工薪酬等研发投入方面并没有相对充足的资金流。其次，缩短研发周期，研发周期越长对企业来说资金投入比例越高，同时也增加了知识产权方面的风险。另外，还要降低项目的淘汰率，该目标是为了使企业在研发上的高投入与项目产出率成一致趋势，维持企业生存发展的良性循环。最后，提高研发效率，对企业来说，提高研发效率就是加速新技术的转化，实现项目新产品的早日面世，获得更多的市场收入同时在营销中获得先机。

为实现以上目标，可进行以下方案的专利信息利用：

如何通过专利信息利用降低研发费用：首先，对核心技术专利的分析，对相关领域科学研究成果进行评估，选择研究完成，但是未完成技术转化步骤的项目，这类项目的基础研发投入已经结束，由企业技术转化，也就是产品开发的阶段开始投入资金，大大降低了研发费用的投入；其次，项目进行中，随着研发的深入和不断取得阶段性成果，企业可以通过专利信息分析，制定专利战略，转让或这部分转让研发的成果，吸引风险资本或其他企业的资金介入，扩充企业资金储备。

如何通过专利信息利用缩短研发周期，在项目进行过程当中的专利技术评价可以发现企业研发的项目研发某些环节并行的可能性，这就为企业同时进行研发多个项目提供依据，比如某些产品的生产体系相同，或者相似，企业可以采用同一套设备，同一组人员进行多个项目产品的生产，多个项目并行开发，缩短研发周期。当然利用 TRIZ 原理合理借鉴排除了侵权风险的技术方案/技术手段，也能显著提高研发效率，从而缩短研发周期。

如何通过专利信息利用降低项目淘汰率提高研发效率，对于项目的筛选往往企业采用立项阶段的可行性分析来进行，但是由于专利信息具有前沿性时效性的特点，项目进行的各个阶段，同样可以利用专利信息分析项目阶段性的可能性，建立一种动态的项目筛选模式，使项目研发过程分阶段进行，企业有了更多的研发退出机制，在适合的流程环节可以选择项目的专利转让或者部分转让，降低企业研发的项目淘汰率同时也通过及时利用项目开发的阶段性成果，提高了项目产出率从而提高研发效率。基于专利信息分析的技术创新流程优化模式如图 4 所示：

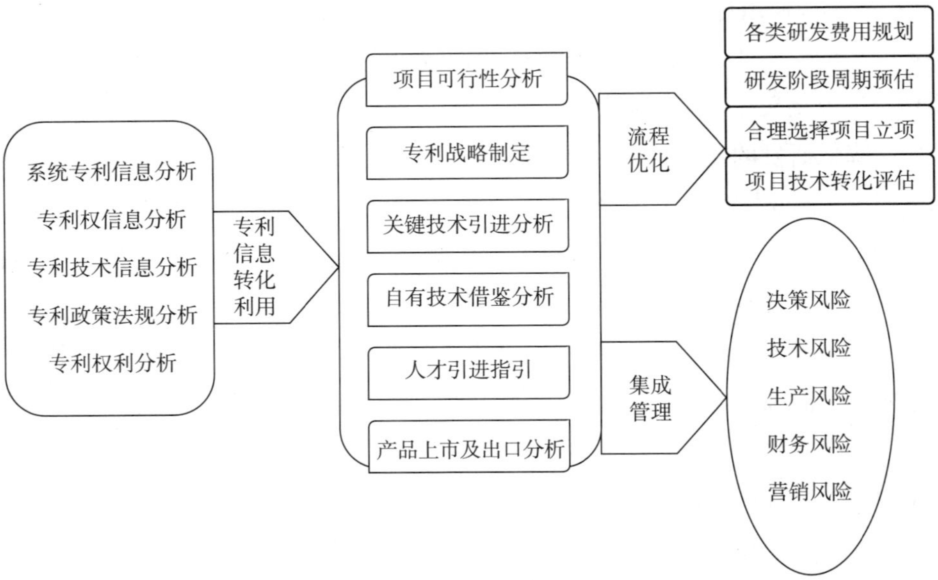

图4　基于专利信息分析的流程优化模式

（三）关于将专利信息利用在支持企业技术创新拓展应用的建议

《纽约时报》曾这样评论："知识产权已经从一个沉睡的法律和商业领域中苏醒，转化成为一种推动高科技经济发展的巨大动力。"专利信息作为竞争性智力资源的地位已经为世界广泛认可，但是人们对于专利信息资源利用还没有达到最大化。就目前实践来说，虽然经过干预部分企业技术创新流程，对专利信息在技术创新中的具体应用有了一定程度的实现，但是在这一过程中我们也发现了在进行调查时未被企业提出的专利信息隐形需求，针对这些需求可以发现对专利信息资源进行深化的开发，在企业技术创新领域更广泛的得到应用。

1. 对于专利信息分析人员深化专利信息利用的建议

现阶段常用的专利分析方法是传统的分析方法，一般包括定量分析、定性分析、拟定量分析和专利地图分析。这些方法主要分析目标是对某一技术领域的专利现状或者某一专利权人的技术动态等这些专利文献中指标的分析，但是专利文献的非结构部分隐藏的有价值科学技术信息，通过这些传统分析方法不能得到发现。目前信息科学的前沿技术——数据挖掘技术，是解决这一困境的有效工具。借助数据挖掘技术，分析人员可以对海量专利文献内容进行深度分析，提升专利信息研究分析的效率。专利数据挖掘以专利数据库为研究对象，将专利信息的技术内容集成化、数据化，通过归纳分析，识别有效的、新颖的、潜在有用的知识，挖掘出现有专利的模式，找出专利数据库中各相关数据之间内在关系，为企业技术创新找到具有潜在开发价值的新项目。

2. 对于专利信息应用平台发挥最大化的建议

通过制定企业研发项目的立项规划我们发现，专利信息是制定企业专利战略的重要战略性资源，对专利信息的收集、检索、保存、分析构成企业专利战略重要组成部分。因此企业应认识到构建专利信息资源开发和运用体系对于企业获得竞争优势的重要性，这不是在进行项目开发时的临时任务，而是企业的长期业务内容。企业应该在长期规划中设立企业自身的专利信息收集保存和分析工作规划，使之更有效地服务于企业整体经营目标。设立专门的专利信息管理部门，负责定期收集国内外相关专利信息，从全部专利信息中抽取本企业所需信息进行编辑、分析、加工，撰写专利信息研究报告，供研究开发、经营决策使用。伴随企业的发展，逐步建立内部专题专利数据库。企业专题专利数据库是根据企业技术创新的特殊需要而建立的，不仅可以将本领域的专利信息和科技信息收集齐全，而且可以方便及时地更新信息和进行战略分析；可以针对企业技术创新特点，对重要的竞争对手设置公司或专利权人代码，对重要的术语设置中英文或多国语言同义词，甚至增加化学结构和基因序列等专业化信息检索手段。这些特点是一般网络免费和其他未经加工的专利数据库所无法达到的。

参考文献

[1] 波特，坎宁安. 技术挖掘与专利分析 [M]. 陈燕，等，译. 北京：清华大学出版社，2012. 5.

[2] 那英，著. 企业创新与专利信息利用实务 [M]. 北京：知识产权出版社，2014. 7.

[3] 李鹏. 大型企业专利管理：理论与实务 [M]. 北京：知识产权出版社，2013. 12.

[4] 毛金生. 企业知识产权战略指南 [M]. 北京：知识产权出版社，2010. 9.

山东省橡胶轮胎行业专利分析与行业发展研究*

于凌崧　王婷　窦媛媛　庄文　白晓秋

摘　要　本课题利用专利信息，通过专利检索获得的相关技术领域的专利信息，并进行分析、加工，利用统计学的方法和技巧将专利信息转化为纵览全局及预测功能的技术情报，为企业的科技研发、产品研制、市场开发决策等提供服务，减少研发时间和费用，避免重复研究，有效提升山东轮胎行业产品国际化水平，推进山东轮胎产业的转型升级。

关键词　橡胶　轮胎　专利分析　行业发展　山东

一、项目研究背景及意义

目前，全球轮胎工业的年销售额已逾1500多亿美元，成为橡胶工业中的支柱产业。全球轮胎企业中德国大陆轮胎公司、日本普利司通和法国米其林这3家公司的年销售量均已达200亿美元以上，占到世界市场约一半的份额，技术上长期处于领跑的地位。

我国是全球轮胎最大的消耗国，同时也是轮胎最大生产国和出口国，在国家有关政策的支持下，橡胶轮胎的生产技术不断完善成熟。今后国内企业参与的竞争将会更加激烈，因此要加快汽车用橡胶制品设计、开发与生产，加快整套生产线的引进，不断提高产品质量和性能，应对国内外市场的挑战。

山东是国内最大的轮胎生产省份，轮胎产量、销售收入、利税、出口量连续11年居于国内首位。但与国际先进水平相比，我省轮胎产业起步较晚，存在企业生产规模小、高端产品少、品牌知名度低、创新研发能力弱、检验检测能力不足等问题。统计显示，目前，山东轮胎目前产能利用率只有64.5%，产业转型升级任务十分艰巨。

本项目利用专利信息，通过对专利检索获得的相关技术领域的专利信息进行分析、加工，利用统计学的方法和技巧将专利信息转化为纵览全局及预测功能的技术情报，为企业的科技研发、产品研制、市场开发决策等提供服务。

---

* 本文摘编自2015年全国专利信息传播利用基地专利信息分析利用与服务项目《山东省橡胶轮胎行业专利分析与行业发展研究》，课题负责人：于凌崧、王婷，主要研究人员：孙玮、窦媛媛、庄文、白晓秋。

二、国内外橡胶轮胎行业相关领域的专利分析

（一）概况分析

橡胶轮胎行业相关领域的申请总量为 74 651 件，从图 2－1－1 专利类型中发明专利所占比例可以看出，橡胶轮胎行业专利总体质量还是比较高的。

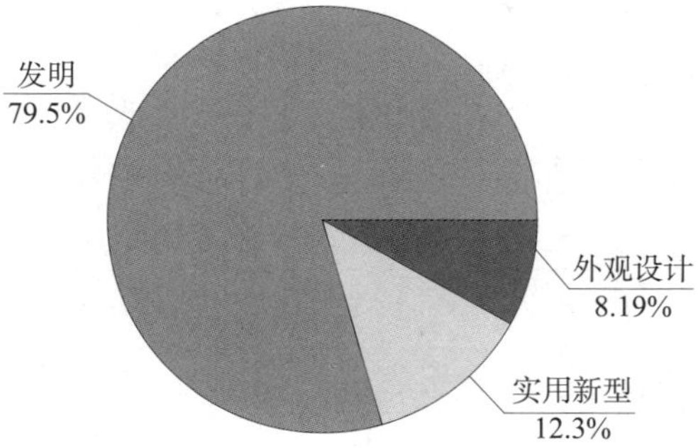

图 2－1－1　橡胶轮胎行业专利申请类别百分比统计图

如图 2－1－2 所示，到目前为止，国内专利生命周期处于第二阶段。第一阶段为萌芽期，该阶段有重要的基本发明专利的诞生，专利申请量与专利申请人数量都不高，集中度较高；第二个阶段为发展期，基本发明向纵向发展和横向发展，其应用发明专利逐渐出现，期间技术有了突破性进展，市场扩大，切入的申请人增多，专利申请量与专利申请人数量急剧上升。

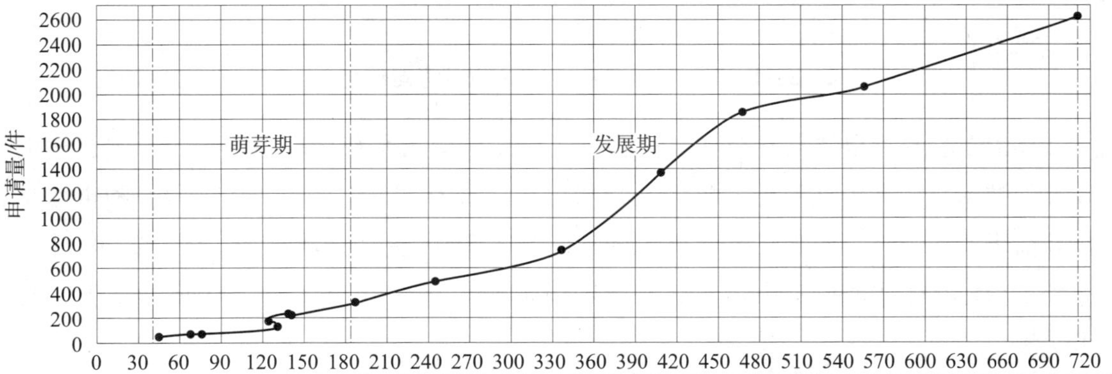

	1986	1988	1990	1992	1994	1996	1998	2000	2002	2004	2006	2008	2010	2012
	45	68	76	131	124	138	140	187	245	337	409	468	557	712
申请人数量/专利数	46	69	64	125	170	229	217	315	488	736	1359	1849	2051	2612

图 2－1－2　国内专利技术生命周期统计

从主要省市 1985 年至今的 3 种专利授权总量统计来看（分析图略），橡胶轮胎行业相关领域中，主要省市的专利授权量分布不均匀，其中山东、广东、江苏、浙江、福建

的授权量较大。

（二）申请人分析

如图2－2－1所示，在中国专利申请量排名前十的国内外申请人专利主要分布在B60（一般车辆）、C08（有机高分子化合物；其制备或化学加工；以其为基料的组合物）、B29（塑料的加工；一般处于塑性状态物质的加工）、G01（测量；测试）、F16（工程元件或部件；为产生和保持机器或设备的有效运行的一般措施；一般绝热）等技术领域；其中除桂林橡胶机械厂以外，其他申请人均涉及4个及以上技术领域；各申请人在B60（一般车辆）技术领域专利申请较为集中。

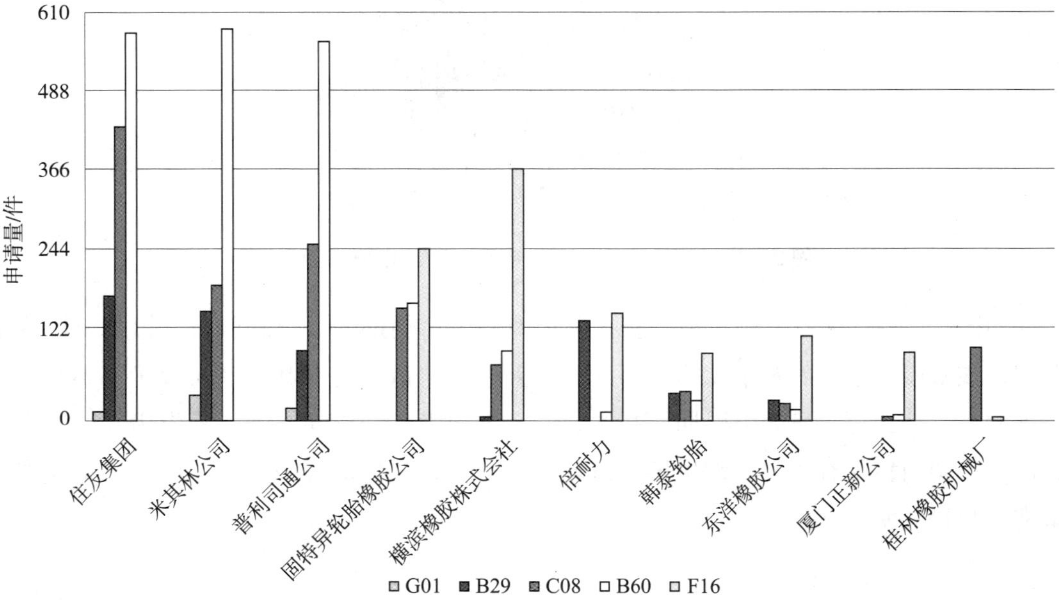

图2－2－1　国内外申请人在中国的技术领域综合分析统计

技术重心是指申请人专利所属技术领域在该申请人所有专利中的占比，占有比例较高的技术领域即为该申请人技术重心所在。由图2－2－2可知，在中国专利申请量排名前十的国内外申请人技术重心基本上集中在B60（一般车辆）技术领域；除桂林橡胶机械厂技术中心则集中在B29（塑料的加工；一般处于塑性状态物质的加工）技术领域。

研发实力是指申请人所涉及技术领域专利数量在该技术领域总专利数量中的占比，占比较高的申请人代表其在该技术领域中研发实力强。由图2－2－3可知，在橡胶轮胎行业的C08技术领域，来自日本的住友集团研发实力最强；在橡胶轮胎行业的B60技术领域，住友集团研发实力依然强劲，来自法国的米其林公司紧随其后；在橡胶轮胎行业的G01技术领域，来自法国的米其林公司在该技术领域的研发实力最强。

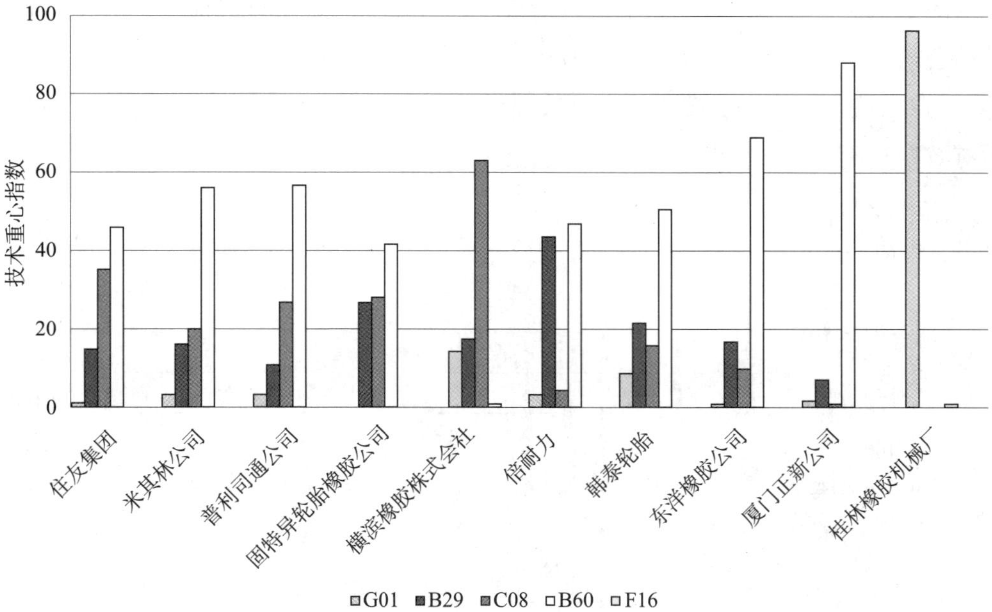

图2-2-2　国内外申请人在中国的技术重心统计

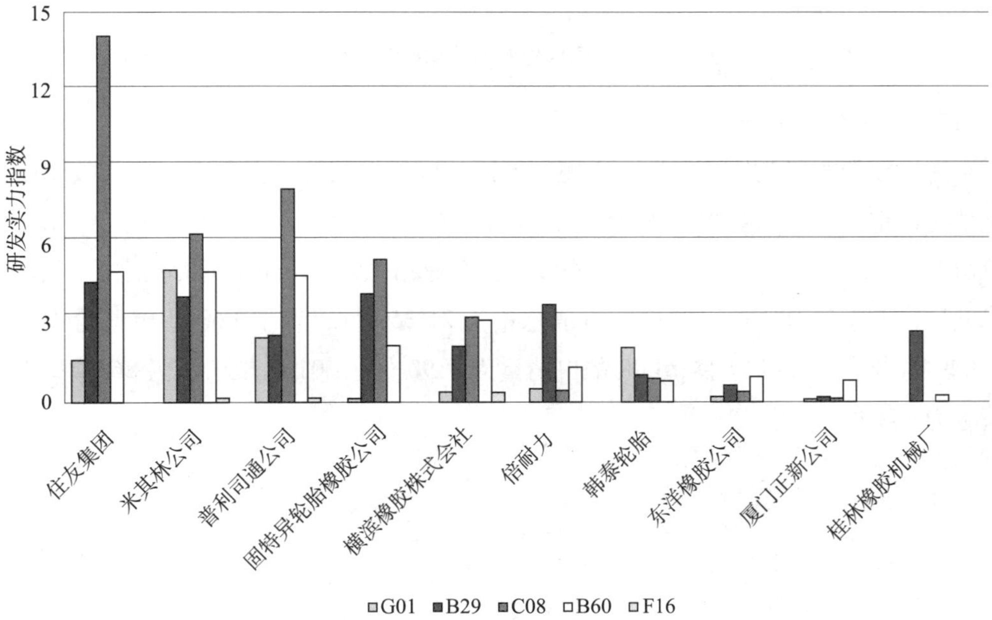

图2-2-3　国内外申请人在中国的研发实力统计

（三）法律状态分析

通过法律状态的分析了解该领域的有效、在审、失效专利占总量的比例及趋势，可知不同申请人和技术领域专利法律状态情况。由于国外专利法律状态在专利数据库中大部分缺项，该分析主要针对进入中国的国内外专利法律状态。

由图2－3－1可知，国内外主要申请人中，有效专利数量排名前三的分别是普利司通轮胎公司、米其林和住友集团；国内有4家企业进入排名前十，从上述数据可以看出，国外公司专利战略有较好的延续性，有效专利较多，在审专利比重亦不低，而国内企业虽然有效专利不算很少，但后续申请没能很好的延续。

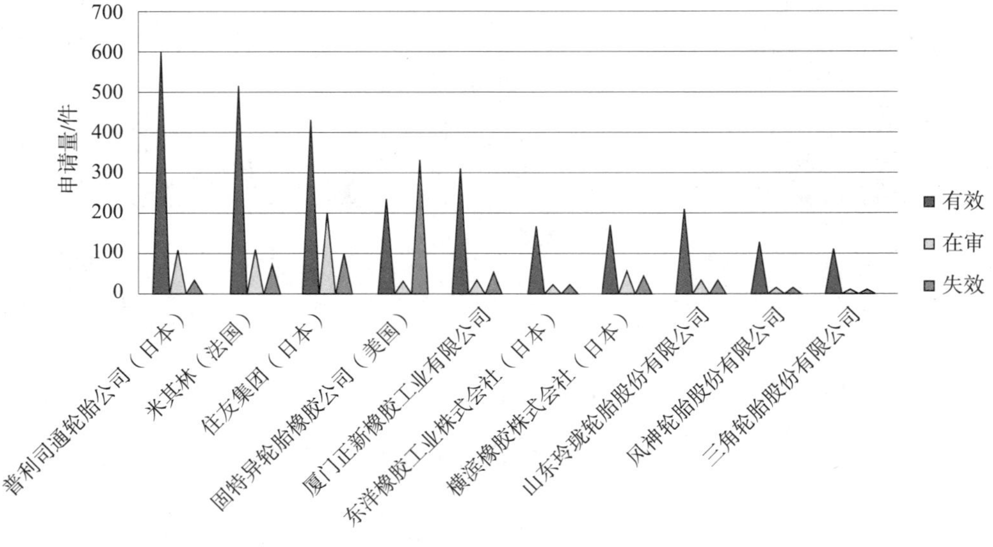

图2－3－1　国内外专利法律状态申请人统计

（四）技术领域分析

了解橡胶轮胎行业的重点技术主题，不同地区各自的技术侧重点，每年技术主题的变化情况，重点领域的主要申请人。

由图2－4－1可知，全国范围内橡胶轮胎行业相关领域所申请的专利中的前十位IPC技术领域，前十位IPC技术领域的申请总量为21 350件，其中B60的申请量为11 581件，B29的申请量为4067件，C08的申请量为3190件，G01的申请量为860件，F16的申请量为443件。

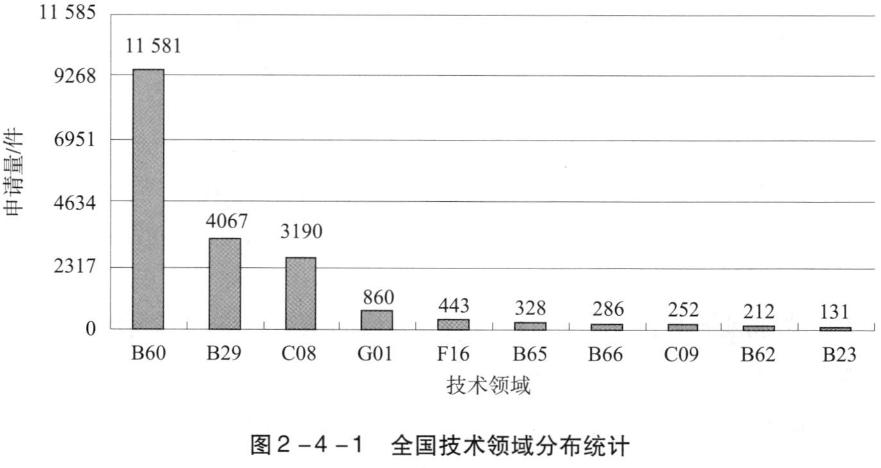

图2－4－1　全国技术领域分布统计

三、山东省橡胶轮胎行业相关领域专利分析

通过统计山东省的专利总量以及省内各市的分布，了解年度变化趋势，对总体情况有一个把握。了解申请人的分布、法律状态以及技术主题。通过技术领域分析了解山东省以及省内各市的技术侧重点。

（一）概况分析

从图3－1－1三种专利申请总量统计图可以看出，山东橡胶轮胎行业发明专利占比较少，外观专利占比较多，专利价值度较低。从图3－1－2三种专利授权总量统计来看，虽然授权率比较高，但是发明专利和实用新型专利占比较小，以外观设计专利为主，这说明山东省橡胶轮胎行业相关领域中专利含金量较低。

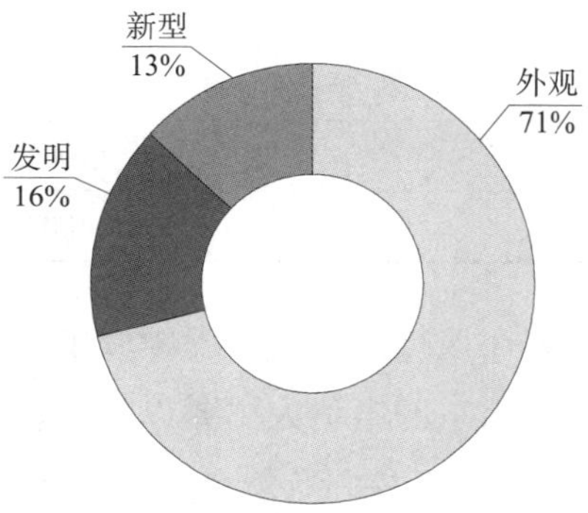

图3－1－1　山东省内1985年至今三种专利申请总量统计

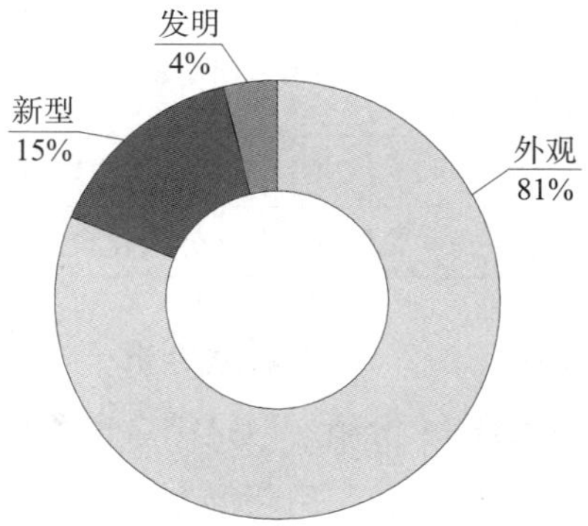

图3－1－2　山东省内1985年至今三种专利授权总量统计

（二）申请人分析

根据表3－2－1分析，山东省橡胶轮胎行业技术领域中，C08L（高分子化合物的组合物）技术领域投入了38%的研发力量；B60C（车用轮胎）技术领域投入了36%的研发力量，其他技术领域投入的研发力量较少。从申请人合作来看（分析图略），省内企业之间缺少良好的合作交流。

表3－2－1　山东省内申请人排名前十的企业技术重心分析表

申请人	技术领域		申请量	技术重心指数
山东永泰化工	B29D	用塑料或用塑性状态的物质生产特殊制品	1	2%
	C08L	高分子化合物的组合物	45	88%
	B60C	车用轮胎	5	10%
三角集团	B29D	用塑料或用塑性状态的物质生产特殊制品	10	21%
	B29C	塑料的成型或连接；塑性状态物质的一般成型；已成型产品的后处理，例如修整	8	17%
	C08L	高分子化合物的组合物	29	62%

续表

申请人	技术领域		申请量	技术重心指数
双星公司	B29D	用塑料或用塑性状态的物质生产特殊制品	1	13%
	B29C	塑料的成型或连接；塑性状态物质的一般成型；已成型产品的后处理，例如修整	2	25%
	C08L	高分子化合物的组合物	4	50%
山东玲珑公司	B29D	用塑料或用塑性状态的物质生产特殊制品	1	14%
	C08L	高分子化合物的组合物	4	57%
	B60C	车用轮胎	2	29%
青岛泰凯英轮胎有限公司	C08L	高分子化合物的组合物	3	75%
	B60C	车用轮胎	1	25%
万达集团股份有限公司	B29D	用塑料或用塑性状态的物质生产特殊制品	3	100%
赛轮集团	C08L	高分子化合物的组合物	3	100%
成山集团	C08L	高分子化合物的组合物	1	100%

由表3-2-2的数据分析可知，排名前十的申请人在该行业相关技术领域中占有了比较大的技术份额，但是结合前面的分析也不难看出，山东的申请人主要以外观设计专利为主，发明和实用新型专利较少，因此在国内外市场上缺乏核心竞争力。

表3-2-2 山东省内申请人阶段性排行榜

1986~1996		1997~2007		2008~2014	
申请人	专利数量	申请人	专利件数	申请人	专利件数
乔昌林	5	山东玲珑公司	39	山东玲珑公司	237
吴身民	2	三角集团	37	三角集团	128
孙维国	2	成山集团	19	山东永泰化工	114
杨君得	2	青岛喜盈门	17	赛轮集团	80
青岛化工学院	2	招远利奥橡胶制品有限公司	13	成山集团	67
中国人民解放军55092部队	1	青岛鞍轮贸易有限公司	13	青岛泰凯英轮胎有限公司	50
刘日正	1	双星公司	11	山东恒丰橡塑有限公司	36
国营青岛第二橡胶厂	1	兴源轮胎集团有限公司	8	山东金宇轮胎集团	32
威海康隆化工总厂	1	刘传立	6	双星公司	29
威海轮胎厂	1	山东永泰化工	6	万达集团股份有限公司	19

（三）法律状态分析

从图3－3－1的分析结果看，轮胎原材料领域在已投入研发力量与后续投入研发力量中得到了兼顾，延续性不错，并且有快速上升趋势；轮胎结构设计领域前期投入研发力量较大，后续研发投入较少，缺少较好的延续性；轮胎制造领域在已投入研发力量与后续投入研发力量也做到了兼顾，但不如轮胎原材料领域后续投入的研发力量大；轮胎测试领域涉及的较少，该技术领域是否是研发空白点和将来轮胎行业技术领域各企业抢占的另一高地，则需更多的结合行业内专家的综合分析来预测。

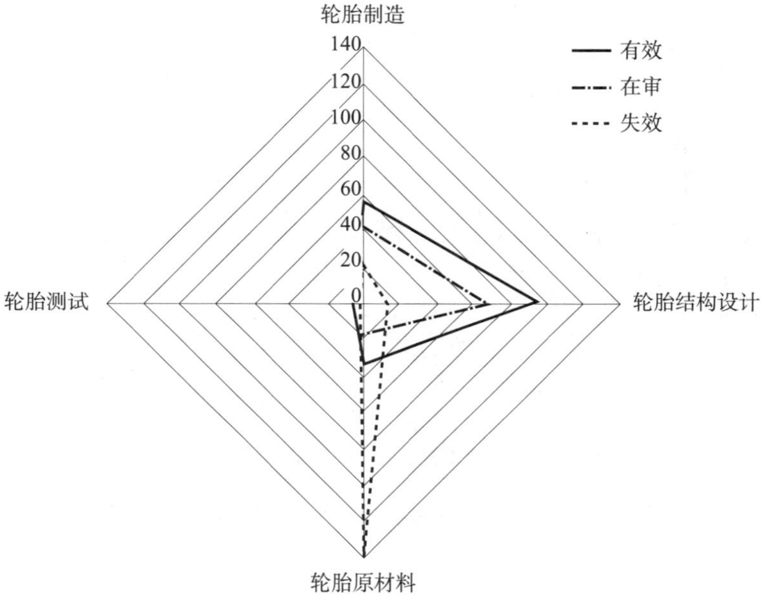

图3－3－1　山东省内专利法律状态在各技术领域的统计

（四）技术领域分布分析

根据图3－4－1分析可知，山东省橡胶轮胎行业技术重心主要集中在轮胎结构设计、轮胎原材料、轮胎制造等技术领域。

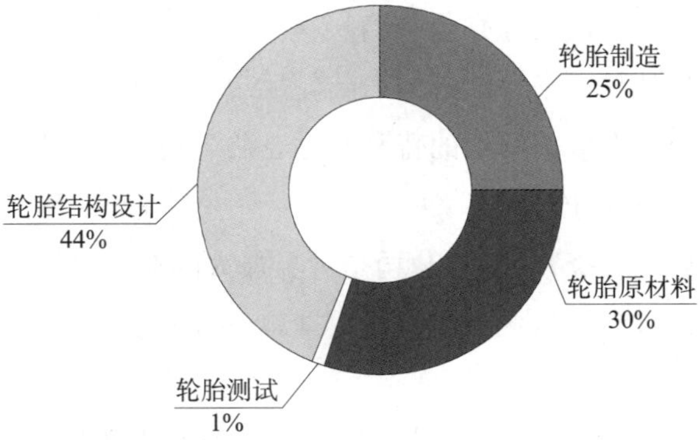

图3－4－1　山东省内技术领域分布统计

由图3－4－2可知，山东省内主申请人除赛轮集团、万达集团和成山集团以外在各技术领域都有专利申请。申请量较多的技术领域为轮胎原材料和轮胎结构设计领域，在轮胎原材料领域申请量较多的申请人为山东永泰化工和三角集团；在轮胎结构设计领域申请量较多的申请人也是山东永泰化工和三角集团；在轮胎制造领域申请量较多的申请人为三角集团；赛轮集团和成山集团仅涉及轮调原材料和轮胎机构设计领域，万达集团仅涉及轮胎制造领域。

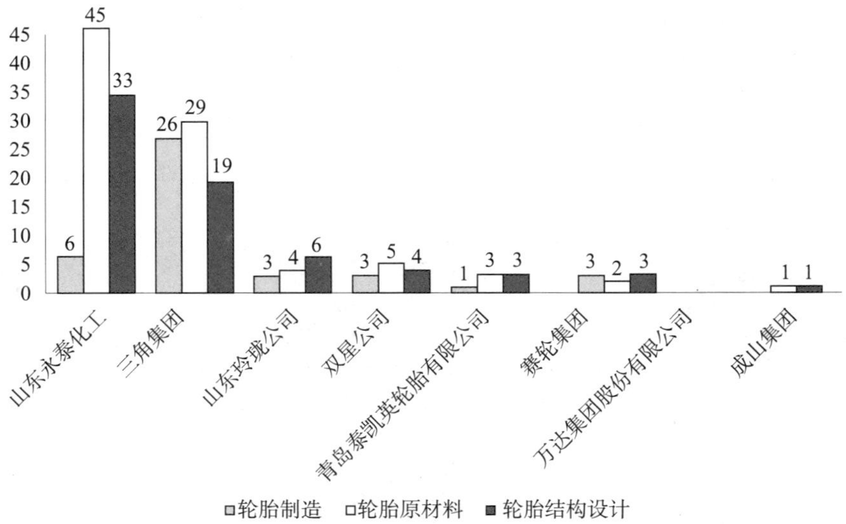

图3－4－2　山东省内主要申请人技术领域分布统计图

四、橡胶轮胎行业国内外主要申请人专利分析

（一）国外申请人

国外橡胶轮胎行业各相关领域，排名前十的申请人中，有5家来自日本的企业，分别是普利司通轮胎公司、住友集团、横滨橡胶株式会社、东洋橡胶工业株式会社、大津轮胎株式会社，其他5位申请人分别是来自美国的固特异轮胎橡胶公司和凡士通轮胎橡胶公司、来自法国的米其林、来自德国的大陆轮胎公司（马牌）、来自意大利的倍耐力。本次国外申请人专利分析选取前两位的普利司通轮胎公司和住友集团进行重点剖析。

1. 普利司通轮胎公司

日本普利司通（BRIDGESTONE）公司是世界最大的轮胎及橡胶产品生产商，也是世界轮胎业三巨头之一，目前销售区域遍布全球150多个国家，是世界上最大的轮胎制造厂商之一。

由图4－1－1可知，普利司通公司从1959年开始申请橡胶轮胎行业相关领域专利，1983～1985年出现了第一轮的快速增长，1985～1988年进入申请低迷期，出现大幅下降，经过 1988 ~ 1994 年这段时间的酝酿调整，随后迎来了专利申请量的大幅提升，但在 2000 ~ 2001 年又出现大幅下降，自 2001 年之后，普利司通公司进入到技术成熟期，专利申请量高速增长，在 2007 年达到了历史最高点，随后有一定的下降趋势。

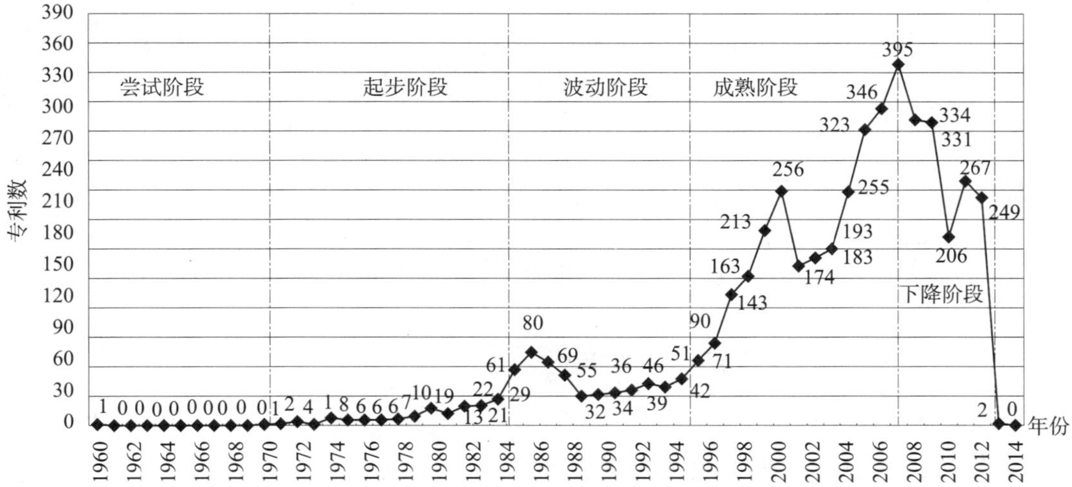

图 4-1-1　普利司通轮胎公司年度申请量趋势图

普利司通公司在这个技术领域中申请总量为 7437 件。从图 4-1-2 的分析可以看出，普利司通公司研发力量主要投入在轮胎结构设计、轮胎原材料、轮胎制造这 3 个技术领域。

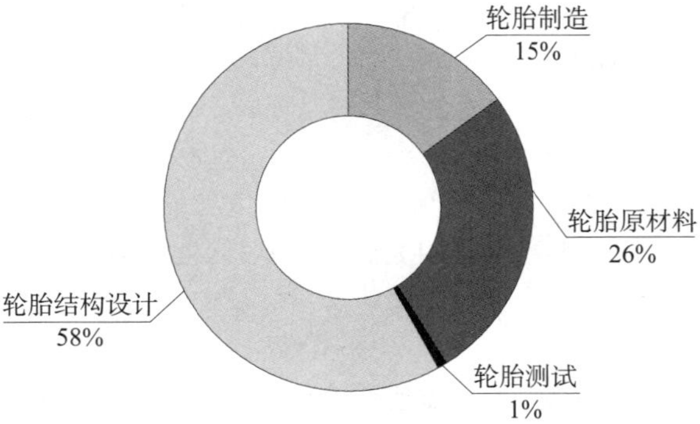

图 4-1-2　普利司通公司技术领域分布图

2. 住友集团

住友集团为日本的轮胎制造商。该公司主要产品为轮胎（轿车、建设车辆、农耕机、赛车、摩托车等）、铝合金轮圈、精密橡胶制品（高尔夫球与网球）等。

由图 4-1-3 可知，住友集团在橡胶轮胎行业相关领域中从 1919 年开始申请专利，从 1919 ~ 1978 年处于起步阶段，期间有少量专利产生，从 1978 ~ 1995 年处于缓慢发展阶段，专利申请量有一定程度的提升；从 1995 ~ 2007 年处于高速发展阶段，期间申请了大量专利；从2007年至今，处于波动阶段，波动幅度较大。

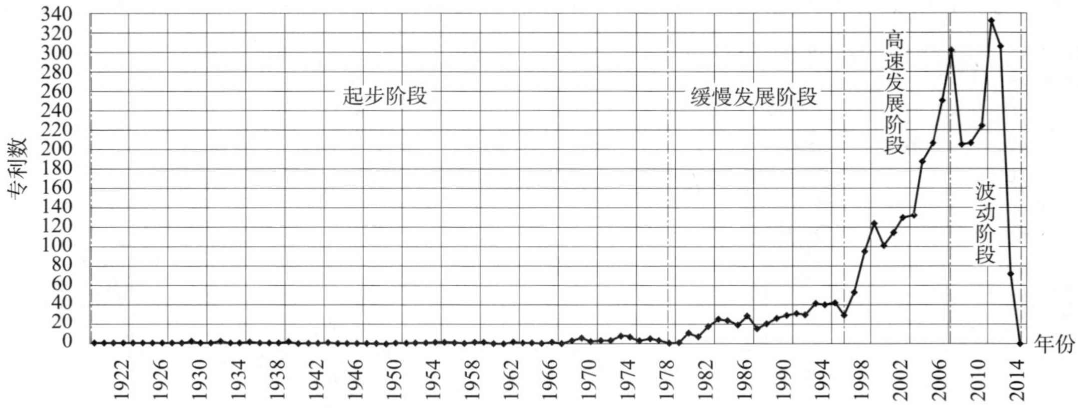

图4-1-3　住友集团年度申请量趋势

住友在这个技术领域中，申请总量为5945件。从图4-1-4的分析可以看出，住友研发力量主要投入在轮胎结构设计、轮胎原材料、轮胎制造这3个技术领域。

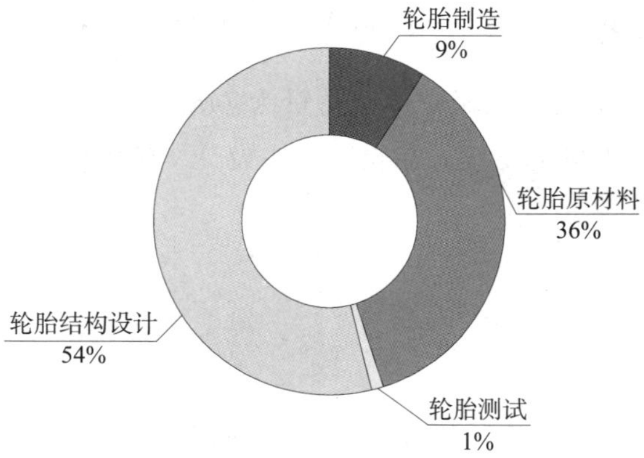

图4-1-4　住友集团专利技术领域分布

（二）国内申请人

国内橡胶轮胎行业各相关领域，排名前十的申请人分别是正新橡胶工业股份公司、山东玲珑橡胶公司、风神轮胎股份有限公司、中策橡胶集团、三角集团、上海轮胎橡胶集团、双钱集团、佳通轮胎公司、赛轮集团、贵州轮胎股份有限公司。其中的厦门正新公司以410件专利高居榜首，山东玲珑公司以289件专利排名第二。本次国内申请人专利分析选取正新橡胶工业股份公司和山东玲珑橡胶公司进行重点剖析。

1. 正新橡胶工业股份公司

正新橡胶工业股份公司为中国台湾地区的轮胎制造商，主要产品为人力车用内外胎、自行车内外胎、摩托车内外胎、ATV轮胎、农耕机和工业用车轮胎、卡车客车内外胎以及轿车、轻型卡车、拖车（trailer）用的辐射层轮胎等。

由图4－2－1可知，正新橡胶工业股份公司从1993年开始在橡胶轮胎行业相关领域中申请专利，1994年申请了42件专利，但是专利类型为外观设计专利，从1993～1997年处于起步阶段，以外观设计专利为主，从1997～2006年处于缓慢发展阶段，专利申请量上下波动，幅度较小；从2006年至今处于高速发展阶段，这期间申请了大量专利。

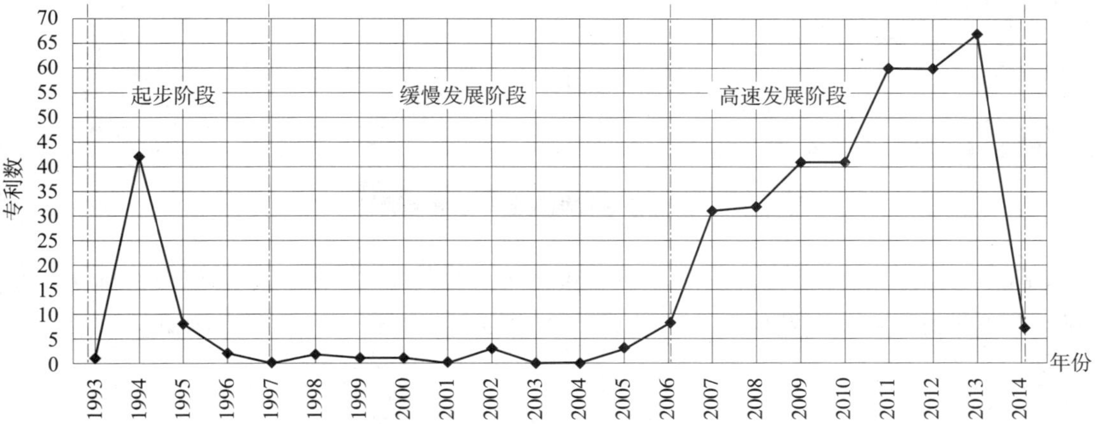

图4－2－1 正新橡胶工业股份公司年度申请量趋势

从表4－2－1的分析情况可以看出，正新橡胶工业股份公司专利主要类型为外观设计专利，发明专利和实用新型专利较少，未发现有PCT申请，在审专利比例较小，说明后续研发力量投入不足。

表4－2－1 正新橡胶工业股份公司专利状况综合分析表

分布	专利数量	专利类型					法律状态			申请人类别
		发明	PCT发明	实用新型	PCT新型	外观设计	有效	在审	失效	工矿企业
总量	410	2	0	8	0	400	332	2	75	410
福建	341	1	0	8	0	332	284	1	55	341
江苏	48	1	0	0	0	47	47	1	0	48
中国台湾地区	21	0	0	0	0	21	1	0	20	21

2. 山东玲珑橡胶公司

山东玲珑橡胶公司属中国大型企业。主导产品有“玲珑”牌、“山岭”牌和“利奥”牌斜交胎、半钢子午线轮胎和全钢子午线轮胎十大系列600多个规格品种。

由图4－2－2可知，山东玲珑橡胶公司从2004年开始在橡胶轮胎行业相关领域申请专利，经过了一年的起步阶段，2005～2008年很快进入了快速发展阶段，从2006年至今为起伏阶段，波动幅度较大。

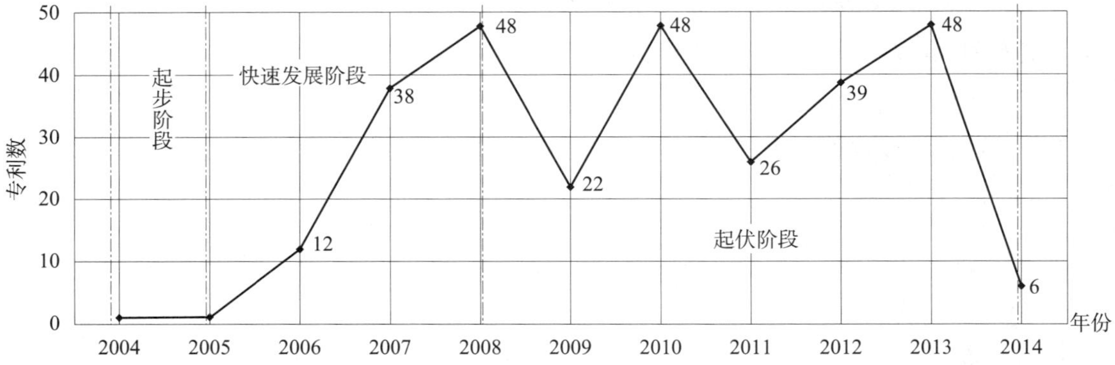

图4-2-2　山东玲珑橡胶公司年度申请量趋势图

从表4-2-2的分析情况可以看出，山东玲珑橡胶公司专利主要类型为外观设计专利，发明专利较少，未发现有PCT申请，在审专利比例较小，说明后续研发力量投入不足。

表4-2-2　山东玲珑橡胶公司专利状况综合分析表

分布	专利数	专利类型					法律状态			申请人类别
		发明	PCT发明	新型	PCT新型	外观	有效	在审	失效	工矿企业
山东	289	7	0	0	0	282	233	4	51	289

五、结　论

（一）全球橡胶轮胎专利技术概况

橡胶轮胎相关专利申请最早出现在1909年，1953年后申请量开始出现小幅增长，到1971年才开始出现实质性的增长，从1995年起全球橡胶轮胎专利申请数量开始急剧增加，在2011年更是达到高峰值，橡胶轮胎相关专利技术进入活跃期。橡胶轮胎相关专利受理数量最多的国家/地区依次是：中国、日本、美国、欧专局、世界知识产权组织、德国、英国、法国、瑞士，同时这些国家地区也是橡胶轮胎相关专利的主要申请国家。橡胶轮胎专利的技术热点包括：轮胎制造、轮胎原材料、轮胎测试以及轮胎结构设计等。从全球橡胶轮胎专利申请人构成看，日本企业和研究机构的专利申请量很多、专利布局合理，在重点国家和地区均有相当数量的专利申请，产学研结合良好。

（二）我国橡胶轮胎专利技术概况

我国橡胶轮胎相关专利的申请最早出现在1985年，1995年后专利申请量开始出现小幅增长，从2001年起，我国橡胶轮胎专利申请数量开始急剧增加，2011年更是达到高峰值，专利申请量已经在数量上远远超过国外的申请，但这些申请主要来源于国外的企业，这表明国外的企业在此期间在中国进行了大量的专利布局，而本土企业的专利申请大多是以外观专利为主，没能有效的应对国外企业在中国的专利布局。从区域分布来看，排名前十的省市分别为山东、江苏、广东、浙江、福建、河南、上海、安徽、四川和辽宁，其中山东、江苏、广东、浙江4省市的上升速度较快，但是授权量都比较少。从申请人分析中可以看出，申请人类别主要以企业为主。

（三）山东省橡胶轮胎专利技术概况

近年来，山东省橡胶轮胎专利申请量逐年增加迅速，申请总量1715件，占全国申请总量的24.4%，其中外观设计专利1217件，占其申请总量的71%，山东橡胶轮胎行业发明专利占比较少，外观专利占比较多，专利价值度较低。从区域分布来看，专利申请主要集中在以青岛为龙头城市的山东半岛蓝色经济区，其次是黄河三角洲高效生态经济区。从申请人排名看山东玲珑公司申请量高居第一，三角集团排名第二，山东永泰化工排名第三。从技术领域分布看，山东省橡胶轮胎行业在轮胎设计、橡胶配方设计、轮胎制造工艺和设备方面形成了一批具有自主知识产权的核心技术。

（四）山东省橡胶轮胎专利技术与国外专利技术主要的差距

1. 专利质量不高，缺乏核心专利技术

山东橡胶轮胎行业专利技术基础相当薄弱，在主要技术领域缺乏核心竞争力。由于研究起步晚、发展目标不明确等因素，造成专利申请数量较少，现有的数量不多的专利中，还是以外观设计专利为主，特别是发明专利极少，涉及基础技术和核心技术的重要专利几乎是空白。

2. 研发投入不足，自主创新能力不强

近年来，我省轮胎企业重视科技创新，不断增加研发投入。虽然个别骨干企业研发投入占销售收入比达到2%~3%，但实际投入只有0.5亿美元左右。与米其林、普利司通等世界一流企业相比，山东省轮胎企业研发投入差距较大。研发投入力量不足、自主创新能力不强是制约山东省轮胎产业由大到强的关键因素。

3. 产业层次低，同质化高

与国外先进水平相比，我省轮胎中、低档产品多，高端产品少。目前，省内尚没有能够为20万元以上的中高档国际轿车品牌配套的内资轮胎企业。我省轿车子午胎主要用于替换市场，农业子午胎省内仅有2家企业（玲珑、豪克）可以生产，航空轮胎省内正处于研发阶段。与米其林、普利司通等相比，我省轮胎产品在质量、性能方面还存在一定差距。

4. 企业知识产权意识淡薄

山东省内企业在橡胶轮胎行业的专利申请和保护上，与国外巨头存在很大差距。一方面，山东省内越来越多的企业进入该行业或扩大了该行业的生产规模，而这些企业的专利风险意识和专利保护意识薄弱，这就使得山东省橡胶轮胎行业面临巨大的专利侵权风险。另一方面，山东橡胶企业知识产权意识淡薄也反映在企业运用知识产权制度的能力和水平不高，在知识产权引进、消化、吸收和合作等方面没有成熟经验。

六、建　议

（一）政府层面

1. 大力推动橡胶轮胎产业的转型升级

制定山东省橡胶产业发展政策，提高准入门槛。注重调整产业结构，加大技术改造力度，严格控制单纯扩大普通产品产能的项目，依托三角、玲珑等骨干企业开发生产安全轮胎、智能轮胎等高端品种。研究制定淘汰落后产能的退出办法，逐步重组或淘汰污染重、能耗高、产品档次低的中小型企业，整合目前山东省轮胎企业小、散的局面。

2. 支持骨干企业做大做强

提升骨干企业研发能力。鼓励大型企业充分利用国外高水平的人力资源优势和知识产权优势，加强海外研发中心建设。支持有条件企业到东南亚等土地、天然胶资源丰富的国家以及欧美非等目标市场国家进行专利及产业布局，推进原料、市场多元化。引导大型骨干企业通过技术升级、资源整合、知识产权合作、兼并联合等方式做强做大。引导中小企业以市场为导向，向特色化发展，调整产品结构，进一步提升产品档次和附加值。

3. 实施品牌培育计划

加大品牌培育力度，引导企业树立品牌意识，实施品牌经营战略，发展自有品牌，培育国际知名品牌，提升品牌价值，提高发展质量和效益。引导和支持龙头骨干企业研究制定长远发展战略，争取打造几家世界级知名品牌企业。

4. 打造产业集群，做好产业配套

紧抓建设山东半岛蓝色经济区和黄河三角洲高效生态经济区的机遇，借助区域战略的政策优势和吸纳能力，充分发挥青岛、烟台、威海的轮胎名企效应和东营地区的配套产业优势，加强资源整合、科技共享和企业联合，着力建设半岛地区轮胎产业集群和鲁北地区轮胎产业集群，打造具有世界影响力的轮胎产业聚集高地。

5. 加强公共研发和服务平台建设

山东省迄今为止没有一家轮胎企业或第三方机构的轮胎试验场，有关轮胎实际场地测试数据、性能评价、技术改进等检测试验无从谈起，严重制约着我省轮胎产品为世界知名汽车品牌配套。政府部门应积极推动轮胎试验场建设。建设具有较先进水平的、能满足轮胎研究、开发符合欧盟法规指标要求的综合性轮胎试验场。同时，要加快橡胶新材料公共研发平台建设。依托“国家橡胶与轮胎工程技术研究中心”、怡维怡橡胶研究院、三角集团、玲珑轮胎、赛轮集团等单位，加快集橡胶科学的基础研究、应用研究、设备研究、分析测试为一体的综合性科研平台建设。

6. 充分发挥行业协会作用

充分发挥山东省橡胶轮胎行业协会在引导行业健康发展、加强行业企业自律、反映行业企业诉求、组织协调企业应对国际贸易摩擦中的作用，架起政企之间、行业之间、企业之间沟通的桥梁，推动国内外经济技术交流与合作。在行业协会基础上，鼓励建立产业知识产权联盟，为联盟成员知识产权保护和运用提供交流协作平台，提高联盟成员协同创新能力和协作保护意识，促进联盟内企业科技创新和成果转化，解决橡胶轮胎行业发展遇到的知识产权创造、运用、保护、管理等问题。

（二）企业层面

1. 加强自主创新，提高企业核心竞争力

创新是企业发展的不竭动力。橡胶轮胎企业要不断加大研发投入，增强自主创新的意识，加强对技术的引进、消化和吸收，提高自主创新能力，加快建设以企业为主体、产学研相结合的技术创新体系，引进高层次人才，建立一定规模和高素质的科研人才队伍，获得更多自主知识产权，加强专利储备，提高企业核心竞争力，增强抵御风险的能力，推动整个橡胶轮胎行业从“山东制造”向“山东创造”转变。

2. 选准主攻方向，突破核心技术

目前，橡胶轮胎行业发展呈现出产业规模集约化，产业布局全球化的特点。我们选择了两个技术热点进行了专题研究。“新三化”中，最为大家熟悉的低滚动阻力轮胎，技术上应对的是胎面胶料的设计。在这方面，省内研究和应用正在加速。玲珑、三角等大型轮胎企业，都已经开发出相应的产品，并且投放市场。不过，山东省在全天候多功能轮胎开发方面，并没有出现如低滚动阻力轮胎开发那般如火如荼的局面。全球领先公司不断推出全天候轮胎新品，省内生产的普通轮胎基本上都属于夏季胎。根据我们研究，可淘汰备胎的跑气保用轮胎也将会是下一步的研究热点。我省轮胎企业应紧跟这些发展潮流，选准主攻方向，实现橡胶轮胎行业的“弯道超车”。

3. 善用专利信息，加强专利技术的布局

加强对国外技术领先企业的技术跟踪，密切关注跨国公司在轮胎结构设计、轮胎原材料和轮胎制造技术领域的最新专利动态，适时制定和调整研发方向和侧重点；做好跟踪预警，对于可能影响自己未来发展的专利申请，特别是涉及新产品、新牌号的专利申请，应及时利用合法途径阻止其授权或缩小其授权范围。加强专利技术的布局，综合考虑时间、地域、技术、产品等维度，构建严密高效的专利保护网，最终形成对企业有利格局的专利组合，从而获得在特定领域的专利竞争优势。

4. 增强知识产权保护意识，提高知识产权运用能力

切实增强企业知识产权意识，引导企业既要保护好自身的知识产权，又要避免侵犯他人知识产权。提高企业知识产权运用能力，鼓励企业知识产权产业化、资本化，促进企业知识产权引进和输出、实施和许可，引导企业在并购过程中重视知识产权问题。鼓励企业从自身实际出发，根据长远发展目标制定知识产权战略，实现和提升企业竞争优势。

数字 X 线全景图像技术专利分析*

范文　李更　张犁朦　汪凯　汪勇

摘　要　本项目梳理 CT、CBCT 的技术发展脉络，对口腔 CT 行业的专利进行分析，掌握相关技术领域产业现状、发展趋势以及专利布局情况等，并在企业技术人员的配合下，对数字 X 线全景图像技术等重点技术分支作全面解析，制作技术功效矩阵，给出相应技术分支研发建议和专利布局建议。以期通过项目研究工作，提升美亚光电专利信息利用、管理能力。

关键词　口腔　CT X 线　全景图像　技术手段　技术发展方向　技术功效矩阵

专利作为知识产权的重要组成部分，不仅是国家的重要战略资源，也是企业保护自己专有技术的垄断性工具，在某些方面甚至成为进攻对手的武器。2000 年以来，发达国家纷纷制定了知识产权战略，一方面保护国内的知识产权，另一方面在国外实施知识产权“侵略”。2008 年，国务院印发了《国家知识产权战略纲要》，成为指导我国知识产权事业发展的纲领性文件，进一步提升我国知识产权创造、运用、保护和管理能力。

2015 年，安徽省专利信息服务中心以专利信息传播利用基地为平台，以重点促进企业为服务对象，以支撑项目为服务手段，选取了国内医疗器械行业重点公司的口腔 CT 机产品作为研究对象，结合企业实际需求，开展专利分析研究。具体通过对数字 X 线全景图像技术的现有专利进行分析，了解产业现状及发展趋势，掌握该领域的关键技术和国内外重点企业的专利布局情况；结合公司发展的实际情况，寻找技术上可能存在的技术空白点和突破点；并结合项目研究工作，提升企业的专利信息利用、管理能力。

一、口腔影像学技术概况

20 世纪 80 年代以来，口腔种植技术逐步发展成为牙列缺损或缺失的一种重要修复方

* 本文摘编自 2015 年全国专利信息传播利用基地专利信息分析利用与服务项目《口腔 CT 技术专利分析研究》，课题负责人范文、李更，主要研究人员：范文、李更、张犁朦、汪凯、汪勇、胡伟、孙靓、徐玮、李兵、宋寿贵、邹中华、毕夏。

法，与之密切相关的影像学技术也得到了相应发展。口腔种植中的影像学应用主要包括测量设计，确定种植体直径、长度和植入位置，制定治疗计划；制作手术导板，将术前规划准确地转移到实际操作中，简化手术过程；术后随访评估。临床上与口腔种植学密切相关的影像学检查方法主要包括根尖片（periapicalradiograph）、曲面体层摄影（panoramictomography）、电子计算机体层摄影（computedtomography，CT）和锥形束CT（cone-beamcomputedtomography，CBCT）。

二、口腔CT技术分解

本文研究的口腔CT（或口腔全景机）主要由机械系统、电控系统、软件系统组成。

机械系统包括立柱升降机构、C型旋转臂、探测器、X射线源、线束、头部支撑装置、牙齿咬合部。立柱升降机构由底座、立柱、横梁、导轨组成，其稳定性会对设备整体的性能产生重要影响。C型旋转臂可以由多种传动装置实现，如涡轮蜗杆、锥齿轮、同步带轮等不同传动形式。探测器、射源等直接决定着原始数据的图像质量，线束的抗干扰性对图像噪声和亮、暗电屏有重要影响。头部支撑和咬合部件决定着患者的定位方式，从而影响了全景图像的清晰度和畸变情况。

电控系统由电机控制、X射线控制盒电路控制组成。电机控制部分可以根据需要选择步进电机或伺服电机。X射线控制可分为直流式或脉冲式，脉冲式射源相比于直流射源，在保证图像质量的同时，有明显更小的辐射剂量，同时，还可以根据需求选择混合式的射线控制方式。电路控制包括逆变电路、倍压电路和芯片模块，其设计合理性直接影响了整机的电磁兼容表现。

软件系统包括图像采集、重建、后处理等。其中图像重建部分最为重要，直接决定着最终的成像质量。在CT成像部分，最常用的是滤波反投影算法，另外还有更精确的迭代算法，但因为耗时较长所以迭代算法应用不多。全景图像的获取分为直接拍摄和从CT数据生成两种途径，定位患者牙弓形曲线对全景的成像中抗畸变、防模糊十分重要。

口腔CT的3个部分都是为最终获得清晰影像服务的，机械系统中会不可避免地存在一些偏差，这可以通过调试改变电控系统和软件系统中的参数来进行补偿。有时候为能达到某一技术目标，可能需要3个系统共同配合完成。

本文结合企业具体需求，以口腔CT技术（即应用于口腔颌面医疗诊断领域的CT成像及相关技术）为技术分解对象，通过技术分析研究以及与企业研发技术人员深入沟通与交流，制定如下口腔CT技术分解表（见表1）：

表 1　口腔 CT 技术分解表

口腔 CT 技术分解表				
一级	二级	三级	四级	五级
机械系统	立柱升降机构	底座		
		立柱		
		横梁		
		导轨		
	C 形臂	传动装置	涡轮杆传动	
			同步带传动	
			锥齿传动	
			摩擦传动	
		旋转装置		
		支撑装置		
		调节装置		
	探测器	面阵探测器	平板探测器	基于薄膜晶体管（TFT）的探测器（平板探测器）
				金属氧化物半导体（CMOS）
			非平板探测器	基于电荷耦合器件（CCD）的探测器
				影像增强器
		线性探测器		
	X 射线源	阳极	固定阳极	
			旋转阳极	
	线束	接插件	接插件稳定性	
		线束布置	防缠绕机构	拖链式
				滑环式
	头托/头部支撑装置			
	牙齿咬合部			
电控系统	电机控制	步进电机	反应式	
			永磁式	
			混合式	
		伺服电机		

续表

口腔 CT 技术分解表

一级	二级	三级	四级	五级
电控系统	X 射线控制	脉冲式控制		
		直流式控制		
		混合式控制		
	电路控制	逆变电路	电流型逆变电路	全桥逆变电路
				半桥逆变电路
			电压型逆变电路	全桥逆变电路
				半桥逆变电路
		倍压电路	双向倍压电路	正负双向倍压电路
			单向倍压电路	
		芯片模块		
软件系统	图像重建	全景图像生成	直接拍摄全景图像	图像重建
				图像处理
				机械设计
			CT 数据生成全景图像	自动找牙弓曲线
				图像差值重组方法
		头颅图像生成	图像处理	
		CBCT 图像生成	图像重建	解析重建算法
				迭代重建算法
			图像处理	平滑、降噪
				对比度
			局部重建	局部机械定位
				ROI 重建
		运行优化		
	图像采集	采集		
		校正	坏线坏点	
			电平调零	
			信号增益	
			其他	
	图像浏览			

本项目针对口腔 CT 机产品及重点技术进行专利预警分析，对数字 X 线全景技术及全景图像生成技术作了深入研究，分析数字 X 线全景技术全球及国内专利申请趋势及主要申请人等；同时，通过对全景图像生成技术作深入挖掘，给出该技术分支研发及专利布局建议。

三、数字 X 线全景图像技术专利分析

（一）口腔 X 线全景图像技术概况

口腔 X 线全景图像可以反映全部牙列及上、下颌骨的整体情况，克服根尖片只能显示局部少数牙的缺点。可以对颌骨高度、骨小梁结构进行初步检查，了解牙槽嵴顶与上颌窦底、下颌神经管等解剖结构的关系，排除颌骨可能存在的其他病变（如囊肿、骨折和肿瘤等），并评价余留牙的情况。适用于口腔种植术前的初步评价。

全景口腔 X 射线机利用不同组织对 X 射线吸收不同的原理，根据患者颌骨弧线通过步进电机调整成像轨迹，患者位置不动，X 光探测器绕患者脸部旋转，一次成像，并通过图像分析综合生成牙床全景图，为医生提供诊断信息。

在对患者进行全景图拍摄时，首先须固定患者的头颅的姿态，一般通过辅助托架和咬合块来调整，使患者的咬合平面保持水平。X 线全景机的原理如图 1 所示，X 线源沿旋转轨迹运动，并朝着图示投射中心轨迹方向发射 X 线，X 线接收器接收因穿过不同组织和结构而衰减的 X 线，由此计算得到 X 线全景图。

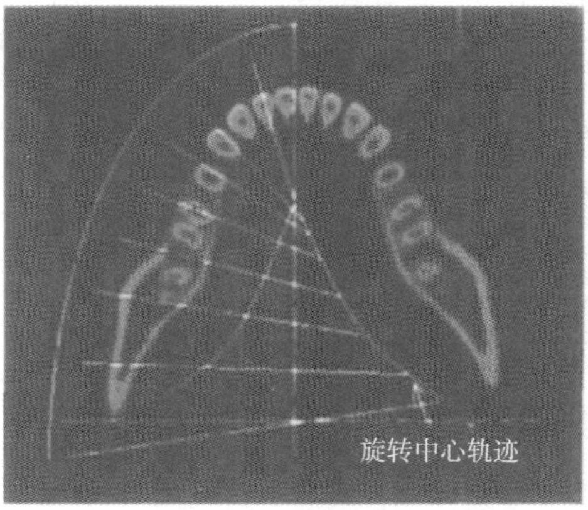

图 1　X 线全景图原理图

口腔 X 射线全景成像系统是一种数字化的成像设备，射线源与探测器在旋转臂的运动下围绕牙齿进行摄影，对全部的牙齿进行拍摄，得到最后整个牙齿以及周边组织的图像。口腔 X 射线全景成像系统在曝光后几秒就能在计算机端显示拍摄的图像，其射线的剂量相对较小，这样不仅减少了患者吸收射线的辐射量，同时避免了传统胶片打印输出

的暗室操作，减少了整个图像处理的过程，极大程度上提高了工作效率；与此同时，计算机端可以有效的保存患者拍摄的口腔图像，可以随时准确的完成图像的分析与处理，为患者口腔疾病的诊断和治疗提供可靠的保证，提高疾病诊断的效率。

国外的一些知名医疗器械公司都拥有自主知识产权的口腔 X 射线全景成像产品，主要包括日本富士公司的 FUJI CR 系统、德国西门子公司的 SIDEXIS 系统和 Sirona 数字化全景 X 光机、美国 GE 公司 light speed 64 层螺旋机等，上述公司的产品代表了国际的一流水平，具有很好的拍摄图像效果。

普通的口腔 X 射线全景成像产品一般采用锥束扫描的方式，其锥角的范围一般可达 ±10°左右，远大于多层螺旋 CT 的锥角范围。与此同时，普通的口腔 X 射线全景成像产品多采用匀速扫描运动控制的方式在锥束成像的条件下，在运动中采集图像，使得成像的图像将会模糊，图像重建后出现伪影，所以在得到扫描图像之后，需要配套的图像处理算法进行处理，以达到病情诊断的要求。

（二）数字 X 线全景图像生成技术专利分析研究

全景图像扫描作为口腔 X 线诊断的重要方式，越来越多的被应用在临床研究上。近年来随着 CBCT 技术被广泛的应用，口腔 X 线全景图像的产生主要有两种方式，一种是直接拍摄；另一种是通过 CT 扫描后图像重建。围绕图像的清晰，使用的便捷，两种方式各有优势，而两种方式的重点都集中在射源、探测器等机械结构的控制方式、图像重建方法等技术领域。

本节围绕数字 X 线全景图像生成技术，选择 2001 ~ 2014 年的发明专利作为分析样本，开展数字 X 线全景图像生成技术的研究。

1. 数字 X 线全景图像生成技术全球发展态势分析

图 2 示出了近 15 年数字 X 线全景图像生成技术全球专利发展趋势，可大致分为 3 个发展阶段：

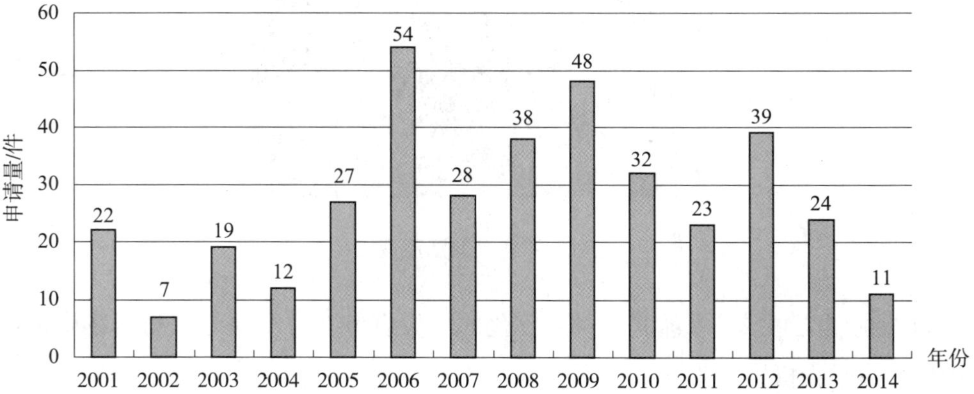

图 2　数字 X 线全景图像生成技术全球专利发展趋势

2001～2004 年，基本处于低位盘整；在这个阶段专利年申请量约为十余件，主要集中在日本、美国和德国等国家。主要申请人大多集中在德国和日本。

2005～2009 年，随着口腔诊断技术和图像处理技术的发展，专利申请量大幅增长；在 2006 年发明专利申请量出现阶段性高峰 54 件，虽然随后有所起伏，但 2009 年回升明显。该阶段中，虽然专利大多仍然集中在日本和美国，但是韩国、中国的专利申请量逐渐上升，说明该阶段新兴国家和新兴市场逐渐受到大家的关注，而新兴市场主体的研发实力也得到长足的进步，越来越多的申请人集中在韩国、美国和芬兰。

2009 至今，专利申请量缓慢下降。虽然该阶段中 2012 年的专利申请量有所回调，但整体波动趋势向下。在这个阶段里，虽然美国仍是专利公开第一的国家，但中国和韩国作为新兴市场的代表，专利公开量较为集中。与之对应，中国、韩国和意大利的专利申请人也逐渐集中，研发实力的增长较为突出。

2. 数字 X 线全景图像生成技术国家专利竞争力分析

图 3、表 2 表示出数字 X 线全景图像生成技术主要专利公开国家/地区的分布情况。选取排名靠前的国家/地区进行分析，按照申请量由多到少的顺序依次是日本、美国、WIPO、EPO、韩国、中国、德国和芬兰。其中日本专利公开量占总量的 21%，美国占 20%。值得一提的是，WIPO 和 EPO 的专利申请量较大，从一个侧面反映该技术领域的海外专利布局意识较强。而美国、日本、欧洲等国家/地区是专利的重点布局区域。

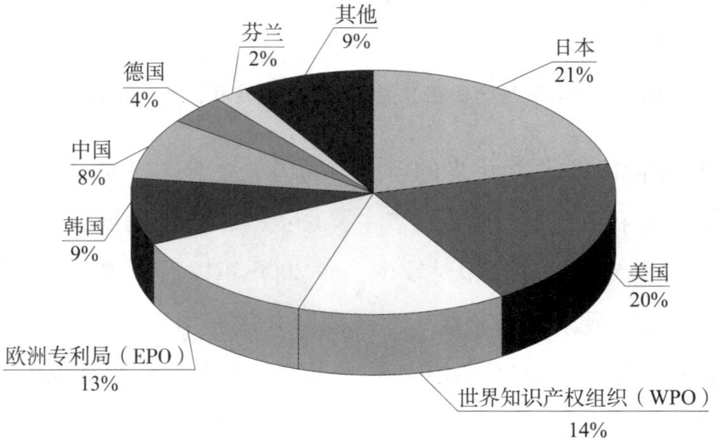

图 3　数字 X 线全景图像生成技术主要专利公开国家/地区分布图

表 2　数字 X 线全景图像生成技术主要专利公开国家/地区数据表

国别	日本	美国	WIPO	EPO	韩国	中国	德国	芬兰	其他
专利数量	81	76	52	51	36	32	15	7	34

在上述 6 个主要的专利公开国中，大体上可以分成 3 类。

第一类是以日本和美国作为代表的传统技术强国。上述两个国家的专利申请总量占全球专利的近 41%。在过去的 15 年里，其专利数量的变化主要呈现以下几个特点：（1）专利年申请量大。不管在哪个发展阶段，与其他几个国家相比，美国和日本的年申请量都占有绝对优势；（2）发展趋势各有特点。其中在 2010 年以前，美国和日本的发展趋势类似，2004 年前数量较少，在 2005～2009 年迎来发展高峰。不同的是日本的专利在随后出现明显的下降趋势，而美国的专利申请量则在 2012 年出现回升，其原因可能是因为日本作为该领域最大的技术优势国家，其专利数量大多是本国申请人申请，随着该技术的不断成熟，在全球专利日益下滑的大趋势下，日本的公司在该技术领域的专利产出也随之减少。而美国的专利公开数量则是因为其作为全球最大的市场国，会有新兴的技术研发公司不断地在美国申请专利，从而造成 2009 年后专利数量并没有出现明显下降。

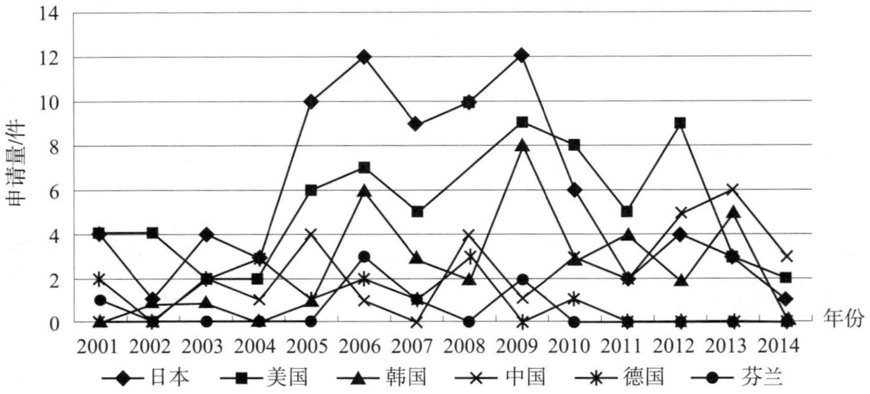

图 4　数字 X 线全景图像生成技术主要专利公开国发展趋势

第二类是以韩国和中国作为代表的新兴市场国家。上述国家的专利申请量占全球总量的 20% 左右。其专利申请量的变化特点主要是：（1）专利发展没有明显的高峰和下降阶段，在 2005 年以前专利数量都相对较少，而 2006 年以后出现较大增长。在主要研发国家近年来专利数量明显减少的时候，上述国家并没有出现明显的变化。特别是中国，依然保持增长态势。（2）在 2005 年以前上述国家基本上没有专利积累，2006 年后可能是因为市场及消费需求的带动出现专利的强势增长，但在下文中的申请人分析中可以看到，韩国专利申请量的提升一大部分是由于其公司研发实力的增长；而中国并没有明显的研发类公司产生，其增长更多是由于市场因素。

第三类是以德国和芬兰为代表的传统技术强国。近 15 年来，在数字 X 线全景图像生成技术领域的专利申请量较少，仅占全球专利申请量的 6% 左右。其发展的主要特点是：（1）技术研发存量较好。在该阶段的前两年这两个国家都有专利储备，特别是将视线拓展到更长年份跨度，与新兴市场相比，上述国家在口腔 CT 领域都有较强储备。（2）近年来技术后续研发较弱。德国和芬兰的专利申请在 2010 年后基本上没有专利公开，可能上述国家的研发重点已经发生转移。(3) 专利数量相对较少。与前面所述的几类国家相比，德国和芬兰的专利申请大多是作为技术研发的本国申请人提出，而全球别的国家并没有将其列入市场国的布局需求中。

3. 数字 X 线全景图像生成技术主要专利申请人分析

结合上文中所述的不同发展阶段，本小节从不同阶段主要专利申请人变更的角度来探讨数字 X 线全景图像生成技术的发展特点。

图 5 展示的是关于数字 X 线全景图像生成技术领域专利申请人申请量排名情况，全球范围内排名前十位的申请人全部是外国企业。

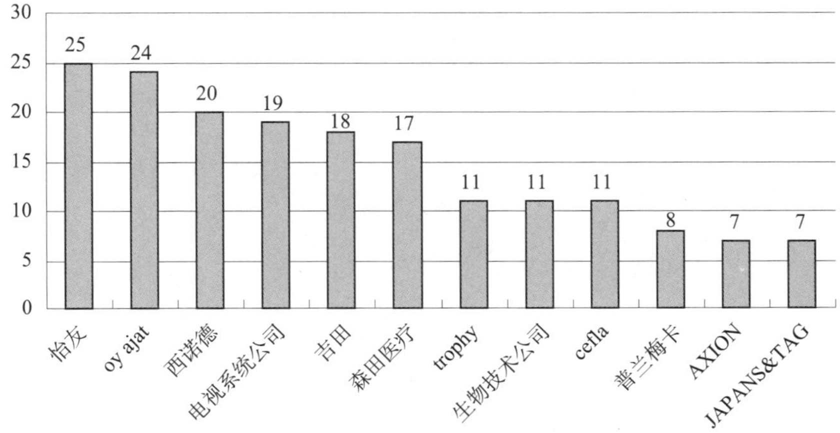

图 5 数字 X 线全景图像生成技术全球主要专利申请人排名

其中日本的企业有 5 家，分别是排名第 4 的电视系统公司、排名第 5 的株式会社吉田制作所（简称吉田）；排名第 6 的日本森田株式会社（morita），以及排名并列第十的 axion 公司和 Japan Science and Technology Corporation。

韩国公司有 2 家，分别是排名第 1 的怡友公司和第 8 的生物技术公司；德国西诺德公司（sirona）排名第三；芬兰的 ajat 公司排名第二、普兰梅卡（planmeca）排名第八；法国公司 trophy、意大利的 cefla 排名第七。

从上述重点申请人分析中可以看到：

(1) 该领域的重点公司和传统口腔 CT 的重点公司有所区别，一些传统的技术储备较好的公司在全景图像生成技术领域并不占绝对优势；例如，传统排名位于前列的德国西诺德、芬兰普兰梅卡等公司排名较后，而韩国的怡友、芬兰的 ajat 公司在该技术领域研发实力较强；

(2) 上述申请人研发重点和阶段各异，其中大部分排名靠前公司的专利申请大多集中在 2006 年以后，在前几年并没有实质布局，而日本的 JAPAN Science and Technology Corporation 专利则都在 2003 年申请；

(3) 日本的研发实力雄厚，日本公司虽然没有排名前三，但是这些公司中有一半都是日本公司，其中不乏口腔医疗的传统公司森田，还包括 AXION 和电视系统公司等公司；

（4）韩国申请人虽然技术储备的年代并不长，但是研发实力和发展势头强劲；

（5）中国和美国的申请人都没有在前十位中出现，上述两个国家的研发实力区别较大。

将上述公司的数量样本扩大后可以发现，出现了不少美国的企业，如 IMAGING SCIENCES INT LLC、Apteryx 等。相比之下，中国的北京朗视仪器有限公司、南通市牧井微电科技发展有限公司、清华大学等公司的专利数量还相对较少，研发实力还存在一定差距。

图 6 所示的是数字 X 线全景图像生成技术全球主要专利申请人申请趋势。选取代表性的 6 位申请人在近 15 年的时间跨度内的发明专利申请量进行分析。包括日本的森田、吉田和电视系统公司、韩国的怡友、德国的西诺德和芬兰的 AJAT。

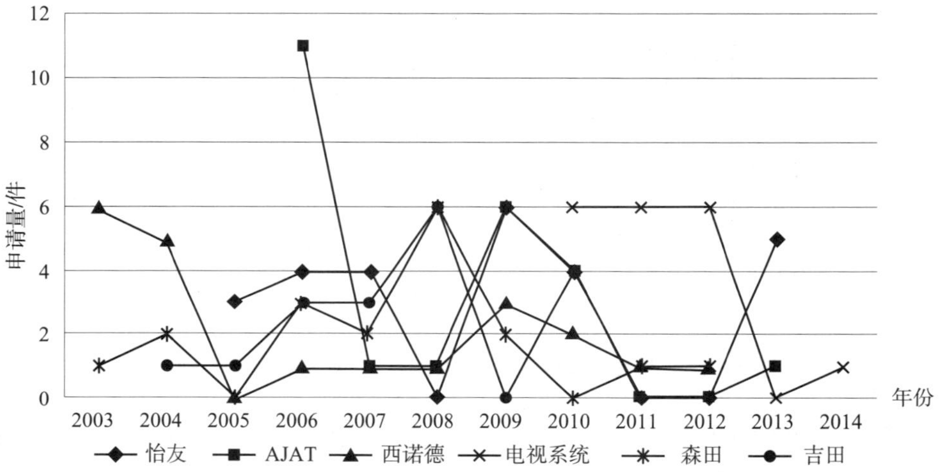

图 6　数字 X 线全景图像生成技术全球主要专利申请人专利申请趋势

上述的 6 家公司特点各异，其中，森田、吉田和西诺德公司作为传统的行业主导型企业，共同点是在该领域专利布局的起步较早，且近两年的专利申请量都有不同程度的下降。不同之处在于西诺德公司的研发产出高峰在 2003 年前就已经出现，日本的森田和吉田公司的专利申请量和技术行业的发展趋势大体类似，研发产出高峰集中在 2008 年。

怡友公司和 AJAT 作为新兴的专业的口腔诊断医疗器械公司都是从 2005 年左右开始进行该技术领域的研发，一开始发展势头迅猛，并且在近两年仍有继续研发布局的态势。

而电视系统公司作为非专业口腔医疗器械公司是从 2010 年才开始涉足本技术领域，由于技术的相通性，研发起点较高，在算法及控制领域持续研发实力较为雄厚。

4. 数字 X 线全景图像生成技术中国专利分析

本小节对中国范围内有关全景图像控制技术的发明专利申请进行多角度分析统计，包括申请趋势、专利技术来源地域、主要申请人情况。研究数字 X 线全景图像生成技术在中国的专利申请总体状况，了解相关各国或企业在中国的专利布局及技术实力。

(1) 中国专利发展趋势分析。

从图7中可以看到，数字X线全景图像生成技术领域，2003年开始申请中国专利，虽然在2005年和2008年达到阶段性峰值，但数量起伏较为明显，在2011年之后申请量又开始上升，2013年达到峰值，预计在未来数字X线全景图像生成技术的中国专利申请会保持一个上升的势头。

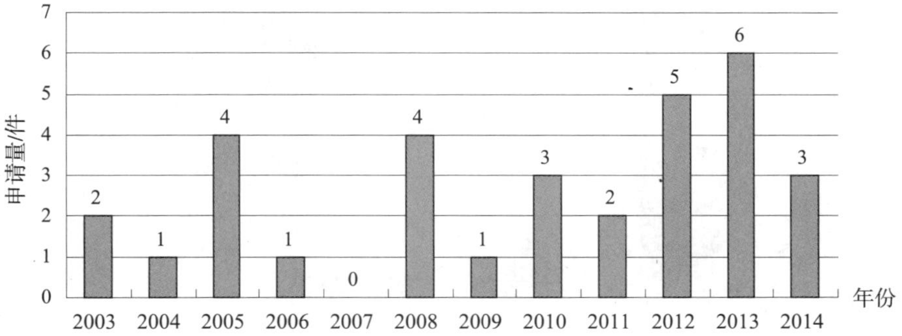

图7　数字X线全景图像生成技术中国专利发展趋势

总体来说，该领域技术在中国基本上保持稳中有增的发展态势，并呈现以下特点：①专利申请绝对数量不多，与该领域技术在国外的专利数量相比，研发基础较为薄弱；②专利总体增量不太明显，2011年以前处于波动状态，虽然在2011年以后有连续增长趋势，但是增量不大；③中国的申请趋势和全球相比在后期有较大区别，特别是近2年中国专利申请量呈现较快增长的趋势。

图8将数字X线全景图像生成技术中国专利的国内与国外申请人对比后发现，在2011年以前，专利申请大多为国外的公司在华申请，而2011年后中国企业提出的专利申请占据了较大比例，与此同时国外公司在华申请并没有明显减少，说明该技术领域的研发受到越来越多的企业重视。

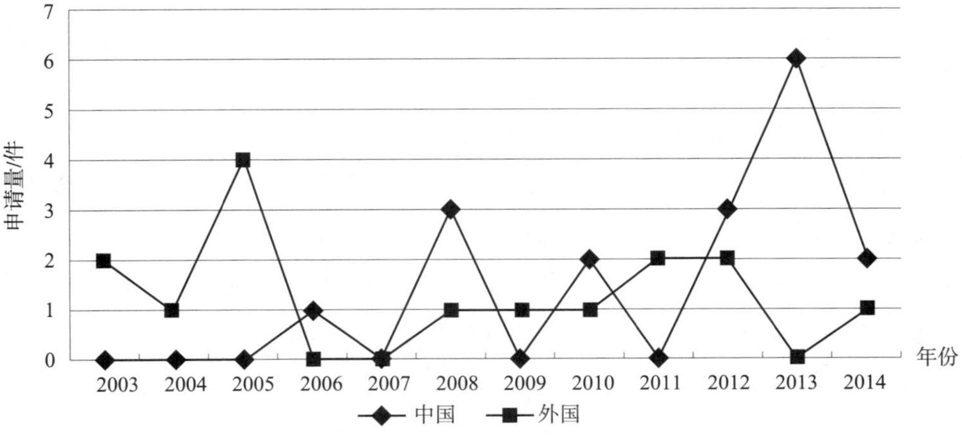

图8　数字X线全景图像生成技术中国专利国内外申请人申请趋势

（2）中国专利申请人分析。

经过对图 9 数据的统计分析，可以发现在中国的专利申请中，国内申请占总量的 53.13%，其次是日本的 15.63% 和韩国的 12.5%。而国内申请人中，企业申请人占总量的 41.18%、高校占 35.29%、科研院所及个人各占 11.76%。

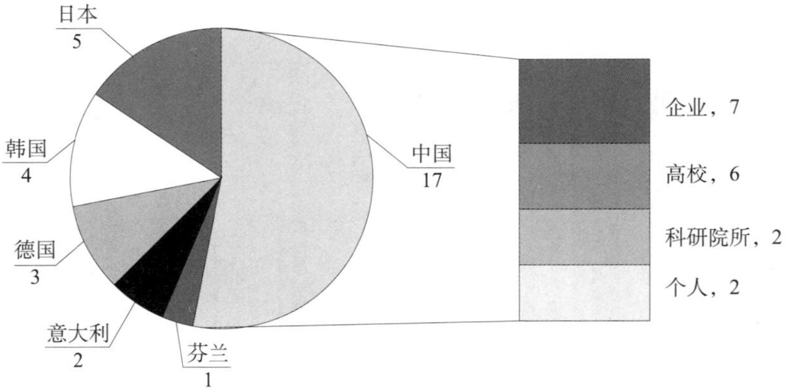

图 9　数字 X 线全景图像生成技术中国专利申请人国别/类别构成

在排名靠前的主要专利权人中，数量较为集中的为国外公司在华申请，如：韩国怡友公司、日本株式会社电视系统和德国西诺德等公司。

在对中国主要申请人排名分析中，南通市牧井微电科技发展有限公司、清华大学、上海理工大学等单位的数量相对较为集中，另外还有浙江康源医疗器械有限公司、南京普爱射线影像设备有限公司、北京朗视仪器有限公司以及个人申请人王乔生等具备一定的研发实力，且上述专利大多集中在 2012 年和 2013 年。

综上所述，数字 X 线全景图像生成技术中国专利的特点包括：①研发实力相对较为薄弱，专利申请分布较为分散；②国外专利申请人在华的专利申请较为集中，主要以日本和韩国为代表；③中国专利申请人的主体分布的集中度排名：企业 > 高校 > 个人和科研院所；④中国排名靠前的申请人都是近年完成的专利申请，主要集中在 2012 ~ 2013 年。

（三）数字 X 线全景图像生成技术分析与布局建议

本节对数字 X 线全景图像生成技术的专利进行技术分析，将全景图像生成技术分为 13 个主要的技术方案和 10 个待解决的技术问题，结合专利数据进行技术发展脉络和聚类功效分析，在报告中给出了经过研发人员筛选后的重要专利，并且通过技术功效矩阵分析给出数字 X 线全景图像生成技术的主要发展和专利布局建议（见表 3）。

1. 数字 X 线全景图像生成技术及主要分类

全景图像生成技术是口腔医疗领域电子控制技术和图像处理技术的交叉学科，该技术按图像产生方式可以分为：直接拍摄全景图像和 CT 数据生成全景图像两种。直接拍摄全景图像是通过直接拍摄的方式获取口腔中所有牙齿的 X 线二维投影图像，直观地显示所有牙齿的分布情形；CT 数据生成全景图像是获取口腔部位的 CBCT 数据，通过系统处理合成为全景图像（见图 10）。

表 3　数字 X 线全景图像生成技术分解表

全景图像生成	直接拍摄全景图像	图像重建
		图像处理
		机械设计
	CT 数据生成全景图像	自动找牙弓曲线
		图像差值重组方法

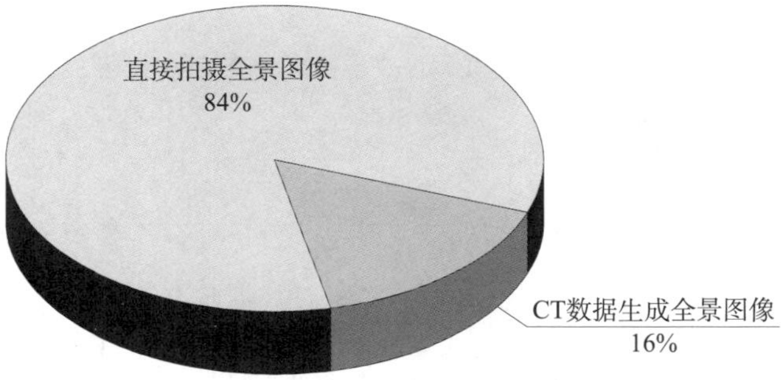

图 10　数字 X 线全景图像生成技术及主要分类

从数据总量上看，大多数的公司将“直接拍摄全景图像”技术作为研发热点，专利产出占总量的 84%，而“CT 数据生成全景图像”技术仅约占 16%。

从图 11 可知，两种技术分支都有各自的发展特点，“直接拍摄全景图像”从 20 世纪 90 年代开始就有专利布局，一直到 2002 年处于缓慢增长阶段；2003 年以后虽然每年的专利申请数量有所波动，但增长趋势明显，在 2009 年和 2012 年达到了阶段性高峰。在技术脉络上，该技术方案主要包括：图像重建、图像处理以及通过机械结构的设计实现全景图像的拍摄。其中“图像重建”技术分支专利较多，该分支中韩国怡友和日本的电视系统公司研发实力较强；“机械设计”技术分支中芬兰的 AJAT 和意大利的赛福拉的专利相对较多。而日本吉田和中国的牧井微电在“图像处理”上稍占优势。另外，日本森田和德国西诺德在上述技术领域都有涉及。

“CT 数据生成全景图像”方式依赖于锥形束（CBCT）技术的发展，通过锥形束 CT 采集数据，所以起步稍晚，且研发热点一般集中在“自动找牙弓线”和“图像差值重组方法”2 个技术分支。“图像差值重组方法”的专利产出相对较多，包括 QR 公司、森田以及国内的朗视、南京普爱、北京思创贯宇等。而“自动找牙弓线”的技术仅有意大利赛福来、德国西诺德和日本日立公司开展了专利布局。下文中主要以“直接拍摄全景图像”为对象，研究其技术发展和研发方向（见图 12）。

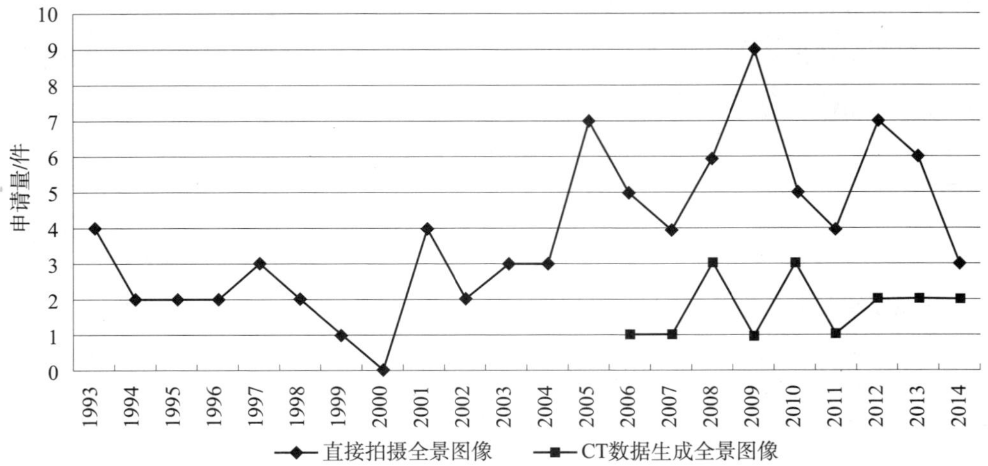

图 11　数字 X 线全景图像主要技术分支专利申请趋势

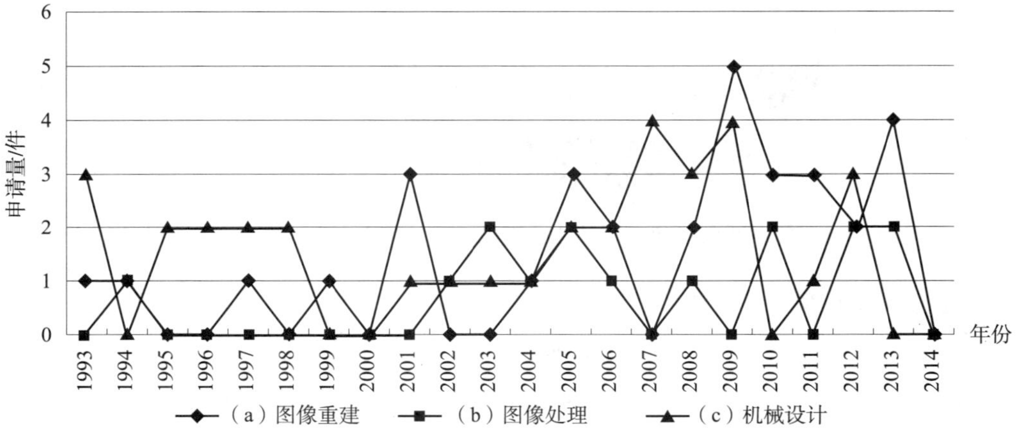

图 12　数字 X 线直接拍摄全景图像主要技术分支专利申请趋势

“直接拍摄全景图像”分为三个主要的技术分支，包括：图像重建、图像处理和机械设计。分别代表图像的数据识别生成和重建阶段；图像生成后的处理加工阶段以及通过机械、电器的优化设计和控制实现全景图像的而生成（见图 13）。

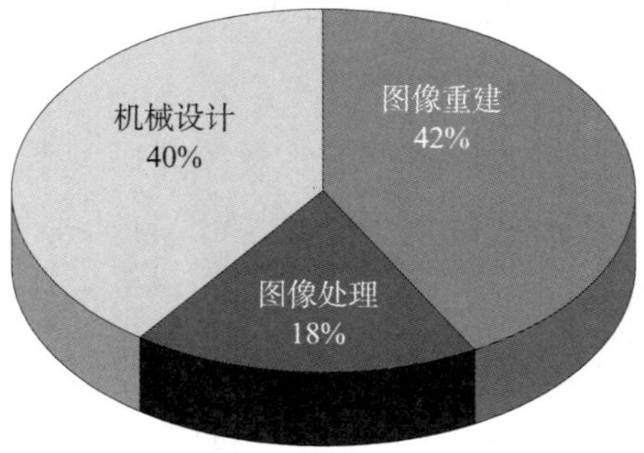

图 13　数字 X 线直接拍摄全景图像主要技术分支专利占比

在“直接拍摄全景图像”的各个技术分支中，“图像重建”“机械设计”技术起步较早，在2000年前就有相应的布局，不同的是“图像重建”技术在前期处于缓慢盘整状态，在2007年后开始进入密集研发期；而“机械设计”技术的发展虽然也有起伏，但分布相对分散。

相比之下，“图像处理”技术则起步较晚，自2002年后才开始出现明显的专利布局，随后的发展过程也较为平缓，没有出现专利快速增长的现象。

2. 技术发展脉络分析

（1）技术手段发展趋势分析。

如图14、图15所示，通过对专利数据的分析和解读，结合研发实际，将“直接拍摄全景图像”技术分为13类技术手段，分别是：射源控制、射源与探测器配合、探测器改进、图像处理、图像分析识别、限束器、悬臂结构优化、咬合装置、预拍摄、传感器、多轨道、激光测距和其他。

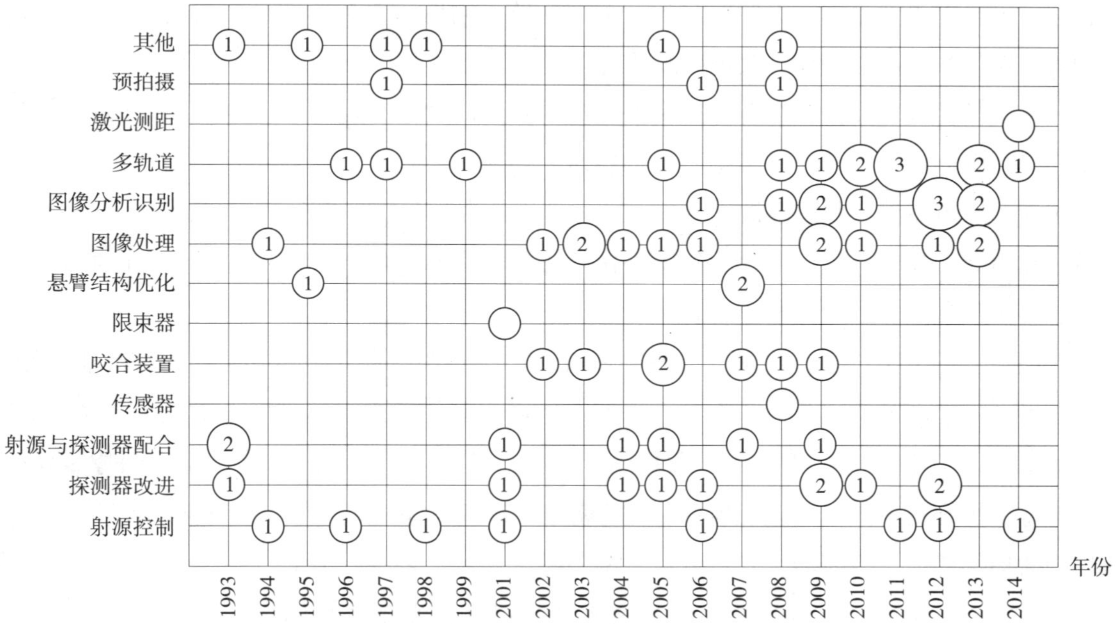

图14　数字X线直接拍摄全景图像技术手段发展趋势

其中，多轨道技术、图像处理、图像分析识别技术、探测器改进技术以及射源控制这5类技术一直以来被各国学者广泛关注，在20世纪90年代就有相应的研发探索，且2009年后有明显的增长趋势，涉及的专利占总量的67%。

其次，射源与探测器配合技术、咬合装置、悬臂结构优化以及预拍摄技术也是研究人员关注的技术手段，在2004～2009年有集中的专利布局，专利数量占总量的23%。

针对限束器、激光测距和传感器技术的研发力度则相对较弱，专利零星分布，数量仅占约3%左右。

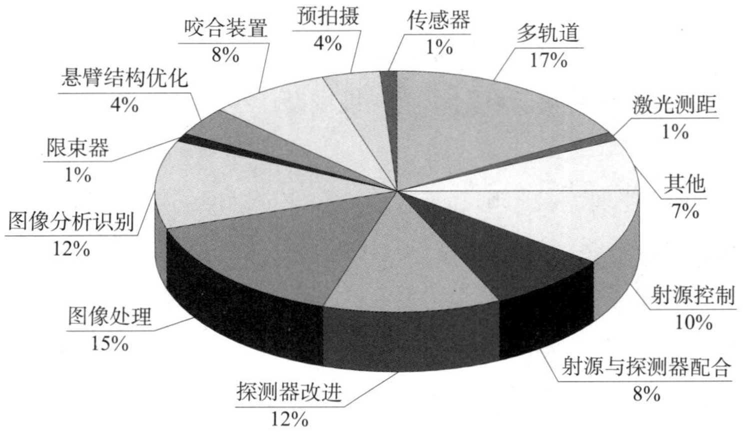

图 15　数字 X 线直接拍摄全景图像技术手段占比

在主要的技术方案中，图像处理和图像分析识别技术主要涉及软件和系统的控制和算法，一直以来就是本技术领域被广泛关注的技术问题，包括图像产生前的数据采集和分析、图像产生后的处理和改进以及通过设计多轨道模型进行牙弓线的拟合。

在图像的获取过程中会有噪声影响，如果不及时处理，会对图像分析识别的结果造成影响，因此图像处理是一个很关键的技术。传统的图像处理一般包括平滑、锐化、灰度拉伸、时域滤波、频域滤波等技术；图像处理技术在 2002～2006 年开始专利申请，随后，在 2009～2013 年专利申请较为集中。主要涉及日本森田、日本吉田、中国牧井微电、韩国怡友等公司的专利申请。

图像分析识别技术，主要包括图像分割、配准、融合等，其目标是寻找待配准图像与参考图像之间的空间几何变换关系，使得他们之间的匹配点达到一一对应的关系，进而对图像进行缝合，使得拼接处的重合部分自然过渡，完成无缝拼接，实现图像重建。图像分析识别技术的起步晚，但分布较为密集，2006 年后才开始出现专利布局，2012 年出现阶段性峰值。主要涉及日本电视系统公司、北京大学、浙江大学、美国锐柯等。

多轨道是指通过预设多个模拟轨道拟合牙弓线，实现全景图像的生成。该技术在 2008 年前有较少的零星分布，2008 年后开始较多的专利集聚，近两年达到阶段性峰值。主要的专利申请人也较为集中，包括日本电视系统公司、森田公司、韩国怡友公司、芬兰 AJAT 公司等。该技术领域没有中国申请人的布局。

相比之下，探测器的改进和射源的控制，主要涉及通过机械设计、控制优化来实现全景图像的生成和拍摄。

探测器的改进主要涉及探测器个数、采集模式以及探测器运动方式的优化等；该技术的专利申请虽然起步稍早，但分布也较为分散，并没有明显的集中时段和申请量峰值的出现。主要申请人包括：法国的 trophy、德国西诺德、日本森田韩国怡友等公司。其中并没有中国公司在该领域开展研发布局。由于该技术是围绕探测器数量的改变，以及探测器运动方式的变化对全景图像生成进行优化，技术门槛较低，改进幅度不大。

射源控制技术包括射源的位置和移动方式、射源辐射间断调节、射线角度控制等方面。该技术的起步较早，分布较为分散，专利申请没有明显的集中。主要的申请人包括：日本森田、意大利赛福拉、日本成像公司等。由于射源部件的核心技术大多掌握在国外公司手中，中国公司没有在该技术分支的专利布局。

对于限束器、悬臂结构优化、咬合装置、预拍摄、传感器和激光测距等技术手段，大多通过全景图像生成的外围设备优化作为主要手段实现全景图像的优化。专利申请量相对较少、较为分散，且主要由国外公司提出专利申请。

（2）技术方向发展趋势分析。

本节对具体的技术方向展开分析，将“直接拍摄全景图像”技术分为10个技术方向，分别是：拟合牙弓线（35%）、拍摄方式多样化（4%）、实现特定拍摄（9%）、保持放大率恒定（6%）、病变识别（9%）、多功能（11%）、防畸变去模糊（8%）、减少辐射剂量（4%）、减少脊柱干扰（8%）和其他（见图16、图17）。

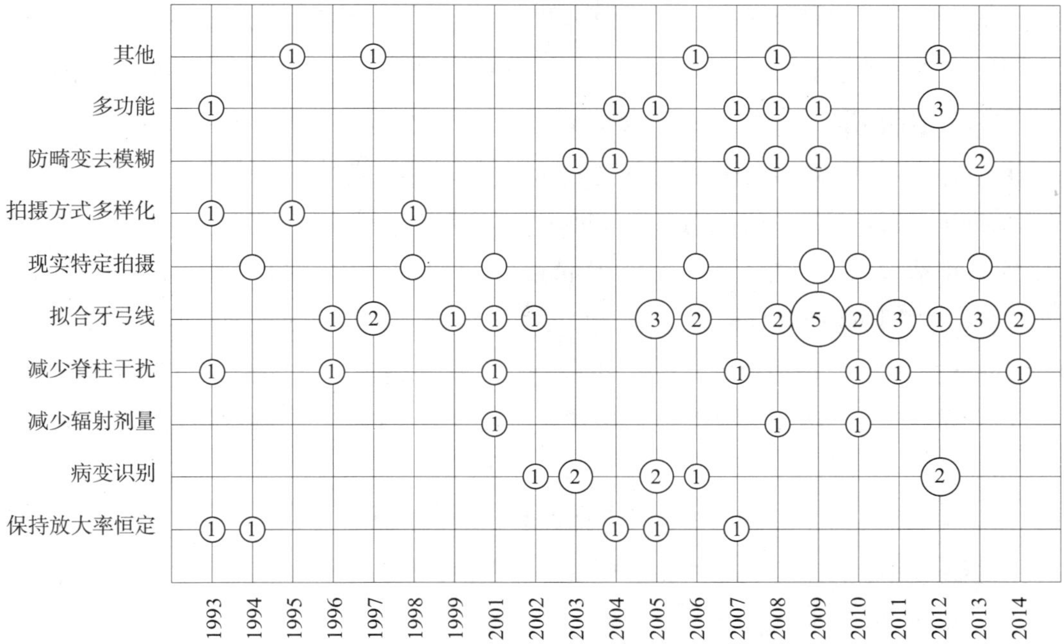

图16　数字X线直接拍摄全景图像技术方向发展趋势

其中“拟合牙弓线”技术的专利数量最多，其他的主要技术手段为“多功能”“实现特定拍摄”“病变识别”和“防畸变、去模糊”等。

“拟合牙弓线”技术包括牙弓线的检测、生成以及形成倾斜的聚焦层等。相关的专利申请数量最多，该技术分支20世纪90年代就有相应的专利布局，并且在近10年专利

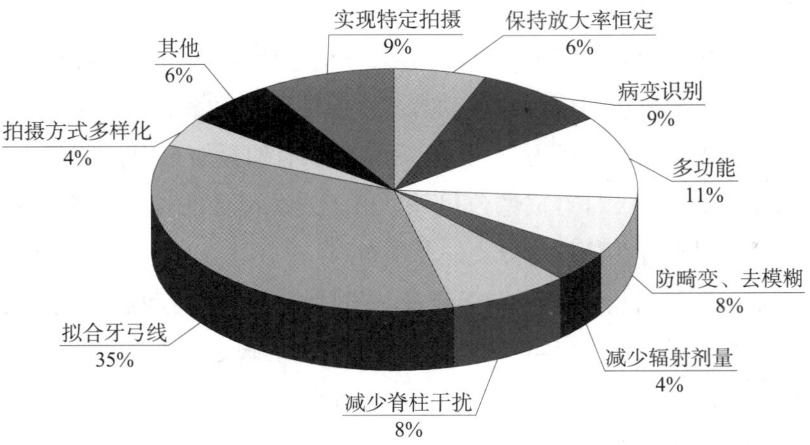

图 17　数字 X 线直接拍摄全景图像技术方向占比

数量出现明显的集中，2009 年前后出现阶段性峰值。从申请人角度看，日本电视系统公司、森田公司、韩国怡友以及德国西诺德公司都在本技术上进行集中的专利申请。

“病变识别”功能是指通过对图像的滤波、分割、锐化等手段，实现病变部位和病变类型的识别。该功能基本上都在 2002 年以后较为集中，由于涉及数据的识别和图像处理，申请人也大多是该技术领域的公司，如：电视系统公司、交互诊断成像公司等。

“实现特定拍摄”功能指的是以探测器、射源等外部设备的改进为手段，结合图像分析识别，实现特定的拍摄需求，如：小视野局部 CT、薄层 CT、小断层片等。该技术功能是机械电器设计和数据识别图像分析的交叉领域，大多集中在 2006 年以后的时间区域，重点申请人包括芬兰 AJAT，法国 trophy，日本森田和中国的浙江康源医疗等公司。

“多功能”问题指的是通过传感器的可插拔设置、探测器的数量和旋转运动方式以及悬臂结构的优化，增加设备的拍摄功能，降低拍摄成本。本技术分支在 2004 ~ 2009 年有零散分布，2012 年稍显集中。主要申请人包括意大利赛福拉、韩国怡友、德国西诺德等公司。

而同样的采用外部设备的改进结合图像数据的识别和处理相结合，实现技术优化的主要功能还包括：减少脊柱干扰，防畸变、去模糊，保持放大率恒定等。其他技术功能相比之下申请量较少，且分布较为分散。

3. 可能的专利布局方向和研发建议

从图 18 可以看出，建立多轨道是专利产出最为集中的技术手段，专利数量占比约为 17%，而该技术手段主要用于解决牙弓线的拟合问题。值得一提的是，虽然拟合牙弓线有其他技术手段可以实现，如：咬合装置的优化、预处理、图像处理和图像分析识别等，但是多轨道技术手段是目前为止手段唯一、且技术方向也相对确定的最优方案。所以从研发的角度考虑，遇到牙弓线拟合问题优先考虑多轨道手段，主要原因还是因为已经有很多相关的专利文献可以借鉴，目的性较强，且近年来该技术手段的发展势头稳定，比起其他手段具有一定优势。因此，采用该技术手段进行牙弓线拟合的研发时，可能少走很多弯路，省却很多重复性工作，便于提高工作效率。

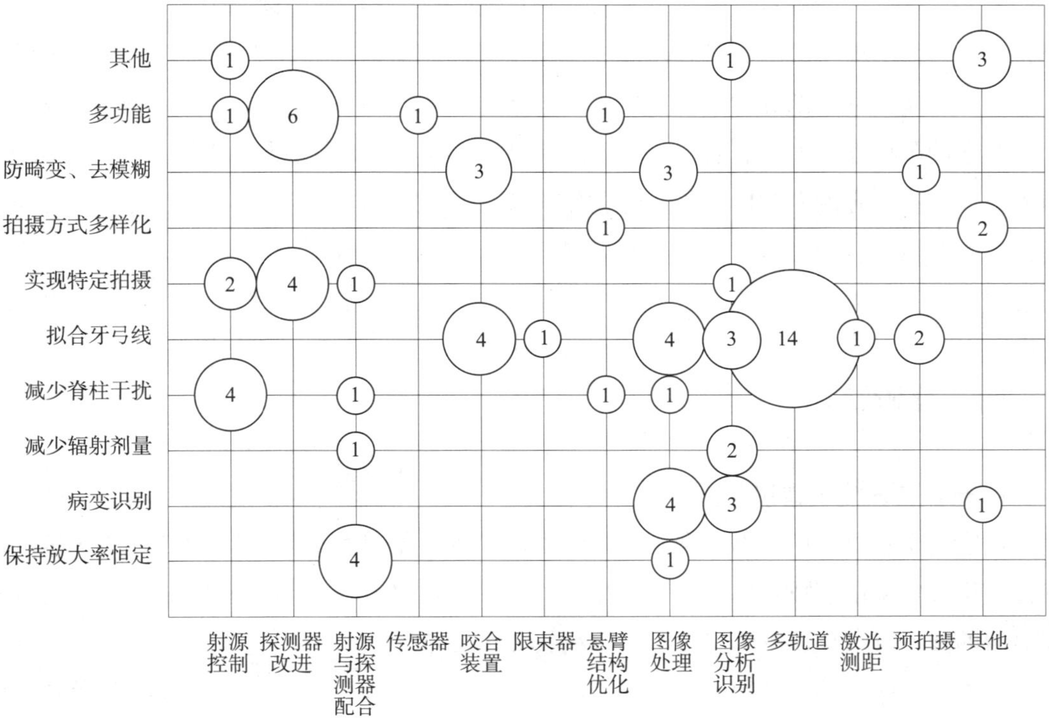

图 18　数字 X 线直接拍摄全景图像技术功效矩阵

稍次的技术手段是图像处理和图像分析识别，其专利数量之和占比超过 27%。这两种手段作为软件处理代表性手段能够解决大多数技术问题，不仅在针对病变识别、拟合牙弓线和防畸变、去模糊这些技术方向上解决效果较好，而且在减少辐射剂量、保持放大率恒定、实现特定摆设、拍摄多样化等技术方向都能够达到预期的技术效果，因而得到了科研人员的广泛青睐与应用，特别是中国的专利申请大多集中在这两个主要的技术手段。目前，这两个技术手段可能是未来一段时间内研发和专利产出的热点。因此，一方面可以深化这两个技术手段在现有技术问题解决方式和解决效果上的研究；另一方面也可以探索其在其他技术方向上的应用。

其次的技术手段是对射源控制、探测器改进、射源与探测器配合以及咬合装置上的操作。这些技术手段主要是围绕全景机设备的主要构件，通过外围硬件的调整和控制达到全景图像的优化。这 4 种技术手段的专利数量之和占总量的 38%。其中，咬合装置主要解决的技术问题和图像处理、图像分析识别解决的技术方向有一定的相似度，在防畸变去模糊、拟合牙弓线这 2 个技术方向上有所重合。所以在对这两个技术方向的研发过程中，除了从软件系统的角度去考虑解决，还可以试着从咬合装置的方面进行尝试探索。

射源控制、探测器改进、射源与探测器配合 3 种技术手段，主要是围绕射源和探测器开展研究，集中在多功能、实现特定拍摄、减少脊柱干扰和保持放大率恒定等技术方向。这些技术方向和前面所说的图像处理和图像分析识别形成互补。由于大多涉及全景机的硬件设备，这部分内容对于中国公司来说研发难度较大，目前，还没有中国的专利产出。但是作为全景图像生成的关键技术分支，有些问题很难通过软件手段彻底解决，所以在产品的研发实践中本部分的知识产权风险不能简单略过。

其余的限束器技术、悬臂结构优化、激光测距技术和预拍摄技术在“拟合牙弓线”技术方向上有一定的专利申请量，悬臂结构优化也同样可以解决其他技术问题。但是上述技术手段相对较为简单，研发相对容易，由于在这方面还没有过多的专利存量，所以目前开发空间较大。

四、分析结论

1. 行业技术发展建议

数字化全景机整体技术及全景图像生成技术近十年来发展较快，2006 ~ 2009 年出现峰值，但近年来由于技术成熟度逐渐增高，一些主要的功能逐渐被 CBCT 图像扫描所替代，新的技术发展点还不明确，所以专利数量增长趋缓。

日本、美国、韩国和中国已经成为本领域主要的专利公开国，特别是后两者专利申请量增速已经超过德国和芬兰。该领域重点申请人中大多为日本、韩国和芬兰公司。其中，日本的研发实力雄厚，韩国和芬兰的一些新兴的技术研发公司的排位靠前，如韩国怡友和生物技术公司、芬兰的 AJAT 公司等。中国和美国都没有申请人在前十中出现，特别是中国的公司数量和专利数量相对较少，研发实力还有一定差距。

2. 研发和专利布局建议

（1）对多轨道技术解决牙弓线的拟合问题，近年来该技术手段的发展势头稳定，应该优先考虑，并做适当的专利布局。

（2）图像处理和图像分析识别作为一种常用的技术手段，国内已有一定的专利产出和布局，目前还有一定的开发空间。一方面可以深化其在现有技术方向上的研究；另一方面也可以探索其在其他技术方向上的应用。

（3）射源控制、探测器改进、射源与探测器配合 3 种技术方案涉及全景机的硬件设备，这部分内容对于中国公司来说研发难度较大，但是作为全景图像生成的关键技术分支，在产品的研发实践中本部分的知识产权风险不能忽视。

（4）悬臂结构优化、激光测距技术和预拍摄技术手段相对较为单一，研发相对容易，由于在这方面还没有过多的专利申请，所以目前开发空间较大。

废橡胶回收再利用产业专利信息分析报告*

谭政　杨洋　吴秋红　熊晓津　王剑君

摘　要　随着橡胶工业的发展，废旧橡胶的数量也迅速增多，给环境造成了很大的压力。本文从专利角度对废橡胶回收再利用产业中的热裂解、胶粉和再生胶3个技术领域进行分析，对国内外的相关专利文献信息进行宏观分析，并对再生胶领域中关键技术进行深入的微观解读。结合产业现状对废橡胶回收再利用产业的发展方向提出建设性意见。

关键词　废橡胶　热裂解　再生胶　胶粉　脱硫

第一章　废旧轮胎橡胶回收再利用综述

一、前　言

橡胶产品广泛应用于工业、农业、建筑、科技、国防、交通、运输、机械制造、医药卫生和日常生活等领域，尤其是在交通和建筑领域的应用最为广泛。近年来随着我国经济和汽车工业的繁荣发展，对轮胎的需求也在不断增加。与之形成对比的是我国橡胶资源异常匮乏，每年约有80%的天然橡胶和超过45%的合成橡胶需要依赖进口。而废旧橡胶尤其是废旧轮胎的数量则以每年12%的速度攀升。废轮胎堆积占用土地，污染环境，易引起火灾，被称为“黑色污染”。正确处理废橡胶资源，实现科学、有效、环保的循环利用，是废橡胶综合利用行业面临的关键问题。

本课题旨在通过了解分析行业现状和专利技术状况，对比国内外该行业发展情况和法律政策情况，探寻目前适合我国废轮胎回收利用行业的合理方式，为行业技术升级改造提供有价值的技术分析指引。

---

* 本文摘编自2015年全国专利信息传播利用基地专利信息分析利用与服务项目《废橡胶回收再利用产业专利信息分析报告》，课题负责人张占疆，主要研究人员：谭政，杨洋，吴秋红，熊晓津，王剑君。

二、废轮胎主要的回收利用方式

目前世界上对废旧轮胎橡胶的主要利用方式有 3 种：整体利用、热利用和再生利用。

（一）整体利用

整体利用是指对废旧轮胎进行整体的利用，例如进行复原性的加工使之恢复原有用途的翻新轮胎。废轮胎整体利用还包括将废旧轮胎用于堤坝防洪、水土保持，轨道缓冲材料，体育游戏器材等方面，但这些用途的使用量很少，不到废轮胎量的 1% 。

（二）热利用

热利用分为直接燃烧和热裂解两种。直接燃烧则是直接将废轮胎作为燃料进行热能转化，在国外通常会将废旧轮胎进行一定的破碎处理后，在一些水泥厂、炼钢厂集中作为热源进行处理。直接燃烧目前是国外废轮胎处理的主要应用方式之一。

热裂解是将废轮胎在催化剂作用下经高温裂解得到混合油、热解气及炭黑等多种干馏分解物。其中热解气是轮胎热解的能量来源，油品和再生炭黑为废轮胎热解的主要产品，而从产品的品质和价格角度看，再生炭黑是轮胎热解的关键产物。

（三）再生利用

再生利用是通过一定物理、化学、生物方法对废轮胎进行一定的处理，得到新材料或者作为某种材料重新用于生产生活，主要是废旧轮胎制成胶粉和再生胶。

1. 胶粉

轮胎橡胶胶粉是把废旧橡胶通过机械加工粉碎或研磨破碎成不同粒度的粉末状物质，简称胶粉。胶粉是具有一定的弹性、强度、耐磨性和抗滑性的不溶、不熔聚合物，采用胶粉替代原生材料，不仅有益于环境保护，而且能够有效的降低成本、提高性能，得到其他材料得不到的效果。

2. 再生胶

再生橡胶就是利用物理，化学或者生物等方法，打开三维交联网络，形成准线性化的可加工的再生胶的过程。再生橡胶能部分替代生胶用于轮胎和橡胶制品生产，节约生胶及炭黑，有利于改善胶料的加工性能，提高橡胶制品的某些性能，实现良性的循环经济模式。

三、国内外废轮胎回收利用的政策环境

发达国家均制定了有关废轮胎综合利用法规，对于废旧轮胎回收再利用已经建立了一套完整的法律政策体系，有力地支持了废旧轮胎的资源综合利用产业的发展，如《美

国资源保护和回收法》《法国废弃物及资源回收法》《日本资源有效利用促进法》《日本废弃物及处理法》《德国循环经济与废弃物管理法》等。美国规定在新轮胎销售时征收废轮胎处理费，法国自2003年起回收废旧轮胎费用由生产商与销售商承担，日本规定使用者丢弃一条废旧轮胎需缴纳300日元等。此外，发达国家对处理利用废旧轮胎实行财政补贴。补贴费用来自每条轮胎出售时的附加金额。也有国家通过降低翻新轮胎增值税来鼓励旧轮胎翻新。

而我国至今还没有关于废旧轮胎回收利用的具体立法。随着国家对环保和资源意识的提升，近年加大了对废橡胶综合利用的立法和管理，制定了准入制等办法，颁布了《循环经济促进法》《轮胎产业政策》，进一步明确了废旧轮胎作为一种再生资源回收利用的价值。目前国家对利用废橡胶生产胶粉和再生橡胶产品及旧轮胎翻新也拟将实行税收优惠政策，对利用废橡胶示范项目给予优先立项，财政给予适当补贴。

四、国内外废轮胎回收利用应用现状对比

美国是世界上汽车保有量最多的国家，废轮胎的产生量也居世界第一。美国政府以立法的形式推动废轮胎回收利用市场的发展，施行严格的市场准入制度，并设立专项基金用于收费和补偿制度。目前美国90%以上的废旧轮胎都能得到回收利用，主要用于生产胶粉、再生胶和热能利用（见表1－1）。

表1－1 美欧废轮胎综合利用方法分类（%）

	胶粉（粒）	出口	能源	翻新	填埋	民用	填海
美国							
1996	8.5	0.56	57		24		
2001	26	5.6	41				
2011	24.5	8	37.7		13	7.8	8.9

欧盟对废轮胎平均保持了95%的回收率，经过再利用或翻新后，剩余的大部分进入回收、市政工程或土木工程应用（材料回收），或用作水泥窑炉、锅炉和发电厂替代燃料（能源回收）。其中橡胶颗粒和胶粉生产是主要的材料回收渠道，其后依次为市政工程和土木工程应用，码头护舷、爆破垫以及钢铁厂和铸造厂。能源回收方面，废轮胎碎块或整个轮胎的主要用户仍然是水泥行业，城市供热、发电厂和锅炉以及热解。

发达国家废轮胎综合利用的主要方式是把废轮胎代替作为燃料使用，占废轮胎总利用量的40%～50%。据日本1999年统计，废轮胎热能利用中50%左右用于水泥窑生产，除充分利用废轮胎中热能外，还可将轮胎中钢丝及硫均作为原料全部利用。既利用了废轮胎，又降低了生产成本。2011～2013年废轮胎热能利用主要是用于造纸业，分别占总

热能利用量的64%、63.2%和64.3%（见表1－2）。

表1－2 日本废轮胎综合利用方法分类（%）

年份	胶粉（粒）	出口	能源	翻新	填埋	其他
1991	23		39	20		4
2000	20		49	18		
2001	11	16	59	5	1	10
2012	10	16	57	6	1	12
2013	10	16	57	6	1	12

我国废旧橡胶利用的工业化方式主要有3种，即再生胶制造、胶粉制造和轮胎翻新。不同形式利用的比例为再生胶71.3%，轮胎翻新11.8%，胶粉7.5%，其他方式9.38%。根据我国现阶段的国情，再生胶生产目前仍是我国废旧橡胶回收利用的主要途径（见表1－3）。

表1－3 我国废轮胎综合利用方法分类

年份	2002	2006	2010	2013
再生胶（万吨）	111.5	170	270	380
占利用量（%）	85.8	88.5	90	88.4
胶粉（粒）	15.1	22	30	50
占利用量（%）	14.2	11.5	10	11.6

注：我国废橡胶（轮胎）综合利用中的直接利用、土法炼油部分未计入。

在本次项目研究中，我们将主要讨论这类将废轮胎橡胶通过一定加工手段、处理成为新材料的利用方向。对废旧轮胎热裂解、胶粉和再生胶3个利用方向进行专利信息分析，其中对再生胶领域中脱硫关键技术进行深入的专利信息分析解读，为再生胶领域发展提供参考。

第二章 热裂解相关技术专利信息分析

一、热裂解技术分解

废旧轮胎经过热裂解能产生裂解气、裂解油和裂解炭黑等主要能源产品，由于这些产物的经济价值使得热裂解技术受到越来越多的关注，本章我们将从专利技术角度对该领域进行分析（见图2－1）。

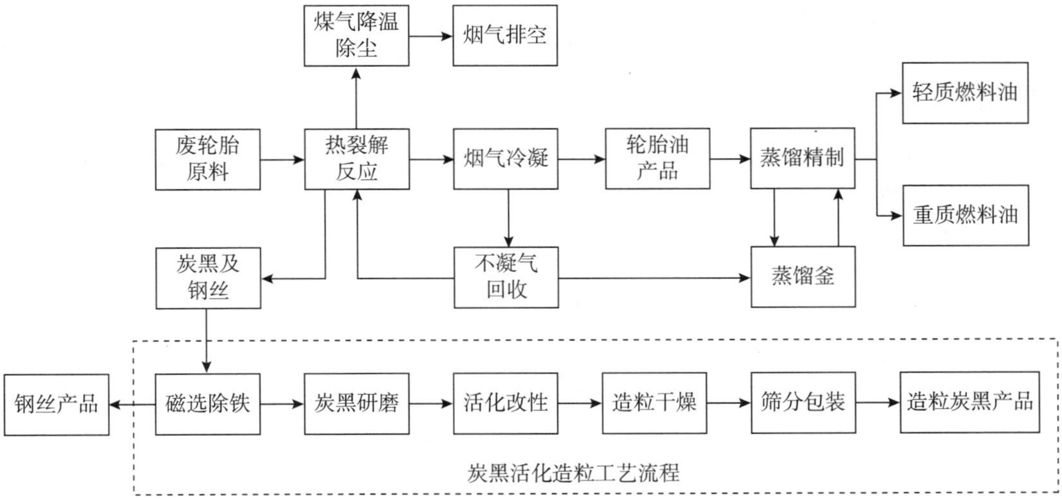

图 2－1　废旧轮胎热裂解技术工艺流程

二、热裂解领域技术发展概况

（一）热裂解技术区域分布情况

如图 2－2 所示，世界轮胎市场亚太、北美和欧洲三足鼎立，热裂解领域的专利申请也同样集中在日本、美国、韩国和欧洲。废轮胎热裂解领域各国专利申请趋势与轮胎业发展紧密相连，1998～2002 年，世界轮胎销售呈负增长状况，各国热裂解领域专利申请量稍有下降，经过 5 年的调整，轮胎行业告别了低迷，同样也带动了废轮胎热裂解领域的技术创新，2002 年，各国轮胎热裂解领域专利申请量均有较大的提高，尤其韩国。

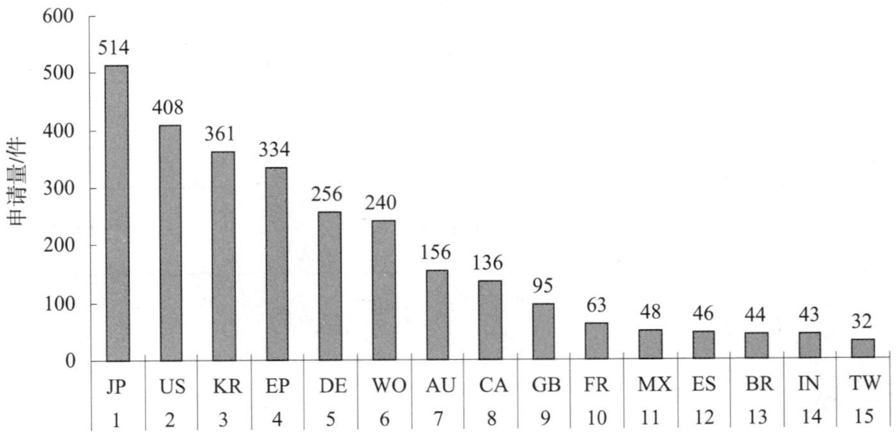

图 2－2　废橡胶热裂解领域国外专利分布

（二）热裂解领域技术分布情况

如图2－3所示，我国热裂解领域的专利申请主要集中在热裂解产物，热裂解设备以及热裂解的工艺方法这3个方面。其中，热裂解的工艺方法所占比例最高，约占专利申请总量的47.86%，其次为热裂解的设备，约占热裂解领域专利申请总量42.62%。在热裂解产物中，热解炭黑专利申请量可达到66.43%。

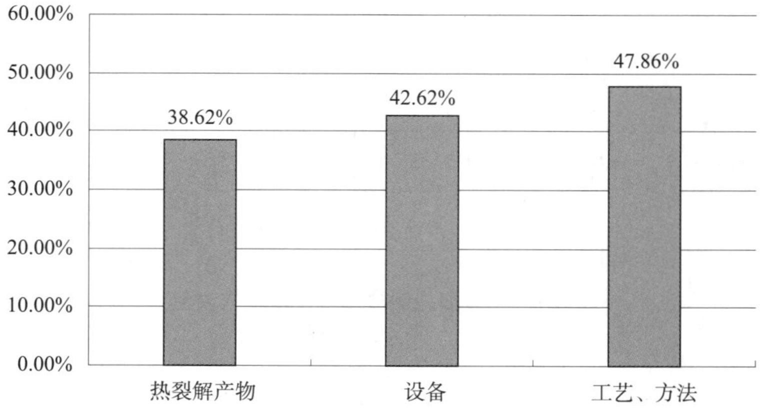

图2－3　废橡胶热裂解领域国内专利主要技术发展趋势（IPC小组）

三、热裂解领域重点专利分析

表2－1是我们针对热裂解的专利进行引用统计，目的在于发现该技术领域的核心专利。通过节选施引专利排名前十位，我们可以看出，被引用次数在90次以上的专利申请4件，80次以上的5件，70次以上的2件。在时间分布上，重点专利申请主要集中在1975～2000年，被引次数之高，说明这些技术已成为2000年以前技术发展时期的核心专利，不过这些核心专利均已超过保护期成为公知技术，企业可以在技术研发中充分利用。

表2－1　废轮胎热裂解领域国内外专利被引次数

专利文献号	申请人（专利权）排名	引用次数	技术主题
US1976687150A	Occidental Petroleum Corporation，LosAngeles，CA，US	99	与热炭混合裂解回收有机、无机物工艺
US1989333838A	Westem Research Institute & ILR Services Inc Laramie，WY，US	98	二步干馏法回收热裂解产物
US1985742724A	APFFFL FRED	97	微波热裂解整胎或碎片，炼油回收炭黑

续表

专利文献号	申请人（专利权）排名	引用次数	技术主题
US1999273245A	InvitriInc Greenville NC	95	促进剂微波或射频电磁辐射法热裂解有机物
US1986876071A	Universite Laval Cite Universitaire CA	89	真空裂解生产液态、气态烃化合物和碳材料，提高高热值液态烃产率降低气态烃和碳材料产率
US1999312911A	WU；ARTHUR C；CHEN；SABRINA C	87	热转换裂解反应系统
US1980155515A	Energy Recovery Research Group Inc. Portland OR US	86	粉碎含碳物料的处理装置
US1975625311A	Lampl Helma Sinsheim Rohrbach	86	废物热裂解反应装置及方法
US1977827867A	Technology Application Services Corp Raleigh NC，US	81	含碳物质等离子弧气化裂解
US19793655A	IntencoInc.，US	77	废轮胎再生碳材料和烃的方法

四、热裂解领域技术竞争情况

从国内重点申请人的主要专利技术分布看，国内重点申请人的专利主要集中在热裂解工艺、设备（C10G1/10、C10G1/00）及产物（C09C1/48）上。申请量遥遥领先的是济南世纪华泰科技有限公司，该公司主要生产工业化连续炼油设备。此外，该公司还对专利进行了较好的国外专利申请布局，专利遍布欧洲、美国、加拿大等。排名第二位的是上海绿人生态经济科技有限公司，申请量达到17件。据了解，该公司是一家专业从事废旧轮胎回收处理技术研发及产业化开发的科技创新型企业，已经掌握了废旧轮胎微负压热裂解处理废旧轮胎的关键技术（见表2-2）。

表2-2　热裂解领域国内主要申请人状况分析

	申请人	申请量	主要IPC	主营业务
1	济南世纪华泰科技有限公司（牛斌、牛晓璐）	29	C10G1/10；C08J11/10；C09C1/48	工业化连续废轮胎炼油设备
2	上海绿人生态经济科技有限公司	17	C10G1/10；B09B3/00；C08J11/10	橡胶裂解设备；橡胶造粒机

续表

	申请人	申请量	主要 IPC	主营业务
3	河南瑞新环保设备公司（刘建波、李昊民）	17	C10G1/00；B65G35/00；C08J11/00	环保型废旧轮胎裂解炼油设备
4	辽宁杜尔环保科技有限公司（李大光）	17	C10G1/00；C08J11/00；G05G19/00	废轮胎低温催化裂解设备
5	北京神雾环境能源科技集团股份有限公司	13	C10G1/10；C10B53/07；B09B3/00	化石燃料的深加工及产品制造、研发
6	广西腾博再生能源有限公司	10	C10G1/10	生活垃圾综合处理
7	青岛东方循环能源有限公司	10	C10G1/10	与青岛科技大学联合研究国家“863”项目，废轮胎光裂解或波裂解技术
8	浙江大学	10	C10G1/100；C08C19/00	废轮胎热解炭黑及油品

从热裂解领域国内主要申请人状况分布看出，国内热裂解领域申请人较分散，申请量总体不高，说明热裂解并非是中国对废轮胎利用的主要方式，且大部分企业及科研单位还未形成合理的专利布局。

五、小　结

近年来我国已有一些企业和高校开始关注该技术发展，但是总体上我们对该技术领域的重视程度还不够，仅属于技术跟随地位，在专利技术的保护方面表现为自发无序的申请状态，而该领域内核心专利技术主要集中在日本、美国、韩国和欧洲等地。建议中国企业建立专利引文树，关注废轮胎热裂解技术发展脉络。中国企业应重点关注这些国家的技术发展动向，尤其对于那些被引次数较高的专利，应跟踪这些关键技术的后续发展方向。

美国拥有该领域绝大部分关键技术，但在结合产业发展情况看，美国尚未形成技术垄断，这为我国发展废橡胶热裂解技术提供了机会。建议参考借鉴已有的基础专利技术，尤其是在热裂解设备装置和产物生产工艺和品质方面的研究，积极开展技术延展和外围技术的技术保护，争取更多的竞争优势。

此外，通过分析发现目前我国的企业也在逐步意识到技术保护的重要性，也开始有“走出去”的保护意识，但中国绝大部分申请人海外专利申请布局的意识还不强。建议企业应抓紧时间对专利申请进行海外布局，以免丧失抢占专利国际市场的最佳时机。

第三章　胶粉相关技术专利信息分析

一、胶粉制备加工领域的技术分解

胶粉主要以废橡胶为主要原料，通过废橡胶预加工、粉碎、分离与输送和筛分与包装等工艺，加工成不同粒度的粉末。胶粉的应用领域非常广泛，是目前较有发展前景的一个废橡胶再利用的方向（见图3－1）。

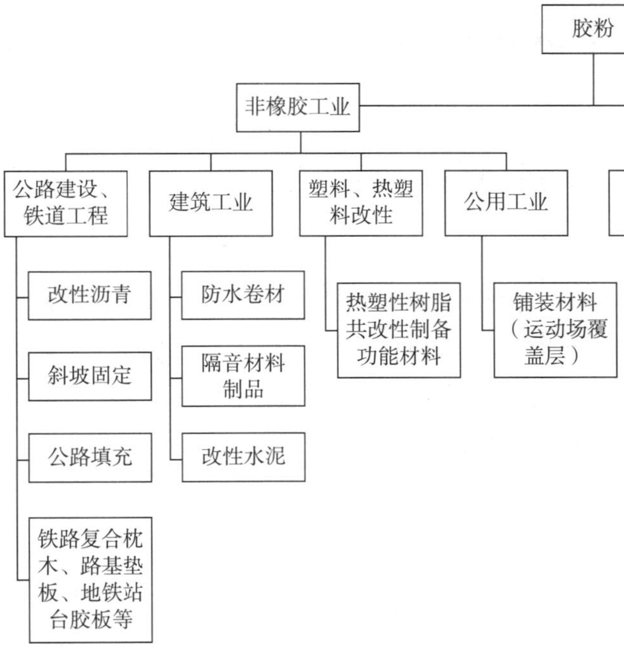

图3－1　胶粉主要应用模式

二、胶粉领域专利技术申请概况

（一）胶粉领域专利申请区域分布

如图3－2所示，中国胶粉领域专利申请量庞大，遥遥领先其他国家该领域的专利申请。除中国外，国外胶粉领域专利申请排名前五位的国家为日本（1227）、美国（856）、韩国（798）、德国（690）和欧洲（643），日本、美国、韩国、欧洲专利申请量占据胶粉领域的半壁江山，说明胶粉为日本、美国、韩国和欧洲等利用废轮胎的主要方式之一。

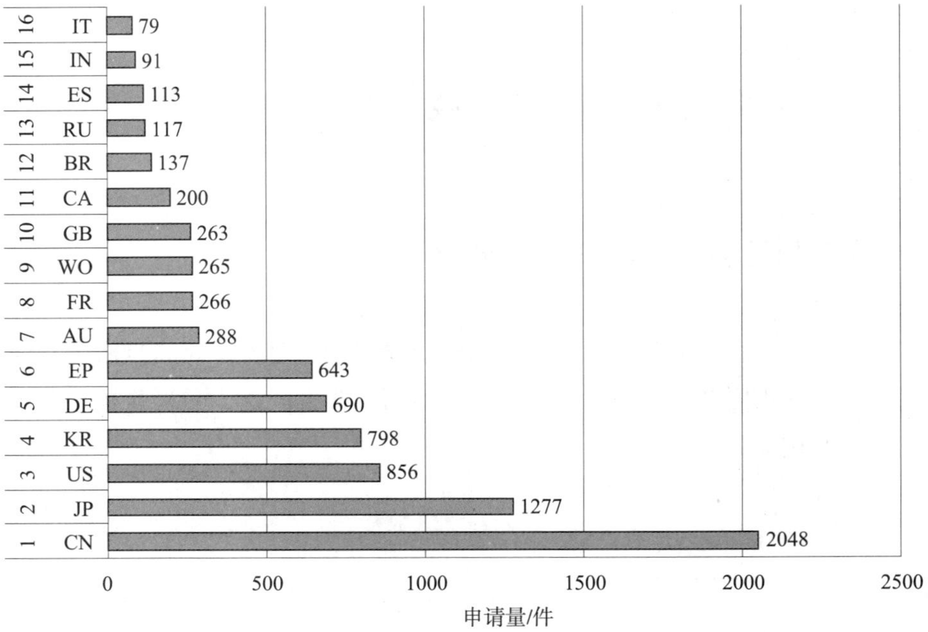

图 3 –2　国外专利申请量排行榜

（二）胶粉领域国内外专利技术拥有情况

由图 3 –3 所示，胶粉领域国外申请人专利申请量优势明显，普利司通、米其林、固特异 3 大轮胎巨头不仅轮胎销售业地位稳固，在胶粉技术领域专利优势也较为明显，尤其世界最大的轮胎及橡胶制品生产商是日本的普利司通。住友公司也在日本，日本由于本国资源贫乏及石油危机，更重视胶粉的开发应用。

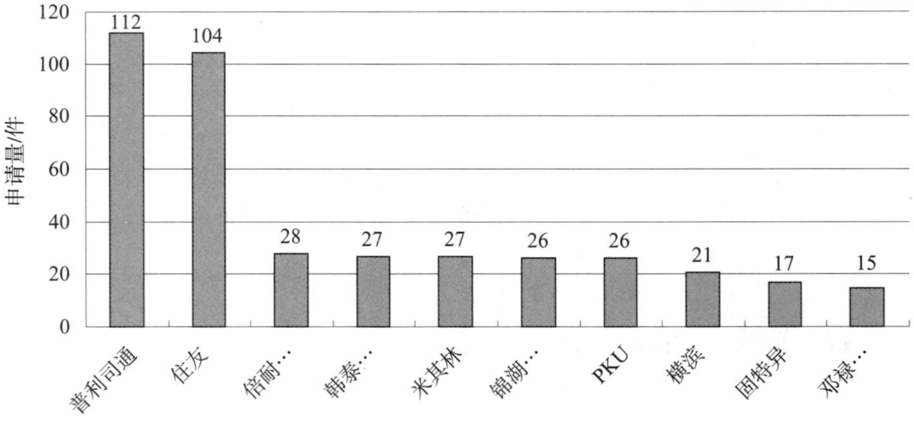

图 3 –3　国外申请人排行榜

如表 3 –1 所示，由国内申请人申请量排名可以看出，胶粉领域专利申请人主要集中在胶粉的制备工艺设备、胶粉的改型及胶粉作为材料组分的应用领域。

表 3-1 国内申请人排行榜及主要技术领域

申请量排名	申请人（专利权）排名	申请量	主要技术领域
1	中国石油化工股份有限公司	53	沥青材料、高分子材料组合物
2	重庆市聚益橡胶制品有限公司	39	橡胶塑料破碎、粉碎设备、再生胶
3	中国石油化工股份有限公司北京化工研究院	36	利用胶粉制备橡胶的组合物
4	北京化工大学	31	胶粉脱硫改性
5	上海群康沥青科技有限公司	31	沥青材料
6	天津市明基金泰橡塑制品加工有限公司	27	胶粉粉碎、加工
7	洛阳骏腾能源科技有限公司	19	高分子胶粉的制备
8	华南理工大学	17	胶粉复合材料的制备

三、小　结

国外关于胶粉的生产制造领域的专利申请近年来已趋于稳定，出现了一定下滑趋势，而国内胶粉领域的专利申请量正稳步提高，说明我国胶粉的生产与应用逐渐走上正轨，胶粉制备设备不再单纯依靠进口，我国一些机械设备制造厂也正在积极研制制备微细胶粉的设备，工艺技术不断突破。

胶粉乃至废轮胎回收再利用全行业都是需要国家政策扶植和引导，政策对行业发展至关重要。2004 年，国家发改委《关于组织实施国家重大产业技术开发专项的公告》，大大鼓励了产业技术发展，自 2005 年开始，胶粉领域专利申请量逐年稳步提高。

胶粉应用领域非常广，国外早已普遍将胶粉作为一种新的原材料，添加到沥青、水泥中，用于混合材料的改性。而我国的胶粉在很长一段时间内只作为再生橡胶的生产，近年来随着对胶粉应用认识的改变，胶粉应用于共混材料方面的专利申请逐渐增多，例如改性沥青、水泥制备、黏结剂、与树脂共改性等，可见，我国也已经开始在改变原有的意识，将胶粉视为一种新材料资源，普遍用于广大生产生活中。

第四章　再生胶技术专利信息分析

一、再生胶技术分解

由废旧轮胎到再生橡胶的生产工艺中需要经过：粉碎、脱硫、捏炼、环保 4 个步骤，而其中最核心的技术就是脱硫工艺，可以说脱硫技术的发展水平决定着再生胶生产工艺的发展水平。

本章将就再生胶之脱硫相关技术从专利的角度进行分析。

二、再生胶技术发展历程

（一）国外再生胶技术发展情况

早在第二次世界大战期间，由于橡胶短缺，再生橡胶被视为战略资源，在 20 世纪 40 年代日本再生橡胶产量高达 44 万吨，50 年代美国再生橡胶年产量达到 37.4 万吨。后来由于合成橡胶工业的发展，加上当时没有解决再生橡胶产生的二次污染，在国外发达国家，再生橡胶工业由发展转为萎缩。目前在欧美及日本等发达国家和地区，再生胶产业已经越来越边缘化，逐渐成为夕阳产业。

如图 4－1 所示，从专利申请量的角度看，废橡胶脱硫技术领域的美国专利申请量从 1992 年到 2013 年这段时间虽有起伏，但总体上呈现出平稳态势，但从 2010 年起近 5 年一直呈下降趋势。日本专利年申请量很少，1990～2008 年这段时间虽有些申请，但每年最多 3 项专利族。从 2008 年至今该领域已无专利申请。欧洲专利申请量 1996～2009 年这段时间虽有起伏，但总体上呈现出平稳态势，虽然从 2010 年开始申请量有所增长，但是总体申请数量较少，没有大规模地发展起来。

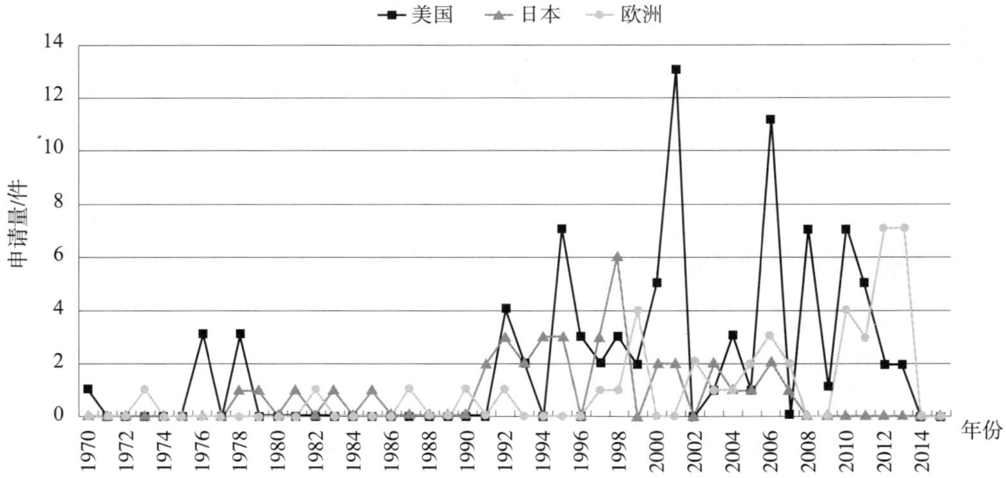

图 4－1　国外再生胶专利申请趋势分布

（二）我国再生胶技术发展情况

我国目前再生胶生产能力已超过 500 万吨，再生胶生产企业达 1000 余家，生产能力在万吨以上的企业约为 100 余家，再生胶产量占全世界总产量的 80% 以上，我国已成为世界最大的再生胶生产国。

如图4－2所示，从专利申请的角度看，1986～2005年，废橡胶脱硫再生技术领域的中国专利申请量虽有起伏，但总体上呈现出平稳态势，2005年以后申请量开始快速增长，2014年申请量将近180件。申请人数和发明人数的发展趋势与申请量曲线基本一致，说明2005年后参与到本领域技术研发的企业和技术人员的规模也在不断提升。

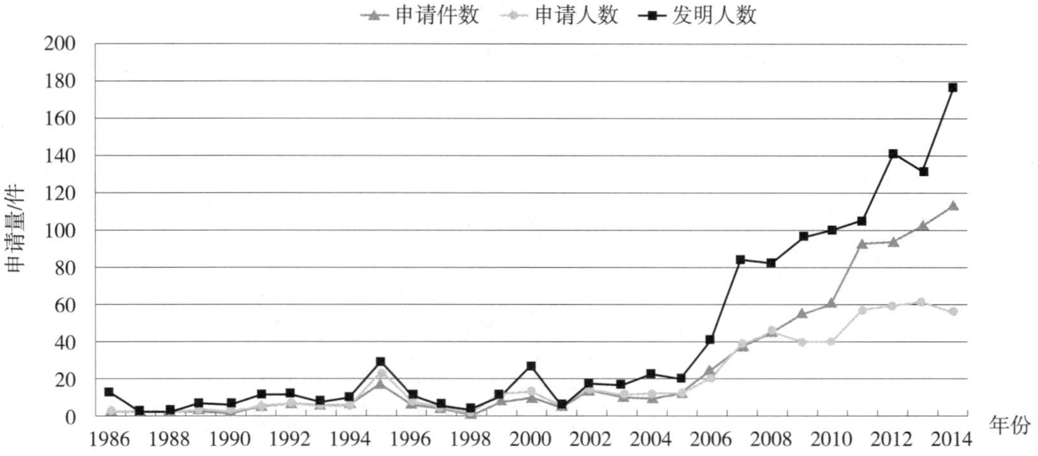

图4－2 中国专利申请趋势

三、国内再生胶技术发展分布情况

我国的再生胶橡胶生产企业基本遍布全国各省、市、自治区，但主要还是集中在江苏、山东、河北、河南、山西、浙江、四川等市场。

如图4－3所示，从申请人的地域分布上分析，江苏省是中国丁基再生胶的主要生产基地，尤以南通如皋和海门地区集中，有19%的中国专利的申请人来自江苏省。山东作

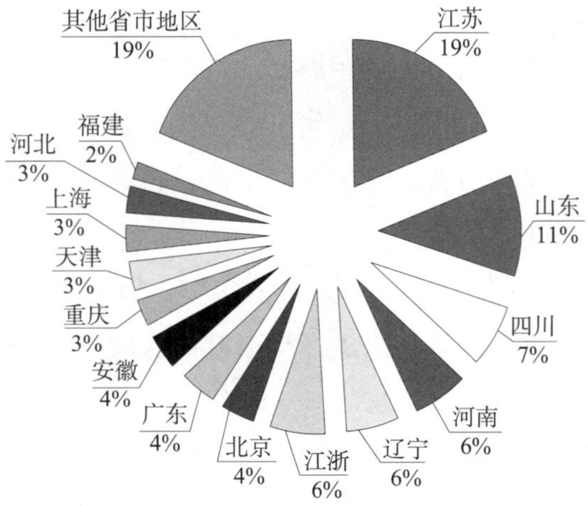

图4－3 中国专利申请人地域分布

为一个用胶大省对再生橡胶的需求量巨大，再生胶厂家主要以生产轮胎再生胶为主，且生产厂家多分布在橡胶制品厂家周边，有11%的中国专利的申请人来自山东省。

目前我国上千家再生胶厂家中仅有100多家大中型企业，市场构成仍以中小型厂家为主。如图4－4所示，从专利权人申请量排名上看，重庆市聚益橡胶制品有限公司以20项专利申请排在第一位，但其中只有2件实用新型专利得到了授权，其余18项发明专利并未得到授权，这主要是因为该公司的所有专利都是2014年申请的。北京化工大学的专利授权率最高，达到了80%。

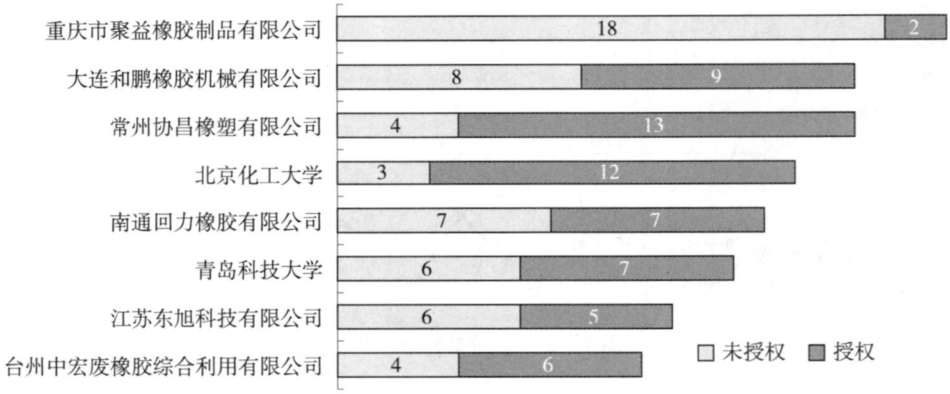

图4－4　中国专利申请人排名及授权情况

四、再生胶脱硫工艺重点技术分析

传统的再生胶脱硫方法包括油法、水油法和动态脱硫罐法。油法和水油法由于生产效率低、存在污染，现已基本淘汰，到2009年我国90%以上的再生胶都是由动态脱硫罐法生产的（见图4－5）。

机械法脱硫由于其常压中温、环境污染小的特点，成为脱硫工艺的发展趋势。从使用开炼机、密炼机进行脱硫，到作为下一代主要脱硫工艺的螺杆挤出机法，再到近年来国内发明的磨盘研磨法、国外最新的行星辊挤出法、超高速射流法等都是采用机械法脱硫的原理设计的。

除了上述方法外，再生胶脱硫技术领域还有很多应用其他原理对废橡胶脱硫的工艺，比如，超声波脱硫法用高密度能量场来破坏交联键而保留分子主链，从而达到再生的目的；微波脱硫法利用微波能量使硫化胶的C—S键和S—S键断裂以达到再生的目的；微生物脱硫将废旧橡胶粉碎到一定粒度后，放入噬硫细菌的溶液中，在噬硫细菌的作用下橡胶粒子表面的硫键断裂，呈现再生胶性能；药剂法脱硫实际上是在胶粉中加入各种脱硫剂进行搅拌进行脱硫；超临界流体使硫化橡胶溶胀至平衡溶胀状态，然后突然降低加

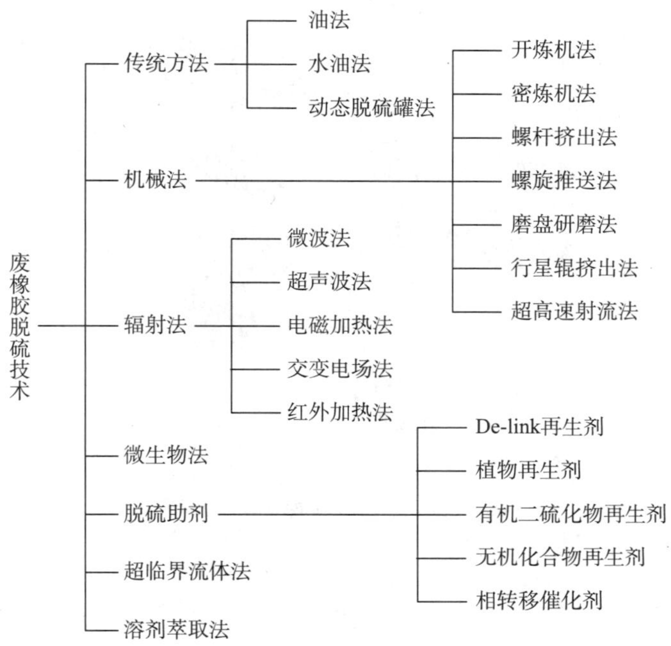

图 4－5　脱硫工艺方法分解

工容器压力，使硫化橡胶交联键断裂。这些方法的脱硫效果虽然在实验室测试时比较理想，但大部分目前还不具备产业化的条件，因此并没有进入大规模的工业生产阶段。

目前国内大规模使用的动态脱硫罐法生产的再生胶性能虽高，但是存在环境污染的问题，致使再生胶行业处在一个尴尬的境地，发展遇到瓶颈。在当今国内越来越重视环保的政策影响下，螺杆挤出法凭借其常压、能源消耗低、环境污染小等优点，逐渐成为脱硫工艺未来的趋势。

所谓的螺杆挤出法，其基本原理是利用螺杆挤出机的剪切挤压作用，使拌入再生剂的废旧胶粉在热、剪切、压力、脱硫剂的综合作用下，于短时间内使废旧胶粉获得较高塑性的一种机械方法。

如图 4－6 所示，通过对国内废橡胶脱硫工艺相关专利的人工标引，可以看出传统的动态脱硫罐法相关专利占 42%，与目前我国大部分企业仍使用该方法进行生产的现状相符；脱硫助剂的相关专利占 17%，说明国内对各种环保助剂的开发越来越重视；螺杆挤出法相关专利占国内脱硫方法专利的 13%，由于其高于除动态脱硫罐法以外的其他脱硫方法，螺杆挤出法已成为下一代废橡胶脱硫的主要工艺方法。

如图 4－7 所示，从国内螺杆挤出法的专利申请趋势上看，从 2009 年开始螺杆挤出法的申请量开始大幅增长，到 2013 年达到 19 篇专利申请（发明专利存在 18 个月的公开滞后期，因此 2014 年、2015 年的数据低于实际数量）。

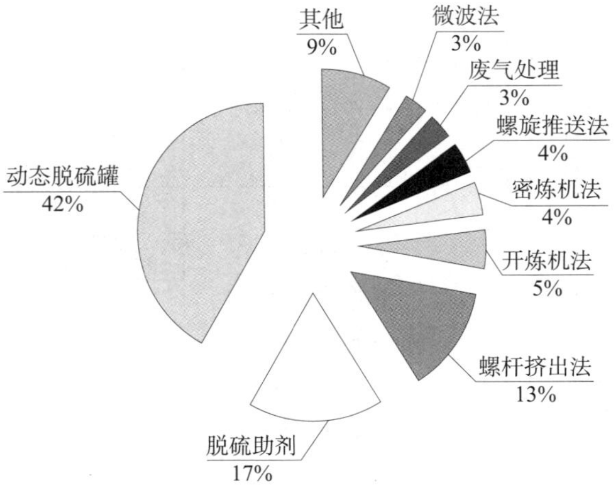

图4-6　国内脱硫专利技术分布

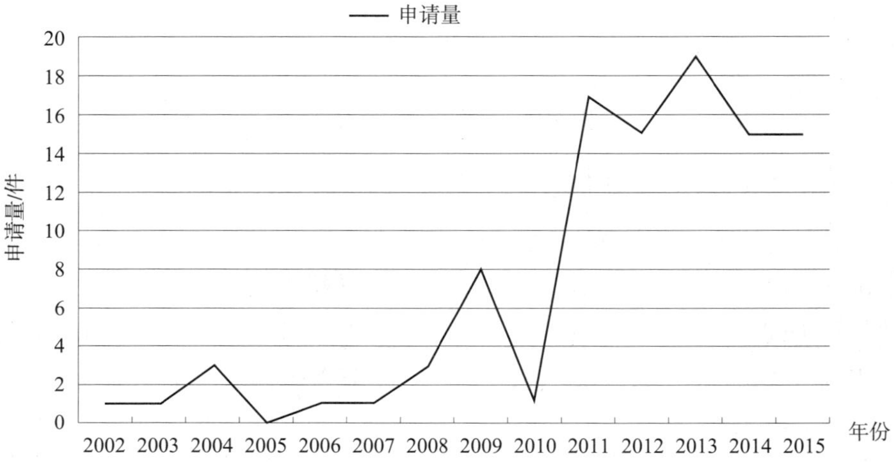

图4-7　国内螺杆挤出法相关专利的申请趋势

五、再生胶生产工艺优选方案

具体到技术领域，根据专家的建议，项目组对再生胶生产的四个环节：粉碎→脱硫→捏炼→环保，分别提出以专利为基础的可行性技术方案。

（一）粉　碎

我们通过对国内有关废橡胶粉碎技术相关专利文献进行分析并结合行业生产中实际使用情况发现，浙江菱正机械有限公司作为专利权人，共申请了8项废橡胶粉碎技术的相关专利，其涉及的技术领域覆盖了废轮胎粉碎流程中的8个核心技术环节，分别是切口、拉丝、破碎、粗碎，励磁磁选、气流分选、细碎、纤维胶粒分离（见图4-8）。

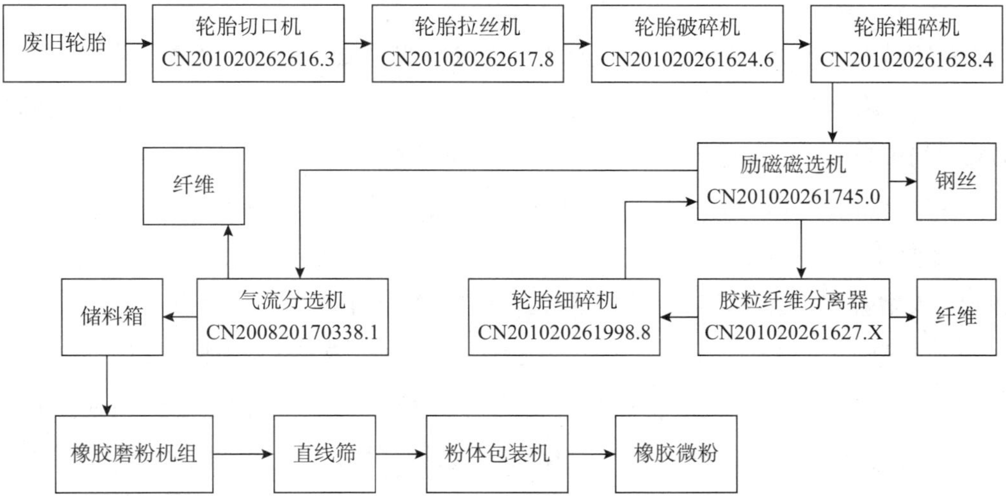

图 4－8　菱正机械废橡胶粉碎流程

（二）脱　硫

课题组对国内外有关常压连续脱硫工艺的相关专利文献进行分析，并重点关注了PCT 专利申请检索出 WO2015014057（A1），该专利的申请人是由中国台州中宏废橡胶综合利用有限公司，通过对专家和市场情况的调研，了解到该公司的专利设备目前已出口到国外并投入了实际的生产运营，具有一定的产业化价值。因此课题组对台州中宏废橡胶综合利用有限公司作为专利权人申请的所有专利进行了分析，发现其共申请专利12 篇。其中 WO2015014057（A1）（其优先权为 CN201310324885.6）（见图 4－9），内容涉及整个再生胶脱硫装置，包括：进料装置、塑化装置、冷却装置；而 CN201310324875.2、CN201420126753.2、CN201420061098.7 具体涉及塑化装置、进料装置的详细结构，构成完整的专利组合。

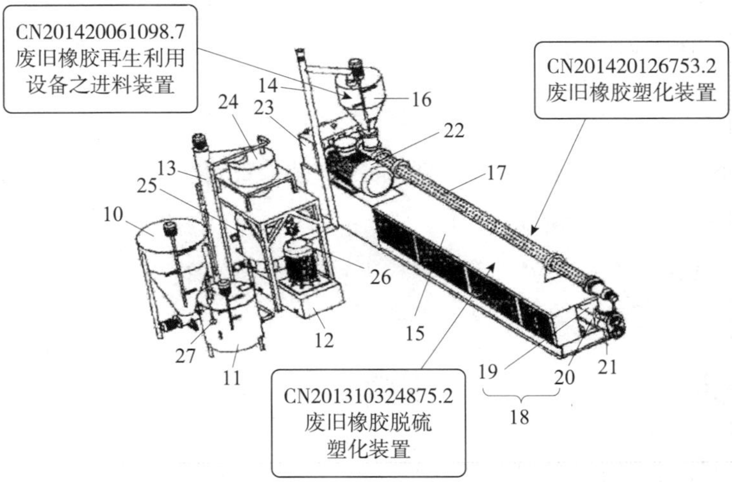

图 4－9　WO2015014057（A1）废橡胶脱硫设备示意图

（三）捏　炼

大连宝锋机器制造有限公司是专业化生产橡胶成套加工设备以及各行业专用大型轧辊的大型现代化生产企业，涉及开炼机和精炼机专利共13件。其中：CN201410214239.9和CN201410211882.6为其在再生胶捏炼技术方面的核心专利。

• 申请号：CN201410214239.9 专利权人：大连宝锋机器制造有限公司

该数控四辊炼胶机整机结构采用分部装配，动力部分改变为永磁电机驱动，辊距调节和刮刀调节都改为数字控制，实现了自动精炼（见图4－10）。

• 申请号：CN201410211882.6 专利权人：大连宝锋机器制造有限公司

新型三辊卷片机通过自动旋转将落料卷成圆柱筒状，自动称重装置根据落料重量自动旋转三辊位置，卷好圆柱型再生胶在切刀的作用下自动滚落，实现了自动控制（见图4－11）。

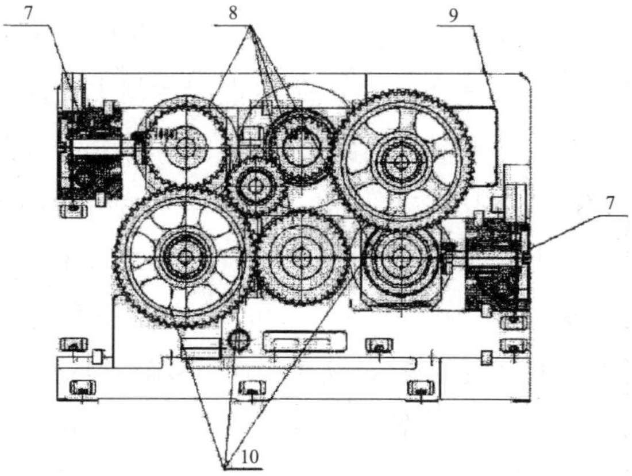

图4－10　CN201410214239.9
再生胶捏炼机示意图

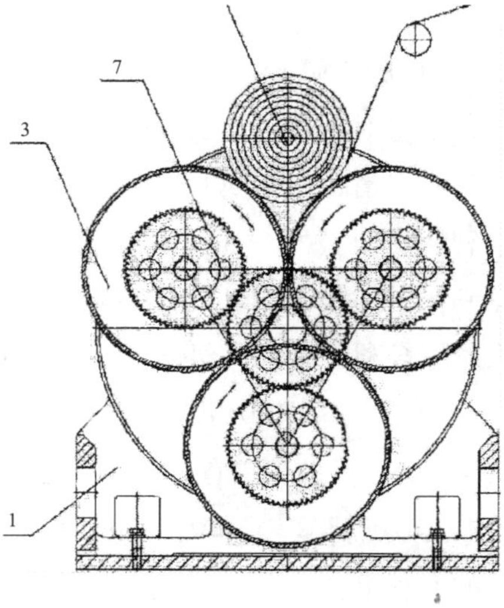

图4－11　CN201410211882.6
再生胶卷片机示意图

（四）环保

橡胶的再生加工过程，会产生大量夹杂各种杂质的高温有毒废气，将有废气排放之前就需要进行净化处理（见图4－12）。

• 申请号：CN201310148701.5 专利权人：天津东榛橡胶有限公司

六、小　结

通过对再生胶技术领域专利宏观分析及对脱硫工艺技术的微观分析，结合专利技术和产业发展的实际情况，我们从3个方面给出改进建议：

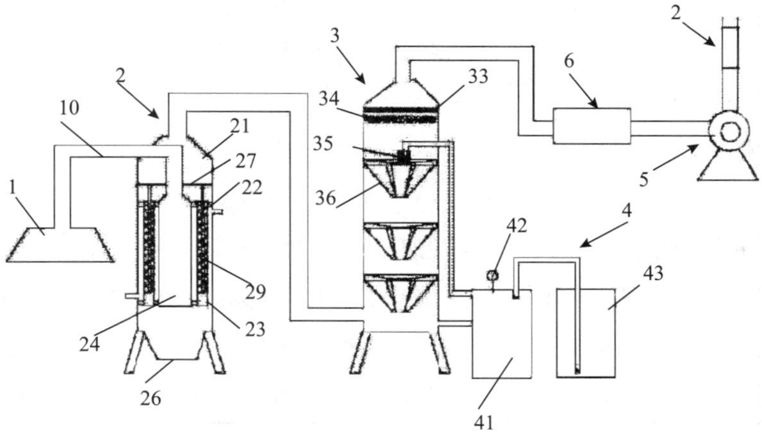

图 4－12　CN201310148701. 5 尾气处理设备意图

第一，加紧淘汰旧有设备，提高生产工艺设备的自动化率。

第二，改变传统的脱硫工艺，大力推动绿色环保的生产方式。

第二，加大对环保型助剂的研发，在生产环节中避免使用煤焦油。

第五章　废旧轮胎橡胶回收再利用行业发展建议

一、行业发展的问题

（一）政策方面

通过对国内废旧轮胎回收利用行业现状调研和与国外类似行业的对比分析不难发现：目前我国还没有一部全国性的关于废橡胶废轮胎综合利用方面的法律法规，用以规范生产者、消费者和利用者的责任，也尚未建立废旧轮胎处理基金，对废轮胎回收利用企业实施优惠补贴政策。

（二）管理方面

目前我国在废旧轮胎回收产业上的监管不足，没有直接对口管理单位对整个行业发展进行规划、管理和监控。具体表现为目前我国废旧轮胎回收利用企业分布零散，整个行业发展缺乏整体布局，利用企业普遍生产经营规模小，80% 以上为中小型企业。目前国内未见明显的技术优势企业，真正拥有核心技术和知识产权的企业少之又少，现有企业的市场竞争能力低，后续发展乏力。

（三）环保方面

目前行业内企业环保意识仍然不足或者说实施环保的动力不够，缺少有针对性的技术改进，无论是生产过程中的环保装置的设计改进还是生产工艺中所使用的环保助剂的相关专利申请都非常有限，说明我们的利用企业在生产工艺环保和环保助剂等方面的重视程度不够，技术投入不足。

（四）技术方面

1. 三种再生利用方式发展不平衡

国外主要的处理手段是直接进行热能转换，通过从资源利用、环境友好及环保投资、能源消耗等方面将这三种回收利用方式进行了对比，从对比中不难看出：胶粉是综合这些指标表现最优的一种利用方式，应用前景良好。在国外发达国家已将胶粉作为一种用来改变原有物质不足的新材料，大力开发胶粉的新用途。我国再生胶领域中国专利申请占全球申请量的60%，胶粉和热裂解领域的中国专利申请在全球专利申请中分别占30%～40%。由此可以看出，对胶粉领域的技术研发投入明显不足，利用开发程度也还明显不够（见图5－1）。

对比指标	再生胶	胶粉	热裂解	热利用
资源化利用率	较高	最高	低	最低
环境友好程度	最低	最高	较低	较低
单位环保投资	最高	最低	较高	较高
单位能源消耗	最高	较低	低	最低
单位投资成本	较低	较高	最高	最低
单位生产成本	较高	较高	低	最低
产品使用范围	较窄	广泛	窄	最窄

图5－1

2. 受传统观念限制再生材料应用领域和范围开发不足

目前我国的废轮胎回收利用企业仍以“追求再生胶的品质性能以代替天然橡胶用于生产”的观念生产再生胶，在专利申请中表现为技术主要集中在提升再生胶性能的方法专利，而国外，将再生胶作为一种新性能的原材料，添加到不同用途的混合材料中，拓宽了再生胶的应用范围。

3. 生产工艺自动化程度不高，技术创新不足

通过对再生胶领域涉及生产工艺的专利技术进行分析发现，专利申请中技术重复雷同较多，缺少核心专利技术和重大变革，难以提升生产设备的自动化水平。

二、行业发展建议

（1）从国家层面加强对废轮胎回收行业的立法工作，通过法律来规范和监管该行业的各项工作。一方面通过制定法律法规与国外的政策法规接轨，另一方面发挥政府更大

的作用，通过科学正确的政策引导给予企业更多支持。

（2）在管理方面建议尽快建立废旧轮胎回收利用管理部门，建立正规的回收利用系统。学习发达国家的做法，建立行之有效的管理机构对整个行业发展进行规划、管理和监控，加强管理监督手段，坚决淘汰关闭落后产能，切实推动整个行业科学良性的发展。

（3）废轮胎回收利用行业应当改变传统意识，转变观念，重新认识废轮胎回收利用产生的新材料的用途，积极大胆的探索回收资源的新用途和新性能，避免为无限趋近天然橡胶性能而牺牲环境。

（4）在再生胶领域技术领域我们应当采取专利领先战略，积极提高我们在设备、工艺方面的技术研发水平。

① 加强自动化设备的设计改进。建议今后在该领域的技术研究中尽量避免低质的重复性研究，注重生产工艺中各环节的设备集成化，设备自动化方面的技术革新，减少人工操作的危险，提高工作效率。

② 加强螺杆材料研究，降低螺杆损耗。针对利用螺杆塑化机生产再生胶作为再生胶工艺未来发展趋势，提高螺杆使用寿命就是当前主要需要解决的问题。通过分析发现关于螺杆设备性能研究已经有较好基础，建议技术人员应当注重从螺杆材质研究入手，降低螺杆损耗，进一步节约生产成本，为螺杆塑化剂进一步推广应用提供基础。

③ 加强环保助剂研发，彻底淘汰煤焦油。研制出能够代替煤焦油，对环境友好的环保助剂是当前再生胶领域应当关注的技术改进方向，目前虽然已有一些相关技术报道，但是未见其在生产实际中的应用效果。未来在生产设备不断改进的同时，加强这类环保助剂研制开发是当务之急。

④ 积极进行海外布局。我国生产的一些设备已开始进入海外市场，在一些国家和地区进行销售生产，建议行业参与者应当尽早注重技术的知识产权保护，提早进行海外布局，切实保护自身技术和利益。

（5）关于胶粉领域的建议。胶粉是具有较好应用前景的回收利用方式，在很多实际生产建设过程中能够发挥很大作用，但是目前我们投入和重视程度还不够。建议应当考虑对胶粉行业进行扶植，在技术研发和保护上积极学习国外的应用思路，进一步加大该领域生产及应用方向的研发，争取在该领域的发展上与国外同步。

（6）热裂解领域的技术发展受自身生产工艺尚不稳定的影响，又同样存在环境污染问题，目前整体发展还相当缓慢。国外同行也仅是作为一种研究方向并没有实际进行产业化，我们应该在该领域采取技术跟随战略，密切关注国外的研究动向，并结合我国生产实际，适时进行研发。

埃索美拉唑专利状况分析*

王玲玲　陈艳丽　李亚丽

摘　要　本文通过对质子泵抑制剂类药物埃索美拉唑的专利数据进行分析，了解埃索美拉唑相关专利的总体申请情况、主要技术拥有者和重点技术分布情况，通过专利地图的绘制，分析现有专利保护范围，找出其保护力度薄弱或者尚未覆盖到的地方，根据分析结果为国内医药企业提供建议。

关键词　埃索美拉唑　质子泵抑制剂　专利分析

一、引　言

埃索美拉唑（Esomeprazole）是奥美拉唑的S－异构体，分子式是$C_{17}H_{19}N_3O_3S$，CAS登录号是119141－88－7。埃索美拉唑是一种特异性的质子泵抑制剂（Proton Pump Inhibitors，PPIs），通过抑制胃壁细胞的H^+/K^+－ATP酶（质子泵）来抑制胃酸的分泌，从而有效治疗胃食管反流病、消化性溃疡等疾病。

2000年，埃索美拉唑的口服制剂最先在瑞典上市，2001年获得美国食品药品监督管理局（FDA）批准在美国上市，商品名为耐信（Nexium）。短短一年时间，在2002年，耐信就获得了“重磅炸弹”的荣耀，实现销售额19.78亿美元。2006～2010年，耐信每年销售业绩均在50亿美元左右。2011年，在全球最畅销药品前十位的排行榜上，耐信坐上头把交椅。

由于全球对埃索美拉唑临床疗效及安全性的高度认可，使它连续多年成为全球消化系统用药的第一位，并且在全球市场呈持续增长态势。因此在目前，美国食品药品监督管理局批准上市了许多的埃索美拉唑相关制剂，而国内市场上在售的只有阿斯利康的埃索美拉唑镁肠溶片和注射用埃索美拉唑钠以及重庆莱美药业的埃索美拉唑肠溶胶囊，市场回报也较为理想。美国FDA和我国CFDA批准上市的埃索美拉唑产品如表1、表2所示：

* 本文摘编自2015年全国专利信息传播利用基地专利信息分析利用与服务项目《埃索美拉唑专利战略研究》，课题负责人王玲玲。

表 1 经 FDA 批准上市的埃索美拉唑产品

	剂型	通用名	规格	生产商
口服制剂	片剂	埃索美拉唑镁肠溶片	20mg、40mg	ASTRAZENECA
	胶囊	埃索美拉唑镁肠溶胶囊	20mg	
	胶囊	埃索美拉唑锶肠溶胶囊	20mg、40mg	HANMI PHARM
	胶囊	埃索美拉唑镁肠溶胶囊	20mg、40mg	IVAX SUB TEVA PHARM
	胶囊			MYLAN PHARM
	片剂	埃索美拉唑萘普生肠溶片	ESO 20mg + NAP 375mg	DR REDDYS LABS LTD
			ESO 20mg + NAP 500mg	HORIZON PHARM
注射制剂	注射剂	注射用埃索美拉唑钠	20mg、40mg	ASTRAZENECA
		注射用埃索美拉唑钠	20mg、40mg	SUN PHARM GLOBAL

表 2 经 CFDA 批准上市的埃索美拉唑产品

	剂型	通用名	规格	生产商
口服制剂	片剂	埃索美拉唑镁肠溶片	20mg、40mg	ASTRAZENECA
	胶囊	埃索美拉唑肠溶胶囊	20mg、40mg	重庆莱美药业
注射制剂	注射剂	注射用埃索美拉唑钠	20mg、40mg	ASTRAZENECA

2014 年我国埃索美拉唑制剂的销售额已经超过 9 亿元，其市场增速高于 PPI 的平均增速，进一步说明，埃索美拉唑在我国医院及临床医生中认可度高。

本课题以埃索美拉唑为检索主题进行相关专利数据检索，分析埃索美拉唑相关专利的总体态势、重点申请人和重点技术分布情况，通过专利地图的绘制，分析现有专利所覆盖的技术范围，找出其保护力度薄弱或者是尚未覆盖到的地方，为国内企业自主知识产权保护方向提供参考。

二、研究方法

（一）数据检索

本报告的研究对象是埃索美拉唑相关专利状况，数据检索由初步检索、全面检索和补充检索 3 个阶段构成，采用的数据库包括德温特世界专利索引数据库、中国专利数据库、中国药物专利数据库和欧洲专利局专利文献数据库等。采用的检索入口包括化学结构式、关键词、公司代码、申请人和国际专利分类号等。检索截至 2015 年 6 月 30 日，初步清洗后获得专利或专利申请 709 件，所有同族及其在各个国家的分案合计为一件。

（二）数据分类

按照专利或专利申请的技术主题将检索到的专利数据分为6类：

（1）化合物（包括通式化合物、盐、前药和中间体）；

（2）晶型（包括晶型、无定型、消旋体）；

（3）合成或制备工艺（包括合成方法、制备盐或晶体的方法、手性体的拆分方法、制剂的制备工艺）；

（4）制剂/组合物（包括药物制剂和药物组合物）；

（5）用途（包括联合给药、药物适应症）；

（6）其他（包括检测和母核结构改造等）。

三、专利总体态势分析

（一）全球专利分析

1. 专利申请趋势分析

如图1所示，埃索美拉唑的全球专利申请主要分为4个阶段。第一阶段为1996～2001年，相关的专利申请较少，这一时期，将埃索美拉唑作为药物的市场并未大规模打开，属于原研厂商独占的专利布局期。第二阶段为2002～2007年，由于埃索美拉唑的药效逐渐被市场认可，相关的专利申请大幅提升。第三阶段为2008～2010年，由于技术的研究到了瓶颈期，埃索美拉唑的专利申请量出现阶段性下滑。第四阶段为2011年至今，由于埃索美拉唑的化合物专利即将到期，针对该药物改进技术的研究增多，相关专利申请量出现大幅增长。

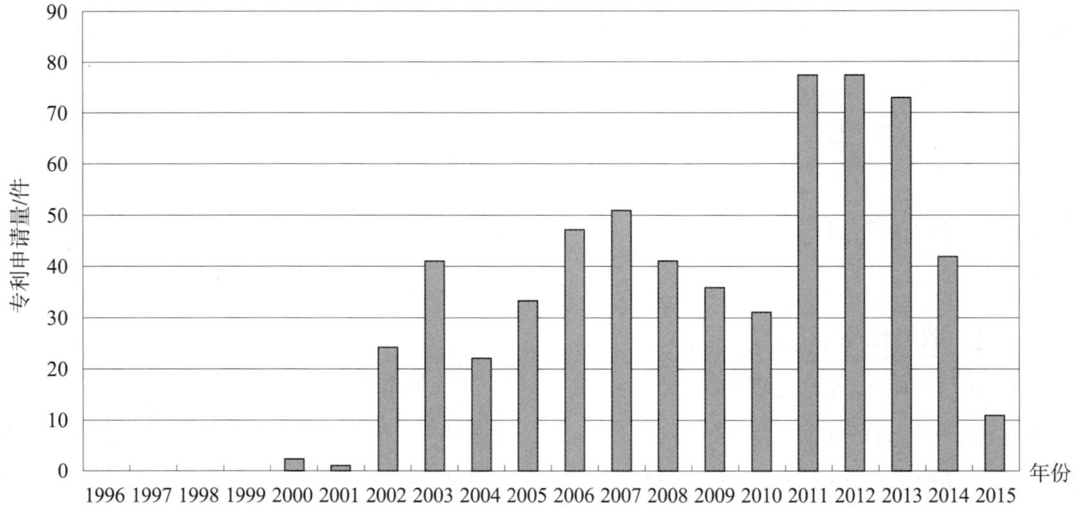

图1　埃索美拉唑全球专利申请趋势

2. 专利申请目标国家/地域

如图 2 所示，埃索美拉唑专利申请目标国/地域主要有中国、美国、欧洲、加拿大、澳大利亚、韩国、新西兰和日本，其申请分别占 33.8%、11.7%、7.5%、3.6%、3.3%、1.9%、1.1%和1.0%。相关企业纷纷进入我国进行专利布局，抢占中国市场；美国成为全球专利申请目标国/地域第二名，可能与其较高的制药水平和完善的投资融资体系相关；欧洲生活水平高，人们对于生活品质要求相对较高，且本土企业研发创新能力较高，因此各企业均把欧洲市场作为重要目标。

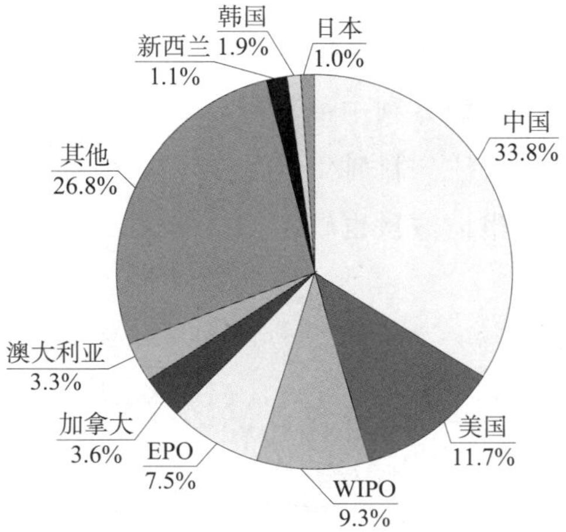

图 2　埃索美拉唑全球专利申请目标地域分布

3. 申请人分布分析

如表 3 所示，全球排名前十的申请人的申请量占据申请总量的 1/3，其中中国企业 2 家，印度企业 4 家，美国、英国、韩国和斯洛文尼亚企业分别各 1 家。我国企业，如寿光富康、奥赛康药业等企业应充分利用有利形势，不断加强研发实力，提高创新能力，开展专利申请与布局策略研究。

表 3　埃索美拉唑专利申请人/专利权人排名前十

序号	申请人	数量/件	占比/%	申请人国别
1	阿斯利康	80	11.3	瑞典
2	瑞迪实验室	52	7.3	印度
3	熙德隆集团（HETERO）	47	6.6	印度
4	西普拉	29	4.1	印度
5	韩美株式会社	21	3.0	韩国
6	LEK 制药	16	2.3	斯洛文尼亚
7	波赞公司	13	1.8	美国

续表

序号	申请人	数量/件	占比/%	申请人国别
8	寿光富康	12	1.7	中国
9	奥赛康药业	10	1.4	中国
10	NATCO 制药	7	1.0	印度
合计		287	40.5	—

4. 技术分布分析

如图 3 所示，从埃索美拉唑全球专利技术领域分布情况看，合成/制备工艺方面的专利申请量占据明显优势，药物专利中最基础、最核心的专利是对有效成分结构的保护，因而国内企业应当特别关注。制剂/组合物方面，则是通过药用辅料对药物临床应用形式做了改进，因此专利申请数量也较多，在用途方面的专利数量也占据了一定的比例。

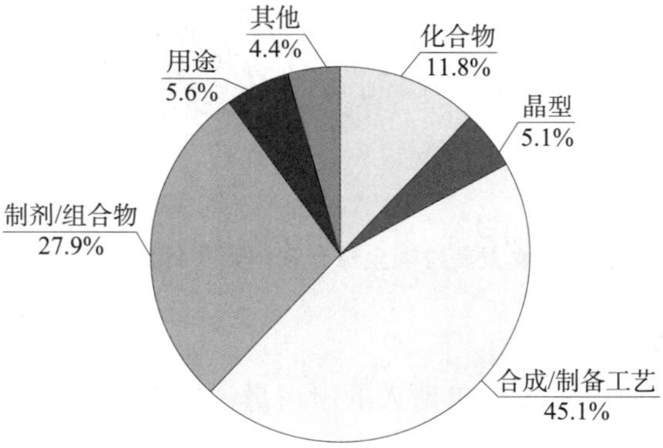

图 3　埃索美拉唑全球专利技术领域分布

从 ThemeScape 专利地图、图 4 可知，与埃索美拉唑相关的专利申请较多的三大主题是化合物相关专利、质子泵抑制剂相关专利及冷冻干燥制备工艺相关的专利。其中化合物专利中埃索美拉唑镁盐及其水合物的专利申请量最多，其次是钠盐及其制备而成可供注射用的冻干粉针剂型，另外，韩美株式会社开发的埃索美拉唑锶盐也是化合物专利的重要组成部分，且该产品制备成的肠溶制剂已经在国内进行注册申报申请。在这些核心专利之外，药物的治疗用途，药物新型给药形式包括包合物、多层片、微囊等，药物制剂加工过程中所涉及的新材料、新工艺，药物与萘普生等其他药物组合用药的情况等外围专利申请。

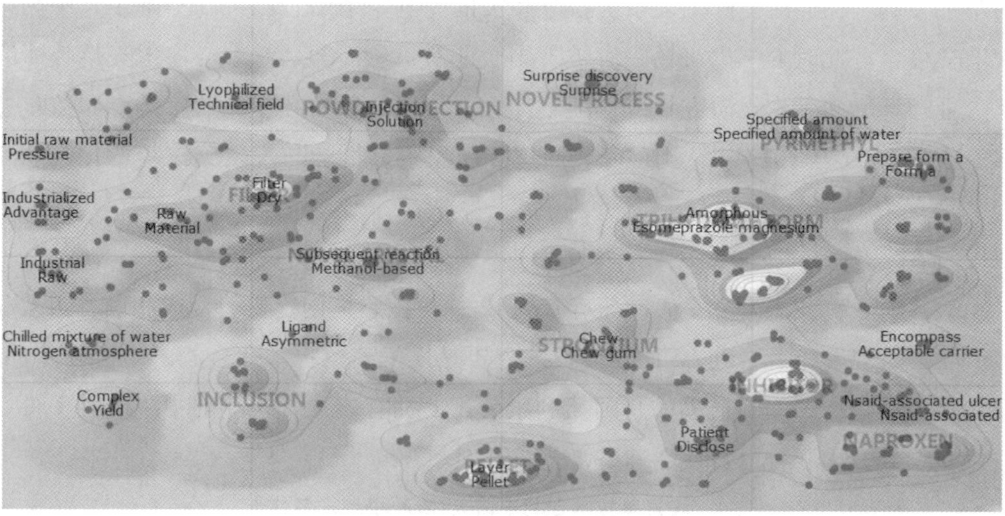

图4　埃索美拉唑全球专利 ThemeScape 专利技术领域地图

从 ThemeScape 专利地图中还可以了解到，化合物晶型结构的研究、固体制剂所用包衣材料的研究和化合物立体纯化方面的研究相对来说是基础专利中的空白点。鉴于晶型和化合物的立体构型对药物在体内的吸收、分布、代谢、排泄等有重要影响，并且埃索美拉唑相关产品的主流给药形式是肠溶制剂，因此，企业可以加强在晶体结构、光学异构体拆分和肠溶包衣层等领域的研究，积极布局相关专利申请。

（二）中国专利分析

1. 专利申请趋势分析

如图 5 所示，埃索美拉唑在中国的专利申请出现较晚，只有 2001 年由德国尼科梅德公司提出的关于埃索美拉唑的药物制剂的专利；到 2006 年，才有本国企业提出关于埃索

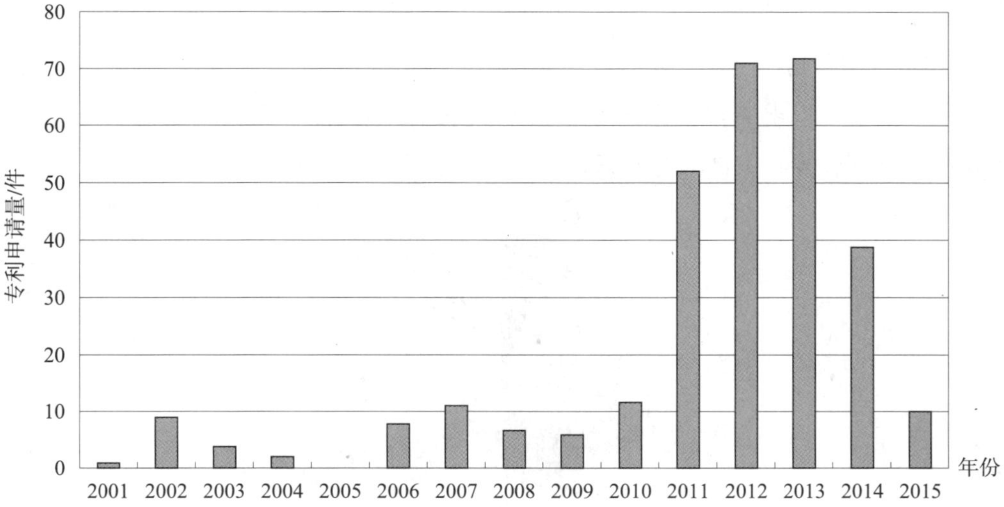

图5　埃索美拉唑中国专利申请趋势

美拉唑的专利，而此时国际上埃索美拉唑相关的专利申请数量已经在下降了，中国市场才稍有热度，但此时的国内市场一直被外国企业所占领。随后，参与埃索美拉唑研究的本国企业逐渐增多，本土研究投入也随之加大，与埃索美拉唑相关的中国专利数量急剧增多，在2011年至2013年达到顶峰，而这一现象很有可能与埃索美拉唑的化合物专利即将到期有关。

2. 申请人分布分析

由表4所示，我国寿光富康制药有专利12件，主要是化合物的合成和制备工艺相关的专利；江苏奥赛康有专利10件，涉及的主要是埃索美拉唑钠化合物、组合物及晶型。外国申请人来华申请专利最多的是阿斯利康公司，拥有埃索美拉唑的中国专利7件，专利技术主要涉及化合物的合成、制备工艺及制剂。

表4　埃索美拉唑专利申请人/专利权人排名前十

序号	申请人	数量/件	占比/%	申请人国别
1	寿光富康制药有限公司	12	3.9	中国
2	江苏奥赛康药业股份有限公司	10	3.3	中国
3	青岛正大海尔制药有限公司	7	2.3	中国
4	古木林科有限公司	7	2.3	中国
5	阿斯利康（瑞典）有限公司	7	2.3	瑞典
6	南京优科生物医药研究有限公司	6	2.0	中国
7	海南灵康制药有限公司	6	2.0	中国
8	哈药集团技术中心	6	2.0	中国
9	北大方正集团有限公司	6	2.0	中国
10	浙江亚太药业股份有限公司	5	1.6	中国
合计		72	23.7	—

3. 技术分布分析

如图6所示，埃索美拉唑中国专利技术领域主要为合成/制备工艺和制剂/组合物，基础核心的专利较少，大部分专利只是对成分和制备工艺及剂型的改进。

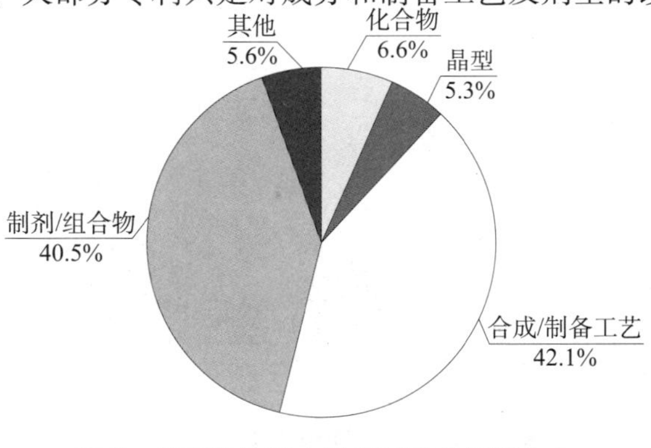

图6　埃索美拉唑中国专利技术领域分布

（三）美国专利分析

1. 专利申请趋势分析

如图7所示，美国在2000年出现了第一件专利申请。而从2003年开始，印度瑞迪实验室率先展开了在美国市场的布局，专利数量出现增加。到2004年，印度仿制药巨头熙德隆集团（HETERO）及阿斯利康公司相继进入美国市场，专利数量急剧增加。随后，可能由于全球金融危机及技术成熟度的发展，相关技术的研究逐渐减少。2011年后，美国专利申请急剧减少，而此时如中国这样的新兴市场的热度急剧增加，于是熙德隆集团（HETERO）和阿斯利康等大型企业纷纷转移阵地，开始了新一轮的市场争夺之战。

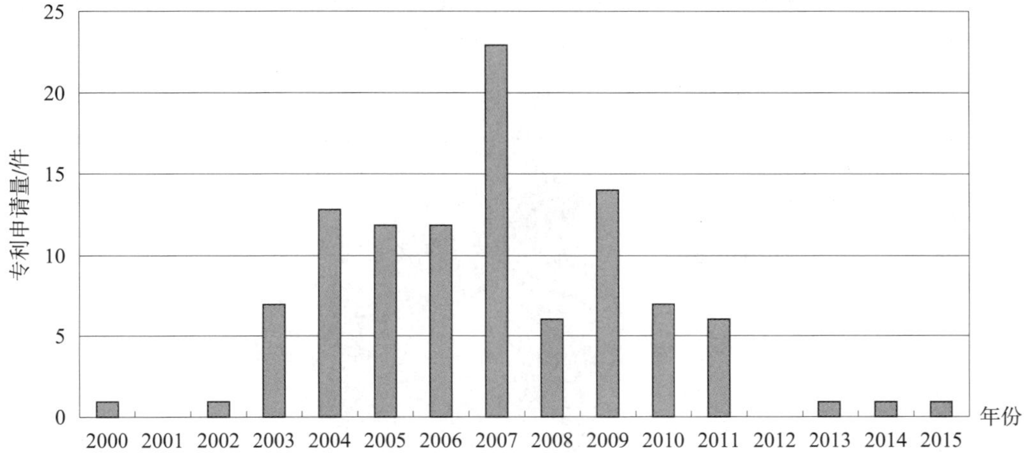

图7　埃索美拉唑美国专利申请趋势

2. 申请人分布分析

如表5所示，在美国市场，除本土企业提出大量的专利申请外，印度企业表现尤其抢眼，如熙德隆集团和瑞迪实验室，除了申请数量的优势，这些企业在美还提出了主要为化合物、晶型等涉及核心技术的专利申请。

表5　埃索美拉唑专利申请人/专利权人排名前十

序号	申请人	数量/件	占比/%	申请人国别
1	熙德隆集团（HETERO）	29	27.4	印度
2	阿斯利康	10	9.4	瑞典
3	瑞迪实验室	8	7.5	印度
4	波林马丁	4	3.8	美国
5	波赞公司（Pozen）	4	3.8	美国
6	格伦马克仿制药公司	3	2.8	美国
7	奥贝泰克药物化学有限公司	3	2.8	中国（加拿大独资）

续表

序号	申请人	数量/件	占比/%	申请人国别
8	西普拉	3	2.8	印度
9	地平线制药	2	1.9	美国
10	康纳玛哈幸公司	2	1.9	印度
合计		68	64.2	—

3. 技术分布分析

从专利技术领域分布情况来看，美国专利中化合物类基础核心专利比例明显比我国高，如图 8 所示。

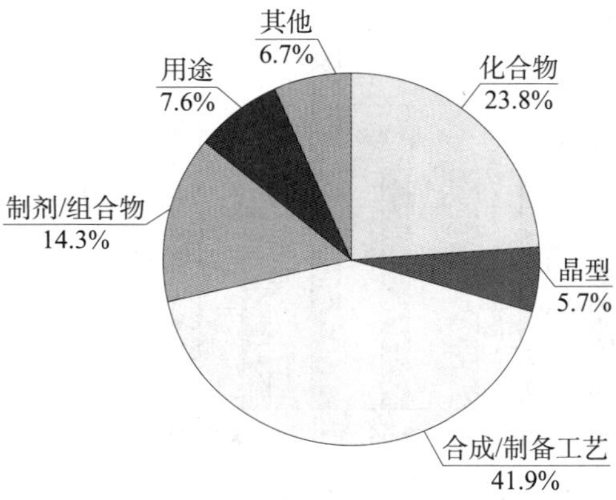

图 8　埃索美拉唑美国专利技术领域分布

四、重点申请人分析

本节对埃索美拉唑全球专利申请优势企业进行专利申请态势、区域分布和技术分布分析研究，结合企业研发能力、企业地区和性质、生产特点和专利申请情况等多方面综合考虑，选择了 5 家重点企业进行分析，揭示重点企业的专利部署和技术研发脉络。

（一）阿斯利康公司

如图 9 所示，阿斯利康（ASTRAZENECA）是一家全球性制药公司，成立于 1913 年，总部位于英国伦敦，研发总部位于瑞典，由前瑞典阿斯特拉公司和前英国捷利康公司于 1999 年合并而成，是埃索美拉唑的原研公司，它在奥美拉唑的基础上进一步研究，拆分出一种临床效果良好的 S－异构体。2000 年，埃索美拉唑的口服制剂最先在瑞典上市，2001 年获得 FDA 批准在美国上市。2003 年，阿斯利康开发的注射用埃索美拉唑钠最先在瑞典上市，2005 年获批在美国上市。自上市以来，耐信一直是阿斯利康制药有限公司的拳头产品，多年来为公司赚得巨额的利润。

1. 专利申请趋势分析

阿斯利康公司拥有埃索美拉唑相关专利申请 80 件。从 1994 年发现埃索美拉唑这一活性成分开始，相关研究持续不断，在 2002 ~ 2006 年的时间里，专利申请数量迅速上升。而截至检索日，2013 年之后却未检索到相关专利申请。

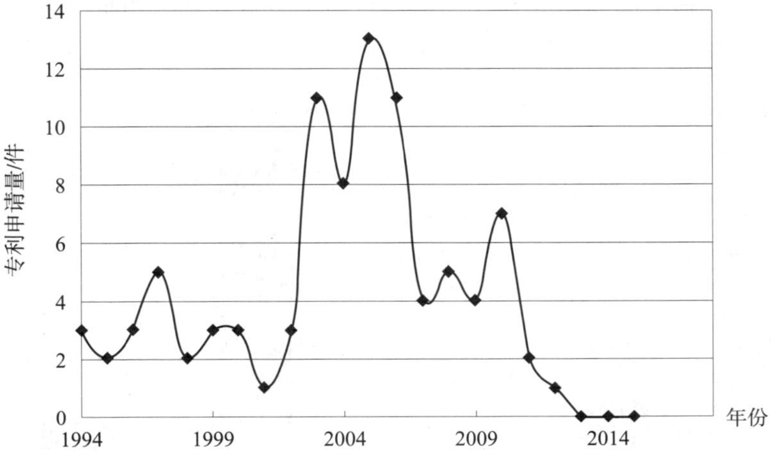

图 9 ASTRAZENECA 专利申请趋势

2. 专利布局分析

如图 10 所示，加拿大、美国和中国是阿斯利康相关专利申请的主要目标地域，其专利申请主要涉及化合物及其衍生物的合成和制备方法。

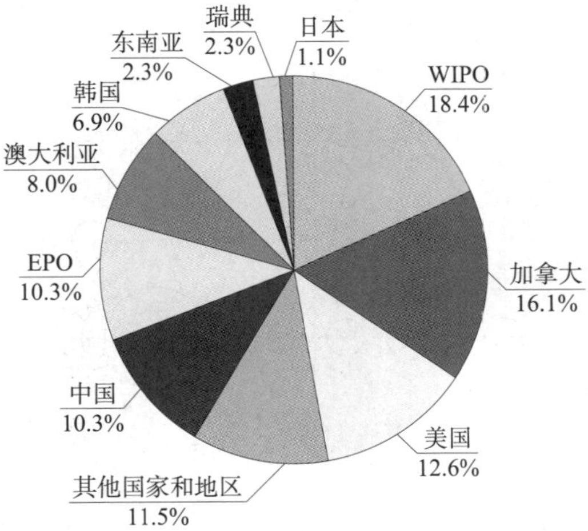

图 10 ASTRAZENECA 专利区域分布

3. 技术分布分析

从技术分布来看（见图 11），阿斯利康在化合物、制备工艺、制剂或组合物以及用途方面均有专利申请，化合物专利占比 27%，用途专利占 17%，制剂或组合物专利较少。从技术方向随年份的变化来看，在研发初期，阿斯利康主要以化合物和制备工艺的专利申请为主，制剂或组合物以及用途专利申请较晚。阿斯利康公司对埃索美拉唑的专利保护的策略先是从化合物开始，申请某结构通式的基本化合物专利以及化合物的制备方法专利，而后是到一个结构相对具体的代表性化合物专利，然后是化合物衍生物专利、化合物中间体专利，继之以药物组合物、药物制剂专利、药物治疗用途专利，通过对产品深入研究开发过程中的创新和发现，进行全面的专利布局，组成一个专利保护网络，尽可能延长从中获益的时间。

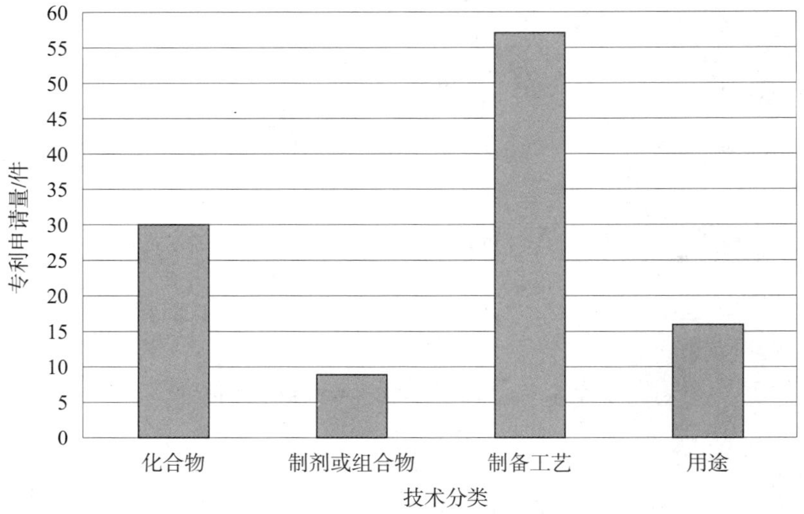

图 11　ASTRAZENECA 的技术分布

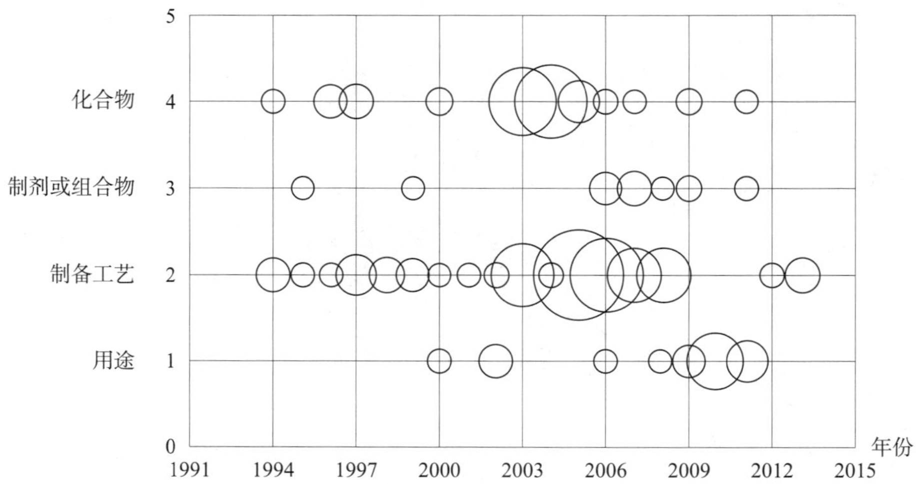

图 12　ASTRAZENECA 不同技术方向专利申请量随时间变化

4. 重点专利分析

从被引证次数、同族专利数量、技术要点和法律状态等多方面综分析考虑，阿斯利康公司核心专利4件。（1）新型S－奥美拉唑（申请号SE9702065）：在美国、欧洲、日本、韩国等50多个国家均有申请，共102件同族。该专利保护了S－奥美拉唑的镁盐三水合物以及制备方法；（2）包含奥美拉唑的药用制剂（申请号SE19980003772）：在挪威、澳大利亚、日本、中国、以色列等20多个国家申请了专利，有29件同族，该专利保护使用特定浊点的HPC作为肠溶衣层和隔离层的肠溶制剂，克服奥美拉唑和埃索美拉唑化学性质相对不稳定以及进入体内释放速度不稳定的问题。（3）改进的奥美拉唑制备方法及其组合物（申请号US19980169231）：在奥地利、澳大利亚、巴西、加拿大等16个国家均有专利申请，共28件同族，该专利保护了化合物的制备方法，所得产物纯度和产率较高。（4）合成苯并咪唑化合物的方法（申请号SE0203092）：在欧洲、加拿大、韩国、挪威等20多个国家均有专利申请，共46件同族，该专利保护了化合物的制备方法。

（二）瑞迪实验室

瑞迪博士实验室成立于1984年，是总部设在印度海德拉巴的一家原料制剂一体化的跨国制药公司，市场涉及印度、美国、欧洲、俄罗斯等全球100多个国家和地区。2011年与阿斯利康签订合作协议，得到生产埃索美拉唑通用名药物的权利。

1. 专利申请趋势分析

如图13所示，瑞迪实验室专利申请共52件。从2003年开始申请埃索美拉唑相关专利，时间上稍晚于阿斯利康公司，但瑞迪实验室专利申请较为集中，仅2003年一年的时间里专利申请量13件，对该药品的专利保护形成一个保护网络。此后专利申请量有所下降，申请专利的内容主要是在之前研究成果的基础上的适当改进和创新。从检索情况看，2012年之后未见相关专利申请。

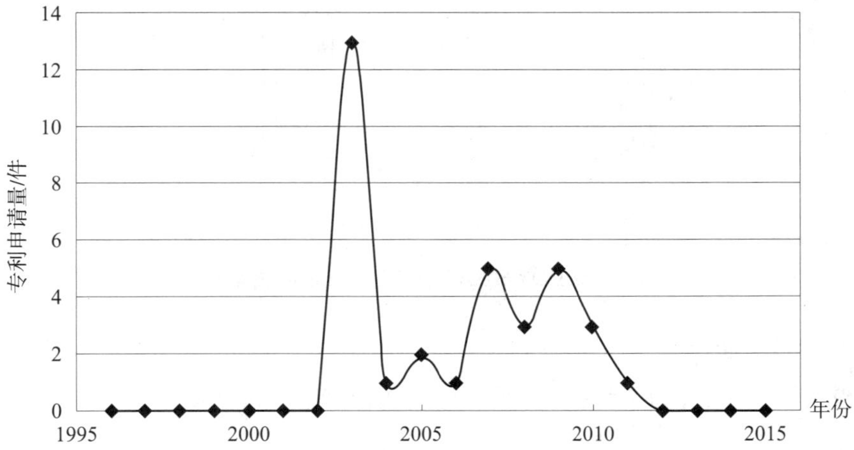

图13　REDDYS LABORATORIES专利申请趋势

2. 专利布局分析

如图14所示，瑞迪实验室的专利申请主要分布在世界知识产权组织、美国、欧洲专利局、澳大利亚和加拿大，其专利申请量分别占据公司申请总量的 46.2%、26.9%、11.5%、11.5% 和 3.8%。截至检索日，未检索到其在中国的专利申请。

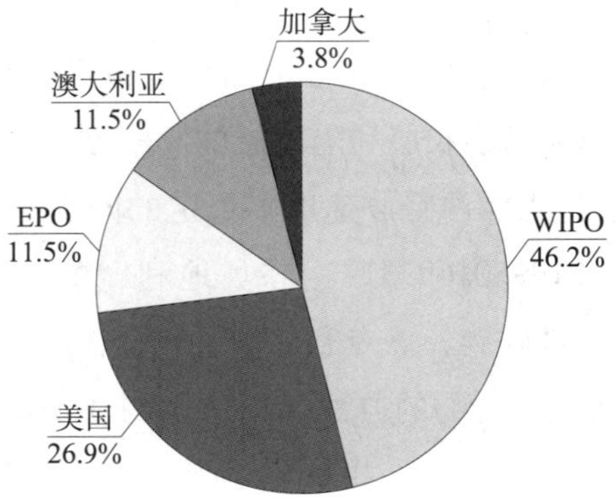

图 14　REDDY'S LABORATORIES 专利区域分布

3. 技术分布分析

如图 15、图 16 所示，瑞迪实验室的专利申请主要在化合物领域，占申请总量的 53%。于 2003 年首次提出申请，随后直到 2011 年一直持续有相关专利申请。在制备工艺方面，瑞迪的专利申请集中于 2003 ~ 2010 年，在制剂或组合物方面，并且仅在 2003 年和 2009 年各提出 2 件专利申请。

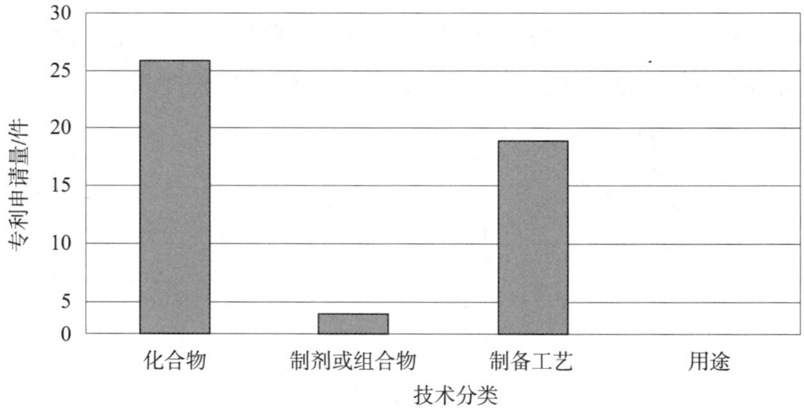

图 15　REDDY'S LABORATORIES 的技术分布

4. 重点专利分析

通过被引证次数、同族专利、技术要点和法律状态等多方面综合分析考虑，得到瑞迪实验室比较重要的 2 件专利。（1）埃索美拉唑镁非晶水合物及其制备方法（申请号 US20030651306）：被引证次数 13 次，有 5 件同族，保护了一种适合工业化生产的非晶形态的埃索美拉唑镁三水合物及其制备方法和用途。（2）埃索美拉唑镁三水合物 II 晶型及其制备方法（申请号 US20030716200）：被引证次数 8 次，有 3 件同族，保护了一种有良好的水溶性、生物利用度和再现性的特定晶型埃索美拉唑三水合物及其制备方法。

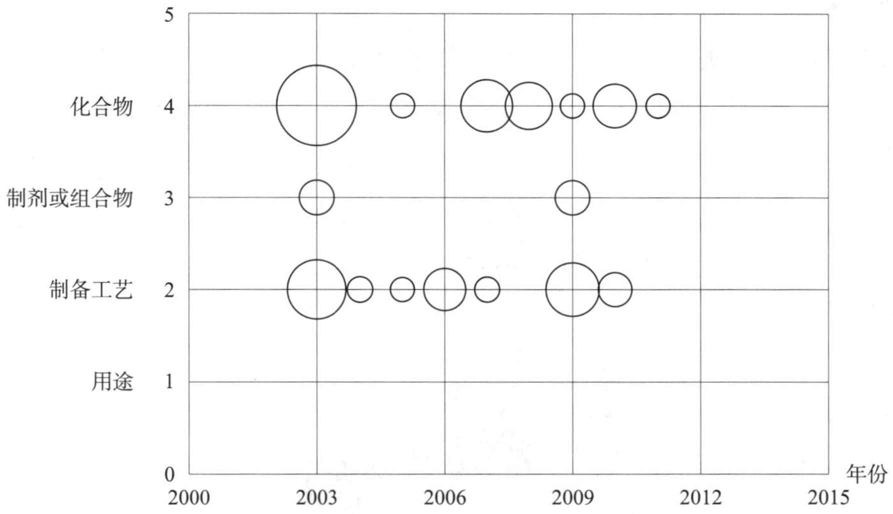

图 16　REDDY'S LABORATORIES 不同技术方向专利申请量随时间变化

（三）韩美株式会社

韩美药品株式会社成立于 1973 年，是韩国最有影响力的品牌制药公司，于 2008 年向 SFDA 提请埃索美拉唑锶肠溶胶囊的注册申请，但最终被拒。2013 年，其产品在美国上市，与阿斯利康的埃索美拉唑产品形成竞争。

1. 专利申请趋势分析

如图 17 所示，韩美株式会社在埃索美拉唑相关药品的专利申请共 21 件。2005 年开始有相关专利申请，研究起步较晚，但 2006 年申请迅速增长，此后偶尔出现的专利可能是对药物研发过程中某个环节或技术的改进和更新。

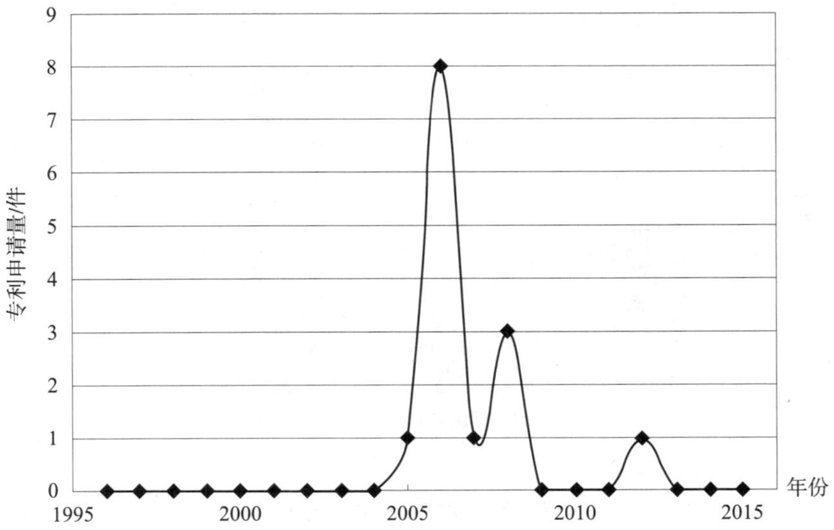

图 17　HANMI 专利申请趋势

2. 专利布局分析

如图 18 所示，韩美株式会社的专利申请主要分布在欧洲专利局、加拿大、澳大利亚、韩国等。此外，该公司在以色列、俄罗斯、南非、墨西哥和莫桑比克这些国家也有专利申请，但申请量较少。

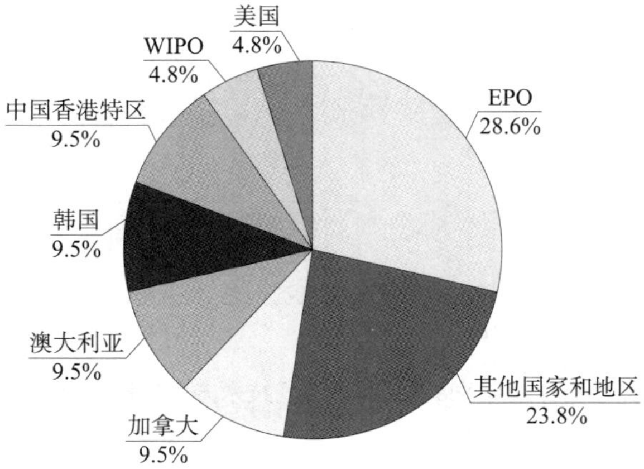

图 18　HANMI 专利区域分布

3. 技术分布分析

如图 19、图 20 所示，韩美株式会社制备工艺方面的专利申请量最大，占总申请量的 61%，其次是化合物相关专利申请，占比 30%。化合物和制备工艺方面的专利申请集中于 2006~2008 年提出，主要涉及埃索美拉唑的新型盐。

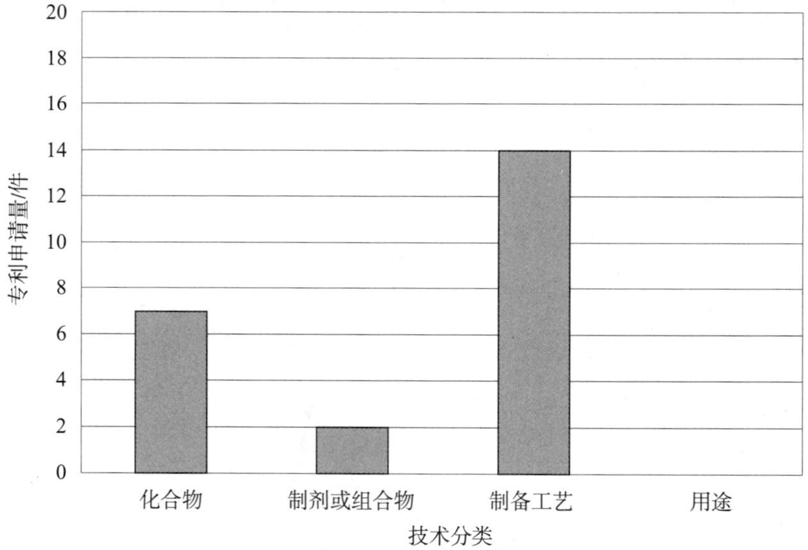

图 19　HANMI 的技术分布

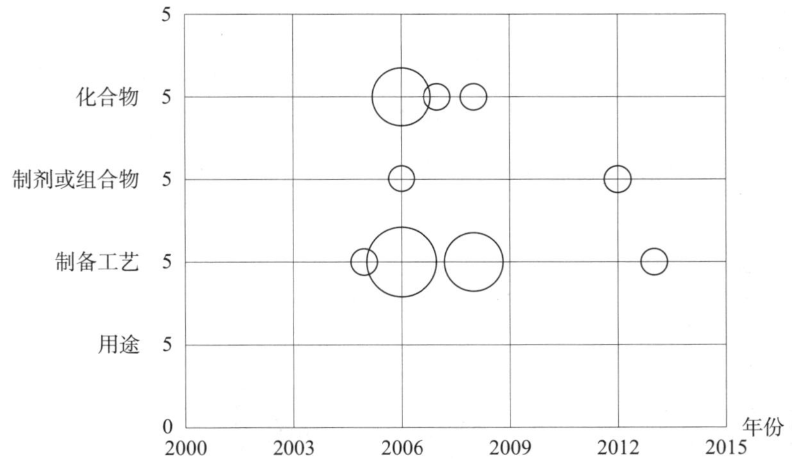

图 20　HANMI 不同技术方向专利申请量随时间变化

4. 重点专利分析

通过被引证次数、同族专利、技术要点和法律状态等多方面综合分析考虑，得到韩美公司比较重要的 2 件专利。(1) 埃索美拉唑及其盐的制备方法（申请号 KR20050068761）：被引证 9 次，同族专利 14 件，保护制备旋光纯的埃索美拉唑及其盐的旋光拆分方法，其产品具有高光学纯度。(2) S－奥美拉唑锶或其水合物，相应制备方法以及相关的药物组合物（申请号 KR20050068761）：有 24 件同族，该专利保护了锶盐的制备方法及其在口服和注射给药中应用。

（四）寿光富康制药有限公司

寿光富康制药有限公司创建于 1993 年，从事化学原料药、固体制剂、医药中间体等的研发、生产和销售。在奥美拉唑相关化合物的产销量居国内首位。

1. 专利申请趋势分析

寿光富康制药有限公司共申请埃索美拉唑相关专利 12 件，从 2011 年开始申请，在 2012 年的申请量最多，共有 6 件，见图 21。

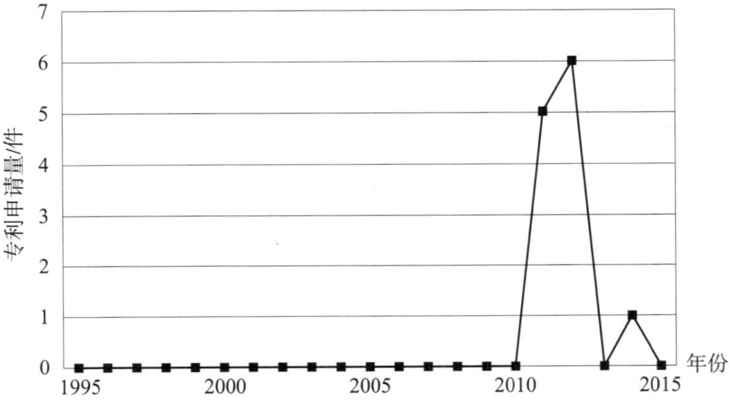

图 21　寿光富康制药有限公司专利申请趋势

2. 技术分布分析

如图 22、图 23 所示，寿光富康制药有限公司的专利申请在合成或制备工艺方面共 9 件，占申请总量的 75% 。制备工艺方面 2012 年的申请量最大。相关研究明显晚于国外，主要进行埃索美拉唑制备工艺的研究。

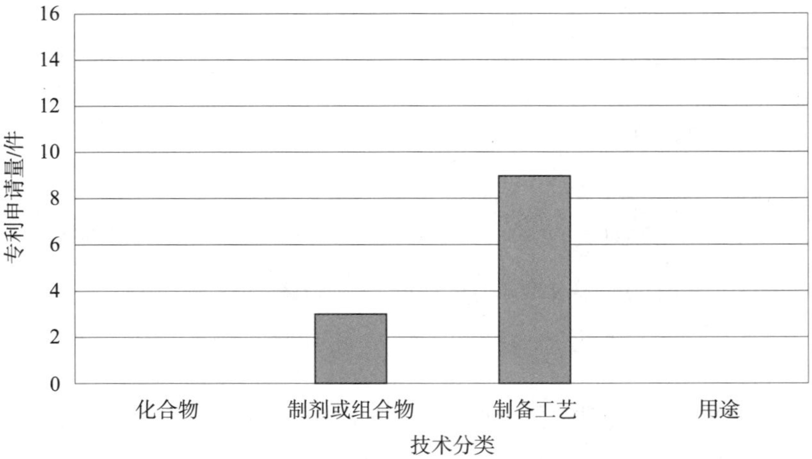

图 22　寿光富康制药有限公司的技术分布

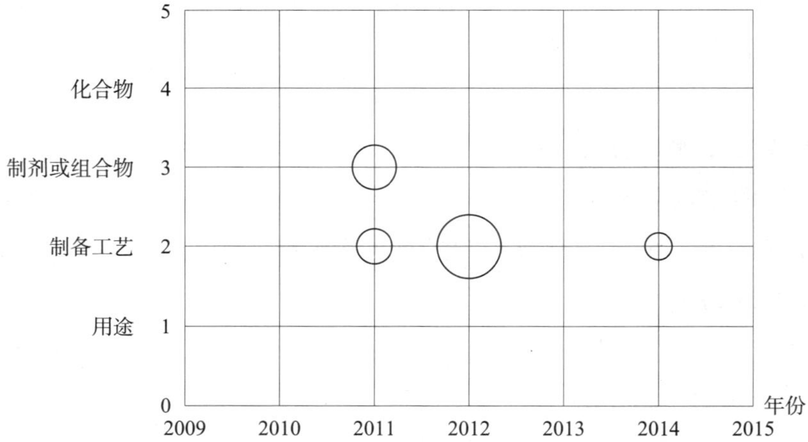

图 23　寿光富康不同技术方向专利申请量随时间变化

3. 重点专利分析

寿光富康涉及埃索美拉唑的专利申请仅在中国提出，因此通过技术要点和法律状态两方面综分析考虑，得到比较重要的专利有 2 件。（1）一种埃索美拉唑镁肠溶微丸的制备方法（申请号 CN201110007462. 2）：该专利保护了通过改善药物制剂处方，制备高稳定性和高生物利用度的埃索美拉唑肠溶微丸。（2）埃索美拉唑的制备方法及埃索美拉唑盐的制备方法（申请号 CN201210574772. 7）：该专利保护一种易于工业化生产的埃索美拉唑的合成方法。

（五）奥赛康药业

江苏奥赛康药业有限公司成立于2003年，主攻PPI领域，开发了奥西康（注射用奥美拉唑），于2006年10日16日核准。后续对注射用奥美拉唑钠生产工艺进行改良。同时，奥赛康正在研究开发奥美拉唑钠的单一异构体，即埃索美拉唑钠。

1. 专利申请趋势分析

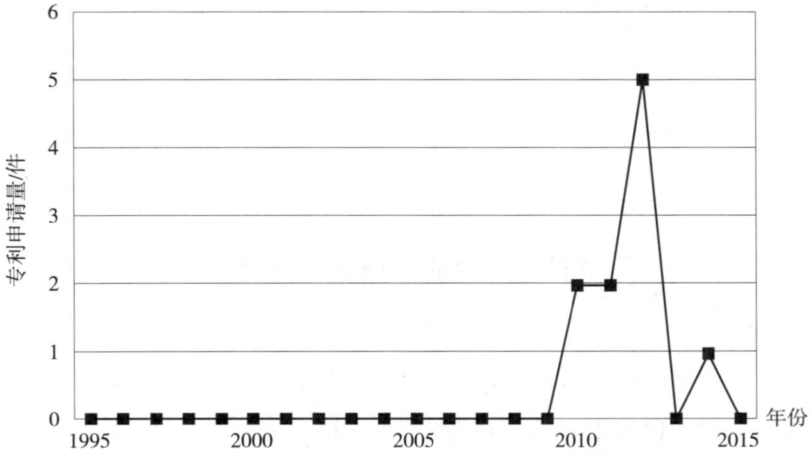

图24　奥赛康药业专利申请趋势

如图24所示，奥赛康药业共申请埃索美拉唑相关专利10件，最早在2010年提出，在2010年、2011年、2012年和2014年分别申请专利2件、2件、5件和1件。

2. 技术分布分析

奥赛康药业的专利申请集中在制剂或组合物以及制备工艺两个方面，各有5件专利申请，没有化合物以及用途相关专利。制剂/组合物方面，最早于2010年提出申请，制备工艺方面的专利申请集中于2011年和2012年。奥赛康在埃索美拉唑的研究较晚，主要是开发制剂，对制备工艺也有一定改进（见图25、图26）。

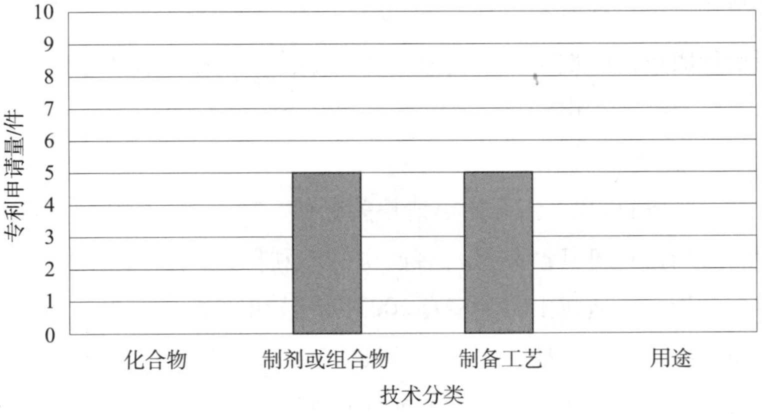

图25　奥赛康的技术分布

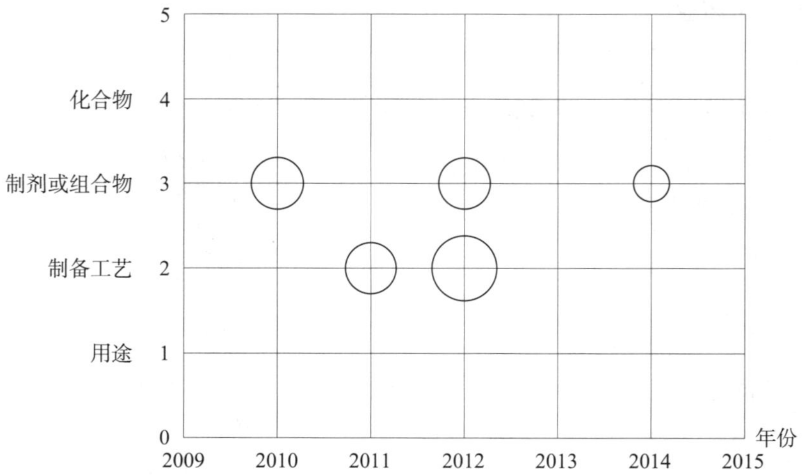

图 26　奥赛康不同技术方向专利申请量随时间变化

3. 重点专利分析

奥赛康涉及埃索美拉唑的专利申请仅在中国提出，所以通过技术要点和法律状态两方面综分析考虑，得到比较重要的专利有 2 件。（1）一种供注射用的埃索美拉唑钠组合物及其制备方法（申请号 CN201010505392.9）：该专利保护一种能够保证热源、可见异物和不溶性微粒的埃索美拉唑钠注射剂。（2）一种埃索美拉唑药物组合物及其制备方法（申请号 CN201210284347.4）：该专利保护了一种经低温冷冻干燥的方法制成的辅料少、稳定性高的制剂。

五、结论和建议

（一）结　论

1. 专利申请总体情况

埃索美拉唑相关的全球专利申请始于 20 世纪 90 年代，最早的专利申请是由该产品的原研公司阿斯利康申请的埃索美拉唑的化合物专利。国内专利申请起始于 1998 年，早期的专利基本上是国外来华申请。

2. 重点申请人情况

原研公司阿斯利康自 1994 年开始申请相关专利，在美国、欧洲、加拿大等多个国家或地区进行专利布局，且对其产品进行多层次的专利保护，在化合物、制剂、制备方法和用途方面均有申请；瑞迪博士实验室自 2003 年开始申请相关专利，主要集中于化合物和制备工艺方面；韩美株式会社自 2005 年开始有相关专利申请，其相关研究主要为埃索美拉唑的新型盐开发和对合成或制备工艺进行的改进。

中国的原料药生产企业寿光富康与奥赛康制药在埃索美拉唑化合物方面有较多的专

利申请，此外，沈阳药科大学、中国科学院上海有机化学研究所以及中国科学院成都有机化学研究所在埃索美拉唑化合物方面的研究也有一定的基础。

3. 技术领域分布情况

埃索美拉唑相关的专利申请中，化合物相关的专利申请量较多，其次是和质子泵抑制剂与冷冻干燥相关的专利申请。在化合物相关的专利申请中，镁盐及其镁盐水合物的专利申请量最多，其次是钠盐、锶盐相关的专利申请，这几种盐形式的化合物制备成制剂时活性成分本身的稳定性较好。

（二）建　议

1. 加强晶体结构、光学异构体拆分和肠溶包衣层等领域的研究

从现有专利布局情况看，晶体结构、光学异构体拆分和肠溶包衣层相关的专利申请较少，而晶体结构和化合物的立体构型对药物在体内的吸收、分布、代谢、排泄等有重要影响，同时埃索美拉唑药物市场主流的给药形式是肠溶固体制剂，肠溶包衣层相关的研究对该药物发挥药效也有至关重要的作用。因此，国内相关企业可以加强在晶体结构、光学异构体拆分和肠溶包衣层等领域的研究，积极布局相关专利。

2. 关注寿光富康制药、江苏奥赛康等国内企业

目前，江苏正大天晴制药、江苏奥赛康制药、江苏豪森制药、山东罗欣、南京优科、成都苑东、重庆福安、寿光富康、辽宁海思科、西安利君等制药企业向国家食品药品监督管理局提出埃索美拉唑相关产品注册申报申请，并且寿光富康和江苏奥赛康药业拥有较多的埃索美拉唑相关专利。虽然目前这两家企业主要是做埃索美拉唑原料药相关的产品，其在制剂方面也有研究，而且有专利申请，只是目前还没有埃索美拉唑相关制剂产品的上市。因此，建议国内相关企业对这些企业后续的动向予以重点关注。

辽宁省汽车增压器行业发展情况研究*

林德明　郝涛　杨中楷　薛军　石立华

摘　要　本文介绍了国内及辽宁汽车增压器行业发展情况，从全球专利申请、在华专利申请情况分析汽车增压器专利技术总体情况，以全球专利申请、在华专利申请、辽宁省专利申请为三个维度分别分析了涡轮增压器和机械增压器的专利技术，提出了辽宁省增压器行业的对策建议。

关键词　辽宁增压器　专利技术分析　IPC 代码共现　对策

一、汽车增压器行业发展情况

1. 我国汽车增压器行业的发展情况

汽车增压器技术是机动车实现节能减排的核心技术。2014 年我国的涡轮增压器销量达到 552 万台，相比 2005 年的 150 万台，增长 402 万台，年均复合增长率达到 17.69%。国内涡轮增压发动机将成为今后乘用车动力的发展方向，这种情况一方面促进了整车企业和发动机企业加快研发涡轮增压发动机产品并不断采购涡轮增压器，另一方面也为国内增压器行业积极扩充产能，拓展市场提供了有利条件。此外，开拓海外市场已成为当前国内增压器行业发展的趋势。

国内增压器行业在发展过程中也暴露出许多突出的问题，尤其是产品质量参差不齐，国内自主增压器企业仍然欠缺研发实力和研发投入等。要解决当前增压器行业发展中存在的问题，首要解决的是增压器企业自身必须要形成提升技术水平的主观思想，在发展过程中必须注重自主研发能力的培养，切实可行地在技术研发和生产设备、技术方面进行改进。

2. 辽宁省汽车增压器行业的发展情况

辽宁省的汽车增压器产业普遍具备比较扎实的生产基础，除了拥有华晨集团这样的大型汽车制造企业，大连理工大学、中国科学院沈阳分院、沈阳理工大学等一批科研机

---

* 本文摘编自 2015 年全国专利信息传播利用基地专利信息分析利用与服务项目《辽宁省汽车增压器行业发展研究》，课题负责人胡权林，主要研究人员：杨晓姝、田叶、王德骐、孙季强、庄晓旭。

构，还在丹东凤城形成了产业集群。

但是，辽宁省汽车增压器行业也面临着众多国内外竞争对手特别是国际企业的严峻挑战。因此，如何提升产品的核心竞争力进而提高产品的技术含量，最终增加产品利润的附加值，成为辽宁省汽车增压器行业迫在眉睫的问题。

二、汽车增压器的总体专利技术分析

（一）研究范围和专利数据范围

1. 研究范围

本课题的研究范围确定为涡轮增压器和机械增压器两大部分。本报告中的中文专利分析选取了由辽宁省知识产权信息中心建立的汽车零部件产业专题数据库，而全球专利分析则利用汤森路透集团的德温特专利数据库。

汽车增压器的技术分解表 2－1 如下：

表 2－1　汽车增压器的技术分解表

一级技术	二级技术	三级技术
涡轮增压器	进气系统	旁通阀、进气管、法兰
	压缩系统	涡轮、叶轮、喷嘴环
	驱动系统	轴芯、轴封、转子、轴承
	结构设计	涡壳、整机设计、连接部件、支架
机械增压器	进气系统	进气管
	压缩系统	转子、叶片
	驱动系统	曲轴、皮带、齿轮
	结构设计	整机设计、支架

2. 专利数据范围

专利引用资料包括七国两组织范围（中国、美国、日本、德国、英国、法国、瑞士、欧洲专利局、世界知识产权组织）的专利文摘数据，数据库选择德温特专利数据库（DII）。各国数据的公开（公告）日截止年限为：

中文：1985～2015.7

德温特专利数据库：1985～2015.7

检索日：2015 年 7 月 15 日

（二）全球专利申请分析

1. 申请趋势

随着汽车增压技术在商用车上的推广应用，增压技术开始不断发展。

至2015年7月止，本课题范围内的汽车增压器技术的专利申请共计40 439件。图2-1的专利申请件数趋势分析显示了三个阶段，一是1985~1993年的调整阶段，二是1994~1999年的初升阶段，三是1999年以后的高速增长阶段。

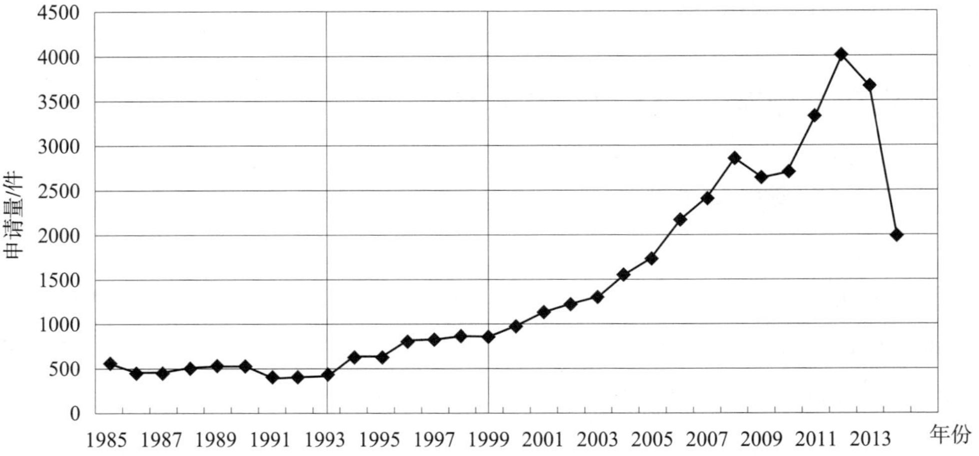

图2-1 全球汽车增压器专利申请趋势

2. 主要技术分支

对于汽车增压器主要技术分支的分析，选用国际专利分类代码（IPC）来描述技术内容，见表2-2。

表2-2 全球汽车增压器专利的高频IPC代码

IPC代码	申请量	主要申请人	说明
F02B037/00	3687	丰田、三菱	带有至少一部分时间由排气驱动的泵的发动机
F02B037/12	3285	戴姆勒、博格华纳	泵的控制
F02D023/00	3146	丰田、马自达	以增压为特点的发动机的控制
F02B039/00	3047	石川岛播磨、博格华纳	带泵发动机的部件、零件或附件
F02M025/07	2283	丰田、福特	加入排出气体的
F02C006/12	2160	戴姆勒、博世马勒	涡轮增压器，即通过增加充气压力而增大活塞式内燃机机械功率输出的装置
F02B037/18	1671	丰田、博格华纳	使排气分流
F02B037/24	1599	丰田、石川岛播磨	利用带有可调导向叶片的泵或涡轮
F02B033/44	1512	福特、霍尼韦尔	自泵至发动机进口的导料管，如贮气器
F02C007/00	1342	斯奈克玛、联合技术	不利用气体的燃气轮机装置的部件、零件或附件；喷气推进装置的进气管

从高频IPC代码可以看出，增压器技术主要分为一般内燃机和燃气轮机两个部分，其中一般内燃机是乘用车最常见的动力形式，其专利所占的比例相当高，还有少部分专

利（4000 件左右）是燃气轮机的涡轮增压技术。

从图 2 -2 可以看出，全球的增压器技术主要围绕一般发动机（q51）和燃气轮机（q52）两个内容展开，而它们之间的技术由自动电子（X22）、泵（q56）、一般测试方法（s02）、交通工具的附件与服务（q17）这几个重要技术代码组合在一起，而且增压器的控制技术、数码技术以及供排气技术围绕着 q51 和 q52 两个中心，是目前增压器行业的热点技术。

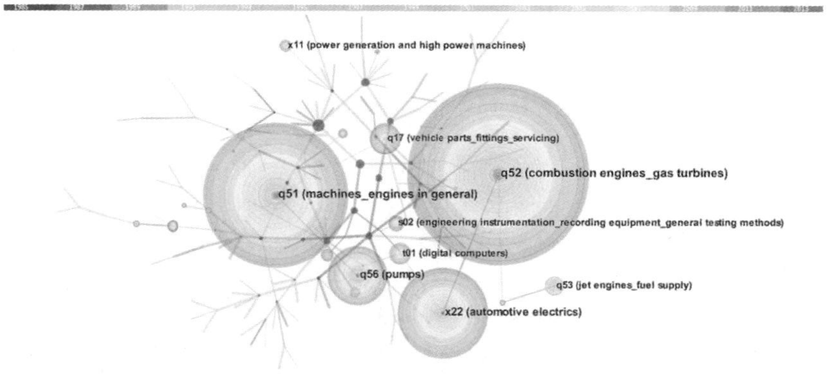

图 2 -2　全球汽车增压器专利的德温特手工代码共现网络

3. 主要申请人

如表 2 -3 所示，全球汽车增压器专利申请的主要申请人（专利申请量大于 500 的）均为外国企业，申请量最多的为日本的丰田汽车公司。

表 2 -3　全球汽车增压器专利的主要申请人

主要申请人	所属国家	申请量	技术领域
丰田	日本	1899	机械、自动车及其零部件的生产
斯奈克玛	法国	1813	推进技术和飞行设备
联合技术	美国	1365	航空航天的科技产品与服务
通用电气	美国	1225	消费电器、工业电器设备
三菱	日本	1048	船舶、车辆、飞机、导弹、发动机、航天器及一般器械的生产
石川岛播磨	日本	842	造船、飞机、重型机械
戴姆勒—克莱斯勒	德国/美国	790	汽车制造
现代	韩国	751	汽车制造
西门子	德国	669	电子电气工程
博世	德国	646	汽车技术、工业技术和消费品及建筑技术
霍尼韦尔	美国	596	自控产品的开发与生产
福特	美国	583	汽车制造
博格华纳	美国	529	汽车动力系统解决方案

（三）在华专利申请分析

1. 申请趋势

汽车增压器技术领域内，中国专利申请共计 4909 件，其中发明专利 3106 件，实用新型 1671 件，外观设计 132 件。专利申请趋势显示，在华专利申请在 2000 年以前较少，从 2001 年开始快速上升，并一直保持着上升的趋势（见图 2－3）。

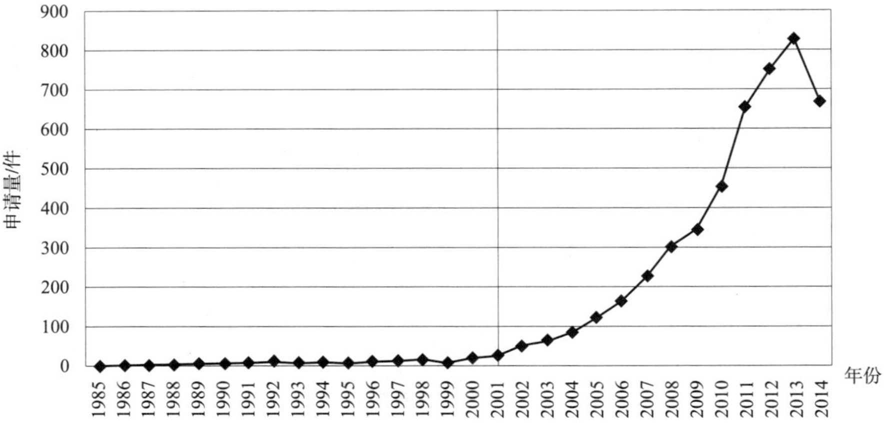

图 2－3　在华汽车增压器专利申请趋势

2. 省市分布

图 2－4 显示，从国内的汽车增压器专利的申请数量来看，排在前七位的江苏、上海、山东、浙江、湖南、北京、安徽位列第一梯队；而辽宁与重庆、广东、黑龙江、河北、天津、湖北、山西、广西为第二梯队；而其他省（市）的专利申请量比较少。

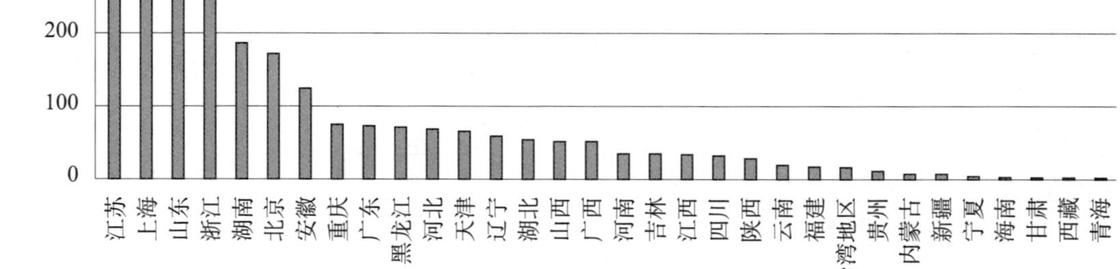

图 2－4　在华汽车增压器专利的国省分布

3. 主要技术分支

对于汽车增压器在华主要技术分支的分析，同样选用国际专利分类代码（IPC）来描述技术内容（见表2－4）。

表2－4 在华汽车增压器专利的高频IPC代码

IPC代码	申请量	主要申请人	说 明
F02B037/00	313	博格华纳、浙江科劲涡轮增压器有限公司	带有至少一部分时间由排气驱动的泵的发动机
F02B039/00	251	三菱重工、重庆江增机械有限公司	带泵发动机的部件、零件或附件
F02B037/12	227	上海交通大学、通用汽车	泵的控制
F02B037/18	153	福特、霍尼韦尔	使排气分流
F02M025/07	135	福特汽车、上海交通大学	加入排出气体的
F02B037/22	125	上海交通大学、博格华纳	使排气通道或空气通道的截面改变
F01D017/16	116	博世马勒涡轮系统有限公司、霍尼韦尔	采用喷嘴叶片
F02B039/14	110	山东合力增压器有限公司、潍坊市明冠节能科技有限公司	泵的润滑；安全措施
F02B037/24	93	北京理工大学、克诺尔商用车制动系统有限公司	利用带有可调导向叶片的泵或涡轮
F01D025/16	89	常州环能涡轮动力有限公司、无锡明珠增压器制造有限公司	轴承的布置；轴承在壳体中的支承或安装

从IPC代码共现网络可以看出，中国的汽车增压器技术主要以F02B039/00（带泵发动机的部件、零件或附件）、F02B37/00（带有至少一部分时间由排气驱动的泵的发动机）和F02C006/12（涡轮增压器）三个代码为核心，围绕着驱动装置、机械增压器、泵的相关技术、增压器的加工与制造工艺、混合动力装置（有部分企业尝试研制电力的增压器）、发动机测试、增压器的电气控制七个重点技术领域展开。同时，可以看出机械增压器在汽车增压器领域中所占的比重非常小（见图2－5）。

4. 主要申请人

从在华汽车增压器申请量排前十位的主要申请人看，国外企业占了六成；日本企业2家（丰田、三菱）；而中国只有2家增压器制造企业、1家整车生产企业和1家高校（见表2－5）。

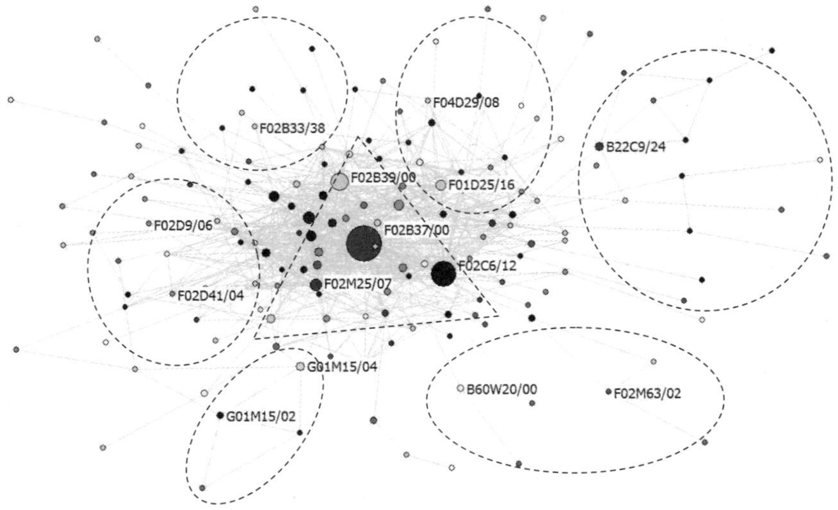

图 2－5　在华汽车增压器专利的 IPC 共现网络

表 2－5　在华汽车增压器专利的主要申请人

主要申请人	所属国家	专利件数	技术领域
博格华纳	美国	246	汽车动力系统解决方案
福特	美国	214	汽车及零部件的生产制造
上海交通大学	中国	208	磨具和数字化制造
湖南天雁机械有限责任公司	中国	147	发动机涡轮增压器、气门、冷却风机及配汽机构
霍尼韦尔	美国	136	自控产品的开发及生产
丰田	日本	120	机械、自动车及其零部件的生产
三菱	日本	68	船舶、车辆、飞机、导弹、发动机、航天器及一般器械的生产
通用汽车	美国	61	汽车及零部件的生产制造
常州环能涡轮动力股份有限公司	中国	60	涡轮增压器的制造
ABB 涡轮系统有限公司	中国/瑞士	52	涡轮增压器的制造

三、涡轮增压器的专利技术分析

（一）全球专利申请分析

1. 申请趋势

截至 2015 年 7 月，本课题范围内的涡轮增压器的专利申请共计 34 800 件。图 3－1

的全球涡轮增压专利申请趋势经过两个阶段，一是1993年以前的起步阶段，全球涡轮增压的专利申请增长比较缓慢；二是1994年以后的增长期，全球涡轮增压的专利申请增长快速上升。

图3－1　全球涡轮增压器专利申请趋势

2. 主要技术分支

如表3－1所示，在这些技术的主要申请人中，一般燃烧发动机的主要申请人是丰田、博格华纳、石川岛播磨等企业，燃气轮机的主要申请人是斯奈克玛、联合技术等。

表3－1　全球涡轮增压器专利的高频IPC分类代码

IPC代码	申请量	主要申请人	说　明
F02B037/00	3012	丰田、博格华纳	带有至少一部分时间由排气驱动的泵的发动机
F02B037/12	2815	戴姆勒、博格华纳	泵的控制
F02B039/00	2531	石川岛播磨、博格华纳	带泵发动机的部件、零件或附件
F02D023/00	2333	丰田、福特	其运动不是纯粹转动的非变容式机器或发动机
F02C006/12	2198	戴姆勒、博世马勒	涡轮增压器，即通过增加充气压力而增大活塞式内燃机机械功率输出的装置
F02M025/07	1814	丰田、福特	加入排出气体的
F02B037/18	1423	丰田、博格华纳	使排气分流
F02B037/24	1370	丰田、石川岛播磨	利用带有可调导向叶片的泵或涡轮
F02C007/00	1370	斯奈克玛、联合技术	喷气推进装置的进气管
F01D025/24	1222	斯奈克玛、联合技术	防振装置

从分类代码的共现网络可以看出，涡轮增压技术仍然是围绕着一般发动机（q51）和燃气轮机（q52）两个内容展开，而技术之间通过自动电子（x22）、泵（q56）和数字计算机（t01）这几个重要技术代码联系在一起；一般发动机更多地与交通工具的附件与服务（q17）联系在一起，燃气轮机则与燃料供给（q53）、发电机和高能设备（X11）紧密联系，见图3－2。

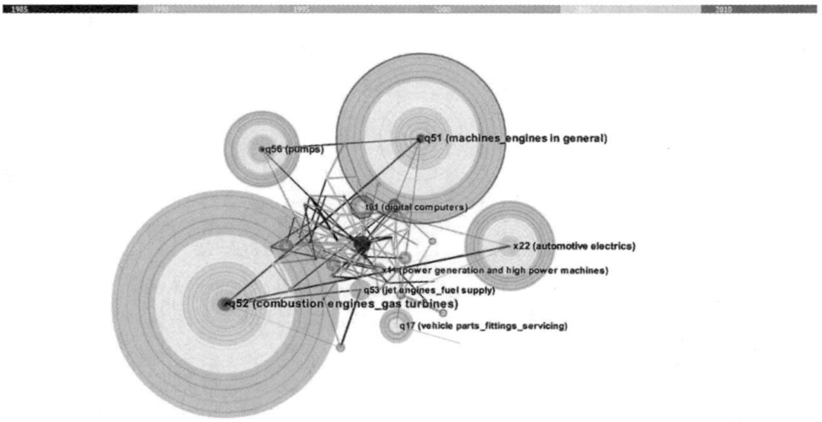

图3－2　全球涡轮增压器专利的德温特手工代码共现网络

3. 主要申请人

如表3－2所示，涡轮增压专利申请量大于500的共有13家，数量上与整个增压器行业的主要申请人相同，但是排序有所变化。

表3－2　全球涡轮增压器专利的主要申请人

申请人	所属国家	专利件数	主要技术领域
斯奈克玛	法国	1813	推进技术和飞行设备
联合技术	美国	1365	航空航天的科技产品与服务
丰田	日本	1277	机械、汽车及其零部件的生产
通用电气	美国	1221	消费电器、工业电器设备
三菱	日本	710	船舶、车辆、飞机、发动机、航天器及一般器械的生产
现代	韩国	709	汽车制造
戴姆勒—克莱斯勒	德国/美国	696	汽车制造
西门子	德国	662	电子电气工程
霍尼韦尔	美国	594	自控产品的开发与生产
石川岛播磨	日本	575	造船、飞机、重型机械
博世	德国	570	汽车技术、工业技术和消费品及建筑技术
博格华纳	美国	515	汽车动力系统解决方案
福特	美国	524	汽车制造

（二）在华专利申请分析

1. 申请趋势

至2015年7月止，涡轮增压器的在华专利申请共计4670件，其中发明专利2959件，实用新型1580件，外观设计131件。从专利申请件数趋势可以看出，中国的专利申请在2001年以前较少，2001年之后开始快速上升，并一直保持着上升的趋势（见图3－3）。

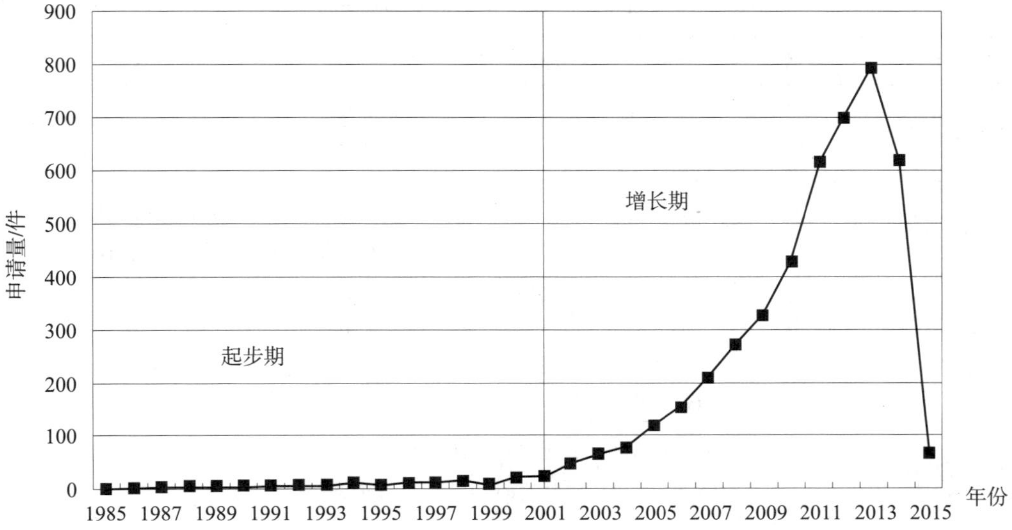

图3－3　在华涡轮增压器专利申请趋势

2. 省市分布

由图3－4所示，从国内的涡轮增压专利申请的国省分布来看，数量排在前七位的江苏、上海、山东、浙江、湖南、北京、辽宁位列第一梯队；安徽、重庆、广东、黑龙江、河北、天津、湖北、山西、广西为第二梯队；其他省（市）的专利申请量比较少。

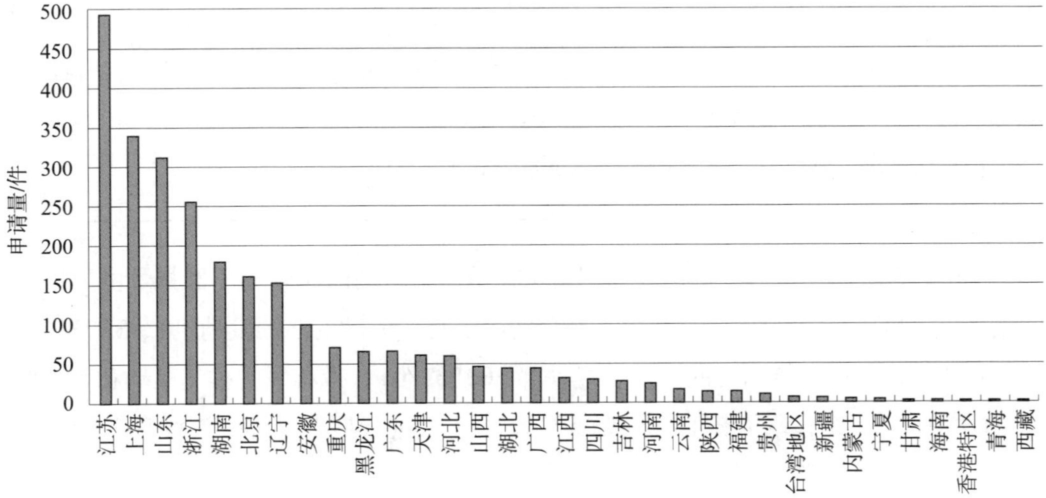

图3－4　在华涡轮增压器专利的国省分布

3. 主要技术分支

如表 3－3 所示，从前十位的高频 IPC 代码来看，主要技术基本都集中在 F02B（活塞式内燃机；一般燃烧发动机）中。此外，还包括了 F02M025/07（加入排出气体的）、F01D17/16（采用喷嘴叶片）、F01D25/16（轴承的布置；轴承在壳体中的支承或安装）三个其他大类的技术。

表 3－3　在华涡轮增压专利的高频主 IPC 代码

IPC 代码	申请量	主要申请人	说　　明
F02B37/00	303	上海交通大学、福特、博格华纳	带有至少一部分时间由排气驱动的泵的发动机
F02B39/00	247	博格华纳、三菱重工、湖南天雁	与至少一部分时间由排气驱动的泵的发动机有关，但没有包含在其中
F02B37/12	226	博格华纳、福特、上海交通大学	泵的控制
F02B37/18	151	福特、霍尼韦尔、丰田	使排气分流
F02M25/07	132	福特、上海交通大学、曼恩柴油机涡轮公司	加入排出气体的
F02B37/22	125	博格华纳、上海交通大学、康跃科技股份有限公司	使排气通道或空气通道的截面改变
F01D17/16	116	霍尼韦尔、三菱重工、康跃科技股份有限公司	采用喷嘴叶片
F02B39/14	109	山东合力增压器有限公司、常州市索特动力工程有限公司	泵的润滑；安全措施
F02B37/24	91	三菱重工、霍尼韦尔、湖南天雁	利用带有可调导向叶片的泵或涡轮
F01D25/16	89	无锡明珠、湖南天雁	轴承的布置；轴承在壳体中的支承或安装

如图 3－5 所示，从 IPC 代码共现网络可以看出，中国的涡轮增压器技术主要以中介中心性较高的 F02B37/00（带有至少一部分时间由排气驱动的泵的发动机）、F02B039/04（机械驱动装置；可变传动比的驱动装置）和 F02B37/04（带有泵的排气驱动和其他驱动装置的发动机）3 个代码为核心，围绕 6 个技术热点进行展开，即燃料喷射装置、进排气系统、涡轮驱动装置、燃烧技术、支撑机构和空气过滤装置，而其中燃气轮机的专利非常分散并且数量极少。

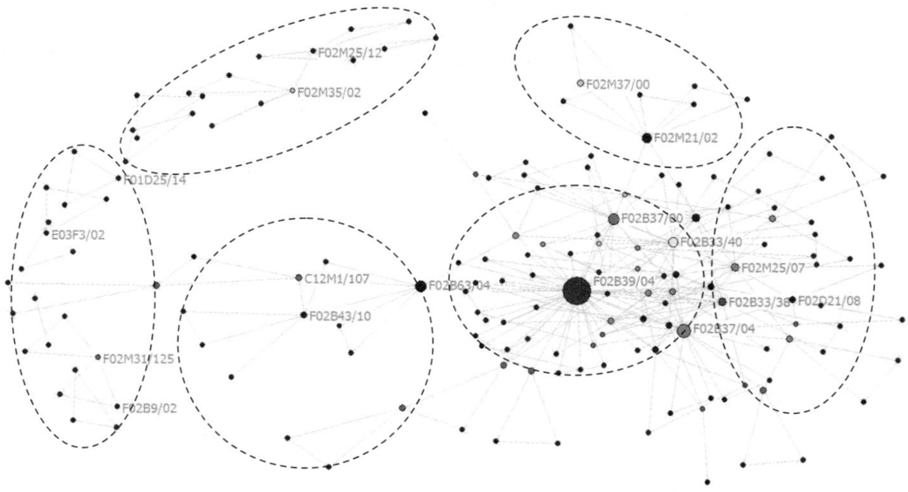

图 3－5　在华涡轮增压器专利的 IPC 共现网络

4. 主要申请人

从中国涡轮增压器申请量前十位的主要申请人可以看出，与汽车增压器的主要申请人相仿，外国企业占 60%，分别为 4 家美国公司，2 家日本整车制造商，还有 3 家中国企业和上海交通大学，如表 3－4 所示。

表 3－4　在华涡轮增压专利的主要申请人

申请人	申请量	所属国别	技术领域
博格华纳	244	美国	进气系统、驱动系统
福特	204	美国	进气系统、结构设计、驱动系统
上海交通大学	201	中国	进气系统、驱动系统
湖南天雁机械有限责任公司	147	中国	进气系统、驱动系统
霍尼韦尔	135	美国	进气系统、结构设计、压缩系统
丰田	119	日本	进气系统、驱动系统
三菱	68	日本	进气系统、驱动系统、压缩系统
通用汽车	60	美国	驱动系统、结构设计
常州环能涡轮动力股份有限公司	55	中国	驱动系统、压缩系统、结构设计
无锡明珠增压器制造有限公司	48	中国	驱动系统、结构设计

（三）辽宁省专利申请分析

1. 专利申请情况

自 1985～2015 年，辽宁省在涡轮增压器领域共申请专利 154 件，其中发明专利 57 件，实用新型 97 件；2008～2014 年仅 7 年就申请 121 件，占比 78.6%。从专利申请趋势可以看出，辽宁省的涡轮增压器技术分为两个阶段：2001 年之前，每年申请数量都小于 4 件，在 1986 年、1988 年、1989 年、1992 年、2000 年几个年份出现零，为准备阶段；2002 年之后，申请量开始大幅增加，虽然出现起伏，但是总体来说，还是进入了增长期（见图 3－6）。

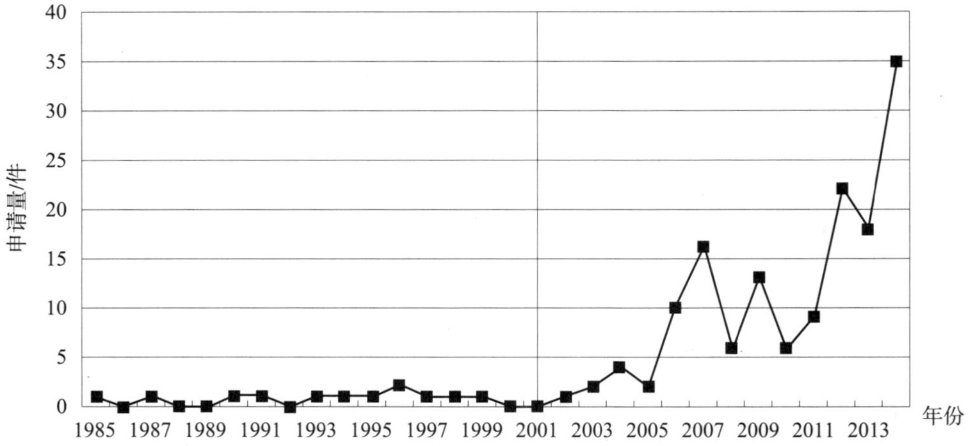

图 3－6　辽宁省涡轮增压器专利申请趋势

从图 3－7 可以看出，按照涡轮增压器的技术分支，分为阀动机构或装置、发动机进气机构、燃烧技术、涡轮增压器的整机设计、涡轮增压器的附件 5 个技术热点领域。

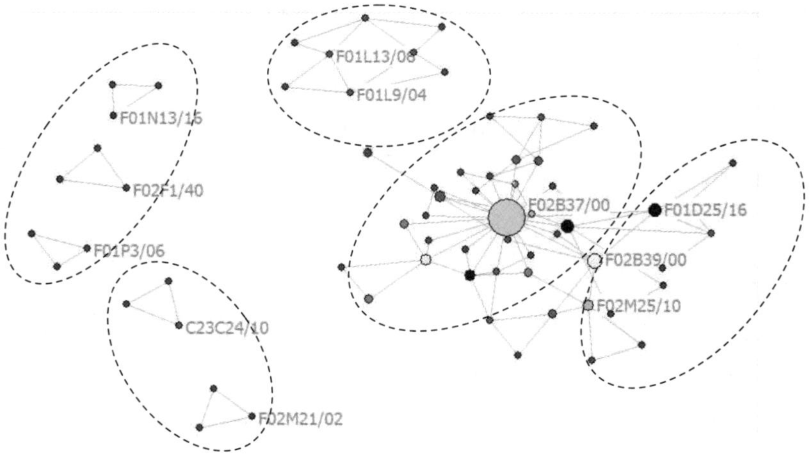

图 3－7　辽宁省涡轮增压器专利的 IPC 代码共现网络

辽宁省涡轮增压器行业申请量大于 4 的主要申请人有 12 家（见表 3－5）。

表3－5 辽宁省涡轮增压器专利的主要申请人

主要申请人	申请量	主要技术领域
中国北车集团大连机车研究所	25	内燃机车、动车及其传动装置和主要零部件的设计、检测和试制
徐超（凤城市雨鑫增压器厂）	12	增压器的生产、制造与修理
大连理工大学	10	发动机燃烧技术
华晨集团	9	发动机、汽车、客车等的制造
周彦学（凤城市涡轮增压器厂）	8	增压器制造
刘天成（凤城太平洋神龙增压器有限公司）	7	涡轮增压器，涡轮增压器配件，中小型模具
凤城市新动力增压器有限公司	6	研发、设计和生产涡轮增压器及其配件
沈阳航天三菱汽车发动机制造有限公司	6	发动机制造、装配
沈阳新光华翔汽车发动机制造有限公司	5	专业研发、生产汽车发动机
大连经济技术开发区泽通机械有限公司	4	机车增压器的制造
孙宇（凤城市东方增压器制造有限责任公司）	4	涡轮增压器
沈阳骏朗汽车零部件制造有限公司	4	汽车零部件的设计与制造

在主要申请人中，凤城的企业有5家，并且均为涡轮增压器生产制造企业，申请的技术基本集中于涡轮增压器的设计、涡轮增压器的附件加工制造。

2. 技术路线图

如表3－6所示，从技术路线图看，涡轮增压器的结构设计是发展比较完善的技术分支，尤其是整机设计和连接部件。但在整机设计中多为现有增压器结构的简单改进，多数专利为实用新型。从各技术分支来看：

（1）进气系统的专利技术也是从柴油机用涡轮增压器开始的。在旁通阀和法兰的技术研究中，辽宁省关注的并不多。

（2）压缩系统的专利技术主要集中在涡轮和叶轮，目前对导流叶片的控制是压缩系统的热点之一。

（3）驱动系统的专利申请，辽宁省的数量非常少，从2008年才开始起步，轴承是近两年专利申请的热点。

（4）结构设计主要包括涡轮增压器的结构设计（如涡壳、增压器内部整机设计等）和一部分发动机为涡轮增压器所作的设计或改造（如与增压器的连接、支架等），此类专利数量较多。目前的涡轮增压器主要关注于稳定性、可靠性的提高。

表 3－6　辽宁省涡轮增压器的技术路线

技术分支		1985～1987	1994～1996	1997～1999	2000～2002	2003～2005	2006～2008	2009～2011	2012～2015
进气系统	旁通阀								CN201220403549. 1
	进气管			CN98237761. 4		CN200410082729. 4	CN200620093080. 0	CN201110005925. 1	CN201310448436. 2
	法兰							CN200920016089. 5	
压缩系统	涡轮			CN99250379. 5			CN200620092096. X	CN200910187400. 7	
	叶轮						CN200720012228. 8	CN200920010086. 0	CN201420569301. 1
	喷嘴环								CN201310718268. 4
驱动系统	轴芯								CN201420848091. X
	轴封							CN201120423513. 5	
	转子								CN201220403101. X
	轴承								CN201420505191. 2
结构设计	涡壳								CN201420785400. 3
	整机设计		CN94229269. 3		CN02275590. X	CN200420031325. 8	CN200810012373. 5	CN2011200031938. 1	CN20142040681. 3
	连接部件	CN87203307					CN200620089090. 7		CN201310166987. X
	支架								CN201210113141. 5

3. 技术功效

针对提升性能、降低成本、提高可靠性和节能减排 4 项功效构建技术的功效图。

从图 3－8 可以看出结构设计整体发展良好，辽宁省涡轮增压器主要是通过改进整体设计提高产品竞争力，其中加强可靠性的专利达到 46 件，性能优化达到 33 件，可见增压器内部结构和附件的技术水平需要提高。

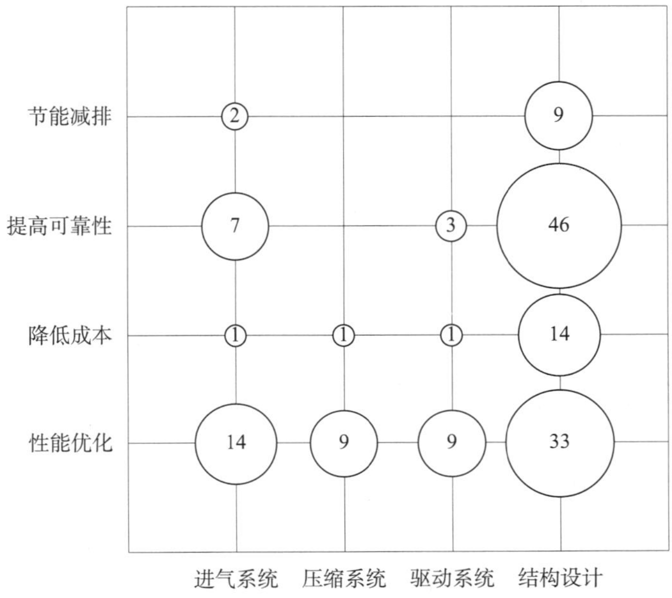

图 3－8　辽宁省涡轮增压器的技术功效图

4. 技术空白点

从表 3－7 可以看出，辽宁省涡轮增压器行业应当加强相关配套零部件的技术研发，例如转子、轴承、喷嘴环的研发设计等。

表 3－7　辽宁省涡轮增压器的技术空白点

技术分支＼申请年		1985～1987	1988～1990	1991～1993	1994～1996	1997～1999	2000～2002	2003～2005	2006～2008	2009～2011	2012～2015
进气系统	旁通阀								1	2	1
	进气管			1	2	1		1	2	4	8
	法兰									1	
压缩系统	涡轮					1			1	2	
	叶轮								2	1	3
	喷嘴环										2

续表

技术分支 \ 申请年		1985～1987	1988～1990	1991～1993	1994～1996	1997～1999	2000～2002	2003～2005	2006～2008	2009～2011	2012～2015
驱动系统	轴芯									1	1
	轴封									1	
	转子										2
	轴承			1					1	3	4
结构设计	涡壳							1	4		12
	整机设计	1	2		1			3	13	8	16
	连接	1		1	1	1	1	1	7	5	21
	支架			1					1		3

四、机械增压器的专利技术分析

（一）全球专利申请分析

1. 申请趋势

至2015年7月止，机械增压在全球的申请量共计8586件，由图4－1可知，机械增压的发展呈现出两个阶段，一是1985～1999年缓慢增长的起步阶段，一是从2000年开始的快速增长阶段。

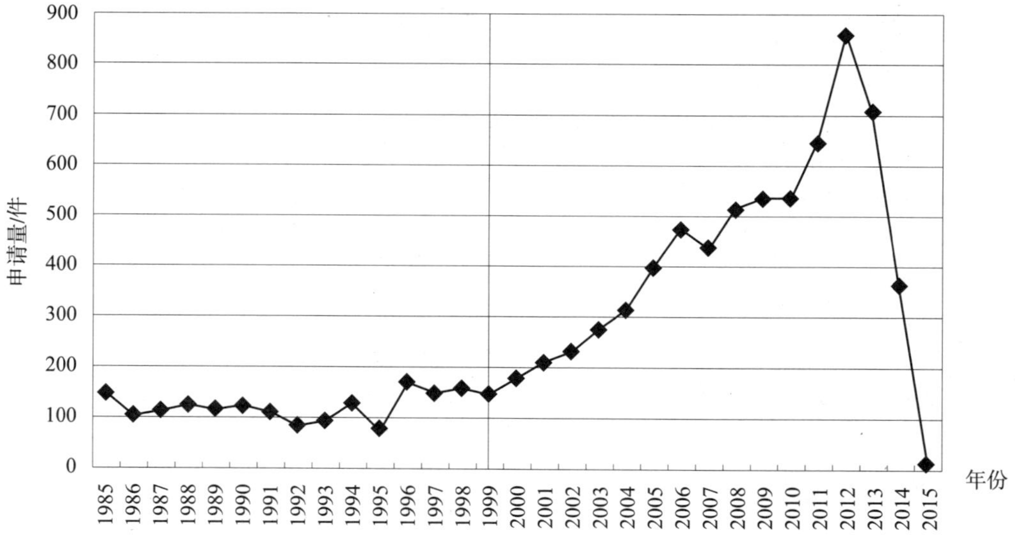

图4－1　全球机械增压器专利申请趋势

2. 主要技术分支

高频 IPC 代码与表 2－2 的汽车增压技术的总体分布比较接近，但是没有了燃气轮机装置（F02C 大类）的代码，出现空气进气供给的冷却（F02B029/04）、电气控制（F02D045/00）两个之前没出现过的高频代码，见表 4－1。

表 4－1　全球机械增压器专利的高频 IPC 分类

IPC 代码	申请量	主要申请人	说　明
F02B037/00	1566	丰田、三菱	带有至少一部分时间由排气驱动的泵的发动机
F02D023/00	1520	丰田、马自达	以增压为特点的发动机的控制
F02B037/12	1208	丰田、博格华纳	泵的控制
F02B039/00	1056	石川岛播磨、三菱	带泵发动机的部件、零件或附件
F02M025/07	924	福特、五十铃	加入排出气体的
F02B033/00	785	日产、马自达	带有进气泵或扫气泵的发动机
F02B037/18	713	丰田、石川岛播磨	使排气分流
F02B029/04	634	福特、法迪奥	空气进气供给的冷却
F02D045/00	562	日产、马自达	不包含在组 F02D 41/00 至 F02D 43/00 中的电气控制
F02B037/24	538	石川岛播磨、三菱	利用带有可调导向叶片的泵或涡轮

从分类代码的共现网络可以看出，机械增压技术仍然是围绕着一般发动机（q51）和燃气轮机展开（q52）两个内容展开的，而技术之间通过自动电子（x22）、泵（q56）两个重要技术代码联系在一起；并且交通工具的附件与服务（q17）、数码计算机（t01）仍是最受关注的代码（见图 4－2）。

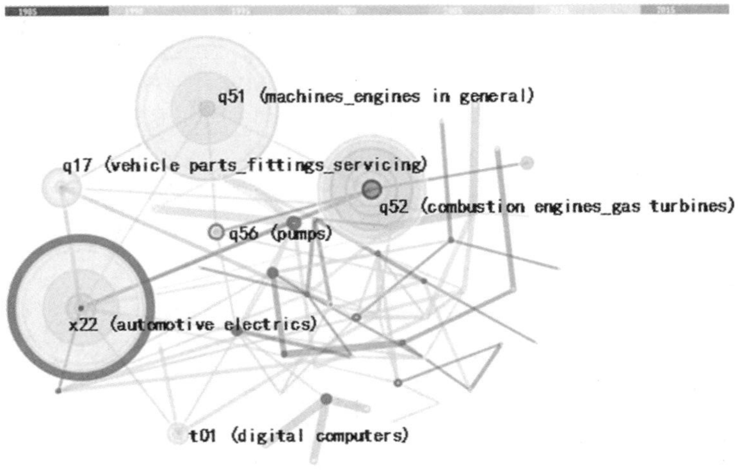

图 4－2　全球机械增压器专利的德温特手工分类代码共现网络

3. 主要申请人

对于辽宁省的企业来说，仍然应该更多地致力于服务乘用车的涡轮增压器的研发上。

表 4－2　全球机械增压器专利的主要申请人

主要申请人	所属国家	申请量	主要技术领域
丰田	日本	958	机械、自动车及其零部件的生产
石川岛播磨	日本	312	造船、飞机、重型机械
三菱	日本	233	船舶、车辆、飞机、导弹、发动机、航天器及一般器械的生产
日产	日本	226	汽车制造
马自达	日本	199	汽车制造
雷诺	法国	170	汽车制造
五十铃	日本	153	生产商用车辆以及柴油内燃机
福特	美国	140	汽车制造
日本电装	日本	129	汽车零部件
博世	德国	109	汽车技术、工业技术和消费品及建筑技术

（二）在华专利申请分析

1. 申请趋势

至 2015 年 7 月止，机械增压在中国的申请量共计 305 件，其中发明专利 185 件，实用新型 119 件，外观设计 1 件。由图 4－3 可知，机械增压的发展呈现出两个阶段，一是从 1985～2000 年缓慢增长的起步阶段，一是从 2001 年开始的快速增长阶段。

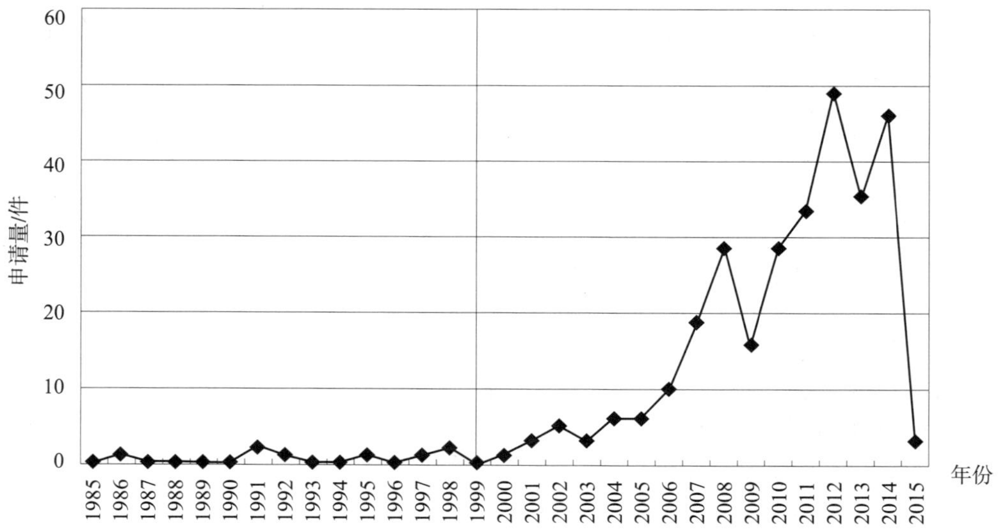

图 4－3　在华机械增压器专利申请趋势

2. 国省分布

从国内的机械增压专利申请的国省分布来看，数量上排在前五位的上海、江苏、安徽、浙江、山东位列第一梯队，其专利申请量均在 15 以上。而北京、陕西、河南、湖北紧随其后，但是申请量都只有 10 件左右（见图 4 -4）。

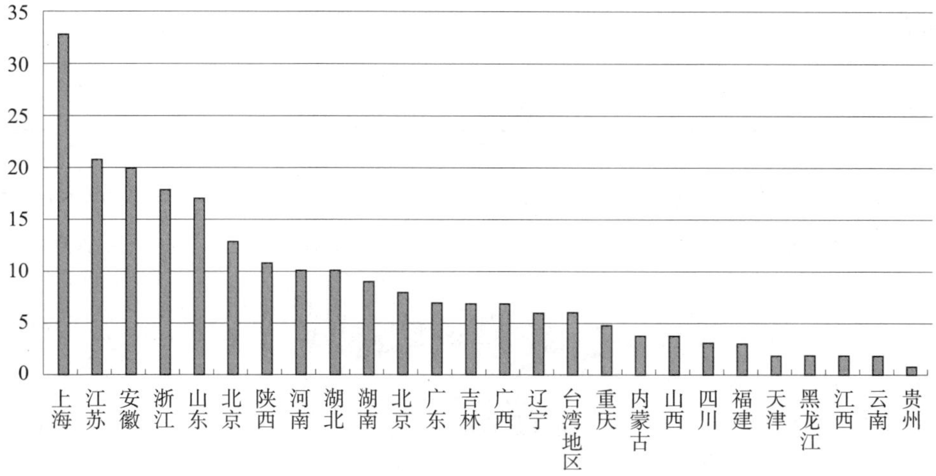

图 4 -4　在华机械增压器专利的国省分布

3. 主要技术分支

从前十位的高频 IPC 代码来看，基本都集中在 F02B（活塞式内燃机；一般燃烧发动机）中。在华申请专利的机械增压器技术则重点关注泵和驱动装置 2 个最核心的技术（见表 4 -3）。

表 4 -3　在华机械增压器专利的主要 IPC 代码

IPC 代码	申请量	主要申请人	说　　明
F02B39/04	101	川崎重工、伊顿	机械驱动装置；可变传动比的驱动装置
F02B33/40	33	川崎重工业株式会社	非变容式的带有旋转泵的发动机
F02B37/04	25	福特、杭州申财科技有限公司	带有泵的排气驱动和其他驱动装置的发动机
F02B33/38	21	伊顿、靳北彪	罗茨（Roots）型的变容式的带有旋转泵的发动机
F02B37/00	20	唐荣春	带有至少一部分时间由排气驱动的泵的发动机
F02B39/12	15	伊顿、浙江钱江摩托	其中以采用联轴节或离合器为特点的驱动装置
F02M25/07	15	福特	加入排出气体的

续表

IPC 代码	申请量	主要申请人	说　　明
F02B39/10	13	现代、中国重汽集团济南动力有限公司	电气的非机械式驱动装置
F02M21/02	13	东风汽车、刘国满	用于气态燃料
F02B63/04	12	西安交通大学	用于发电机

从 IPC 代码共现网络可以看出，中国的机械增压器技术主要以 F02B39/04（机械驱动装置；可变传动比的驱动装置）为中心，重点关注机械增压器的驱动装置等 5 个技术分领域（见图 4 –5）。

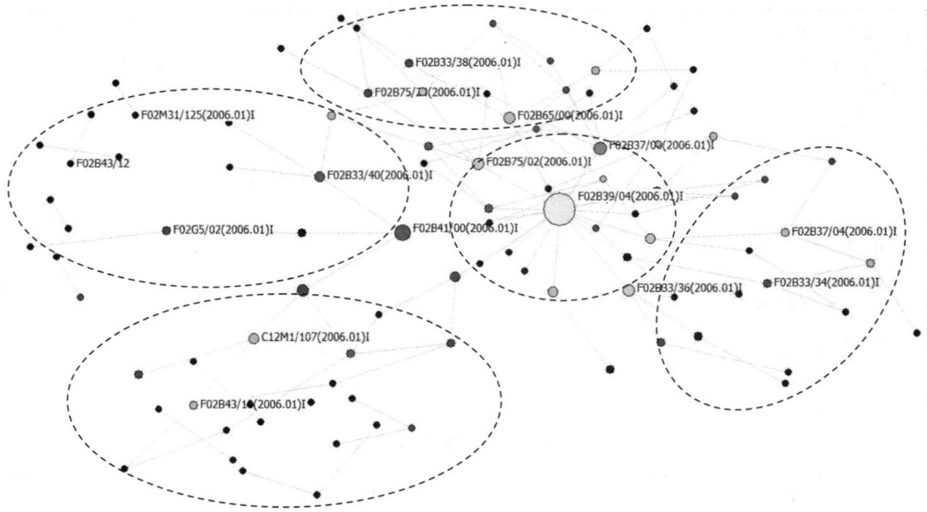

图 4 –5　在华机械增压器专利的 IPC 代码共现网络

4. 主要申请人

从表 4 –4 可以看出，中国机械增压器的市场需求非常有限，因此各个申请人的申请量都不高，其中外企占据前三位，各企业都不看重机械增压器的技术研发。

表 4 –4　在华机械增压器专利的主要申请人

主要申请人	所属国家	专利件数	主要技术领域
伊顿公司	美国	15	动力解决方案
福特	美国	10	汽车制造
川崎重工	日本	8	制造航空航天、铁路车辆、建设重机、船舶、机械设备
吉林大学	中国	7	汽车动力装置

续表

主要申请人	所属国家	专利件数	主要技术领域
上海交通大学	中国	7	驱动系统
芜湖杰锋汽车动力系统有限公司	中国	7	研发、生产汽车进、排气系统、发动机关键零部件
奇瑞汽车	中国	7	汽车制造
上海翼飞燃气设备科技有限公司	中国	7	燃气设备计算机软硬件
上海中油企业集团有限公司	中国	7	汽车燃气产业开发

在机械增压领域，辽宁省无论在国际还是在国内所申请的专利都较少，仅有 4 项专利，并且没有汽车增压器相关企业申请该领域的专利。

五、辽宁省汽车增压器行业的对策建议

1. 辽宁省汽车增压器行业的 SWOT 分析

利用 SWOT 分析对辽宁数控技术进行系统分析。分析得到以下结论。

（1）辽宁在汽车增压器领域业已形成比较完备的产业集群。辽宁是东北老工业基地的核心地带，在汽车发动机领域具有比较完备的产业链。

（2）辽宁汽车增压器行业面临着重要的发展机遇。涡轮增压的乘用车已经成为生产销售的主流。辽宁在基础性专利方面具备一定的技术基础。国家也在出台相关扶持政策，这为辽宁汽车增压器的发展提供重要的发展机遇。

（3）尽管辽宁在汽车增压器市场占据很大的市场份额，但是缺乏核心技术，利润较低。辽宁汽车增压器明显基础性专利不足，绝大多数企业还处在专利申请与运用的初级阶段，缺少自上而下的专利布局和专利统筹。

（4）辽宁汽车增压器受到国内外竞争对手以及产业环境的巨大威胁。与国内大中型企业相比，辽宁汽车增压器在产业规模、技术研发能力、市场占有率方面都受到严重的威胁。同时，辽宁省汽车增压器产品多是以仿制为主，存在着非常大的知识产权风险。此外，新能源汽车的推广应用也对传统发动机构成了很大的冲击。

2. 辽宁省汽车增压器行业的发展策略

以丹东凤城为主力的辽宁省汽车增压器刚刚从产品仿制的作坊式走入品牌导向的集群式经营道路，行业定位仍然为国内的二级市场。为此，针对辽宁省汽车增压器行业提出如下发展策略。

第一，模仿再创新的专利创造策略。在专利开发方面，建议更多地借鉴模仿再创新的跟随型策略。

建议辽宁省的汽车增压器重点引进以上比较薄弱的关键技术（如表5－1所示）。

表5－1　重点引进的关键技术

技术分支		主要引进或合作对象
进气系统	法兰	三菱重工、湖南天雁
压缩系统	涡轮	博格华纳、浙江科劲涡轮增压器
	叶轮	博格华纳、霍尼韦尔
	喷嘴环	无锡凯力特动力、康跃科技
驱动系统	轴芯	霍尼韦尔、博世马勒
	轴封	常州环能涡轮动力、无锡明珠
	转子	西门子、通用电气
结构设计	涡壳	博格华纳、宁波威孚天力

第二，按需采购的专利运用策略。企业的专利购买和联合开发应该与企业产品生产紧密联系，围绕着成品功效的提升，重点攻关、按需采购；采用收买策略获得并利用其他企业的专利技术；亦可以通过与国内外企业合资联营的方式，采取市场换技术策略获得技术支持。

第三，人才为先的专利管理策略。以研究院所为基础为辽宁汽车增压器行业发展提供智力支持和人才保证；充分利用“千人计划”等国家和地方的人才引进计划，引进一批能够突破关键技术、带动产业发展的领军人才来辽创新创业。

第四，风险控制的专利保护策略。一是通过专利信息利用密切追踪国内外技术进展情况，做好知识产权评议，把握研发方向，识别知识产权风险；二是发挥现有汽车增压器企业的集群优势，抱团取暖。同时充分利用数据库资源，在研发、招商、销售、保护、战略制定时广泛运用知识产权信息分析。

大气污染防治技术之机动车尾气控制领域专利创新与竞争动态

贾丹明　田春虎

摘　要　本文以专利信息为基础，研究 2014 ~2015 年上半年大气污染防治技术之机动车尾气控制领域的专利技术发展态势及全球竞争环境，以此反映国内外市场需求、专利竞争格局和主要竞争者情况。本文经过研究分析得出以下结论：2014 年以来，机动车尾气控制领域全球专利量❶增速放缓。中国专利量❷全球居首，中国专利量中 62% 为国外来华申请。美、日、德是最大的来华申请国，日本专利申请产出❸全球居首，全球主要竞争者是日、美、德、韩等汽车界的跨国企业巨头，国内竞争者情况类似。中国企业薪露头角，机内净化和机外净化两个技术分支在全球专利量大体相同，中国市场的机外净化研发与专利布局是机内净化的 2 倍。

关键词　大气污染防治　机动车尾气控制　专利创新　竞争动态

一、概　述

随着我国机动车工业的快速发展，机动车尾气造成的污染已成为我国大气污染的首要污染源，尾气净化已成为我国面临的严峻挑战。据 2013 年《中国机动车污染防治年报》统计，2012 年全国机动车排放污染物 4612. 1 万吨，其中氮氧化物 640. 0 万吨，碳氢化合物 438. 2 万吨，一氧化碳 3471. 7 万吨，颗粒物 62. 2 万吨。机动车污染治理防治技术的重要性也日益突出和重要。为减小机动车尾气对人类及生态系统的不利影响，世界各国对尾气中有害气体的排放限制日趋严格。为此，我国也对机动车尾气的排放制定了较为严格的标准，但是，同发达国家正在实施的标准相比，还有着较大差距。其中重要原因是我国的机动车尾气净化技术尚未达到发达国家的水平，这也是我国的机动车企业和相关科研院所面临的严峻挑战。

---

❶ 本文中的数据来源为 WPI 数据库，专利量是指 WPI 中专利族的数量，年度专利量是指专利族中最早公开日在该年度的专利族数量。一般情况下，专利量对应于技术创新数量。

❷ 本文中的某国专利量是指 WPI 数据库专利族中含有该国申请的专利族数量，代表技术的专利布局和市场区域。

❸ 本文中的某国专利申请产出是指 WPI 数据库中优先权国别为该国的专利量，代表该国技术创新数量。

二、发展趋势分析

（一）全球专利创新步伐放缓

2006 年以来，机动车尾气控制领域的专利量较高，年均 5400 余件。2006～2009 年，专利量保持了平均 12% 的增长率。2010～2011 年，专利量呈现负增长，平均每年以 4% 的比例缩减。由于专利申请公开在时间上的滞后性，2010～2011 年的专利量基本上是 2008～2009 年递交的专利申请，专利申请量的下降与全球金融危机的持续时间相吻合。2012 年起，专利量开始回升，呈现正向增长趋势，2012～2013 年的年均增长率为 7.5%。然而，2014 年全球专利量相比 2013 年有所回落，全年专利量为 5776 件，较 2013 年减少 487 件，同比减少 7.8%，减幅达到近十年来的最大值（见图 1）。

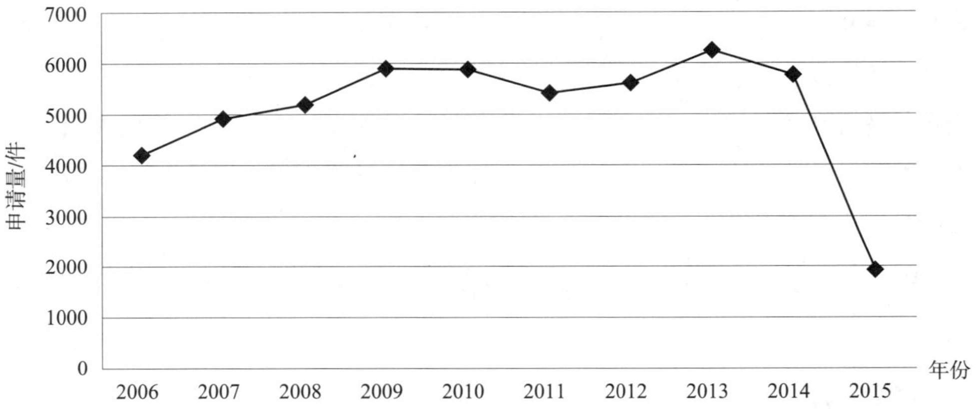

图 1　全球专利量年度变化趋势

（二）中国专利量全球居首

虽然 2014 年的全球专利量呈现下降趋势，但是中国的专利量仍呈增长态势。从 2013 年以前的数据总量看，中国专利量位居全球第 4 位[1]。而在 2014 年，中国专利量快速增长，达 2214 件，为全球专利量的 38.3%，居各国专利量之首。

这主要是由于我国环保领域最近几年才得到重视，早年间我国及世界各国在中国的专利量均不多。但是，随着我国的机动车保有量持续增大，国家对机动车尾气污染日益重视。近年来，我国的研发机构开始加大投入力度，专利量呈上升趋势。此外，随着近年来中国机动车市场的扩大，国外拥有相关先进技术的国家也看好中国市场，积极在中国进行专利布局，因此，进一步刺激了中国专利量的大幅增长，中国已经成为该领域的最大市场所在。

[1] 数据来源国家知识产权局专利局专利文献部 2014 年专利竞争情报研究课题《大气污染防治技术产业——机动车尾气的控制专利竞争情报分析》。

2014 年，日本专利量位居全球第二位（2000 件），为全球专利量的 34.6% 。而纵观专利总量，2013 年以前，日本的专利总量排名第一❶。位居第三位的是 PCT 申请，共 1446 件，为全球专利量的 25.0% 。PCT 数量占比较大，说明该领域的技术具有全球性市场的特点，机动车尾气控制已经成为全球关注的问题。越来越多的申请人选择 PCT 途径提交申请，是为了将来能够指定更多国家成为目标市场，由此可以推论，机动车尾气控制技术必将具有全球市场前景。德国和美国的专利量分别是 1406 件和 1326 件，位居第四位和第五位，分别占全球专利量的 24.3% 和 23.0% ，如图 2 所示。

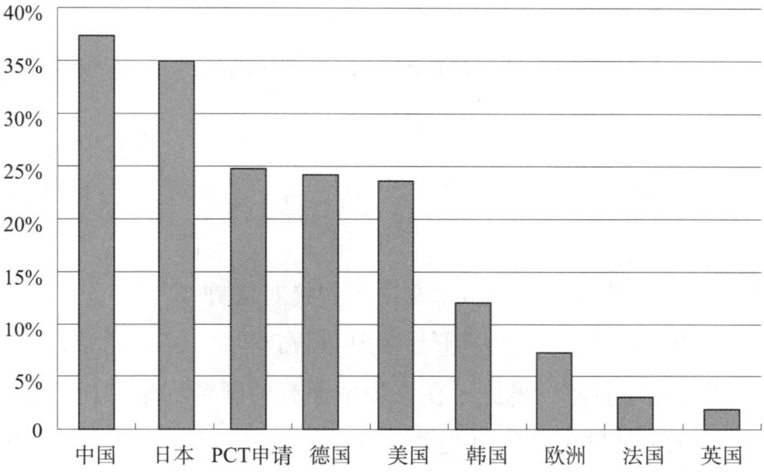

图 2　2014 年全球专利量分布

（三）日本专利申请产出全球居首

2014 年，日本继续延续专利技术产出大国的身份，专利申请产出为 1677 件，占全球的 29% 。这一数值与 2013 年以前的技术创新总量的占比 43% ❷相比有很大下降，这与中国专利申请产出的大幅增长不无关系。近年来，我国的研发机构加大投入，专利申请产出数量逐年增加，2014 年中国专利申请产出为 1375 件，占全球的 24% 。就 2013 年以前的专利申请产出总量来看，中国仅占 10% ❸。可见，中国的专利申请产出从数量上来增幅是相当大的。此外，美国和德国仍然是这一领域的技术大国，专利申请产出分别为 862 件和 764 件，分别占全球专利技术产出的 15% 和 13% 。另外，韩国、法国和英国也均有相当数量的专利技术产出，分别为 419 件、141 件和 91 件（见图 3）。

---

❶ 本文中的某国专利申请产出是指 WPI 数据库中优先权国别为该国的专利量，代表该国技术创新数量。

❷ 本文中的某国专利申请产出是指 WPI 数据库中优先权国别为该国的专利量，代表该国技术创新数量。

❸ 本文中的某国专利申请产出是指 WPI 数据库中优先权国别为该国的专利量，代表该国技术创新数量。

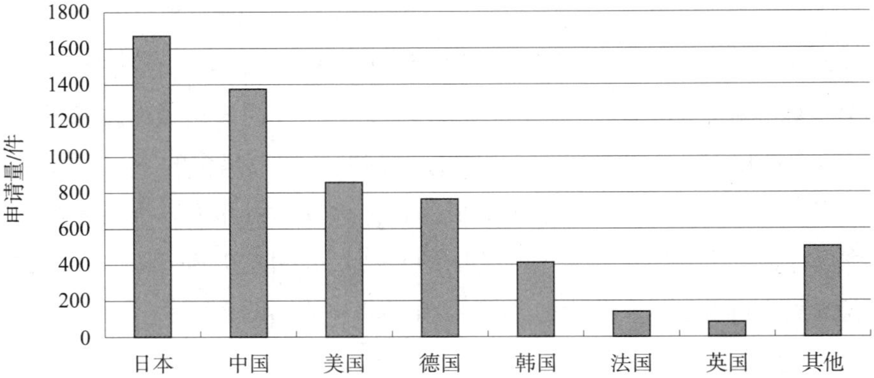

图3　2014 年全球专利申请产出情况

三、专利市场分析

（一）以美、日、德为首的国外技术在中国占绝对优势

2014 年，在全部中国专利量中，国外来华申请占 62%，本国申请占 38%。国外来华申请参与者主要是美国、日本、德国，在该领域拥有中国专利量占比分别为 18%、16% 和 11%。英国、法国和韩国也未忽视在中国的专利布局，各占据 2% 的份额，见图 4。此外，芬兰、奥地利、丹麦、瑞典、澳大利亚、意大利、加拿大、巴西、新西兰、荷兰、土耳其、菲律宾、南非等国均在中国有少量专利申请。由此可见，一方面，中国市场具有很大的吸引力和发展前景，众多拥有相关技术的发达国家均欲在中国获得专利；另一方面，中国本土的技术实力不强，专利申请产出占比在各种激励政策下仍不容乐观。同时，中国企业要在该领域进行研发和开拓市场，必将面临来自美、日、德、英、法、韩等发达国家企业的巨大竞争压力。

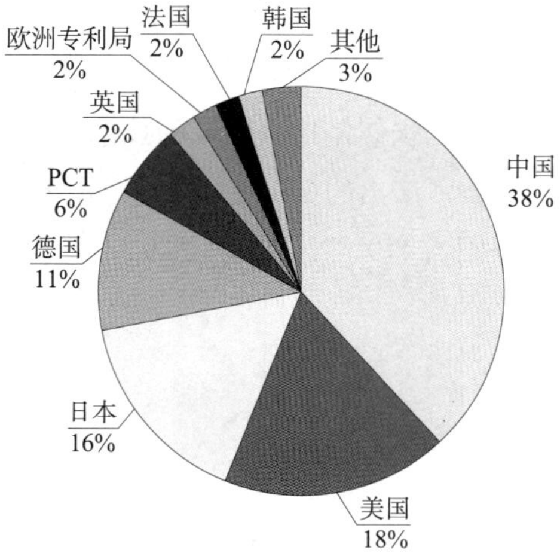

图4　2014 年中国专利量中各国申请产出情况

（二）中国向域外申请的数量相对较少

尽管从专利申请产出数量的角度看，日本、中国、美国、德国已成为该领域的技术产出大国（见图4），但是相比其他国家，中国申请人向国外申请较少。在全部中国专利申请产出中，仅有10件向其他国家或地区提交了专利申请，占中国专利申请产出的0.7%；仅有11件提交了PCT申请，占中国专利申请产出的0.8%。可见，中国申请人在海外进行专利布局的意识不足。

向域外申请比例最大的是德国，其全部专利申请产出中有57.6%提交了其他国家或地区的申请及PCT申请。美国位列第二，专利申请产出中有56.5%提交了其他国家或地区申请及PCT申请。另外，英国、法国、日本和韩国的域外申请比例均较高，向外申请均占该国专利申请产出的30%以上，见表1。

表1　专利申请产出大国的域外申请占比情况

国家	向本国申请	向他国/地区申请	PCT申请
中国	98.5%	0.7%	0.8%
德国	42.4%	48.7%	8.9%
美国	43.5%	41.3%	15.2%
英国	44.9%	33.5%	21.6%
法国	57.8%	18.4%	23.8%
日本	58.1%	23.6%	18.3%
韩国	66.5%	28.8%	4.7%

（三）相比其他金砖国家，中国的外来申请量最大

"金砖国家"❶作为新兴市场代表，已经越来越受到国际投资者的重视，中国以其劳动力、价格、政策等多方面优势吸引着全世界的投资者。金砖国家中，中国堪称世界最具发展活力的经济区域，引进外资额最高，成为全球最大企业集团的生产基地。继2013年中国进出口贸易总额首次突破4万亿美元这一历史性关口（4.16万亿美元），成为取代美国的全球贸易大国之后，根据WTO公布的统计数据，2014年中国进出口贸易总额达到4.303万亿美元，比2013年增长3.4%，继续蝉联第一❷。2014年，来自德国、美国、日本及其他国家在中国的专利申请远远高于其他金砖国家，达1555件。这一数量是南非的52倍、印度的65倍、俄罗斯联邦的77倍、巴西的111倍（见表2）。尽管金砖国家都是重要的发展中国家和新兴市场国家，但是中国市场的受关注程度远远高于其他四国，已成为该领域国际竞争的主战场。

❶ 数据来源：百度百科"金砖国家"。

❷ 数据来源：news.jxnews.com.cn"WTO公布2014年进出口总额 中国蝉联第一"。

表 2　金砖国家外来申请数量对比表

国家	外来总量	来自德国	来自美国	来自日本	来自其他国家
中国	1555	267	415	389	484
南非	31	2	13	3	13
印度	24	5	6	10	3
俄罗斯	20	2	17	0	1
巴西	14	7	4	1	2

四、专利技术分析

机动车尾气控制技术主要分为机内净化和机外净化两大类。机内净化是改进汽车内燃机结构和燃烧状况，如改进化油器、改进点火系统及燃烧系统、用电子方式控制汽油喷射、选择清洁燃料等，机内净化技术能减少有害气体的生成量。机外净化是汽车尾气排入大气之前，利用催化转化装置等进一步将其转化为无害气体，研究主要集中在催化净化上，如采用空气喷射、氧化型反应器、三元催化反应器等方法。

（一）机内净化与机外净化两个技术分支的专利量分布均衡

2014 年，在机动车尾气控制全球专利量中，机外净化技术专利量占 51%，机内净化技术专利量占 49%（见图 5）。从 2013 年以前的数据总量来看，机外净化技术占 54%，机内净化技术占 46%[1]。在 2013 年以前，机外净化的专利量居多，机外净化是主要及高效的净化方法，各企业及研发机构对机外净化投入较多，技术相对较成熟。但是，从 2014 年的专利量来看，机内净化技术相比之前增长迅速，目前机内净化和机外净化的专利量分布均衡，两个技术分支在占领全球市场方面已呈现齐头并进的势头。

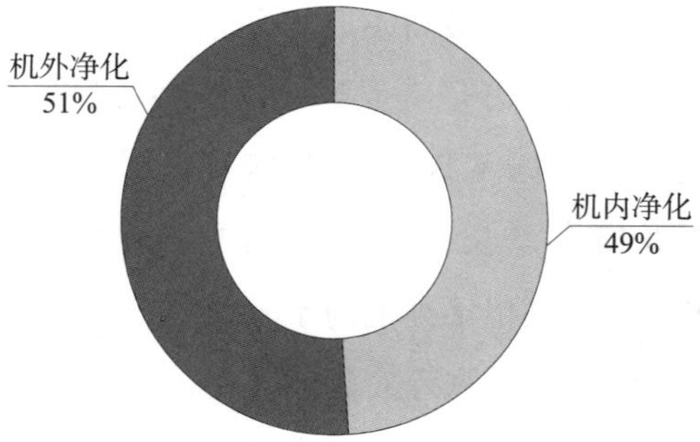

图 5　不同技术分支专利量分布

[1] 本文中的某国专利申请产出是指 WPI 数据库中优先权国别为该国的专利量，代表该国技术创新数量。

在机内净化技术中，向燃料中添加非燃料及二次燃料技术，是供油气系统领域中技术研发较为活跃的重点领域。在机外净化技术中，主要是使用尾气净化催化剂，并主要通过对催化剂活性组分、载体、助催化剂和基面涂层进行改进来实现净化的目的。

（二）各国在不同技术分支的专利申请产出不同

尽管从全球专利量看，机内净化和机外净化的专利布局总量差别不大。但是，不同国家对不同技术分支的研发关注度是不同的。作为专利申请产出量最大的国家日本，其机内净化专利申请产出为 822 件，占其总量的 49%；机外净化专利申请产出为 855，占其总量的 51%。这一比例与全球不同技术分支专利量比例完全一致。中国作为技术原创第二大国，机内净化专利量为 811 件，占其产出总量的 59%，机外净化专利量为 564 件，占其产出总量的 41%。可见，中国的企业和研发机构从总量上来看机内净化的专利申请产出更多。技术原创第三大国美国的机内净化专利量为 336 件，占其总量的 39%，机外净化专利量为 526 件，占其总量的 61%。技术原创第四大国德国的机内净化专利量为 328 件，占其总量的 43%，机外净化专利量为 436 件，占其总量的 57%（见图 6）。可见，美国和德国的企业和研发机构更注重机外净化，更多的研发集中在通过利用催化转化装置等进一步将其转换为无害气体的方式净化机动车尾气。

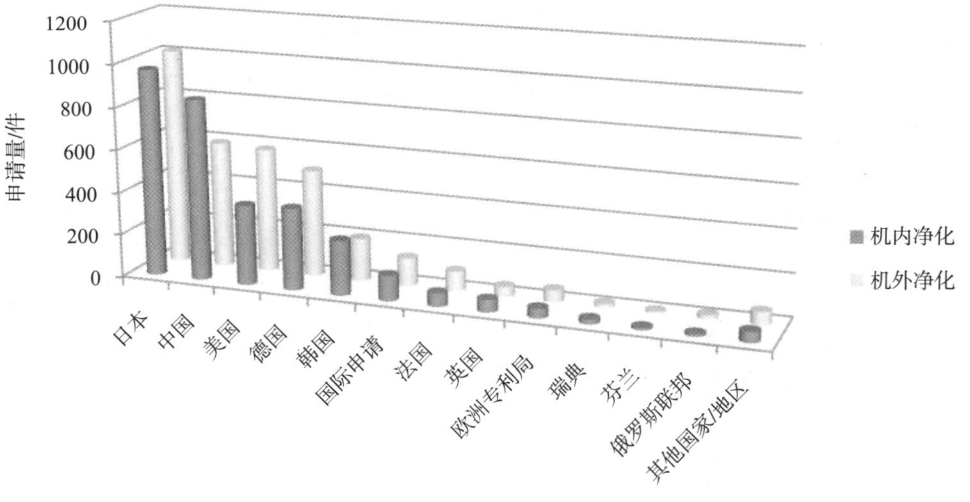

图 6　各国在不同技术分支的专利申请产出

（三）各国市场在不同技术分支的受关注度不同

中国作为全球专利量最大的国家在不同技术分支的专利量不同。其中，机内净化技术在中国专利量占比更大，占全球市场关注度的 24%，而机外净化技术仅占全球市场关注度的 20%。专利量第二大国日本在不同技术分支的专利量也不尽相同，机内净化技术占全球市场关注度的 21%，机外净化技术占全球市场关注度的 19%。PCT 申请作为获得多国专利权的一种专利申请途径，在机内净化和机外净化两个技术分支的使用比例是相同的，均占各自技术分支的全球份额的 14% 。德国和美国在机外净化技术方面更受市场青睐，两国在机外净化技术的全球关注度均占 15% ，而机内净化技术分别占全球关注度的 13% 和 12% 。

五、专利竞争者分析

（一）日、美、德企业是全球主要竞争者

2014 年，全球专利量排名前十的企业均为汽车界的跨国企业巨头（见图 7）。其中，日本企业有 4 家，分别是排名第一的丰田自动车株式会社（简称丰田）、排名第六的本田技研工业株式会社（简称本田）、排名第九的日产自动车株式会社（简称日产）和排名第十的洋马株式会社（简称洋马），4 家日本企业的专利量总计 520 件，约占前十企业专利总量的 42% 。可见，在该领域的主要竞争者中，日本企业具有相当的竞争优势。其中，丰田的专利量遥遥领先，为 331 件，占全部主要竞争者专利量总和的 27% ，可见，丰田在该领域的竞争优势显著，在该领域的强势地位延续了其一直以来的竞争优势。2013 年以前，丰田的总专利量为 7390 件，授权率为 60. 7% ，其申请进入了 23 个国家和地区❶。丰田是世界第一大汽车公司，其生产宗旨是开发燃耗功率高，可靠耐用的汽车，其在机动车尾气净化催化剂、发动机排气净化装置等领域具有非常领先的技术优势。在丰田的现有车型中，使燃烧效率提高的狭角配制多阀双凸轮轴引擎，智慧可变气门正时控制系统，燃料电池混合系统已得到广泛应用。

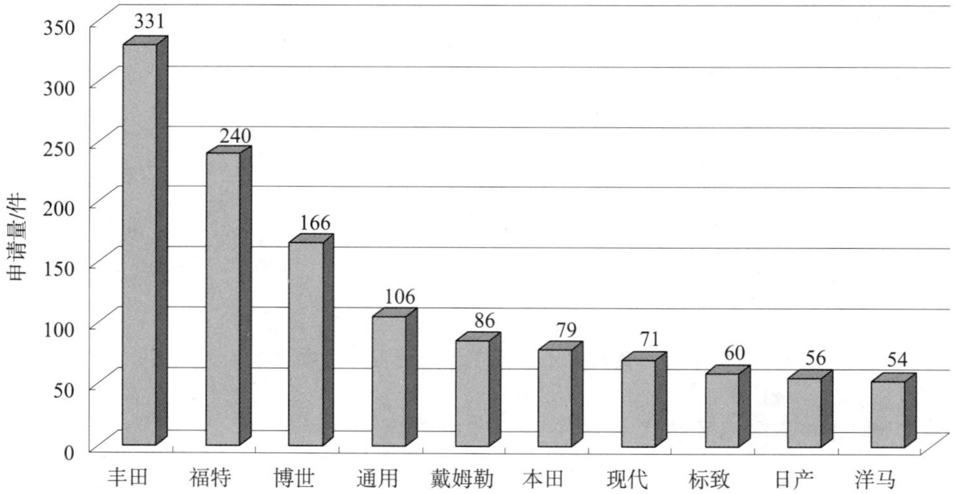

图 7　全球主要竞争者

❶ 本文中的某国专利申请产出是指 WPI 数据库中优先权国别为该国的专利量，代表该国技术创新数量。

全球专利量排名前十的企业中，美国企业有2家，分别是排名第二的福特环球技术公司（简称福特）和排名第四的通用汽车公司全球技术运营有限责任公司（简称通用）。尽管前十企业中美国企业数量不多，但是两家企业的专利量总和达到346件，占前十企业专利总量的28%。其中，福特环球技术公司的专利量为240件，该公司是福特汽车公司的全资子公司，负责管理福特汽车公司的所有知识产权和技术商业化事宜，为福特汽车公司在全球的所有品牌和服务提供支持。因此，福特环球技术公司的专利属于福特汽车公司。

全球专利量排名前十的企业中，德国企业有2家，分别是排名第三的罗伯特·博世有限公司（简称博世）和排名第五的戴姆勒股份公司（简称戴姆勒）。两家德国企业的专利量占前十企业专利量总和的20%。其中，博世的专利量为166件。博世是德国最大的工业企业之一，从事汽车、工业技术和消费品及建筑技术的产业。该公司的创立之初就定位为“精密机械及电气工程的工厂”，总部设在德国南部斯图加特市。博世是全球第一大汽车技术供应商，当前正大举进入中国，投身于迅猛发展的中国汽车工业。

该领域的全球专利量排名前十的企业中，日、美、德企业的专利量占了前十企业专利量总和的90%。可见，全球范围内，日、美、德企业是该领域最具竞争实力的竞争者。专利量排名前十的企业中除日、美、德企业外，还有排名第七位的韩国现代自动车株式会社（简称现代），专利量为71件，以及排名第八位的法国标致雪铁龙汽车股份有限公司（简称标致），专利量为60件。

全球前十竞争者中无中国企业，说明我国企业在国际竞争舞台上不具优势地位。中国企业全球专利量最多是潍柴动力股份有限公司，拥有25件，在国际排名第36位。可见，国内具有相当研发实力并能与外国巨头抗衡的企业基本没有。因此，国内的企业想在机动车尾气净化领域在国际上占据一席之地，还有很长的一段路要走。

（二）国内的竞争者以美、日、韩、德企业为主，中国企业崭露头角

2014年，中国专利量排名前十的企业主要有美、日、德、韩等发达国家的跨国企业巨头，还有4家中国本土企业。其中，美国福特在中国的专利量遥遥领先，拥有192件，其次是美国通用，拥有81件。排名第三和第四的均为日本企业，分别是株式会社小松制作所（简称小松）拥有41件，以及丰田拥有28件。排名第五的是韩国现代，拥有27件。排名第八的是德国博世，拥有21件。排名第六、七和第九、十位的企业均为中国本土企业，分别是潍柴动力股份有限公司（简称潍柴）、长城汽车股份有限公司（简称长城）、北汽福田汽车股份有限公司（简称北汽福田）和广西玉柴机器股份有限公司（简称广西玉柴），拥有的专利量分别为15~25件不等（见图8）。

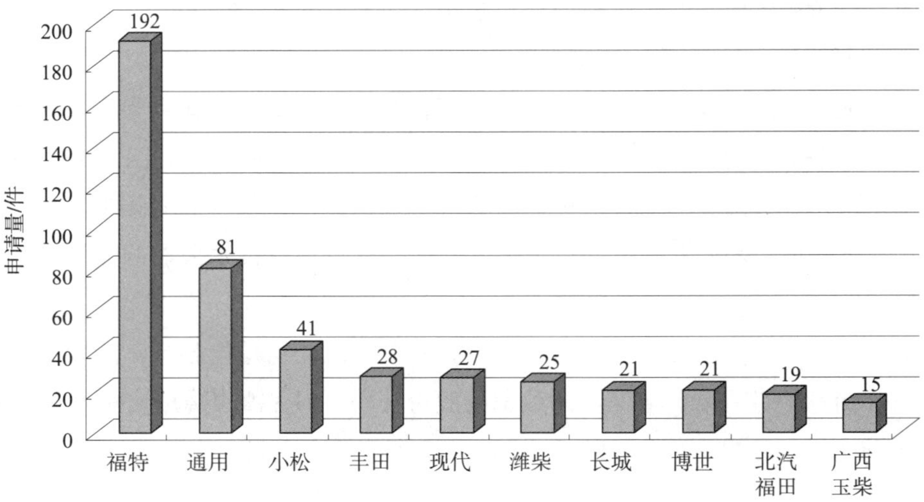

图 8　中国市场的主要竞争者

从前十竞争者的国别实力看，美国企业的专利量占 58%，中国企业的专利量占 17%，日本企业的专利量占 15%，韩国企业的专利量占 6%，德国企业的专利量占 4%（见图 9）。可见，在该领域美国企业在中国的竞争实力最强，其次是日本企业。国内的企业虽然每个企业的专利量不多，但是，已有 4 家本土企业跻身前十的行列，在中国市场上具备一定的竞争力。

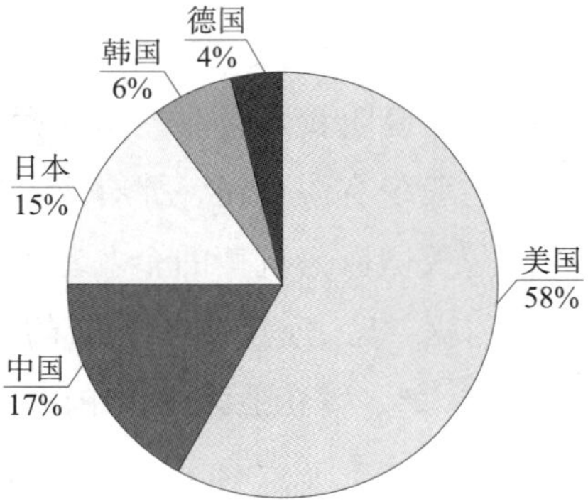

图 9　主要竞争者的国别实力

（三）中国市场的专利竞争者更加注重机外净化技术

中国市场上，美国福特机外净化的专利量明显多于机内净化，为 142 件，可见美国福特在中国专利布局更注重机外净化，其机外净化和机内净化的专利量比值约为 3∶1，见图 10。美国通用的机外净化专利量也同样高于机内净化的专利量，两者的比值为 2∶1。日本的小松和丰田在机外净化和机内净化的专利量差别不大，在两个技术分支的专利布局力度均等。韩国现代在更注重机内净化的专利布局，其机外净化和机内净化专利量比值约为 2∶3。中国的潍柴、长城、北汽福田和广西玉柴对机外净化技术分支的关注度均高于机内净化，其中，广西玉柴的专利量全部集中在机外净化技术分支，在机内净化技术分支的专利量为0。德国博世同样注重机外净化技术分支的研发和在中国的专利布局。

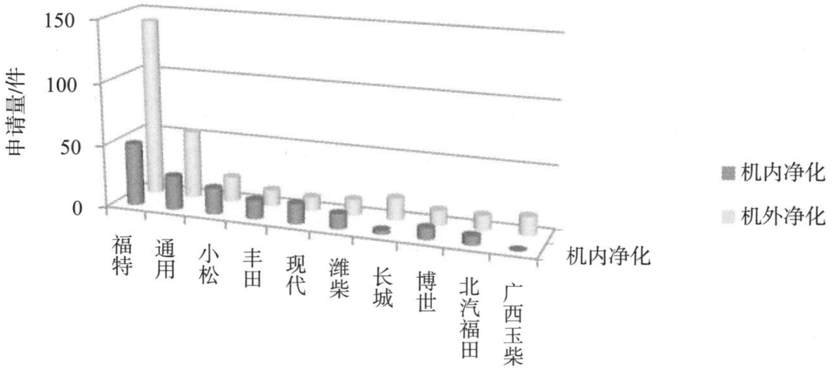

图10　中国市场主要竞争者不同技术分支的专利量

从中国排名前十的竞争者的专利量总体来看，企业对机外净化技术分支的关注度明显高于机内净化技术分支，两者的比例约为2∶1。尽管从全球专利量来看，机内净化与机外净化两个技术分支的全球研发关注度不分伯仲，但是在中国地域，机外净化的研发和专利布局关注度却远远高于机内净化。